"十三五"江苏省高等学校重点教材（编号：2019-1-127）

■大气科学专业系列教材

动力气象学

第三版

吕克利　徐银梓　谈哲敏　张　熠　主编

王其伟　仇　欣　方　娟　张　熠
周博闻　谈哲敏　储可宽　雷荔傈　编著

（按姓氏笔划排序）

扫码加入学习圈
轻松解决重难点

南京大学出版社

内容简介

本书是作者在动力气象学多年教学基础上编写的，同时包含了作者的部分研究成果。全书共分十三章，前八章是动力气象学的基础部分，适合于气象院校本科生教学，后五章反映了动力气象学较为近代的部分研究内容，可作为本科生的教学补充材料和研究生的教学参考材料。本书也可供气象科技工作者阅读。

图书在版编目(CIP)数据

动力气象学 / 吕克利等主编. —3 版. —南京：南京大学出版社，2023.9

ISBN 978-7-305-25923-4

Ⅰ.①动… Ⅱ.①吕… Ⅲ.①理论气象学—高等学校—教材 Ⅳ.①P43

中国版本图书馆 CIP 数据核字(2022)第 130529 号

出版发行 南京大学出版社
社　　址 南京市汉口路 22 号　　邮　　编 210093
出 版 人 王文军

书　　名 动力气象学
DONGLI QIXIANGXUE
主　　编 吕克利　徐银梓　谈哲敏　张　熠
责任编辑 吴　华　　编辑热线 025-83596997

照　　排 南京开卷文化传媒有限公司
印　　刷 南京百花彩色印刷广告制作有限责任公司
开　　本 787 mm×1092 mm　1/16　印张 23.75　字数 606 千
版　　次 2023 年 9 月第 3 版　2023 年 9 月第 1 次印刷
ISBN 978-7-305-25923-4
定　　价 59.80 元

网　　址：http://www.njupco.com
官方微博：http://weibo.com/njupco
微信服务号：njuyuexue
销售咨询热线：(025)83594756

扫码可免费获取本书教学资源

第三版序言

党的二十大报告提出了坚持生态文明建设、深入推进环境污染防治、提高防灾减灾救灾能力等系列长远规划，这对于大气科学的发展提出了更高的目标。动力气象学是大气科学的重要分支学科，是现代大气科学各学科方向的基础，动力气象学课程教学对于大气科学拔尖创新人才培养具有重要作用。

本书第一版出版于1996年，由吕克利、徐银梓、谈哲敏编著；2014年，根据当时的教学需求，组织课程团队对教材进行了修订，新增了习题、思考题等内容，出版第二版。自本书出版至今二十七年间，该教材一直是南京大学大气科学学院本科生和研究生的教学和教辅用书，同时也是国内高校学生和许多气象科技工作者的参考用书，产生了较大的影响。

在使用本书教学过程中，课程团队注意到书中部分内容已不适应学科的新发展，同时仍存在一些错误和疏漏之处。因此，课程团队按照"十三五"江苏省高等学校重点教材建设的精神，进行了第三版修订工作。本次修订对全书各章节内容和相关表述做了必要的修改，对课后习题和参考文献进行修改和补充，并对全书印刷和编写错误进行勘误。本次修订分工如下：第一章(张熠)，第二章、第十三章(方娟)，第三章、第九章(仇欣)，第四章、第十章(王其伟、张熠)，第五章、第十二章(雷荔傈、张熠)，第六章、第七章(储可宽、张熠)，第八章、第十一章(周博闻、张熠)，谈哲敏进行最后审核。本次再版修订张熠同志多次组织课程团队讨论修订内容，并对全书进行认真细致地审稿，为本书的出版做了大量工作。

为了帮助学生更好地掌握本书基本内容，课程团队精心制作了与本教材配套的在线开放课程，并在爱课程(中国大学MOOC)(网址：https://www.icourse163.org/course/NJU－1003608005)、学习强国等平台上线，广大读者可结合线上内容更好地开展线下学习。该课程于2020年被认定为首批"国家级线上一流课程"，本教材的修订再版也是该一流课程建设的一个重要成果。

本书再版得到了南京大学本科生院、南京大学研究生院的关心和支持。感谢南京大学出版社高校教材中心吴华编辑为本书出版付出的劳动。

最后，藉本书再版之际，深切缅怀我们的老师吕克利教授，先生生前多年在南京大学执教动力气象学课程，这本教材曾浸透着先生的辛勤劳动。

受编者水平限制，本次再版仍难免错误和疏漏之处，恳请读者予以批评指正。

中国科学院院士　谈哲敏

2023 年 6 月 20 日

第一版前言

本书是根据国家教委1992年颁发的“高等学校天气动力学专业本科四年制培养规格和教学基本要求”的精神制订的“动力气象”教学大纲编写的。全书共分十三章，前八章为动力气象学的基础部分，后五章内容反映了近代大气动力学的进展和成果，可作为本科生教学补充材料，也可作为硕士研究生大气动力学课程的教学参考材料。

本书首先讲述大气动力学的基本方程及其变形形式，进而讲解大气线性波动的性质、稳定度以及滤波方法，然后介绍热带大气动力学、大气能量和大气边界层的基本内容。在讲述这些内容之后，进入缓变介质中缓变波列的性质及其传播的讲解，然后进入非线性部分，讲述 Rossby 波的非线性相互作用和大气中常见的几类非线性方程的导出，以及它们所描述的各类 Rossby 孤立波，接着介绍大气非线性稳定性理论，最后讲述大气锋生的动力学理论。全书既有大气动力学所需的基础内容，又有反映近代大气动力学新进展和新成果的前沿内容。本书内容是编著者在南京大学大气科学系本科生“动力气象学”和硕士研究生“大气动力学”课历年教学的基础上编写的，经过多年教学实践，效果良好。

本书编写分工如下：第一章，第二章§1～§6，第七章，第九章§3，第十章，第十一章引言，§2，§3，§5和§6，第十二章§4，第十三章由吕克利编写；第二章 §7，第三章，第五章，第六章，第十一章§4，第十二章§1～§3由谈哲敏编写；第四章，第八章，第九章§1，§2，第十一章§1由徐银梓编写，最后由吕克利对全书内容和文字做些调整和修改。

在本书编写过程中，融合了编著者在动力气象教学过程中的体会和看法，包含了编著者的一些科研工作，因此，有些提法和内容与以往的动力气象教材有所不同。由于我们的水平所限，缺点和错误在所难免，热忱欢迎读者批评指正。

全书插图由石宗祥先生绘制，特此致谢。

编著者

1996年3月

第二版序言

本书是编著者在多年教学实践的基础上编写的，在内容上既介绍了动力气象学的基础知识，也反映了近代大气动力学的进展和成果，在科学问题阐述上既有系统严谨的数学推导，也有深入翔实的物理阐述。自 1997 年由南京大学出版社出版以来，本书一直是南京大学大气科学学院本科生教科书和研究生的教辅材料，同时也是许多气象科技工作者的参考用书。

在教学实践中，编著者发现，作为教学用书，本书没有提供思考的练习题，不利于学生自学和课后复习。另外，书中也存在一些错误、疏漏和不妥之处需要进行修正。鉴于上述两点，编著者希望对本书进行相应的修订。修订工作主要包括：(1) 对全书内容和文字进行了必要的调整和修改；(2) 根据每一章的知识点，设计了思考题和练习题，前者着重帮助学生梳理所学知识，启发学生进行一些深度思考，后者则旨在帮助学生掌握所学的基本方法和知识，提高其利用所学知识和方法解决问题的能力。在本书修订过程中，南京大学大气科学学院国家精品课程《动力气象学》建设小组的成员承担了全部的修订工作，他们是(以章为序)：王其伟(第一至二章)、张熠(第三至五章)、唐晓东(第六至八章)、方娟(第九章)、储可宽(第十至十一章)、仇欣(第十二至十三章)、谈哲敏(全书统稿)。在此非常感谢他们的辛勤劳动，本次修订也是国家精品课程《动力气象学》的一个重要成果。

本书的再版得到了南京大学出版社的大力支持，感谢出版社高校教材中心吴华编辑为本书出版付出的辛劳。

受编著者水平限制，尽管是修订再版，书中亦难免有错误、疏漏和不妥之处，望读者予以批评指正。

谈哲敏

2013 年 10 月于南京大学

目　　录

第一章
大气运动的闭合方程组及其简化

动力气象在流体力学的基础上研究地球大气的运动规律，它与一般的流体力学有所不同，它具有自身的特点，这些特点是由地球大气运动的固有特征决定的。

首先，气象上有重要意义的运动具有相当大的尺度，其水平尺度从百千米到数千千米，甚至达到地球半径的大小。对于这些运动，地球的旋转具有重要影响。地球上的物体都受到地球旋转的作用，赤道地区的物体具有量级为 400 m/s 的相对于地球轴的旋转线速度，远大于大气中的典型风速——10 m/s。同时，地球旋转产生的涡度与大气中典型的大尺度运动产生的涡度相比，也是非常大的。因此，对于气象上具有重要意义的大尺度运动，地球旋转的影响必须考虑。

其次，大气受到地球重力场的作用，使大气质量向地表集中，造成大气密度随高度递减。此外，太阳辐射引起的地面非均匀加热，也造成大气密度的显著变化，这种大气密度的不均匀分布，使大气具有层结特征。对于大尺度大气运动，密度向上递减的大气层结，使大气运动几乎总是重力稳定的，其结果是使平行于局地重力方向的运动受到抑制，这就有助于产生准水平的大尺度运动。同时，稳定层结还使大气大尺度运动具有另一重要特性，即运动的水平尺度远大于其垂直尺度，也就是说，大尺度大气运动发生在非常薄的大气层内，对于这种运动，静力近似高度精确成立。

第三，大气运动过程中凝结潜热的释放是大气运动的一个重要能量源，造成大气运动的发展，增加大气运动的复杂性。

此外，大气的斜压性、准不可压缩性也是大气的重要特性，对大气运动也产生重要影响。

§1.1 旋转大气运动方程组的导出

为考虑地球旋转的影响，对地球大气中的运动，利用旋转坐标系来表示运动方程往往是方便的。在讨论旋转坐标系之前，先给出惯性坐标系或非旋转坐标系中的运动方程组。在惯性坐标系中，牛顿运动定律在连续流体中的形式为

$$\left(\frac{\mathrm{d}\boldsymbol{v}_a}{\mathrm{d}t}\right)_a = \boldsymbol{g}_m - \frac{1}{\rho}(\nabla p)_a + \boldsymbol{F}_a \tag{1.1.1}$$

式中：下标 a 表示惯性坐标系中观测到的量；$\left(\frac{\mathrm{d}\boldsymbol{v}_a}{\mathrm{d}t}\right)_a$ 为惯性坐标系中的加速度；$\boldsymbol{g}_m$ 为地心引力，方向指向地心；$-\frac{1}{\rho}(\nabla p)_a$ 为气压梯度力；$\boldsymbol{F}_a$ 为摩擦力。式(1.1.1)表示，单位质量的外力——地心引力、气压梯度力、摩擦力之和等于加速度。

大气运动时，不仅要遵循式(1.1.1)所示的牛顿运动定律，而且由于在流体的运动过程中，

流体质量也随着重新分布，流体质量场在运动过程中不断变化，这种因运动而引起的流体质量场的变化受质量守恒原理的约束，这就是所谓连续方程。质量守恒原理指的是，在没有质量源、汇的情况下，流体的质量在运动过程中既不产生也不消失。这时，质量守恒条件可用连续方程表示为

$$\left(\frac{\partial \rho}{\partial t}\right)_a + (\nabla \cdot \rho \boldsymbol{v}_a)_a = 0 \tag{1.1.2}$$

它说明，密度的局地变化，是由质量通量 $\rho \boldsymbol{v}_a$ 的散度引起的。式(1.1.2)还可以写为

$$\left(\frac{\mathrm{d}\rho}{\mathrm{d}t}\right)_a + \rho(\nabla \cdot \boldsymbol{v}_a)_a = 0 \tag{1.1.3}$$

对于空气、水这样的牛顿流体，摩擦力 $\boldsymbol{F}_a$ 可以用速度 $\boldsymbol{v}_a$ 来表示，即

$$\boldsymbol{F}_a = \mu(\nabla^2 \boldsymbol{v}_a)_a + \frac{\mu}{3}(\nabla(\nabla \cdot \boldsymbol{v}_a))_a \tag{1.1.4}$$

对密度 ρ 为常数的不可压大气，或者 $\rho=\rho(p)$ 的正压大气，动量方程(1.1.1)和连续方程(1.1.2)或者(1.1.3)就使运动方程组闭合。对于一般的大气状态，$\rho=\rho(T, p)$，运动方程组不闭合，为此引入热力学第一定律

$$c_V\left(\frac{\mathrm{d}T}{\mathrm{d}t}\right)_a + p\left(\frac{\mathrm{d}\alpha}{\mathrm{d}t}\right)_a = \dot{Q} \tag{1.1.5}$$

式中：$\alpha=1/\rho$，为比热容；c_V 为定容比热容。式(1.1.5)说明，外加热量$\dot{Q}$，部分用于增加内能，部分用于做功。

由于增加了温度 T，方程组仍不闭合。对于理想气体，可引入状态方程

$$p = \rho RT \tag{1.1.6}$$

式中 R 为气体常数，它与 c_V 和定压比热容 c_p 有如下关系

$$R = c_p - c_V \tag{1.1.7}$$

利用式(1.1.7)，热流量方程(1.1.5)可以改写为

$$c_p\left(\frac{\mathrm{d}T}{\mathrm{d}t}\right)_a - \alpha\left(\frac{\mathrm{d}p}{\mathrm{d}t}\right)_a = \dot{Q} \tag{1.1.8}$$

式(1.1.8)还可以用位温 θ 来表示。由位温表达式

$$\theta = T\left(\frac{p_0}{p}\right)^{\frac{R}{c_p}} \tag{1.1.9}$$

对其求对数微分，得到

$$\ln\theta = \ln T + \frac{R}{c_p}\ln p_0 - \frac{R}{c_p}\ln p$$

再作个别微分运算，得到

$$\left(\frac{\mathrm{d}\ln\theta}{\mathrm{d}t}\right)_a = \left(\frac{\mathrm{d}\ln T}{\mathrm{d}t}\right)_a - \frac{R}{c_p}\left(\frac{\mathrm{d}\ln p}{\mathrm{d}t}\right)_a \tag{1.1.10}$$

把式(1.1.8)代入式(1.1.10)的右边，即得以位温 θ 表述的热流量方程

$$c_p\left(\frac{\mathrm{d}\ \ln\theta}{\mathrm{d}t}\right)_a=\frac{\dot{Q}}{T} \tag{1.1.11}$$

对于绝热运动，$\dot{Q}=0$，有

$$\left(\frac{\mathrm{d}\theta}{\mathrm{d}t}\right)_a=0 \tag{1.1.12}$$

这表明，在绝热运动中，大气的位温是守恒的。如果进一步利用熵 s 的定义式

$$s=c_p\ln\theta+\text{常数} \tag{1.1.13}$$

则由式(1.1.11)，可以得到

$$\left(\frac{\mathrm{d}s}{\mathrm{d}t}\right)_a=\frac{\dot{Q}}{T} \tag{1.1.14}$$

对于绝热运动，有

$$\left(\frac{\mathrm{d}s}{\mathrm{d}t}\right)_a=0 \tag{1.1.15}$$

可见，在绝热运动中，大气的熵 s 守恒。因此，大气的绝热运动过程，又可称为等熵运动过程。

热流量方程还可以用气压 p 和密度 ρ 来表达。把式(1.1.11)改写为

$$\left(\frac{\mathrm{d}_h\ln\theta}{\mathrm{d}t}\right)_a+\sigma w=\frac{\dot{Q}}{c_pT} \tag{1.1.16}$$

式中：$\sigma=\dfrac{\partial\ln\theta}{\partial z}$ 为一种静力稳定度参数；下标"h"表示二维个别微分。利用位温表达式(1.1.9)，有

$$\left(\frac{\mathrm{d}_h\ln\theta}{\mathrm{d}t}\right)_a=\left(\frac{\mathrm{d}_h\ln T}{\mathrm{d}t}\right)_a-\frac{R}{c_p}\left(\frac{\mathrm{d}_h\ln p}{\mathrm{d}t}\right)_a$$

利用状态方程，$p=\rho RT$，得到

$$\left(\frac{\mathrm{d}_h\ln\theta}{\mathrm{d}t}\right)_a=\frac{1}{\gamma}\left(\frac{\mathrm{d}_h\ln p}{\mathrm{d}t}\right)_a-\left(\frac{\mathrm{d}_h\ln\rho}{\mathrm{d}t}\right)_a \tag{1.1.17}$$

这里，$\gamma=\dfrac{c_p}{c_V}\approx1.4$。因此，由式(1.1.16)有

$$\frac{1}{\gamma}\left(\frac{\mathrm{d}_h\ln p}{\mathrm{d}t}\right)_a-\left(\frac{\mathrm{d}_h\ln\rho}{\mathrm{d}t}\right)_a+\sigma w=\frac{\dot{Q}}{c_pT} \tag{1.1.18}$$

这是热流量方程的又一种表达式。

对于绝热大气过程，这时加热率$\dot{Q}=0$；或者，如果加热$\dot{Q}$只是已知变量 $\boldsymbol{v}_a,p,\rho,T$ 的函数，则方程组(1.1.1)，(1.1.2)或(1.1.3)，(1.1.5)或(1.1.8)或(1.1.11)或(1.1.18)和(1.1.16)构成闭合方程组。六个方程，六个变量，在给定的初始条件和边界条件下，可以求得未来时刻的大气状态。

1.1.1 惯性坐标系和旋转坐标系中变量微分关系

上面我们给出了惯性坐标系中的大气闭合方程组。由于人们总是取固定在地球上并与地球一起转动的参考系来观测和研究大气运动的,而这种旋转参考系是非惯性系。当然,现象本身并不受参考系选择的影响,但是,对现象的描述却取决于坐标系的选择。例如,固定在惯性空间中的物体,对于一个旋转坐标系中的观察者来说却是在旋转,并且,由于其视轨迹的弯曲,因而它们是有加速度的。上面给出的大气运动闭合方程组是在惯性坐标系中得到的,对旋转坐标系是不是适合呢?我们知道,在惯性坐标系和旋转坐标系中,矢量的时间导数是不同的,而标量的时间全导数、矢量和标量的空间导数(如散度、梯度等)是相同的。因此,连续方程(1.1.2)或(1.1.3),状态方程(1.1.6),热流量方程(1.1.5)或(1.1.8)或(1.1.11)或(1.1.18),以及(1.1.4)都不受坐标系选择的影响,具有完全相同的形式,可以直接用于旋转坐标系。为此,去掉表征惯性坐标系的下标"a",立即得到旋转坐标系中的上述连续方程、状态方程和热流量方程等标量方程的表达式。

连续方程为

$$\frac{\mathrm{d}\rho}{\mathrm{d}t}+\rho(\nabla\cdot\boldsymbol{v})=0 \tag{1.1.19}$$

或者

$$\frac{\partial\rho}{\partial t}+\nabla\cdot(\rho\boldsymbol{v})=0 \tag{1.1.20}$$

热流量方程为

$$c_V\frac{\mathrm{d}T}{\mathrm{d}t}+p\frac{\mathrm{d}\alpha}{\mathrm{d}t}=\dot{Q} \tag{1.1.21}$$

$$c_p\frac{\mathrm{d}T}{\mathrm{d}t}-\alpha\frac{\mathrm{d}p}{\mathrm{d}t}=\dot{Q} \tag{1.1.22}$$

$$c_p\frac{\mathrm{d}\ln\theta}{\mathrm{d}t}=\frac{\dot{Q}}{T} \tag{1.1.23}$$

$$\frac{1}{\gamma}\frac{\mathrm{d}_h\ln p}{\mathrm{d}t}-\frac{\mathrm{d}_h\ln\rho}{\mathrm{d}t}+\sigma w=\frac{\dot{Q}}{c_pT} \tag{1.1.24}$$

状态方程仍为式(1.1.6)。

由于矢量的时间导数在惯性坐标系和旋转坐标系中不同,就是说,牛顿运动定律及其导出形式(1.1.1)只在惯性坐标系中才适用,如果需要用旋转坐标系中观测到的量来表示,就必须考虑由于旋转而引起的附加项,即必须考虑地球的旋转效应,建立新的适当形式的运动方程组代替方程(1.1.1)。

下面我们推导惯性坐标系和旋转坐标系中矢量的时间微分之间的关系式。设存在两个直角坐标系:$x'y'z'$和xyz,如图1.1所示,$x'y'z'$为惯性坐标系,xyz为旋转坐标系,其旋转轴为Oz轴。旋转坐标系xyz设以矢量$\boldsymbol{\Omega}$旋转。如果设惯

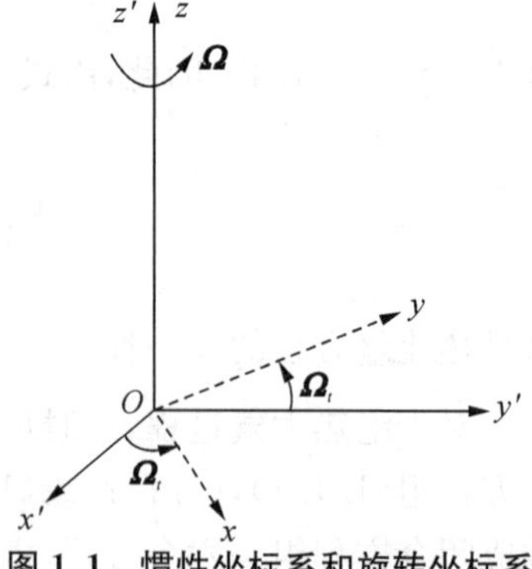

图1.1 惯性坐标系和旋转坐标系

性坐标系中坐标轴的单位矢量为 $\boldsymbol{i}',\boldsymbol{j}',\boldsymbol{k}'$，旋转坐标系的单位矢量为 $\boldsymbol{i},\boldsymbol{j},\boldsymbol{k}$，则由假定可知，$\boldsymbol{i}',\boldsymbol{j}',\boldsymbol{k}'$ 不随时间 t 变化，而 $\boldsymbol{i},\boldsymbol{j},\boldsymbol{k}$ 的方向在不断随时间 t 变化。对于任意一个矢量 $\boldsymbol{Q}$，在这两个坐标系中可以表示为

$$\boldsymbol{Q} = Q'_x\boldsymbol{i}' + Q'_y\boldsymbol{j}' + Q'_z\boldsymbol{k}' = Q_x\boldsymbol{i} + Q_y\boldsymbol{j} + Q_z\boldsymbol{k} \tag{1.1.25}$$

式中：Q'_x,Q'_y,Q'_z 为 $\boldsymbol{Q}$ 在惯性坐标系中的分量；Q_x,Q_y,Q_z 为 $\boldsymbol{Q}$ 在旋转坐标中的分量。矢量 $\boldsymbol{Q}$ 在旋转坐标系中的时间微分如用 $\left(\dfrac{\mathrm{d}\boldsymbol{Q}}{\mathrm{d}t}\right)_r$ 表示，则有

$$\left(\frac{\mathrm{d}\boldsymbol{Q}}{\mathrm{d}t}\right)_r = \left(\frac{\mathrm{d}Q_x}{\mathrm{d}t}\right)_r\boldsymbol{i} + \left(\frac{\mathrm{d}Q_y}{\mathrm{d}t}\right)_r\boldsymbol{j} + \left(\frac{\mathrm{d}Q_z}{\mathrm{d}t}\right)_r\boldsymbol{k} \tag{1.1.26}$$

因为在该坐标系中，单位矢量 $\boldsymbol{i},\boldsymbol{j},\boldsymbol{k}$ 是固定不变的，因此该式对一个与旋转坐标系相对静止的观察者成立。对于非旋转的观察者来说，$\boldsymbol{Q}$ 的分量和单位矢量都在随时间变化。如用 $\left(\dfrac{\mathrm{d}\boldsymbol{Q}}{\mathrm{d}t}\right)_a$ 表示惯性坐标系中的时间微分，并把 $\boldsymbol{Q}$ 在旋转坐标系 xyz 中的表达式代入 $\left(\dfrac{\mathrm{d}\boldsymbol{Q}}{\mathrm{d}t}\right)_a$ 中的 $\boldsymbol{Q}$，则有

$$\left(\frac{\mathrm{d}\boldsymbol{Q}}{\mathrm{d}t}\right)_a = \left(\frac{\mathrm{d}Q_x}{\mathrm{d}t}\right)_a\boldsymbol{i} + \left(\frac{\mathrm{d}Q_y}{\mathrm{d}t}\right)_a\boldsymbol{j} + \left(\frac{\mathrm{d}Q_z}{\mathrm{d}t}\right)_a\boldsymbol{k} + Q_x\left(\frac{\mathrm{d}\boldsymbol{i}}{\mathrm{d}t}\right)_a + Q_y\left(\frac{\mathrm{d}\boldsymbol{j}}{\mathrm{d}t}\right)_a + Q_z\left(\frac{\mathrm{d}\boldsymbol{k}}{\mathrm{d}t}\right)_a \tag{1.1.27}$$

前面我们已经指出，在惯性坐标系和旋转坐标系中，标量的时间全导数是相同的。因此，式(1.1.27)右边的前三项的下标可以换为 r，即有

$$\left(\frac{\mathrm{d}\boldsymbol{Q}}{\mathrm{d}t}\right)_a = \left(\frac{\mathrm{d}Q_x}{\mathrm{d}t}\right)_r\boldsymbol{i} + \left(\frac{\mathrm{d}Q_y}{\mathrm{d}t}\right)_r\boldsymbol{j} + \left(\frac{\mathrm{d}Q_z}{\mathrm{d}t}\right)_r\boldsymbol{k} + Q_x\left(\frac{\mathrm{d}\boldsymbol{i}}{\mathrm{d}t}\right)_a + Q_y\left(\frac{\mathrm{d}\boldsymbol{j}}{\mathrm{d}t}\right)_a + Q_z\left(\frac{\mathrm{d}\boldsymbol{k}}{\mathrm{d}t}\right)_a \tag{1.1.28}$$

可见，要得出矢量 $\boldsymbol{Q}$ 在两个坐标系中时间微分的关系式，必须求出旋转坐标系的单位矢量在惯性坐标系中的时间微分表达式。为此，考虑单位矢量 $\boldsymbol{A}$（可以是 $\boldsymbol{i},\boldsymbol{j}$ 或 $\boldsymbol{k}$），它以角速度 $\boldsymbol{\Omega}$ 旋转（图 1.2）。设在 t 时刻 $\boldsymbol{A}$ 与 $\boldsymbol{\Omega}$ 之间的夹角为 γ，经过 Δt 时间，$\boldsymbol{A}$ 转动的角度为 $\Delta\theta = |\boldsymbol{\Omega}|\Delta t$，由图 1.3 显见，这时 $\boldsymbol{A}$ 的变化 $\Delta\boldsymbol{A}$ 为

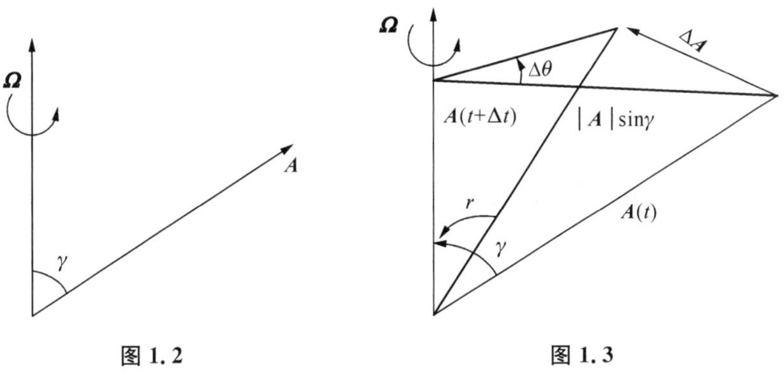

图 1.2　　图 1.3

$$\Delta\boldsymbol{A} = \boldsymbol{A}(t+\Delta t) - \boldsymbol{A}(t) = \boldsymbol{n}\mid\boldsymbol{A}\mid\Delta\theta\sin\gamma \tag{1.1.29}$$

式中 $\boldsymbol{n}$ 为 $\Delta\boldsymbol{A}$ 的单位矢量。显然，它垂直于 $\boldsymbol{A}$ 和 $\boldsymbol{\Omega}$，由关系式

$$\boldsymbol{n} = \frac{\boldsymbol{\Omega} \wedge \boldsymbol{A}}{|\boldsymbol{\Omega} \wedge \boldsymbol{A}|} \tag{1.1.30}$$

决定。由于

$$\left(\frac{\mathrm{d}\boldsymbol{A}}{\mathrm{d}t}\right)_a = \lim_{\Delta t \to 0} \frac{\Delta \boldsymbol{A}}{\Delta t} = \boldsymbol{n} \mid \boldsymbol{A} \mid \sin\gamma \frac{\mathrm{d}\theta}{\mathrm{d}t}$$

而$\frac{\mathrm{d}\theta}{\mathrm{d}t}=|\boldsymbol{\Omega}|$,且$|\boldsymbol{\Omega}\wedge\boldsymbol{A}|=|\boldsymbol{\Omega}||\boldsymbol{A}|\sin\gamma$,因此对于以角速度 $\boldsymbol{\Omega}$ 旋转的单位矢量 $\boldsymbol{A}$,有关系式

$$\left(\frac{\mathrm{d}\boldsymbol{A}}{\mathrm{d}t}\right)_a = \boldsymbol{\Omega} \wedge \boldsymbol{A} \tag{1.1.31}$$

成立。

把式(1.1.31)分别用于单位矢量 $\boldsymbol{i},\boldsymbol{j},\boldsymbol{k}$,得到

$$\begin{aligned} \left(\frac{\mathrm{d}\boldsymbol{i}}{\mathrm{d}t}\right)_a &= \boldsymbol{\Omega} \wedge \boldsymbol{i} \\ \left(\frac{\mathrm{d}\boldsymbol{j}}{\mathrm{d}t}\right)_a &= \boldsymbol{\Omega} \wedge \boldsymbol{j} \\ \left(\frac{\mathrm{d}\boldsymbol{k}}{\mathrm{d}t}\right)_a &= \boldsymbol{\Omega} \wedge \boldsymbol{k} \end{aligned} \tag{1.1.32}$$

代入式(1.1.28),并利用式(1.1.25,1.1.26),得到

$$\left(\frac{\mathrm{d}\boldsymbol{Q}}{\mathrm{d}t}\right)_a = \left(\frac{\mathrm{d}\boldsymbol{Q}}{\mathrm{d}t}\right)_r + \boldsymbol{\Omega} \wedge \boldsymbol{Q} \tag{1.1.33}$$

式(1.1.33)虽然是在 $\boldsymbol{\Omega}$ 为常矢量的假定下导得的,但是实际上,对 $\boldsymbol{\Omega}$ 的大小和方向都发生变化的情形,式(1.1.33)仍然适用。因为,如果取式(1.1.33)中的 $\boldsymbol{Q}=\boldsymbol{\Omega}$,则有

$$\left(\frac{\mathrm{d}\boldsymbol{\Omega}}{\mathrm{d}t}\right)_a = \left(\frac{\mathrm{d}\boldsymbol{\Omega}}{\mathrm{d}t}\right)_r + \boldsymbol{\Omega} \wedge \boldsymbol{\Omega}$$

而 $\boldsymbol{\Omega}\wedge\boldsymbol{\Omega}\equiv 0$,因此

$$\left(\frac{\mathrm{d}\boldsymbol{\Omega}}{\mathrm{d}t}\right)_a = \left(\frac{\mathrm{d}\boldsymbol{\Omega}}{\mathrm{d}t}\right)_r$$

也就是说,在惯性坐标系和旋转坐标系中观察到的 $\boldsymbol{\Omega}$ 的时间变化是相同的。这说明,$\boldsymbol{\Omega}$ 的变化并不影响式(1.1.33)的成立。

式(1.1.1)中的速度和加速度都是矢量,它们与坐标系的选择有关。为了得到惯性坐标系和旋转坐标系中速度和加速度的关系,用位置矢量 $\boldsymbol{r}$ 代替式(1.1.33)中的 $\boldsymbol{Q}$,得到

$$\left(\frac{\mathrm{d}\boldsymbol{r}}{\mathrm{d}t}\right)_a = \left(\frac{\mathrm{d}\boldsymbol{r}}{\mathrm{d}t}\right)_r + \boldsymbol{\Omega} \wedge \boldsymbol{r} \tag{1.1.34}$$

记 $\boldsymbol{v}_a=\left(\frac{\mathrm{d}\boldsymbol{r}}{\mathrm{d}t}\right)_a$ 为惯性坐标系中的速度,$\boldsymbol{v}=\left(\frac{\mathrm{d}\boldsymbol{r}}{\mathrm{d}t}\right)_r$ 为相对于旋转坐标系中的速度。因此,式(1.1.34)可写为

$$\boldsymbol{v}_a = \boldsymbol{v} + \boldsymbol{\Omega} \wedge \boldsymbol{r} \tag{1.1.35}$$

也就是说，惯性坐标系中看到的速度等于旋转坐标系中看到的速度加上由于坐标系的转动而引起的速度 $\boldsymbol{\Omega} \wedge \boldsymbol{r}$。

与此相类似，令 $\boldsymbol{Q} = \boldsymbol{v}_a$，代入式(1.1.33)，得到

$$\left(\frac{\mathrm{d}\boldsymbol{v}_a}{\mathrm{d}t}\right)_a = \left(\frac{\mathrm{d}\boldsymbol{v}_a}{\mathrm{d}t}\right)_r + \boldsymbol{\Omega} \wedge \boldsymbol{v}_a \tag{1.1.36}$$

式(1.1.36)右边的 $\boldsymbol{v}_a$ 用式(1.1.35)代入，得到

$$\left(\frac{\mathrm{d}\boldsymbol{v}_a}{\mathrm{d}t}\right)_a = \left(\frac{\mathrm{d}\boldsymbol{v}}{\mathrm{d}t}\right)_r + 2\boldsymbol{\Omega} \wedge \boldsymbol{v} + \boldsymbol{\Omega} \wedge (\boldsymbol{\Omega} \wedge \boldsymbol{r}) + \left(\frac{\mathrm{d}\boldsymbol{\Omega}}{\mathrm{d}t}\right)_r \wedge \boldsymbol{r} \tag{1.1.37}$$

式(1.1.37)中的最后一项除了对时间尺度很长的现象有影响外，对于一般的大气和海洋的运动过程，影响很小，可以略去，或者说可以认为 $\boldsymbol{\Omega}$ 是不变的常矢量。因此，式(1.1.37)可以写为

$$\left(\frac{\mathrm{d}\boldsymbol{v}_a}{\mathrm{d}t}\right)_a = \left(\frac{\mathrm{d}\boldsymbol{v}}{\mathrm{d}t}\right)_r + 2\boldsymbol{\Omega} \wedge \boldsymbol{v} + \boldsymbol{\Omega} \wedge (\boldsymbol{\Omega} \wedge \boldsymbol{r}) \tag{1.1.38}$$

式中：$\left(\frac{\mathrm{d}\boldsymbol{v}}{\mathrm{d}t}\right)_r$ 为旋转坐标系中观测到的加速度；$2\boldsymbol{\Omega} \wedge \boldsymbol{v}$ 为柯里奥利(Coriolis)加速度；$\boldsymbol{\Omega} \wedge (\boldsymbol{\Omega} \wedge \boldsymbol{r})$为向心加速度。向心加速度项还可以改写，如图 1.4 所示，设 $\boldsymbol{R}$ 为垂直于转动轴的矢量，其值等于物体到转动轴的距离，由于

$$\boldsymbol{\Omega} \wedge \boldsymbol{r} = \boldsymbol{\Omega} \wedge \boldsymbol{R}$$

利用矢量叉乘公式

$$\boldsymbol{A} \wedge (\boldsymbol{B} \wedge \boldsymbol{C}) = (\boldsymbol{A} \cdot \boldsymbol{C})\boldsymbol{B} - (\boldsymbol{A} \cdot \boldsymbol{B})\boldsymbol{C}$$

得到

$$\boldsymbol{\Omega} \wedge (\boldsymbol{\Omega} \wedge \boldsymbol{r}) = -\Omega^2 \boldsymbol{R} \tag{1.1.39}$$

式中 $\Omega = |\boldsymbol{\Omega}|$。式(1.1.38)中，柯氏加速度 $2\boldsymbol{\Omega} \wedge \boldsymbol{v}$ 和向心加速度 $-\Omega^2\boldsymbol{R}$ 是由于旋转坐标系的旋转效应引起的附加项。

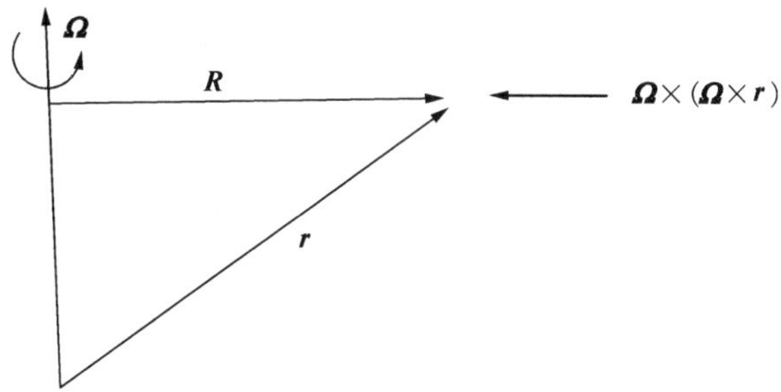

图 1.4　向心加速度

考虑到惯性坐标系和旋转坐标系中的空间导数是相同的，并利用式(1.1.38，1.1.39)，式(1.1.1)可以改写为(略去下标“r”)

$$\frac{\mathrm{d}\boldsymbol{v}}{\mathrm{d}t}+2\boldsymbol{\Omega}\wedge\boldsymbol{v}-\Omega^2\boldsymbol{R}=\boldsymbol{g}_m-\frac{1}{\rho}\nabla p+\boldsymbol{F} \tag{1.1.40}$$

把式(1.1.40)的柯氏加速度和向心加速度移到公式的右边,得到

$$\frac{\mathrm{d}\boldsymbol{v}}{\mathrm{d}t}=-2\boldsymbol{\Omega}\wedge\boldsymbol{v}+\Omega^2\boldsymbol{R}+\boldsymbol{g}_m-\frac{1}{\rho}\nabla p+\boldsymbol{F} \tag{1.1.41}$$

式(1.1.41)右边第一项$-2\boldsymbol{\Omega}\wedge\boldsymbol{v}$称为柯氏力,它有下列特性:(1) $-2\boldsymbol{\Omega}\wedge\boldsymbol{v}$垂直于地转轴,它位于纬圈平面内;(2) $-2\boldsymbol{\Omega}\wedge\boldsymbol{v}$垂直于运动速度$\boldsymbol{v}$,它只改变运动的方向,不改变速度的大小,因此它不做功。对于北半球的观测者来说,柯氏力$-2\boldsymbol{\Omega}\wedge\boldsymbol{v}$是使运动的物体向右偏转的力,因此它又被称为折向力或地转偏转力,这是一种视示力。

式(1.1.41)右边第二项$\Omega^2\boldsymbol{R}$称为离心力,它垂直于地轴。地心引力$\boldsymbol{g}_m$指向地心。由于地球是近似的椭球体,因此$\boldsymbol{g}_m$并不垂直于地面。任何物体(静止的或运动的)都受到重力$\boldsymbol{g}$的作用,这重力$\boldsymbol{g}$是地心引力$\boldsymbol{g}_m$和离心力$\Omega^2\boldsymbol{R}$的矢量和(图1.5),即

$$\boldsymbol{g}=\boldsymbol{g}_m+\Omega^2\boldsymbol{R} \tag{1.1.42}$$

重力$\boldsymbol{g}$在任何地点都与水平面相垂直。

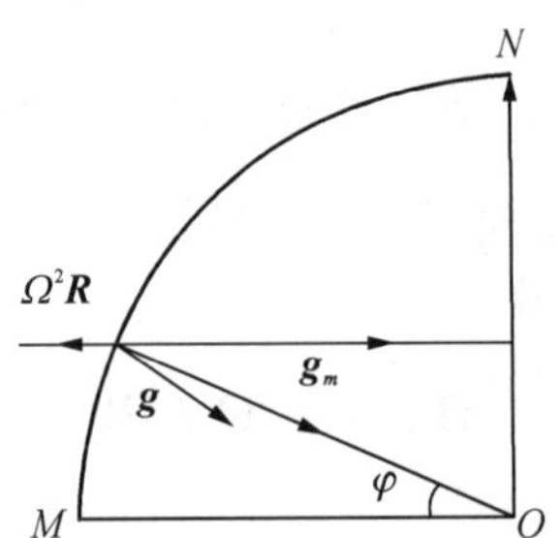

图 1.5　地心引力与重力的关系

利用式(1.1.42),由式(1.1.41)得到旋转坐标系中的运动方程为

$$\frac{\mathrm{d}\boldsymbol{v}}{\mathrm{d}t}=-\frac{1}{\rho}\nabla p-2\boldsymbol{\Omega}\wedge\boldsymbol{v}+\boldsymbol{g}+\boldsymbol{F} \tag{1.1.43}$$

至此,我们得到了旋转坐标系中的闭合方程组,即(1.1.43),(1.1.19)或(1.1.20),(1.1.22)或(1.1.23),以及(1.1.6)。

1.1.2　局地直角坐标系中的运动方程组

上面给出的大气运动方程是矢量形式,这种形式便于物理意义的解释,但是并不适合于具体计算。具体计算时,最方便的是分量形式,因此还需把运动方程写成分量形式。

有一种直角坐标系称为局地直角坐标系,简称z坐标。这种坐标系的坐标原点取在地球表面某点o处,z轴与地面相垂直,指向天顶为正,x轴和y轴组成的平面切于地面上的o点,x轴向东为正,y轴向北为正(图 1.6)。这是一种随地球转动而运动的正交坐标系,它的单位矢量方向不是固定不变的,而是随地球上所在位置的改变而改变。由于z轴不与地转轴相重,因此地转角速度$\boldsymbol{\Omega}$在z坐标系中不再是常量。由图 1.7 显见,它可以写成为

$$\boldsymbol{\Omega}=o\boldsymbol{i}+\Omega\cos\varphi\boldsymbol{j}+\Omega\sin\varphi\boldsymbol{k}$$

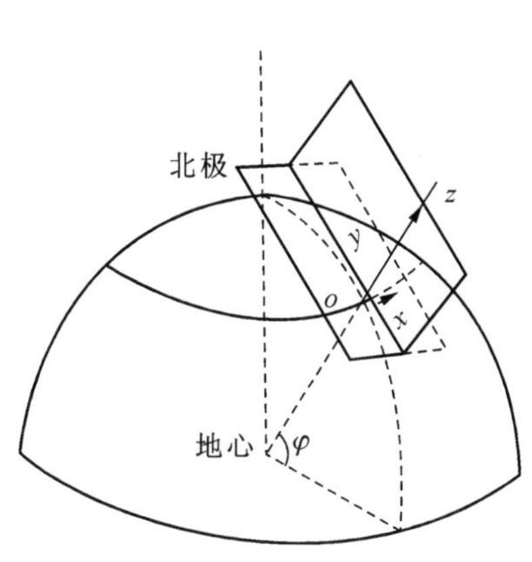

图 1.6　局地直角坐标系

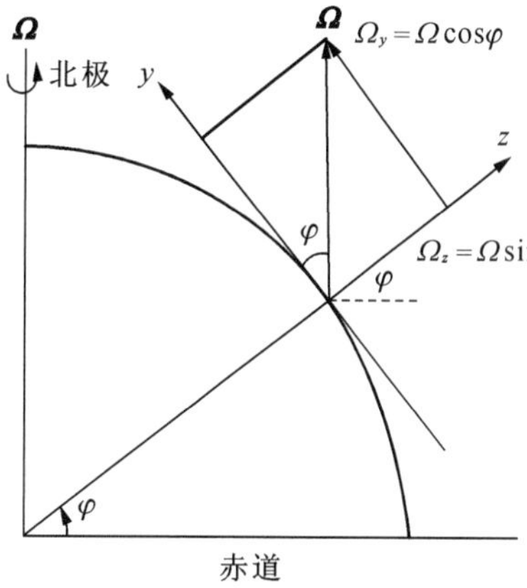

图 1.7　柯氏力的两个分量

其中 $\boldsymbol{i},\boldsymbol{j},\boldsymbol{k}$ 分别为沿 x,y,z 轴的单位矢量。相应地，风速 $\boldsymbol{v}$ 可以写成 $\boldsymbol{v}=u\boldsymbol{i}+v\boldsymbol{j}+w\boldsymbol{k}$，其中 u,v,w 分别为风速的 x,y,z 分量。因此，柯氏力可以写成

$$-2\boldsymbol{\Omega}\wedge\boldsymbol{v}=-2\Omega[(w\cos\varphi-v\sin\varphi)\boldsymbol{i}+u\sin\varphi\boldsymbol{j}-u\cos\varphi\boldsymbol{k}]$$

重力 $\boldsymbol{g}=-g\boldsymbol{k}$，摩擦力 $\boldsymbol{F}=F_x\boldsymbol{i}+F_y\boldsymbol{j}+F_z\boldsymbol{k}$。由于在局地直角坐标系中，变量的微分并不改变，因此可以把运动方程(1.1.43)写成分量形式

$$\begin{cases}\dfrac{\mathrm{d}u}{\mathrm{d}t}=-\dfrac{1}{\rho}\dfrac{\partial p}{\partial x}+2\Omega\sin\varphi v-2\Omega\cos\varphi w+F_x\\[2ex]\dfrac{\mathrm{d}v}{\mathrm{d}t}=-\dfrac{1}{\rho}\dfrac{\partial p}{\partial y}-2\Omega\sin\varphi u+F_y\\[2ex]\dfrac{\mathrm{d}w}{\mathrm{d}t}=-\dfrac{1}{\rho}\dfrac{\partial p}{\partial z}+2\Omega\cos\varphi u-g+F_z\end{cases}\tag{1.1.44}$$

这就是描述旋转地球大气运动的分量运动方程。连续方程和热流量方程仍维持原有形式。在式(1.1.44)中，算符 $\dfrac{\mathrm{d}}{\mathrm{d}t}=\dfrac{\partial}{\partial t}+\boldsymbol{v}\cdot\nabla$，其中 $\dfrac{\mathrm{d}}{\mathrm{d}t}$ 称为个别变化(物质微分)，$\dfrac{\partial}{\partial t}$ 称为局地变化，$\boldsymbol{v}\cdot\nabla$ 为平流变化。

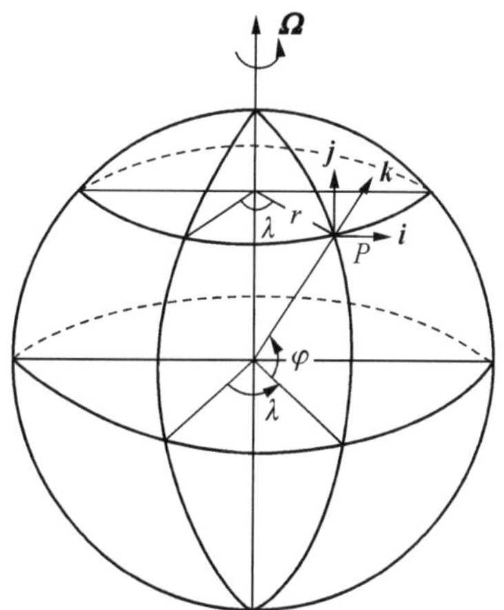

图 1.8　球坐标系

1.1.3　球坐标系中的运动方程组

1. 球坐标系中的运动分量方程

由于在气象问题中，地球形状与球形的差别完全可以忽略，因此研究地球大气运动，用球坐标最方便。图 1.8 是球坐标系的示意图。球坐标由三个变量 (λ,φ,r) 组成，λ 为经度，φ 为纬度，r 为离地心的距离。单位矢量 $\boldsymbol{i},\boldsymbol{j},\boldsymbol{k}$ 分别由 P 点指向东、向北和向上方向。速度 $\boldsymbol{v}$ 写为

$$\boldsymbol{v}=u\boldsymbol{i}+v\boldsymbol{j}+w\boldsymbol{k}$$

由于局地直角坐标系的坐标 (x,y,z) 与球坐标 (λ,φ,r) 之间有如下关系：$\mathrm{d}x=r\cos\varphi\mathrm{d}\lambda$，$\mathrm{d}y=$

$r\mathrm{d}\varphi$, $\mathrm{d}z=\mathrm{d}r$,因此风速分量 u,v,w 可以写为

$$\begin{cases} u = r\cos\varphi \dfrac{\mathrm{d}\lambda}{\mathrm{d}t} \\ v = r\dfrac{\mathrm{d}\varphi}{\mathrm{d}t} \\ w = \dfrac{\mathrm{d}r}{\mathrm{d}t} \end{cases} \tag{1.1.45}$$

如前所述,单位矢量 $\boldsymbol{i},\boldsymbol{j},\boldsymbol{k}$ 的方向是地球上位置的函数。因此,当把加速度矢量展成球坐标分量时,必须考虑单位矢量的方向对于位置的函数关系。把加速度写成分量形式

$$\frac{\mathrm{d}\boldsymbol{v}}{\mathrm{d}t} = \frac{\mathrm{d}u}{\mathrm{d}t}\boldsymbol{i} + \frac{\mathrm{d}v}{\mathrm{d}t}\boldsymbol{j} + \frac{\mathrm{d}w}{\mathrm{d}t}\boldsymbol{k} + u\frac{\mathrm{d}\boldsymbol{i}}{\mathrm{d}t} + v\frac{\mathrm{d}\boldsymbol{j}}{\mathrm{d}t} + w\frac{\mathrm{d}\boldsymbol{k}}{\mathrm{d}t} \tag{1.1.46}$$

要得到分量方程,必须计算单位矢量的变化率。由于 $\boldsymbol{i}$ 始终指向东,因此它的方向只是 x 的函数,而与 y,z 和 t 无关。由此可以写出

$$\frac{\mathrm{d}\boldsymbol{i}}{\mathrm{d}t} = u\frac{\partial \boldsymbol{i}}{\partial x}$$

由图 1.9 可见

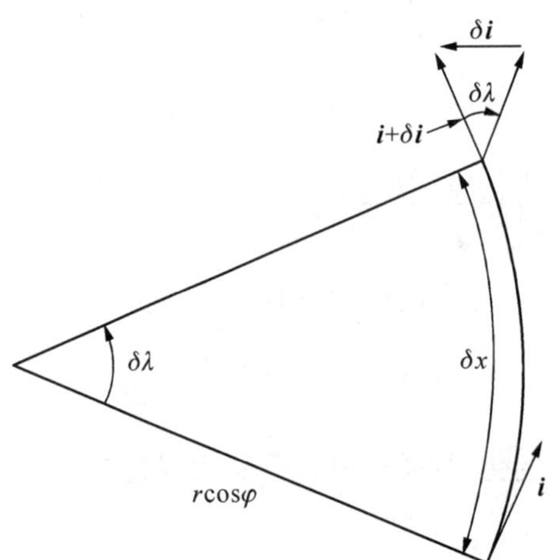

图 1.9　*i* 随经度的变化

$$\left|\frac{\partial \boldsymbol{i}}{\partial x}\right| = \lim_{\delta x\to 0}\frac{|\delta \boldsymbol{i}|}{\delta x} = \frac{1}{r\cos\varphi}$$

$\delta\boldsymbol{i}$ 的方向是指向旋转轴的。因而,由图 1.10 知

$$\frac{\partial \boldsymbol{i}}{\partial x} = \frac{1}{r\cos\varphi}(\sin\varphi\boldsymbol{j} - \cos\varphi\boldsymbol{k})$$

因此

$$\frac{\mathrm{d}\boldsymbol{i}}{\mathrm{d}t} = \frac{u}{r\cos\varphi}(\sin\varphi\boldsymbol{j} - \cos\varphi\boldsymbol{k}) \tag{1.1.47}$$

由于 $\boldsymbol{j}$ 只是 x 和 y 函数,因此

$$\frac{\mathrm{d}\boldsymbol{j}}{\mathrm{d}t}=u\frac{\partial \boldsymbol{j}}{\partial x}+v\frac{\partial \boldsymbol{j}}{\partial y}$$

由图 1.11 可知

$$\left|\frac{\partial \boldsymbol{j}}{\partial x}\right|=\lim_{\delta x\to 0}\frac{|\delta \boldsymbol{j}|}{\delta x}=\lim_{\delta x\to 0}|\boldsymbol{j}|\frac{\delta\alpha}{\delta x}$$

而 $\delta x=r\delta\alpha/\tan\varphi$,所以

$$\left|\frac{\partial \boldsymbol{j}}{\partial x}\right|=\frac{\tan\varphi}{r}$$

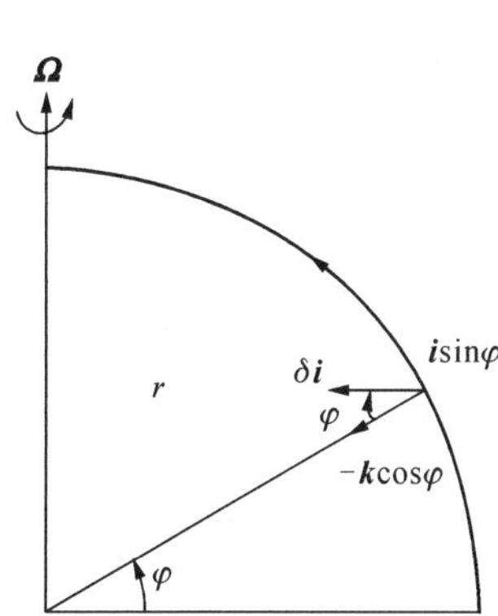

图 1.10　$\delta \boldsymbol{i}$ 分解为向北和垂直分量

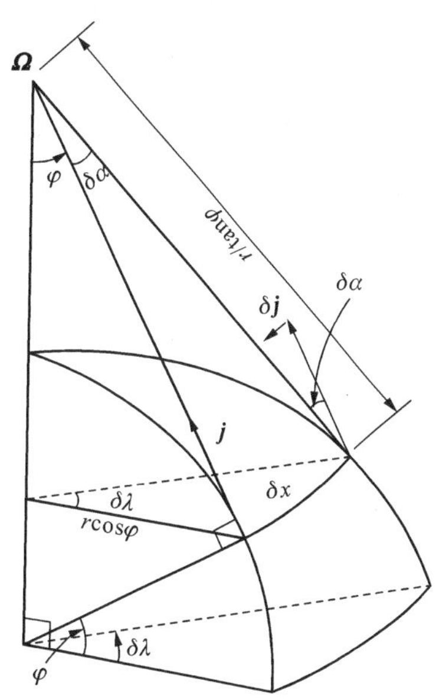

图 1.11　$\boldsymbol{j}$ 随经度的变化

由于 $\delta \boldsymbol{j}$ 的方向是负 x 方向,因此有

$$\frac{\partial \boldsymbol{j}}{\partial x}=-\frac{\tan\varphi}{r}\boldsymbol{i}$$

同时,由图 1.12 易知,$|\delta \boldsymbol{j}|=|\boldsymbol{j}|\delta\varphi$,$\delta \boldsymbol{j}$ 的方向是负 $\boldsymbol{k}$ 方向。因此

$$\frac{\partial \boldsymbol{j}}{\partial y}=-\frac{\boldsymbol{k}}{r}$$

于是

$$\frac{\mathrm{d}\boldsymbol{j}}{\mathrm{d}t}=-\frac{u\tan\varphi}{r}\boldsymbol{i}-\frac{v}{r}\boldsymbol{k}\tag{1.1.48}$$

由于 $\boldsymbol{k}$ 只是 x 和 y 的函数,因此有

$$\frac{\mathrm{d}\boldsymbol{k}}{\mathrm{d}t}=u\frac{\partial \boldsymbol{k}}{\partial x}+v\frac{\partial \boldsymbol{k}}{\partial y}$$

由图 1.13 知

$$\left|\frac{\partial \boldsymbol{k}}{\partial x}\right| = \lim_{\delta x \to 0} \frac{|\boldsymbol{k}|}{\delta x}\delta\beta = \frac{1}{r}$$

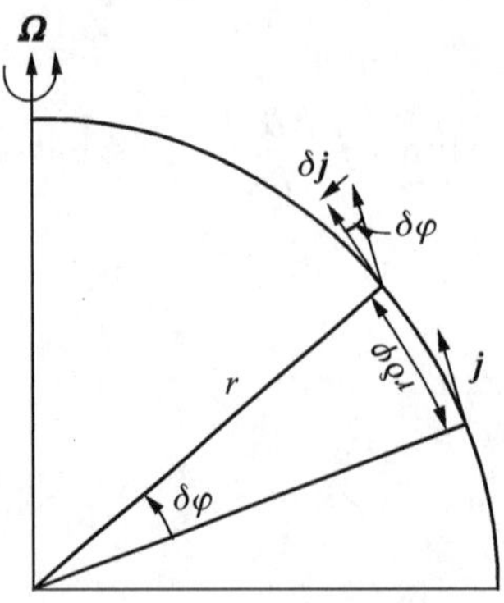

图 1.12　j 随纬度的变化

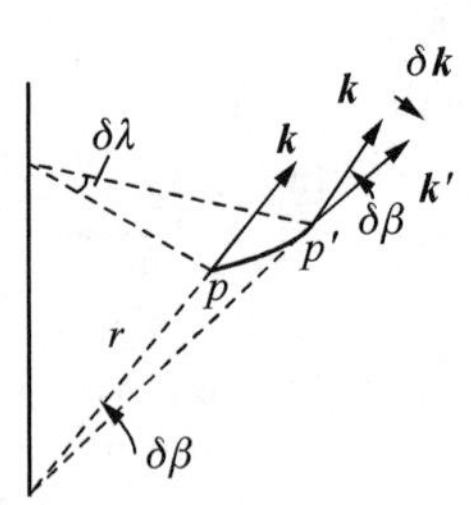

图 1.13　k 随经度的变化

其方向为 $\boldsymbol{i}$；由图 1.14 知

$$\left|\frac{\partial \boldsymbol{k}}{\partial y}\right| = \lim_{\delta y \to 0} |\boldsymbol{k}| \frac{\delta\varphi}{\delta y} = \frac{1}{r}$$

其方向为 $\boldsymbol{j}$，因此

$$\frac{\mathrm{d}\boldsymbol{k}}{\mathrm{d}t} = \frac{u}{r}\boldsymbol{i} + \frac{v}{r}\boldsymbol{j} \tag{1.1.49}$$

将式(1.1.47～1.1.49)代入式(1.1.46)，得到

$$\frac{\mathrm{d}\boldsymbol{v}}{\mathrm{d}t} = \left(\frac{\mathrm{d}u}{\mathrm{d}t} - \frac{uv}{r}\tan\varphi + \frac{uw}{r}\right)\boldsymbol{i} + \left(\frac{\mathrm{d}v}{\mathrm{d}t} + \frac{u^2}{r}\tan\varphi + \frac{vw}{r}\right)\boldsymbol{j} + \left(\frac{\mathrm{d}w}{\mathrm{d}t} - \frac{u^2+v^2}{r}\right)\boldsymbol{k} \tag{1.1.50}$$

为了得到球坐标中的分量方程，还须给出各种力在球坐标中的分量形式。前面我们已经给出了柯氏力的分量形式，摩擦力 $\boldsymbol{F}$ 可简单地用 $\boldsymbol{F} = F_\lambda \boldsymbol{i} + F_\varphi \boldsymbol{j} + F_r \boldsymbol{k}$ 表示，重力 $\boldsymbol{g} = -g\boldsymbol{k}$。气压梯度力 $-\frac{1}{\rho}\nabla p$ 容易写出

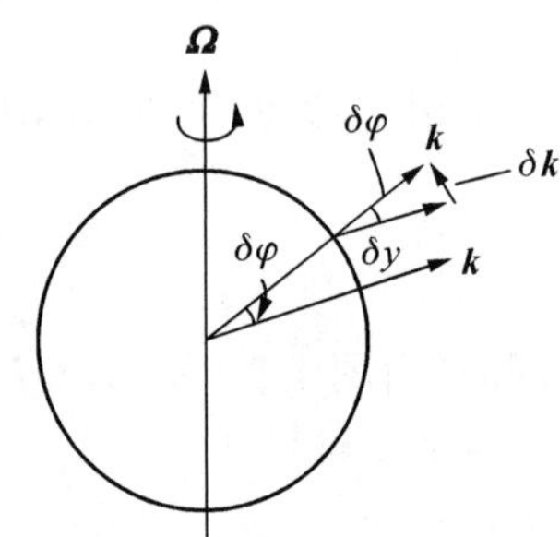

图 1.14　k 随纬度的变化

$$-\frac{1}{\rho}\nabla p = -\frac{1}{\rho r\cos\varphi}\frac{\partial p}{\partial \lambda}\boldsymbol{i} - \frac{1}{\rho r}\frac{\partial p}{\partial \varphi}\boldsymbol{j} - \frac{1}{\rho}\frac{\partial p}{\partial r}\boldsymbol{k}$$

由此得到球坐标中的运动方程分量形式为

$$\frac{\mathrm{d}u}{\mathrm{d}t} + 2\Omega(w\cos\varphi - v\sin\varphi) - \frac{uv}{r}\tan\varphi + \frac{uw}{r} = -\frac{1}{\rho r\cos\varphi}\frac{\partial p}{\partial \lambda} + F_\lambda \tag{1.1.51}$$

$$\frac{\mathrm{d}v}{\mathrm{d}t} + 2\Omega u\sin\varphi + \frac{u^2}{r}\tan\varphi + \frac{vw}{r} = -\frac{1}{\rho r}\frac{\partial p}{\partial \varphi} + F_\varphi \tag{1.1.52}$$

$$\frac{\mathrm{d}w}{\mathrm{d}t}-\frac{u^2+v^2}{r}-2\Omega u\cos\varphi=-\frac{1}{\rho}\frac{\partial p}{\partial r}-g+F_r \tag{1.1.53}$$

式(1.1.51～1.1.53)构成了球坐标系中运动方程的分量形式,方程中左边与 r 成反比的各项称为曲率项,因为它们是由地球的曲率引起的。对于天气尺度的运动而言,这些项的量级都很小,约为 $10^{-3}\sim10^{-6}$ cm/s²,比柯氏力和气压梯度力项至少小两个量级以上,因此常常可以略去。

至此,我们还没有给出球坐标中时间全导数$\frac{\mathrm{d}}{\mathrm{d}t}$与局地时间导数之间的关系。根据定义,在球坐标$(\lambda,\varphi,r)$中,有

$$\frac{\mathrm{d}}{\mathrm{d}t}=\frac{\partial}{\partial t}+\dot{\lambda}\frac{\partial}{\partial\lambda}+\dot{\varphi}\frac{\partial}{\partial\varphi}+\dot{r}\frac{\partial}{\partial r}$$

由式(1.1.45),上式可以写为

$$\frac{\mathrm{d}}{\mathrm{d}t}=\frac{\partial}{\partial t}+\frac{u}{r\cos\varphi}\frac{\partial}{\partial\lambda}+\frac{v}{r}\frac{\partial}{\partial\varphi}+w\frac{\partial}{\partial r} \tag{1.1.54}$$

这就是球坐标系中时间全导数的表达式。

2. 球坐标系中的连续方程

下面推导球坐标中的连续方程。考虑图 1.15 所示的流体元,并设其中不存在质量源或汇。该流体元的体积由图易知为 $r^2\delta r\delta\varphi\cos\varphi\delta\lambda$,在 $\boldsymbol{k}$ 方向上,单位时间流进该体积元的质量为 $\rho wr^2\delta\varphi\delta\lambda$,流出的质量为 $\rho wr^2\delta\varphi\delta\lambda+\frac{\partial}{\partial r}(\rho wr^2)\delta r\delta\varphi\delta\lambda$。因此,在 $\boldsymbol{k}$ 方向上单位体积中质量的增加率为

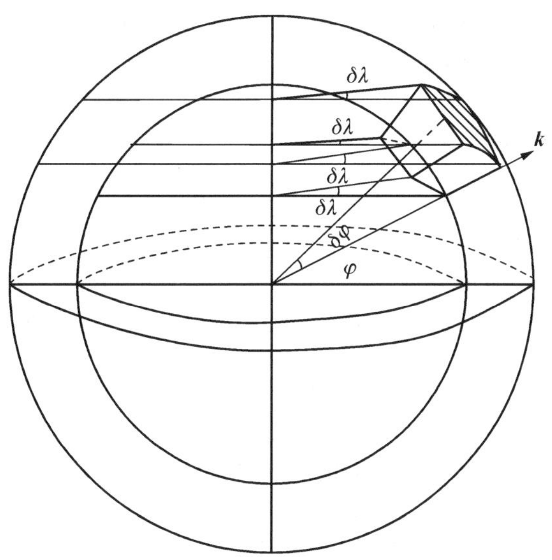

图 1.15　球坐标的流体元

$$-\frac{\partial}{\partial r}(\rho wr^2)\frac{\delta r\delta\varphi\delta\lambda}{r^2\delta r\delta\varphi\delta\lambda}=-\frac{1}{r^2}\frac{\partial}{\partial r}(\rho wr^2)$$

同理，可得到 i 和 j 方向上单位体积中质量的增加率分别为

$$-\frac{1}{r\cos\varphi}\frac{\partial}{\partial\lambda}(\rho u)\ \text{和}\ -\frac{1}{r\cos\varphi}\frac{\partial}{\partial\varphi}(\rho v\cos\varphi)$$

从而得到该体积元内单位体积总的质量增加率为

$$-\left[\frac{1}{r^2}\frac{\partial}{\partial r}(\rho w r^2)+\frac{1}{r\cos\varphi}\frac{\partial}{\partial\lambda}(\rho u)+\frac{1}{r\cos\varphi}\frac{\partial}{\partial\varphi}(\rho v\cos\varphi)\right]$$

它应等于该体积元内单位体积单位时间的质量增加，即$\frac{\partial\rho}{\partial t}$。由此得到球坐标中的连续方程为

$$\frac{\partial\rho}{\partial t}+\frac{1}{r\cos\varphi}\left[\frac{\partial}{\partial\lambda}(\rho u)+\frac{\partial}{\partial\varphi}(\rho v\cos\varphi)\right]+\frac{1}{r^2}\frac{\partial}{\partial r}(\rho w r^2)=0 \tag{1.1.55}$$

3. 球坐标系中的热流量方程

把球坐标系中的个别微分的表达式(1.1.54)应用到热流量方程(1.1.22)，即可得到球坐标系中的热流量方程

$$c_p\left[\frac{\partial}{\partial t}+\frac{u}{r\cos\varphi}\frac{\partial}{\partial\lambda}+\frac{v}{r}\frac{\partial}{\partial\varphi}+w\frac{\partial}{\partial r}\right]T-\alpha\left[\frac{\partial}{\partial t}+\frac{u}{r\cos\varphi}\frac{\partial}{\partial\lambda}+\frac{v}{r}\frac{\partial}{\partial\varphi}+w\frac{\partial}{\partial r}\right]p=\dot{Q} \tag{1.1.56}$$

对式(1.1.21，1.1.23，1.1.24)表述的热流量方程，可以给出类似的球坐标系中的表达式。式(1.1.51～1.1.53，1.1.55，1.1.56，1.1.6)构成了球坐标系中的闭合方程组。

§1.2 大气运动方程组的简化

上面给出的方程组中各项的量级并不相同，其重要性当然也不相同，如果略去次要的项，对计算结果没有较大影响，自然可以使方程组得到简化。

1.2.1 浅层流体近似

大气厚度与地球半径相比是很小的，对气象问题而言，一般取大气厚度 D 约为 10 千米，而地球半径 a 为 6 371 千米。因此，前面方程组中的 r 可用地球半径 a 代替，这就是所谓浅层近似，就是把大气作为浅层流体处理。

在浅层流体近似下，$\mathrm{d}x=a\cos\varphi\mathrm{d}\lambda$，$\mathrm{d}y=a\mathrm{d}\varphi$，$\mathrm{d}z=\mathrm{d}r$，大气运动速度可改写为

$$u=a\cos\varphi\frac{\mathrm{d}\lambda}{\mathrm{d}t},v=a\frac{\mathrm{d}\varphi}{\mathrm{d}t},w=\frac{\mathrm{d}z}{\mathrm{d}t} \tag{1.2.1}$$

此外，对大尺度大气运动，u，v 的量级约为 $10^3\ \mathrm{cm\cdot s^{-1}}$，$w$ 为 $10^0\ \mathrm{cm\cdot s^{-1}}$；在中纬度，$2\Omega\sin\varphi$ 和 $2\Omega\cos\varphi$ 的量级为 $10^{-4}\mathrm{s}^{-1}$，$\frac{wu}{a}$和$\frac{wv}{a}$的量级为 $10^{-6}\ \mathrm{cm\cdot s^{-2}}$；而其他项，如$\frac{uv}{a}\tan\varphi$ 的量级为 $10^{-3}\ \mathrm{cm\cdot s^{-2}}$，气压梯度力$-\frac{1}{\rho a\cos\varphi}\frac{\partial p}{\partial\lambda}$和$-\frac{1}{\rho a}\frac{\partial p}{\partial\varphi}$的量级为 $10^{-1}\ \mathrm{cm\cdot s^{-2}}$，相比之下，$\frac{wu}{a}$和$\frac{wv}{a}$在水平运动方程中比其他项是远远小的项。另外，$2\Omega w\cos\varphi$ 也远小于 $2\Omega v\sin\varphi$ 项，

因此，在水平运动方程中可以略去这些项。在垂直运动方程中，$\frac{u^2+v^2}{a}$的量级为 10^{-3} cm・s^{-2}，$2\Omega u\cos\varphi$ 的量级为 10^{-1} cm・s^{-2}，比其他项，如$-\frac{1}{\rho}\frac{\partial p}{\partial z}$和 g(量级为 10^3 cm・s^{-2})小得多。因此，可以在垂直运动方程中略去这两项。这样，在浅层流体近似下，闭合运动方程组可简化为

$$\frac{du}{dt}-2\Omega v\sin\varphi-\frac{uv}{a}\tan\varphi=-\frac{1}{\rho a\cos\varphi}\frac{\partial p}{\partial\lambda}+F_\lambda \tag{1.2.2}$$

$$\frac{dv}{dt}+2\Omega u\sin\varphi+\frac{u^2}{a}\tan\varphi=-\frac{1}{\rho a}\frac{\partial p}{\partial\varphi}+F_\varphi \tag{1.2.3}$$

$$\frac{dw}{dt}=-\frac{1}{\rho}\frac{\partial p}{\partial z}-g+F_z \tag{1.2.4}$$

$$\frac{\partial\rho}{\partial t}+\frac{1}{a\cos\varphi}\left[\frac{\partial(\rho u)}{\partial\lambda}+\frac{\partial(\rho v\cos\varphi)}{\partial\varphi}\right]+\frac{\partial(\rho w)}{\partial z}=0 \tag{1.2.5}$$

$$c_p\frac{dT}{dt}-\alpha\frac{dp}{dt}=\dot{Q} \tag{1.2.6}$$

$$p=\rho RT \tag{1.2.7}$$

其中个别微商$\frac{d}{dt}$的表达式由式(1.1.54)改写为

$$\frac{d}{dt}=\frac{\partial}{\partial t}+\frac{u}{a\cos\varphi}\frac{\partial}{\partial\lambda}+\frac{v}{a}\frac{\partial}{\partial\varphi}+w\frac{\partial}{\partial z} \tag{1.2.8}$$

前面给出的局地直角坐标系中的方程组(1.1.20，1.1.22，1.1.44)也可由球坐标系的方程组(1.2.2～1.2.6)简化得到。对于大气的大中尺度运动而言，如记 $f=2\Omega\sin\varphi$(f 常称为柯氏参数)，在中纬度地区 $f\sim10^{-4}\,s^{-1}$，大气的运动速 u 和 v 的量级为 10^3 cm・s^{-1}。因此，在式(1.2.2，1.2.3)中，柯氏力项 fv 或 fu 的量级为 10^{-1}cm・s^{-2}，而$\frac{uv}{a}\tan\varphi$ 和$\frac{u^2}{a}\tan\varphi$ 的量级为 10^{-3}cm・s^{-2}，与柯氏力相比，后两项可以略去。由 $dx=a\cos\varphi d\lambda$ 和 $dy=ad\varphi$，因此在此近似(也称局地切平面近似)下，球坐标系中的方程组(1.2.2～1.2.6)可写为

$$\frac{du}{dt}-fv=-\frac{1}{\rho}\frac{\partial p}{\partial x}+F_x \tag{1.2.9}$$

$$\frac{dv}{dt}+fu=-\frac{1}{\rho}\frac{\partial p}{\partial y}+F_y \tag{1.2.10}$$

$$\frac{dw}{dt}=-\frac{1}{\rho}\frac{\partial p}{\partial z}-g+F_z \tag{1.2.11}$$

$$\frac{d\rho}{dt}+\rho\left(\frac{\partial u}{\partial x}+\frac{\partial v}{\partial y}+\frac{\partial w}{\partial z}\right)=0 \tag{1.2.12}$$

$$c_p\frac{dT}{dt}-\alpha\frac{dp}{dt}=\dot{Q} \tag{1.2.13}$$

其中

$$\frac{\mathrm{d}}{\mathrm{d}t}=\frac{\partial}{\partial t}+u\frac{\partial}{\partial x}+v\frac{\partial}{\partial y}+w\frac{\partial}{\partial z} \tag{1.2.14}$$

1.2.2 β 平面近似

对方程还可作进一步简化。把作为纬度 φ 的函数的柯氏参数 f 对纬度 φ_0 作泰勒级数展开，即

$$f=2\Omega\left[\sin\varphi_0+\cos\varphi_0(\varphi-\varphi_0)-\frac{1}{2}\sin\varphi_0(\varphi-\varphi_0)^2+\cdots\right]$$

因为 $\varphi-\varphi_0\approx\frac{y}{a}$，所以有

$$f=2\Omega\sin\varphi_0+\frac{2\Omega\cos\varphi_0}{a}y-\Omega\sin\varphi_0\left(\frac{y}{a}\right)^2+\cdots \tag{1.2.15}$$

当大气运动的经向范围(尺度)与地球半径相比很小时，即 $y/a\ll1$，则式(1.2.15)可取为

$$f=f_0=2\Omega\sin\varphi_0=\text{常数} \tag{1.2.16}$$

这一近似常称为 f 平面近似，它完全不考虑地球球面效应，把地球当成平面处理。

当大气运动经向范围比较大(例如达到千千米左右)时，必须考虑地球的球面性，柯氏参数 f 的变化这时在动力学上具有重要作用。为简单起见，在式(1.2.15)中，略去高阶小项，只保留到 f 的线性变化项，即

$$f=f_0+\beta y \tag{1.2.17}$$

其中 $\beta=\frac{\mathrm{d}f}{\mathrm{d}y}=\frac{2\Omega\cos\varphi_0}{a}=$常数，称为 Rossby 参数，它是大气动力学中的重要参数。这种近似考虑了地球球面性的主要效应，但又把地球看成平面，即部分考虑地球的球面性，常称这种近似为 β 平面近似。β 平面近似包含如下两点含义：

(1) 在方程中，f 不被微分时，取 $f=f_0=$常数。

(2) 在方程中，f 对 y 微分时，取 $\frac{\mathrm{d}f}{\mathrm{d}y}=\beta=$常数。

β 平面近似的导入，可以得到气象上具有重要意义的 Rossby 波。

把式(1.2.17)用到低纬度地区，取 $\varphi_0=0$，则得到

$$f=\beta y \tag{1.2.18}$$

它常称为赤道 β 平面近似。

1.2.3 尺度分析

在上面给出的描述大气运动的闭合方程组中，包含着许多因子，在这些因子的共同作用下，方程的解能够同时表征在空间时间上尺度相差非常悬殊的运动。例如，有气象上空间尺度几千千米以上的行星波动和超长波，也有声波、重力波那样的中小尺度波动，甚至还包括树叶

抖动那样的运动。Orlanski(1975)在已有观测和理论工作的基础上,对大气中发生的现象和过程用图表给出了时间和水平尺度的定义(见图 1.16),很好地总结了关于尺度的讨论。图 1.16显示,时间和水平尺度相近的运动过程,在动力学上并不一定具有相似性。图中第一行时间尺度括号内的项,都是物理参数,正是这些参数控制着时间尺度范围。Rossby 波特征周期 $\beta^{-1}L_{\mathrm{R}}^{-1}$($L_{\mathrm{R}}$ 是 Rossby 变形半径)控制着从一个月到一天的时间尺度的运动,而浮力振荡周期 N^{-1}($N=\left(\dfrac{g}{\theta}\dfrac{\partial\theta}{\partial z}\right)^{\frac{1}{2}}$ 是 Brunt-Väisälä 频率)对时间尺度为几个小时的运动来说是控制因子,对于更短的时间尺度运动,其控制参数是重力外波的特征周期 $\left(\dfrac{g}{H}\right)^{-\frac{1}{2}}$ 和湍流运动的平流特征时间 $\dfrac{L}{u}$。

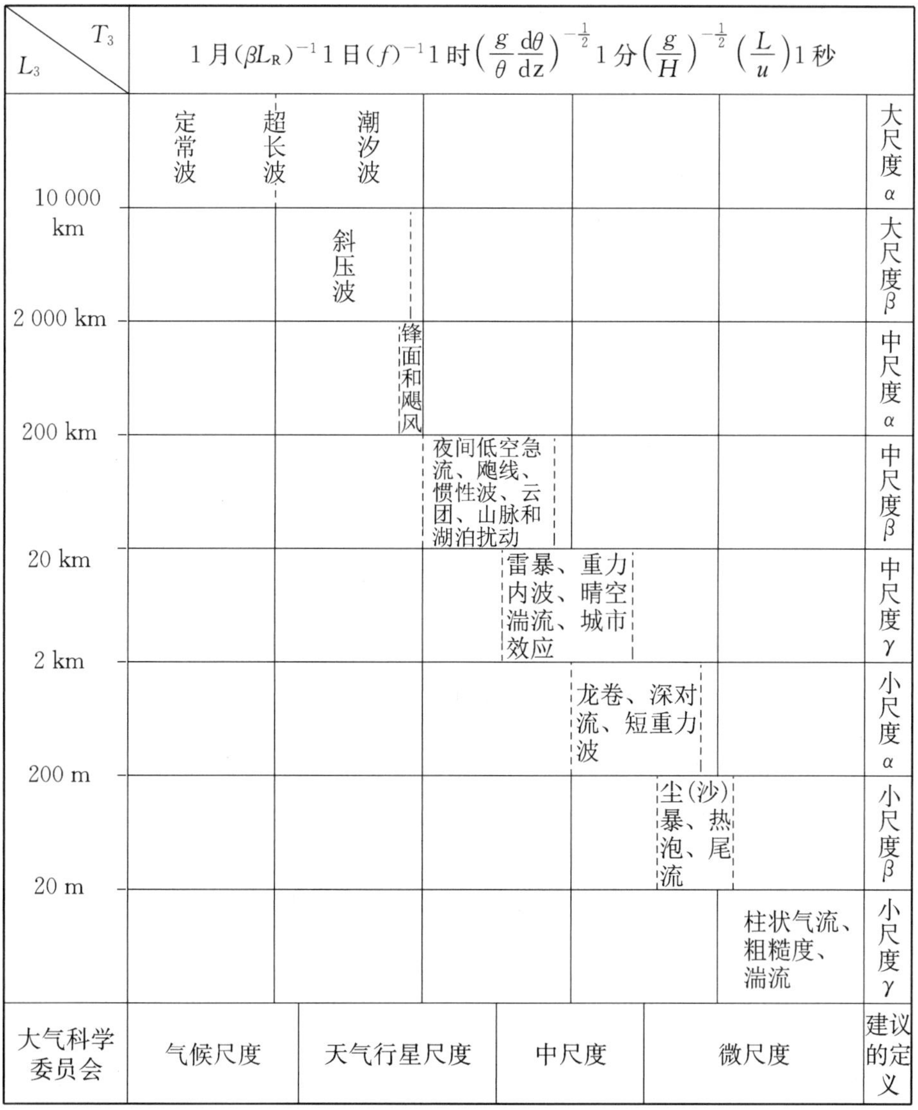

L_3 \ T_3	1 月 $(\beta L_{\mathrm{R}})^{-1}$ 1 日	$(f)^{-1}$ 1 时	$\left(\dfrac{g}{\theta}\dfrac{\mathrm{d}\theta}{\mathrm{d}z}\right)^{-\frac{1}{2}}$	1 分 $\left(\dfrac{g}{H}\right)^{-\frac{1}{2}}$	$\left(\dfrac{L}{u}\right)$ 1 秒	
10 000 km	定常波　超长波	潮汐波				大尺度 α
2 000 km		斜压波				大尺度 β
200 km		锋面和飓风				中尺度 α
20 km			夜间低空急流、飑线、惯性波、云团、山脉和湖泊扰动			中尺度 β
2 km			雷暴、重力内波、晴空湍流、城市效应			中尺度 γ
200 m				龙卷、深对流、短重力波		小尺度 α
20 m				尘(沙)暴、热泡、尾流		小尺度 β
					柱状气流、粗糙度、湍流	小尺度 γ
大气科学委员会	气候尺度	天气行星尺度	中尺度	微尺度		建议的定义

图 1.16　尺度定义和不同过程具有的特征时间和水平尺度(按 Orlanski,1975)

在研究实际气象问题时，可能只对某一空间尺度运动或某一时间尺度运动感兴趣。因此，为了使物理问题突出，并使数学处理简化，必须对方程进行简化，以便突出有关的运动。

动力气象的重大进展之一是，明确地认识了在大气中存在着空间上、时间上具有各种尺度的现象，以及为了得到最适合于各种尺度的现象而对大气动力学方程组进行的变形和简化。尺度分析方法是简化方程、突出物理问题的一个常用而又非常有效的工具，但是在进行尺度分析时，必须注意选取合适的、合理的尺度，否则将导致不精确的甚至错误的结论。如何选取和决定尺度，是一个很重要的问题。如果我们选取的尺度合适，则它能反映出某一物理量的最大值或者特征值，又能使得到的无因次数的大小近似地不大于或接近于1，就是说，能表征某一物理量的最大值或者特征值。在气象上，有时用某一物理量的平均值或常见值作为该物理量的尺度。

对于给定的物理方程

$$\sum_{i=1}^{N} f_i = 0 \tag{1.2.19}$$

式中 f_i 表示第 i 个物理量或其导数。通常，尺度分析方法的步骤如下：

(1) 选定 f_i 的尺度 F_i，即

$$f_i = F_i f'_i \quad (i = 1, 2, \cdots, N)$$

其中 f'_i 是无因次数，其数值接近于1。代入式(1.2.19)，得到

$$\sum_{i=1}^{N} F_i f'_i = 0 \tag{1.2.20}$$

(2) 进行无因次化，即将方程(1.2.20)改写成无因次方程。为此，取 F_i 中的最大者，例如 F_j，方程(1.2.20)除以 F_j，有

$$\frac{F_1}{F_j} f'_1 + \frac{F_2}{F_j} f'_2 + \cdots + f'_j + \cdots + \frac{F_N}{F_j} f'_N = 0 \tag{1.2.21}$$

因为 $\frac{F_i}{F_j}(i \neq j)$ 为无因次数，因此式(1.2.21)是无因次方程。

(3) 比较方程中 f'_i 前面的各项系数 F_i/F_j 的大小，即可知道方程中的大项和小项，略去小项，即得所需的简化方程。必须注意的是，简化后的方程应有两项或两项以上的项，否则会出现 $f'_j \approx 0$ 的不合理结果；其次，简化后的方程还需经过检验，讨论、分析简化的结果是否合理。

此外，还可这样进行简化：选取式(1.2.21)中合适的小参数，例如 F_i/F_j，将方程(1.2.21)的无因次量用小参数 F_i/F_j 作幂级数展开，令小参数的同幂次的项相等，求得方程组(1.2.21)的各级近似方程，这种方法称为小参数展开法。

(4) 微分项大小的估计对正确进行尺度分析是非常重要的。在一个物理方程中，除了代数项外，往往还包含对时间、空间的微分项，有时还会出现高阶微分项，正确估计微分项的大小也是尺度分析中重要的一环。在给出微分项的尺度时要小心，必须符合观测事实，否则会得出不正确的结论。

取物理量 f，其一阶微分为 $\frac{\partial f}{\partial s}$($s$ 是时间或空间变量)。设 F 和 S 分别为 f 和 s 的尺度，则有

$$f = Ff', \quad s = Ss'$$

经过一个尺度 S，f 的变化 Δf 的尺度一般不是 F，而是 ΔF。因此有

$$\frac{\partial f}{\partial s}=\frac{\Delta F}{S}\frac{\partial f'}{\partial s'} \tag{1.2.22}$$

就是说，$\frac{\Delta F}{S}$是 f 的微分$\frac{\partial f}{\partial s}$的尺度，显然，$\frac{\partial f'}{\partial s'}$一般小于或等于 1。有时 f 的变化 Δf 的尺度也可写为 F，这时

$$\frac{\partial f}{\partial s}=\frac{F}{S}\frac{\partial f'}{\partial s'} \tag{1.2.23}$$

如果这样的取法合适，则按上述尺度的定义，式(1.2.23)中的$\frac{\partial f'}{\partial s'}$必须满足

$$\frac{\partial f'}{\partial s'}=O(1) \tag{1.2.24}$$

式中 $O(1)$表示小于或等于 1，否则，式(1.2.23)的写法是错误的，而要用式(1.2.22)表示。式(1.2.23)只有在 f 随 s 的变化的尺度与 f 本身的尺度相同时才成立。例如，风速 u，v，w 随空间、时间的变化尺度，与它们本身的尺度相同，因此可以用式(1.2.23)来表示这些量的微商的尺度。对热力学变量，如 T，ρ，p，θ 和重力位势 ϕ，它们随时间和水平方向空间的变化尺度一般不与它们本身的尺度相同，因此这些量的微分的尺度必须用式(1.2.22)来表征，不能用式(1.2.23)。但是 T，ρ，p，θ，ϕ 随高度 z 的变化尺度与它们本身尺度相同，因此它们随 z 的微分可用式(1.2.23)来表示。为避免错误，可以把 T，ρ，p，θ，ϕ 表达成静止大气中的 $T_0(z)$，$\rho_0(z)$，$p_0(z)$，$\theta_0(z)$，$\phi_0(z)$与其偏差 T'，ρ'，p'，θ'，ϕ'之和，这时，对于偏差，它们随时间和空间的变化尺度就与它们本身的尺度相同。因此，对于偏差量 T'，ρ'，p'，θ'，ϕ'，其微商的尺度就可用式(1.2.23)表示了。

对于高阶微分，一般也可以写出

$$\frac{\partial^2 f}{\partial s^2}=\frac{F}{S^2}\frac{\partial^2 f'}{\partial s'^2},\cdots,\frac{\partial^n f}{\partial s^n}=\frac{F}{S^n}\frac{\partial^n f'}{\partial s'^n} \tag{1.2.25}$$

这些关系式成立的条件是$\frac{\partial^2 f'}{\partial s'^2}=O(1)$，…，$\frac{\partial^n f'}{\partial s'^n}=O(1)$，即经过 n 个 S，f 的变化尺度 $\Delta^n F$ 与其本身的尺度 F 相同。

下面利用上面所述的原理和方法，来分析大气中的水平运动方程，至于其他方程将在以后予以讨论。

取 x 方向的运动方程(1.2.9)为例，进行尺度分析。不失一般性，摩擦力 F_x 取为 $F_x=\mu\frac{\partial^2 u}{\partial z^2}$，对分析结果不会有大的影响。考虑到 β 平面近似，式(1.2.9)可以写为

$$\frac{\partial u}{\partial t}+u\frac{\partial u}{\partial x}+v\frac{\partial u}{\partial y}+w\frac{\partial u}{\partial z}-(f_0+\beta y)v=-\frac{1}{\rho}\frac{\partial p}{\partial x}+\mu\frac{\partial^2 u}{\partial z^2} \tag{1.2.26}$$

利用上面给出的方法，将式(1.2.26)中的各有因次变量写为

$$\begin{cases}(u,\ v)=V(u',\ v'),w=Ww'\\ \rho=\bar{\rho}\rho',\Delta p=\Delta P\Delta p'\\ (x,\ y)=L(x',\ y'),z=Hz',t=\tau t'\end{cases} \tag{1.2.27}$$

为习惯上方便，把参数 f_0 取为 F，β 和 μ 仍不变，式中带“$'$”的量为无因次量，代入式(1.2.26)，得到

$$\frac{V}{\tau}\frac{\partial u'}{\partial t'}+\frac{V^2}{L}\left(u'\frac{\partial u'}{\partial x'}+v'\frac{\partial u'}{\partial y'}\right)+\frac{VW}{H}w'\frac{\partial u'}{\partial z'}-(F+\beta Ly')Vv'$$
$$=-\frac{\Delta P}{\bar{\rho}L}\frac{1}{\rho'}\frac{\partial p'}{\partial x'}+\mu\frac{V}{H^2}\frac{\partial^2 u'}{\partial z'^2} \tag{1.2.28}$$

式(1.2.28)除以 V，得到

$$\frac{1}{\tau}\frac{\partial u'}{\partial t'}+\frac{V}{L}\left(u'\frac{\partial u'}{\partial x'}+v'\frac{\partial u'}{\partial y'}\right)+\frac{W}{H}w'\frac{\partial u'}{\partial z'}-(Fv'+\beta Ly'v')$$
$$=-\frac{\Delta P}{\bar{\rho}LV}\frac{1}{\rho'}\frac{\partial p'}{\partial x'}+\frac{\mu}{H^2}\frac{\partial^2 u'}{\partial z'^2} \tag{1.2.29}$$

由式(1.2.29)可以看到，大气中至少存在下列几种特征时间：τ 为大气运动过程的特征时间，$\tau_a=\dfrac{L}{V}$为平流过程特征时间，$\tau_c=\dfrac{H}{W}$为对流过程特征时间，$\tau_i=\dfrac{1}{F}$为局地惯性振荡特征周期，$\tau_R=\dfrac{1}{\beta L}$为 Rossby 波的特征周期，$\tau_t=\dfrac{H^2}{\mu}$为湍流摩擦耗散的特征时间。对不同的大气运动，它们所代表的运动过程的相对重要性是不同的。例如，对自由大气大尺度运动，如果考虑 $\tau=10^5$ s(即一天左右)的天气过程，由于这时 $\tau_t\approx10^7$ s(取 $\mu=10^5\ \mathrm{cm^2\cdot s^{-1}}$)，它比以后将要讲到的所谓“旋转减弱”特征时间长得多。因此，可以不考虑湍流摩擦耗散作用的影响，因为它是比天气过程远为缓慢的过程，它的影响还没有显露出来，天气过程已经结束了。

如果式(1.2.29)再除以 F，即可得到下面的无因次方程

$$\frac{1}{F\tau}\frac{\partial u'}{\partial t'}+\frac{V}{FL}\left(u'\frac{\partial u'}{\partial x'}+v'\frac{\partial u'}{\partial y'}\right)+\frac{W}{FH}w'\frac{\partial u'}{\partial z'}-v'-\frac{\beta L}{F}y'v'$$
$$=-\frac{\Delta p}{\bar{\rho}LVF}\frac{1}{\rho'}\frac{\partial p'}{\partial x'}+\frac{\mu}{FH^2}\frac{\partial^2 u'}{\partial z'^2} \tag{1.2.30}$$

因为 β 可以写为 $\beta=F/a$，因此把式(1.2.30)左边第 3 项和第 5 项改写一下，得到

$$\frac{1}{F\tau}\frac{\partial u'}{\partial t'}+\frac{V}{FL}\left(u'\frac{\partial u'}{\partial x'}+v'\frac{\partial u'}{\partial y'}\right)+\frac{V}{FL}\cdot\frac{WL}{HV}w'\frac{\partial u'}{\partial z'}-v'-\frac{V}{FL}\cdot\frac{L^2F}{aV}y'v'$$
$$=-\frac{\Delta p}{\bar{\rho}LVF}\frac{1}{\rho'}\frac{\partial p'}{\partial x'}+\frac{\mu}{FH^2}\frac{\partial^2 u'}{\partial z'^2} \tag{1.2.31}$$

对于天气尺度过程那种大尺度运动而言，$\dfrac{WL}{HV}\approx R_0$，$\dfrac{L^2F}{aV}\approx1$，而且气压梯度力水平分量的尺度与柯氏力的尺度具有同一量级，即

$$\Delta p=\bar{\rho}LVF \tag{1.2.32}$$

这是大尺度运动水平气压变化的特征尺度的表示式。应该注意，式(1.2.32)只是表示风速与气压梯度之间的尺度关系，并不是说风场与气压场梯度之间存在确定的地转关系。利用式(1.2.32)，把式(1.2.31)改写一下，即得

$$\varepsilon\frac{\partial u'}{\partial t'}+R_0\left(u'\frac{\partial u'}{\partial x'}+v'\frac{\partial u'}{\partial y'}+R_0 w'\frac{\partial u}{\partial z'}\right)-v'-R_0 y'v'=-\frac{1}{\rho'}\frac{\partial p'}{\partial x'}+E\frac{\partial^2 u'}{\partial z'^2} \tag{1.2.33}$$

其中

$$\begin{cases}\varepsilon=\dfrac{1}{F\tau}\\ R_0=\dfrac{V}{FL}\\ E=\dfrac{\mu}{FH^2}\end{cases} \tag{1.2.34}$$

都是无因次数。ε 常称为 Kibel 数，R_0 称为 Rossby 数，E 称为 Ekman 数，这些无因次参数在大气动力学中具有重要作用。

1. *Kibel* 数 ε

如果用 τ_i 表示局地惯性振荡特征周期，则有

$$\tau_i=\frac{1}{F} \tag{1.2.35}$$

因此，Kibel 数 ε 可以表示为

$$\varepsilon=\tau_i/\tau \tag{1.2.36}$$

这说明 Kibel 数 ε 是局地惯性振荡周期与大气过程的特征时间之比。换句话说，ε 表示大气过程相对于惯性振荡的相对快慢程度，是大气运动过程相对快慢程度的一种度量。当 $\varepsilon\ll1$ 时，即大气过程的特征时间远大于局地惯性振荡特征周期时，常称这种大气过程为慢过程，通常的天气尺度演变过程就是这种过程。当 $\varepsilon\geqslant1$ 时，即大气过程的特征时间可与局地惯性振荡周期相比拟时，则称大气过程为快过程。这里所谓快过程慢过程，都是相对于局地惯性振荡特征周期而言的。

2. *Rossby* 数 $\mathrm{R_0}$

改写一下 Rossby 数 R_0，得到

$$R_0=\frac{V}{FL}=\frac{V^2}{L}/FV \tag{1.2.37}$$

式中：$\dfrac{V^2}{L}$为惯性力的特征尺度；FV 为柯氏力的特征尺度。因此，Rossby 数 R_0 是惯性力和柯氏力的比值，反映了惯性力和柯氏力的相对重要性，是表示地球旋转影响程度的一个重要参数。当 $R_0\gg1$ 时，惯性力的作用远比柯氏力重要，相对于惯性力，柯氏力可以略去，这时，大气水平运动方程就简化为一般的流体力学方程，可用来描述小尺度大气运动过程。当 $R_0\approx1$ 时，它表示惯性力和柯氏力同等重要，这时，对大气运动过程的描述，必须同时考虑惯性力和柯氏力的作用，通常的中尺度大气运动过程就具有这种特性。当 $R_0\ll1$ 时，表示惯性力的作用与柯氏力相比很小，可以把惯性力项作为小项略去，通常的大尺度大气运动过程就具有这种特性。因此，Rossby 数 R_0 可以用来区分大、中、小尺度运动，即

$$R_0\begin{cases}\gg 1, \text{小尺度运动}\\ \approx 1, \text{中尺度运动}\\ \ll 1, \text{大尺度运动}\end{cases} \tag{1.2.38}$$

用 R_0 来划分运动的大、中、小尺度，可以更好地反映出这些运动的动力学特征，因为一个现象是否是大尺度的，在动力学上并不只取决于它的尺度大小。例如，特征水平尺度为 50 千米的运动，在大气中无疑是小尺度运动，但在海洋中，由于洋流的特征速度 V 约为 50 cm · s^{-1}，因而有 $R_0 \ll 1$，故被确认为大尺度海洋运动。因为在动力学上，它与大气中水平特征尺度为1 000千米的现象有很多相似之处，其中最主要的是速度场与压力场之间的地转关系成立。

另一方面，对于 $\varepsilon \ll 1$ 的大气运动慢过程，如果运动过程是发生在边界层以外的大气中（这时 $E \ll 1$），由方程(1.2.33)可以发现，这时如果 Rossby 数 $R_0 \ll 1$，则有近似关系式

$$v' \approx \frac{1}{\rho'}\frac{\partial p'}{\partial x'} \tag{1.2.39}$$

成立，这就是通常所谓的地转近似关系式，它表明运动过程是准地转的，这一关系式是包括大气和海洋在内的地球物理流体动力学中的最主要的关系式之一。如果 $R_0 \geqslant 1$，则不存在如式(1.2.39)所示的地转关系，这时，运动过程是非地转的。由此可见，Rossby 数 R_0 又是运动是否是准地转运动的判据：

$$R_0\begin{cases}\ll 1, \text{准地转运动}\\ \geqslant 1, \text{非地转运动}\end{cases} \tag{1.2.40}$$

由 Rossby 数的定义式(1.2.37)，还可以把 R_0 改写为两个特征时间，即局地惯性振荡特征周期 τ_i 和平流运动过程的特征时间 τ_a 之比

$$R_0 = \frac{1}{F}\bigg/\frac{L}{V} = \tau_i/\tau_a \tag{1.2.41}$$

因此，对于 $R_0 \ll 1$ 的运动，也就表示其平流过程的特征时间远大于局地惯性振荡的特征周期，这表明，以平流过程为其特征的运动过程是准地转的慢过程。对于 $R_0 \geqslant 1$ 的运动，平流过程特征时间小于或等于局地惯性振荡周期，这时，以平流过程为其特征的运动过程是非地转的快过程。

3. *Ekman* 数 E

由式(1.2.34)，Ekman 数 E 还可改写为两个特征力之比，即

$$E = \frac{\mu}{FH^2} = \frac{\mu V}{H^2}\bigg/FV \tag{1.2.42}$$

式中：$\frac{\mu V}{H^2}$为湍流摩擦力的特征尺度；FV 为柯氏力的特征尺度。因此，Ekman 数 E 表示湍流摩擦力与柯氏力的相对重要性。当 $E \ll 1$ 时，湍流摩擦力远小于柯氏力，相对于柯氏力，湍流摩擦力可略；当 $E \geqslant 1$ 时，湍流摩擦力的作用相当重要，必须保留。

在自由大气中，$V \sim 10^3\,\text{cm}\cdot\text{s}^{-1}$，$\mu = 10^4\,\text{cm}^2\cdot\text{s}^{-1}$，$H \sim 10^6\,\text{cm}$，因此，$E \sim 10^{-4}$，湍流摩擦力远小于柯氏力，可以略去。在大尺度湍流边界层中，$V \sim 10^3\,\text{cm}\cdot\text{s}^{-1}$，$\mu \sim (10^5 \sim 10^6\,\text{cm}^2\cdot\text{s}^{-1})$，$H \sim 10^5\,\text{cm}$，因此，$E \sim (10^{-1} \sim 10^0)$，这时，对湍流边界层中的大尺度运动，作为零级近似，由式

(1.2.33)可以得到

$$-v' = -\frac{1}{\rho'}\frac{\partial p'}{\partial x'} + \frac{\partial^2 u'}{\partial z'^2} \tag{1.2.43}$$

这是行星边界层中的基本关系式，由它可以得到著名的 Ekman 螺线，这将在以后介绍。

在边界层中，由于柯氏力与湍流摩擦力在量级上近于相等，如此，由 Ekman 数 $E=1$，可以得到边界层厚度的估计值。设边界层厚度为 D，则由 $E=\frac{\mu}{FD^2}=1$，得到

$$D = \sqrt{\frac{\mu}{F}} \tag{1.2.44}$$

取 $\mu=10^5\sim10^6\,\mathrm{cm^2\cdot s^{-1}}$，由式(1.2.44)可以估计出边界层厚度 D 约为 1 千米。这一层边界层常被称为 Ekman 边界层，这是因为 Ekman 对此首先作过详细研究。

§1.3　Boussinesq 近似

Boussinesq 近似是对热力学变量的近似简化，在流体力学中被用来描述对流现象的一种近似。由于某种原因(例如热力原因)，大气密度受到扰动，发生了小的变化，这种密度扰动会在垂直方向(即重力 $\boldsymbol{g}$ 的方向)上产生扰动，浮力的产生有可能对大气运动产生重大影响。

为考虑密度扰动产生的这种效应，我们设

$$\begin{cases} \rho = \rho_s(z) + \rho_d(x,y,z,t) \\ p = p_s(z) + p_d(x,y,z,t) \\ T = T_s(z) + T_d(x,y,z,t) \\ \theta = \theta_s(z) + \theta_d(x,y,z,t) \end{cases} \tag{1.3.1}$$

式中 ρ_s，p_s，T_s 和 θ_s 为满足静力方程和状态方程的基本量，有关系式成立

$$\frac{\partial p_s}{\partial z} = -\rho_s g = -g\frac{p_s}{RT_s} \tag{1.3.2}$$

ρ_d，p_d，T_d 和 θ_d 为扰动量，我们设

$$\rho_d \ll \rho_s,\ p_d \ll p_s,\ T_d \ll T_s,\ \theta_d \ll \theta_s \tag{1.3.3}$$

下面考虑在上述假定下，密度的变化所引起的方程组的变化。先考虑水平运动方程(1.2.9)和(1.2.10)。不考虑摩擦作用，把式(1.3.1)代入式(1.2.9，1.2.10)，考虑到

$$\frac{1}{\rho}\frac{\partial p}{\partial x} = \frac{1}{\rho_s+\rho_d}\frac{\partial}{\partial x}(p_s+p_d) \approx \frac{1}{\rho_s}\left(1-\frac{\rho_d}{\rho_s}\right)\frac{\partial p_d}{\partial x}$$

由式(1.3.3)，易知

$$\frac{1}{\rho}\frac{\partial p}{\partial x} \approx \frac{1}{\rho_s}\frac{\partial p_d}{\partial x} \tag{1.3.4}$$

$$\frac{1}{\rho}\frac{\partial p}{\partial y} \approx \frac{1}{\rho_s}\frac{\partial p_d}{\partial y} \tag{1.3.5}$$

因此，式(1.2.9，1.2.10)可改写为

$$\frac{\mathrm{d}u}{\mathrm{d}t}-fv=-\frac{1}{\rho_s}\frac{\partial p_d}{\partial x} \tag{1.3.6}$$

$$\frac{\mathrm{d}v}{\mathrm{d}t}+fu=-\frac{1}{\rho_s}\frac{\partial p_d}{\partial y} \tag{1.3.7}$$

气压梯度力的垂直分量$\frac{1}{\rho}\frac{\partial p}{\partial z}$可以写为

$$\frac{1}{\rho}\frac{\partial p}{\partial z}=\frac{1}{\rho_s+\rho_d}\left(\frac{\partial p_s}{\partial z}+\frac{\partial p_d}{\partial z}\right)\approx\frac{1}{\rho_s}\left(1-\frac{\rho_d}{\rho_s}\right)\left(\frac{\partial p_s}{\partial z}+\frac{\partial p_d}{\partial z}\right)$$

利用式(1.3.2)，上式变为

$$\frac{1}{\rho}\frac{\partial p}{\partial z}\approx-g+\frac{\rho_d}{\rho_s}g+\frac{1}{\rho_s}\frac{\partial p_d}{\partial z}-\frac{\rho_d}{\rho_s^2}\frac{\partial p_d}{\partial z}$$

显然，上式右边的最后一项是二阶小量，略去后得到

$$\frac{1}{\rho}\frac{\partial p}{\partial z}\approx-g+\frac{\rho_d}{\rho_s}g+\frac{1}{\rho_s}\frac{\partial p_d}{\partial z} \tag{1.3.8}$$

将式(1.3.8)代入式(1.2.11)，得到

$$\frac{\mathrm{d}w}{\mathrm{d}t}=-\frac{\rho_d}{\rho_s}g-\frac{1}{\rho_s}\frac{\partial p_d}{\partial z} \tag{1.3.9}$$

可见，在垂直运动方程中，与重力 g 相联系的项出现密度的扰动 ρ_d，它反映了密度变化对运动的动力作用。

式(1.3.9)还可改写为另一常用形式。把位温表达式(1.1.9)改写为

$$\theta=\frac{p}{R\rho}\left(\frac{p_0}{p}\right)^{\frac{R}{c_p}}$$

利用式(1.3.1)，并取对数，得到

$$\ln\left[\theta_s\left(1+\frac{\theta_d}{\theta_s}\right)\right]=-\ln\left[\rho_s\left(1+\frac{\rho_d}{\rho_s}\right)\right]+\frac{c_V}{c_p}\ln\left[p_s\left(1+\frac{p_d}{p_s}\right)\right]-\ln R+\frac{R}{c_p}\ln p_0$$

由于 $\theta_d/\theta_s\ll1$，利用近似展式，得到

$$\frac{\theta_d}{\theta_s}=-\frac{\rho_d}{\rho_s}+\frac{c_V}{c_p}\frac{p_d}{p_s}$$

将上式代入式(1.3.9)，得到

$$\frac{\mathrm{d}w}{\mathrm{d}t}=g\frac{\theta_d}{\theta_s}-\frac{g}{\gamma}\frac{p_d}{p_s}-\frac{1}{\rho_s}\frac{\partial p_d}{\partial z} \tag{1.3.9$'$}$$

式中 $\gamma=c_p/c_V$，这是垂直运动方程的另一常用的简化形式。

下面看连续方程在 Boussinesq 近似下的简化形式。连续方程(1.2.12)可写为如下形式

$$\frac{1}{\rho}\frac{\mathrm{d}\rho}{\mathrm{d}t}+\nabla\cdot\boldsymbol{v}=0 \tag{1.3.10}$$

同样处理，可把$\frac{1}{\rho}\frac{\mathrm{d}\rho}{\mathrm{d}t}$写为

$$\frac{1}{\rho}\frac{\mathrm{d}\rho}{\mathrm{d}t}\approx\frac{1}{\rho_s}\left(1-\frac{\rho_d}{\rho_s}\right)\left(\frac{\mathrm{d}\rho_s}{\mathrm{d}t}+\frac{\mathrm{d}\rho_d}{\mathrm{d}t}\right)$$

考虑到 ρ_s 只是 z 的函数，因此有

$$\frac{1}{\rho}\frac{\mathrm{d}\rho}{\mathrm{d}t}\approx\frac{w}{\rho_s}\frac{\partial\rho_s}{\partial z}+\frac{1}{\rho_s}\frac{\mathrm{d}\rho_d}{\mathrm{d}t}-\frac{\rho_d}{\rho_s^2}w\frac{\partial\rho_s}{\partial z}-\frac{\rho_d}{\rho_s^2}\frac{\mathrm{d}\rho_d}{\mathrm{d}t}$$

由于 $\rho_d\ll\rho_s$，因此上式右边最后三项与第一项相比是小项，略去后得到近似关系式

$$\frac{1}{\rho}\frac{\mathrm{d}\rho}{\mathrm{d}t}\approx\frac{w}{\rho_s}\frac{\partial\rho_s}{\partial z} \tag{1.3.11}$$

将式(1.3.11)代入式(1.3.10)，得到

$$\frac{w}{\rho_s}\frac{\partial\rho_s}{\partial z}+\nabla\cdot\boldsymbol{v}=0 \tag{1.3.12}$$

下面对式(1.3.12)进行尺度分析。设大气的特征厚度(即均质大气厚度)为 H_0，大气运动的垂直特征尺度为 H。如前所述，设 u,v,w 的特征速度分别为 V 和 W。由于水平散度$\left(\frac{\partial u}{\partial x}+\frac{\partial v}{\partial y}\right)$的量级小于或等于其分量的量级，即散度$\left(\frac{\partial u}{\partial x}+\frac{\partial v}{\partial y}\right)$的特征尺度如果设为 D，则有

$$D\leqslant\frac{V}{L} \tag{1.3.13}$$

式(1.3.13)对大尺度运动取"<"，对中小尺度运动取"="。ρ_s 的特征尺度设为$\bar{\rho}_s$。如前所述，由于热力学变量 ρ_s,T_s,p_s,θ_s 在垂直方向的变化与其本身同量级，就是说应该有$\frac{1}{\rho_s}\frac{\partial\rho_s}{\partial z}\sim\frac{1}{H_0}$。利用这些特征尺度，对式(1.3.12)进行尺度分析，可以得到

$$\frac{W}{H_0}\frac{w'}{\rho_s'}\frac{\partial\rho_s'}{\partial z'}+D\left(\frac{\partial u'}{\partial x'}+\frac{\partial v'}{\partial y'}\right)+\frac{W}{H}\frac{\partial w'}{\partial z'}=0 \tag{1.3.14}$$

改写一下

$$\frac{W}{H}\frac{H}{H_0}\frac{w'}{\rho_s'}\frac{\partial\rho_s'}{\partial z'}+\frac{W}{H}\frac{\partial w'}{\partial z'}+D\left(\frac{\partial u'}{\partial x'}+\frac{\partial v'}{\partial y'}\right)=0 \tag{1.3.15}$$

对于深厚扰动系统，例如深厚积云，运动的垂直尺度 H 与大气特征厚度 H_0 相当，即 $H\sim H_0$，这时，式(1.3.15)变为

$$\frac{W}{H}\left(\frac{w'}{\rho_s'}\frac{\partial\rho_s'}{\partial z'}+\frac{\partial w'}{\partial z'}\right)+D\left(\frac{\partial u'}{\partial x'}+\frac{\partial v'}{\partial y'}\right)=0 \tag{1.3.16}$$

由量级相等原则，得到

$$D \sim \frac{W}{H} \tag{1.3.17}$$

将式(1.3.16)回到有因次形式,得到对深扰动系统的连续方程为

$$\rho_s\left(\frac{\partial u}{\partial x}+\frac{\partial v}{\partial y}\right)+\frac{\partial \rho_s w}{\partial z}=0 \tag{1.3.18}$$

对浅扰动系统,因 $H \ll H_0$,因此式(1.3.15)的第一项是小项,略去,得到浅扰动系统的连续方程为

$$\frac{\partial u}{\partial x}+\frac{\partial v}{\partial y}+\frac{\partial w}{\partial z}=0 \tag{1.3.19}$$

就是说,对浅扰动系统,大气可以作为不可压缩流体处理。

下面考虑热流量方程(1.1.24)。式(1.1.24)可以改写为

$$\frac{1}{\gamma p}\frac{\mathrm{d}_h p}{\mathrm{d}t}-\frac{1}{\rho}\frac{\mathrm{d}_h \rho}{\mathrm{d}t}+\sigma w=\frac{\dot{Q}}{c_p T} \tag{1.3.20}$$

由于 p_s 和 ρ_s 只是 z 的函数,因此有

$$\frac{1}{p}\frac{\mathrm{d}_h p}{\mathrm{d}t} \approx \frac{1}{p_s}\frac{\mathrm{d}_h p_d}{\mathrm{d}t}$$

$$\frac{1}{\rho}\frac{\mathrm{d}_h \rho}{\mathrm{d}t} \approx \frac{1}{\rho_s}\frac{\mathrm{d}_h \rho_d}{\mathrm{d}t}$$

代入式(1.3.20),得到

$$\frac{1}{\gamma p_s}\frac{\mathrm{d}_h p_d}{\mathrm{d}t}-\frac{1}{\rho_s}\frac{\mathrm{d}_h \rho_d}{\mathrm{d}t}+\sigma w=\frac{\dot{Q}}{c_p T} \tag{1.3.21}$$

下面利用尺度分析,看式(1.3.21)各项的大小。

引入

$$\begin{cases} p_s=\bar{p}_s p'_s, \rho_s=\bar{\rho}_s \rho'_s, T_s=\bar{T}_s T'_s \\ p_d=\Delta p p'_d, \rho_d=\bar{\rho}_d \rho'_d, T_d=\bar{T}_d T'_d \end{cases} \tag{1.3.22}$$

其他变量的尺度如式(1.2.27)所示。由状态方程

$$p=R\rho T$$

利用式(1.3.1),有

$$p_s+p_d=R(\rho_s T_s+\rho_d T_s+\rho_s T_d+\rho_d T_d) \tag{1.3.23}$$

由于 $p_s=\rho_s R T_s$,且式(1.3.23)右边最后一项是二级小量,可以略去,因此式(1.3.23)可以写成

$$p_d \approx R(T_s \rho_d+T_d \rho_s)$$

利用尺度表达式(1.3.22),得到

$$\Delta p p'_d \approx R(\overline{T}_s \bar{\rho}_d T'_s \rho'_d + \overline{T}_d \bar{\rho}_s T'_d \rho'_s)$$

除以$\bar{p}_s$，并利用$\bar{p}_s = R\bar{\rho}_s \overline{T}_s$，得到

$$\frac{\Delta p}{\bar{p}_s} p'_d \approx \frac{\bar{\rho}_d}{\bar{\rho}_s} T'_s \rho'_d + \frac{\overline{T}_d}{\overline{T}_s} T'_d \rho'_s \tag{1.3.24}$$

由于状态方程不能被简化，从而(1.3.24)式三项需具有同样的量级，由此得到尺度关系式

$$\frac{\Delta p}{\bar{p}_s} \approx \frac{\bar{\rho}_d}{\bar{\rho}_s} \approx \frac{\overline{T}_d}{\overline{T}_s} \tag{1.3.25}$$

利用位温定义式(1.1.9)，还可以得到

$$\frac{\bar{\theta}_d}{\bar{\theta}_s} \approx \frac{\overline{T}_d}{\overline{T}_s} \tag{1.3.26}$$

式中：$\bar{\theta}_s$ 为 θ_s 的特征尺度；$\bar{\theta}_d$ 为 θ_d 的特征尺度。

利用式(1.3.26)，由

$$\frac{1}{p_s}\frac{\mathrm{d}_h p_d}{\mathrm{d}t} \approx \frac{\Delta p}{\bar{p}_s}\frac{V}{L}\frac{1}{p'_s}\frac{\mathrm{d}_h p'_d}{\mathrm{d}t'}$$

$$\frac{1}{\rho_s}\frac{\mathrm{d}_h \rho_d}{\mathrm{d}t} \approx \frac{\bar{\rho}_d}{\bar{\rho}_s}\frac{V}{L}\frac{1}{\rho'_s}\frac{\mathrm{d}_h \rho'_d}{\mathrm{d}t'}$$

可知，$\frac{1}{p_s}\frac{\mathrm{d}_h p_d}{\mathrm{d}t}$与$\frac{1}{\rho_s}\frac{\mathrm{d}_h \rho_d}{\mathrm{d}t}$同一量级。因此，在热流量方程中，密度 ρ 的变化是不可略去的。

热流量方程还可由式(1.1.23)得到另一形式。因为

$$\frac{\mathrm{d}}{\mathrm{d}t}\ln\theta = \frac{\mathrm{d}}{\mathrm{d}t}\ln(\theta_s + \theta_d) = \frac{\mathrm{d}}{\mathrm{d}t}\ln\left[\theta_s\left(1 + \frac{\theta_d}{\theta_s}\right)\right] \approx \frac{\mathrm{d}\ln\theta_s}{\mathrm{d}t} + \frac{\mathrm{d}}{\mathrm{d}t}\left(\frac{\theta_d}{\theta_s}\right)$$

又由于 $\theta_s = \theta_s(z)$，因此热流量方程(1.1.23)可改写为

$$c_p\left[\frac{\mathrm{d}}{\mathrm{d}t}\left(\frac{\theta_d}{\theta_s}\right) + w\frac{\partial \ln\theta_s}{\partial z}\right] = \frac{\dot{Q}}{T} \tag{1.3.27a}$$

或者写为

$$\frac{\mathrm{d}}{\mathrm{d}t}\left(\frac{\theta_d}{\theta_s}\right) + \frac{N^2}{g}w = \frac{\dot{Q}}{c_p T} \tag{1.3.27b}$$

式中 $N^2 = g\frac{\partial \ln\theta_s}{\partial z}$，是 Brunt-Väisälä 频率。

由此，我们得到了反映由于密度变化而对大气运动产生重大影响的这种效应的简化方程组，即

$$\frac{\mathrm{d}u}{\mathrm{d}t} = fv - \frac{1}{\rho_s}\frac{\partial p_d}{\partial x} \tag{1.3.28}$$

$$\frac{\mathrm{d}v}{\mathrm{d}t}=-fu-\frac{1}{\rho_s}\frac{\partial p_d}{\partial y} \tag{1.3.29}$$

$$\frac{\mathrm{d}w}{\mathrm{d}t}=-\frac{1}{\rho_s}\frac{\partial p_d}{\partial z}-\frac{\rho_d}{\rho_s}g \tag{1.3.30}$$

$$\frac{\partial u}{\partial x}+\frac{\partial v}{\partial y}+\frac{\partial w}{\partial z}+\frac{w}{\rho_s}\frac{\partial \rho_s}{\partial z}=0 \tag{1.3.31}$$

$$\frac{1}{\gamma p_s}\frac{\mathrm{d}_h p_d}{\mathrm{d}t}-\frac{1}{\rho_s}\frac{\mathrm{d}_h \rho_d}{\mathrm{d}t}+\sigma w=\frac{\dot{Q}}{c_p T} \tag{1.3.32}$$

或者用式(1.3.9)′代替式(1.3.30),用式(1.3.27b)代替式(1.3.32),组成另一形式的简化方程组。上述简化方程组常被称为非(滞)弹性(anelastic)系统,因为在这一系统中,不存在因压力变化而产生的弹性能量,因此这种近似又称为非(滞)弹性近似。它在地球物理流体动力学中有着广泛的应用,特别适合于描述具有深厚尺度对流系统的大气运动。

对于浅系统,上述方程组中的连续方程还可作进一步简化,这时连续方程变为

$$\frac{\partial u}{\partial x}+\frac{\partial v}{\partial y}+\frac{\partial w}{\partial z}=0 \tag{1.3.33}$$

即连续方程可用不可压缩流体的连续方程来代替,这种近似常被称为 Boussinesq 近似,这是因为 Boussinesq 首先提出了这一近似。在气象现象中,能用这一近似很好地描述的典型例子是海陆风。

Boussinesq 近似有多种形式,但主要点是相同的,即在水平运动方程和连续方程中,不考虑密度 ρ 的变化,把流体作为不可压缩流体处理,在垂直运动方程中与重力加速度 g 相联结的项,和在热流量方程中要考虑密度 ρ 的变化。Boussinesq 近似可以滤去气象现象中不感兴趣的声波和与对流运动没有关系的高频重力内波(实际上它是受重力影响的声波)以及重力外波(还没有证据表明,重力外波对对流现象有重大影响),保留了与研究对象有直接关系的低频重力内波。这就是为什么在中小尺度系统的研究中,Boussinesq 近似得到广泛应用的原因。

§1.4 边界条件

为了求解(不管是解析解还是数值解)本章给出的方程组,必须给定合适的边界条件和初始条件,这些条件的给定,一般与特定的气象问题性质有关。

描述大气运动的方程组是偏微分方程组,它们有三个空间变量和一个时间变量。因此,对每一个变量必须给定边界条件,同时,还需给出初始时刻每一气象要素的值,以求得要素的时间变率。为了给出边界条件,通常假设存在两类边界面,一类称为硬边界面,例如,地球面上的陆地即属这一类;另一类称为自由边界面,它随气流运动,被作为一种物质面,例如洋面,假想的大气上界面就属这一类。

1.4.1 硬边界条件

这是大气在下边界地面上所满足的条件。由于硬边界地面不允许空气穿越边界面,因此

垂直于地面的速度分量应该为 0，即

$$\boldsymbol{v} \cdot \boldsymbol{n} = 0 \tag{1.4.1}$$

式中 $\boldsymbol{n}$ 为垂直于边界面的单位矢量，向上为正。这一边界条件按是否存在黏性而分为两种情况。

1. 自由滑动边界面

这是一种不考虑黏性摩擦作用的边界面，常被称为自由滑动边界。这时，如果下边界面是平坦的，就有

$$w = 0, \quad z = 0 \tag{1.4.2}$$

注意，这时速度 $\boldsymbol{v}$ 的水平分量不是零。如果下边界面有地形，其地形廓线为 $h(x,y)$，则由于地形强迫，沿下边界地形运动，就会产生垂直运动，即 $w=\frac{\mathrm{d}h}{\mathrm{d}t}$。因此，下边界条件变为

$$w = u\frac{\partial h}{\partial x} + v\frac{\partial h}{\partial y}, \quad z = h(x,y) \tag{1.4.3}$$

显然，如果 $\nabla h=0$（即平坦边界），这时，边界条件(1.4.3)就与式(1.4.2)相同。

2. 非滑动边界面

这是一种认为黏性摩擦作用在边界上是重要的边界面。这时，除条件(1.4.1)外，还有所谓附着条件(adherence condition)

$$\boldsymbol{v} \cdot \boldsymbol{t} = 0 \tag{1.4.4}$$

式中 $\boldsymbol{t}$ 为边界面的切向单位矢量。如果条件(1.4.1)和(1.4.4)同时被满足，则意味着在边界上整个风速都为零，即

$$u = v = w = 0, \quad z = h(x,y) \tag{1.4.5}$$

图 1.17 给出了硬下边界条件的示意图。图中：(i)为自由滑动边界条件；(ii)为非滑动边界条件。

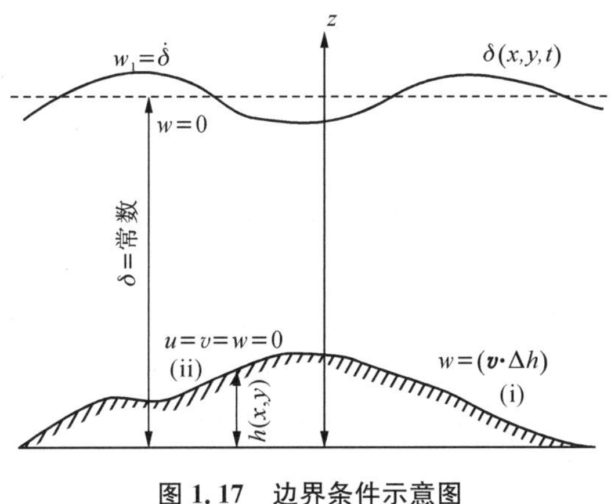

图 1.17　边界条件示意图

1.4.2　自由面边界条件

由于自由面被作为气流的物质面，因此，如果自由面由方程

$$z = \delta(x, y, t) \tag{1.4.6}$$

给出，则类似于式(1.4.3)，得到自由面上的边界条件为

$$w = \frac{\partial \delta}{\partial t} + u\frac{\partial \delta}{\partial x} + v\frac{\partial \delta}{\partial y}, \quad z = \delta \tag{1.4.7}$$

为求解方程，还需给出大气上边界条件[式(1.4.7)也可作为上边界条件]。最简单的上边界条件是设大气上界具有水平硬盖，这样，上边界条件为

$$w = 0, \quad z = H \tag{1.4.8}$$

式中 H 为假定的大气上界高度，为常值。但是更合理的是，假定气压和密度随 z 的增大而减小更快。就是说，p 和 ρ 趋于零的速度比 z 趋于无限的速率更快。因此，作为上边界条件，常用

$$\rho w \to 0, z \to \infty \tag{1.4.9}$$

或者

$$\rho w^2 \to 0, z \to \infty \tag{1.4.10}$$

条件(1.4.9)表示在大气上界与外界没有质量通量，而条件(1.4.10)表示在大气上界与外界没有能量交换。

实际大气中自然没有侧边界条件，因此在求解球坐标系方程组时，只需给出上下边界条件。但是，在求解局地直角坐标系中的方程组时，就必须给出合适的侧边界条件，例如循环连续条件，即经过一个设定的长度 L，解具有周期性，例如

$$u(x, y, z, t) = u(x + L, y, z, t) \tag{1.4.11}$$

对于一些理论研究，还可以利用自由滑动硬边界条件，例如，对于纬向通道区域，可以用

$$v = 0, \quad y = \pm D \tag{1.4.12}$$

式中 D 为 y 方向范围。

作为初始条件，一般取各物理量在初始时刻的观测值。对于理论研究，也可以根据需要给定初始条件。

§1.5 物理坐标系

前面给出的方程组，不论是球坐标系还是直角坐标系，其垂直方向的自变量都是几何高度 z，这在许多气象问题中是不方便的。例如，方程组中包含密度 ρ，ρ 本身及其变化都很小，不易测量，在常规的气象观测中也不测量。当然，可以利用状态方程，用 p 和 T 来确定密度 ρ。但是，如果能用某种合适的物理量来代替自变量 z，得到不含密度 ρ 的方程组，克服气象问题处理中密度 ρ 带来的某些不方便，自然更方便些。

当然，并不是任何物理量都可用来替代 z 作为垂直坐标的。例如，物理量 s 是 x, y, z, t 的函数，即

$$s = s(x, y, z, t) \tag{1.5.1}$$

它可以替代 z 作为垂直坐标的条件是，s 必须在整个模式大气中，在积分期间是 z 的单值单调函数，就是说，s 与 z 必须有一一对应的关系，而且满足

$$\frac{\partial s}{\partial z} > 0 \tag{1.5.2}$$

或者

$$\frac{\partial s}{\partial z} < 0 \tag{1.5.3}$$

否则，s 不能用来替代 z 作为垂直坐标。条件(1.5.2)或(1.5.3)只是物理量 s 可以作为垂直坐标的数学基础，s 能否作为垂直坐标，还需看 s 在实际大气中是否确实存在类似于式(1.5.2)或式(1.5.3)所示的物理关系式，这可以说是 s 作为垂直坐标代替 z 的物理基础。例如，气压 p 对大尺度的大气运动，静力平衡关系式$\frac{\partial p}{\partial z}=-\rho g$ 是高度精确成立的。在大气中，由于 $\rho>0$，因此有$\frac{\partial p}{\partial z}<0$，就是说，$p$ 是 z 的严格单调递减函数，它们之间有一一对应关系。所以，静力平衡关系式，对大尺度大气运动是气压 p 可以作为垂直坐标的数学基础和物理基础。对于中小尺度大气运动(特别是小尺度运动)，没有类似的物理关系式成立，因此对中小尺度运动，气压 p 不能作为垂直坐标。

1.5.1　广义垂直坐标系

设物理量 s 满足替代 z 作为垂直坐标的数学物理条件，并设是 x,y,z,t 的函数，即

$$s = s(x,y,z,t) \tag{1.5.4}$$

由于 s 和 z 之间有单值单调关系，因此可以写出

$$z = z(x,y,s,t) \tag{1.5.5}$$

在坐标系(x,y,z,t)和(x,y,s,t)之间，自变量 x,y,t 是相同的。

考虑任意标量 F，显然有

$$F(x,y,z,t) = F[x,y,z(x,y,s,t),t] \tag{1.5.6}$$

按复合函数求导法则，得到

$$\left(\frac{\partial F}{\partial t}\right)_s = \left(\frac{\partial F}{\partial t}\right)_z + \frac{\partial F}{\partial z}\left(\frac{\partial z}{\partial t}\right)_s \tag{1.5.7}$$

$$\left(\frac{\partial F}{\partial x}\right)_s = \left(\frac{\partial F}{\partial x}\right)_z + \frac{\partial F}{\partial z}\left(\frac{\partial z}{\partial x}\right)_s \tag{1.5.8}$$

$$\left(\frac{\partial F}{\partial y}\right)_s = \left(\frac{\partial F}{\partial y}\right)_z + \frac{\partial F}{\partial z}\left(\frac{\partial z}{\partial y}\right)_s \tag{1.5.9}$$

式中：下标 s 表示在 s 坐标系中的微分，即等 s 面上的微分，例如，$\left(\frac{\partial F}{\partial x}\right)_s$ 即为等 s 面上沿 x 方向某两点上 F 值的差，除以该两点之间的水平距离的极限；下标 z 表示 z 坐标系中的微分。

垂直微分有关系式

$$\frac{\partial F}{\partial z}=\frac{\partial F}{\partial s}\frac{\partial s}{\partial z} \tag{1.5.10}$$

或者

$$\frac{\partial F}{\partial s}=\frac{\partial F}{\partial z}\frac{\partial z}{\partial s} \tag{1.5.11}$$

利用式(1.5.10),式(1.5.7～1.5.9)可改写为

$$\left(\frac{\partial F}{\partial t}\right)_s=\left(\frac{\partial F}{\partial t}\right)_z+\frac{\partial F}{\partial s}\frac{\partial s}{\partial z}\left(\frac{\partial z}{\partial t}\right)_s \tag{1.5.12}$$

$$\left(\frac{\partial F}{\partial x}\right)_s=\left(\frac{\partial F}{\partial x}\right)_z+\frac{\partial F}{\partial s}\frac{\partial s}{\partial z}\left(\frac{\partial z}{\partial x}\right)_s \tag{1.5.13}$$

$$\left(\frac{\partial F}{\partial y}\right)_s=\left(\frac{\partial F}{\partial y}\right)_z+\frac{\partial F}{\partial s}\frac{\partial s}{\partial z}\left(\frac{\partial z}{\partial y}\right)_s \tag{1.5.14}$$

由式(1.5.13,1.5.14),可以得到 F 的梯度表示式

$$\nabla_s F=\nabla_z F+\frac{\partial F}{\partial s}\frac{\partial s}{\partial z}(\nabla_s z) \tag{1.5.15}$$

其中

$$\nabla_s=\left(\frac{\partial}{\partial x}\right)_s\boldsymbol{i}+\left(\frac{\partial}{\partial y}\right)_s\boldsymbol{j} \tag{1.5.16}$$

对矢量 $\boldsymbol{F}$ 的散度 $\nabla_s\cdot\boldsymbol{F}$,可以得到类似的公式

$$\nabla_s\cdot\boldsymbol{F}=\nabla_z\cdot\boldsymbol{F}+\frac{\partial\boldsymbol{F}}{\partial s}\cdot\frac{\partial s}{\partial z}(\nabla_s z) \tag{1.5.17}$$

下面讨论两个坐标中个别微分的关系。根据定义,s 坐标系中的个别微分为

$$\left(\frac{\mathrm{d}F}{\mathrm{d}t}\right)_s=\left(\frac{\partial F}{\partial t}\right)_s+u\left(\frac{\partial F}{\partial x}\right)_s+v\left(\frac{\partial F}{\partial y}\right)_s+\frac{\mathrm{d}s}{\mathrm{d}t}\frac{\partial F}{\partial s} \tag{1.5.18}$$

式中:$\frac{\mathrm{d}s}{\mathrm{d}t}$为 s 坐标系中的垂直运动,常称为垂直 s 速度,它反映穿越 s 面的运动速度;u,v 是等 s 面上的速度值。F 在 z 坐标系中的个别微分$\left(\frac{\mathrm{d}F}{\mathrm{d}t}\right)_z$,可以利用 z 坐标和 s 坐标系之间的微分关系式(1.5.10,1.5.12～1.5.14)变换为

$$\left(\frac{\mathrm{d}F}{\mathrm{d}t}\right)_z=\left(\frac{\partial F}{\partial t}\right)_s+u\left(\frac{\partial F}{\partial x}\right)_s+v\left(\frac{\partial F}{\partial y}\right)_s+\left[w-\left(\frac{\partial z}{\partial t}\right)_s-u\left(\frac{\partial z}{\partial x}\right)_s-v\left(\frac{\partial z}{\partial y}\right)_s\right]\frac{\partial s}{\partial z}\frac{\partial F}{\partial s} \tag{1.5.19}$$

如果引入符号 w_s

$$w_s=\left[w-\left(\frac{\partial z}{\partial t}\right)_s-u\left(\frac{\partial z}{\partial x}\right)_s-v\left(\frac{\partial z}{\partial y}\right)_s\right]\frac{\partial s}{\partial z} \tag{1.5.20}$$

利用变换式(1.5.12～1.5.14)，容易得到

$$\frac{\mathrm{d}s}{\mathrm{d}t}=\left[w-\left(\frac{\partial z}{\partial t}\right)_s-u\left(\frac{\partial z}{\partial x}\right)_s-v\left(\frac{\partial z}{\partial y}\right)_s\right]\frac{\partial s}{\partial z} \tag{1.5.21}$$

因此

$$w_s=\frac{\mathrm{d}s}{\mathrm{d}t} \tag{1.5.22}$$

比较式(1.5.18)和(1.5.19)可以看出，在两个坐标系，F 的个别微分是相等的，即

$$\left(\frac{\mathrm{d}F}{\mathrm{d}t}\right)_z=\left(\frac{\mathrm{d}F}{\mathrm{d}t}\right)_s \tag{1.5.23}$$

就是说，在两个坐标系中，个别微分具有不变性。因此，z 坐标中 F 的个别微分都可以直接写成 s 坐标系中的个别微分 $\left(\frac{\mathrm{d}F}{\mathrm{d}t}\right)_s$。

下面利用上述变换关系式，对 z 坐标系中的大气运动方程组进行转换(为书写方便，略去了下标 z)

$$\frac{\mathrm{d}u}{\mathrm{d}t}-fv=-\frac{1}{\rho}\frac{\partial p}{\partial x} \tag{1.5.24}$$

$$\frac{\mathrm{d}v}{\mathrm{d}t}+fu=-\frac{1}{\rho}\frac{\partial p}{\partial y} \tag{1.5.25}$$

$$\frac{\mathrm{d}\ \ln\rho}{\mathrm{d}t}+\nabla\cdot\boldsymbol{v}+\frac{\partial w}{\partial z}=0 \tag{1.5.26}$$

$$\frac{\mathrm{d}\ \ln\theta}{\mathrm{d}t}=\frac{\dot{Q}}{c_pT} \tag{1.5.27}$$

$$c_p\frac{\mathrm{d}T}{\mathrm{d}t}-\alpha\frac{\mathrm{d}p}{\mathrm{d}t}=\dot{Q} \tag{1.5.27$'$}$$

根据式(1.5.23)，上述方程组中的个别微分项可以直接写成 s 坐标系中个别微分，柯氏力在两个坐标系中是相同的，因而也不需要转换，需要进行转换的项是气压梯度力项和连续方程中的第二第三项。为此，令 $F=p$，由式(1.5.13)和(1.5.14)，得到

$$\left(\frac{\partial p}{\partial x}\right)_z=\left(\frac{\partial p}{\partial x}\right)_s-\frac{\partial p}{\partial s}\frac{\partial s}{\partial z}\left(\frac{\partial z}{\partial x}\right)_s \tag{1.5.28}$$

$$\left(\frac{\partial p}{\partial y}\right)_z=\left(\frac{\partial p}{\partial y}\right)_s-\frac{\partial p}{\partial s}\frac{\partial s}{\partial z}\left(\frac{\partial z}{\partial y}\right)_s \tag{1.5.29}$$

分别代入式(1.5.24)和(1.5.25)，得到 s 坐标系中的水平运动方程

$$\left(\frac{\mathrm{d}u}{\mathrm{d}t}\right)_s-fv=-\frac{1}{\rho}\left(\frac{\partial p}{\partial x}\right)_s+\frac{1}{\rho}\frac{\partial p}{\partial s}\frac{\partial s}{\partial z}\left(\frac{\partial z}{\partial x}\right)_s \tag{1.5.30}$$

$$\left(\frac{\mathrm{d}v}{\mathrm{d}t}\right)_s + fu = -\frac{1}{\rho}\left(\frac{\partial p}{\partial y}\right)_s + \frac{1}{\rho}\frac{\partial p}{\partial s}\frac{\partial s}{\partial z}\left(\frac{\partial z}{\partial y}\right)_s \tag{1.5.31}$$

式中的$\left(\frac{\mathrm{d}u}{\mathrm{d}t}\right)_s$和$\left(\frac{\mathrm{d}v}{\mathrm{d}t}\right)_s$由式(1.5.18)给出。

如果我们进一步假定静力方程$\frac{\partial p}{\partial z}=-\rho g$成立，则由式(1.5.11)，得到

$$\frac{\partial p}{\partial s} = -\rho g\frac{\partial z}{\partial s} \tag{1.5.32}$$

这就是 s 坐标系中在静力方程成立情况下的垂直方向运动方程。此外，这时的式(1.5.28)和(1.5.29)变为

$$\left(\frac{\partial p}{\partial x}\right)_z = \left(\frac{\partial p}{\partial x}\right)_s + \rho g\left(\frac{\partial z}{\partial x}\right)_s \tag{1.5.33}$$

$$\left(\frac{\partial p}{\partial y}\right)_z = \left(\frac{\partial p}{\partial y}\right)_s + \rho g\left(\frac{\partial z}{\partial y}\right)_s \tag{1.5.34}$$

代入式(1.5.30)和(1.5.31)，得到

$$\left(\frac{\mathrm{d}u}{\mathrm{d}t}\right)_s - fv = -\frac{1}{\rho}\left(\frac{\partial p}{\partial x}\right)_s - g\left(\frac{\partial z}{\partial x}\right)_s \tag{1.5.35}$$

$$\left(\frac{\mathrm{d}v}{\mathrm{d}t}\right)_s + fu = -\frac{1}{\rho}\left(\frac{\partial p}{\partial y}\right)_s - g\left(\frac{\partial z}{\partial y}\right)_s \tag{1.5.36}$$

这是静力平衡成立情况下 s 坐标系中的水平运动方程。

下面对连续方程(1.5.26)中的散度项和$\frac{\partial w}{\partial z}$进行转换。由式(1.5.17)，令 $\boldsymbol{F}=\boldsymbol{v}$，得到

$$\nabla\cdot\boldsymbol{v} = \nabla_s\cdot\boldsymbol{v} - \frac{\partial \boldsymbol{v}}{\partial s}\cdot\frac{\partial s}{\partial z}(\nabla_s z) \tag{1.5.37}$$

由式(1.5.10)，令 $F=w$，得

$$\frac{\partial w}{\partial z} = \frac{\partial w}{\partial s}\frac{\partial s}{\partial z} \tag{1.5.38}$$

因为 $w=\frac{\mathrm{d}z}{\mathrm{d}t}$，根据两个坐标系中个别微分的不变性，因此

$$w = \left(\frac{\mathrm{d}z}{\mathrm{d}t}\right)_s = \left(\frac{\partial z}{\partial t}\right)_s + \boldsymbol{v}\cdot\nabla_s z + \dot{s}\frac{\partial z}{\partial s}$$

这里$\dot{s}\equiv\frac{\mathrm{d}s}{\mathrm{d}t}$。对 s 求导，有

$$\frac{\partial w}{\partial s} = \frac{\partial}{\partial s}\left(\frac{\partial z}{\partial t}\right)_s + \frac{\partial \boldsymbol{v}}{\partial s}\cdot\nabla_s z + \boldsymbol{v}\cdot\frac{\partial}{\partial s}\nabla_s z + \frac{\partial \dot{s}}{\partial s}\frac{\partial z}{\partial s} + \dot{s}\frac{\partial^2 z}{\partial s^2}$$

$$=\left[\frac{\partial}{\partial t}\left(\frac{\partial z}{\partial s}\right)\right]_s+\boldsymbol{v}\cdot\nabla_s\left(\frac{\partial z}{\partial s}\right)+\dot{s}\frac{\partial}{\partial s}\left(\frac{\partial z}{\partial s}\right)+\frac{\partial \boldsymbol{v}}{\partial s}\cdot\nabla_s z+\frac{\partial \dot{s}}{\partial s}\frac{\partial z}{\partial s} \tag{1.5.39}$$

代入式(1.5.38)，有

$$\frac{\partial w}{\partial z}=\frac{\partial s}{\partial z}\left[\left(\frac{\mathrm{d}}{\mathrm{d}t}\left(\frac{\partial z}{\partial s}\right)\right)_s+\frac{\partial \boldsymbol{v}}{\partial s}\cdot\nabla_s z\right]+\frac{\partial \dot{s}}{\partial s} \tag{1.5.40}$$

把式(1.5.37,1.5.40)代入式(1.5.26)，考虑到$\left(\frac{\mathrm{d}\ln\rho}{\mathrm{d}t}\right)_z=\left(\frac{\mathrm{d}\ln\rho}{\mathrm{d}t}\right)_s$，得到

$$\left(\frac{\mathrm{d}\ln\rho}{\mathrm{d}t}\right)_s+\nabla_s\cdot\boldsymbol{v}-\frac{\partial \boldsymbol{v}}{\partial s}\cdot\frac{\partial s}{\partial z}(\nabla_s z)+\frac{\partial s}{\partial z}\left(\frac{\mathrm{d}}{\mathrm{d}t}\left(\frac{\partial z}{\partial s}\right)\right)_s+\frac{\partial s}{\partial z}\frac{\partial \boldsymbol{v}}{\partial s}\cdot\nabla_s z+\frac{\partial \dot{s}}{\partial s}=0 \tag{1.5.41}$$

因为$\frac{\partial s}{\partial z}=\left(\frac{\partial z}{\partial s}\right)^{-1}$，式(1.5.41)可以改写为

$$\left(\frac{\mathrm{d}}{\mathrm{d}t}\left[\ln\left(\rho\frac{\partial z}{\partial s}\right)\right]\right)_s+\nabla_s\cdot\boldsymbol{v}+\frac{\partial \dot{s}}{\partial s}=0 \tag{1.5.42}$$

这就是 s 坐标系中的连续方程。它还可以改写为另一形式

$$\left(\frac{\partial}{\partial t}\left(\rho\frac{\partial z}{\partial s}\right)\right)_s+\nabla_s\cdot\left(\rho\boldsymbol{v}\frac{\partial z}{\partial s}\right)+\frac{\partial}{\partial s}\left(\rho\frac{\partial z}{\partial s}\dot{s}\right)=0 \tag{1.5.43}$$

对于静力平衡成立的情况，由于有式(1.5.32)成立，把它代入式(1.5.43)，得到

$$\frac{\partial}{\partial s}\left(\frac{\partial p}{\partial t}\right)_s+\nabla_s\cdot\left(\boldsymbol{v}\frac{\partial p}{\partial s}\right)+\frac{\partial}{\partial s}\left(\dot{s}\frac{\partial p}{\partial s}\right)=0 \tag{1.5.44}$$

这是静力平衡成立时的 s 坐标系的连续方程。

热流量方程(1.5.27)和(1.5.27)′由于两个坐标系中的个别微分相同，因此形式上仍维持原有形式，即

$$\left(\frac{\mathrm{d}}{\mathrm{d}t}(\ln\theta)\right)_s=\frac{\dot{Q}}{c_pT} \tag{1.5.45}$$

$$c_p\left(\frac{\mathrm{d}T}{\mathrm{d}t}\right)_s-\alpha\left(\frac{\mathrm{d}p}{\mathrm{d}t}\right)_s=\dot{Q} \tag*{(1.5.45)′}$$

式(1.5.32,1.5.35,1.5.36,1.5.44,1.5.45)构成了静力近似成立情况下的广义垂直坐标系 s 中的方程组。

求解上述方程组时，也必须给出边界条件。设 $z=h(x,y)$ 为地形高度廓线，则在下边界上有

$$s=s(x,y,h(x,y),t)=s_h(x,y,t) \tag{1.5.46}$$

如果等 s 面与下边界地形相重合，由于空气质点不能穿越地面，只能沿着地面运动，没有穿越等 s 面的运动，因此在下边界 $s=s_h$ 上，有

$$\dot{s}=0,s=s_h \tag{1.5.47}$$

如果等 s 面与地面不相重合,则空气沿着地形运动,就会产生穿越等 s 面的运动,即

$$\dot{s}=\frac{\mathrm{d}s_h}{\mathrm{d}t}=\frac{\partial s_h}{\partial t}+u_h\frac{\partial s_h}{\partial x}+v_h\frac{\partial s_h}{\partial y},s=s_h \tag{1.5.48}$$

选取某一等 s 面为上边界面,能使问题简化。如果设上边界为 $s=s_t$ 面,则比较方便的是用

$$\dot{s}=0,\quad s=s_t \tag{1.5.49}$$

作为上边界条件。这实际上是假定上边界面 s_t 是一物质面,这是通常选用的上边界条件。

1.5.2 p 坐标系

对大尺度大气运动,静力近似$\frac{\partial p}{\partial z}=-\rho g$ 是高度精确成立的。因此,p 是 z 的单值单调递减函数。这样,气压 p 这一物理量就具备作为垂直坐标的数学物理基础,而且高空天气图都采用等压面图。因此,利用气压 p 作为垂直坐标,对于大尺度大气运动自然是方便的。据此,1949 年 Eliassen 提出了 p 坐标系。

下面我们从静力平衡下的广义垂直坐标系的方程组出发来推导 p 坐标系的方程组。出发方程组为

$$\left(\frac{\mathrm{d}u}{\mathrm{d}t}\right)_s-fv=-\frac{1}{\rho}\left(\frac{\partial p}{\partial x}\right)_s-\left(\frac{\partial \Phi}{\partial x}\right)_s \tag{1.5.50}$$

$$\left(\frac{\mathrm{d}v}{\mathrm{d}t}\right)_s+fu=-\frac{1}{\rho}\left(\frac{\partial p}{\partial y}\right)_s-\left(\frac{\partial \Phi}{\partial y}\right)_s \tag{1.5.51}$$

$$\frac{\partial p}{\partial s}=-\rho\frac{\partial \Phi}{\partial s} \tag{1.5.52}$$

$$\frac{\partial}{\partial s}\left(\frac{\partial p}{\partial t}\right)_s+\nabla_s\cdot\left(\boldsymbol{v}\frac{\partial p}{\partial s}\right)+\frac{\partial}{\partial s}\left(\dot{s}\frac{\partial p}{\partial s}\right)=0 \tag{1.5.53}$$

$$\left(\frac{\mathrm{d}\ln\theta}{\mathrm{d}t}\right)_s=\frac{\dot{Q}}{c_pT} \tag{1.5.54}$$

式中 $\Phi=gz$ 为重力位势。令 $s=p$,则有

$$\dot{s}=\dot{p}=\frac{\mathrm{d}p}{\mathrm{d}t}=\omega \tag{1.5.55}$$

ω 是 p 坐标中的垂直速度,又称垂直 p 速度。

在 p 坐标系中,x,y 坐标轴的单位矢量与 z 坐标中相同,由于等压面一般并不是完全水平的,因此 p 坐标系不是正交坐标系。因为沿等压面气压 p 的水平和时间微分为零,因此式(1.5.50,1.5.51)右边第一项和式(1.5.53)左边第一项不再存在。于是有

$$\left(\frac{\mathrm{d}u}{\mathrm{d}t}\right)_p-fv=-\left(\frac{\partial \Phi}{\partial x}\right)_p \tag{1.5.56}$$

$$\left(\frac{\mathrm{d}v}{\mathrm{d}t}\right)_p + fu = -\left(\frac{\partial \Phi}{\partial y}\right)_p \tag{1.5.57}$$

$$\frac{\partial \Phi}{\partial p} = -\frac{1}{\rho} = -\frac{RT}{p} \tag{1.5.58}$$

$$\nabla_p \cdot \boldsymbol{v} + \frac{\partial \omega}{\partial p} = 0 \tag{1.5.59}$$

$$\left(\frac{\mathrm{d}\ \ln\theta}{\mathrm{d}t}\right)_p = \frac{\dot{Q}}{c_p T} \tag{1.5.60}$$

其中个别微分算子为

$$\left(\frac{\mathrm{d}}{\mathrm{d}t}\right)_p = \left(\frac{\partial}{\partial t}\right)_p + u\left(\frac{\partial}{\partial x}\right)_p + v\left(\frac{\partial}{\partial y}\right)_p + \omega\frac{\partial}{\partial p} \tag{1.5.61}$$

式(1.5.56～1.5.60)就是 p 坐标系中的大气运动方程组。容易发现,它们比 z 坐标系中的表示式简单,特别是连续方程(1.5.59),虽然在推导中并没有作不可压缩的假定,但得到的方程在形式上与不可压缩流体的连续方程很相似,方程不含时间微分,变为诊断方程,在应用上相当简便,这是 p 坐标的优点之一。需要再次指出,p 坐标的基础是静力平衡,对大尺度运动,这一关系是精确成立的,但对中小尺度运动,静力平衡方程一般不再适用。因此,p 坐标系只适用于讨论大尺度大气运动,通常不用于研究中小尺度系统。

热流量方程(1.5.60)还可改写为更常用的形式。由 z 坐标的热流量方程(1.5.45)′,利用 p 坐标和 s 坐标中的个别微分的不变性,得到 p 坐标系中的另一形式的热流量方程

$$c_p\left(\frac{\mathrm{d}T}{\mathrm{d}t}\right)_p - \frac{RT}{p}\omega = \dot{Q} \tag{1.5.62}$$

此式还可改写为

$$\left(\frac{\partial T}{\partial t}\right)_p + \boldsymbol{v}\cdot\nabla_p T - \sigma_0\omega = \frac{\dot{Q}}{c_p} \tag{1.5.63}$$

式中 $\sigma_0 = \frac{1}{c_p}\frac{RT}{p} - \frac{\partial T}{\partial p}$ 为静力稳定度参数。

由式(1.5.60)还可得到另一常用的 p 坐标中的热流量方程。改写式(1.5.60),有

$$\left(\frac{\partial}{\partial t} + \boldsymbol{v}\cdot\nabla\right)_p \ln\theta + \frac{\partial \ln\theta}{\partial p}\omega = \frac{\dot{Q}}{c_p T} \tag{1.5.64}$$

由位温定义式

$$\theta = T\left(\frac{p_0}{p}\right)^{\frac{R}{c_p}} = \frac{p\alpha}{R}\left(\frac{p_0}{p}\right)^{\frac{R}{c_p}}$$

式中 $\alpha = \frac{1}{\rho}$,取对数微分,得到

$$\left(\frac{\partial}{\partial t} + \boldsymbol{v}\cdot\nabla\right)_p \ln\theta = \left(\frac{\partial}{\partial t} + \boldsymbol{v}\cdot\nabla\right)_p \ln\alpha \tag{1.5.65}$$

利用式(1.5.58),得到

$$\left(\frac{\partial}{\partial t}+\boldsymbol{v}\cdot\nabla\right)_p\left(\frac{\partial\Phi}{\partial p}\right)+\sigma_1\omega=-\frac{\alpha}{c_pT}\dot{Q} \tag{1.5.66}$$

式中 $\sigma_1=-\alpha\dfrac{\partial\ln\theta}{\partial p}$,也是表示静力稳定度的一种参数。

p 坐标系中的边界条件可从式(1.5.48,1.5.49)中令 $s=p$ 得到。因为在下边界,$p=p(x,y,h(x,y),t)=p_h(x,y,t)$($p_h$ 是场面气压),所以

$$\omega=\frac{\partial p_h}{\partial t}+u_h\frac{\partial p_h}{\partial x}+v_h\frac{\partial p_h}{\partial y},p=p_h \tag{1.5.67}$$

在上边界 p_t,有

$$\omega=0,\quad p=p_t \tag{1.5.68}$$

式(1.5.67)中的场面气压 p_h 是随时间、空间变化的,必须给定它的预报方程。由连续方程(1.5.59)对 p 从 p_h 到 p_t 积分,得到地面上的垂直 p 速度 ω_h,它为

$$\omega_h=-\int_{p_t}^{p_h}\nabla_p\cdot\boldsymbol{v}\mathrm{d}p \tag{1.5.69}$$

由此得到

$$\frac{\partial p_h}{\partial t}=-u_h\frac{\partial p_h}{\partial x}-v_h\frac{\partial p_h}{\partial y}-\int_{p_t}^{p_h}\nabla_p\cdot\boldsymbol{v}\mathrm{d}p \tag{1.5.70}$$

这就是通常所称的倾向方程,用来预报场面气压。

由上可见,p 坐标系的引入虽然使方程(特别是连续方程)变得简单,密度 ρ 在运动方程和连续方程中不再出现,垂直运动和气压梯度的计算都比较直接容易,这些都是 p 坐标系的优点。但是,p 坐标系的一个重要缺点是下边界条件变得复杂。因为地面在 p 坐标系中不再是坐标面,这在存在陡峭地形情况下,会造成计算上的很大困难和误差。

1.5.3 $\boldsymbol{\sigma}$ 坐标系

为了克服 p 坐标系中下边界条件的困难,1957 年 Phillips 对 p 坐标系进行修正,提出了所谓 σ 坐标系。这是一种修正的气压坐标系,它的基础仍然是静力平衡关系成立。

引入

$$s=\sigma=p/p_h \tag{1.5.71}$$

式中 $p_h=p(x,y,h(x,y),t)=p_h(x,y,t)$是地面气压。在静力平衡关系成立条件下,$\sigma$ 显然是 z 的单值单调函数,可以用来替代 z 作为垂直坐标。由式(1.5.71)显见,在上边界 $p=0$,有$\sigma=0$;在下边界 p_h,有 $\sigma=1$。因此,在 σ 坐标系中,有 $0\leqslant\sigma\leqslant1$,而且,地面与 $\sigma=1$ 的坐标面相重合。

下面对式(1.5.45)′和(1.5.50~1.5.53)给出的方程组进行转换。由于

$$\left(\frac{\partial\sigma}{\partial x}\right)_\sigma=\frac{1}{p_h}\left(\frac{\partial p}{\partial x}\right)_\sigma-\frac{p}{p_h^2}\left(\frac{\partial p_h}{\partial x}\right)_\sigma=0$$

因此在 σ 坐标系中,有

$$\left(\frac{\partial p}{\partial x}\right)_\sigma = \sigma\left(\frac{\partial p_h}{\partial x}\right)_\sigma \tag{1.5.72}$$

同理

$$\left(\frac{\partial p}{\partial y}\right)_\sigma = \sigma\left(\frac{\partial p_h}{\partial y}\right)_\sigma \tag{1.5.73}$$

因而有

$$\frac{1}{\rho}\left(\frac{\partial p}{\partial x}\right)_\sigma = \frac{RT}{p_h}\left(\frac{\partial p_h}{\partial x}\right)_\sigma, \frac{1}{\rho}\left(\frac{\partial p}{\partial y}\right)_\sigma = \frac{RT}{p_h}\left(\frac{\partial p_h}{\partial y}\right)_\sigma$$

由此，运动方程(1.5.50)和(1.5.51)变为

$$\left(\frac{\mathrm{d}u}{\mathrm{d}t}\right)_\sigma - fv = -\left(\frac{\partial \Phi}{\partial x}\right)_\sigma - \frac{RT}{p_h}\left(\frac{\partial p_h}{\partial x}\right)_\sigma \tag{1.5.74}$$

$$\left(\frac{\mathrm{d}v}{\mathrm{d}t}\right)_\sigma + fu = -\left(\frac{\partial \Phi}{\partial y}\right)_\sigma - \frac{RT}{p_h}\left(\frac{\partial p_h}{\partial y}\right)_\sigma \tag{1.5.75}$$

式中$\left(\frac{\mathrm{d}}{\mathrm{d}t}\right)_\sigma = \left(\frac{\partial}{\partial t}\right)_\sigma + u\left(\frac{\partial}{\partial x}\right)_\sigma + v\left(\frac{\partial}{\partial y}\right)_\sigma + \dot{\sigma}\frac{\partial}{\partial \sigma}, \dot{\sigma} = \frac{\mathrm{d}\sigma}{\mathrm{d}t}$。因为$\frac{\partial p}{\partial \sigma} = \frac{\partial}{\partial \sigma}(p_h\sigma) = p_h$，所以静力方程(1.5.52)变为

$$\frac{\partial \Phi}{\partial \sigma} = -\frac{RT}{\sigma} \tag{1.5.76}$$

利用$\frac{\partial p}{\partial \sigma} = p_h$，连续方程(1.5.53)容易转换为$\sigma$坐标系中的表示式。令$s=\sigma$，得到

$$\left(\frac{\partial p_h}{\partial t}\right)_\sigma + \nabla_\sigma \cdot (\boldsymbol{v} p_h) + \frac{\partial}{\partial \sigma}(\dot{\sigma} p_h) = 0 \tag{1.5.77}$$

热流量方程(1.5.45)′由个别微分不变性，可以写为

$$c_p\left(\frac{\mathrm{d}T}{\mathrm{d}t}\right)_\sigma - \frac{RT}{p}\omega = \dot{Q} \tag{1.5.78}$$

由式(1.5.71)对t微分，得到

$$\omega = \frac{\mathrm{d}p}{\mathrm{d}t} = p_h\dot{\sigma} + \sigma\frac{\mathrm{d}p_h}{\mathrm{d}t} \tag{1.5.79}$$

由式(1.5.76)，有

$$T = -\frac{\sigma}{R}\frac{\partial \Phi}{\partial \sigma} \tag{1.5.80}$$

代入式(1.5.78)，得到σ坐标系中的热流量方程

$$\frac{c_p}{R}\left(\frac{\mathrm{d}}{\mathrm{d}t}\left(\sigma\frac{\partial \Phi}{\partial \sigma}\right)\right)_\sigma + \frac{RT}{p}\frac{\mathrm{d}}{\mathrm{d}t}(\sigma p_h)_\sigma = -\dot{Q} \tag{1.5.81}$$

此处由式(1.5.45)还可得到另一形式的热流量方程

$$\left(\frac{\partial\theta}{\partial t}\right)_{\sigma}+\boldsymbol{v}\cdot\nabla_{\sigma}\theta+\dot{\sigma}\frac{\partial\theta}{\partial\sigma}=\frac{\theta}{c_{p}T}\dot{Q} \tag{1.5.82}$$

运动方程(1.5.74,1.5.75),静力方程(1.5.76),连续方程(1.5.77)和热流量方程(1.5.81)或者(1.5.82)构成了σ坐标系中的方程组。

σ坐标系中的上、下边界条件,可分别由式(1.5.49)和(1.5.47)得到,即

$$\dot{\sigma}=0,\quad \sigma=0 \tag{1.5.83}$$

$$\dot{\sigma}=0,\quad \sigma=1 \tag{1.5.84}$$

连续方程(1.5.77)对σ由0到1积分,利用边界条件(1.5.83)和(1.5.84),得到

$$\left(\frac{\partial p_{h}}{\partial t}\right)_{\sigma}=-\int_{0}^{1}\nabla_{\sigma}\cdot(\boldsymbol{v}p_{h})\mathrm{d}\sigma \tag{1.5.85}$$

这就是σ坐标系中预报地面气压p_h的倾向方程。

σ坐标系中,下边界条件非常简单,克服了p坐标系中下边界条件复杂的主要缺点,这是它的优点。但是,σ坐标系中的水平运动方程却变得复杂了,而且,等压面不再是σ坐标系的坐标面。因此,观测给出的等压面上的气象要素值必须进行插值,以得到σ面上的值,这些都是σ坐标系的缺点。此外,它也只适用于大尺度大气运动。

1.5.4 $\boldsymbol{\theta}$坐标系

这是用位温θ作为垂直坐标的坐标系,它是由Montgomery(1937)和Starr(1945)提出的。由于在绝热运动过程中,位温守恒,因此用θ坐标系研究绝热运动过程是比较方便的。当然,θ坐标系也可用于非绝热过程。

取$s=\theta$,再由位温定义式$\theta=T\left(\frac{p_0}{p}\right)^{\frac{R}{c_p}}$,取对数后对$x,y$求导,有

$$\nabla_{\theta}\ln\theta=\nabla_{\theta}\ln T-\frac{R}{c_{p}}\nabla_{\theta}\ln p \tag{1.5.86}$$

由于$\nabla_{\theta}\ln\theta=0$,因此气压梯度力在$\theta$坐标系中可写为

$$\begin{cases}\dfrac{1}{\rho}\left(\dfrac{\partial p}{\partial x}\right)_{\theta}=c_{p}\left(\dfrac{\partial T}{\partial x}\right)_{\theta}\\[2ex]\dfrac{1}{\rho}\left(\dfrac{\partial p}{\partial y}\right)_{\theta}=c_{p}\left(\dfrac{\partial T}{\partial y}\right)_{\theta}\end{cases} \tag{1.5.87}$$

代入式(1.5.35)和(1.5.36),得到θ坐标系中的运动方程为

$$\left(\frac{\mathrm{d}u}{\mathrm{d}t}\right)_{\theta}-fv=-\left(\frac{\partial M}{\partial x}\right)_{\theta} \tag{1.5.88}$$

$$\left(\frac{\mathrm{d}v}{\mathrm{d}t}\right)_{\theta}+fu=-\left(\frac{\partial M}{\partial y}\right)_{\theta} \tag{1.5.89}$$

其中

$$\left(\frac{\mathrm{d}}{\mathrm{d}t}\right)_{\theta}=\left(\frac{\partial}{\partial t}\right)_{\theta}+\boldsymbol{v}\cdot\nabla_{\theta}+\dot{\theta}\frac{\partial}{\partial\theta} \tag{1.5.90}$$

$$M = c_p T + gz \tag{1.5.91}$$

M 通常称为 Montgomery 位势，也称等熵流函数。

静力方程(1.5.32)这时变为

$$\frac{\partial p}{\partial \theta} = -\rho g \frac{\partial z}{\partial \theta} \tag{1.5.92}$$

对位温定义式取对数后再对 θ 求导，得到

$$\frac{1}{\theta} = \frac{\partial \ln T}{\partial \theta} - \frac{R}{c_p}\frac{\partial \ln p}{\partial \theta} \tag{1.5.93}$$

因此

$$\frac{1}{\rho}\frac{\partial p}{\partial \theta} = c_p \frac{\partial T}{\partial \theta} - \frac{c_p T}{\theta} \tag{1.5.94}$$

代入式(1.5.92)，得到 θ 坐标系中的静力方程表示式

$$\frac{\partial M}{\partial \theta} = \frac{c_p T}{\theta} \tag{1.5.95}$$

连续方程可由式(1.5.44)中令 $s=\theta$ 得到，即

$$\frac{\partial}{\partial \theta}\left(\frac{\partial p}{\partial t}\right)_\theta + \nabla_\theta \cdot \left(\boldsymbol{v}\frac{\partial p}{\partial \theta}\right) + \frac{\partial}{\partial \theta}\left(\dot{\theta}\frac{\partial p}{\partial \theta}\right) = 0 \tag{1.5.96}$$

热流量方程可由式(1.5.45)得到

$$\frac{\mathrm{d}\theta}{\mathrm{d}t} = \dot{\theta} = \frac{\theta}{c_p T}\dot{Q} \tag{1.5.97}$$

对绝热过程，由于 $\frac{\mathrm{d}\theta}{\mathrm{d}t} = \dot{\theta} = 0$，因此连续方程(1.5.96)的最后一项可以消去，水平运动方程(1.5.88)和(1.5.89)变为二维方程，这时，真正的垂直速度隐含在 u,v 的微分里。热流量方程更简化为

$$\dot{\theta} = 0 \tag{1.5.98}$$

式(1.5.88,1.5.89,1.5.95～1.5.97)构成了 θ 坐标系中的方程组。对绝热大气过程，由于 $\dot{\theta}=0$，得到相当简单的方程组。

θ 坐标系中的边界条件可以写为

$$\dot{\theta} = 0, \quad \theta = \theta_t \tag{1.5.99}$$

$$\dot{\theta}_h = \frac{\partial \theta_h}{\partial t} + u_h \frac{\partial \theta_h}{\partial x} + v_h \frac{\partial \theta_h}{\partial y}, \theta = \theta_h(x,y,t) \tag{1.5.100}$$

式中 θ_t 和 θ_h 分别为上下边界上的位温。

θ 坐标系对研究绝热大气过程有其优越性，但是，由于地面位温 θ_h 是随时间变化的，而且地面 $h(x,y)$ 不是坐标面，这就造成应用 θ 坐标系时会遇到与应用 p 坐标系时同样的困难；其次，物理量要作为垂直坐标，必须满足它是 z 的单值单调函数这一条件，位温 θ 在整个模式大

气中和在整个积分期间始终严格满足这一条件是困难的。因此,位温 θ 只是基本上满足这一条件。此外,在上述 θ 坐标系方程组的推导中,都利用了静力平衡这一假定。因此,上面给出的 θ 坐标系方程组,严格说也只适用于大尺度运动。

1.5.5 地形坐标系

σ 坐标系是为考虑地形而对 p 坐标系提出的修正,地形坐标则是考虑地形而对 z 坐标的一种修正坐标系(Kasahara,1974),它是一种几何坐标系。在地形坐标中,作为垂直坐标时令

$$s = \xi = (z_t - z)/(z_t - z_h) \tag{1.5.101}$$

式中:z_t 为大气上边界的高度,取为常数;$z_h(x, y)$ 为下边界面高度,即地形高度。由式(1.5.101)显见

$$\xi = 0, \quad z = z_t \tag{1.5.102}$$

$$\xi = 1, \quad z = z_h \tag{1.5.103}$$

因此,在地形坐标系中,$0 \leqslant \xi \leqslant 1$,而且地面与 $\xi = 1$ 的坐标面相重合。

为推导简单起见,我们假定静力方程成立(这并不是必须的),这时需要转换的方程是式(1.5.32,1.5.35,1.5.36,1.5.44,1.5.45)。由式(1.5.101),显然有

$$\frac{\partial z}{\partial \xi} = -(z_t - z_h)$$

代入式(1.5.32),得到地形坐标系中的静力方程

$$\frac{\partial p}{\partial \xi} = \rho g H \tag{1.5.104}$$

式中 $H = z_t - z_h$。将式(1.5.104)代入连续方程(1.5.44),得到

$$\left(\frac{\partial}{\partial t}(\rho H)\right)_{\xi} + \nabla_{\xi} \cdot (\boldsymbol{v} \rho H) + \frac{\partial}{\partial \xi}(\dot{\xi} \rho H) = 0 \tag{1.5.105}$$

式中 $\dot{\xi} = \frac{\mathrm{d}\xi}{\mathrm{d}t}$ 是地形坐标系中的垂直速度。水平运动方程(1.5.35)和(1.5.36),热流量方程(1.5.45)仍维持原来形式,只需把下标 s 改为 ξ 即可

$$\left(\frac{\mathrm{d}u}{\mathrm{d}t}\right)_{\xi} - fv = -\frac{1}{\rho}\left(\frac{\partial p}{\partial x}\right)_{\xi} - g\left(\frac{\partial z}{\partial x}\right)_{\xi} \tag{1.5.106}$$

$$\left(\frac{\mathrm{d}v}{\mathrm{d}t}\right)_{\xi} + fu = -\frac{1}{\rho}\left(\frac{\partial p}{\partial y}\right)_{\xi} - g\left(\frac{\partial z}{\partial y}\right)_{\xi} \tag{1.5.107}$$

$$\left(\frac{\mathrm{d}\ln\theta}{\mathrm{d}t}\right)_{\xi} = \frac{\dot{Q}}{c_p T} \tag{1.5.108}$$

其中

$$\left(\frac{\mathrm{d}}{\mathrm{d}t}\right)_{\xi} = \left(\frac{\partial}{\partial t}\right)_{\xi} + \boldsymbol{v} \cdot \nabla_{\xi} + \dot{\xi}\frac{\partial}{\partial \xi} \tag{1.5.109}$$

边界条件可写为

$$\dot{\xi}=0,\quad \xi=0 \tag{1.5.110}$$

$$\dot{\xi}=0,\quad \xi=1 \tag{1.5.111}$$

地形坐标系的优缺点与 σ 坐标系相似，即下边界条件变得简单，但运动方程却变得复杂了。为了各种目的，还提出了不少坐标系，这里就不一一列举了。

思考题

1. 支配大气运动状态和热力状态的基本物理定律有哪些？大气运动方程组一般有几个方程组成？哪些是预报方程？哪些是诊断方程？

2. 什么是局地直角坐标系？该坐标系是如何考虑地球旋转的？局地直角坐标系的适应范围如何？局地直角坐标系与球坐标系有何联系与区别？

3. 在局地直角坐标系中是如何处理柯氏参数的？这种处理是否合理？

4. 柯氏力是如何产生的？为什么柯氏力在北(南)半球垂直指向运动方向右(左)侧？

5. 什么是 p 坐标系？p 坐标系的物理基础是什么？使用 p 坐标系的优缺点是什么？

6. 试阐述对大气运动方程组进行简化的必要性与可能性。

7. 什么是运动的尺度？什么是尺度分析法？对大气运动方程组进行尺度分析的目的是什么？

8. 什么是 Boussinesq 近似？为何 Boussinesq 近似适用于大尺度大气运动？Boussinesq 近似对大气运动方程组做了哪些简化？

9. 中纬度大尺度大气运动有哪些基本特征？

10. 试讨论 Kibel 数、Rossby 数和 Ekman 数意义。

习　题

1. 若空气微团只受到水平柯氏力的作用，水平初速度为 $\boldsymbol{V}_0$，$t=0$ 时微团的位置矢量为 $\boldsymbol{r}_0$，设柯氏参数 f 为常值。试求该微团的运动轨迹。

2. 由质量守恒推导 p 坐标系的连续方程。

3. 一艘船以 10 km/h 的速度向正北行驶，地面气压以 5 hPa/km 的变率向西北方向增加，若船上的气压以 100 hPa/3 h 的变率减小。问：附近岛上气象站的气压随时间的变化率是多少？

4. 证明 p 坐标系中水平运动方程可改写为以下通量形式

$$\begin{cases}\left(\dfrac{\partial u}{\partial t}+\dfrac{\partial u^2}{\partial x}+\dfrac{\partial uv}{\partial y}\right)_p+\dfrac{\partial u\omega}{\partial p}-fv=-\left(\dfrac{\partial\varphi}{\partial x}\right)_p\\[2ex]\left(\dfrac{\partial v}{\partial t}+\dfrac{\partial uv}{\partial x}+\dfrac{\partial v^2}{\partial y}\right)_p+\dfrac{\partial v\omega}{\partial p}+fu=-\left(\dfrac{\partial\varphi}{\partial y}\right)_p\end{cases}$$

5. 若运动是非绝热的，证明 θ 坐标系中的铅直速度 $\dot{\theta}$ 与 z 坐标中铅直速度 w 的关系为

$$w\approx\frac{T}{\theta}\frac{1}{\gamma_{\mathrm{d}}-\gamma}\dot{\theta}$$

其中，$\gamma_d=\dfrac{g}{C_p}$，$\gamma=-\dfrac{\partial T}{\partial z}$。已知：等熵面高度的局地变化和水平平流变化相对其对流变化可略去。

6. 估计在大尺度运动系统中等压面和等 θ 面坡度的量级。

7. 取 $L=10^2$ m，$D=10^3$ m，$U=10^2$ m/s，$W=10$ m/s，$\tau=10$ s，$p'=10$ hPa（其中 p' 为气压场水平变动的幅度）。估计纬度 45°处典型的龙卷运动的运动方程中各项的数量级，并说明此种情况下，静力平衡能否成立。

参考文献

[1] 伍荣生，党人庆，余志豪，等. 动力气象学[M]. 上海：上海科学技术出版社，1983.

[2] PEDLOSKY J. Geophysical fluid dynamics [M]. 1st ed. New York：Springer-Verlag，1979.

[3] KASAHARA A. Various vertical coordinate systems used for numerical weather prediction [J]. Monthly Weather Review，1974，102:509－522.

[4] ELIASSEN A. The quasi-static equations of motion with pressure as independent variable [M]. Grøndahl & Sonsboktr：Ikommisjonhos Cammermeyers Boghandel，1949，17:44.

[5] PHILLIPS N A. A coordinate system having some special advantages for numerical forecasting [J]. Journal of Meteorology，1957，14:184－185.

[6] MONTGOMERY R B. A suggested method for representing gradient flow in isentropic surfaces [J]. Bulletin of the American Meteorological Society，1937，18:210－212.

[7] STARR V P. A quasi-Lagrangian system of hydrodynamical equations [J]. Journal of Meteorology，1945，2:227－237.

第二章

大气中的涡旋运动

——大气运动方程的变形形式

大气运动与其他流体运动的差别还表现在大气运动具有明显的涡旋特征，例如，某一地区由于加热作用使暖空气上升，周围较冷空气就会向这个地区辐合以补偿空气的上升流失，在自转的地球上，由于柯氏力的作用，辐合气流形成气旋性旋转的流场，使运动具有明显的涡旋特征。这种涡旋运动的形成与地球自转的作用密切相关，可以说，涡旋运动是地球物理流体动力学中的一个很重要特点。从实际观测到的许多大气现象，无论是小尺度系统还是大尺度系统，都呈现出涡旋的特征，例如，龙卷、台风、气旋、反气旋以及绕极旋涡等大气现象，都是涡旋系统。此外，海陆风、Hadley 环流等也是涡旋运动。

为表征大气运动的涡旋特征，通常引用由速度导出的动力学量——环流和涡度来描述。环流是一个积分量，是对流体某一有限面积内旋转的宏观度量。涡度是个微分量，它是描述流体中某点上旋转的微观度量。

§2.1 环流与涡度

根据定义，速度 $\boldsymbol{v}$ 的环流 Γ 是速度 $\boldsymbol{v}$ 的切线分量沿一闭合曲线的线积分，即

$$\Gamma = \oint_S \boldsymbol{v} \cdot \mathrm{d}\boldsymbol{r} \tag{2.1.1}$$

式中：S 为流体中任取的某一闭合曲线（见图 2.1）；$\mathrm{d}\boldsymbol{r}$ 为闭合曲线上的线元矢量。根据惯例，沿闭合曲线 S 做反时针方向运动时，环流取为正值，做顺时针方向运动时，环流取负值。

涡度由速度场的旋度来定义，是个矢量，即

$$\nabla \wedge \boldsymbol{v} = \begin{vmatrix} \boldsymbol{i} & \boldsymbol{j} & \boldsymbol{k} \\ \dfrac{\partial}{\partial x} & \dfrac{\partial}{\partial y} & \dfrac{\partial}{\partial z} \\ u & v & w \end{vmatrix} = \left(\frac{\partial w}{\partial y} - \frac{\partial v}{\partial z}\right)\boldsymbol{i} + \left(\frac{\partial u}{\partial z} - \frac{\partial w}{\partial x}\right)\boldsymbol{j} + \left(\frac{\partial v}{\partial x} - \frac{\partial u}{\partial y}\right)\boldsymbol{k} \tag{2.1.2}$$

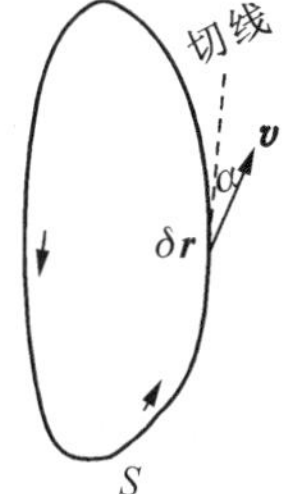

图 2.1　沿闭合曲线 S 的环流

气象上规定，反时针方向旋转时，涡度为正，顺时针方向旋转时，涡度为负。

利用 Stokes 定理，可以把涡度与环流联结在一起，即

$$\Gamma = \oint_S \boldsymbol{v} \cdot \mathrm{d}\boldsymbol{r} = \iint_A (\nabla \wedge \boldsymbol{v}) \cdot \boldsymbol{n}\mathrm{d}A \tag{2.1.3}$$

式中:A 为闭合曲线 S 所围的面积;$\boldsymbol{n}$ 为 A 上每一点上法线方向的单位矢量。涡度是微分量,表示流体元旋转的微观形状,它是流体元旋转强度的度量,与流体元的运动轨迹无关,就是说,流体运动有涡度,并不一定意味着其轨迹一定是曲线。例如,流体速度为

$$u = ky, \quad v = 0$$

由流线方程

$$\frac{\mathrm{d}x}{u} = \frac{\mathrm{d}y}{v}$$

得到流线为

$$y = 常数$$

是直线。因为是定常运动,流线与轨迹一致,因此流体元运动轨迹也是直线。但此时涡度显然为

$$\frac{\partial v}{\partial x} - \frac{\partial u}{\partial y} = -k$$

即流体元在运动过程中,一方面做顺时针方向旋转,一方面沿着 x 轴做直线运动,这是一种有旋直线运动。

在惯性坐标系中观测到的涡度 $\boldsymbol{q}$ 称为绝对涡度,它定义为绝对速度 $\boldsymbol{v}_a$ 的旋度,即

$$\boldsymbol{q} = \nabla \wedge \boldsymbol{v}_a$$

根据绝对速度 $\boldsymbol{v}_a$ 与相对速度 $\boldsymbol{v}$ 的关系式(1.1.35),$\boldsymbol{q}$ 可以写为

$$\boldsymbol{q} = \nabla \wedge (\boldsymbol{v} + \boldsymbol{\Omega} \wedge \boldsymbol{r}) \tag{2.1.4}$$

由矢量运算规则

$$\nabla \wedge (\boldsymbol{A} \wedge \boldsymbol{B}) = (\boldsymbol{B} \cdot \nabla)\boldsymbol{A} - (\boldsymbol{A} \cdot \nabla)\boldsymbol{B} - \boldsymbol{B}\,\nabla \cdot \boldsymbol{A} + \boldsymbol{A}(\nabla \cdot \boldsymbol{B})$$

考虑到 $\boldsymbol{\Omega}$ 是常矢量,因此有

$$\nabla \wedge (\boldsymbol{\Omega} \wedge \boldsymbol{r}) = 2\boldsymbol{\Omega}$$

代入式(2.1.4),得到绝对涡度的表示式

$$\boldsymbol{q} = \nabla \wedge \boldsymbol{v} + 2\boldsymbol{\Omega} = \boldsymbol{\omega} + 2\boldsymbol{\Omega} \tag{2.1.5}$$

就是说,绝对涡度等于相对涡度 $\boldsymbol{\omega}$ 与行星涡度 $2\boldsymbol{\Omega}$ 之和。

利用尺度分析,可以估计相对涡度 $\boldsymbol{\omega}$ 与行星涡度 $2\boldsymbol{\Omega}$ 的相对大小。垂直于地面的行星涡度分量由图 1.7 易知为 $f=2\Omega\sin\varphi$,相对涡度$\nabla \wedge \boldsymbol{v}$ 的垂直地面分量 ζ 可用$\dfrac{V}{L}$来估计。因此

$$\frac{\zeta}{f} \approx \frac{V}{fL} = R_0 \tag{2.1.6}$$

对于大尺度运动,$R_0 \ll 1$,因此对于大尺度运动,相对涡度远小于行星涡度,大尺度运动的涡度主要是行星涡度。由于行星涡度的存在,当流体在行星涡度场中运动时,会通过行星涡度而获得相对涡度,这就是为什么大尺度运动总是具有相对涡度,显示出涡旋特征的原因。

由涡度定义式(2.1.2)和(2.1.5),容易得到

$$\nabla \cdot (\nabla \wedge \boldsymbol{v}) = 0 \tag{2.1.7}$$

$$\nabla \cdot \boldsymbol{q} = \nabla \cdot (\nabla \wedge \boldsymbol{v} + 2\boldsymbol{\Omega}) = 0 \tag{2.1.8}$$

可见,相对涡度和绝对涡度都是无辐散的。在推导式(2.1.8)时,已经利用 $\boldsymbol{\Omega}$ 为常矢量这一事实。

式(2.1.3)把相对涡度与相对速度环流(相对环流)联系起来。同样,可以利用 Stokes 定理把绝对涡度和绝对速度环流(绝对环流)联系起来。定义绝对环流 Γ_a 为

$$\Gamma_a = \oint_S \boldsymbol{v}_a \cdot \mathrm{d}\boldsymbol{r} \tag{2.1.9}$$

利用 Stokes 定理,得到

$$\Gamma_a = \iint_A (\nabla \wedge \boldsymbol{v}_a) \cdot \boldsymbol{n}\mathrm{d}A \tag{2.1.10}$$

由式(2.1.5)和(2.1.3),有

$$\Gamma_a = \iint_A (\nabla \wedge \boldsymbol{v}) \cdot \boldsymbol{n}\mathrm{d}A + 2\iint_A \boldsymbol{\Omega} \cdot \boldsymbol{n}\mathrm{d}A \tag{2.1.11}$$

因为 $\boldsymbol{\Omega}$ 为常矢量,因此

$$\iint_A \boldsymbol{\Omega} \cdot \boldsymbol{n}\mathrm{d}A = \boldsymbol{\Omega} \cdot \boldsymbol{n}A$$

如以 Σ 表示面积 A 在赤道平面上的投影(见图 2.2),即 $\Sigma = A\sin\varphi$,则

$$\boldsymbol{\Omega} \cdot \boldsymbol{n} = \Omega \sin\varphi$$

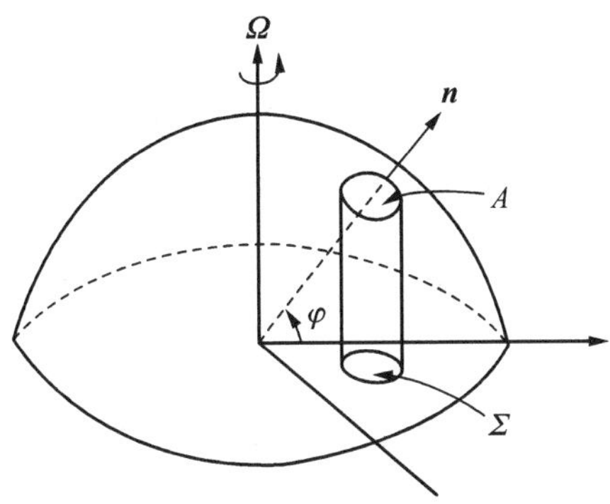

图 2.2 面积 A 在赤道平面上的投影

因此,由式(2.1.11)得到绝对环流 Γ_a 的表示式为

$$\Gamma_a = \Gamma + 2\Omega\Sigma \tag{2.1.12a}$$

或者

$$\Gamma_a = \Gamma + 2\Omega\sin\varphi A \tag{2.1.12b}$$

即绝对环流为相对环流与地球自转产生的环流之和。

§2.2 大气运动方程的积分形式——环流定理

大气中发生的一切运动现象都受运动方程控制。环流定理是描述环流变化规律的，环流是积分量，因此，环流定理自然可以从运动方程积分得到。

考虑 S 是一条由同样流体质点组成的闭合物质曲线，它随流体一起移动。沿此物质曲线求运动方程(1.1.43)的线积分，得到

$$\oint_S \frac{\mathrm{d}\boldsymbol{v}}{\mathrm{d}t}\cdot \mathrm{d}\boldsymbol{r} = -\oint_S \frac{1}{\rho}\nabla p\cdot \mathrm{d}\boldsymbol{r} - 2\oint_S (\boldsymbol{\Omega}\wedge \boldsymbol{v})\cdot \mathrm{d}\boldsymbol{r} + \oint_S \boldsymbol{g}\cdot \mathrm{d}\boldsymbol{r} + \oint_S \boldsymbol{F}\cdot \mathrm{d}\boldsymbol{r} \tag{2.2.1}$$

方程左边的被积函数可以改写为

$$\frac{\mathrm{d}\boldsymbol{v}}{\mathrm{d}t}\cdot \mathrm{d}\boldsymbol{r} = \frac{\mathrm{d}}{\mathrm{d}t}(\boldsymbol{v}\cdot \mathrm{d}\boldsymbol{r}) - \boldsymbol{v}\cdot \frac{\mathrm{d}}{\mathrm{d}t}(\mathrm{d}\boldsymbol{r}) \tag{2.2.2}$$

由于 S 是物质曲线，因此 $\mathrm{d}\boldsymbol{r}$ 的变化率由流体速度唯一确定，即

$$\boldsymbol{v}\cdot \frac{\mathrm{d}}{\mathrm{d}t}(\mathrm{d}\boldsymbol{r}) = \boldsymbol{v}\cdot \mathrm{d}\boldsymbol{v} \tag{2.2.3}$$

此外，利用重力位势 Φ，$\boldsymbol{g}$ 可改写为

$$\boldsymbol{g} = -\nabla \Phi \tag{2.2.4}$$

利用式(2.2.3)和(2.2.4)，式(2.2.1)变为

$$\oint_S \frac{\mathrm{d}}{\mathrm{d}t}(\boldsymbol{v}\cdot \mathrm{d}\boldsymbol{r}) - \oint_S \frac{1}{2}\mathrm{d}(\boldsymbol{v}\cdot \boldsymbol{v}) = -\oint_S \frac{1}{\rho}\nabla p\cdot \mathrm{d}\boldsymbol{r} - 2\oint_S (\boldsymbol{\Omega}\wedge \boldsymbol{v})\cdot \mathrm{d}\boldsymbol{r} - \oint_S \nabla \Phi\cdot \mathrm{d}\boldsymbol{r} + \oint_S \boldsymbol{F}\cdot \mathrm{d}\boldsymbol{r} \tag{2.2.5}$$

因为全微分的线积分为零，式(2.2.5)左边第二项和右边第三项也就都为零。由于 S 是物质曲线，式(2.2.5)左边第一项的积分和微分可以交换，结果得到

$$\frac{\mathrm{d}}{\mathrm{d}t}\oint_S \boldsymbol{v}\cdot \mathrm{d}\boldsymbol{r} = -\oint_S \frac{1}{\rho}\nabla p\cdot \mathrm{d}\boldsymbol{r} - 2\oint_S (\boldsymbol{\Omega}\wedge \boldsymbol{v})\cdot \mathrm{d}\boldsymbol{r} + \oint_S \boldsymbol{F}\cdot \mathrm{d}\boldsymbol{r} \tag{2.2.6}$$

根据式(2.1.1)，式(2.2.6)左边是相对环流 Γ 的时间变化率 $\frac{\mathrm{d}\Gamma}{\mathrm{d}t}$。因此，由式(2.2.6)得到沿物质曲线 S 的相对环流变化率为

$$\frac{\mathrm{d}\Gamma}{\mathrm{d}t} = -\oint_S \frac{1}{\rho}\nabla p\cdot \mathrm{d}\boldsymbol{r} - 2\oint_S (\boldsymbol{\Omega}\wedge \boldsymbol{v})\cdot \mathrm{d}\boldsymbol{r} + \oint_S \boldsymbol{F}\cdot \mathrm{d}\boldsymbol{r} \tag{2.2.7}$$

式(2.2.7)告诉我们，引起相对环流 Γ 变化的原因有三种，即气压梯度力造成的环流变化、柯氏力造成的环流变化和摩擦力造成的环流变化。

下面分别说明这三种环流变化的物理意义。利用 Stokes 线积分与面积分的交换公式，可将式(2.2.7)右边第一项改写为

$$-\oint_S \frac{1}{\rho} \nabla p \cdot \mathrm{d}\boldsymbol{r} = -\iint_A \nabla \wedge \left(\frac{\nabla p}{\rho}\right) \cdot \boldsymbol{n} \mathrm{d}A \tag{2.2.8}$$

式中：A 为闭合曲线 S 所围的面积；$\boldsymbol{n}$ 的含义如前。根据矢量运算规则，有

$$\nabla \wedge \left(\frac{\nabla p}{\rho}\right) = \nabla \frac{1}{\rho} \wedge \nabla p + \frac{1}{\rho} \nabla \wedge \nabla p = -\frac{1}{\rho^2} \nabla \rho \wedge \nabla p \tag{2.2.9}$$

由此，式(2.2.8)变为

$$-\oint_S \frac{1}{\rho} \nabla p \cdot \mathrm{d}\boldsymbol{r} = \iint_A \frac{\nabla \rho \wedge \nabla p}{\rho^2} \cdot \boldsymbol{n} \mathrm{d}A = \iint_A R \frac{\nabla p \wedge \nabla T}{p} \cdot \boldsymbol{n} \mathrm{d}A \tag{2.2.10}$$

如果等密度(温度)面与等压面不相重合，则可以在空间交割成许多管子，称为力管。因此，此项常称为力管项，这种大气状态称为斜压大气。如果大气是斜压的，则斜压矢量$\frac{1}{p}\nabla p \wedge \nabla T \neq 0$，并且，如果斜压矢量在 A 面上的垂直分量不为零，则斜压力管就会引起环流 Γ 的变化。图 2.3 给出了力管项产生环流的解释。在图中给出的温压场分布中，右边空气温度高，左边温度低，在相同气压梯度力(向上)作用下，右边轻空气比左边重空气有更快的上升趋势，结果形成绕 S 的反时针环流，这就使环流随时间发生了变化。当然，这种反时针环流的产生，将有利于使等密度面与等压面的夹角减小，甚至重合，从而使力管项对环流变化的贡献减小。

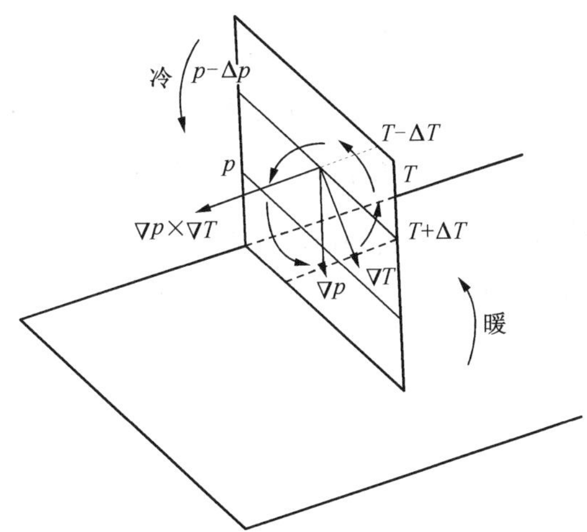

图 2.3　力管产生的环流

力管项可以用来解释海陆风的形成。在晴朗的白天和夜里，由于海陆温度差异，在沿海区域会产生局地环流。白天，陆地太阳加热比海洋大，产生自海洋向陆地的温度梯度分量，结果海陆附近垂直于海岸线的垂直面上形成一支垂直环流，在低层，海洋空气流向陆地，高层陆地空气流向海洋，这就是海风。夜里，陆地冷却比海洋快，产生向海洋的温度梯度分量，在垂直面上形成一支垂直环流。低层陆地空气流向海洋，高层海洋空气流向陆地，这就是陆风。力管项也可以用来解释山风的形成。此外，通过柯氏力作用，力管项产生的垂直环流(例如越海岸的垂直环流)可以在与其相垂直的另一平面上产生垂直环流(例如沿海岸的垂直环流)。另外，由于加热率不同或者冷空气移入暖区，造成暖区空气上升，冷区空气下沉而产生的垂直环流还可能在低层水平面上的暖区产生气旋式环流，冷区产生反气旋式环流。图 2.4 给出了地面气旋

和反气旋形成的示意图。

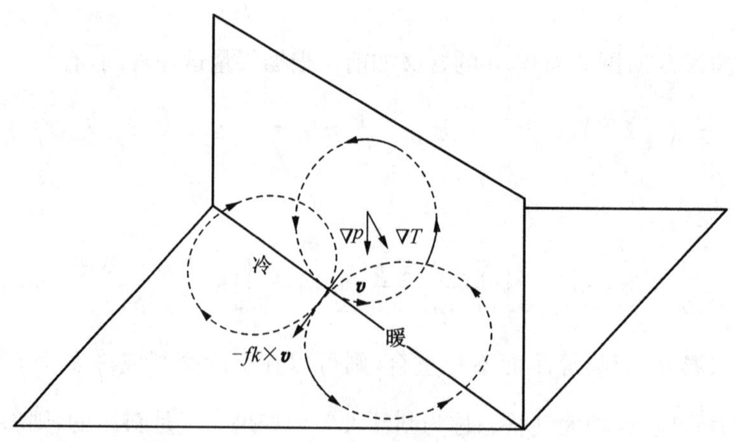

图 2.4　地面气旋和反气旋形成示意图

如果等压面与等密度面相重合，则有关系式

$$\rho = \rho(p) \tag{2.2.11}$$

成立，即大气是正压的，这时

$$-\oint_S \frac{1}{\rho} \nabla p \cdot \mathrm{d}\boldsymbol{r} = -\oint_S \frac{\mathrm{d}p}{\rho(p)} = 0 \tag{2.2.12}$$

因此，正压大气的气压梯度力对环流的变化没有贡献。

柯氏力对环流变化的作用项 $-2\oint_S(\boldsymbol{\Omega} \wedge \boldsymbol{v}) \cdot \mathrm{d}\boldsymbol{r}$ 可用图 2.5 来说明。如图所示，曲线 S 上的速度处处指向 S 的外法线方向，在向右的柯氏力作用下，它们将向右偏转，产生一个绕 S 的顺时针环流，即造成环流随时间的减小。柯氏力的作用还可用面积变化来表示。由矢量运算关系

$$(\boldsymbol{B} \wedge \boldsymbol{C}) \cdot \boldsymbol{A} = \boldsymbol{B} \cdot (\boldsymbol{C} \wedge \boldsymbol{A})$$

得到柯氏力作用项为

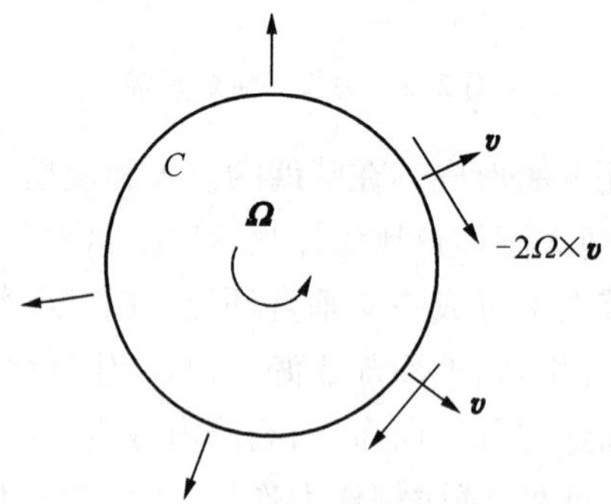

图 2.5　柯氏力产生环流示意图

$$-2\oint_S(\boldsymbol{\Omega}\wedge\boldsymbol{v})\cdot\mathrm{d}\boldsymbol{r}=-2\oint_S\boldsymbol{\Omega}\cdot(\boldsymbol{v}\wedge\mathrm{d}\boldsymbol{r})\tag{2.2.13}$$

因为 $\boldsymbol{\Omega}$ 是常矢量，而且，如图 2.6 所示，有

$$\boldsymbol{v}\wedge\mathrm{d}\boldsymbol{r}=|\boldsymbol{v}|\sin\theta\mathrm{d}r\boldsymbol{n}$$

式中：θ 为 $\boldsymbol{v}$ 与 $\mathrm{d}\boldsymbol{r}$ 的夹角；$\boldsymbol{n}$ 为垂直于 $\boldsymbol{v}$ 和 $\mathrm{d}\boldsymbol{r}$ 构成的平面的单位矢量。如以 v_r 表示 $\boldsymbol{v}$ 的垂直于 $\mathrm{d}\boldsymbol{r}$ 方向上的分量，则

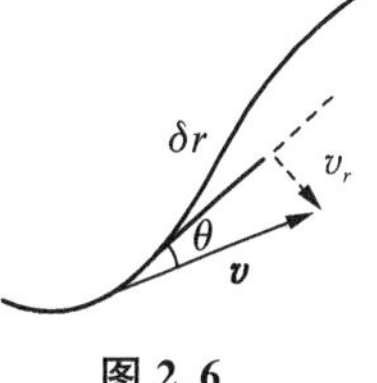

图 2.6

$$|\boldsymbol{v}|\sin\theta=v_r$$

代入式(2.2.13)，得到

$$-2\oint_S(\boldsymbol{\Omega}\wedge\boldsymbol{v})\cdot\mathrm{d}\boldsymbol{r}=-2\boldsymbol{\Omega}\cdot\oint_S v_r\mathrm{d}r\boldsymbol{n}\tag{2.2.14}$$

显然，$\oint_S v_r\mathrm{d}r$ 是单位时间内闭合曲线 S 所围面积的变化。$v_r>0$，则 S 所围面积伸展，$v_r<0$，则 S 所围面积收缩。如果以 A 表示 S 所围面积，$\boldsymbol{n}$ 表示 A 上每一点法线方向的单位矢量，则把 $\oint_S v_r\mathrm{d}r\boldsymbol{n}=\dfrac{\mathrm{d}A\boldsymbol{n}}{\mathrm{d}t}$ 代入式(2.2.14)，得到

$$-2\oint_S(\boldsymbol{\Omega}\wedge\boldsymbol{v})\cdot\mathrm{d}\boldsymbol{r}=-2\boldsymbol{\Omega}\cdot\frac{\mathrm{d}A\boldsymbol{n}}{\mathrm{d}t}\tag{2.2.15}$$

由于 $\boldsymbol{\Omega}$ 是常矢量，因此 $\boldsymbol{\Omega}\cdot\dfrac{\mathrm{d}A\boldsymbol{n}}{\mathrm{d}t}=\dfrac{\mathrm{d}}{\mathrm{d}t}(\boldsymbol{\Omega}\cdot\boldsymbol{n}A)$。前已指出，$\boldsymbol{\Omega}\cdot\boldsymbol{n}=\Omega\sin\varphi$，同前，如以 Σ 表示面积 A 在赤道平面上的投影，即 $\Sigma=A\sin\varphi$，则由式(2.2.15)，柯氏力造成的环流变化项可以表示为

$$-2\oint_S(\boldsymbol{\Omega}\wedge\boldsymbol{v})\cdot\mathrm{d}\boldsymbol{r}=-2\Omega\frac{\mathrm{d}\Sigma}{\mathrm{d}t}=-2\Omega\frac{\mathrm{d}}{\mathrm{d}t}(A\sin\varphi)\tag{2.2.16}$$

可见，造成面积 Σ 变化的原因有两个：一个是闭合曲线 S 所围面积 A 的增大或缩小造成 Σ 的变化；另一个是 S 所围面积的南北方向移动。此时，φ 的变化将造成 Σ 的变化；面积 A 的变化，将引起其中涡度的变化，从而造成环流的变化。A 的南北移动也将改变 S 内的行星涡度，从而改变 S 内涡度的大小，造成环流变化。

$\oint_S\boldsymbol{F}\cdot\mathrm{d}\boldsymbol{r}$ 是摩擦对环流变化的作用项。通常难以给出摩擦效应的确切解释。对牛顿流体，摩擦力 $\boldsymbol{F}$ 可表示为

$$\boldsymbol{F}=\mu(\nabla^2\boldsymbol{v})$$

因此

$$\oint_S\boldsymbol{F}\cdot\mathrm{d}\boldsymbol{r}=\mu\oint_S\nabla^2\boldsymbol{v}\cdot\mathrm{d}\boldsymbol{r}$$

由于 $\nabla^2\boldsymbol{v}=\nabla(\nabla\cdot\boldsymbol{v})-\nabla\wedge(\nabla\wedge\boldsymbol{v})$，因此有

$$\oint_S \boldsymbol{F} \cdot \mathrm{d}\boldsymbol{r} = \mu \oint_S \nabla(\nabla \cdot \boldsymbol{v}) \cdot \mathrm{d}\boldsymbol{r} - \mu \oint_S [\nabla \wedge (\nabla \wedge \boldsymbol{v})] \cdot \mathrm{d}\boldsymbol{r}$$

显见右边第一项为零。记 $\boldsymbol{\omega} = \nabla \wedge \boldsymbol{v}$，则

$$\begin{aligned}\oint_S \boldsymbol{F} \cdot \mathrm{d}\boldsymbol{r} &= -\mu \oint_S (\nabla \wedge \boldsymbol{\omega}) \cdot \mathrm{d}\boldsymbol{r} \\ &= -\mu \oint_S \left[\left(\frac{\partial \omega_z}{\partial y} - \frac{\partial \omega_y}{\partial z}\right)\mathrm{d}x + \left(\frac{\partial \omega_x}{\partial z} - \frac{\partial \omega_z}{\partial x}\right)\mathrm{d}y + \left(\frac{\partial \omega_y}{\partial x} - \frac{\partial \omega_x}{\partial y}\right)\mathrm{d}z\right]\end{aligned}$$

为讨论方便，设 $\omega_x = \omega_y = 0, \omega_z > 0$，但 $\dfrac{\partial \omega_z}{\partial x} = 0$，因此

$$\oint_S \boldsymbol{F} \cdot \mathrm{d}\boldsymbol{r} = -\mu \oint_S \frac{\partial \omega_z}{\partial y} \mathrm{d}x$$

如图 2.7 所示，x 轴指向闭合曲线 S 上 O 点的切线方向，O 点附近只有 z 方向一个涡度分量 ω_z，设 $\dfrac{\partial \omega_z}{\partial y} > 0$，即 S 内的涡度大于 S 外，涡度由 S 向内增大，则涡度将从 S 内的流体向外扩散，引起 S 内涡旋强度减弱，从而造成 S 上环流的减小，这与温度梯度造成热量分布均匀化完全相似。因此，摩擦的作用主要是使涡度场均匀化，大的涡旋分解为小的涡旋，最后涡旋被耗散掉，其动能变为热能。总之，摩擦起减弱环流的作用。

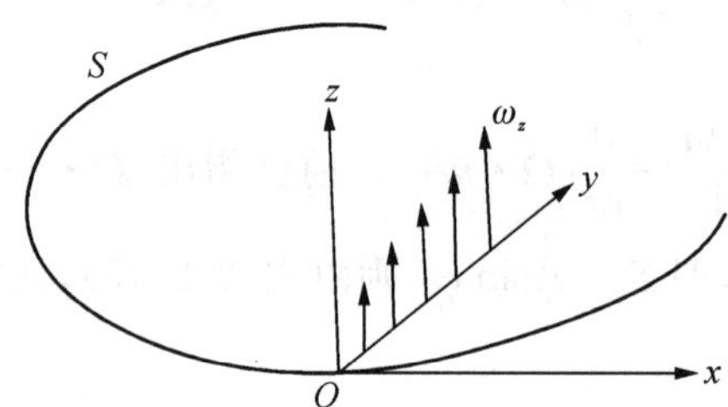

图 2.7　涡度从 S 内向外扩散

把式(2.2.10)和(2.2.16)代入式(2.2.7)，得到

$$\frac{\mathrm{d}\Gamma}{\mathrm{d}t} = \iint_A \frac{\nabla \rho \wedge \nabla p}{\rho^2} \cdot \boldsymbol{n}\mathrm{d}A - 2\Omega \frac{\mathrm{d}\Sigma}{\mathrm{d}t} + \oint_S \boldsymbol{F} \cdot \mathrm{d}\boldsymbol{r} \tag{2.2.17}$$

这就是 Bjerkness 相对环流定理。因为 $\boldsymbol{\Omega}$ 是常矢量，式(2.2.17)也可写为

$$\frac{\mathrm{d}}{\mathrm{d}t}(\Gamma + 2\Omega\Sigma) = \iint_A \frac{\nabla \rho \wedge \nabla p}{\rho^2} \cdot \boldsymbol{n}\mathrm{d}A + \oint_S \boldsymbol{F} \cdot \mathrm{d}\boldsymbol{r} \tag{2.2.18}$$

按式(2.1.12)，$\Gamma + 2\Omega\Sigma$ 是绝对环流 Γ_a，式(2.2.18)表示，大气斜压性和摩擦的存在，将引起绝对环流的变化。如果闭合曲线 S 内的流体是正压的、无摩擦的，则有

$$\frac{\mathrm{d}\Gamma_a}{\mathrm{d}t} = \frac{\mathrm{d}}{\mathrm{d}t}(\Gamma + 2\Omega\Sigma) = 0 \tag{2.2.19}$$

式(2.2.19)表示，在正压无摩擦大气中，随流体一起运动的闭合曲线上的绝对环流守恒，这就是 Kelvin 绝对环流守恒定理。由上可知，大气的斜压性是造成环流发生变化的根本原因，即

由于斜压性的影响，环流得到发展，通过斜压性的作用，位能不断地转变为动能，系统得到发展和加强。因此，斜压性是大气运动发生发展的最重要因子之一。

§2.3　大气运动方程的微分形式（一）——涡度方程

上节我们给出了描述流体旋转的宏观量——环流的变化规律，即环流定理。环流是个标量，用它来描述涡旋，不能完整给出涡旋这种矢量场的动力学图像。涡度是矢量，用它来描述涡旋矢量的性质更合适。为描述涡旋的矢量特性及其变化，给出控制涡度变化的方程是必要的。

2.3.1　涡度方程及其物理意义

涡度是微分量，因此，可以对大气运动方程作微分运算来得到大气运动方程的一种十分重要的变形方程——涡度方程。

把运动方程(1.1.43)写为

$$\frac{\partial \boldsymbol{v}}{\partial t}+(\boldsymbol{v}\cdot\nabla)\boldsymbol{v}=-2\boldsymbol{\Omega}\wedge\boldsymbol{v}-\frac{1}{\rho}\nabla p+\boldsymbol{g}+\boldsymbol{F} \tag{2.3.1}$$

根据矢量运算公式

$$\nabla(\boldsymbol{A}\cdot\boldsymbol{B})=(\boldsymbol{A}\cdot\nabla)\boldsymbol{B}+(\boldsymbol{B}\cdot\nabla)\boldsymbol{A}+\boldsymbol{A}\wedge(\nabla\wedge\boldsymbol{B})+\boldsymbol{B}\wedge(\nabla\wedge\boldsymbol{A})$$

有

$$(\boldsymbol{v}\cdot\nabla)\boldsymbol{v}=\nabla\left(\frac{v^2}{2}\right)-\boldsymbol{v}\wedge(\nabla\wedge\boldsymbol{v})$$

这样，式(2.3.1)可以改写为

$$\frac{\partial \boldsymbol{v}}{\partial t}+\nabla\left(\frac{v^2}{2}\right)-\boldsymbol{v}\wedge(\nabla\wedge\boldsymbol{v})=-2\boldsymbol{\Omega}\wedge\boldsymbol{v}-\frac{1}{\rho}\nabla p+\boldsymbol{g}+\boldsymbol{F} \tag{2.3.2}$$

式中 v 是 $\boldsymbol{v}$ 的数值。

对运动方程(2.3.2)作旋度运算，即取 $\nabla\wedge$ 运算，由于重力 $\boldsymbol{g}=-\nabla\Phi$ 是位势矢量，因此

$$\nabla\wedge\boldsymbol{g}=\nabla\wedge(-\nabla\Phi)=0$$

而且

$$\nabla\wedge\nabla\left(\frac{v^2}{2}\right)=0$$

因此，有

$$\frac{\partial}{\partial t}\nabla\wedge\boldsymbol{v}-\nabla\wedge[\boldsymbol{v}\wedge(\nabla\wedge\boldsymbol{v}+2\boldsymbol{\Omega})]=-\nabla\wedge\left(\frac{1}{\rho}\nabla p\right)+\nabla\wedge\boldsymbol{F} \tag{2.3.3}$$

由于

$$\nabla\wedge\left(\frac{1}{\rho}\nabla p\right)=\frac{1}{\rho}\nabla\wedge\nabla p+\nabla\left(\frac{1}{\rho}\right)\wedge\nabla p=\nabla\alpha\wedge\nabla p$$

其中 $\alpha=\dfrac{1}{\rho}$ 为比热容。如果用 $\boldsymbol{q}$ 表示三维绝对涡度，即

$$\boldsymbol{q}=\nabla\wedge\boldsymbol{v}+2\boldsymbol{\Omega}$$

由于 $\boldsymbol{\Omega}$ 是常矢量，因此，式(2.3.3)可写为

$$\frac{\partial\boldsymbol{q}}{\partial t}-\nabla\wedge(\boldsymbol{v}\wedge\boldsymbol{q})=-\nabla\alpha\wedge\nabla p+\nabla\wedge\boldsymbol{F}\tag{2.3.4}$$

对于任何矢量 $\boldsymbol{A}$ 和 $\boldsymbol{B}$，有

$$\nabla\wedge(\boldsymbol{A}\wedge\boldsymbol{B})=\boldsymbol{A}\nabla\cdot\boldsymbol{B}+(\boldsymbol{B}\cdot\nabla)\boldsymbol{A}-\boldsymbol{B}\nabla\cdot\boldsymbol{A}-(\boldsymbol{A}\cdot\nabla)\boldsymbol{B}$$

因此

$$\nabla\wedge(\boldsymbol{v}\wedge\boldsymbol{q})=\boldsymbol{v}(\nabla\cdot\boldsymbol{q})+(\boldsymbol{q}\cdot\nabla)\boldsymbol{v}-\boldsymbol{q}\nabla\cdot\boldsymbol{v}-(\boldsymbol{v}\cdot\nabla)\boldsymbol{q}$$

由式(2.1.8)可知，涡度是无辐散的，因此，有

$$\nabla\wedge(\boldsymbol{v}\wedge\boldsymbol{q})=(\boldsymbol{q}\cdot\nabla)\boldsymbol{v}-\boldsymbol{q}\nabla\cdot\boldsymbol{v}-(\boldsymbol{v}\cdot\nabla)\boldsymbol{q}$$

代入式(2.3.4)，得到涡度方程为

$$\frac{\partial\boldsymbol{q}}{\partial t}+(\boldsymbol{v}\cdot\nabla)\boldsymbol{q}-(\boldsymbol{q}\cdot\nabla)\boldsymbol{v}+\boldsymbol{q}\nabla\cdot\boldsymbol{v}=-\nabla\alpha\wedge\nabla p+\nabla\wedge\boldsymbol{F}\tag{2.3.5}$$

或者写为

$$\frac{\mathrm{d}\boldsymbol{q}}{\mathrm{d}t}=(\boldsymbol{q}\cdot\nabla)\boldsymbol{v}-\boldsymbol{q}\nabla\cdot\boldsymbol{v}-\nabla\alpha\wedge\nabla p+\nabla\wedge\boldsymbol{F}\tag{2.3.6}$$

这说明，绝对涡度的个别变化是由式(2.3.6)右边四个因子决定的，最后两项即力管项和摩擦力项已在环流定理中作过讨论，前者是涡度源，后者是涡度汇。式(2.3.6)右边前两项将作进一步讨论。

实际大气中，由于运动具有准水平运动的特征，因此用得最多的是式(2.3.6)的垂直分量涡度方程。为此，应用局地直角坐标系比较方便。由于在局地直角坐标系中，有

$$\boldsymbol{q}=\xi\boldsymbol{i}+(\eta+2\Omega\cos\varphi)\boldsymbol{j}+(\zeta+2\Omega\sin\varphi)\boldsymbol{k}\tag{2.3.7}$$

式中：ξ,η,ζ 分别为相对涡度矢量 $\nabla\wedge\boldsymbol{v}$ 在局地直角坐标系中 $\boldsymbol{i},\boldsymbol{j},\boldsymbol{k}$ 方向的分量；$2\Omega\cos\varphi$ 和 $2\Omega\sin\varphi$ 为行星涡度 $2\boldsymbol{\Omega}$ 在 $\boldsymbol{j},\boldsymbol{k}$ 上的分量。用单位矢量 $\boldsymbol{k}$ 点乘矢量涡度方程(2.3.6)，同时考虑到 $2\Omega\cos\varphi\ll\eta$，得到垂直方向涡度分量方程为

$$\begin{aligned}\frac{\mathrm{d}}{\mathrm{d}t}(\zeta+f)=&-(\zeta+f)\left(\frac{\partial u}{\partial x}+\frac{\partial v}{\partial y}\right)+\left(\frac{\partial w}{\partial y}\frac{\partial u}{\partial z}-\frac{\partial w}{\partial x}\frac{\partial v}{\partial z}\right)+\\&\left(\frac{\partial p}{\partial x}\frac{\partial\alpha}{\partial y}-\frac{\partial p}{\partial y}\frac{\partial\alpha}{\partial x}\right)+\frac{\partial F_y}{\partial x}-\frac{\partial F_x}{\partial y}\end{aligned}\tag{2.3.8}$$

式中：$f=2\Omega\sin\varphi$；$\alpha=1/\rho$。

为考虑式(2.3.8)右边第一项的作用，假定大气是正压无摩擦的，则式(2.3.8)变为

$$\frac{\mathrm{d}}{\mathrm{d}t}(\zeta+f)=-(\zeta+f)\left(\frac{\partial u}{\partial x}+\frac{\partial v}{\partial y}\right)\tag{2.3.9}$$

因为$(\zeta+f)$一般大于零，因此这一项由散度决定，所以通常称为散度项。如图 2.8 所示，当水平散度为负，即辐合时，涡管收缩并伸长，根据环流定理，涡管截面积减小将使涡管中流体旋转加速，涡度增大；当水平散度为正，即辐散时，涡管扩大并缩短，涡管截面积增大，将伴之涡管中流体旋转减弱，涡度变小。散度引起的涡度变化对天气尺度运动是非常重要的。

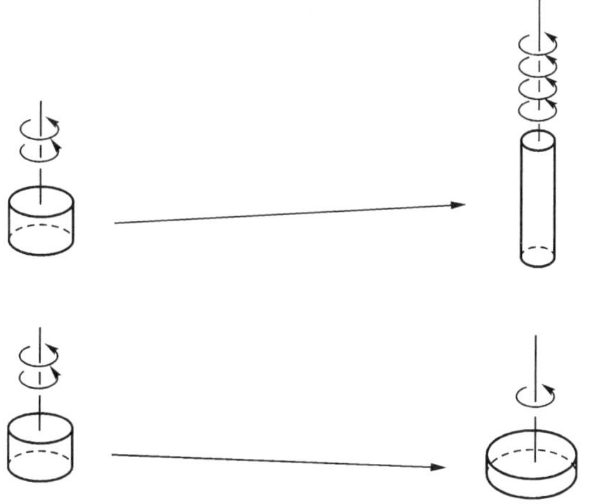

图 2.8　辐散辐合与涡度的关系

式(2.3.8)右边第二项称为涡管倾斜项，这是由于垂直速度水平分布不均匀使水平涡管倾斜而转变为垂直涡管引起的。因为

$$\frac{\partial w}{\partial y}\frac{\partial u}{\partial z}-\frac{\partial w}{\partial x}\frac{\partial v}{\partial z}=\left(\frac{\partial w}{\partial y}\frac{\partial u}{\partial z}-\frac{\partial w}{\partial x}\frac{\partial w}{\partial y}\right)+\left(\frac{\partial w}{\partial x}\frac{\partial w}{\partial y}-\frac{\partial w}{\partial x}\frac{\partial v}{\partial z}\right)=\eta\frac{\partial w}{\partial y}+\xi\frac{\partial w}{\partial x} \tag{2.3.10}$$

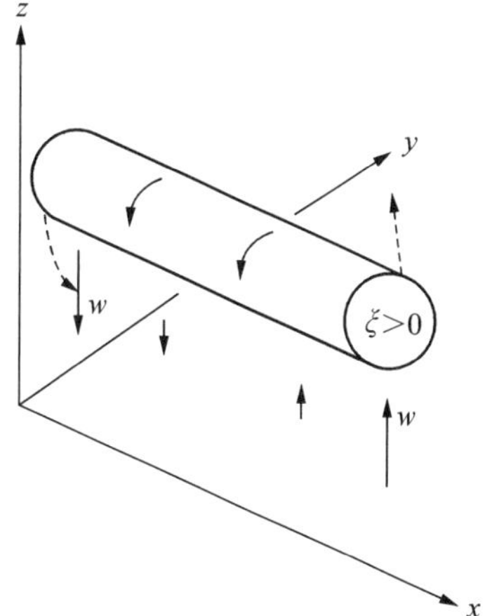

图 2.9　涡管倾斜效应

如果设 $\xi>0$，$\frac{\partial w}{\partial x}>0$，则 $\xi\frac{\partial w}{\partial x}$项将使开始时为平行于 x 轴的做逆时针旋转的涡管(图 2.9)，由于 w 的不均匀分布而发生倾斜，从而使 x 方向的涡度分量 ξ 转变为 z 方向的涡度分量 ζ。同理，$\eta\frac{\partial w}{\partial y}$项会使 y 方向的涡度分量 η 转变为 ζ。

垂直分量涡度方程(2.3.8)也可以直接从水平运动方程(1.2.9)和(1.2.10)作交叉微分，即式(1.2.10)对 x 微分，式(1.2.9)对 y 微分，然后相减得到。p 坐标系中的垂直分量涡度方程可由式(1.5.56)和(1.5.57)进行交叉微分得到

$$\frac{\mathrm{d}}{\mathrm{d}t_p}(\zeta_p+f)=-(f+\zeta_p)\left(\frac{\partial u}{\partial x}+\frac{\partial v}{\partial y}\right)\bigg|_p+\left(\frac{\partial w}{\partial y}\bigg|_p\frac{\partial u}{\partial p}-\frac{\partial w}{\partial x}\bigg|_p\frac{\partial v}{\partial p}\right)+\left(\frac{\partial F_y}{\partial x}-\frac{\partial F_x}{\partial y}\right)\bigg|_p \tag{2.3.11}$$

式中 $\zeta_p=\left(\frac{\partial v}{\partial x}-\frac{\partial u}{\partial y}\right)\bigg|_p$，它与 z 坐标系中的涡度垂直分量 ζ 的关系是

$$\zeta_p=\zeta-\rho\boldsymbol{k}\cdot\left(\nabla_p\Phi\wedge\frac{\partial\boldsymbol{v}}{\partial p}\right) \tag{2.3.12}$$

两者稍有不同，因为 p 坐标系中某点的涡度 ζ_p 是等压面上该点切平面上流体质点的旋转强度，对大尺度运动，式(2.3.12)右边第二项远小于第一项，因此有 $\zeta_p\approx\zeta$。方程(2.3.11)中没有力管项出现，是因为等压面本身就是力管的管壁，因此等压面上没有力管。实际上，p 坐标系涡度方程中的散度项包括了 z 坐标系中的散度项和力管项，就是说，大气的斜压性因子已经被隐含在 p 坐标系涡度方程的散度项中。

对 θ 坐标系，如果运动过程是绝热的，即 $\omega_\theta=\frac{\mathrm{d}\theta}{\mathrm{d}t}=0$，涡度方程可以立即写为

$$\frac{\mathrm{d}}{\mathrm{d}t_\theta}(\zeta_\theta+f)=-(f+\zeta_\theta)\nabla_\theta\cdot\boldsymbol{v}_h \tag{2.3.13}$$

这时，涡度的变化完全由散度决定。

2.3.2 涡度方程的简化

下面针对大气大尺度运动简化涡度方程。为此，可以用 p 坐标系的涡度方程(2.3.11)进行讨论。涡度方程的各项大小并不相同，为比较各项的大小，最方便的是对涡度方程进行尺度分析。考虑无摩擦大气，并展开个别微分项，涡度方程(2.3.11)可以写为(略去下标 p)

$$\frac{\partial\zeta}{\partial t}+\boldsymbol{v}\cdot\nabla\zeta+\omega\frac{\partial\zeta}{\partial p}+\beta v=-(f+\zeta)\left(\frac{\partial u}{\partial x}+\frac{\partial v}{\partial y}\right)+\frac{\partial\omega}{\partial y}\frac{\partial u}{\partial p}-\frac{\partial\omega}{\partial x}\frac{\partial v}{\partial p} \tag{2.3.14}$$

利用尺度分析，得到

$$\begin{aligned}&\frac{V^2}{L^2}\left(\frac{\partial\zeta'}{\partial t'}+\boldsymbol{v}'\cdot\nabla\zeta'\right)+\frac{\overline{\omega}}{P}\frac{V}{L}\omega'\frac{\partial\zeta'}{\partial p'}+\frac{FV}{a}v'=\\&-\left(F+\frac{V}{L}\zeta'\right)\frac{\overline{\omega}}{P}\left(\frac{\partial u'}{\partial x'}+\frac{\partial v'}{\partial y'}\right)+\frac{\overline{\omega}}{P}\frac{V}{L}\left(\frac{\partial\omega'}{\partial y'}\frac{\partial u'}{\partial p'}-\frac{\partial\omega'}{\partial x'}\frac{\partial v'}{\partial p'}\right)\end{aligned} \tag{2.3.15}$$

由连续方程(1.5.59)，有

$$\frac{\overline{\omega}}{P}=\overline{D}=R_0\frac{V}{L} \tag{2.3.16}$$

式中 $\overline{D}$ 为散度的尺度。对大尺度运动，有 $\frac{L}{a}\leqslant R_0$。因此，利用式(2.3.16)，式(2.3.14)可改写为

$$\frac{\partial\zeta'}{\partial t'}+\boldsymbol{v}'\cdot\nabla\zeta'+R_0\omega'\frac{\partial\zeta'}{\partial p'}+v'=-(1+R_0\zeta')\left(\frac{\partial u'}{\partial x'}+\frac{\partial v'}{\partial y'}\right)+R_0\left(\frac{\partial\omega'}{\partial y'}\frac{\partial u'}{\partial p'}-\frac{\partial\omega'}{\partial x'}\frac{\partial v'}{\partial p'}\right)$$

因为对大尺度运动，有 $R_0\ll1$，因此在涡度方程中可以略去涡度的垂直输送项、倾斜项和散度项中与 ζ 相联结的项。略去这些小项后，并回到有因次形式，得到简化后的涡度方程为

$$\frac{\partial \zeta}{\partial t}+\boldsymbol{v}\cdot\nabla\zeta+\beta v=-f\left(\frac{\partial u}{\partial x}+\frac{\partial v}{\partial y}\right) \tag{2.3.17}$$

如果进一步略去散度项，得到

$$\frac{\partial \zeta}{\partial t}+\boldsymbol{v}\cdot\nabla\zeta+\beta v=0 \tag{2.3.18}$$

考虑到 f 只是 y 的函数，式(2.3.18)可写为

$$\frac{\partial \zeta}{\partial t}+\boldsymbol{v}\cdot\nabla(\zeta+f)=0 \tag{2.3.18$'$}$$

这就是常用的无辐散涡度方程。对 z 坐标系，由式(2.3.8)经过简化也可得到与式(2.3.17)或式(2.3.18)相同形式的简化的涡度方程。

2.3.3　Taylor-Proudman 定理

这一定理是在对涡度方程(2.3.5)作一系列近似假定的基础上得到的。定理指出，在均质、不可压、无摩擦流体中，如果运动很缓慢，当趋于定常时，流体运动速度在其旋转轴的方向上近于保持不变，即运动基本上是二维的。Taylor 通过一系列实验证实了这一定理。利用这一定理，可以说明大气准水平运动特征。

在均质、不可压、无摩擦的假定下，因为力管项、散度项和摩擦项都为零，涡度方程(2.3.5)变成

$$\frac{\partial \boldsymbol{q}}{\partial t}+(\boldsymbol{v}\cdot\nabla)\boldsymbol{q}=(\boldsymbol{q}\cdot\nabla)\boldsymbol{v} \tag{2.3.19}$$

由于假定运动是缓慢的，就是说，运动的涡度与行星涡度相比是很小的，即

$$|\nabla\wedge\boldsymbol{v}|\ll|2\boldsymbol{\Omega}| \tag{2.3.20}$$

因此，近似地有

$$\boldsymbol{q}\approx 2\boldsymbol{\Omega} \tag{2.3.21}$$

对定常运动，又有$\frac{\partial \boldsymbol{q}}{\partial t}=0$。因此，式(2.3.19)可改写为

$$(\boldsymbol{v}\cdot\nabla)(2\boldsymbol{\Omega})\approx(2\boldsymbol{\Omega}\cdot\nabla)\boldsymbol{v} \tag{2.3.22}$$

因为 $\boldsymbol{\Omega}$ 是常矢量，所以有

$$(\boldsymbol{\Omega}\cdot\nabla)\boldsymbol{v}\approx 0 \tag{2.3.23}$$

式(2.3.23)表示，沿 $\boldsymbol{\Omega}$ 方向，$\boldsymbol{v}$ 没有变化，即运动只在与 $\boldsymbol{\Omega}$ 相垂直的平面内有变化，亦即运动是二维的，这就是 Taylor-Proudman 定理。这一定理虽然是在作了很多简化近似后得到的，但它能反映出旋转流体中的基本特征。

在实际大气中，并不完全满足 Taylor-Proudman 定理所列的条件，或者说，这些条件在实际大气中只是近似地成立。因此，运动基本上是准水平的。

条件(2.3.20)在局地直角坐标系中，相当于

$$\frac{\zeta}{f} \ll 1 \tag{2.3.24}$$

由尺度分析知道，它可以写为

$$\frac{V}{LF}\zeta' \ll 1$$

就是说，这一条件与 Rossby 数 $R_0 \ll 1$ 相当，而这只在准地转（大尺度）运动中成立。说明，大气中的准地转大尺度运动是准水平运动，在垂直方向的变化是很小的。

在地球物理现象中，存在一种近于平衡的运动，这就是柯氏力与气压梯度力近于平衡的运动，即地转运动（后面我们将详细介绍）。对这种运动，由式(1.1.43)，容易得到

$$2\boldsymbol{\Omega} \wedge \boldsymbol{v}_g = -\frac{1}{\rho}\nabla p \tag{2.3.25}$$

式中 $\boldsymbol{v}_g$ 为地转运动速度。我们来看式(2.3.25)给定的地转运动 $\boldsymbol{v}_g$ 是否满足 Taylor-Proudman 定理。对式(2.3.25)作旋度运算

$$2\nabla \wedge (\boldsymbol{\Omega} \wedge \boldsymbol{v}_g) = -\nabla \wedge \left(\frac{1}{\rho}\nabla p\right) \tag{2.3.26}$$

因为是均质大气，ρ=常数，因此

$$\nabla \wedge \left(\frac{1}{\rho}\nabla p\right) = \frac{1}{\rho}\nabla \wedge \nabla p = 0 \tag{2.3.27}$$

按矢量运算关系，有

$$\nabla \wedge (\boldsymbol{\Omega} \wedge \boldsymbol{v}_g) = -(\boldsymbol{\Omega} \cdot \nabla)\boldsymbol{v}_g + (\boldsymbol{v}_g \cdot \nabla)\boldsymbol{\Omega} + (\nabla \cdot \boldsymbol{v}_g)\boldsymbol{\Omega} - (\nabla \cdot \boldsymbol{\Omega})\boldsymbol{v}_g$$

由于 $\boldsymbol{\Omega}$ 是常矢量，而且 $\nabla \cdot \boldsymbol{v}_g = 0$，因此

$$\nabla \wedge (\boldsymbol{\Omega} \wedge \boldsymbol{v}_g) = -(\boldsymbol{\Omega} \cdot \nabla)\boldsymbol{v}_g \tag{2.3.28}$$

利用式(2.3.27)和(2.3.28)，式(2.3.26)变为

$$(\boldsymbol{\Omega} \cdot \nabla)\boldsymbol{v}_g = 0 \tag{2.3.29}$$

可见，式(2.3.25)给出的地转运动 $\boldsymbol{v}_g$ 是满足 Taylor-Proudman 定理的。

在局地直角坐标系中，Taylor-Proudman 定理可以写为

$$\frac{\partial \boldsymbol{v}}{\partial z} \approx 0 \tag{2.3.30}$$

这里 z 轴平行于旋转轴。由均质不可压条件，得到水平运动速度满足无辐散条件

$$\frac{\partial u}{\partial x} + \frac{\partial v}{\partial y} = 0 \tag{2.3.31}$$

对于局地直角坐标，由式(1.2.9)和(1.2.10)，得到地转平衡关系式为

$$fv_g = \frac{1}{\rho}\frac{\partial p}{\partial x} \tag{2.3.32a}$$

$$fu_g = -\frac{1}{\rho}\frac{\partial p}{\partial y} \tag{2.3.32b}$$

我们来看这时的地转风是否满足 Taylor-Proudman 定理。

对大尺度运动，静力平衡成立，因此有

$$\frac{\partial p}{\partial z} = -\rho g \tag{2.3.33}$$

式(2.3.32)对 z 微分，并利用式(2.3.33)，得到

$$f\frac{\partial v_g}{\partial z} = \frac{1}{\rho}\frac{\partial}{\partial z}\frac{\partial p}{\partial x} = \frac{1}{\rho}\frac{\partial}{\partial x}(-\rho g) = 0$$

$$f\frac{\partial u_g}{\partial z} = 0$$

说明，水平风速 v_g，u_g 满足式(2.3.30)。还要看垂直速度 w 是否满足式(2.3.30)。为此，利用不可压条件，即

$$\frac{\partial w}{\partial z} = -\left(\frac{\partial u_g}{\partial x} + \frac{\partial v_g}{\partial y}\right) = \frac{1}{f^2}\frac{\partial f}{\partial y}\frac{1}{\rho}\frac{\partial p}{\partial x} \tag{2.3.34}$$

对于 f＝常数的 f 平面近似，显然有 $\frac{\partial w}{\partial z}=0$。因此，这时由式(2.3.32)给出的地转风是满足 Taylor-Proudman 定理的。

对 $f=f_0+\beta y$ 的 β 平面近似，由式(2.3.34)，有

$$\frac{\partial w}{\partial z} = \frac{\beta}{f}v_g \tag{2.3.35}$$

可见，β 平面近似下的地转风是不满足 Taylor-Proudman 定理的。

§2.4　大气运动方程的微分形式(二)——散度方程

上节我们对运动方程取旋度微分运算，得到了涡度方程。如果对运动方程取散度微分运算，就可得到运动方程的另一微分形式——散度方程。

2.4.1　散度方程

与涡度方程一样，散度方程也是大气运动方程的微分变形形式，它在描述大气运动中也有重要应用。中尺度天气过程不仅具有强烈的涡旋特征，还具有强烈的散度。在中尺度系统的发展过程中，散度的变化必须加以考虑，散度方程在中尺度系统的研究中，往往用来代替运动方程。对大尺度运动，散度往往很小，这时散度方程常用来诊断风压场之间的关系。合适的、协调的初始风压场关系，对数值天气预报是十分重要的。下面我们给出适合于大尺度运动的散度方程，至于一般的散度方程完全可以用类似的方法导得。

对大尺度运动，可用 p 坐标系的运动方程(1.5.56)和(1.5.57)导出散度方程。对式(1.5.56)和(1.5.57)的矢量形式(略下标 p)

$$\frac{\mathrm{d}\boldsymbol{v}}{\mathrm{d}t}+f\boldsymbol{k}\wedge\boldsymbol{v}=-\nabla\Phi \tag{2.4.1}$$

作散度运算$\nabla\cdot$，得到

$$\frac{\partial}{\partial t}\nabla\cdot\boldsymbol{v}+\nabla\cdot[(\boldsymbol{v}\cdot\nabla)\boldsymbol{v}]+\nabla\omega\cdot\frac{\partial\boldsymbol{v}}{\partial p}+\omega\frac{\partial}{\partial p}\nabla\cdot\boldsymbol{v}=-\nabla^2\Phi-\nabla\cdot(f\boldsymbol{k}\wedge\boldsymbol{v}) \tag{2.4.2}$$

把它展开[或者直接从式(1.5.56)对 x 微分，式(1.5.57)对 y 微分，然后相加]，得到 p 坐标系中的散度方程

$$\frac{\partial D}{\partial t}+\boldsymbol{v}\cdot\nabla D+\omega\frac{\partial D}{\partial p}+D^2+\nabla\omega\cdot\frac{\partial\boldsymbol{v}}{\partial p}-f\zeta+\beta u-2J(u,v)+\nabla^2\Phi=0 \tag{2.4.3}$$

式中：$D=\frac{\partial u}{\partial x}+\frac{\partial v}{\partial y}$；$J(u,v)=\frac{\partial u}{\partial x}\frac{\partial v}{\partial y}-\frac{\partial u}{\partial y}\frac{\partial v}{\partial x}$。利用尺度分析，得到

$$\begin{aligned}&R_0\frac{V^2}{L^2}\left[\left(\frac{\partial D'}{\partial t'}+(\boldsymbol{v}'\cdot\nabla)\boldsymbol{D}'\right)+R_0\left(\omega'\frac{\partial D'}{\partial p'}+D'^2\right)+\nabla\omega'\cdot\frac{\partial\boldsymbol{v}'}{\partial p'}\right]-\\&\frac{FV}{L}\zeta'+R_0\frac{FV}{L}u'-2\frac{V^2}{L^2}J(u',v')+\frac{FV}{L}\nabla^2\Phi'=0\end{aligned} \tag{2.4.4}$$

其中已利用尺度关系式

$$\overline{D}=R_0\frac{V}{L},\frac{\overline{\omega}}{p}=R_0\frac{V}{L},\nabla\overline{\Phi}=FLV,\frac{L}{a}\leqslant R_0 \tag{2.4.5}$$

式中算子∇和 J 是对无因次量 x',y' 而言的。因为$\frac{FV}{L}=\frac{1}{R_0}\frac{V^2}{L^2}$，因此，式(2.4.4)还可改写为

$$\begin{aligned}&R_0^2\left(\frac{\partial D'}{\partial t'}-(\boldsymbol{v}'\cdot\nabla)\boldsymbol{D}'\right)+R_0^3\left(\omega'\frac{\partial D'}{\partial p'}+D'^2\right)+R_0^2\nabla\omega'\cdot\frac{\partial\boldsymbol{v}'}{\partial p'}-\\&\zeta'+R_0u'-2R_0J(u',v')+\nabla^2\Phi'=0\end{aligned} \tag{2.4.6}$$

2.4.2　散度方程的简化——风压场之间的平衡关系

由散度方程(2.4.6)，可以根据量级的大小进行简化，从而得到风压场之间的各级近似平衡关系式。

对大尺度运动，由于 $R_0\ll1$，略去式(2.4.6)中 R_0^2 及以上项，得到

$$-\zeta'+R_0u'-2R_0J(u',v')+\nabla^2\Phi'=0 \tag{2.4.7}$$

回到有因次形式，考虑到 βu 是$(\boldsymbol{k}\wedge\boldsymbol{v})\cdot\nabla f$ 的简化形式，因此有

$$f\zeta-(\boldsymbol{k}\wedge\boldsymbol{v})\cdot\nabla f+2J(u,v)=\nabla^2\Phi \tag{2.4.8}$$

这一风压场之间的平衡关系式通常称为平衡方程。它是一种诊断关系式，可由已知的风场诊

断出气压场(高度场),也可由气压场得到风场。对式(2.4.8),显然有 $D=0$。因此,可引入流函数 ψ,有 $\boldsymbol{v}=\boldsymbol{k}\wedge\nabla\psi$,代入式(2.4.8),得到

$$f\nabla^2\psi+\nabla\psi\cdot\nabla f+2\left[\frac{\partial^2\psi}{\partial x^2}\frac{\partial^2\psi}{\partial y^2}-\left(\frac{\partial^2\psi}{\partial x\partial y}\right)^2\right]=\nabla^2\Phi \tag{2.4.9}$$

如果由观测已知流场 ψ,可以通过求解 Poisson 方程(2.4.9)得到高度场 Φ;如果已知高度场 Φ,可通过求解方程(2.4.9)(常称为 Monge-Ampere 方程)得到流场 ψ。Monge-Ampere 方程是非线性偏微分方程,根据不同的系数关系,它可以是椭圆形的、双曲形的,也可以是抛物形的。在大尺度气象问题中,对大部分地区而言,它是椭圆形的。

如果略去式(2.4.9)中的非线性项,则得到所谓线性平衡方程

$$\nabla\cdot(f\nabla\psi)=\nabla^2\Phi \tag{2.4.10}$$

如果略去式(2.4.7)中的 R_0 项,得到

$$\zeta'=\nabla^2\Phi' \tag{2.4.11}$$

回到有因次形式,并利用无辐散条件,得到

$$f\nabla^2\psi=\nabla^2\Phi \tag{2.4.12}$$

这显然是地转关系,它也可以从式(2.4.10)中令 $f=f_0=$常数得到。式(2.4.12)给出的地转关系是散度方程的最简近似关系,它给出了风场和气压场之间的最基本的平衡关系,即地转关系。

§2.5　大气运动方程的微分形式(三)——位涡度方程

前面给出的涡度方程和散度方程,完全是从运动方程出发导得的,它们对研究涡度矢量和风压场之间的关系很有用。但是,描述大气完整运动状态的还包括连续方程和热流量方程。如果能把这些方程的约束关系统一在一个方程中,给出新的约束条件,无疑是十分必要的。这样一个方程首先由 Ertel 在 1942 年导得。下面我们给出位涡度守恒的普遍条件。

涡度方程(2.3.6)乘以$\dfrac{1}{\rho}$

$$\frac{1}{\rho}\frac{\mathrm{d}\boldsymbol{q}}{\mathrm{d}t}=\frac{1}{\rho}(\boldsymbol{q}\cdot\nabla)\boldsymbol{v}-\frac{1}{\rho}\boldsymbol{q}\nabla\cdot\boldsymbol{v}+\frac{1}{\rho^3}\nabla\rho\wedge\nabla p+\frac{1}{\rho}\nabla\wedge\boldsymbol{F} \tag{2.5.1}$$

连续方程(1.1.19)改写为

$$\frac{\mathrm{d}}{\mathrm{d}t}\left(\frac{1}{\rho}\right)=\frac{1}{\rho}\nabla\cdot\boldsymbol{v}$$

再乘以涡度 $\boldsymbol{q}$,得到

$$\boldsymbol{q}\frac{\mathrm{d}}{\mathrm{d}t}\left(\frac{1}{\rho}\right)=\frac{\boldsymbol{q}}{\rho}\nabla\cdot\boldsymbol{v} \tag{2.5.2}$$

两式相加,消去散度项,得到

$$\frac{\mathrm{d}}{\mathrm{d}t}\left(\frac{\boldsymbol{q}}{\rho}\right)=\left(\frac{\boldsymbol{q}}{\rho}\cdot\nabla\right)\boldsymbol{v}+\frac{1}{\rho^{3}}\nabla\rho\wedge\nabla p+\frac{1}{\rho}\nabla\wedge\boldsymbol{F}\tag{2.5.3}$$

考虑任意标量 B,它满足

$$\frac{\mathrm{d}B}{\mathrm{d}t}=G\tag{2.5.4}$$

式中 G 为造成 B 变化的源项。对式(2.5.4)取梯度∇运算,即有

$$\nabla\frac{\partial B}{\partial t}+\nabla[(\boldsymbol{v}\cdot\nabla)B]=\nabla G\tag{2.5.5}$$

由于

$$\nabla[(\boldsymbol{v}\cdot\nabla)B]=(\boldsymbol{v}\cdot\nabla)\nabla B+(\nabla\boldsymbol{v})\cdot\nabla B$$

式中$\nabla\boldsymbol{v}$ 为并矢。因此,式(2.5.5)可改写为

$$\frac{\partial}{\partial t}\nabla B+(\boldsymbol{v}\cdot\nabla)\nabla B+(\nabla\boldsymbol{v})\cdot\nabla B=\nabla G\tag{2.5.6}$$

∇B 点乘式(2.5.3),$\dfrac{\boldsymbol{q}}{\rho}$点乘式(2.5.6),相加后得到

$$\frac{\mathrm{d}}{\mathrm{d}t}\left[\nabla B\cdot\frac{\boldsymbol{q}}{\rho}\right]=\nabla B\cdot\frac{\nabla\rho\wedge\nabla p}{\rho^{3}}+\nabla B\cdot\frac{\nabla\wedge\boldsymbol{F}}{\rho}+\frac{\boldsymbol{q}}{\rho}\cdot\nabla G\tag{2.5.7}$$

为得到位涡度守恒的普遍条件,利用矢量运算关系式

$$\nabla\cdot(G\boldsymbol{q})=G\nabla\cdot\boldsymbol{q}+\boldsymbol{q}\cdot\nabla G$$
$$\nabla\cdot(B\nabla\wedge\boldsymbol{F})=B\nabla\cdot(\nabla\wedge\boldsymbol{F})+(\nabla\wedge\boldsymbol{F})\cdot\nabla B$$

由于

$$\nabla\cdot(\nabla\wedge\boldsymbol{F})=0$$
$$\nabla\cdot\boldsymbol{q}=\nabla\cdot(\nabla\wedge\boldsymbol{v}+2\boldsymbol{\Omega})=0$$

因此,式(2.5.7)右边第二和第三项可以改写为

$$\frac{\boldsymbol{q}}{\rho}\cdot\nabla G+\frac{\nabla B}{\rho}\cdot(\nabla\wedge\boldsymbol{F})=\frac{1}{\rho}\nabla\cdot[G\boldsymbol{q}+B\nabla\wedge\boldsymbol{F}]\tag{2.5.8}$$

这样,式(2.5.7)最后变为

$$\frac{\mathrm{d}}{\mathrm{d}t}\left(\frac{\boldsymbol{q}}{\rho}\cdot\nabla B\right)=\frac{1}{\rho}\nabla\cdot\boldsymbol{M}+\frac{1}{\rho^{3}}\nabla B\cdot(\nabla\rho\wedge\nabla p)\tag{2.5.9}$$

式中 $\boldsymbol{M}=G\boldsymbol{q}+B\nabla\wedge\boldsymbol{F}$。由式(2.5.9)显见,如果所取的标量 B,使式(2.5.9)的最后一项为零,则当外源 G 和摩擦 $\boldsymbol{F}$ 组成的矢量 $\boldsymbol{M}=G\boldsymbol{q}+B\nabla\wedge\boldsymbol{F}$ 无辐散时,量$\dfrac{\boldsymbol{q}}{\rho}\cdot\nabla B$(称为位涡度)在流体质点移动过程中守恒,即当

$$\nabla\cdot\boldsymbol{M}=\nabla\cdot(G\boldsymbol{q}+B\nabla\wedge\boldsymbol{F})=0\tag{2.5.10}$$

时，有

$$\frac{\mathrm{d}}{\mathrm{d}t}\left(\frac{\boldsymbol{q}}{\rho}\cdot\nabla B\right)=0 \tag{2.5.11}$$

成立。如果标量 B 只是 ρ 和 p 的函数，例如 B 是热力学变量（熵 $S=c_p\ln\theta+$ 常数，就是这样一个标量）就满足这一条件。因为当 $B=B(\rho,p)$ 时，有

$$\nabla B=\frac{\partial B}{\partial p}\nabla p+\frac{\partial B}{\partial\rho}\nabla\rho$$

因此

$$\nabla B\cdot\left[\frac{\nabla\rho\wedge\nabla p}{\rho^3}\right]=0 \tag{2.5.12}$$

这时，式(2.5.9)变为

$$\frac{\mathrm{d}}{\mathrm{d}t}\left[\frac{\boldsymbol{q}}{\rho}\cdot\nabla B\right]=\frac{1}{\rho}\nabla\cdot\boldsymbol{M} \tag{2.5.13}$$

这时，如果矢量 $\boldsymbol{M}$（当 B 是熵 S 时，$\boldsymbol{M}$ 就是加热和摩擦组成的矢量）是无辐散的，则有守恒式(2.5.11)成立。因此，对热力学变量 B，式(2.5.10)是位涡度守恒的普遍条件，即位涡度守恒并不要求绝热、无摩擦的限制条件成立。因此，它是对绝热、无摩擦条件下位涡度守恒定理的推广。

当标量 B 不是热力学变量，而 $\nabla\cdot\boldsymbol{M}=0$ 成立，这时式(2.5.9)变为

$$\frac{\mathrm{d}}{\mathrm{d}t}\left[\frac{\boldsymbol{q}}{\rho}\cdot\nabla B\right]=\nabla B\cdot\frac{\nabla\rho\wedge\nabla p}{\rho^3} \tag{2.5.14}$$

这就是著名的 Ertel 位涡度方程。

对许多大气和海洋问题，流体的可压缩性可以略去不计，即认为有 $\frac{\mathrm{d}\rho}{\mathrm{d}t}=0$ 成立。因此，作为特例，如取 $B=\rho$，这时因为 $\nabla\rho\cdot[\nabla\rho\wedge\nabla p]=0$，所以式(2.5.9)变为

$$\frac{\mathrm{d}}{\mathrm{d}t}\left[\frac{\nabla\rho}{\rho}\cdot\boldsymbol{q}\right]=\frac{1}{\rho}\nabla\cdot(\rho\nabla\wedge\boldsymbol{F}) \tag{2.5.15}$$

对正压大气，因为 $\rho=\rho(p)$，所以 $\nabla\rho\wedge\nabla p=0$，这时，对于任何标量 B，有式(2.5.13)成立。对无源、无摩擦的正压大气，则有位涡度守恒式(2.5.11)成立。

从量纲上看，易知位涡度并不是涡度；从位涡守恒式(2.5.11)容易看出位涡度的含义。如果考虑密度 ρ 变化不大，则当 ∇B 减小时，必有 $\boldsymbol{q}=\nabla\wedge\boldsymbol{v}+2\boldsymbol{\Omega}$ 增大，就是说，当相邻的等 B 面被拉开时，原先储存在流体中的涡度会被释放，相对涡度就会增大；当 ∇B 增大时，$\boldsymbol{q}$ 就会减小，这表示，当两个相邻的 B 面被压紧时，涡度就被储存起来，相对涡度就会减小。可见，位涡度本身虽然不是涡度，但它反映出涡度的储存或者释放，在某些条件下，造成相对涡度的变化。位涡度守恒定理是非常重要的定理，它给出了流体运动的约束条件。

§2.6 位涡度方程的简化

对研究大尺度大气运动而言，热力学第一定律是必不可少的；其次，大尺度运动是准地转运动。对此，位涡度方程(2.5.9)可作进一步的简化。

2.6.1 简化的位涡度方程

取式(2.5.4)中的标量 $B=S$(熵)，即令

$$B=S=c_p\ln\frac{\theta}{\theta_0}$$

式中 $\theta_0=$常数。这时，外源 $G=\dot{Q}/T$。位涡度 $\frac{\boldsymbol{q}}{\rho}\cdot\nabla B$ 可以写为

$$\frac{\boldsymbol{q}}{\rho}\cdot\nabla B=\frac{\boldsymbol{q}}{\rho}\cdot\nabla S=\frac{c_p}{\rho}\left[\boldsymbol{q}_h\cdot\nabla_h\ln\theta+q_z\frac{\partial\ln\theta}{\partial z}\right] \tag{2.6.1}$$

式中：q_z 为绝对涡度的垂直分量，即 $q_z=\zeta+f$；$\boldsymbol{q}_h$ 为水平分量，可以写为

$$\boldsymbol{q}_h=\boldsymbol{k}\wedge\left(\frac{\partial\boldsymbol{v}_h}{\partial z}-\nabla_h w\right)+2\Omega\cos\varphi\boldsymbol{j} \tag{2.6.2}$$

从量级上看，$2\Omega\cos\varphi\approx10^{-4}/\mathrm{s}$，$\frac{\partial\boldsymbol{v}_h}{\partial z}\approx10^{-3}/\mathrm{s}$，而且，$|\nabla_h w|\ll\left|\frac{\partial\boldsymbol{v}_h}{\partial z}\right|$。因此，有

$$\boldsymbol{q}_h\approx\boldsymbol{k}\wedge\frac{\partial\boldsymbol{v}_h}{\partial z} \tag{2.6.3}$$

水平速度 $\boldsymbol{v}_h$ 用地转风 $\boldsymbol{v}_g$ 代替，并利用热成风关系

$$\frac{\partial\boldsymbol{v}_h}{\partial z}\approx\frac{\partial\boldsymbol{v}_g}{\partial z}=\boldsymbol{k}\wedge\frac{g}{f}\nabla_h\ln\theta$$

代入式(2.6.3)，得到

$$\boldsymbol{q}_h=-\frac{g}{f}\nabla_h\ln\theta \tag{2.6.4}$$

这样，式(2.6.1)可改写为

$$\frac{\boldsymbol{q}}{\rho}\cdot\nabla S=\frac{c_p}{\rho}\left[(\zeta+f)\frac{\partial\ln\theta}{\partial z}-\frac{g}{f}\nabla_h\ln\theta\cdot\nabla_h\ln\theta\right]=\frac{c_p}{\rho}(\zeta+f)\frac{\partial\ln\theta}{\partial z}\left[1-\frac{f}{\zeta+f}\frac{1}{Ri}\right] \tag{2.6.5}$$

式中 $Ri=g\frac{\partial\ln\theta}{\partial z}\Big/\left(\frac{\partial v_h}{\partial z}\right)^2$，是 Richardson 数。对稳定层结大气，$N^2=g\frac{\partial\ln\theta}{\partial z}\approx1\times10^{-4}\sim2\times10^{-4}/\mathrm{s}^2$，对大尺度运动，$\left|\frac{\partial\boldsymbol{v}_h}{\partial z}\right|\approx1\times10^{-3}\sim2\times10^{-3}/\mathrm{s}$。因此，对稳定层结大气中的大尺度运动，有 $Ri\approx50\sim100$，远大于 1。如此，略去式(2.6.5)中的小项，得到

$$\frac{\boldsymbol{q}}{\rho}\cdot\nabla S\approx\frac{c_p}{\rho}(\zeta+f)\frac{\partial\ln\theta}{\partial z}\tag{2.6.6}$$

这表明,对于大尺度运动,位涡度可由它的垂直分量代替。将式(2.6.6)代入位涡度方程(2.5.13),得到

$$\frac{\mathrm{d}}{\mathrm{d}t}\left[\frac{c_p}{\rho}(\zeta+f)\frac{\partial\ln\theta}{\partial z}\right]\approx\frac{1}{\rho}\nabla\cdot\boldsymbol{M}\approx\frac{1}{\rho}\frac{\partial}{\partial z}\left[(\zeta+f)\frac{\dot{Q}}{T}+c_p\ln\frac{\theta}{\theta_0}\left(\frac{\partial F_y}{\partial x}-\frac{\partial F_x}{\partial y}\right)\right]\tag{2.6.7}$$

因此,当 $\boldsymbol{M}$ 与 z 无关时,或者对绝热无摩擦的大尺度运动过程,有

$$\frac{\mathrm{d}}{\mathrm{d}t}\left(\frac{\zeta+f}{\rho}\frac{\partial\theta}{\partial z}\right)=0\tag{2.6.8}$$

利用静力关系,式(2.6.8)可以写为

$$\frac{\mathrm{d}}{\mathrm{d}t}\left[(\zeta+f)\frac{\partial\theta}{\partial p}\right]=0\tag{2.6.9}$$

这表明,在绝热无摩擦的大尺度大气运动过程中,位涡度的垂直分量 $\frac{1}{\rho}(\zeta+f)\frac{\partial\theta}{\partial z}$ 或者 $(\zeta+f)\frac{\partial\theta}{\partial p}$ 是守恒的。

考虑气压差为 δp 的两个等位温面 θ_0 和 $\theta_0+\delta\theta$ 之间的气层,由于近似地有 $\frac{\partial\theta}{\partial p}\approx\frac{\delta\theta}{\delta p}$,而且在绝热过程中 $\delta\theta$ 是一常数,因此式(2.6.9)可化为

$$\frac{\mathrm{d}}{\mathrm{d}t}\left(\frac{\zeta+f}{\delta p}\right)=0\tag{2.6.10}$$

如果进一步设大气是均质不可压的,气层厚度为 δz,则由式(2.6.8)得到

$$\frac{\mathrm{d}}{\mathrm{d}t}\left(\frac{\zeta+f}{\delta z}\right)=0\tag{2.6.11}$$

位涡度守恒对大气运动有重要的约束作用,可以用来解释一些大气现象。下面我们用式(2.6.11)来解释均匀西风气流过南北向无限伸展的山背时,背风长波槽脊的形成。图2.10(a)为垂直剖面图,图2.10(b)为 xy 方向平面图。在山的迎风面上,由于是均匀西风,因此相对涡度 $\zeta=0$。因为是绝热运动过程,所以等位温面 θ_0 和 $\theta_0+\delta\theta$ 之间的气柱在越过山脊时,它们的顶和底总保持在这两个面上。当气柱爬山时,气柱厚度 $\delta z=H$ 开始减小。由于位涡度守恒,气柱获得反气旋式的相对涡度,并向南移动,如图2.10(b)上的轨迹线所示。气柱过山后,气柱恢复到原来的厚度,由于这时气柱位于原来纬度以南,为使位涡度守恒,相对涡度 ζ 必须为正,因此气柱具有气旋式轨迹线,形成背风槽。当气柱回到原来纬度时,由于惯性,仍有向北的风速分量而继续向北移动,同时获得反气旋式曲率。如此,在位涡度守恒的约束下,气柱在水平面上以波形轨迹向下游运动,在山脊的下游形成一系列的槽和脊。

对均匀东风气流,情况就完全不同了,这时气柱越过山脊并不能在山脊的下游产生槽脊运动。图2.11给出了均匀东风气流过山脊的情形。可以从理论上论证,南北走向的地形可以在

西风气流中产生波形扰动，在东风气流中，只能在地形附近产生衰减型扰动。

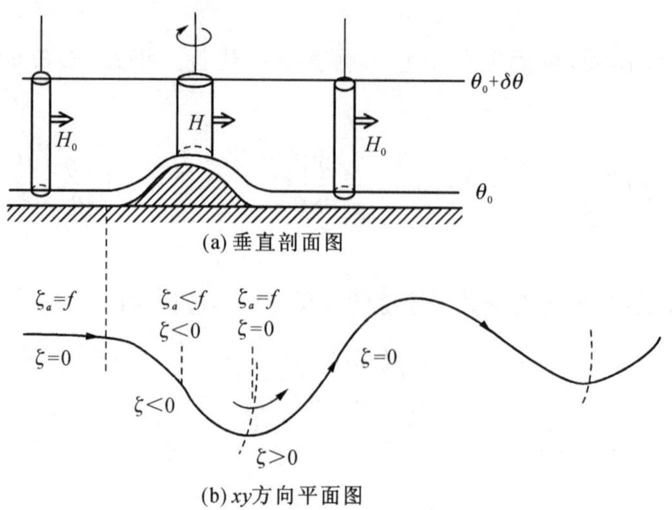

(a) 垂直剖面图

(b) xy方向平面图

图 2.10　西风气流越过地形

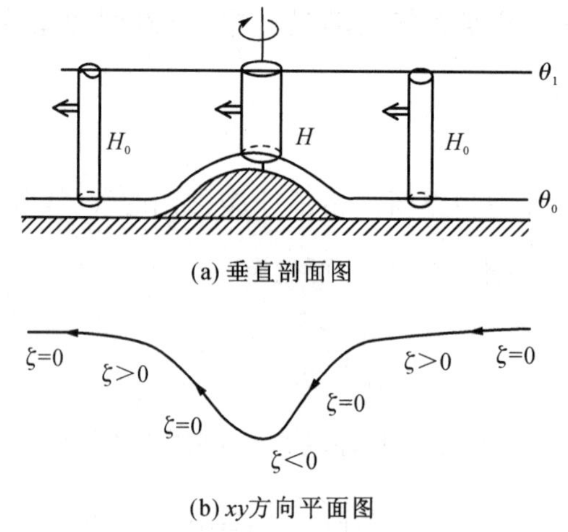

(a) 垂直剖面图

(b) xy方向平面图

图 2.11　东风气流越过地形

2.6.2　准地转位涡度方程

位涡度方程(2.5.9)或者(2.6.7)给出了位涡度的变化，但它并不构成闭合方程，因为方程中包含了诸如涡度 ζ、位温 θ 以及风速 $\boldsymbol{v}$。单由这一方程不可能求得涡度 ζ。但是，对于大气大尺度运动，由于有静力近似，地转近似成立，而且一般大气层结是稳定的，因此由方程(2.6.7)可以导得只有一个变量(地转流函数 ψ)的闭合方程，即地转位涡度方程。

考虑无摩擦大气大尺度运动，这时在静力近似下，式(2.6.7)可以写为

$$\frac{\mathrm{d}}{\mathrm{d}t}\left[(\zeta+f)\frac{\partial \ln\theta}{\partial p}\right]=\frac{1}{c_p}\frac{\partial}{\partial p}\left[(\zeta+f)\frac{\dot{Q}}{T}\right] \tag{2.6.12}$$

改写一下，得到

$$\frac{\mathrm{d}}{\mathrm{d}t}\left[(\zeta+f)\frac{\partial\theta}{\partial p}\right]-(\zeta+f)\frac{\partial\theta}{\partial p}\frac{\mathrm{d}\ln\theta}{\mathrm{d}t}=\frac{\theta}{c_p}\frac{\partial}{\partial p}\left[(\zeta+f)\frac{\dot{Q}}{T}\right] \tag{2.6.13}$$

利用热流量方程(1.1.23),得到

$$\frac{\mathrm{d}}{\mathrm{d}t}\left[(\zeta+f)\frac{\partial\theta}{\partial p}\right]=\frac{\partial}{c_p\partial p}\left[(\zeta+f)\theta\frac{\dot{Q}}{T}\right] \tag{2.6.14}$$

或者写为

$$\frac{\partial\theta}{\partial p}\frac{\mathrm{d}}{\mathrm{d}t}(\zeta+f)+(\zeta+f)\frac{\mathrm{d}}{\mathrm{d}t}\left(\frac{\partial\theta}{\partial p}\right)=\frac{1}{c_p}\frac{\partial}{\partial p}\left[(\zeta+f)\theta\frac{\dot{Q}}{T}\right] \tag{2.6.15}$$

利用位温微扰动假定,即设

$$\theta=\theta_s(p)+\theta'(x, y, p, t) \tag{2.6.16}$$

其中 $\theta'\ll\theta_s$。因此,近似地有

$$\frac{\mathrm{d}\theta}{\mathrm{d}t}=\frac{\mathrm{D}\theta'}{\mathrm{D}t}+\omega\frac{\partial\theta_s}{\partial p}=\frac{\theta_s}{c_p}\frac{\dot{Q}}{T} \tag{2.6.17}$$

其中

$$\frac{\mathrm{D}}{\mathrm{D}t}=\frac{\partial}{\partial t}+u\frac{\partial}{\partial x}+v\frac{\partial}{\partial y}$$

同理,可以得到

$$\frac{\mathrm{d}}{\mathrm{d}t}\left(\frac{\partial\theta}{\partial p}\right)=\frac{\mathrm{D}}{\mathrm{D}t}\left(\frac{\partial\theta'}{\partial p}\right)+\omega\frac{\partial^2\theta_s}{\partial p^2} \tag{2.6.18}$$

由于 θ_s 不是 x,y,t 的函数,因此

$$\frac{1}{\frac{\partial\theta_s}{\partial p}}\frac{\mathrm{D}}{\mathrm{D}t}\left(\frac{\partial\theta'}{\partial p}\right)=\frac{\mathrm{D}}{\mathrm{D}t}\left[\frac{\partial}{\partial p}\left(\frac{\theta'}{\frac{\partial\theta_s}{\partial p}}\right)\right]+\left[\frac{\partial^2\theta_s}{\partial p^2}\Big/\left(\frac{\partial\theta_s}{\partial p}\right)^2\right]\frac{\mathrm{D}\theta'}{\mathrm{D}t} \tag{2.6.19}$$

式(2.6.18)除以$\frac{\partial\theta_s}{\partial p}$,并利用式(2.6.19),得到

$$\frac{1}{\frac{\partial\theta_s}{\partial p}}\frac{\mathrm{d}}{\mathrm{d}t}\left(\frac{\partial\theta}{\partial p}\right)=\frac{\mathrm{D}}{\mathrm{D}t}\left[\frac{\partial}{\partial p}\left(\frac{\theta'}{\frac{\partial\theta_s}{\partial p}}\right)\right]+\frac{\frac{\partial^2\theta_s}{\partial p^2}}{\left(\frac{\partial\theta_s}{\partial p}\right)^2}\left[\frac{\mathrm{D}\theta'}{\mathrm{D}t}+\omega\frac{\partial\theta_s}{\partial p}\right]$$

上式右边第二项用式(2.6.17)代入,有

$$\frac{1}{\frac{\partial\theta_s}{\partial p}}\frac{\mathrm{d}}{\mathrm{d}t}\left(\frac{\partial\theta}{\partial p}\right)=\frac{\mathrm{D}}{\mathrm{D}t}\left[\frac{\partial}{\partial p}\left(\frac{\theta'}{\frac{\partial\theta_s}{\partial p}}\right)\right]+\frac{\frac{\partial^2\theta_s}{\partial p^2}}{\left(\frac{\partial\theta_s}{\partial p}\right)^2}\left(\frac{\theta_s}{c_p}\frac{\dot{Q}}{T}\right) \tag{2.6.20}$$

下面在静力近似下给出$\dfrac{\theta'}{\dfrac{\partial\theta_s}{\partial p}}$的表示式。与式(2.6.16)相类似,可以写出

$$\phi = \phi_s(p) + \phi'$$
$$T = T_s(p) + T'$$

由静力近似$\dfrac{\partial\phi}{\partial p} = -\dfrac{RT}{p}$,得到

$$\frac{\partial\phi'}{\partial p} \approx -\frac{RT'}{p_s} \tag{2.6.21}$$

由位温定义,在 p 坐标系中,因 p 为常值,因此有

$$\theta' = T'\left(\frac{p_0}{p}\right)^{\frac{R}{c_p}} \tag{2.6.22a}$$

$$\theta_s = T_s\left(\frac{p_0}{p}\right)^{\frac{R}{c_p}} \tag{2.6.22b}$$

这样就有

$$T' = \theta' \frac{T_s}{\theta_s} \tag{2.6.23}$$

代入式(2.6.21),得到

$$\frac{\partial\phi'}{\partial p} \approx -\frac{\theta'}{\rho_s\theta_s} \tag{2.6.24}$$

因此

$$\frac{\theta'}{\dfrac{\partial\theta_s}{\partial p}} = -\rho_s\theta_s \frac{\partial\phi'}{\partial p}\Big/\frac{\partial\theta_s}{\partial p} = \frac{1}{\sigma_1}\frac{\partial\phi'}{\partial p} \tag{2.6.25}$$

式中 $\sigma_1 = -\dfrac{1}{\rho_s}\dfrac{\partial\ln\theta_s}{\partial p}$为 p 坐标系的静力稳定度参数。把式(2.6.25)代入式(2.6.20)右边第一项,得到

$$\frac{1}{\dfrac{\partial\theta_s}{\partial p}}\frac{\mathrm{d}}{\mathrm{d}t}\left(\frac{\partial\theta}{\partial p}\right) = \frac{\mathrm{D}}{\mathrm{D}t}\left[\frac{\partial}{\partial p}\left(\frac{1}{\sigma_1}\frac{\partial\phi'}{\partial p}\right)\right] + \frac{\dfrac{\partial^2\theta_s}{\partial p^2}}{\left(\dfrac{\partial\theta_s}{\partial p}\right)^2}\left(\frac{\theta_s}{c_p}\frac{\dot{Q}}{T}\right) \tag{2.6.26}$$

此外,由式(2.6.16),式(2.6.15)可改写为

$$\frac{\mathrm{d}}{\mathrm{d}t}(\zeta + f) + \frac{\zeta + f}{\dfrac{\partial\theta_s}{\partial p}}\frac{\mathrm{d}}{\mathrm{d}t}\left(\frac{\partial\theta}{\partial p}\right) = \frac{1}{c_p\dfrac{\partial\theta_s}{\partial p}}\frac{\partial}{\partial p}\left[(\zeta + f)\theta_s\frac{\dot{Q}}{T}\right] \tag{2.6.27}$$

将式(2.6.26)代入式(2.6.27)左边第二项，得到

$$\frac{\mathrm{d}}{\mathrm{d}t}(\zeta+f)+(\zeta+f)\frac{\mathrm{D}}{\mathrm{D}t}\left[\frac{\partial}{\partial p}\left(\frac{1}{\sigma_1}\frac{\partial \phi'}{\partial p}\right)\right]=\frac{\partial}{c_p\partial p}\left[(\zeta+f)\frac{\theta_s}{\dfrac{\partial\theta_s}{\partial p}}\frac{\dot{Q}}{T}\right] \tag{2.6.28}$$

由于大尺度运动是近于水平运动，因此可以略去式(2.6.28)第一项中的$\omega\dfrac{\partial\zeta}{\partial p}$项，并把微分号外的$\zeta+f$取为$f_0$。由此得到

$$\frac{\mathrm{D}}{\mathrm{D}t}\left[\zeta+f+\frac{\partial}{\partial p}\left(\frac{f_0}{\sigma_1}\frac{\partial\phi'}{\partial p}\right)\right]=-\frac{f_0}{c_p}\frac{\partial}{\partial p}\left(\frac{1}{\rho_s\sigma_1}\frac{\dot{Q}}{T}\right) \tag{2.6.29}$$

式中$\left[\zeta+f+\dfrac{\partial}{\partial p}\left(\dfrac{f_0}{\sigma_1}\dfrac{\partial\phi'}{\partial p}\right)\right]$是包含热力项$\dfrac{\partial}{\partial p}\left(\dfrac{f_0}{\sigma_1}\dfrac{\partial\phi'}{\partial p}\right)$的位涡度。

显然，在绝热情况下，位涡度$\left[\zeta+f+\dfrac{\partial}{\partial p}\left(\dfrac{f_0}{\sigma_1}\dfrac{\partial\phi'}{\partial p}\right)\right]$是守恒的。

如果进一步利用地转近似关系式

$$\psi=\frac{\phi'}{f},\quad \zeta=\nabla_h^2\psi \tag{2.6.30}$$

式(2.6.29)就改写为

$$\left(\frac{\partial}{\partial t}+\frac{\partial\psi}{\partial x}\frac{\partial}{\partial y}-\frac{\partial\psi}{\partial y}\frac{\partial}{\partial x}\right)\left[\nabla^2\psi+f+\frac{\partial}{\partial p}\left(\frac{f_0^2}{\sigma_1}\frac{\partial\psi}{\partial p}\right)\right]=-\frac{f_0}{c_p}\frac{\partial}{\partial p}\left(\frac{1}{\rho_s\sigma_1}\frac{\dot{Q}}{T}\right) \tag{2.6.31}$$

我们由位涡度方程(2.6.7)经过简化得到p坐标系中的准地转位涡度方程(2.6.31)。实际上，准地转位涡度方程也可以直接由涡度垂直分量方程、热流量方程和连续方程得到。下面先看p坐标系中准地转位涡度方程的另一种推导。利用地转关系

$$f\psi=\Phi$$

和连续方程(1.5.59)，涡度方程(2.3.17)可改写为

$$\left(\frac{\partial}{\partial t}+\frac{\partial\psi}{\partial x}\frac{\partial}{\partial y}-\frac{\partial\psi}{\partial y}\frac{\partial}{\partial x}\right)(\nabla^2\psi+f)=f_0\frac{\partial\omega}{\partial p} \tag{2.6.32}$$

热流量方程(1.5.66)变为

$$\left(\frac{\partial}{\partial t}+\frac{\partial\psi}{\partial x}\frac{\partial}{\partial y}-\frac{\partial\psi}{\partial y}\frac{\partial}{\partial x}\right)\left(f_0\frac{\partial\psi}{\partial p}\right)+\sigma_1\omega=-\frac{\alpha_s}{c_p}\frac{\dot{Q}}{T} \tag{2.6.33}$$

设$\sigma_1=\sigma_1(p)\neq 0$。因此，式(2.6.33)可改写为

$$\omega=-\left(\frac{\partial}{\partial t}+\frac{\partial\psi}{\partial x}\frac{\partial}{\partial y}-\frac{\partial\psi}{\partial y}\frac{\partial}{\partial x}\right)\left(\frac{f_0}{\sigma_1}\frac{\partial\psi}{\partial p}\right)-\frac{\alpha_s}{c_p\sigma_1}\frac{\dot{Q}}{T}$$

上式对p微分，代入式(2.6.32)，得到

$$\left(\frac{\partial}{\partial t}+\frac{\partial\psi}{\partial x}\frac{\partial}{\partial y}-\frac{\partial\psi}{\partial y}\frac{\partial}{\partial x}\right)\left[\nabla^2\psi+f+\frac{\partial}{\partial p}\left(\frac{f_0^2}{\sigma_1}\frac{\partial\psi}{\partial p}\right)\right]=-\frac{f_0}{c_p}\frac{\partial}{\partial p}\left(\frac{\alpha_s}{\sigma_1}\frac{\dot{Q}}{T}\right) \tag{2.6.34}$$

它与由位涡方程简化得到的准地转位涡度方程完全一样。

下面我们再来推导 z 坐标系中的准地转位涡度方程。前面已经指出，对 z 坐标系，简化的涡度方程也具有式(2.3.17)的形式，即

$$\left(\frac{\partial}{\partial t}+\boldsymbol{v}\cdot\nabla\right)(\zeta+f)=-f\left(\frac{\partial u}{\partial x}+\frac{\partial v}{\partial y}\right) \tag{2.6.35}$$

利用简化的连续方程(1.3.31)

$$\frac{\partial u}{\partial x}+\frac{\partial v}{\partial y}+\frac{1}{\rho_s}\frac{\partial \rho_s w}{\partial z}=0 \tag{2.6.36}$$

及热流量方程(1.3.27b)

$$\left(\frac{\partial}{\partial t}+\boldsymbol{v}\cdot\nabla\right)\left(\frac{\theta'}{\theta_s}\right)+\frac{N^2}{g}w=\frac{\dot{Q}}{c_pT} \tag{2.6.37}$$

式中：$\boldsymbol{v}=u\boldsymbol{i}+v\boldsymbol{j}$ 为水平风速；θ' 为(1.3.27b)中的 θ_d。利用式(2.6.36)，涡度方程(2.6.35)可改写为

$$\left(\frac{\partial}{\partial t}+\boldsymbol{v}\cdot\nabla\right)(\zeta+f)=\frac{f_0}{\rho_s}\frac{\partial \rho_s w}{\partial z} \tag{2.6.38}$$

引入地转近似

$$u=-\frac{1}{f\rho_s}\frac{\partial p'}{\partial y}=-\frac{\partial \psi}{\partial y},\quad v=\frac{1}{f\rho_s}\frac{\partial p'}{\partial x}=\frac{\partial \psi}{\partial x} \tag{2.6.39}$$

其中

$$\psi=\frac{p'}{f\rho_s}$$

是地转流函数。代入涡度方程(2.6.38)，得到

$$\left(\frac{\partial}{\partial t}+\frac{\partial \psi}{\partial x}\frac{\partial}{\partial y}-\frac{\partial \psi}{\partial y}\frac{\partial}{\partial x}\right)(\nabla^2\psi+f)=\frac{f_0}{\rho_s}\frac{\partial \rho_s w}{\partial z} \tag{2.6.40}$$

在静力近似下，近似地有

$$g\frac{\theta'}{\theta_s}\approx\frac{\partial}{\partial z}\left(\frac{p'}{\rho_s}\right)=\frac{\partial}{\partial z}(f\psi) \tag{2.6.41}$$

代入热流量方程(2.6.37)，得到

$$\rho_s w=\frac{g\rho_s\dot{Q}}{c_pN^2T}-\frac{\rho_s}{N^2}\left(\frac{\partial}{\partial t}+\frac{\partial \psi}{\partial x}\frac{\partial}{\partial y}-\frac{\partial \psi}{\partial y}\frac{\partial}{\partial x}\right)\left(f_0\frac{\partial \psi}{\partial z}\right) \tag{2.6.42}$$

把它代入式(2.6.40)的右边项，并考虑到 N^2 和 ρ_s 一般只是 z 的函数，得到

$$\left(\frac{\partial}{\partial t}+\frac{\partial \psi}{\partial x}\frac{\partial}{\partial y}-\frac{\partial \psi}{\partial y}\frac{\partial}{\partial x}\right)\left[\nabla^2\psi+f+\frac{f_0^2}{\rho_s}\frac{\partial}{\partial z}\left(\frac{\rho_s}{N^2}\frac{\partial \psi}{\partial z}\right)\right]=\frac{f_0g}{c_p\rho_s}\frac{\partial}{\partial z}\left(\frac{\rho_s}{N^2}\frac{\dot{Q}}{T}\right) \tag{2.6.43}$$

式(2.6.43)就是 z 坐标系中的准地转位涡度方程。

准地转位涡度方程(2.6.43)或(2.6.34)是在地转近似、静力近似和稳定层结大气下得到的，它只适用于大尺度运动，在大尺度动力学研究上有很多应用。如果加热$\dot{Q}$是 ψ 的已知函数，或者对绝热大气过程($\dot{Q}\equiv 0$)，则方程(2.6.43)或(2.6.34)只有一个未知函数 ψ，方程是闭合的。给定初始时刻的地转流函数 ψ，可以求得各时刻 ψ 的分布。不过，目前已不再直接应用此方程来做数值预报，只用于大尺度动力学上的研究和讨论。

§2.7　大气运动方程的微分形式(四)——螺旋度方程

对于大气运动，可以引入许多物理量进行描述，不同的物理量描述不同大气运动特征，利用涡度可以描述大气运动旋转状态，散度描述大气运动的拉伸和压缩，位势涡度描述大气运动的动力学场和热力学场的耦连作用。在大气中可经常出现在其前进方向有旋转运动，或在其旋转方向有其移动的现象，如何来描述这种现象？事实上在真实的大气运动中，单纯的旋转或单纯的辐合辐散是很少出现的，它往往是几种运动的组合，只不过是某种运动占优而已。在上世纪八十年代，一种所谓螺旋度(helicity)的物理量被引入大气运动的研究，并成为强对流天气预报中的一个重要物理量。

螺旋度定义为

$$H=\iiint_{\tau}\boldsymbol{\omega}\cdot\boldsymbol{v}\mathrm{d}\tau \tag{2.7.1}$$

式中 $\boldsymbol{\omega}=\nabla\wedge\boldsymbol{v}$ 为大气运动涡度。

令

$$h=\boldsymbol{\omega}\cdot\boldsymbol{v} \tag{2.7.2}$$

称 h 为螺旋度密度，简称为螺旋度。

由式(2.7.2)可知，螺旋度 h 定义为涡度矢 $\boldsymbol{\omega}$ 和速度矢 $\boldsymbol{v}$ 的点乘。显然，h 可描述大气运动在其旋转方向的运动强弱或运动方向上的旋转程度。当在其运动方向无旋转时，即速度矢与涡度矢 $\boldsymbol{\omega}$ 相垂直时，螺旋度 h 为零。当速度矢与涡度矢相平行时，螺旋度 h 达到最大值 $|\boldsymbol{\omega}||\boldsymbol{v}|$。因此，可以用螺旋度 h 来描述在旋转方向的大气运动强弱特征，当然在物理本质上螺旋度反映了流体涡管相互扭结的程度(Moffatt，1969)。

Moffatt(1969)在研究流体螺旋度时指出，等熵流体运动其螺旋度 H 是一个守恒量。伍荣生和谈哲敏(1989，1994)进一步研究旋转大气的螺旋度特征，指出在广义平衡条件下(例如准地转运动)大气运动螺旋度也是守恒的。下面对此作一简单讨论。

大气运动方程可写成

$$\frac{\partial\boldsymbol{v}}{\partial t}+\boldsymbol{v}\cdot\nabla\boldsymbol{v}+2\boldsymbol{\Omega}\wedge\boldsymbol{v}=-\frac{1}{\rho}\nabla p+\boldsymbol{g}+\boldsymbol{F} \tag{2.7.3}$$

式中：$\boldsymbol{F}$ 为大气摩擦力；$\boldsymbol{g}$ 为重力加速度；其他为常用气象量。

根据矢量关系式

$$(\boldsymbol{v}\cdot\nabla)\boldsymbol{v}=(\nabla\wedge\boldsymbol{v})\wedge\boldsymbol{v}+\nabla\left(\frac{\boldsymbol{v}^2}{2}\right) \tag{2.7.4}$$

方程(2.7.3)可进一步改写成

$$\frac{\partial \boldsymbol{v}}{\partial t} + \boldsymbol{\omega}_a \wedge \boldsymbol{v} = \boldsymbol{T} - \nabla\left(\frac{\boldsymbol{v}^2}{2}\right) \tag{2.7.5}$$

式中 $\boldsymbol{\omega}_a = \boldsymbol{\omega} + 2\boldsymbol{\Omega}$ 为绝对涡度矢

$$\boldsymbol{T} = -\frac{1}{\rho}\nabla p + \boldsymbol{g} + \boldsymbol{F} \tag{2.7.6}$$

称 $\boldsymbol{T}$ 为广义力。

利用方程(2.7.5)可得涡度方程

$$\frac{\partial \boldsymbol{\omega}}{\partial t} + \nabla \wedge (\boldsymbol{\omega}_a \wedge \boldsymbol{v}) = \nabla \wedge \boldsymbol{T} \tag{2.7.7}$$

将方程(2.7.5)点乘 $\boldsymbol{\omega}$ 和方程(2.7.7)点乘 $\boldsymbol{v}$ 后相加,可得

$$\begin{aligned} &\frac{\partial}{\partial t}(\boldsymbol{\omega} \cdot \boldsymbol{v}) + \boldsymbol{\omega} \cdot (\boldsymbol{\omega}_a \wedge \boldsymbol{v}) + \boldsymbol{v} \cdot \nabla \wedge (\boldsymbol{\omega}_a \wedge \boldsymbol{v}) = \\ &\boldsymbol{\omega} \cdot \boldsymbol{T} - \boldsymbol{\omega} \cdot \nabla\left(\frac{1}{2}\boldsymbol{v}^2\right) + \boldsymbol{v} \cdot \nabla \wedge \boldsymbol{T} \end{aligned} \tag{2.7.8}$$

利用矢量运动关系式,可整理式(2.7.8)

$$\begin{aligned} &\frac{\partial}{\partial t}(\boldsymbol{\omega} \cdot \boldsymbol{v}) + \nabla \cdot \left[(\boldsymbol{\omega} \cdot \boldsymbol{v})\boldsymbol{v} - \frac{1}{2}\boldsymbol{v}^2\boldsymbol{\omega} + \boldsymbol{v} \wedge (\boldsymbol{T} + \boldsymbol{v} \wedge 2\boldsymbol{\Omega})\right] = \\ &2\boldsymbol{\omega} \cdot (\boldsymbol{T} + \boldsymbol{v} \wedge 2\boldsymbol{\Omega}) \end{aligned} \tag{2.7.9}$$

式(2.7.9)可进一步写成

$$\frac{\partial h}{\partial t} + \nabla \cdot \boldsymbol{M}_h = 2\boldsymbol{\omega} \cdot (\boldsymbol{T} + \boldsymbol{v} \wedge 2\boldsymbol{\Omega}) \tag{2.7.10}$$

其中

$$\boldsymbol{M}_h = (\boldsymbol{\omega} \cdot \boldsymbol{v})\boldsymbol{v} - \frac{1}{2}\boldsymbol{v}^2\boldsymbol{\omega} + \boldsymbol{v} \wedge (\boldsymbol{T} + \boldsymbol{v} \wedge 2\boldsymbol{\Omega}) \tag{2.7.11}$$

方程(2.7.10)即为旋转大气运动螺旋度方程,其中,$\boldsymbol{M}_h$ 为螺旋度的通量,它由其平流部分和非平流部分组成。

由式(2.7.10)可知,如果

$$\boldsymbol{T} + \boldsymbol{v} \wedge 2\boldsymbol{\Omega} = 0 \tag{2.7.12}$$

方程(2.7.10)可化为

$$\frac{\partial h}{\partial t} + \nabla \cdot \boldsymbol{M}_h = 0 \tag{2.7.13}$$

或者

$$\frac{\partial}{\partial t}H = 0 \tag{2.7.14}$$

由式(2.7.13,2.7.14)可知,在条件(2.7.12)成立下,螺旋度是一个守恒量。

显然，条件(2.7.12)是一个广义平衡条件，如果不计摩擦力作用，在静力平衡条件下，方程(2.7.12)即为地转平衡条件。由此可得出结论：准地转运动中，螺旋度是守恒的。

关于大气流动的螺旋度特征的进一步讨论及有关应用可参见谈哲敏和伍荣生(1994)文章。

思考题

1. 说明涡度与环流的联系与区别。

2. 一般情况下，垂直涡度较水平涡度哪个大？为什么主要关注垂直涡度？行星涡度指的是什么？它与相对涡度的相对重要性如何？

3. 什么是正压大气？什么是斜压大气？在等压面图上，若等温线与等高线完全重合在一起，大气是正压大气还是斜压大气？

4. 什么是力管？它在正压大气和斜压大气中都存在吗？试说明它的动力作用。

5. 由相对环流定理中惯性项(即面积改变项)引起环流加速的物理过程有哪些？

6. 涡度方程相比水平运动方程描述大气运动有什么好处？试讨论涡度方程各项的物理意义。

7. 什么是位势涡度(即位涡)？这一物理量的意义如何？位势涡度守恒的条件是什么？

8. 涡度和位涡有何联系与区别？涡度守恒和位涡守恒又有何不同？

9. 试解释不可压大气位涡守恒形式$\frac{\mathrm{d}}{\mathrm{d}t}\left[(\zeta+f)\frac{\partial\theta}{\partial z}\right]=0$中，$\beta$效应对$\zeta$的影响作用。

习　题

1. 兰金涡旋(Rankine Vortex)可以看作一个简单的台风模型，其切向风速V_θ随半径r的变化为

$$V_\theta=\begin{cases}\dfrac{V_0 r}{R},\ r\leqslant R\\ \dfrac{V_0 R}{r},r>R\end{cases}$$

式中：V_0为最大风速；R为最大风速半径。

试求兰金涡旋的环流和涡度随半径的分布。

2. 考虑两同心圆柱体中间的流体，内径为200 km，外径为400 km，若流体切向速度分布为$V=A/r$，其中$A=10^6\ \mathrm{m^2\cdot s^{-1}}$，$r$为离中心的距离(单位：m)。求流体的平均涡度。理论上，外径内和内径内的平均涡度又分别是多少？

3. 如图取水平面内正方形环路经过$(0,0)$，$(L,0)$，(L,L)，$(0,L)$四点，设温度往东每200 km增加1 ℃，气压往北每200 km增加1 hPa，取$L=1\ 000$ km，气压在原点处为1 000 hPa。试计算沿此环路的环流变化率。

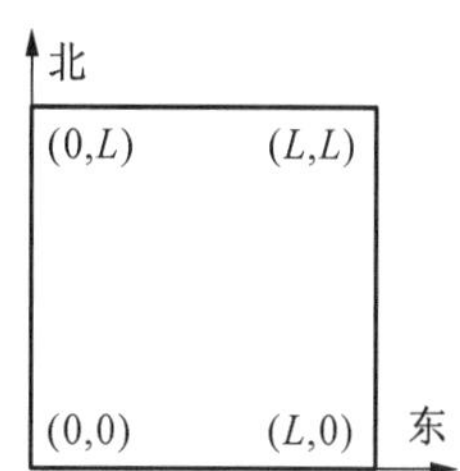

4. 假设陆地位于西侧、海洋位于东侧，海风环流从海岸线深入海洋和陆地各20 km，垂直方向从地面伸展到200 m高度。若地面气压1 000 hPa，

200 m 高度处气压 980 hPa,陆地和海洋的平均温差为 6 ℃,假定初始没有环流,试估算温差出现一小时后的海风强度。

5. 证明在柱坐标系(r,θ,z)中,垂直涡度为

$$\zeta=\frac{1}{r}\frac{\partial}{\partial r}(rV_\theta)-\frac{1}{r}\frac{\partial V_r}{\partial\theta}$$

6. 试证明正压、水平无辐散的涡度方程可写成以下形式

$$\frac{\partial}{\partial t}\nabla^2\psi+J(\psi,\nabla^2\psi)+\beta\frac{\partial\psi}{\partial x}=0$$

式中:ψ 为水平速度场的流函数;∇^2 为二维拉普拉斯算子;$J(a,b)$为雅可比行列式

$$J(a,b)=\begin{vmatrix}\dfrac{\partial a}{\partial x} & \dfrac{\partial a}{\partial y}\\ \dfrac{\partial b}{\partial x} & \dfrac{\partial b}{\partial y}\end{vmatrix}$$

7. 考虑北纬 45°处西风气流过南北走向山脊,初始西风气流往南每 1 000 km 增加 $10\ \mathrm{m\cdot s^{-1}}$,设山脊最高处在 800 hPa,对流层顶在 300 hPa 未受地形影响一直保持平直。问:初始西风气流的相对涡度是多少?若气流到达山脊时往南偏移了 5 个纬度,此时山脊处气流的相对涡度是多少?如果气流始终以 $20\ \mathrm{m\cdot s^{-1}}$ 过山,气流到达山脊处流线的曲率半径是多少?

参考文献

[1] 伍荣生,党人庆,余志豪,等. 动力气象学[M]. 上海:上海科技出版社,1983.

[2] 郭晓岚. 大气动力学[M]. 南京:江苏科技出版社,1981.

[3] PEDLOSKY J. 地球物理流体动力学(中译本)[M]. 王斌,翁衡毅,译. 北京:海洋出版社,1981.

[4] 吕克利. 大气中的位涡守恒和 Rossby 波的能量,波作用与拟能守恒[J]. 热带气象学报,1995,11:258-268.

[5] MOFFATT H K. The degree of knottedness of tangled vortex lines[J]. Journal of Fluid Mechanics,1969,35:117-129.

[6] 伍荣生,谈哲敏. 广义涡度与位势涡度守恒定律及其应用[J]. 气象学报,1989,47:436-442.

[7] TAN Z,WU R. Helicity dynamics of atmospheric flow[J]. Advances in Atmospheric Sciences,1994,11:175-188.

第三章

大气中的准地转运动

大气运动具有多时间、多空间尺度特征，利用动力学方程来分析大气运动的各种特征是动力气象学的目的。大气运动是一种在重力作用下的旋转流体运动，这就导致大气运动具有鲜明的特点。对于大尺度大气运动，由于重力的作用，其水平运动尺度远大于垂直运动尺度，且在垂直方向上满足准静力平衡，这样大尺度运动是准水平的。又由于旋转的作用，大尺度运动还具有准地转特征，而准地转特征是否是大气大尺度运动本身所固有特征所决定？这种水平方向的准地转运动一旦被破坏，其在运动学上表现出的特征又将如何？这种特征即所谓的地转偏差的特征。如果大气在某一局部区域出现地转偏差，是否能通过自身的调整来达到准地转平衡，这就是地转适应问题。另外，对准地转运动本身是否存在一种发展过程？对于大气运动，非地转流（地转偏差流）作用如何？如何在数学上较简单处理非地转流的作用以解答以上这些问题，对于了解大气运动的准地转特征非常重要。

§3.1　准地转运动的物理成因

由第一章分析可知，对于大气大尺度运动来说，其运动呈准地转特征，即风沿等压线吹，运动满足

$$-fv_g=-\frac{1}{\rho}\frac{\partial p}{\partial x} \tag{3.1.1}$$

$$fu_g=-\frac{1}{\rho}\frac{\partial p}{\partial y} \tag{3.1.2}$$

大尺度运动的准地转特征与地球大气所固有物理特征有何关系？

对于旋转的地球来说，其半径及质量固定，相应其重力加速度 g 固定。另外，由于地球大气的组成固定，因此气体常数 R、大气标高 H 固定。所以，对地球大气来说，其重力外波波速 $c=\sqrt{gH}$ 固定。另外，地球围绕太阳旋转及自转速度固定。

这样，特征参数 L_0 固定。L_0 定义为

$$L_0=c/F=\sqrt{gH}/F \tag{3.1.3}$$

式中 L_0 称为 Rossby 变形半径。对于实际大气，L_0 大约为 3 000 km。

由于地球离太阳的距离固定，地球所接受到太阳的辐射总量固定。这样由辐射平衡所造成平均温度 $\overline{T}$ 及平均南北温差 $\Delta\overline{T}$ 固定，一般取 $\overline{T}=250$ K，相应 $\Delta\overline{T}$ 分布如表 3.1 所示（叶笃正，1957）。

表 3.1　辐射平衡决定的南北温差

纬度/度	0～10	10～20	20～30	30～40	40～50	50～60	60～70	70～80	80～90
$\Delta \overline{T}$/K	1	3	6	8	11	14	13	8	3

由表 3.1 可知，$\Delta \overline{T}$一般可取 15 K。

这样有

$$\frac{\Delta \overline{T}}{\overline{T}} \sim 0.06 \tag{3.1.4}$$

由上述分析可知，地球及地球大气所固有的特征决定了 L_0，$\Delta \overline{T}/\overline{T}$为地球大气固有特征参数。

引入量纲一关系式

$$x = Lx', v = Vv'$$

$$\rho = \overline{\rho}\rho', p = \overline{p}p'$$

$$T = \overline{T}T', t = \frac{L}{V}t'$$

$$\Delta p = \Delta \overline{p}\Delta p', \Delta T = \Delta \overline{T}\Delta T' \tag{3.1.5}$$

其中等式右端带撇号者为量纲一量，其他为尺度。

利用式(3.1.5)量纲一化 x 方向的运动方程，有

$$R_0 \frac{\mathrm{d}u}{\mathrm{d}t} - v = -\frac{1}{\rho}\frac{\partial p}{\partial x} \tag{3.1.6}$$

式中 $R_0 = \dfrac{V}{fL}$为 Rossby 数。式(3.1.6)中的量纲一量的撇号已略去。

显然，当 $R_0 \ll 1$，运动是准地转的。

另外，利用式(3.1.6)可得速度尺度 V，即

$$V = \frac{\Delta \overline{p}}{f\overline{\rho}L} \tag{3.1.7}$$

利用状态方程 $p=\rho RT$，可得

$$\frac{1}{\rho}\frac{\partial p}{\partial x} = R\frac{\partial T}{\partial x} + \frac{1}{\rho}\frac{\partial \rho}{\partial x}RT \tag{3.1.8}$$

利用式(3.1.5)和(3.1.8)，可得下列尺度关系

$$\frac{\Delta \overline{p}}{\overline{\rho}} = R\Delta \overline{T} = R\overline{T}\left(\frac{\Delta \overline{T}}{\overline{T}}\right) \tag{3.1.9}$$

将式(3.1.9)代入式(3.1.7)，可得

$$V = \frac{R\overline{T}}{fL}\left(\frac{\Delta \overline{T}}{\overline{T}}\right) \tag{3.1.10}$$

利用大气标高 $H=\dfrac{R\overline{T}}{g}$，改写式(3.1.10)，可得

$$V=\frac{gH}{fL}\left(\frac{\Delta\overline{T}}{\overline{T}}\right) \tag{3.1.11}$$

将式(3.1.11)代入 Rossby 数表达式，可得

$$R_0=\frac{V}{fL}=\frac{gH}{f^2L^2}\left(\frac{\Delta\overline{T}}{\overline{T}}\right) \tag{3.1.12}$$

由式(3.1.12)可知，Rossby 数除了与运动尺度 L 和 H 有关外，还与温度尺度 $\overline{T}$ 和温差尺度 $\Delta\overline{T}$ 有关。所以，此处 Rossby 数又称之为热力学 Rossby 数，用 R_{0T} 示之。

将式(3.1.3)代入式(3.1.12)，可得

$$R_{0T}=\left(\frac{L_0}{L}\right)^2\frac{\Delta\overline{T}}{\overline{T}}=0.06\left(\frac{L_0}{L}\right)^2 \tag{3.1.13}$$

当 $R_{0T}\sim O(1)$，此时 $L\sim 0.24L_0$

显然，对于大尺度运动来说 $L>L_0$，此时 $R_{0T}\ll 1$，运动为准地转，即风场与气压场处于地转平衡。因此，大气的准地转运动是地球及地球大气固有特征所决定的，是旋转大气的一种固有运动特性。

§3.2　造成非地转运动的因子

由上一节分析可知，大尺度运动具有准地转特征是由地球及地球大气的固有特征所决定，因此在实际的天气图上，大部分区域的实际风是沿等压线吹的，即与地转风非常接近，但有时在天气图上某些局部区域可出现实际风穿过等压线，说明实际风与地转风之间存在一定的偏差。在实际大气中，大范围大气运动一方面基本上维持准地转运动；而另一方面，又并不完全是地转的，即存在地转偏差。正是地转偏差的存在才能引起大气运动状态的变化。下面对实际大气中可造成非地转运动的因子作一分析。

实际水平风速 $\mathbf{V}_h$ 与地转风速 $\mathbf{V}_g$ 的差称为地转偏差，用 $\mathbf{V}'$ 示之，即

$$\mathbf{V}'=\mathbf{V}_h-\mathbf{V}_g \tag{3.2.1}$$

由水平方向的运动方程，得

$$\frac{\mathrm{d}\mathbf{V}_h}{\mathrm{d}t}+f\boldsymbol{k}\wedge\mathbf{V}_h=-\frac{1}{\rho}\nabla_h p=f\boldsymbol{k}\wedge\mathbf{V}_g \tag{3.2.2}$$

式(3.2.1,3.2.2)两边用垂直方向的单位矢量 $\boldsymbol{k}$ 叉乘可得地转偏差

$$\mathbf{V}'=\frac{1}{f}\boldsymbol{k}\wedge\frac{\mathrm{d}\mathbf{V}_h}{\mathrm{d}t} \tag{3.2.3}$$

由式(3.2.3)可知，地转偏差与加速度项成正比，在北半球与加速度方向相垂直，指向加速度方向的左侧。

事实上，正是由于大气运动产生的加速度，导致柯氏力与气压梯度力的不平衡，出现了地

转偏差 $\boldsymbol{V}'$。此时，$\boldsymbol{V}_h$ 将有穿越等压线的运动，同时造成气压梯度力对空气做功及功能变化。

对方程(3.2.2)两边点乘 $\boldsymbol{V}_h$，可得

$$\frac{\mathrm{d}K_h}{\mathrm{d}t} = f\boldsymbol{k} \wedge (\boldsymbol{V}_g - \boldsymbol{V}_h) \cdot \boldsymbol{V}_h = f(\boldsymbol{V}_g \wedge \boldsymbol{V}_h) \cdot \boldsymbol{k} \tag{3.2.4}$$

式中 $K_h = \frac{1}{2}\boldsymbol{V}_h \cdot \boldsymbol{V}_h = \frac{1}{2}(u^2 + v^2)$。

由式(3.2.4)可知，当实际水平风与地转风存在偏差时，可引起水平动能的变化。当实际风吹向低压时，气压梯度力对空气运动做正功，动能增加。相反，实际风吹向高压时，气压梯度力做负功，动能减小。

下面分析一下地转偏差在实际天气图上的反映。

为了方便问题说明，采用自然坐标系，即设沿流线的单位矢量为 $\boldsymbol{\tau}$，与其相垂直且指向其左侧为正的单位矢量为 $\boldsymbol{n}$，与 $\boldsymbol{\tau}, \boldsymbol{n}$ 相垂直，指向天顶为正的单位矢为 $\boldsymbol{k}$。

在自然坐标系中，水平风速表示为

$$\boldsymbol{V}_h = V_s\boldsymbol{\tau} = \boldsymbol{V}_s \tag{3.2.5}$$

式中 V_s 为沿流线方向水平风速。

由方程(3.2.3)可知

$$\begin{aligned} \boldsymbol{V}' &= \frac{1}{f}\boldsymbol{k} \wedge \frac{\mathrm{d}\boldsymbol{V}_h}{\mathrm{d}t} = \frac{1}{f}\boldsymbol{k} \wedge \left(\frac{\partial \boldsymbol{V}_s}{\partial t} + \boldsymbol{V}_s \cdot \nabla_h \boldsymbol{V}_s + w\frac{\partial \boldsymbol{V}_s}{\partial z}\right) = \\ &\frac{1}{f}\boldsymbol{k} \wedge \left[\frac{\partial \boldsymbol{V}_s}{\partial t} + V_s\frac{\partial}{\partial s}(V_s\boldsymbol{\tau}) + w\frac{\partial \boldsymbol{V}_s}{\partial z}\right] = \\ &\frac{1}{f}\boldsymbol{k} \wedge \left(\frac{\partial \boldsymbol{V}_s}{\partial t} + V_s\frac{\partial V_s}{\partial s}\boldsymbol{\tau} + V_s^2 K_s \boldsymbol{n} + w\frac{\partial \boldsymbol{V}_s}{\partial z}\right) \end{aligned} \tag{3.2.6}$$

式中 $\boldsymbol{n}K_s = \frac{\partial \boldsymbol{\tau}}{\partial s}$。

由式(3.2.6)可知，地转偏差可表示为四项。下面对这四项逐一分析。

(1) $\boldsymbol{V}' = \frac{1}{f}\boldsymbol{k} \wedge \frac{\partial \boldsymbol{V}_s}{\partial t}$ (3.2.7)

式(3.2.7)表示风场非定常性引起的地转偏差。

$\boldsymbol{V}_s$ 可用 $\boldsymbol{V}_g$ 近似，相应有

$$\frac{\partial \boldsymbol{V}_s}{\partial t} = \frac{\partial \boldsymbol{V}_g}{\partial t} = \frac{1}{f\rho}\boldsymbol{k} \wedge \nabla\left(\frac{\partial p}{\partial t}\right) \tag{3.2.8}$$

式(3.2.7)可写成

$$\boldsymbol{V}' = \frac{1}{f}\boldsymbol{k} \wedge \left[\frac{1}{f\rho}\boldsymbol{k} \wedge \nabla\left(\frac{\partial p}{\partial t}\right)\right] = -\frac{1}{f^2\rho}\nabla\left(\frac{\partial p}{\partial t}\right) \tag{3.2.9}$$

说明：推导中略去密度随时间的变化。

式(3.2.9)中，$\frac{\partial p}{\partial t}$表示气压的局地变化，称之为变压。显然，地转偏差与变压的梯度有关，

其方向是沿变压梯度由变压高值指向变压低值，此时地转偏差风称之为变压风。因此，变压风是由于气压场的急剧变化、地转平衡被破坏但尚未建立起新的地转平衡时的非地转风，所以这部分风速分量向负变压中心辐合，而正变压中心是辐散(图 3.1)的。所以，在负变压中心附近经常有恶劣、多云雨天气出现。

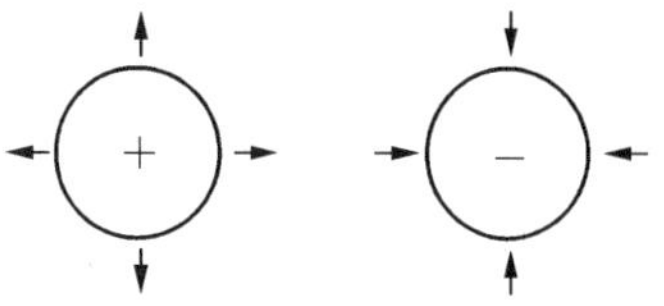

图 3.1　变压分布与地转偏差

(2) $\boldsymbol{V}'=\dfrac{1}{f}\boldsymbol{k}\wedge V_s\dfrac{\partial V_s}{\partial s}\boldsymbol{\tau}=\dfrac{1}{f}V_s\dfrac{\partial V_s}{\partial s}\boldsymbol{n}$　　(3.2.10)

式(3.2.10)表示风速在流动方向上的非均匀性产生的地转偏差。当沿流动方向流速增加时，则有非地转风穿过等压线指向低压；反之，在沿流动方向流速减小时，则有空气穿越等压线指向高压一侧。如图 3.2 所示，在情况(a)下，等压线呈辐合状态，地转风在沿流动方向增加，即有$\dfrac{\partial V_s}{\partial s}>0$，$\boldsymbol{V}'$指向与 $\boldsymbol{n}$ 指向相同，即指向低压区。因为在 A 点空气质点处于柯氏力 fV_A 与气压梯度力的平衡，当移至 B 点时，由于较短时间时，动量保持守恒，故此点仍保持柯氏力 fV_A，但由于等压线的辐合，在 B 点处气压梯度力要大于 A 点处，所以在 B 点，气压梯度力与柯氏力的差，导致空气流向低压侧。同样对于情况(b)，等压线呈辐散状态，与情况(a)可作类似的分析，此时非地转流流向高压一侧。

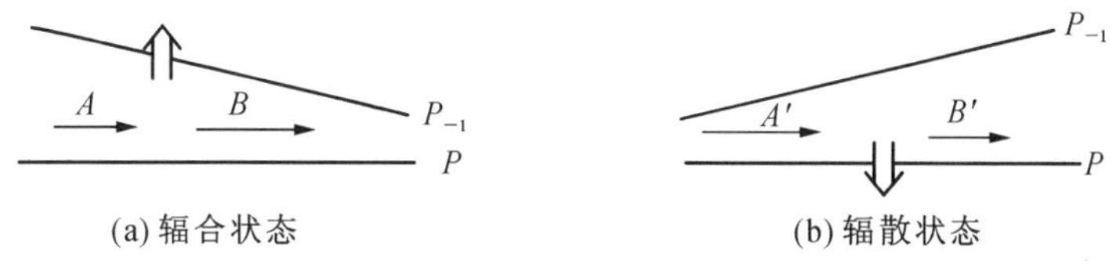

图 3.2　流线的辐合、辐散与地转偏差

(3) $\boldsymbol{V}'=\dfrac{1}{f}\boldsymbol{k}\wedge(V_s^2K_s\boldsymbol{n})=-\dfrac{1}{f}V_s^2K_s\boldsymbol{\tau}$　　(3.2.11)

式(3.2.11)表示流线的弯曲产生的地转偏差。所以，在低压槽区(气旋性弯曲)$K_s>0$，相应出现反风向的地转偏差；反之，在高压脊区(反气旋性弯曲)$K_s<0$，有顺风向的地转偏差。如图 3.3 所示，等压线存在气旋，反气旋弯曲。在 A 点等压线若是平直的，则此处柯氏力与气压梯度力相平衡，但在 A 点由于等压线呈气旋性弯曲，此时引起一个离心力，其方向与柯氏力方向一致，指向高压，此时在 A 点处于气压梯度力、柯氏力及离心力的三力平衡下的运动。对于相同气压梯度情况下，有气旋性弯曲等压线时的柯氏力，比较平直等压线情况下的要小，相应在 A 点处的三力平衡下的风速要较原来的地转风要小，相应产生反风向的地转偏差。同理可分析出，在 A'点(反气旋性弯曲)可出现顺风向的地转偏差。

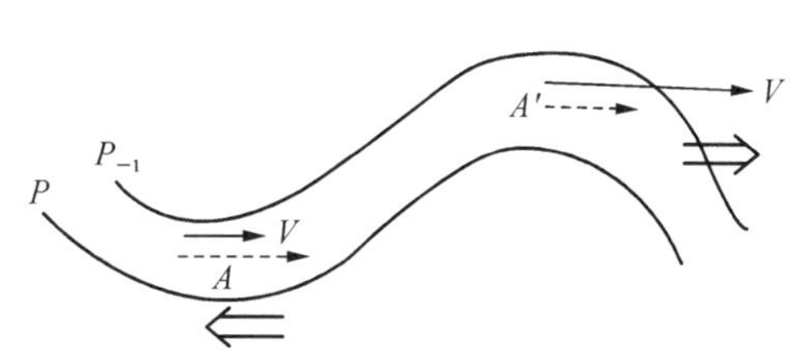

图 3.3　流线弯曲与地转偏差

(4) $\boldsymbol{V}'=\dfrac{1}{f}\boldsymbol{k}\wedge w\dfrac{\partial \boldsymbol{V}_s}{\partial z}$　　(3.2.12)

式(3.2.12)表示，由于存在风速垂直切变，即大气斜压性产生的地转偏差。

垂直运动可将质点由低层带到高层，由于高低两层的气压分布不一样，这样在低层原来处于柯氏力与气压梯度力平衡。由于在短时间内动量守恒，相应质点到高层后，原来柯氏力与高层气压梯度力不再平衡，因此在高层就可出现地转偏差。

由地转风表达式(3.1.1)和(3.1.2)，可得

$$\mathbf{V}_g = \frac{RT}{f}\boldsymbol{k} \wedge \nabla \ln p \tag{3.2.13}$$

方程(3.2.13)两边对 z 求微分，且利用静力方程，可得

$$\frac{\partial \mathbf{V}_g}{\partial z} = \frac{1}{T}\frac{\partial T}{\partial z}\mathbf{V}_g + \frac{g}{fT}\boldsymbol{k} \wedge \nabla T \tag{3.2.14}$$

由于式(3.2.14)等号右边第一项通常较小，则该式可近似为

$$\frac{\partial \mathbf{V}_g}{\partial z} = \frac{g}{fT}\boldsymbol{k} \wedge \nabla T \tag{3.2.15}$$

式(3.2.15)通常称为热成风公式或热成风平衡方程。由式(3.2.15)可知，地转风随高度的变化完全是由于水平温度梯度所决定。有时称$\dfrac{\partial \mathbf{V}_g}{\partial z}$为单位高度的热成风，用 $\mathbf{V}_T$ 表示，如图 3.4 所示。

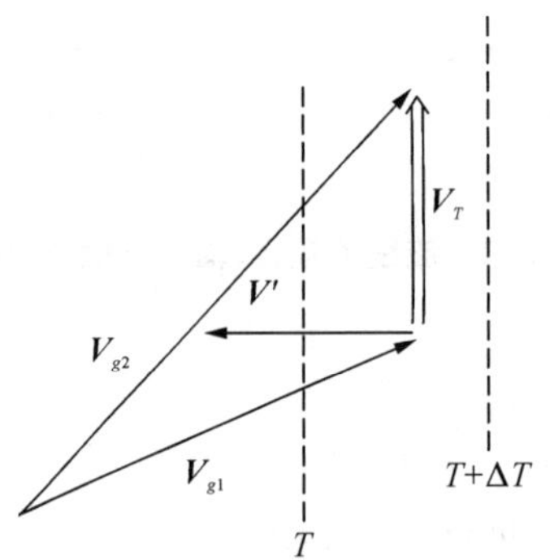

图 3.4 热成风与地转偏差

如果将式(3.2.12)中 $\mathbf{V}_s$ 近似为 $\mathbf{V}_g$，则可得

$$\mathbf{V}' = -\frac{g}{f^2 T} w \nabla T \tag{3.2.16}$$

由式(3.2.16)可知，地转偏差可出现在有水平温度梯度及垂直运动情况下，对于上升运动($w>0$)，地转偏差方向与水平温度梯度方向一致指向低温区。

除了上述分析物理因素可导致地转偏差的产生外，大气摩擦，f 的南北变化，ρ 的随时间、空间变化同样可导致地转偏差的出现，这里不再作分析。

显然，对于一个严格的地转风来说，必须满足以下条件：(1) 气压场是定常；(2) 等压线是平行直线，且与纬线相平行；(3) 正压均质大气。

对于实际大气中，一旦地转偏差产生是否能极度地发展？为什么实际大气中风场与气压场是基本平衡的？这说明地转偏差最终要消失，这种消失过程的物理过程如何？这些问题将

在下一节讨论。

§3.3　非地转运动向地转运动的调整——地转适应过程

旋转大气的大尺度运动主要特征是其运动具有准地转性，虽然在某一区域可以出现较强的地转偏差，但这种地转偏差不会无限增长，永久存在，而是迅速消失，这样旋转大气本身存在一种自我调整过程，大气可重新恢复到准地转平衡。显然，准地转平衡是一种运动中的平衡。大气准地转平衡遭到破坏，出现地转偏差，大气通过流场和气压场的相互调整而使运动恢复到准地转平衡过程，称之为地转适应过程。由于实际大气的大尺度运动几乎是接近地转的，所以大气的地转适应过程是迅速的，是一种快过程。地转适应是动力气象中一个十分重要的问题，对它的研究不仅可了解地转适应过程的物理机制，另外还可以帮助我们认识大气运动的一些基本规律。

为了简化问题，下面采用均质不可压浅水模型

$$\frac{\partial u}{\partial t}+u\frac{\partial u}{\partial x}+v\frac{\partial u}{\partial y}-fv=-g\frac{\partial h}{\partial x} \tag{3.3.1}$$

$$\frac{\partial v}{\partial t}+u\frac{\partial v}{\partial x}+v\frac{\partial v}{\partial y}+fu=-g\frac{\partial h}{\partial y} \tag{3.3.2}$$

$$\frac{\partial h}{\partial t}+u\frac{\partial h}{\partial x}+v\frac{\partial h}{\partial y}+h\left(\frac{\partial u}{\partial x}+\frac{\partial v}{\partial y}\right)=0 \tag{3.3.3}$$

其中 h 为自由面高度，可写成

$$h=H+h' \tag{3.3.4}$$

式中：H 为流体平均高度，设为常数；h' 为自由面对平均高度的偏差。如果设运动基本流为零，方程(3.3.1～3.3.3)可化为线性方程

$$\frac{\partial u}{\partial t}-fv=-g\frac{\partial h'}{\partial x} \tag{3.3.5}$$

$$\frac{\partial v}{\partial t}+fu=-g\frac{\partial h'}{\partial y} \tag{3.3.6}$$

$$\frac{\partial h'}{\partial t}+H\left(\frac{\partial u}{\partial x}+\frac{\partial v}{\partial y}\right)=0 \tag{3.3.7}$$

式(3.3.5～3.3.7)构成关于 u,v,h' 三个变量的闭合方程组。

如果给定初始条件

$$t=0,u=u_0(x,y),v=v_0(x,y),h'=h_0(x,y) \tag{3.3.8}$$

显然 u_0,v_0 与 h_0 之间不满足地转平衡方程，所以方程(3.3.5～3.3.7)可用来描述初始状态为不满足地转平衡的、向其终态为地转平衡状态的调整过程。在这种调整过程中是风场调整剧烈，还是气压场变化剧烈？下面将作仔细分析。

如果作运算，$\dfrac{\partial}{\partial x}$(3.3.5)$+\dfrac{\partial}{\partial y}$(3.3.6)，且利用式(3.3.7)，可得

$$\frac{\partial^2 h'}{\partial t^2}-c^2\left(\frac{\partial^2 h'}{\partial x^2}+\frac{\partial^2 h'}{\partial y^2}\right)+fH\zeta=0 \tag{3.3.9}$$

式中：$c=\sqrt{gH}$为重力波波速；$\zeta=\frac{\partial v}{\partial x}-\frac{\partial u}{\partial y}$为垂直方向相对涡度分量。

如果 $f=0$，则扰动自由面高度 h' 与相对涡度 ζ 无关，此时方程(3.3.9)化为关于 h' 的浅水波方程

$$\frac{\partial^2 h'}{\partial t^2}-c^2\left(\frac{\partial^2 h'}{\partial x^2}+\frac{\partial^2 h'}{\partial y^2}\right)=0 \tag{3.3.10}$$

设波解

$$h'=A\mathrm{e}^{\mathrm{i}(kx+ly-\omega t)} \tag{3.3.11}$$

此时有

$$\omega^2=c^2(k^2+l^2)=gH(k^2+l^2)$$

这是重力波的频散关系。如果 $f\neq0$，则扰动的自由面高度 h' 与相对涡度 ζ 有关。

进一步运算，$\frac{\partial}{\partial x}(3.3.6)-\frac{\partial}{\partial y}(3.3.5)$，可得

$$\frac{\partial \zeta}{\partial t}+f\left(\frac{\partial u}{\partial x}+\frac{\partial v}{\partial y}\right)=0 \tag{3.3.12}$$

利用连续方程(3.3.7)，可得

$$\frac{\partial}{\partial t}\left(\frac{\zeta}{f}-\frac{h'}{H}\right)=0 \tag{3.3.13}$$

式(3.3.13)即为均质流体的位涡守恒方程，用 Q 表示位涡(实质上是扰动位涡)

$$Q(x,y,t)=\frac{\zeta}{f}-\frac{h'}{H}=\text{常数} \tag{3.3.14}$$

式(3.3.14)说明每一点 Q 在所有时刻都保持其初始时刻的值，即

$$Q(x,y,t)=Q(x,y,0)=Q_0(x,y) \tag{3.3.15}$$

我们可以利用这种无黏旋转流体的无限的“记忆力”的特征来求其某个特殊的初始态流体的最终平衡解，而无需研究各个有限时刻瞬变运动的细节。

将式(3.3.14,3.3.15)代入式(3.3.9)消去 ζ，可得关于自由面扰动高度 h' 的变化方程

$$\frac{\partial^2 h'}{\partial t^2}-c^2\left(\frac{\partial^2 h'}{\partial x^2}+\frac{\partial^2 h'}{\partial y^2}\right)+f^2h'=-f^2HQ_0 \tag{3.3.16}$$

由式(3.3.16)可知，如果给定初始 Q_0，适应过程中瞬变运动同样可完全确定。

作为一个例子，在给定一个特殊的初始条件，讨论适应问题。

$$t=0,u=0,v=0,h'=-h_0\,\mathrm{sgn}(x) \tag{3.3.17}$$

式中 sgn 为符号函数。

由方程(3.3.14)可知

$$Q_0 = \frac{\zeta}{f} - \frac{h'}{H} = \frac{h_0}{H}\mathrm{sgn}(x) \tag{3.3.18}$$

将式(3.3.18)代入，可得

$$\frac{\partial^2 h'}{\partial t^2} - c^2\left(\frac{\partial^2 h'}{\partial x^2} + \frac{\partial^2 h'}{\partial y^2}\right) + f^2 h' = -f^2 h_0 \mathrm{sgn}(x) \tag{3.3.19}$$

对于齐次条件($h_0 = 0$)时，为一维 Klein-Gordon 方程，可得波动频散关系为

$$\omega^2 = f^2 + c^2(k^2 + l^2) = f^2 + gH(k^2 + l^2) \tag{3.3.20}$$

这是一种惯性重力波，所以地转适应过程中的特征波动是惯性重力波。惯性重力波是一种频散波。

下面讨论其终态(稳态)解的特征。显然，通过旋转及重力作用下的调整过程使运动达到一种稳定状态，而这种稳态可由定常条件下求解方程(3.3.19)得到。因为初始条件仅为 x 的函数，所以以后每个时刻都认为与 y 无关。

相应地，方程(3.3.19)的稳态形式为

$$-c^2 \frac{\mathrm{d}^2 h'}{\mathrm{d}x^2} + f^2 h' = -f^2 h_0 \mathrm{sgn}(x) \tag{3.3.21}$$

则有解

$$\frac{h'}{h_0} = \begin{cases} -1 + \mathrm{e}^{-x/L_R}, & x > 0 \\ 1 - \mathrm{e}^{x/L_R}, & x < 0 \end{cases} \tag{3.3.22}$$

式中 $L_R = \sqrt{gH}/f$ 为 Rossby 变形半径。这样，Rossby 变形半径可以解释为地转适应过程中的水平尺度。显然，当 $|x| \gg L_R$ 时，其 h' 保持不变。

对于任何初始条件，由方程(3.3.5,3.3.6)，可得其稳态的速度场，即

$$fu = -g\frac{\partial h'}{\partial y}, fv = g\frac{\partial h'}{\partial x} \tag{3.3.23}$$

显然，稳态解(终态)满足地转平衡，而且恰好满足稳态情况下的连续方程，稳态解是水平无辐散的，即

$$\frac{\partial u}{\partial x} + \frac{\partial v}{\partial y} = 0 \tag{3.3.24}$$

相应现在这情况下，由方程(3.3.22)，可得

$$u = 0, v = \frac{g}{f}\frac{\partial h'}{\partial x} = -\frac{gh_0}{fL_R}\mathrm{e}^{-\frac{|x|}{L_R}} \tag{3.3.25}$$

终态定常解可用图 3.5 表示之。由图可知，地转风在初始高度不连续面处可出现一个急流，其最大值为$\sqrt{\frac{g}{H}}h_0$。

由上例分析可知，初始条件只存在气压场，流场可以通过调整而建立并与气压场平衡。下

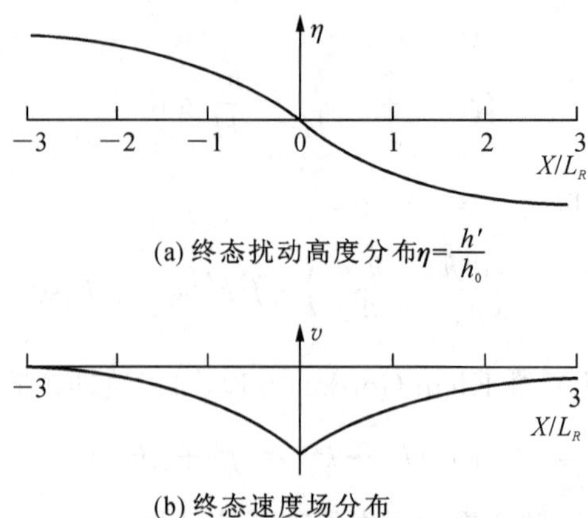

(a) 终态扰动高度分布$\eta=\dfrac{h'}{h_0}$

(b) 终态速度场分布

图3.5　从初始条件(3.3.17)经地转适应调整过程后的稳态解 L_R 为 Rossby 变形半径

面利用方程(3.3.5～3.3.7)，对于初始条件(3.3.17)可作一简单的定性分析：如何建立起流场并与气压场达到地转平衡的过程。

由初始条件(3.3.17)可知，在 $x=0$ 处，存在气压梯度，使$-g\dfrac{\partial h'}{\partial x}>0$。由式(3.3.5)可知，$\dfrac{\partial u}{\partial t}>0$。由于 $u|_{t=0}=0$，则有西风建立($u>0$)，相应在其区域的右侧形成水平辐合和质量堆积，则$\dfrac{\partial u}{\partial x}<0$。由方程(3.3.7)$\left(\text{其中}\dfrac{\partial}{\partial y}=0\right)$可知，$\dfrac{\partial h'}{\partial t}>0$，自由面升高，而区域左侧形成水平辐散和质量减小，相应自由面高度要降低。因此，大气内部的辐合辐散调整了自由面高度。

另外，由于西风建立，柯氏力作用使初始南风减弱(方程(3.3.6)，$\dfrac{\partial v}{\partial t}<0$)，而 $v|_{t=0}=0$，则 $v<0$，形成北风。

综合上面分析，若初始只有气压场存在而无流场时，则气压场随时间逐渐减小，从大到小变化，而流场则逐渐建立，从无到有，并到一定时间后与气压场建立起地转平衡。

$v=v_g=\dfrac{g}{f}\dfrac{\partial h'}{\partial x}$，此时西风达到最大，$\dfrac{\partial u}{\partial t}=0$，由于惯性作用，$v$ 将继续减小，即可出现 $v_g>v$，则有$\dfrac{\partial u}{\partial t}<0$，$u$ 将减小。这样过程重复进行，通过水平辐合辐散调节 u,v,h'，形成惯性重力波。由于 f 的作用，惯性重力波为频散波，使得初始集中在局部区域的非地转能量通过惯性重力波频散到无限区域中，从而使得非地转能量逐渐减少，恢复到地转平衡。这就是地转适应的物理机制。

显然，地转适应过程中能量的转换及频散十分重要。在适应过程中有动能、位能的转换及能量的频散。下面对适应过程中能量转换作一简单讨论。

单位水平区域的位能为

$$\int_0^{h'}\rho g z\,\mathrm{d}z=\frac{1}{2}\rho g h'^2 \tag{3.3.26}$$

相应适应过程中 y 方向单位长度位能的释放为

$$\int_{-\infty}^{\infty}\frac{1}{2}\rho g h_0^2 \mathrm{d}x-\int_{-\infty}^{\infty}\frac{1}{2}\rho g h'^2 \mathrm{d}x=2\int_0^{\infty}\frac{1}{2}\rho g h_0^2[1-(1-\mathrm{e}^{-\frac{x}{L_{\mathrm{R}}}})^2]\mathrm{d}x=\frac{3}{2}\rho g h_0^2 L_{\mathrm{R}} \tag{3.3.27}$$

对于非旋转情形，此时 $L_{\mathrm{R}}\to\infty$，初始扰动中全部位能被释放，转换成动能，而在旋转情形下，只有有限位能被释放。

在平衡状态下单位长度动能为

$$2\int_0^{\infty}\rho H\frac{v'^2}{2}\mathrm{d}x=\rho H\left(\frac{gh_0}{fL_{\mathrm{R}}}\right)^2\int_0^{\infty}\mathrm{e}^{-2\frac{x}{L_{\mathrm{R}}}}\mathrm{d}x=\frac{1}{2}\rho g h_0^2 L_{\mathrm{R}} \tag{3.3.28}$$

所以，在这种情况下仅 1/3 的位能被释放，转换到定常准地转运动中。另外 2/3 的位能通过惯性重力波频散到空间中。

由上述可知：

(1) 从能量分析来看，能量很难从旋转流体中提取出来，在上述例子中，有无限的位能可用于转变动能，但是只有其中一部分能量被释放出来，原因是为建立地转平衡，而这种平衡保持了位能。

(2) 终态平衡解并不是静止状态，而是一种地转平衡，其平衡运动的水平尺度为 Rossby 变形半径 L_{R}。

(3) 适应过程中位势涡度守恒决定了稳态的自由面高度及地转平衡风场，而无需进行时间积分。

下面进一步讨论扰动源尺度对适应过程的影响。

为方便问题讨论，引入流函数 ψ 及速度势 φ，则有

$$\begin{aligned}u'&=-\frac{\partial\psi}{\partial y}+\frac{\partial\varphi}{\partial x}\\ v'&=\frac{\partial\psi}{\partial x}+\frac{\partial\varphi}{\partial y}\end{aligned} \tag{3.3.29}$$

相应垂直方向涡度和水平散度为

$$\begin{aligned}\zeta&=\frac{\partial v}{\partial x}-\frac{\partial u}{\partial y}=\nabla_h^2\psi\\ D&=\frac{\partial u}{\partial x}+\frac{\partial v}{\partial y}=\nabla_h^2\varphi\end{aligned} \tag{3.3.30}$$

这样，位涡守恒方程(3.3.14)可改写为

$$\nabla_h^2\psi-\frac{1}{L_{\mathrm{R}}^2}\frac{\phi}{f}=\text{常数} \tag{3.3.31}$$

式中 $\phi=gh'$ 为扰动位势高度。

将 ψ,φ,ϕ 分解成稳态(平衡)解部分和非定常部分，即

$$\begin{aligned}\psi(x,y,t)&=\bar{\psi}(x,y)+\psi'(x,y,t)\\ \varphi(x,y,t)&=\bar{\varphi}(x,y)+\psi'(x,y,t)\\ \phi(x,y,t)&=\bar{\phi}(x,y)+\phi'(x,y,t)\end{aligned} \tag{3.3.32}$$

式中：$\overline{\psi}, \overline{\varphi}, \overline{\phi}$为终态解，即地转平衡解；$\psi', \varphi', \phi'$为非定常部分，随时间增加，非定常部分将逐渐减小，最后趋于零。

而由终态地转平衡解特征可得

$$f\overline{\psi} = \overline{\phi} \tag{3.3.33}$$

$$\overline{\varphi} = 0 \tag{3.3.34}$$

式(3.3.33)即为地转关系式，式(3.3.34)表示地转运动是水平无辐散的。

利用式(3.3.31)及式(3.3.33)，可得

$$\nabla_h^2\overline{\psi} - \frac{1}{L_R^2}\overline{\psi} = \nabla_h^2\psi_0 - \frac{1}{L_R^2}\frac{\phi_0}{f} = Q_0(x, y) \tag{3.3.35}$$

式(3.3.35)即为位涡守恒方程，反映了初始位涡与终态位涡的守恒约束关系。式中，ψ_0 和 ϕ_0 分别为初始时刻的流函数及位势高度。显然，由于初始时刻存在地转偏差，因此 ψ_0 和 ϕ_0 不满足方程(3.3.33)。

假设所讨论问题中初始时刻波长与以后波长都一样，则对方程(3.3.35)中变量可写成波动形式

$$\begin{aligned}\overline{\psi}(x, y) &= \overline{\psi}^* \mathrm{e}^{\mathrm{i}(kx+ly)} \\ \psi_0(x, y) &= \psi_0^* \mathrm{e}^{\mathrm{i}(kx+ly)} \\ \phi_0(x, y) &= \phi_0^* \mathrm{e}^{\mathrm{i}(kx+ly)}\end{aligned} \tag{3.3.36}$$

式中$\overline{\psi}^*, \psi_0^*, \phi_0^*$ 分别为$\overline{\psi}, \psi_0, \phi_0$ 的波振幅，则有近似关系式

$$\begin{aligned}\nabla_h^2\overline{\psi} &\sim -(k^2+l^2)\overline{\psi} = -K^2\overline{\psi} \\ \nabla_h^2\psi_0 &\sim -(k^2+l^2)\psi_0 = -K^2\psi_0\end{aligned} \tag{3.3.37}$$

式中 $K^2 = k^2 + l^2$。

将式(3.3.36)代入式(3.3.35)，并利用式(3.3.37)，可得

$$\overline{\psi} = \frac{K^2\psi_0 + \dfrac{1}{L_R^2}\dfrac{\phi_0}{f}}{K^2 + \dfrac{1}{L_R^2}} = \frac{\psi_0 + \left(\dfrac{1}{KL_R}\right)^2\dfrac{\phi_0}{f}}{1 + \left(\dfrac{1}{KL_R}\right)^2} = \frac{K^2L_R^2\psi_0 + \dfrac{\phi_0}{f}}{1 + K^2L_R^2} \tag{3.3.38}$$

对于重力波，$c \sim 300$ m/s，$f \sim 10^{-4}$ s^{-1}，所以 Rossby 变形半径 $L_R \sim 3\,000$ km。

如果扰动尺度 $L > L_R$，称之大尺度扰动；如果扰动尺度 $L < L_R$，称之小尺度扰动。

下面讨论扰动尺度 L 大小对地转适应的影响。

1. 大尺度扰动($L > L_R$)

由于 $K \sim \dfrac{1}{L}$，对于大尺度扰动，有

$$K^2L_R^2 \ll 1 \tag{3.3.39}$$

分两种情况讨论：

(1) 初始时刻主要是气压场扰动，即

$$\psi_0=0, \text{或} \mid \psi_0 \mid \ll \frac{\phi_0}{f} \tag{3.3.40}$$

由式(3.3.38),可得

$$\bar{\psi} \approx \frac{\phi_0}{f} \gg \psi_0 \tag{3.3.41}$$

由式(3.3.33),可得

$$\bar{\phi}=f\bar{\psi} \approx \phi_0 \tag{3.3.42}$$

由式(3.3.41,3.3.42)可知,在此情况下,速度场变化较大,向气压场适应,而气压场几乎没有变化,大部分扰动位能被保持下来。

(2) 初始时刻主要是速度场扰动,即

$$\phi_0=0 \text{ 或 } \mid \psi_0 \mid \gg \frac{\phi_0}{f} \tag{3.3.43}$$

由式(3.3.38),可得

$$\bar{\psi} \approx K^2 L_R^2 \psi_0 \ll \psi_0 \tag{3.3.44}$$

同样,由式(3.3.33),可得

$$\bar{\phi}=f\bar{\psi} \approx f K^2 L_R^2 \psi_0 \tag{3.3.45}$$

由此可见,流场衰减很快,只有较小一部分流场被保留下来,大部分扰动动能被惯性重力波频散掉了,最终与气压场建立地转平衡关系,此时由于 $K^2 L_R^2 \ll 1$,相应的平衡气压场很弱,即气压场变化较小。

由上述分析可知:

① 当扰动尺度 $L>L_R$,其地转适应过程是风场向气压场适应。在适应过程中,气压场变化较小,风场变化较大,从而适应气压场,达到地转平衡。

② 没有风场,初始气压场可以维持,风场可以建立。

2. 小尺度扰动($L<L_R$)

对于小尺度扰动,有

$$\frac{1}{K^2 L_R^2} \ll 1 \tag{3.3.46}$$

分两种情况讨论:

(1) 初始时刻主要是风场扰动,即

$$\phi_0=0 \text{ 或 } \mid \psi_0 \mid \gg \frac{\phi_0}{f} \tag{3.3.47}$$

利用式(3.3.88),可得

$$\bar{\psi} \approx \psi_0 \tag{3.3.48}$$

由式(3.3.33),得

$$\bar{\phi} = f\bar{\psi} \approx f\psi_0 \gg \phi_0 \tag{3.3.49}$$

由式(3.3.48,3.3.49)可知,在此情况下,流场变化不大,而气压场变化较大,由小变大调整到与流场得以建立地转平衡,此时大部分扰动动能被保留下来,是气压场向流场适应。

(2) 初始时刻主要是气压扰动,即

$$\psi_0 = 0 \text{ 或 } |\psi_0| \ll \frac{\phi_0}{f} \tag{3.3.50}$$

由式(3.3.38),可得

$$\bar{\psi} \approx \frac{1}{K^2 L_R^2} \frac{\phi_0}{f} \tag{3.3.51}$$

由式(3.3.33),可得

$$\bar{\phi} = f\bar{\psi} \approx \left(\frac{1}{KL_R}\right)^2 \phi_0 \ll \phi_0 \tag{3.3.52}$$

说明终态的流场很弱,而气压场变化较大,并被调整到与流场建立起地转平衡,此时,只有一部分扰动动能被保留下来,大部分被惯性重力波所频散掉,是气压场向流场适应。

由此可见,对于小尺度扰动:

① 扰动尺度 $L<L_R$,是气压场向风场适应,风场变化较小,气压场调整较明显,以便能够与风场建立地转平衡。

② 没有气压场,风场可以维持,气压场可以建立起来。

3. 扰动尺度与 L_R 相当($L \sim L_R$)

如果 $L \sim L_R$,相应有

$$K^2 L_R^2 \sim 1 \tag{3.3.53}$$

由式(3.3.38),可得

$$\bar{\psi} \approx \frac{1}{2}\psi_0 + \frac{1}{2}\frac{\phi_0}{f} \tag{3.3.54}$$

则由式(3.3.33),得

$$\bar{\phi} \approx \frac{1}{2} f\psi_0 + \frac{1}{2}\phi_0 \tag{3.3.55}$$

由式(3.3.54,3.3.55)可知,当扰动尺度与 L_R 相当时,风场与气压场是相互调整,建立起一个新的地转平衡。

由上述分析可知,扰动尺度对地转适应过程有重要的影响作用。

本节主要分析了地转适应的物理机制。用一个简单的例子说明了初始状态到定常终态的调整,及扰动尺度对适应方向的影响作用,鉴于数学处理的复杂,没有给出地转适应过程的瞬变运动,详细结果可以参考 Blumen(1972)。

由上述对地转适应过程的物理分析可知,由于地球及地球大气本身的固有性质,决定了大尺度运动是准地转运动,一旦在某一局地出现对地转流的偏差,即存在地转偏差时,大气本身具有一种调整能力,使运动向地转流状态适应。在大气中还有其他与之类似的适应过程,例如对大尺度运动来说，在垂直方向经常处于重力和气压梯度力的平衡，如果这种平衡被破坏，对大尺度运动大气来说也具有调整能力，使之恢复到准静力平衡状态，这种调整过程称为静力适应过程。当然，其调整过程的动力学性质与地转适应有差异，它主要通过声波将偏差的能量频散到无限空间中。同样，如果大气中存在某种广义平衡状态，且一旦出现对这种平衡状态的偏差，大气就有可能通过某种物理过程恢复到这种平衡状态，这种过程我们称之为广义适应问题。

§3.4　准地转运动的分类

大气运动过程中，当风场与气压场之间存在不平衡时，它们将进行相互的调整。由于不平衡的强烈作用，这种调整过程，即上节分析的地转适应过程是迅速的，是一种快过程。一旦风场和气压场调整到或接近地转平衡时，此时运动将缓慢下来，这种在准地转条件下，大尺度运动所做的缓慢发展和演变的过程，称之为准地转演变过程，简称演变过程。显然，适应过程和演变过程在特征时间尺度及物理本质上有较大差异。

下面简单分析演变过程与适应过程的物理特征的差异。

由尺度分析方法，可得无因次的大尺度运动方程

$$\varepsilon \frac{\partial u}{\partial t}+R_0\left(u \frac{\partial u}{\partial x}+v \frac{\partial u}{\partial y}\right)=v-\frac{1}{\rho} \frac{\partial p}{\partial x} \tag{3.4.1}$$

$$\varepsilon \frac{\partial v}{\partial t}+R_0\left(u \frac{\partial v}{\partial x}+v \frac{\partial v}{\partial y}\right)=-u-\frac{1}{\rho} \frac{\partial p}{\partial y} \tag{3.4.2}$$

式中：$\varepsilon=\frac{1}{F\tau}$为 Kibel 数；$R_0=\frac{V}{FL}$为 Rossby 数；其余量为无因次量。

对于大尺度运动，$R_0 \sim O(10^{-1})$。

对于准地转平衡运动来说，有

$$\begin{aligned} &O\left(v+\frac{1}{\rho} \frac{\partial p}{\partial x}\right) \ll O(1) \\ &O\left(-u-\frac{1}{\rho} \frac{\partial p}{\partial y}\right) \ll O(1) \end{aligned} \tag{3.4.3}$$

其量纲可设为 $O(10^{-n})(n \geqslant 1)$。

此时，对准地转演变过程来说，必有

$$\varepsilon \sim R_0 \tag{3.4.4}$$

则相应准地转演变过程的特征时间尺度为

$$\tau \sim \frac{L}{V} \tag{3.4.5}$$

所以，准地转演变过程是一个缓慢过程。另外，由于非线性项与时间变化项相当，所以准地转演变过程是一个非线性过程。

对于适应过程来说，有

$$
\begin{aligned}
&O\left(v-\frac{1}{\rho}\frac{\partial p}{\partial x}\right)\sim O(1)\\
&O\left(-u-\frac{1}{\rho}\frac{\partial p}{\partial y}\right)\sim O(1)
\end{aligned}
\tag{3.4.6}
$$

说明风场与气压场之间存在不平衡。

对于方程(3.4.1,3.4.2)，由于 $R_0\sim O(10^{-1})$，所以对于适应过程来说，必有

$$\varepsilon\sim O(1) \tag{3.4.7}$$

相应地，适应过程的特征时间尺度为 $1/F$，是一个快过程。另外，由于适应过程中非线性项要比时间变化项要小，故适应过程是一种准线性过程。

对于实际大气，如果在某一区域出现非地转流，首先将进行一个快速的适应过程，使运动接近或达到准地转平衡，这个过程是快速的。然后在准地转条件做缓慢的非线性的演变运动，发展到一定时间，出现较强地转偏差时，将重复上述过程。实际大气运动就是在这种"破坏—平衡—破坏"过程中进行的。

下面我们着重对准地转运动的动力方程特征进行分析。

对于大尺度运动(涡度方程中)可略去其小项，即力管项及 $\zeta\nabla\cdot\mathbf{V}$，可得简化的涡度方程

$$\frac{\partial\zeta}{\partial t}+\mathbf{V}_h\cdot\nabla\zeta+\beta v=-f\nabla_h\cdot\mathbf{V} \tag{3.4.8}$$

利用因次分析方程，令

$$
\begin{aligned}
&\zeta\sim\frac{V}{L}\zeta',\beta\sim\frac{F}{a}\beta',f\sim Ff'\\
&\mathbf{V}_h\sim V\mathbf{V}_h',t\sim\frac{V}{L}t'
\end{aligned}
\tag{3.4.9}
$$

式中 a 为地球半径。

将式(3.4.9)代入式(3.4.8)，并略去撇号，得

$$\frac{V^2}{L^2}\left(\frac{\partial\zeta}{\partial t}+\mathbf{V}_h\cdot\nabla\zeta\right)+\frac{FV}{a}\beta v=-\frac{FW}{H}f\nabla_h\cdot\mathbf{V} \tag{3.4.10}$$

将该式除以 F，且令

$$S=\frac{L}{a} \tag{3.4.11}$$

利用式(3.4.11)，式(3.4.10)可改写成

$$\frac{V}{L}\left[R_0\left(\frac{\partial\zeta}{\partial t}+\mathbf{V}_h\cdot\nabla\zeta\right)+S\beta v\right]=-\frac{W}{H}f\nabla_h\cdot\mathbf{V} \tag{3.4.12}$$

式中 S 为几何参数。

为此，可利用 R_0 及 S 参数相对大小，将准地转运动分成两类。

3.4.1　第一类准地转运动——天气尺度准地转运动

第一类准地转运动存在的条件

$$S \lesssim R_0 \ll 1 \tag{3.4.13}$$

此时运动水平尺度 $L<a$，即为天气尺度准地转运动。

根据式(3.4.12,3.4.13)，可得

$$\frac{V}{L}R_0 \sim \frac{W}{H} \tag{3.4.14}$$

说明涡度的个别变化与散度作用具有相同量级。相应地，垂直运动的速度尺度表达式为

$$W \sim R_0 \frac{H}{L}V \ll \frac{H}{L}V \tag{3.4.15}$$

所以，垂直速度量级 W 与水平速度尺度 V 及垂直运动尺度 H 成正比，而与水平尺度 L 成反比。

另外，此类运动的垂直速度的量级要比由连续方程估计的垂直速度量级$\frac{H}{L}V$ 要小。

由方程(3.4.9,3.4.14)可得，水平散度 $D\sim\frac{W}{H}$及相对涡度 $\zeta\sim\frac{V}{L}$的相对大小

$$\frac{D}{\zeta} = \frac{\frac{W}{H}}{\frac{V}{L}} \sim R_0 \tag{3.4.16}$$

由此可知，此类准地转运动散度要较涡度小一个量级，说明天气尺度准地转运动具有明显的涡旋特征，主要是涡旋运动。

利用热力学方程估计得到的垂直速度量级为$\frac{1}{\sigma}\frac{FV^2}{gH}$，与涡度方程分析得到垂直运动尺度相等，即可得

$$R_0 \frac{H}{L}V \sim \frac{1}{\sigma}\frac{FV^2}{gH} \tag{3.4.17}$$

整理，可得

$$\frac{H}{L} \sim \frac{F}{\sqrt{\sigma g}} \tag{3.4.18}$$

由式(3.4.18)可知，如果固定 L，则稳定度 σ 越大，运动的垂直尺度 H 越小，反之 H 则越大。同样，如果固定 H，则运动的水平尺度与稳定度成正比，即 σ 越大，大气越稳定，水平尺度 L 越大，反之 L 越小。这些运动特征与实际大气观测事实相一致。

引入能表征层结大气涡旋或扰动发展的条件判据的特征参数 Richardson 数，即

$$Ri = \frac{\sigma g}{\left(\frac{\partial v}{\partial z}\right)^2} \sim \frac{\sigma g H^2}{V^2} \tag{3.4.19}$$

将式(3.4.18)代入式(3.4.19),可得

$$Ri=\left(\frac{FL}{V}\right)^{2}=R_{0}^{-2} \tag{3.4.20}$$

即对第一类准地转运动,有

$$R_0^2 Ri \sim 1 \tag{3.4.21}$$

因此,对于第一类准地转运动,由于 $R_0<1$,则 $Ri\gg 1$。说明第一类准地转运动是层结高度稳定的。

下面详细分析第一类准地转运动方程组特征。无摩擦、Boussinesq 近似下大气运动方程组可写成

$$\begin{cases}\dfrac{\mathrm{d}u}{\mathrm{d}t}-fv=-\dfrac{1}{\rho_s}\dfrac{\partial p_d}{\partial x}\\ \dfrac{\mathrm{d}v}{\mathrm{d}t}+fu=-\dfrac{1}{\rho_s}\dfrac{\partial p_d}{\partial y}\\ \dfrac{\mathrm{d}w}{\mathrm{d}t}=-\dfrac{1}{\rho_s}\dfrac{\partial p_d}{\partial z}-\dfrac{\rho_d}{\rho_s}g\\ \dfrac{\partial u}{\partial x}+\dfrac{\partial v}{\partial y}+\dfrac{1}{\rho_s}\dfrac{\partial(\rho_s w)}{\partial z}=0\\ \dfrac{\theta_d}{\theta_s}=\dfrac{1}{\gamma}\dfrac{p_d}{p_s}-\dfrac{\rho_d}{\rho_s}\\ \dfrac{\mathrm{d}}{\mathrm{d}t}\left(\dfrac{\theta_d}{\theta_s}\right)+\dfrac{N^2}{g}w=0\end{cases} \tag{3.4.22}$$

其中

$$\begin{aligned}&\frac{\mathrm{d}}{\mathrm{d}t}=\frac{\partial}{\partial t}+u\frac{\partial}{\partial x}+v\frac{\partial}{\partial y}+w\frac{\partial}{\partial z}\\ &\gamma=\frac{c_p}{c_v}\end{aligned} \tag{3.4.23}$$

利用尺度分析法,令以下因次关系式

$$(x,y)=L(x',y'),z=Hz'$$

$$(u,v)=V(u',v'),w=R_0\frac{H}{L}Vw'$$

$$t=\frac{L}{V}t',f=Ff'$$

$$p_d=\rho_s FLVp'_d,\rho_d=\rho_s R_0\delta_1^2\rho'_d$$

$$\theta_d=\theta_s R_0\delta_1^2\theta'_d$$

式中:大写字母为特征尺度;带撇号为无因次量。

$$\delta_1^2=\left(\frac{L^2}{L_R^2}\right)=\frac{F^2L^2}{gH} \tag{3.4.24}$$

将式(3.4.24)代入式(3.4.22)中,可得无因次方程

$$
\begin{cases}
R_0 \dfrac{\mathrm{d}u}{\mathrm{d}t} - fv = -\dfrac{\partial p_d}{\partial x} \\
R_0 \dfrac{\mathrm{d}v}{\mathrm{d}t} + fu = -\dfrac{\partial p_d}{\partial y} \\
\delta^2 R_0^2 \dfrac{\mathrm{d}w}{\mathrm{d}t} = -\dfrac{\partial p_d}{\partial z} + \sigma p_d - \rho_d \\
\dfrac{\partial u}{\partial x} + \dfrac{\partial v}{\partial y} + R_0 \dfrac{1}{\rho_s} \dfrac{\partial(\rho_s w)}{\partial z} = 0 \\
\theta_d = \dfrac{1}{\gamma} p_d - \rho_d \\
R_0 \left(\dfrac{\mathrm{d}\theta_d}{\mathrm{d}t} + R_0^2 Ri w \right) = 0
\end{cases}
\tag{3.4.25}
$$

其中

$$
\frac{\mathrm{d}}{\mathrm{d}t} = \frac{\partial}{\partial t} + u\frac{\partial}{\partial x} + v\frac{\partial}{\partial y} + R_0 w\frac{\partial}{\partial z} \tag{3.4.26}
$$

$\delta = \dfrac{H}{L}$,而 σ 为 σ_0 的无因次量,σ_0 定义

$$
\sigma_0 = -\frac{\partial}{\partial z}\ln \rho_s = \frac{N^2}{g} + \frac{g}{c_s^2} \tag{3.4.27}
$$

则有

$$
\sigma = \sigma_0 H = \frac{N^2 H}{g} + \frac{1}{\gamma} = RiFr + \frac{1}{\gamma} \tag{3.4.28}
$$

式中:$Ri = \dfrac{N^2 H^2}{V^2}$为 Richardson 数;$Fr = \dfrac{V^2}{gH}$为 Froude 数。

对于天气尺度准地转运动来说

$$
\begin{aligned}
& R_0^2 Ri \sim O(1),\ RiFr \sim R_0 \\
& \delta^2 R_0^2 \ll R_0^2 \ll O(1),\ \delta_1^2 R_0 < R_0 \ll O(1)
\end{aligned}
\tag{3.4.29}
$$

考虑式(3.4.29),并将式(3.4.25)中第五式代入第三式,可得式(3.4.25)简化形式

$$
\begin{cases}
R_0 \dfrac{\mathrm{d}u}{\mathrm{d}t} - fv = -\dfrac{\partial p_d}{\partial x} \\
R_0 \dfrac{\mathrm{d}v}{\mathrm{d}t} + fu = -\dfrac{\partial p_d}{\partial y} \\
\dfrac{\partial p_d}{\partial z} = \theta_d + RiFr p_d \\
\dfrac{\partial u}{\partial x} + \dfrac{\partial v}{\partial y} + R_0 \dfrac{1}{\rho_s} \dfrac{\partial}{\partial z}(\rho_s w) = 0 \\
\dfrac{\mathrm{d}\theta_d}{\mathrm{d}t} + w = 0
\end{cases}
\tag{3.4.30}
$$

在这一类准地转运动中 $R_0 \ll 1$，则上述方程每个变量都可以按 R_0 作幂级数展开，即采用小参数展开法。

所谓小参数展开法，它是物理、力学中常用的方程渐近求解方法，有时称为摄动法，主要用于非线性方程近似解的求解。具体步骤为，首先将所要求解的方程进行无因次化，选择一个适合的小参数，将方程的解以该小参数作幂级数展开并代入原方程，求出各阶近似解。

对于方程(3.4.30)，将每个变量以小参数 R_0 进行幂级数展开。由于 w 的量级一般要较 u，v 小一至二个量级，所以一般 w 零级 $w^{(0)}$ 近似取为零。则有

$$\begin{aligned} u &= u_0 + R_0 u_1 + R_0^2 u_2 + \cdots \\ v &= v_0 + R_0 v_1 + R_0^2 v_2 + \cdots \\ w &= w_1 + R_0 w_2 + \cdots \\ p_d &= p_{d_0} + R_0 p_{d_1} + R_0^2 p_{d_2} + \cdots \\ \theta_d &= \theta_{d_0} + R_0 \theta_{d_1} + R_0^2 \theta_{d_2} + \cdots \end{aligned} \tag{3.4.31}$$

式中：下标 0 表示零级近似；1 表示一级近似……

将式(3.4.31)代入式(3.4.30)，将含 R_0 相同幂次归并，且令其系数为零，即可求得各级近似解。

在推导各级近似解过程中，考虑在 β 平面内，则无因次 f 参数可表示为

$$f = 1 + \frac{\beta}{F} L y' = 1 + R_0 \beta' y' \tag{3.4.32}$$

式中 $\beta' = \frac{1}{R_0}\frac{L}{a} \sim 1$。下面讨论中略去撇号。

零级近似 R_0^0，有

$$\begin{cases} v_0 = \dfrac{\partial p_{d_0}}{\partial x}, u_0 = -\dfrac{\partial p_{d_0}}{\partial y} \\ \dfrac{\partial p_{d_0}}{\partial z} = \theta_{d_0} \\ \dfrac{\partial u_0}{\partial x} + \dfrac{\partial v_0}{\partial y} = 0 \end{cases} \tag{3.4.33}$$

由式(3.4.33)可知，零级近似下，风场与气压场满足准地转平衡与静力平衡，而且还具有水平无辐散的特征。零级近似反映了天气尺度准地转运动的基本特征，但仅是表征的不随时间变化的平衡运动部分。因此，要考虑风、压场的变化，应该取高一阶近似才行。

一级近似 R_0^1，有

$$
\begin{cases}
\left(\dfrac{\partial}{\partial t}+u_0\dfrac{\partial}{\partial x}+v_0\dfrac{\partial}{\partial y}\right)u_0-(\beta y v_0+v_1)=-\dfrac{\partial p_{d_1}}{\partial x}\\
\left(\dfrac{\partial}{\partial t}+u_0\dfrac{\partial}{\partial x}+v_0\dfrac{\partial}{\partial y}\right)v_0+(\beta y u_0+u_1)=-\dfrac{\partial p_{d_1}}{\partial y}\\
\dfrac{\partial p_{d_1}}{\partial z}=\theta_{d_1}+R_0^{-1}RiFrp_{d_0}\\
\dfrac{\partial u_1}{\partial x}+\dfrac{\partial v_1}{\partial y}+\dfrac{1}{\rho_s}\dfrac{\partial}{\partial z}(\rho_s w_1)=0\\
\left(\dfrac{\partial}{\partial t}+u_0\dfrac{\partial}{\partial x}+v_0\dfrac{\partial}{\partial y}\right)\theta_{d_0}+w_1=0
\end{cases}
\tag{3.4.34}
$$

由式(3.4.34)可知,在一级近似解中包含了时间的变化项作用,其中局地项、水平平流项及 β 项中,水平运动全都用地转关系代替。热流量方程中,θ_{d_0} 也可用零阶近似中的静力平衡方程替代,但水平散度项不再为零,一级近似方程所反应的特征即为准地转运动的变化的主要特征。

将式(3.4.34)消去 u_1,v_1,p_{d_1},可得

$$
\begin{cases}
\left(\dfrac{\partial}{\partial t}+u_0\dfrac{\partial}{\partial x}+v_0\dfrac{\partial}{\partial y}\right)\zeta_0+\beta v_0=\dfrac{1}{\rho_s}\dfrac{\partial}{\partial z}(\rho_s w_1)\\
\left(\dfrac{\partial}{\partial t}+u_0\dfrac{\partial}{\partial x}+v_0\dfrac{\partial}{\partial y}\right)\theta_{d_0}+w_1=0
\end{cases}
\tag{3.4.35}
$$

式中:$\zeta_0=\dfrac{\partial v_0}{\partial x}-\dfrac{\partial u_0}{\partial y}$为垂直方向相对涡度分量,即为地转涡度;相应式(3.4.35)中第一式即为准地转运动涡度方程(无因次)。

在准地转涡度方程中,除水平辐散项外,其他各项中水平运动都可用地转流代替。

相应地,方程(3.4.35)称为准地转模式。

将式(3.4.35)写成有量纲方程,即

$$
\begin{cases}
\left(\dfrac{\partial}{\partial t}+u_0\dfrac{\partial}{\partial x}+v_0\dfrac{\partial}{\partial y}\right)\zeta_0+\beta v_0=f_0\dfrac{1}{\rho_s}\dfrac{\partial}{\partial z}(\rho_s w_1)\\
\left(\dfrac{\partial}{\partial t}+u_0\dfrac{\partial}{\partial x}+v_0\dfrac{\partial}{\partial y}\right)\left(\dfrac{\theta_{d_0}}{\theta_s}\right)+\dfrac{N^2}{g}w_1=0
\end{cases}
\tag{3.4.36}
$$

其中

$$
\zeta_0=\frac{\partial v_0}{\partial x}-\frac{\partial u_0}{\partial y}=\frac{1}{f_0\rho_s}p_{d_0}
\tag{3.4.37}
$$

引入准地转流函数 ψ

$$
\psi=\frac{p_{d_0}}{f_0\rho_s}
\tag{3.4.38}
$$

式中 p_{d_0} 为有因次量。则式(3.4.33)可写成其有量纲量形式

$$
\begin{cases}
u_0 = -\dfrac{\partial \psi}{\partial y}, v_0 = \dfrac{\partial \psi}{\partial x} \\
\dfrac{\partial u_0}{\partial x} + \dfrac{\partial v_0}{\partial y} = 0 \\
\dfrac{\partial}{\partial z}(f_0 \psi) = g \dfrac{\theta_{d_0}}{\theta_s}
\end{cases}
\tag{3.4.39}
$$

准地转模式(3.4.36)可写成

$$
\begin{cases}
\left(\dfrac{\partial}{\partial t} + u_0 \dfrac{\partial}{\partial x} + v_0 \dfrac{\partial}{\partial y}\right)(f + \zeta_0) = f_0 \dfrac{1}{\rho_s} \dfrac{\partial}{\partial z}(\rho_s w) \\
\left(\dfrac{\partial}{\partial t} + u_0 \dfrac{\partial}{\partial x} + v_0 \dfrac{\partial}{\partial y}\right)\left(\dfrac{\partial \psi}{\partial z}\right) + \dfrac{N^2}{f_0} w = 0
\end{cases}
\tag{3.4.40}
$$

式(3.4.40)中已将 w_1 改写为 w。

将式(3.4.40)消去 w,可得关于 ψ 的方程

$$
\left(\frac{\partial}{\partial t} + u_0 \frac{\partial}{\partial x} + v_0 \frac{\partial}{\partial y}\right) q = 0 \tag{3.4.41}
$$

其中

$$
q = \zeta_0 + f + \frac{f_0^2}{\rho_s} \frac{\partial}{\partial z}\left(\frac{\rho_s}{N^2} \frac{\partial \psi}{\partial z}\right) = \nabla^2 \psi + f_0 + \beta y + \frac{f_0^2}{\rho_s} \frac{\partial}{\partial z}\left(\frac{\rho_s}{N^2} \frac{\partial \psi}{\partial z}\right) \tag{3.4.42}
$$

方程(3.4.41)即为准地转位势涡度守恒方程,而 q 即为准地转位势涡度。

由于准地转位势涡度守恒方程中,仅有一个未知函数 ψ,故被广泛用于大气动力学分析及作为简单数值模式动力框架,它可较好地描述天气尺度的准地转运动的变化特征。然而,利用该方程分析波长较长的天气系统时,发现结果不甚理想,这表明尚有一些过程用该方程不能描述。下面进一步分析第二类准地转运动。

3.4.2 第二类准地转运动——超长波尺度准地转运动

第二类准地转运动条件为

$$
R_0 \ll S \sim 1 \tag{3.4.43}
$$

由于 $S \sim 1$,该类准地转运动水平尺度 L 与地球半径相当,为行星尺度。这样,根据方程(3.4.12),其中含 R_0 项略去,有

$$
\frac{W}{H} \sim \frac{V}{a} \tag{3.4.44}
$$

表示涡度方程中散度项与牵连速度的南北输送具有相同量级,运动具有定常特征。

水平散度与相对涡度量级之比为

$$
\frac{D}{\zeta} \sim \frac{\dfrac{W}{H}}{\dfrac{V}{L}} \sim S \sim 1 \tag{3.4.45}
$$

说明该类运动水平散度与涡度具有相同的重要性。

另外，从式(3.4.44)可知，垂直运动量级与水平尺度无关，与天气尺度准地转运动特点不同。如果认为由涡度方程估计的垂直运动量级与由绝热方程分析出的垂直运动量级相同，即

$$\frac{H}{a}V \sim \frac{1}{\sigma}\frac{FV^2}{gH} \tag{3.4.46}$$

整理，得

$$\sigma H \sim \frac{FVa}{gH} \tag{3.4.47}$$

式(3.4.47)说明静力稳定度与水平尺度无关。同样，与前一类准地转运动特点不一样。

利用 Richardson 数的定义式(3.4.19,3.4.40)，可得

$$R_0 Ri \sim 1 \tag{3.4.48}$$

此时

$$R_0^2 Ri \sim R_0 < 1 \tag{3.4.49}$$

所以，这类准地转运动与天气尺度准地转运动不一样。

一般来说，由于这一类运动水平尺度 L 与地球半径相当，此时 β 平面已不再适用，应采用球坐标系。相应涡度方程(3.4.8)简化为

$$\beta v + fD = 0 \tag{3.4.50}$$

式中 D 为球坐标系的水平散度。

Burger 首先分析了这类运动，方程(3.4.50)可较好描述超长波系统的准定常性，故这个方程有时称为 Burger 方程。显然，对于不同的运动系统，必须采用不同控制方程来描述。

§3.5　半地转运动

在前几节中着重分析了大气准地转运动的特征及地转适应过程。但是，在大气运动过程中非地转流是一个关键量。如何正确地反映非地转流作用非常重要。由方程(3.4.34)可知，在惯性项中平流量和被平流量都为地转风，所以在平流项中并不包含非地转流的作用。能否通过另一种近似，既能尽量多地考虑非地转流的作用，又能尽量保持其方程简单性？下面分析的半地转近似正是属于这一类近似。

大气中存在许多 x,y 方向运动特征不完全一样的运动，例如锋面、急流等，这样运动尺度在 x,y 方向就可能不完全一样，方程简化也就不一样。下面以锋面为例说明之。

Boussinesq 近似，无黏流体绝热的运动方程可写成

$$\frac{\mathrm{D}u}{\mathrm{D}t} - fv = -\frac{\partial \phi}{\partial x} \tag{3.5.1}$$

$$\frac{\mathrm{D}v}{\mathrm{D}t} + fu = -\frac{\partial \phi}{\partial y} \tag{3.5.2}$$

$$\frac{\partial u}{\partial x} + \frac{\partial v}{\partial y} + \frac{\partial w}{\partial z} = 0 \tag{3.5.3}$$

$$g\frac{\theta}{\theta_0} = \frac{\partial \phi}{\partial z} \tag{3.5.4}$$

$$\frac{\mathrm{d}\theta}{\mathrm{d}t}=0 \tag{3.5.5}$$

其中
$$\frac{\mathrm{D}}{\mathrm{D}t}=\frac{\partial}{\partial t}+u\frac{\partial}{\partial x}+v\frac{\partial}{\partial y}+w\frac{\partial}{\partial z} \tag{3.5.6}$$

式中：z 为修正 p 坐标，具体见 Hoskins(1975)；θ_0 为常值参考位温。

设锋面为东西方向平直、定常的。沿锋面方向尺度为 L_x，跨越锋面方向的长度尺度为 L_y，相应 $L_x \gg L_y$。沿锋面，跨越锋面的速度尺度分别为 U,V，相应 $U \gg V$（图 3.6）。

一般情况下，由锋面附近运动的观测，可得 $L_x \sim 1\ 000$ km，$L_y \sim 200$ km，$U \sim 20\ \mathrm{m \cdot s^{-1}}$，$U \gg V$，利用上述运动特征尺度，可简化运动方程。定义时间尺度为跨越锋面的平流时间尺度，即$\frac{\mathrm{D}}{\mathrm{D}t} \sim \frac{V}{L_y}$，Rossby 数定义为 $R_0=\frac{V}{fL_y} \ll 1$。

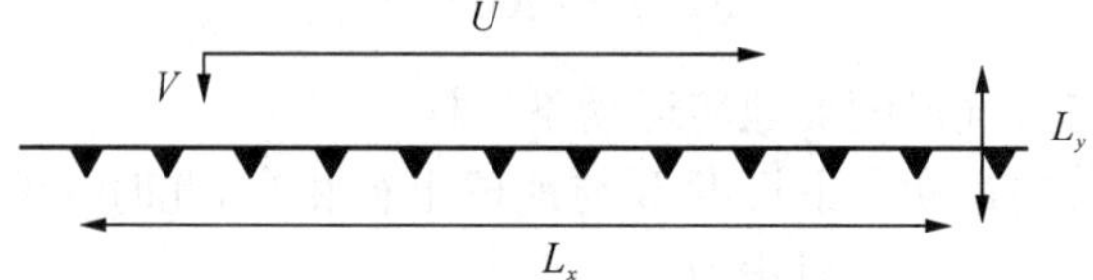

图 3.6 锋面运动尺度

对于方程(3.5.1，3.5.2)，可得

$$\frac{\left|\frac{\mathrm{D}u}{\mathrm{D}t}\right|}{|fv|} \sim \frac{\frac{UV}{L_y}}{fV} \sim R_0\left(\frac{U}{V}\right) \sim O(1) \tag{3.5.7}$$

$$\frac{\left|\frac{\mathrm{D}v}{\mathrm{D}t}\right|}{|fu|} \sim \frac{\frac{V^2}{L_y}}{fU} \sim R_0\left(\frac{V}{U}\right) \sim 10^{-2} \ll O(1) \tag{3.5.8}$$

由式(3.5.7，3.5.8)可知，沿锋面的风速运动为地转运动，而跨越锋面的风速其地转平衡不再成立。相应运动方程(3.5.1，3.5.2)可简化为

$$\frac{\mathrm{D}u}{\mathrm{D}t}-fv=-\frac{\partial\phi}{\partial x} \tag{3.5.9}$$

$$fu=-\frac{\partial\phi}{\partial y} \tag{3.5.10}$$

通常把具有上述特征的运动称为半地转运动。在运动的一个方向是地转的，而另一个方向是非地转的。

定义地转风 u_g，v_g 为

$$fu_g=-\frac{\partial\phi}{\partial y},fv_g=\frac{\partial\phi}{\partial x} \tag{3.5.11}$$

对方程(3.5.9，3.5.10)，可有很好的近似，即 $u=u_g$，但 $v=v_g+v_a$，其中 v_a 为非地转流，它与 v_g 具有相同量级。显然有

$$\frac{\mathrm{D}u_g}{\mathrm{D}t} - fv_a = 0 \tag{3.5.12}$$

其中

$$\frac{\mathrm{D}}{\mathrm{D}t} = \frac{\partial}{\partial t} + u_g\frac{\partial}{\partial x} + v_g\frac{\partial}{\partial y} + v_a\frac{\partial}{\partial y} + w\frac{\partial}{\partial z} = \frac{\mathrm{D}_g}{\mathrm{D}t} + \left(v_a\frac{\partial}{\partial y} + w\frac{\partial}{\partial z}\right) \tag{3.5.13}$$

而

$$\frac{\mathrm{D}_g}{\mathrm{D}t} = \frac{\partial}{\partial t} + u_g\frac{\partial}{\partial x} + v_g\frac{\partial}{\partial y} \tag{3.5.14}$$

式(3.5.14)即为准地转近似。显然,半地转近似与准地转近似相比它包含了非地转流的作用,正由于在跨越锋面方向存在非地转流的作用,引起跨越锋面的运动,从而可引起锋生。所以,这种半地转运动是大气锋生过程中一个重要因子。

半地转运动的概念,可进一步推广为地转动量近似。

令

$$\mathscr{D} = \frac{1}{f}\frac{\mathrm{D}}{\mathrm{D}t} = \frac{1}{f}\left(\frac{\partial}{\partial t} + \boldsymbol{v}\cdot\nabla\right) \tag{3.5.15}$$

这样方程(3.5.1,3.5.2)可写成

$$v = v_g + \mathscr{D}u \tag{3.5.16}$$

$$u = u_g - \mathscr{D}v \tag{3.5.17}$$

式(3.5.16,3.5.17)相互迭代,可以得到

$$\begin{aligned} v &= v_g + \mathscr{D}u_g - \mathscr{D}^2(v_g + \mathscr{D}u_g) + \mathscr{D}^4(v_g + \mathscr{D}u_g) + \cdots \\ u &= u_g - \mathscr{D}v_g - \mathscr{D}^2(u_g - \mathscr{D}v_g) + \mathscr{D}^4(u_g - \mathscr{D}v_g) + \cdots \end{aligned} \tag{3.5.18}$$

如果考虑一级近似,则可得

$$v \approx v_g + \mathscr{D}u_g \tag{3.5.19}$$

$$u \approx u_g - \mathscr{D}v_g \tag{3.5.20}$$

式(3.5.19,3.5.20)可写成

$$\frac{\mathrm{D}u_g}{\mathrm{D}t} - fv = -\frac{\partial\phi}{\partial x} \tag{3.5.21}$$

$$\frac{\mathrm{D}v_g}{\mathrm{D}t} + fu = -\frac{\partial\phi}{\partial y} \tag{3.5.22}$$

比较式(3.5.21,3.5.22)与式(3.5.1,3.5.2)可知,在式(3.5.21,3.5.22)的个别变化项中,被平流风用了地转流近似代替,而平流量仍为实际风,这样平流量中仍包含了非地转流的作用,称这种近似为地转动量近似,它与准地转近似相比较,在准地转近似中被平流量、平流量都用地转风代替,显然地转动量近似较准地转近似更接近实际。

地转动量近似下的动力方程可写成

$$\begin{aligned}&\frac{\mathrm{D}u_g}{\mathrm{D}t}-fv=-\frac{\partial\phi}{\partial x}\\&\frac{\mathrm{D}v_g}{\mathrm{D}t}+fu=-\frac{\partial\phi}{\partial y}\\&g\,\frac{\theta}{\theta_0}=\frac{\partial\phi}{\partial z}\\&\frac{\partial u}{\partial x}+\frac{\partial v}{\partial y}+\frac{\partial w}{\partial z}=0\\&\frac{\mathrm{D}\theta}{\mathrm{D}t}=0\end{aligned}\tag{3.5.23}$$

由上述方程组可以推出位温 θ 守恒方程、位势涡度 q_g 守恒方程、能量 K_g 和 P 的守恒方程以及涡度 ζ_g 的方程(详见第十三章)。

上述四个方程与原始动力学方程(3.5.1～3.5.5)具有相同守恒特征，这是地转动量近似的一个重要特征。

在利用地转动量近似讨论运动的动力学问题过程中，为了进一步简化问题，经常引进一个所谓地转坐标，在地转坐标中可将地转动量近似的方程组写成形式上与准地转运动方程完全类似的动力方程，这样一方面可以较好考虑非地转流作用，另一方面在方程的数学处理上可达到简化的目的。关于地转动量近似的进一步讨论及应用可详见本书第十三章或者 Hoskins 和 Bretherton(1972)及 Hoskins(1975)的文章。

思考题

1. 地球大气固有的物理特征主要有哪些？这些特征是如何约束大气中的准地转运动的？
2. 地转适应过程的方向与初始非地转扰动尺度有何关系？如何从物理上给予解释？
3. 准地转涡度方程形式如何？准地转位势涡度的表达式如何？用准地转位势涡度方程描述大气运动有何优缺点？
4. 准地转运动分类的依据是什么？第一类和第二类准地转运动有何特点？
5. 半地转近似和地转动量近似有何异同？
6. 为什么在自由大气中不能经常观测到较大的地转偏差？

习　题

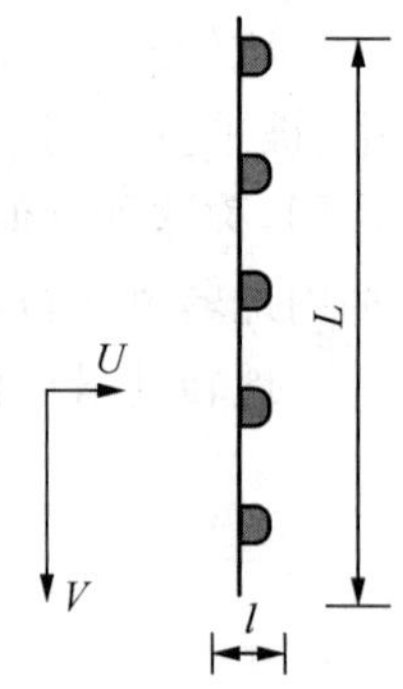

1. 如图所示，在锋面附近运动特征如下：设锋区为南北向，跨越锋区与顺沿锋区的特征速度分别为 U, V，锋区长度与宽度的水平尺度分别为 L, l，实际结果表明 $L=200$ km，$V=20$ m/s，$f=10^{-4}$ s^{-1}，$V\gg U$，$\frac{\mathrm{d}}{\mathrm{d}t}\sim\frac{U}{l}$。

运动方程为

$$\frac{\mathrm{d}u}{\mathrm{d}t}-fv=-\frac{\partial\varphi}{\partial x}$$

$$\frac{\mathrm{d}v}{\mathrm{d}t}+fu=-\frac{\partial\varphi}{\partial y}$$

问:运动方程如何变化？并说明此时运动的特点。

2. 500～700 hPa 等压面之间的平均温度向东以 3 K/100 km 变率减低,如果 700 hPa 上地转风为东南风 20 m/s。求 500 hPa 上地转风大小和方向(取 $f=10^{-4}\ \mathrm{s}^{-1}$),并计算 500～700 hPa气层中平均温度的地转风平流。

3. 试证明:大尺度运动中,扰动位温 θ_d 和基本态位温 θ_s 量级之比为:

$$\frac{\theta_d}{\theta_s}\sim R_0^{-1}\cdot F_r$$

式中:R_0 为 Rossby 数,F_r 为 Froude 数。

4. 已知位势场水平分布的表达式为

$$\Phi=cf_0[-2y(1-2p/p_0)+k^{-1}\sin k(x-ct)]$$

式中:$f_0=10^{-4}\ \mathrm{s}^{-1}$是一常值的柯氏参数;$p_0=1\ 000$ 毫巴;$k=2\times10^{-8}\ \mathrm{cm}^{-1}$;$c=10^3\ \mathrm{cm}\cdot\mathrm{s}^{-1}$;$x$ 和 y 的单位使用厘米,t 用秒,p 用毫巴。

(1) 应用地转涡度方程(设 $\mathrm{d}f/\mathrm{d}y=0$),求与这个 Φ 场相应的水平散度场。

(2) 设在 p_0 处 $w=0$,应用连续方程计算这种情况下 500 毫巴上的 w 场。

(3) 造成这种垂直运动的物理过程是什么?

5. 设运动在 x 方向上均匀,则一维正压适应方程组为

$$\begin{cases}\dfrac{\partial u}{\partial t}=f_0 v\\ \dfrac{\partial v}{\partial t}=-f_0 u-\dfrac{\partial\varphi}{\partial y}\\ \dfrac{\partial\varphi}{\partial t}+c_0^2\dfrac{\partial v}{\partial y}=0\end{cases}$$

式中:$\varphi=gh$ 为位势高度;$c_0=\sqrt{gH_0}$ 为重力惯性外波相速度,H_0 为均质大气高度。假设初始时大气是静止的,而后突然在大气中建立了气压场,为$-a\leqslant y\leqslant a$,$h=h_0(y)$,如图所示。

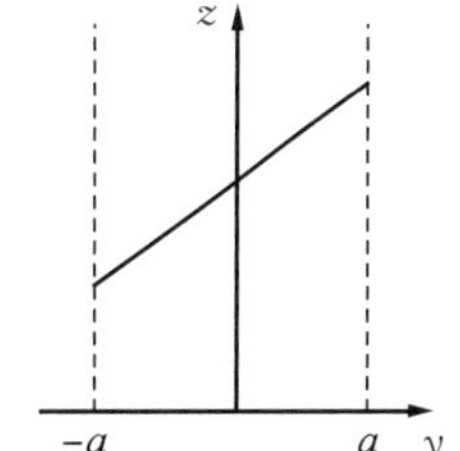

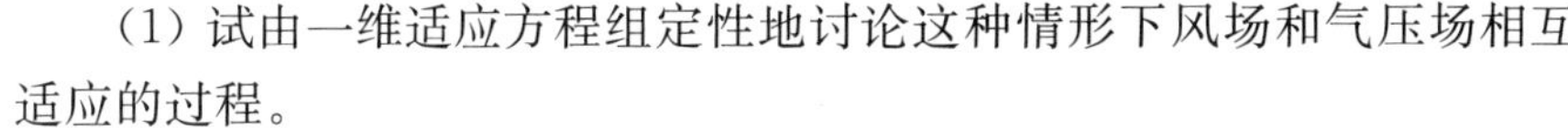
(1) 试由一维适应方程组定性地讨论这种情形下风场和气压场相互适应的过程。

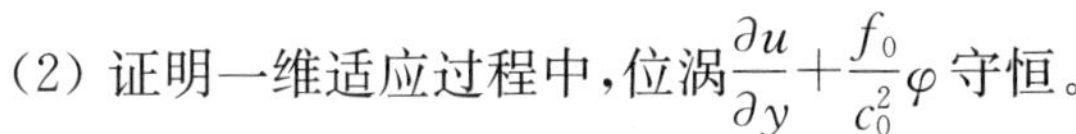
(2) 证明一维适应过程中,位涡$\dfrac{\partial u}{\partial y}+\dfrac{f_0}{c_0^2}\varphi$守恒。

参考文献

[1] YEH T C. On the formation of quasi-geostrophic motion in the atmosphere [J]. Journal of the Meteorological Society of Japan, 1957, 75:130 - 137.

[2] GILL A E. Atmosphere-ocean dynamics[M]. New York: Academic Press, 1982.

[3] HOLTON J R. An introduction to dynamic meteorology[M]. 3rd ed. New York:

Academic Press, 1992.

[4] BLUMEN W. Geostrophic adjustment[J]. Reviews of Geophysics and Space Physics, 1972, 10:485 - 528.

[5] CHARNEY J G. On the scale of atmospheric motion[J]. Geofysiske Publikasjoner, 1948,17(2): 1 - 17.

[6] BURGER A P. Scale considerations of planetary motion of atmosphere [J]. Tellus, 1958, 10:195 - 205.

[7] PHILIPS N A. Geostrophic motion [J]. Reviews of Geophysics, 1963, 1:122 - 176.

[8] DICKSION R E. A note on geostrophic scale analysis of planetary wave [J]. Tellus, 1968, 20:548 - 550.

[9] HOSKINS B J, BRETHETON F P. Atmospheric frontogenesis models: Mathematical formulation and solution [J]. Journal of the Atmospheric Sciences, 1972, 29:11 - 27.

[10] HOSKINS B J. The geostrophic momentum approximation and semi-geostrophic equations [J]. Journal of the Atmospheric Sciences, 1975,32:233 - 242.

第四章

大气中的波动

波动是大气中经常发生的重要现象。例如,在 700 hPa 和 500 hPa 天气图上,经常可看到波动形式的重力位势场和流场。在经典的物理学和流体力学中,已介绍过许多波动形式,如声波、重力波等,这些波动的传播速度与波长无关,都是非频散波。可是在大气中的波动,由于地球的旋转效应,一方面声波、重力波的波速与波长变得有关,由非频散波变成了频散波。另外还出现了一种大尺度大气运动所独有的波动,即 Rossby 波,它是 1939 年由 Rossby 发现的。这一发现及其后的深入研究,推动了天气预报的物理化与数值化。

有些波动,例如声波,对天气变化没有什么影响,且其存在反而妨碍了对决定天气演变的主要过程的理解,甚至破坏数值天气预报计算过程的稳定性。因此,这些波动被视为"气象噪音",必须予以滤除。

本章首先介绍波动的基本概念和解决波动问题常用的小扰动法,然后讲解大气中的基本波动及滤波方法,包括惯性波、声波、重力波、Rossby 波以及地形 Rossby 波。

在这一章中,仅讨论大气中的线性波动,至于非线性波动的有关内容,将在第九章以后的几章中作简单介绍。

§4.1 波动的基本概念

在物理学和流体力学中,已介绍过有关波动的基本理论,例如波动的波长、周期、频率、波幅、位相、相速、群速等概念以及波动的数学表示法等,在此不再重复,可参阅余志豪等编著的《流体力学》第六章。本节首先介绍一维波动的频散关系式和频散波,然后介绍 n 维平面波动,最后讲一下无穷个单波的合成。

4.1.1 频散关系式和频散波

对于常系数线性偏微分方程所描述的波动过程,我们可以用形式解

$$\varphi = A\mathrm{e}^{\mathrm{i}(kx-\omega t)} \tag{4.1.1}$$

来求解。式中:φ 为波动物理量;A 为波幅;k 为波数;ω 为频率。将上述关于 x 和 t 求各阶微分,可得到

$$\begin{aligned} &\frac{\partial\varphi}{\partial t} = -\mathrm{i}\omega\varphi, \frac{\partial^2\varphi}{\partial t^2} = (-\mathrm{i}\omega)^2\varphi, \cdots, \frac{\partial^n\varphi}{\partial t^n} = (-\mathrm{i}\omega)^n\varphi \\ &\frac{\partial\varphi}{\partial x} = \mathrm{i}k\varphi, \frac{\partial^2\varphi}{\partial x^2} = (\mathrm{i}k)^2\varphi, \cdots, \frac{\partial^n\varphi}{\partial x^n} = (\mathrm{i}k)^n\varphi \end{aligned} \tag{4.1.2}$$

于是,可得到下述的所谓"符号关系式"

$$\frac{\partial}{\partial t}\leftrightarrow -\mathrm{i}\omega,\frac{\partial^2}{\partial t^2}\leftrightarrow(-\mathrm{i}\omega)^2=-\omega^2,\cdots,\frac{\partial^n}{\partial t^n}\leftrightarrow(-\mathrm{i}\omega)^n$$
$$\frac{\partial}{\partial x}\leftrightarrow \mathrm{i}k,\frac{\partial^2}{\partial x^2}\leftrightarrow(\mathrm{i}k)^2=-k^2,\cdots,\frac{\partial^n}{\partial x^n}\leftrightarrow(\mathrm{i}k)^n \tag{4.1.3}$$

这样,就可将求微分的运算化为代数运算,给求解线性波动方程带来很大的方便。例如,对于波动方程

$$\frac{\partial^2\varphi}{\partial t^2}-a^2\frac{\partial^2\varphi}{\partial x^2}=0\quad(a\text{ 为常数}) \tag{4.1.4}$$

利用式(4.1.3),得到

$$(-\mathrm{i}\omega)^2-a^2(\mathrm{i}k)^2=0 \tag{4.1.5}$$

即

$$\omega=\pm ak \tag{4.1.6}$$

我们定义,表示频率与波数之间的关系的式子叫频散关系式,也可叫频率方程或特征方程。于是,式(4.1.6)就是波动方程(4.1.4)的频散关系式。一般说来,频散关系式可表示为

$$\omega=\Omega(k) \tag{4.1.7}$$

再举一例,给出波动方程

$$\frac{\partial^2\varphi}{\partial t^2}-a^2\frac{\partial^2\varphi}{\partial x^2}+b^2\varphi=0\quad(a,b\text{ 均为常数}) \tag{4.1.8}$$

利用符号关系式,可得到

$$(-\mathrm{i}\omega)^2-a^2(\mathrm{i}k)^2+b^2=0 \tag{4.1.9}$$

整理后,有

$$\omega=\pm\sqrt{a^2k^2+b^2} \tag{4.1.10}$$

于是,式(4.1.10)便是方程(4.1.8)的频散关系式。由此可知,波动方程和频散关系式是互相对应的。

有了频散关系式,很容易就可求得相速,它是频率与波数之商。于是,方程(4.1.4)和(4.1.8)所描述的波动的相速 c_1 和 c_2 分别为

$$c_1=\frac{\omega}{k}=\pm a,c_2=\frac{\omega}{k}=\pm\sqrt{a^2+\frac{b^2}{k^2}} \tag{4.1.11}$$

比较这两个相速可知,c_1 与波数 k 无关,而 c_2 却与 k 有关。我们定义相速与波数(或波长)有关的波为频散波,否则为非频散波。

实际上,波动总是由许多单波组成的,若各个单波的相速不同,有的移动得快,有的移动得慢,则由这些快慢不同的单波组成的合成波必定要随时间发生变化,我们称此现象为频散或色散。打个比方,幼儿园小朋友上街,若大家走得一样快,则队伍能维持住,若大孩子走得快,小孩子走得慢,则不一会儿队伍就走散了。这是不难理解的。

显见，方程(4.1.8)所描述的波动，波长愈长，移速愈快，随着时间的推移，合成波的外形要发生变化，故为频散波；而方程(4.1.4)所描述的波动则不同，合成波的外形始终不变，是非频散波。

在下面几节中，我们将会看到，在气象上，由于考虑了大气的层结性和地球的旋转效应等因素，大气中的实际波动都是频散波。

利用符号关系式，由线性波动方程立即可写出频散关系式。有了频散关系式，便可分析得出波动的许多特性。例如，可求得相速、群速，确定波动是否频散，还可分析波动的稳定性等等。

由频散关系式 $\omega=\Omega(k)$ 可以画出频率曲线图，如图 4.1 所示。横坐标为波数 k，纵坐标为频率 ω，粗实线为频率曲线，由频散关系式确定。在频率曲线上取一点 P，其坐标为$(k_0, \Omega(k_0))$。过 P 点作频率曲线的切线 PP'。我们已经知道，群速是频率对波数的一阶导数，而一阶导数的几何意义是曲线的切线斜率。所以，切线 PP' 的斜率便是波数为 k_0 时的群速 $c_g=\dfrac{\partial\Omega(k_0)}{\partial k}$。再连接 P 点和原点 O，由于连线 PO 斜率表示 P 点的纵坐标 $\Omega(k_0)$ 与横坐标 k_0 之商，而我们又已知道，相速是频率与波数之商，所以连线 PO 的斜率便是波数为 k_0 时的相速 $c_p=\dfrac{\Omega(k_0)}{k_0}$。

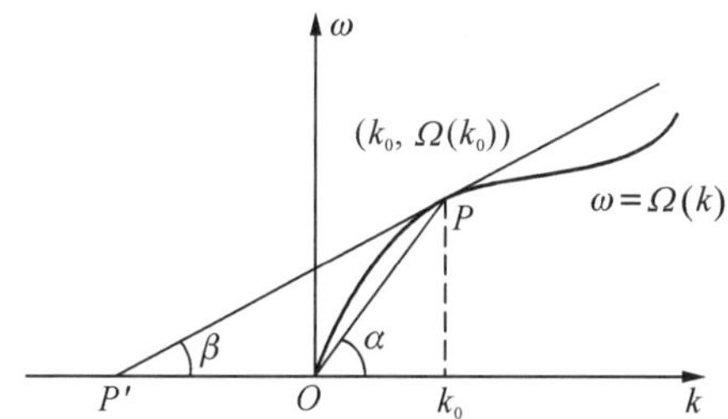

图 4.1　相速与群速示意图(相速 $=\tan\alpha$，群速 $=\tan\beta$)

由图 4.1 可知，相速为连线的斜率，等于 $\tan\alpha$，而群速为切线的斜率，等于 $\tan\beta$，两者是不同的，波动是频散的。仅当频率曲线变为通过原点的直线时，两者才一样，此时连线与切线便重合，波动为非频散波，这是因为通过原点的直线方程为 $\omega=ck$，相速为常数 c，与波长无关的缘故。

4.1.2　n 维平面波动

上面我们介绍了有关一维波动的知识，而实际波动大都是二维、三维的。所以，必须把一维波动进行推广，推广到二维、三维直至 n 维。我们介绍的 n 维波动是最简单的 n 维平面波动。

设物理量 φ 为 n 维波动，类似于一维波动的表示式，我们可将此 n 维波动表示为

$$\varphi(\boldsymbol{x},t)=A\mathrm{e}^{\mathrm{i}(\boldsymbol{k}\cdot\boldsymbol{x}-\omega t)} \tag{4.1.12}$$

式中 $\boldsymbol{k}$，$\boldsymbol{x}$ 为 n 维矢量，即

$$\boldsymbol{k}=k_1\boldsymbol{i}_1+k_2\boldsymbol{i}_2+\cdots+k_n\boldsymbol{i}_n$$

$$\boldsymbol{x}=x_1\boldsymbol{i}_1+x_2\boldsymbol{i}_2+\cdots+x_n\boldsymbol{i}_n$$

而 $k_1,k_2,\cdots,k_n$ 分别为 $x_1,x_2,\cdots,x_n$ 方向的波数；$\boldsymbol{k}$ 为 n 维波动的波数矢，简称波矢；ω 为频率。

定义 n 维波的位相 θ 为

$$\theta = \boldsymbol{k}\cdot\boldsymbol{x} - \omega t = k_1x_1 + k_2x_2 + \cdots + k_nx_n - \omega t \tag{4.1.13}$$

利用式(4.1.13),可将 n 维波动的表示式改写为更简单的形式

$$\varphi(\boldsymbol{x},t) = A\mathrm{e}^{\mathrm{i}\theta} \tag{4.1.14}$$

令 θ 等于常数,即

$$\theta = k_1x_1 + k_2x_2 + \cdots + k_nx_n - \omega t = 常数\ c \tag{4.1.15}$$

这是关于 $x_1,x_2,\cdots,x_n$ 的一次代数方程,对于某一固定的时刻 $t=t_0$,ωt 这一项可并入右端的常数中。在 n 维空间中,这样的一次方程代表一个平面,我们称它为等位相面(对于二维波动来说,它代表一条直线,称为等位相线)。所以,我们在这儿研究的波动是平面波动,与柱面波、球面波是不同的,是比较简单的。

类似于一维波动的波数等于位相的空间变化率,对 n 维波动同样有

$$k_1 = \frac{\partial\theta}{\partial x_1},k_2 = \frac{\partial\theta}{\partial x_2},\cdots,k_n = \frac{\partial\theta}{\partial x_n} \tag{4.1.16}$$

频率也可表示为位相对时间的变化率(冠以负号),即

$$\omega = -\frac{\partial\theta}{\partial t} \tag{4.1.17}$$

将式(4.1.16)的各式两端分别乘以单位矢 $\boldsymbol{i}_1,\boldsymbol{i}_2,\cdots,\boldsymbol{i}_n$,然后相加,可得

$$k_1\boldsymbol{i}_1 + k_2\boldsymbol{i}_2 + \cdots + k_n\boldsymbol{i}_n = \frac{\partial\theta}{\partial x_1}\boldsymbol{i}_1 + \frac{\partial\theta}{\partial x_2}\boldsymbol{i}_2 + \cdots + \frac{\partial\theta}{\partial x_n}\boldsymbol{i}_n \tag{4.1.18}$$

即

$$\boldsymbol{k} = \nabla\theta \tag{4.1.19}$$

式(4.1.19)表明波数矢是位相的梯度。也就是说,波数矢垂直于等位相面,或说波数矢指向等位相面的法线方向。图 4.2(a,b)分别为二维和三维平面波动的等位相面和波矢的示意图。显见,等位相面 $\theta_1=c_1$ 和 $\theta_2=c_2$ 与波矢 $\boldsymbol{k}$ 是互相垂直的。

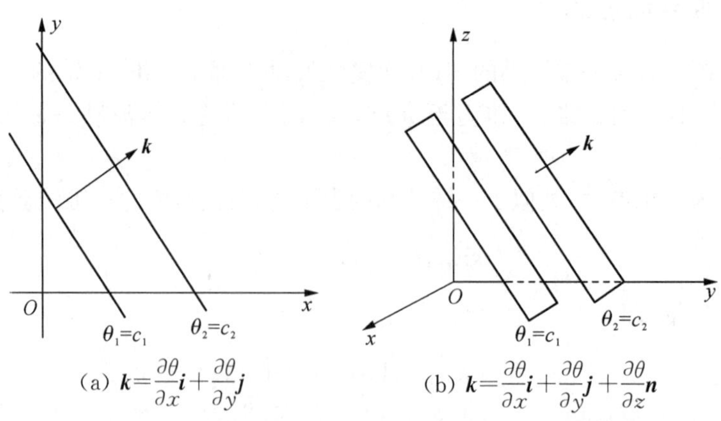

图 4.2　二维和三维平面波的等位相面与波矢垂直示意图

定义　相邻的两个同位相的(例如波峰位相)等位相面之间的距离叫作 n 维平面波的波

长，记为 L，则

$$L=\frac{2\pi}{|\boldsymbol{k}|}=\frac{2\pi}{k} \tag{4.1.20}$$

式中 k 为波矢 $\boldsymbol{k}$ 的模，即

$$k=\sqrt{k_1^2+k_2^2+\cdots+k_n^2} \tag{4.1.21}$$

设 θ_1 和 θ_2 为某一时刻 t 的两个相邻的等位相面，且其位相相同(仅相差 2π)。又设 $\boldsymbol{x}$ 和 $\boldsymbol{x}+\boldsymbol{s}$ 分别为 θ_1 和 θ_2 上的点，则有

$$\varphi=A\mathrm{e}^{\mathrm{i}(\boldsymbol{k}\cdot\boldsymbol{x}-\omega t)}=A\mathrm{e}^{\mathrm{i}(\boldsymbol{k}\cdot(\boldsymbol{x}+\boldsymbol{s})-\omega t)} \tag{4.1.22}$$

由此可推出

$$\boldsymbol{k}\cdot(\boldsymbol{x}+\boldsymbol{s})-\boldsymbol{k}\cdot\boldsymbol{x}=2\pi \tag{4.1.23}$$

即

$$\boldsymbol{k}\cdot\boldsymbol{s}=2\pi \tag{4.1.24}$$

显见，$\boldsymbol{s}$ 在 $\boldsymbol{k}$ 方向的投影就是两个等位相面 θ_1 和 θ_2 之间的距离，即 L，所以

$$\boldsymbol{k}\cdot\boldsymbol{s}=kL=2\pi \tag{4.1.25}$$

将 k 移到右端分母下，于是式(4.1.20)得证。

下面推导 n 维波动的相速。

设某一 t 时刻，n 维波动的某一等位相面上有一点 $\boldsymbol{x}$，经过 Δt 时间后，此等位相面上的点不再是 $\boldsymbol{x}$，而是 $\boldsymbol{x}+\Delta\boldsymbol{x}$，于是

$$\varphi=A\mathrm{e}^{\mathrm{i}(\boldsymbol{k}\cdot\boldsymbol{x}-\omega t)}=A\mathrm{e}^{\mathrm{i}(\boldsymbol{k}\cdot(\boldsymbol{x}+\Delta\boldsymbol{x})-\omega(t+\Delta t))} \tag{4.1.26}$$

由此可得

$$\boldsymbol{k}\cdot\Delta\boldsymbol{x}-\omega\Delta t=0 \tag{4.1.27}$$

由于等位相面是平行地沿波矢方向传播的，经过 Δt 时间后，两平行平面间的距离为 Δs，故

$$\boldsymbol{k}\cdot\Delta\boldsymbol{x}=k\Delta s \tag{4.1.28}$$

由式(4.1.27,4.1.28)可得到

$$\frac{\Delta s}{\Delta t}=\frac{\omega}{k} \tag{4.1.29}$$

等位相面传播速度为一矢量，与波矢 $\boldsymbol{k}$ 同方向，记为 $\boldsymbol{c}_p$，称其为相速。于是 $\boldsymbol{c}_p$ 的大小为$\dfrac{\Delta s}{\Delta t}$，方向为$\dfrac{\boldsymbol{k}}{k}$。所以，由式(4.1.29)知

$$\boldsymbol{c}_p=\frac{\Delta s}{\Delta t}\frac{\boldsymbol{k}}{k}=\frac{\omega}{k^2}\boldsymbol{k} \tag{4.1.30}$$

n 维平面波的相速 $\boldsymbol{c}_p$ 在各坐标轴上的分量(或说投影)分别为

$$c_{px_1} = \frac{\omega}{k^2}k_1, c_{px_2} = \frac{\omega}{k^2}k_2, \cdots, c_{px_n} = \frac{\omega}{k^2}k_n \tag{4.1.31}$$

关于 n 维波动,我们已求得了其相速在任一坐标轴 x_i 上的分量为 $c_{px_i} = \frac{\omega}{k^2}k_i$。我们还要建立另外一个关于 n 维波动沿坐标轴 x_i 方向的速度 c_{x_i} 的概念,并证明其大小为 $c_{x_i} = \frac{\omega}{k_i}$。两者概念不同,其大小也不同。

设在某一时刻 t,n 维波动的某一等位相面与 x_i 坐标轴交于 P_1 点,如图 4.3 所示。Δt 时间后,此等位相面传播到新的位置,它与 x_i 轴相交于 P_2 点。设 P_1 和 P_2 之间的距离为 Δx_i。我们定义 n 维波动沿坐标轴 x_i 方向的速度为等位相面沿 x_i 轴方向上的移动速度,记为 c_{x_i},即

$$c_{x_i} = \frac{\Delta x_i}{\Delta t} \quad (i = 1, 2, \cdots, n) \tag{4.1.32}$$

下面我们来求出 c_{x_i}。

点 P_1 的坐标为 $(0, \cdots, 0, x_i, 0, \cdots, 0)$,点 P_2 的坐标为 $(0, \cdots, 0, x_i + \Delta x_i, 0, \cdots, 0)$,且它们有相同的位相,所以

$$\phi = A\mathrm{e}^{\mathrm{i}(k_i x_i - \omega t)} = A\mathrm{e}^{\mathrm{i}(k_i(x_i + \Delta x_i) - \omega(t + \Delta t))} \tag{4.1.33}$$

于是有

$$k_i \Delta x_i - \omega \Delta t = 0 \tag{4.1.34}$$

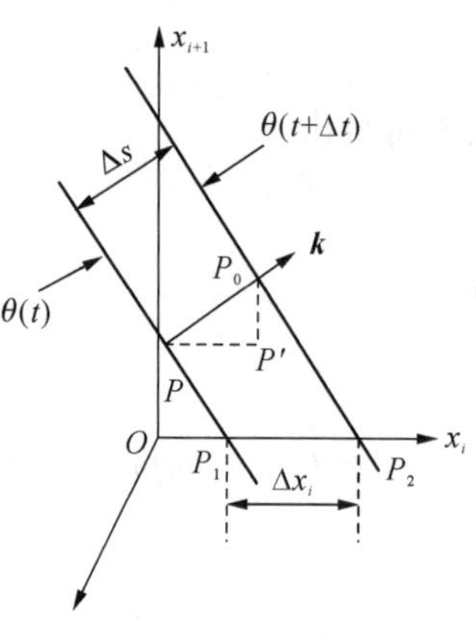

图 4.3　n 维波沿 x_i 轴方向的相速大于或等于 n 维波相速的 x_i 向分量示意图

即

$$\frac{\Delta x_i}{\Delta t} = \frac{\omega}{k_i} \tag{4.1.35}$$

代入式(4.1.32),因此

$$c_{x_i} = \frac{\omega}{k_i} \quad (i = 1, 2, \cdots, n) \tag{4.1.36}$$

我们还可证明,n 维平面波动在 x_i 轴方向上的传播速度 c_{x_i} 大于或等于 n 维平面波的相速在 x_i 轴方向上的分量 c_{px_i},即

$$c_{x_i} \geqslant c_{px_i} \quad (i = 1, 2, \cdots, n) \tag{4.1.37}$$

首先从几何上来分析。由图 4.3 知,经过 Δt 时间后,等位相面沿波矢 $\boldsymbol{k}$ 方向移动的距离为 Δs,即 $\overline{PP_0}$。而它在 x_i 轴上的投影为 $\overline{PP'}$,所以 $\overline{PP'}$ 代表了 n 维波的相速在 x_i 轴方向上的分量,即 c_{px_i}。因为 c_{x_i} 由 $\overline{P_1P_2}$ 代表,由图显见,线段 $\overline{P_1P_2}$ 比 $\overline{PP'}$ 要长些,只在等位相面与 x_i 轴垂直时,两者才一样长,这就说明了 $c_{x_i} \geqslant c_{px_i}$。再从代数上看,因为

$$\frac{k_i}{k^2} = \frac{k_i}{k_1^2 + k_2^2 + \cdots + k_n^2} \leqslant \frac{1}{k_i} \quad (i = 1, 2, \cdots, n) \tag{4.1.38}$$

所以式(4.1.37)总是成立的。不仅如此,更进一步还可证明:n 维波的相速(各分量之和)小于或等于任何一个坐标轴方向上的传播速度。由下面的不等式很容易明白这一点

$$|c_p| = \frac{\omega}{\sqrt{k_1^2 + k_2^2 + \cdots + k_n^2}} \leqslant \frac{\omega}{k_i} = c_{x_i} \quad (i = 1,2,\cdots,n) \tag{4.1.39}$$

所以,n 维波的相速及其在坐标轴上的分量,还有沿坐标轴方向的速度三者是不同的。

同样,我们可以定义沿各坐标轴 x_i 方向上的波长。如图 4.4 所示,设某时刻 t 有两个等位相面 θ_1 和 θ_2,它们的位相相同(例如均为波峰位相),且是相邻的,即位相相差 2π。平面 θ_1 和 θ_2 与 x_i 轴分别相交于点 P_1 和 P_2。$\boldsymbol{k}$ 为 n 维波的波矢,θ_1 和 θ_2 之间的距离由线段 PP_0 代表,其长度记为 L,这就是 n 维波的波长。我们定义:两个同位相的相邻等位相面与 x_i 轴的交点之间的距离为 n 维波沿 x_i 轴方向的波长,记为 L_{x_i},此即为图 4.4 中 P_1P_2 之长。下面来求其表达式。

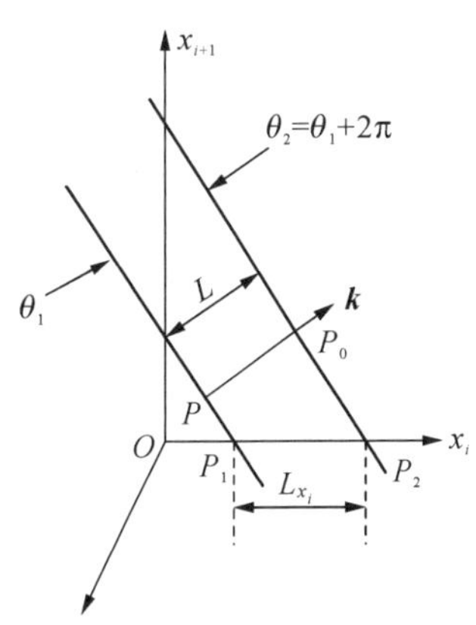

图 4.4 n 维波沿 x_i 轴方向的波长大于或等于 n 维波波长示意图

因为 P_1,P_2 两点所在的等位相面 θ_1 和 θ_2 是同位相的,且是相邻的,数值上相差 2π;又因为 P_1 和 P_2 点的坐标分别为$(0,\cdots,0,x_i,0,\cdots,0)$和$(0,\cdots 0,x_i+L_{x_i},0,\cdots,0)$,所以易得到

$$k_i(x_i + L_{x_i}) - \omega t - (k_i x_i - \omega t) = 2\pi \tag{4.1.40}$$

即

$$L_{x_i} = \frac{2\pi}{k_i} \tag{4.1.41}$$

类似于式(4.1.39),我们同样可得到

$$L = \frac{2\pi}{k} \leqslant L_{x_i} \quad (i = 1,2,\cdots,n) \tag{4.1.42}$$

这就是说,n 维平面波的波长小于或等于任一沿坐标轴方面上的波长。

与讨论一维波的群速相仿,我们仍以两个单波的合成为例来讨论 n 维平面波的群速。考虑两个 n 维的单波 φ_1,φ_2,其振幅均为 A,但波数矢和频率均相差很小,分别为 $2\delta\boldsymbol{k}$ 和 $2\delta\omega$。将其相加,得到的合成波为 φ,即

$$\varphi = \varphi_1 + \varphi_2 = A\mathrm{e}^{\mathrm{i}((\boldsymbol{k}+\delta\boldsymbol{k})\cdot\boldsymbol{x}-(\omega+\delta\omega)t)} + A\mathrm{e}^{\mathrm{i}((\boldsymbol{k}-\delta\boldsymbol{k})\cdot\boldsymbol{x}-(\omega-\delta\omega)t)} \tag{4.1.43}$$

即

$$\varphi = A^* \mathrm{e}^{\mathrm{i}(\boldsymbol{k}\cdot\boldsymbol{x}-\omega t)}$$

其中

$$A^* = 2A\mathrm{e}^{\mathrm{i}(\delta\boldsymbol{k}\cdot\boldsymbol{x}-\delta\omega t)} \tag{4.1.44}$$

由式(4.1.43)可见,两个 n 维的单波相加所得的合成波在形式上仍为一个 n 维平面波,波数矢为 $\boldsymbol{k}$,频率为 ω,这些都与 φ_1 或 φ_2 相差很小。但合成波的振幅 A^* 不再是常数,与一维波的情况一样,A^* 也是一个波动,波数矢 $\delta\boldsymbol{k}$ 和频率 $\delta\omega$ 在数值上都很小。由合成波的表达式(4.1.44)可知,它由两种波动的乘积组成。第一种波动的传播速度称为 n 维平面波的相速,记为 $\boldsymbol{c}_p$,由式(4.1.30)表达。第二种波动(即振幅 A^*)的传播速度称为 n 维平面波的群速,记作

$\boldsymbol{c}_g$，可以证明

$$\boldsymbol{c}_g = \frac{\delta\omega}{\delta \boldsymbol{k}} = \frac{\partial\omega}{\partial k_1}\boldsymbol{i}_1 + \frac{\partial\omega}{\partial k_2}\boldsymbol{i}_2 + \cdots + \frac{\partial\omega}{\partial k_n}\boldsymbol{i}_n \tag{4.1.45}$$

设 n 维平面波的频率 ω 与波矢 $\boldsymbol{k}$ 之间存在某种关系式，可以表示为 $\omega=\omega(\boldsymbol{k})$，与一维波动一样，称其为频散关系式。在某时刻 t，取合成波振幅 A^* 的某个固定的等位相面（例如波峰位相面）上的一点 $\boldsymbol{x}$，经过 δt 时间后，此等位相面传播到另一位置，其上的一点为 $\boldsymbol{x}+\delta\boldsymbol{x}$，于是有

$$A^* = 2A\mathrm{e}^{\mathrm{i}(\delta\boldsymbol{k}\cdot\boldsymbol{x}-\delta\omega t)} = 2A\mathrm{e}^{\mathrm{i}[\delta\boldsymbol{k}\cdot(\boldsymbol{x}+\delta\boldsymbol{x})-\delta\omega(t+\delta t)]} \tag{4.1.46}$$

由此得

$$\delta\boldsymbol{k}\cdot\delta\boldsymbol{x} - \delta\omega\delta t = 0 \tag{4.1.47}$$

将 $\delta\omega$ 展开，得

$$\delta\omega \approx \frac{\partial\omega}{\partial k_1}\delta k_1 + \frac{\partial\omega}{\partial k_2}\delta k_2 + \cdots + \frac{\partial\omega}{\partial k_n}\delta k_n \tag{4.1.48}$$

将式(4.1.48)代入式(4.1.47)，有

$$\left(\delta x_1 - \frac{\partial\omega}{\partial k_1}\delta t\right)\delta k_1 + \left(\delta x_2 - \frac{\partial\omega}{\partial k_2}\delta t\right)\delta k_2 + \cdots + \left(\delta x_n - \frac{\partial\omega}{\partial k_n}\delta t\right)\delta k_n = 0 \tag{4.1.49}$$

由于式(4.1.49)对任意的 $\delta k_1,\delta k_2,\cdots,\delta k_n$ 均成立，所以

$$\delta x_1 - \frac{\partial\omega}{\partial k_1}\delta t = 0, \delta x_2 - \frac{\partial\omega}{\partial k_2}\delta t = 0, \cdots, \delta x_n - \frac{\partial\omega}{\partial k_n}\delta t = 0 \tag{4.1.50}$$

即

$$\frac{\delta x_1}{\delta t} = \frac{\partial\omega}{\partial k_1}, \frac{\delta x_2}{\delta t} = \frac{\partial\omega}{\partial k_2}, \cdots, \frac{\delta x_n}{\delta t} = \frac{\partial\omega}{\partial k_n} \tag{4.1.51}$$

显然，这些就是合成波振幅 A^* 的等位相面传播的速度的分量，所以 A^* 的移速即 n 维波的群速由式(4.1.45)表达。

注意到由于 n 维平面波的相速 $\boldsymbol{c}_p$ 与群速 $\boldsymbol{c}_g$ 均为矢量，它们的大小和方向都可能不一样，例如，如果 $\boldsymbol{c}_p\cdot\boldsymbol{c}_g=0$，则说明相速与群速的方向是互相垂直的。由于群速代表能量，所以此时能量是沿波动的垂直方向传播的。

4.1.3 无穷个单波的合成

对两个单波的合成我们已作了介绍，下面将其推广，讨论无穷个单波的合成情况。

我们已经知道，任一波动总可用无穷个单波合成而得到。例如，对于一维波动，可用 Fourier积分将波动 $\varphi(x,t)$ 写成如下形式

$$\varphi(x,t) = \int_{-\infty}^{\infty} F(k)\mathrm{e}^{\mathrm{i}(kx-\omega t)}\mathrm{d}k \tag{4.1.52}$$

式中：$F(k)$ 为振幅，是 k 的函数；ω 为频率，也是 k 的函数，即

$$\omega = \omega(k)$$

一般说来，要求得积分值是困难的，但可用近似的方法求得它的渐近特性，即当 t 很大时的近似值。这是 Kelvin 首先做出来的，其主要结论是：当 t 很大时，积分的主要贡献来自于某个点 $k=k_0$(称为鞍点)附近的值。这种方法叫作鞍点法，或定常相法，也叫最速下降法。此方法在量子力学中常用到，现在我们来介绍它。首先，我们来求下面的无穷积分的近似值

$$I=\int_{-\infty}^{\infty} g(x)\mathrm{e}^{\lambda h(x)}\mathrm{d}x \tag{4.1.53}$$

式中 λ 为大参数。若 $h(x)$ 在 $x=a$ 点达到极大值，则必有

$$h'(x)\mid_{x=a}=0, h''(x)\mid_{x=a}<0 \tag{4.1.54}$$

将 $h(x)$ 在极大点 a 附近作泰勒级数展开，有

$$h(x)=h(a)+\frac{1}{2}h''(a)(x-a)^2+\cdots \tag{4.1.55}$$

于是无穷积分的近似值为

$$I\approx g(a)\mathrm{e}^{\lambda h(a)}\int_{-\infty}^{\infty}\mathrm{e}^{\frac{1}{2}\lambda h''(a)(x-a)^2}\mathrm{d}x \tag{4.1.56}$$

此处用到两点近似处理：一为略去 $h(x)$ 的泰勒展开的二次以上的高阶项；二为取 $g(x)\approx g(a)$。如果此种取法造成的误差太大，可改写被积函数 $g(x)\mathrm{e}^{\lambda h(x)}$ 为 $\mathrm{e}^{\ln g(x)+\lambda h(x)}$，然后找出 $\ln g(x)+\lambda h(x)$ 的极大点，再进一步处理之。

利用已学过的误差积分公式(可查阅“数学物理方法”或“高等数学”等教材)

$$\int_{-\infty}^{\infty}\mathrm{e}^{\frac{\lambda}{2}h''(a)(x-a)^2}\mathrm{d}x=\sqrt{\frac{-2\pi}{\lambda h''(a)}} \tag{4.1.57}$$

便可得到无穷积分的近似值为

$$I\approx g(a)\mathrm{e}^{\lambda h(a)}\sqrt{\frac{-2\pi}{\lambda h''(a)}} \tag{4.1.58}$$

这种近似处理方法可想象为图 4.5 中实线与 x 轴所围面积用虚线与 x 轴所围面积来近似代替的做法。由图 4.5 可知，$x=a$ 为极大点，一般说来，用虚线代替实线会造成一定的误差，但由于当大参数增大时，a 点附近的积分贡献会变得越来越重要，而远处的贡献则会变得更次要，从而误差不会很大。

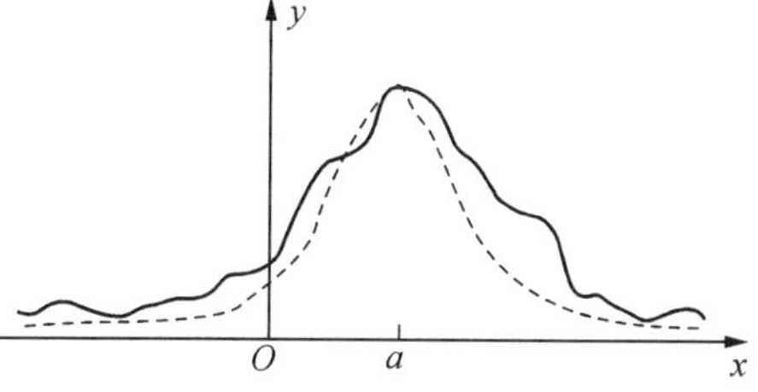

图 4.5　定常相法示意图

上述取积分近似值的方法，称为定常相法。而我们要解决的无穷积分问题中，被积函数 $F(k)\mathrm{e}^{\mathrm{i}(kx-\omega t)}$ 是复数形式，但也可仿照定常相法来求其积分近似值，称其为鞍点法。首先，设无穷积分为

$$I=\int_{-\infty}^{\infty}F(x)\mathrm{e}^{\mathrm{i}\lambda h(x)}\mathrm{d}x \tag{4.1.59}$$

又设在 $x=a$ 处，$h'=0$，但二阶导数 h'' 在此处可正可负。当 $h''(a)>0$ 时，在 $x=a$ 附近，有展开

式

$$h(x)\approx h(a)+\frac{1}{2}h''(a)(x-a)^2 \tag{4.1.60}$$

于是

$$I\approx F(a)\mathrm{e}^{\mathrm{i}h(a)\lambda}\int_{-\infty}^{\infty}\mathrm{e}^{\mathrm{i}\frac{\lambda}{2}h''(a)(x-a)^2}\,\mathrm{d}x \tag{4.1.61}$$

令

$$y^2=\frac{\lambda}{2}h''(a)(x-a)^2 \tag{4.1.62}$$

则

$$I\approx F(a)\mathrm{e}^{\mathrm{i}h(a)\lambda}\sqrt{\frac{2}{\lambda h''(a)}}\int_{-\infty}^{\infty}\mathrm{e}^{\mathrm{i}y^2}\,\mathrm{d}y \tag{4.1.63}$$

利用已知的公式

$$\int_{-\infty}^{\infty}\mathrm{e}^{\mathrm{i}y^2}\,\mathrm{d}y=\sqrt{\pi}\,\mathrm{e}^{\mathrm{i}\frac{\pi}{4}} \tag{4.1.64}$$

便可得到 I 的近似值为

$$I\approx F(a)\mathrm{e}^{\mathrm{i}\left(\lambda h(a)+\frac{\pi}{4}\right)}\sqrt{\frac{2\pi}{\lambda h''(a)}} \tag{4.1.65}$$

同法，当 $h''(a)<0$ 时，可得到

$$I\approx F(a)\mathrm{e}^{\mathrm{i}\left(\lambda h(a)-\frac{\pi}{4}\right)}\sqrt{\frac{-2\pi}{\lambda h''(a)}} \tag{4.1.66}$$

合并式(4.1.65,4.1.66)，得到

$$I\approx F(a)\mathrm{e}^{\mathrm{i}(\lambda h(a)+\frac{\pi}{4}\mathrm{sgn}h''(a))}\sqrt{\frac{2\pi}{\lambda\,|\,h''(a)\,|}} \tag{4.1.67}$$

式中 $\mathrm{sgn}\,x$ 为符号函数，其定义如下

$$\mathrm{sgn}\,x=\begin{cases}1 & (x>0)\\ -1 & (x<0)\end{cases} \tag{4.1.68}$$

现在我们运用鞍点法来求出无穷个单波合成的近似值。为此，改写式(4.1.52)为

$$\varphi(x,t)=\int_{-\infty}^{\infty}F(k)\mathrm{e}^{\mathrm{i}th(k)}\,\mathrm{d}k \tag{4.1.69}$$

式中

$$h(k)=\frac{kx}{t}-\omega \tag{4.1.70}$$

t 为大参数。设 $h(k)$ 的极值点为 k_0，它满足

$$h'(k_0) = \frac{x}{t} - \left.\frac{\partial \omega}{\partial k}\right|_{k=k_0} = 0 \tag{4.1.71}$$

显见，波数为 k_0 的波对合成波的贡献是最大的。

利用式(4.1.67)可知，当 t 充分大时，合成波的近似值为

$$\varphi(x,t) \approx F(k_0)\sqrt{\frac{2\pi}{t\mid h''(k_0)\mid}}\,\mathrm{e}^{\mathrm{i}[k_0 x - \omega(k_0)t] - \frac{\pi\mathrm{i}}{4}\operatorname{sgn} h''(k_0)} \tag{4.1.72}$$

由式(4.1.72)可知，无穷个单波合成后，形式上仍为一个波动，其波数为 k_0，频率为 $\omega(k_0)$，但其振幅不再是常数，而是随时空变化的。在此指出，合成波振幅中包含因子 $t^{-\frac{1}{2}}$，它起着使振幅随时间增大而衰减的作用。显然，当 $t\to\infty$ 时，波动将消失，这是与两个单波的合成不同的。在求得上述结果的过程中，曾作了函数 $h(k)$ 的二阶导数不为零的假定，若二阶导数为零，则须利用其三阶导数来运算。另外，此处给出的一维波动的结果还可推广到 n 维波动上去，这些在此就不作详细介绍了，仅指出对于 n 维波动，相仿地可得到无穷个单波的合成波的近似值为

$$\phi \approx F(\boldsymbol{k}_0)\left(\frac{2\pi}{t}\right)^{\frac{n}{2}}\left(\det\left|\frac{\partial^2\omega}{\partial k_{i_0}\partial k_{j_0}}\right|\right)^{-\frac{1}{2}}\mathrm{e}^{\mathrm{i}[\boldsymbol{k}_0\cdot x - \omega(k_0)t + \zeta]} \tag{4.1.73}$$

式中：det 表示行列式，其元素为 $\left|\frac{\partial^2\omega}{\partial k_{i_0}\partial k_{j_0}}\right|$；$\zeta$ 为某一常数。欲使式(4.1.73)成立，亦须有

$$\begin{aligned} &\frac{x_i}{t} = \frac{\partial\omega}{\partial k_{i_0}} \\ &\det\left|\frac{\partial^2\omega}{\partial k_{i_0}\partial k_{j_0}}\right| \neq 0 \quad (i,j = 1,2,\cdots,n) \end{aligned} \tag{4.1.74}$$

从上述的分析与讨论中可以看到，如果考虑波动的合成，则合成波的振幅和位相一般均为时间和空间的函数。后面我们将进一步介绍复杂的可变波动。

§4.2　小扰动法和标准波型法

研究大气中的波动，需用到运动方程、连续性方程和热流量方程，这些方程都是非线性方程。目前，尚无一套完整而有效的数学方法求得这些方程的解，只得寻找一些近似求解方法。最方便的做法当然是舍去所包含的非线性项，剩下的便是线性方程了，于是很容易就可求得其解了。问题是，这样的做法是否合理。

由尺度分析可知，对于振幅远小于波长的波动(称为小振幅波)而言，描述波动的方程中的平流非线性项也远小于局地非定常项，因而非线性项可略。具体地，线性化过程可用小扰动法来完成。其基本思想是将描写大气运动和状态的物理量分解为已知的基本量和未知的小扰动量之和，而小扰动量及其导量的二次乘积项可作为高阶小量而略去。

当描述波动过程的方程组线性化以后，可用标准波型法来求解，也就是假设波动解具有简单的平面波形式，然后利用所谓的“符号关系式”很容易求得频散关系式，于是波动的特性也就清楚了。

4.2.1 小扰动法

用尺度分析法讨论 x 向运动方程

$$\frac{\partial u}{\partial t}+u\frac{\partial u}{\partial x}+v\frac{\partial u}{\partial y}+w\frac{\partial u}{\partial z}=-\frac{\partial \varphi}{\partial x}+fv \tag{4.2.1}$$

可得到非线性平流项与局地非定常项的量级之比为

$$O\left(u\frac{\partial u}{\partial x}\right)\Big/O\left(\frac{\partial u}{\partial t}\right)=\frac{V^2}{L}\Big/\frac{V}{\tau}=\frac{V\tau}{L} \tag{4.2.2}$$

对波动过程而言，V 为气块振动的水平特征速度，L 为波长，τ 为周期。大致说来，V 与 τ 的乘积与振幅 A 的量级相当，所以

$$O\left(u\frac{\partial u}{\partial x}\right)\Big/O\left(\frac{\partial u}{\partial t}\right)\sim\frac{A}{L} \tag{4.2.3}$$

我们定义：振幅远小于波长的波动为小振幅波，否则就称为有限振幅波。由式(4.2.3)可知，对于小振幅波而言，$A/L\ll 1$，所以

$$O\left(u\frac{\partial u}{\partial x}\right)\ll O\left(\frac{\partial u}{\partial t}\right) \tag{4.2.4}$$

这就是说，如果我们把 u,v 看作一阶小量的话，则 $u\dfrac{\partial u}{\partial x}$，$v\dfrac{\partial u}{\partial y}$ 等项便为二阶小量且可略去，此时，略去非线性平流项是合理的。这样，非线性方程就化为线性方程了。所以，有时也称小振幅波为线性波。由于对有限振幅波而言，不能略去非线性项，所以称它为非线性波。

对于小振幅波，可以应用线性化了的方程组来加以研究。具体的线性化过程可采用小扰动法(或称为微扰动法)。小扰动法的做法如下：

将任一描述大气运动和大气状态的物理量，例如速度、气压、密度、温度等分解为已知的基本量与叠加在其上的未知的小扰动量，并规定两点：一是基本量满足原来的方程组或简化的方程组和定解条件；二是小扰动量及其导量的二次项为高阶小量，可以略去，这样方程就化为线性的了。

基本量的取法是随着所要研究的问题的性质不同而不同的。例如，可以取大尺度大气运动的基本气流为沿纬圈平均的速度场。v 和 w 的纬圈平均值基本上是与零很接近的，即

$$\begin{aligned}\bar{v}&=\frac{1}{L}\int_0^L v(x,y,z,t)\mathrm{d}x\approx 0\\ \overline{w}&=\frac{1}{L}\int_0^L w(x,y,z,t)\mathrm{d}x\approx 0\end{aligned} \tag{4.2.5}$$

式中 L 为整个纬圈的长度，这是与长期的观测结果一致的。至于 $\bar{u}$，可以取为常数，这是最简单的，也可以取为 $\bar{u}=\bar{u}(y)$，这是正压的切变气流，还可以取为 $\bar{u}=\bar{u}(y,z)$，这是为了进一步考虑大气的斜压性作用而采用的基本气流。另外，若要研究基本气流与扰动的相互作用，则应取 $\bar{u}=\bar{u}(y,z,t)$，这时，基本气流是随时间也在变化的。

我们以方程(4.2.1)的线性化为例来说明小扰动法的应用。考虑最简单的一种基本气流

如下

$$\bar{u} = \text{const}$$
$$\bar{v} = \bar{w} = 0 \tag{4.2.6}$$

根据基本量必须满足原方程的要求，首先易得到

$$\frac{\partial \bar{\varphi}}{\partial x} = 0 \tag{4.2.7}$$

这只要将式(4.2.6)代入方程(4.2.1)即可明白。

再将分解式

$$u = \bar{u} + u', v = v', w = w', \varphi = \bar{\varphi} + \varphi' \tag{4.2.8}$$

代入方程(4.2.1)，得到

$$\frac{\partial u'}{\partial t} + \bar{u}\frac{\partial u'}{\partial x} + u'\frac{\partial u'}{\partial x} + v'\frac{\partial u'}{\partial y} + w'\frac{\partial u'}{\partial z} = -\frac{\partial \bar{\varphi}}{\partial x} - \frac{\partial \varphi'}{\partial x} + fv' \tag{4.2.9}$$

根据小扰动法的要求，扰动量与其导量的乘积项 $u'\frac{\partial u'}{\partial x}$，$v'\frac{\partial u'}{\partial y}$和 $w'\frac{\partial u'}{\partial z}$均为高阶小量而可略去，再利用式(4.2.7)，于是式(4.2.9)化为

$$\frac{\partial u'}{\partial t} + \bar{u}\frac{\partial u'}{\partial x} = -\frac{\partial \varphi'}{\partial x} + fv' \tag{4.2.10}$$

这就是所求的线性方程。

如果我们进一步将基本气流 $\bar{u}$ =常数改为 $\bar{u} = \bar{u}(y)$，则与式(4.2.9)相应的方程将多出一项 $v'\frac{\partial \bar{u}}{\partial y}$，这项是线性项。于是所求的线性方程便为

$$\frac{\partial u'}{\partial t} + \bar{u}\frac{\partial u'}{\partial x} + v'\frac{\partial \bar{u}}{\partial y} = -\frac{\partial \varphi'}{\partial x} + fv' \tag{4.2.11}$$

当然，最简单的情况是取基本气流为静止气流，此时 $\bar{u} = \bar{v} = \bar{w} = 0$，于是线性化的 x 向运动方程为

$$\frac{\partial u'}{\partial t} = -\frac{\partial \varphi'}{\partial x} + fv' \tag{4.2.12}$$

在此顺便指出，在静止基流中，速度的个别微分等于局地微分，而热力学变量(p,ρ,T,θ)的个别微分等于局地微分与基本量的对流变化之和。也就是说，若

$$u = u', v = v', w = w'$$
$$p = p_s(z) + p', \rho = \rho_s(z) + \rho' \tag{4.2.13}$$
$$T = T_s(z) + T', \theta = \theta_s(z) + \theta'$$

式中 p_s,ρ_s,T_s,θ_s 为基本量，它们只是高度 z 的函数，则近似地有

$$\frac{\mathrm{d}(u,v,w)}{\mathrm{d}t}=\frac{\partial(u',v',w')}{\partial t}$$

$$\frac{\mathrm{d}(p,\rho,T,\theta)}{\mathrm{d}t}=\frac{\partial(p',\rho',T',\theta')}{\partial t}+w'\frac{\partial(p_s,\rho_s,T_s,\theta_s)}{\partial z} \tag{4.2.14}$$

以上介绍的小扰动法或称微扰动线性化法有一定的适用范围,它只适用于天气系统发展的初始阶段,在发展的旺盛期和后期锢囚阶段都不能使用,因为小扰动顾名思义就是振幅很小,一旦振幅变大成了有限振幅,此法就失效了。所以,小扰动法虽然很方便,却有着这一致命的弱点。

4.2.2 标准波型法

设 n 维线性波动具有平面波的形式,即设

$$\varphi(\boldsymbol{x},t)=A\mathrm{e}^{\mathrm{i}(\boldsymbol{k}\cdot\boldsymbol{x}-\omega t)} \tag{4.2.15}$$

易验证得到

$$\frac{\partial\varphi}{\partial t}=-\mathrm{i}\omega A\mathrm{e}^{\mathrm{i}(\boldsymbol{k}\cdot\boldsymbol{x}-\omega t)}=-\mathrm{i}\omega\varphi,\cdots,\frac{\partial^m\varphi}{\partial t^m}=(-\mathrm{i}\omega)^mA\mathrm{e}^{\mathrm{i}(\boldsymbol{k}\cdot\boldsymbol{x}-\omega t)}=(-\mathrm{i}\omega)^m\varphi$$

$$\frac{\partial\varphi}{\partial x_j}=\mathrm{i}k_jA\mathrm{e}^{\mathrm{i}(\boldsymbol{k}\cdot\boldsymbol{x}-\omega t)}=\mathrm{i}k_j\varphi \tag{4.2.16}$$

$$\vdots$$

$$\frac{\partial^m\varphi}{\partial x_j^m}=(\mathrm{i}k_j)^mA\mathrm{e}^{\mathrm{i}(\boldsymbol{k}\cdot\boldsymbol{x}-\omega t)}=(\mathrm{i}k_j)^m\varphi\quad(j=1,2,\cdots,n;m=1,2,\cdots)$$

由此我们可以得到关于 n 维平面波的“符号关系式”如下

$$\frac{\partial}{\partial t}\leftrightarrow-\mathrm{i}\omega,\cdots,\frac{\partial^m}{\partial t^m}\leftrightarrow(-\mathrm{i}\omega)^m$$

$$\frac{\partial}{\partial x_j}\leftrightarrow\mathrm{i}k_j$$

$$\vdots \tag{4.2.17}$$

$$\frac{\partial^m}{\partial x_j^m}\leftrightarrow(\mathrm{i}k_j)^m\quad(j=1,2,\cdots,n)$$

将上述符号关系式应用于所研究的波动方程,便可将线性微分方程组化为线性代数方程组,或将高阶的线性微分方程化为高次的代数方程,从而易得到我们感兴趣的频散关系式,并由此可了解波动的特性,我们称此方法为标准波型波。下一节将用它来求各种波动的频散关系式。

§4.3 大气中的基本波动及滤波方法

大气中的基本波动包括惯性波、声波、重力内波、重力外波和 Rossby 波等,在气象上最

重要的是 Rossby 波，声波不但不重要，而且对于数值预报来说，还是“噪音”，必须加以滤除。为了研究大气中的多种基本波动，我们可以利用下列的由运动方程、连续性方程和绝热方程所组成的闭合方程组（五个方程，五个未知数 u,v,w,p,ρ）来求出这几种波动的频散关系式。

$$
\begin{aligned}
&\frac{\mathrm{d}u}{\mathrm{d}t}=-\frac{1}{\rho}\frac{\partial p}{\partial x}+fv\\
&\frac{\mathrm{d}v}{\mathrm{d}t}=-\frac{1}{\rho}\frac{\partial p}{\partial y}-fu\\
&\frac{\mathrm{d}w}{\mathrm{d}t}=-\frac{1}{\rho}\frac{\partial p}{\partial z}-g\\
&\frac{\mathrm{d}\rho}{\mathrm{d}t}+\rho\left(\frac{\partial u}{\partial x}+\frac{\partial v}{\partial y}+\frac{\partial w}{\partial z}\right)=0\\
&\frac{\mathrm{d}p}{\mathrm{d}t}=c_s^2\frac{\mathrm{d}\rho}{\mathrm{d}t}
\end{aligned}
\tag{4.3.1}
$$

式中 $c_s=\sqrt{rRT}$ 为绝热声速，通常取为常数。

为了简单起见，设基本气流为静止的。所以式(4.2.14)成立，将其代入闭合方程组(4.3.1)，得到线性化方程组如下

$$
\begin{aligned}
&\rho_s\frac{\partial u'}{\partial t}=-\frac{\partial p'}{\partial x}+\rho_s fv'\\
&\rho_s\frac{\partial v'}{\partial t}=-\frac{\partial p'}{\partial y}-\rho_s fu'\\
&\rho_s\frac{\partial w'}{\partial t}=-\frac{\partial p'}{\partial z}-\rho' g\\
&\frac{\partial \rho'}{\partial t}+w'\frac{\partial \rho_s}{\partial z}+\rho_s\left(\frac{\partial u'}{\partial x}+\frac{\partial v'}{\partial y}+\frac{\partial w'}{\partial z}\right)=0\\
&\frac{\partial p'}{\partial t}+w'\frac{\partial p_s}{\partial z}=c_s^2\left(\frac{\partial \rho'}{\partial t}+w'\frac{\partial \rho_s}{\partial z}\right)
\end{aligned}
\tag{4.3.2}
$$

式中 ρ_s 虽然是已知的基本量，但它是高度 z 的函数，也就是说，式(4.3.2)是变系数方程组，我们设法化为常系数方程组，并消去 ρ'，化为四个未知数的方程组。为此，将式(4.3.2)中的第四式代入第五式，并利用基本量 p_s,ρ_s 满足静力方程，得到

$$
\frac{\partial p'}{\partial t}-\rho_s g w'=-c_s^2\rho_s\left(\frac{\partial u'}{\partial x}+\frac{\partial v'}{\partial y}+\frac{\partial w'}{\partial z}\right)\tag{4.3.3}
$$

再对式(4.3.2)的第三式关于 t 求导，然后与第四式消去 ρ'，得到

$$
\rho_s\frac{\partial^2 w'}{\partial t^2}=-\frac{\partial^2 p'}{\partial t\partial z}+g\left[w'\frac{\partial \rho_s}{\partial z}+\rho_s\left(\frac{\partial u'}{\partial x}+\frac{\partial v'}{\partial y}+\frac{\partial w'}{\partial z}\right)\right]\tag{4.3.4}
$$

利用式(4.3.3),可将式(4.3.4)进一步改写为

$$\frac{\partial^2 w'}{\partial t^2}-\left(\frac{g}{\rho_s}\frac{\partial \rho_s}{\partial z}+\frac{g^2}{c_s^2}\right)w'+\frac{1}{\rho_s}\frac{\partial}{\partial t}\left(\frac{\partial}{\partial z}+\frac{g}{c_s^2}\right)p'=0 \tag{4.3.5}$$

令

$$N^2=-\frac{g}{\rho_s}\frac{\partial \rho_s}{\partial z}-\frac{g^2}{c_s^2} \tag{4.3.6}$$

N 称为浮力频率,或 Brunt-Väisälä 频率,利用位温可写为$\frac{g}{\theta_s}\frac{\mathrm{d}\theta_s}{\mathrm{d}z}$的形式。对大尺度大气运动而言,通常 $N^2>0$,N 为实数。显见,N 是高度 z 的函数,但在对流层中,其变化很小,这可由图 4.6 粗略地看出,所以可将 N 取作常数。

式(4.3.2)的前两式和式(4.3.3)以及式(4.3.5)组成了关于(u',v',w',p')的闭合方程组,虽然减少了一个未知函数ρ',但这仍是变系数的,通过下列函数变换可化为常系数的,且各物理量的量纲可保持不变。

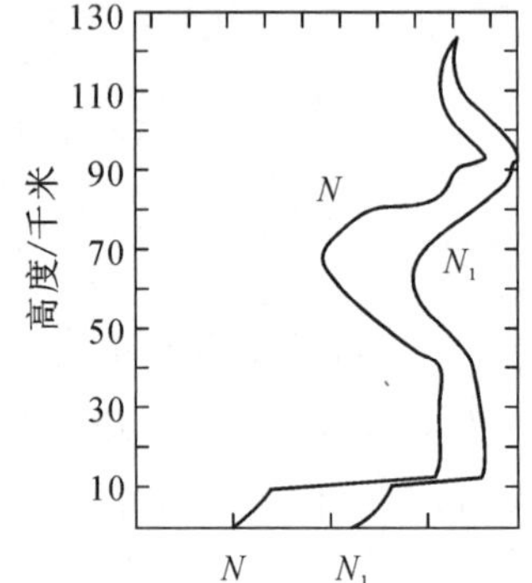

图 4.6　浮力频率 N 随高度变化曲线图(N_1 为截断声频)

$$\begin{pmatrix}U\\V\\W\end{pmatrix}=\left(\frac{\rho_s}{\rho_0}\right)^{\frac{1}{2}}\begin{pmatrix}u'\\v'\\w'\end{pmatrix} \tag{4.3.7}$$

$$P=\left(\frac{\rho_s}{\rho_0}\right)^{-\frac{1}{2}}p'$$

式中 ρ_0 为海平面的密度。于是我们就得到了常系数的线性方程组,称为基本方程组,其式如下

$$\begin{aligned}&\frac{\partial U}{\partial t}+\frac{1}{\rho_0}\frac{\partial P}{\partial x}-fV=0\\&\frac{\partial V}{\partial t}+\frac{1}{\rho_0}\frac{\partial P}{\partial y}+fU=0\\&\frac{1}{\rho_0 c_s^2}\frac{\partial P}{\partial t}+\frac{\partial U}{\partial x}+\frac{\partial V}{\partial y}+\left(\frac{\partial}{\partial z}-\Gamma\right)W=0\\&\left(\frac{\partial^2}{\partial t^2}+N^2\right)W+\frac{1}{\rho_0}\frac{\partial}{\partial t}\left(\frac{\partial}{\partial z}+\Gamma\right)P=0\end{aligned} \tag{4.3.8}$$

式中

$$\Gamma=\frac{1}{2\rho_s}\frac{\partial \rho_s}{\partial z}+\frac{g}{c_s^2} \tag{4.3.9}$$

与 N 相仿,可取 Γ 为常数。

对于常系数的线性闭合方程组(4.3.8),可用标准波型法来求解。设二维平面波形式解为

$$\begin{pmatrix} U \\ V \\ W \\ P \end{pmatrix} = \begin{pmatrix} \overline{U}(z) \\ \overline{V}(z) \\ \overline{W}(z) \\ \overline{P}(z) \end{pmatrix} e^{i(kx+my-\omega t)} \tag{4.3.10}$$

符号关系式为

$$\frac{\partial}{\partial t} \leftrightarrow -i\omega, \frac{\partial}{\partial x} \leftrightarrow ik, \frac{\partial}{\partial y} \leftrightarrow im \tag{4.3.11}$$

将其应用于基本方程组，可得到关于二维平面波的振幅($\overline{U}, \overline{V}, \overline{W}, \overline{P}$)的方程为

$$\begin{gathered} i\omega\rho_0 \overline{U} + f\rho_0 \overline{V} - ik\overline{P} = 0 \\ -f\rho_0 \overline{U} + i\omega\rho_0 \overline{V} - im\overline{P} = 0 \\ ik\overline{U} + im\overline{V} - \frac{i\omega}{\rho_0 c_s^2}\overline{P} + \left(\frac{\partial}{\partial z} - \Gamma\right)\overline{W} = 0 \\ \left(\frac{\partial}{\partial z} + \Gamma\right)\overline{P} - \frac{i\rho_0}{\omega}(\omega^2 - N^2)\overline{W} = 0 \end{gathered} \tag{4.3.12}$$

如果我们要想研究三维的平面波，此时可设平面波的形式解为

$$\begin{pmatrix} U \\ V \\ W \\ P \end{pmatrix} = \begin{pmatrix} \overline{U} \\ \overline{V} \\ \overline{W} \\ \overline{P} \end{pmatrix} e^{i(kx+my+nz-\omega t)} \tag{4.3.13}$$

将符号关系式(4.2.11)再加上

$$\frac{\partial}{\partial z} \leftrightarrow in \tag{4.3.14}$$

并应用于基本方程组，便可得到三维平面波的振幅方程组，其式为

$$\begin{gathered} i\omega\rho_0 \overline{U} + f\rho_0 \overline{V} - ik\overline{P} = 0 \\ -f\rho_0 \overline{U} + i\omega\rho_0 \overline{V} - im\overline{P} = 0 \\ ik\overline{U} + im\overline{V} - \frac{i\omega}{\rho_0 c_s^2}\overline{P} + (in - \Gamma)\overline{W} = 0 \\ (in + \Gamma)\overline{P} - \frac{i\rho_0}{\omega}(\omega^2 - N^2)\overline{W} = 0 \end{gathered} \tag{4.3.15}$$

此时的振幅($\overline{U}, \overline{V}, \overline{P}, \overline{W}$)不再是 z 的函数了，而是常数。也就是说，振幅方程(4.3.15)是闭合的齐次线性代数方程组。

利用方程组(4.3.12)或(4.3.15)可以研究大气中的各种基本波动的特性。为了多介绍一些研究各种波动的方法，我们也可直接从原始方程出发，经过简化而得到波动的频散关系式。

4.3.1 惯性波

惯性波是通过惯性振动传播而形成的，利用振幅方程组很容易求得惯性波的频散关系式。为此，略去气压梯度力，即令$\overline{P}=0$，式(4.3.15)的前两式化为

$$\begin{aligned} &\mathrm{i}\omega\rho_0\overline{U}+f\rho_0\overline{V}=0 \\ &-f\rho_0\overline{U}+\mathrm{i}\omega\rho_0\overline{V}=0 \end{aligned} \tag{4.3.16}$$

欲求得非零的$\overline{U}$,$\overline{V}$，此齐次方程组的系数行列式必为零，即

$$\begin{vmatrix} \mathrm{i}\omega\rho_0 & f\rho_0 \\ -f\rho_0 & \mathrm{i}\omega\rho_0 \end{vmatrix}=0 \tag{4.3.17}$$

由此立即可解得频散关系式和相速 c 以及群速 c_g 为

$$\begin{aligned} &\omega=\pm f \\ &c=\pm\frac{f}{k},c_g=0 \end{aligned} \tag{4.3.18}$$

由式(4.3.18)可知，惯性波是频散波，而且不传播能量。

在纬度 45°附近，惯性波的周期 $T=\dfrac{2\pi}{\omega}=\dfrac{2\pi}{f}\approx17$ 小时，这比起天气尺度的波动周期为几天来说，要短得多，频率较高，故称惯性波为高频波。

对于大尺度运动来说，惯性波的波速 $c=\dfrac{\omega}{k}=\dfrac{fL}{2\pi}\approx16$(米/秒)；对于中尺度运动来说，则 c 更小，只有 2 米/秒左右。所以说，惯性波是慢波。

研究惯性波，我们还可直接从下述简化的线性化水平运动方程组出发

$$\begin{aligned} &\frac{\partial u}{\partial t}-fv=0 \\ &\frac{\partial v}{\partial t}+fu=0 \end{aligned} \tag{4.3.19}$$

此处已略去气压梯度力项。消去 v，可得到

$$\frac{\partial^2 u}{\partial t^2}+f^2u=0 \tag{4.3.20}$$

利用$\dfrac{\partial^2}{\partial t^2}\leftrightarrow(-\mathrm{i}\omega)^2$，同样可得到频散关系式

$$\omega=\pm f$$

利用方程组(4.3.19)，我们还可求出质点运动的轨迹来。由式(4.3.20)易积分得到

$$u=c_1\cos(ft+c_2) \tag{4.3.21}$$

将式(4.3.21)代入式(4.3.19)的第一式，求得

$$v=-c_1\sin(ft+c_2) \tag{4.3.22}$$

设在 $t=0$ 时刻，某一质点位于(x_0,y_0)处，且给以初速度 $u=0, v=v_0$。利用方程组

$$\frac{dx}{dt}=u, \frac{dy}{dt}=v \tag{4.3.23}$$

和初值

$$t=0 \text{ 时}, x=x_0, y=y_0, u=0, v=v_0 \tag{4.3.24}$$

很容易积分得到

$$\left(x-x_0-\frac{v_0}{f}\right)^2+(y-y_0)^2=\left(\frac{v_0}{f}\right)^2 \tag{4.3.25}$$

这说明质点运动的轨迹是一个以$\left(x_0+\dfrac{v_0}{f}, y_0\right)$为圆心、以$\dfrac{v_0}{f}$为半径的圆，通常称其为惯性圆。

惯性波形成的物理原因可利用图 4.7 说明如下：

设在北半球某点 $A(x_0,y_0)$处有一气块，给以初始向北的扰动，即 $v>0$。由于折向力指向运动的右方，于是便产生向东的速度分量。这也可由式(4.3.19)的第一式加以解释：由 $v>0$ 知，第一项$\dfrac{\partial u}{\partial t}$必为正，从而 u 便由初始时的零变为正，所以产生了向东的速度分量。接着，仍由于折向力的作用，此向东分量又会产生向南分量，并抵消原先的向北扰动，使其由大变小。同样，这一点也可由式(4.3.19)的第二式加以解释：新产生的向东分量为 $u>0$，必造成$\dfrac{\partial v}{\partial t}<0$，这就使开始时的向北扰动($v>0$)由大变小。

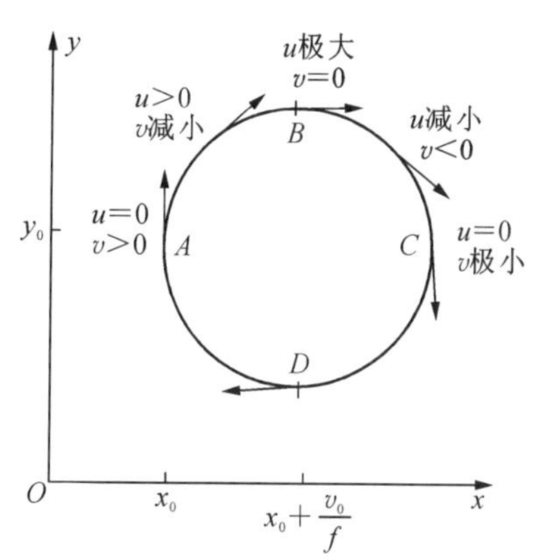

图 4.7　惯性圆示意图

当 v 减小到零时，即 $v=0$，由式(4.3.19)第一式知，必有$\dfrac{\partial u}{\partial t}=0$，一阶导数为零，说明 u 达到极大值，此时气块位于 B 点。再由式(4.3.19)第二式知，既然第二项 fu 达到极大值，那么第一项$\dfrac{\partial v}{\partial t}$就达到负的极大值，使 v 由零变为负值，即产生向南分量。然后，由于 v 为负，由第一式知，$\dfrac{\partial u}{\partial t}$也为负，于是 u 变小，直到等于零，此时气块位于 C 点……这样，气块沿着圆周做顺时针的周而复始的运动。这就是惯性振动，其传播就是惯性波。

上述分析的惯性振动是由于 f 作用引起的。惯性波是最简单的一种波动。在复杂的波动中，若频散关系式中包含因子 f，就说明此波动含有惯性波的成分在其中。f 的作用对于波动频率的影响，在数量上并不大，但它却可使波动性质发生变化。例如下面将要介绍的纯粹重力波，由于考虑了 f 的作用会变为惯性重力波，前者是非频散的，而后者却是频散的，两者在性质上是不同的。

4.3.2　声波

大气是可压缩的，当某部分空气被压缩或膨胀时，它周围的空气便会依次被压缩或膨胀，声音就是由于这种绝热压缩或膨胀向周围逐渐传播形成的，我们称其为声波。它是一种纵波，可以垂直传播，也可以水平传播。若不考虑 f 的作用，称为纯粹声波或纯声波，考虑了 f 作用，称为惯性声波。下面分别介绍水平声波和垂直声波。

1. 水平声波

在流体力学中对水平声波的频散关系式及物理机制已作过详细介绍。一维纯声波是非频散波，相速为 $c_s=\sqrt{rRT}$，约为 330 米/秒。对二维惯性声波，可将 $\overline{W}=0$ 代入式(4.3.15)的前三式，得到关于 $\overline{U},\overline{V},\overline{P}$ 的齐次线性方程组。令其系数行列式等于零，再整理得到

$$\frac{\omega}{\rho_0}\left(\frac{-\omega^2}{c_s^2}+k^2+m^2+\frac{f^2}{c_s^2}\right)=0 \tag{4.3.26}$$

于是二维惯性声波的频散关系式为

$$\omega^2=c_s^2(k^2+m^2)+f^2=c_s^2K^2+f^2 \tag{4.3.27}$$

式中 $K=\sqrt{k^2+m^2}$ 为其波矢的模。由此可得到二维惯性声波的相速为

$$c_p^2=\frac{\omega^2}{K^2}=c_s^2+\frac{f^2}{K^2}>c_s^2 \tag{4.3.28}$$

由此可见，相速与波数有关，所以惯性声波是频散波，这是由于考虑了地球旋转效应的缘故。显见

$$c_g^2=\left(\frac{\partial\omega}{\partial k}\right)^2+\left(\frac{\partial\omega}{\partial m}\right)^2=\frac{c_s^4(k^2+m^2)}{c_s^2(k^2+m^2)+f^2}=\frac{c_s^4}{c_s^2+\dfrac{f^2}{K^2}}=\frac{c_s^2}{c_p^2}\cdot c_s^2<c_s^2 \tag{4.3.29}$$

比较式(4.3.28，4.3.29)知

$$c_g^2<c_s^2<c_p^2 \tag{4.3.30}$$

说明惯性声波的群速比相速小。

2. 垂直声波

以上我们介绍了水平声波，实际上声波是三维波，既向水平方向传播，也向垂直方向传播。现在来介绍垂直声波。

略去空气在水平方向的运动，即令 $\overline{U}=\overline{V}=0$，则振幅方程组(4.3.12)的第三、四式化为

$$\begin{aligned}&\frac{-\mathrm{i}\omega}{\rho_0c_s^2}\overline{P}+\left(\frac{\partial}{\partial z}-\Gamma\right)\overline{W}=0\\&\left(\frac{\partial}{\partial z}+\Gamma\right)\overline{P}-\frac{\mathrm{i}\rho_0}{\omega}(\omega^2-N^2)\overline{W}=0\end{aligned} \tag{4.3.31}$$

消去 $\overline{P}$，可得二阶方程

$$\frac{\partial^2\overline{W}}{\partial z^2}+n^2\overline{W}=0 \tag{4.3.32}$$

其中

$$n^2=\frac{1}{c_s^2}(\omega^2-N^2-c_s^2\Gamma^2) \tag{4.3.33}$$

此二阶方程有两种不同类型的解。当 $n^2>0$，即 n 为实数时，可得到波动解

$$\overline{W} = c_1 e^{inz} + c_2 e^{-inz} = c_1' \cos(nz + c_2') \tag{4.3.34}$$

式中 c_1, c_2, c_1', c_2' 为积分常数。n^2 大于零意味着

$$\omega^2 > N^2 + c_s^2 \Gamma^2 = N_1^2 \tag{4.3.35}$$

我们称 $N_1 = \sqrt{N^2 + c_s^2 \Gamma^2}$ 为截断声频。

另外，当 $n^2<0$，即 n 为虚数时，也就是 ω 小于 N_1 时，式(4.3.32)的解不再是波动解，而是指数形式的解，其表达式如下

$$\overline{W} = c_1 e^{inz} + c_2 e^{-inz} = c_1 e^{-|n|z} \tag{4.3.36}$$

式中 c_1, c_2 为待定常数，因为 $\overline{W}$ 有界，所以 $c_2=0$。这说明空气振动频率 ω 比截断声频 N_1 小时，便不能形成 z 方向传播的垂直声波，表明了大气层结性对垂直声波形成的影响。

如果略去大气密度的垂直变化，即令 $\dfrac{\partial \rho_s}{\partial z}=0$，则有

$$N^2 = -\frac{g^2}{c_s^2}, \Gamma = \frac{g}{c_s^2} \tag{4.3.37}$$

于是

$$n^2 = \frac{\omega^2}{c_s^2} > 0 \tag{4.3.38}$$

此时，总会形成垂直声波，而且波速为

$$c_p^2 = \frac{\omega^2}{n^2} = c_s^2 \tag{4.3.39}$$

即声波在垂直方向以绝热声速 c_s 传播，相速与波数无关，是非频散波。这就说明了大气层结性使非频散声波变为频散声波。

垂直声波很容易过滤掉，这只要采用静力近似即可。

4.3.3 重力内波

重力波包括重力外波和重力内波。重力内波是发生在层结大气中的，是由于阿基米德净浮力(阿基米德浮力与重力的代数和)作用而引起的波动。我们先介绍纯重力内波。首先将惯性波和声波滤掉，为此假设：

(1) $f=0$，可滤掉惯性波；

(2) 大气为不可压缩的，可滤掉声波。

由于大气不可压，所以 $c_s \to \infty$。这可由绝热方程

$$\frac{dp}{dt} = c_s^2 \frac{d\rho}{dt} \tag{4.3.40}$$

很容易看出。由于 $\dfrac{dp}{dt}$ 为非零的有限数，而 $\dfrac{d\rho}{dt}$ 为零，所以另一因子 c_s^2 必为无穷大，两者之积才能

有非零的数值。

将 $f=0$ 代入三维平面波的振幅方程组(4.3.15)的第一、二式,并解出$\overline{U},\overline{V}$为

$$\overline{U}=\frac{k}{\omega\rho_0}\overline{P},\overline{V}=\frac{m}{\omega\rho_0}\overline{P} \tag{4.3.41}$$

再将式(4.3.41)代入式(4.3.15)中的第三式,且令 $c_s\to\infty$,加上原来的第四式,得到关于$\overline{P},\overline{W}$的齐次线性代数方程组

$$\begin{cases}\dfrac{\mathrm{i}(k^2+m^2)}{\rho_0\omega}\overline{P}+(\mathrm{i}n-\Gamma)\overline{W}=0\\[2ex](\mathrm{i}n+\Gamma)\overline{P}-\dfrac{\mathrm{i}\rho_0}{\omega}(\omega^2-N^2)\overline{W}=0\end{cases} \tag{4.3.42}$$

利用有非零解的充要条件为其系数行列式为零,可得到纯重力内波的频散关系式为

$$\omega=\pm N\sqrt{\frac{k^2+m^2}{k^2+m^2+n^2+\Gamma^2}} \tag{4.3.43}$$

显见,此频率 ω 不超过浮力频率即 $B-V$ 频率 N。由式(4.3.43)可得到水平波速 c_{ph}

$$c_{ph}^2=\frac{\omega^2}{k^2+m^2}=\frac{N^2}{k^2+m^2+n^2+\Gamma^2} \tag{4.3.44}$$

由此可见,重力内波与 N 有关,即与大气层结有关。而且相速与波数有关,是频散波。在不可压条件下,有

$$N^2=-\frac{g}{\rho_s}\frac{\partial\rho_s}{\partial z},\Gamma=\frac{1}{2\rho_s}\frac{\partial\rho_s}{\partial z} \tag{4.3.45}$$

也就是说,重力内波是由于大气密度在垂直方向分布不均匀而引起的。一般说来,大气层结是稳定的,大气密度高层小,低层大,即$\dfrac{\partial\rho_s}{\partial z}<0$。当不可压的气块受到一个向上的扰动后,它的密度就比周围大,由于阿基米德净浮力的作用,气块将下沉。降到开始时的平衡位置时,虽然气块的密度与周围大气相同,阿基米德净浮力为零,但由于气块下沉时的惯性,将继续下沉。在平衡位置下方,气块密度将比周围大气的小,会受到向上的阿基米德净浮力,于是气块将上升,到了平衡位置,又由于惯性,将继续上升……这样,气块便在平衡位置附近不断地发生上下振动。这种振动会同时带动周围空气的水平辐合辐散,从而使这种振动状态在流体内部传播开去,这样就形成了重力内波。

若大气是中性的,即 $N=0$,便不能形成重力内波。这是因为此时气块受扰动后,其密度总与周围一样,阿基米德净浮力总是零,不能形成上上下下的浮力振动,所以重力内波不存在。

大气中的重力内波的波速与层结性有关,N 值越大,大气越稳定,似乎流体的“弹性”越大,使得浮力振荡频率变大,重力内波的波速越快。通常重力内波的波速大致为几十秒米,比声速慢一个量级,属于中速波。

在大气稳定层结和地球旋转效应的综合作用下所产生的波动叫惯性重力内波。计及 $f\neq 0$,代替式(4.3.41)的是

$$\overline{U}=\frac{-\omega k-\mathrm{i}fm}{\rho_0(f^2-\omega^2)}\overline{P},\overline{V}=\frac{\mathrm{i}fk-m\omega}{\rho_0(f^2-\omega^2)}\overline{P} \tag{4.3.46}$$

与纯重力内波相仿可得到惯性重力内波的频散关系式，此时表达式要复杂得多。

因重力内波形成的物理机制是大气的层结性和水平的辐合辐散，所以滤去重力内波的方法有如下几种：(1) 假设大气层结是中性的，这可排除浮力振荡；(2) 假设大气是水平无辐散的，这就使浮力振荡在流体内部不能传播；(3) 假设大气运动是水平的，则浮力振荡也不能发生；(4) 假设地转近似成立，且认为 f 为常数，则由于此时地转风是水平无辐散的，浮力振荡也不能传播。

4.3.4　重力外波

重力外波是发生在流体表面的波动。我们先介绍纯重力外波，再介绍惯性重力外波，且用不同的方法来求其频散关系式。

首先，设法滤去声波、惯性波、重力内波，为此假设：(1) 流体为均质不可压的，即 $\rho=\rho_0$（常数），这既可滤去声波，又可滤去重力内波。(2) $f=0$，滤去惯性波。为简单起见，再假设 (3) $\frac{\partial}{\partial y}=0$，(4) 静力近似成立。于是线性化的运动方程和连续性方程为

$$\begin{aligned}\frac{\partial u}{\partial t}&=-\frac{1}{\rho_0}\frac{\partial p}{\partial x}\\ \frac{\partial p}{\partial z}&=-\rho_0 g\\ \frac{\partial u}{\partial x}+\frac{\partial w}{\partial z}&=0\end{aligned} \tag{4.3.47}$$

设流体静止时的高度为 H，受扰动后的表面高度为 $h(x,y,t)$，将式(4.3.47)的第二式即静力方程从高度 z 到流体表面积分，得到

$$p(x,y,z,t)=\rho_0 g(h-z) \tag{4.3.48}$$

于是有

$$-\frac{1}{\rho_0}\frac{\partial p}{\partial x}=-g\frac{\partial h}{\partial x} \tag{4.3.49}$$

这说明任一高度上的压力梯度力均由表面坡度决定，而与高度 z 无关。式(4.3.47)的第一式可化为

$$\frac{\partial u}{\partial t}=-g\frac{\partial h}{\partial x} \tag{4.3.50}$$

此式右端与高度无关，则左端也与高度无关，所以 u 和 $\frac{\partial u}{\partial x}$ 均与高度无关。将连续方程从 $z=0$ 积分到 $z=h$，得到

$$w(h)=-\int_0^h\frac{\partial u}{\partial x}\mathrm{d}z=-h\frac{\partial u}{\partial x}\approx-H\frac{\partial u}{\partial x} \tag{4.3.51}$$

在此我们已用到 $w(0)=0$。由于

$$w(h)=\left.\frac{\mathrm{d}z}{\mathrm{d}t}\right|_{z=h}=\frac{\mathrm{d}h}{\mathrm{d}t}\approx\frac{\partial h}{\partial t} \tag{4.3.52}$$

所以有

$$\frac{\partial h}{\partial t}+H\frac{\partial u}{\partial x}=0 \tag{4.3.53}$$

式(4.3.50,4.3.53)便是描述一维纯粹重力外波的方程组。从式(4.3.50,4.3.53)中消去 u，得到

$$\frac{\partial^2 h}{\partial t^2}-c_0^2\frac{\partial^2 h}{\partial x^2}=0 \tag{4.3.54}$$

式中 $c_0=\sqrt{gH}$。利用符号关系式得到

$$(-\mathrm{i}\omega)^2-c_0^2(\mathrm{i}k)^2=0$$

即

$$\omega=\pm c_0 k \tag{4.3.55}$$

所以，纯重力外波的相速 c_p 为

$$c_p=\pm c_0 \tag{4.3.56}$$

由此可知，纯重力外波的相速与波数无关，故为非频散波，而且向左右两个方向传播，大气中的纯重力外波的波速大约为 280 米/秒，属于快波类型。重力外波又称浅水波，这是由于流体深度远小于波长的缘故，是静力平衡所要求的。

重力外波形成的物理机制可由图 4.8 说明如下：

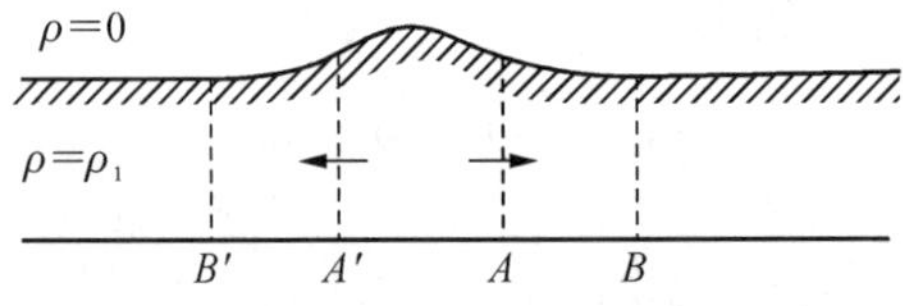

图 4.8　重力外波传播示意图

设初始时刻流体表面受到一个向上的扰动，使得 A 线左侧的表面比右侧高些。于是，对于同一高度上的压力来说，A 线左侧比右侧大，便产生了向右的压力梯度力，使流体向右运动。但在很短的时间内，B 线还未受到影响，所以在 AB 区域内有质量的水平辐合，这将使 AB 区域的表面升高（与此同时，A 线左侧由于流体向右运动，质量将减少，发生水平辐散而使表面降低）。当 AB 区域的表面升高后，与前相仿，又会有质量向 B 线右侧辐合……这样，就使初始的水面扰动不断向右传播，形成重力外波。同样，有重力外波向左侧传播。这种过程也可用上面的两个方程(a)和(b)中各项的变化来加以说明。

$$\frac{\partial u}{\partial t}+g\frac{\partial h}{\partial x}=0 \qquad \text{(a)}$$

$$\frac{\partial h}{\partial t}+H\frac{\partial u}{\partial x}=0 \qquad \text{(b)}$$

首先，AA'之间的水面受到向上的扰动，在 A 线上便有$\frac{\partial h}{\partial x}<0$，由方程(a)可推知，$\frac{\partial u}{\partial t}>0$。于是 u 便由零变为正，质点就向右运动。但 B 线上的 u 为零，于是在 AB 间有$\frac{\partial u}{\partial x}<0$。由(b)式推知，$\frac{\partial h}{\partial t}>0$，这说明 AB 间的水面要升高……于是扰动向右(同样向左)传播开去。箭头所指即为此过程。由上述的说明可知，重力外波是边界面上的垂直扰动通过水平辐合辐散的交替变化的传播而形成的。若排除垂直运动或水平辐合辐散，则重力外波便被过滤掉。

进一步，若考虑地球旋转效应，取 f 为非零常数，且考虑波动为二维的，即重力外波不仅在 x 方向传播，而且也在 y 方向传播$\left(\frac{\partial}{\partial y}\neq 0\right)$，则描述一维纯重力外波的方程组(4.3.50)和(4.3.53)推广为二维惯性重力外波的方程组如下

$$\begin{gathered}\frac{\partial u}{\partial t}=-g\frac{\partial h}{\partial x}+fv\\ \frac{\partial v}{\partial t}=-g\frac{\partial h}{\partial y}-fu\\ \frac{\partial h}{\partial t}+H\left(\frac{\partial u}{\partial x}+\frac{\partial v}{\partial y}\right)=0\end{gathered}\tag{4.3.57}$$

欲求频散关系式，可以与前述一样，将方程组化为高阶方程来做，也可以直接运用符号关系式化为行列式来做。由式(4.3.57)可得到

$$\begin{gathered}-\mathrm{i}\omega u-fv+\mathrm{i}gkh=0\\ -\mathrm{i}\omega v+fu+\mathrm{i}gmh=0\\ \mathrm{i}Hku+\mathrm{i}Hmv-\mathrm{i}\omega h=0\end{gathered}\tag{4.3.58}$$

此为齐次线性代数方程组，欲有非零解，充要条件为系数行列式等于零，于是有

$$\begin{vmatrix}-\mathrm{i}\omega & -f & \mathrm{i}gk\\ f & -\mathrm{i}\omega & \mathrm{i}gm\\ \mathrm{i}Hk & \mathrm{i}Hm & -\mathrm{i}\omega\end{vmatrix}=0\tag{4.3.59}$$

由此可得到非零的频散关系式为

$$\omega^2=gH(k^2+m^2)+f^2\tag{4.3.60}$$

即

$$\omega=\pm(c_0^2K^2+f^2)^{\frac{1}{2}}\quad(K^2=k^2+m^2)\tag{4.3.61}$$

由此频散关系式可知，波速 $c_p=[c_0^2+f^2/K^2]^{\frac{1}{2}}$ 与波数有关，所以惯性重力外波为频散波。若取 $f=0$，则 $c_p=c_0$，此为二维纯重力外波的波速，显见是非频散波。由此可见，地球旋转效应虽然对波的频率和速度影响不大(因为 f 非常小)，但却使波动性质发生很大的变化，它使得非频散波变为频散波。

由式(4.1.30)和(4.1.45)知,惯性重力外波的相速和群速分别为

$$\boldsymbol{c}_p=\frac{\omega}{K^2}\boldsymbol{K}$$

$$\boldsymbol{c}_g=\frac{\partial\omega}{\partial k}\boldsymbol{i}+\frac{\partial\omega}{\partial m}\boldsymbol{j}=\pm c_0^2(c_0^2K^2+f^2)^{-\frac{1}{2}}(k\boldsymbol{i}+m\boldsymbol{j})=\frac{c_0^2}{\omega}\boldsymbol{K}\tag{4.3.62}$$

由上式可见,惯性重力外波的相速和群速散线,均与波矢 $\boldsymbol{K}$ 同方向。

4.3.5 Rossby 波

大气中最重要的波动是 Rossby 波。它是考虑了地转参数 f 随纬度的变化即 β 效应而发现的,是 Rossby 于 1939 年首先从理论上得出来的。我们首先介绍最简单的静止基流中的 Rossby 波。

1. 静止基流中的 *Rossby* 波

静止基流中的 Rossby 波,又叫涡旋慢波。为了突出 Rossby 波,可设法滤去其他几种波动,为此,作如下一些假设:(1) 大气为均匀不可压的,便可滤掉声波和重力内波;(2) 水平无辐散,可滤去重力外波。由于 Rossby 波是由 β 效应引起的,所以基本方程组(4.3.8)中的 f 不能当作常数,也就是说不能取 f 平面近似。于是还必须作第三个假设:β 平面近似,取 $f=f_0+\beta y$。

由式(4.3.8)的前两式消去 P,得到涡度方程

$$\frac{\partial}{\partial t}\left(\frac{\partial V}{\partial x}-\frac{\partial U}{\partial y}\right)+\beta V=0\tag{4.3.63}$$

由于已假设大气为水平无辐散的,故可引入流函数 ψ,满足

$$U=-\frac{\partial\psi}{\partial y},V=\frac{\partial\psi}{\partial x}\tag{4.3.64}$$

于是,式(4.3.63)可化为只含一个未知数的方程

$$\frac{\partial}{\partial t}\nabla^2\psi+\beta\frac{\partial\psi}{\partial x}=0\tag{4.3.65}$$

利用符号关系式

$$\frac{\partial}{\partial t}\leftrightarrow-\mathrm{i}\omega,\frac{\partial}{\partial x}\leftrightarrow+\mathrm{i}k,\nabla^2\leftrightarrow(\mathrm{i}k)^2+(\mathrm{i}m)^2\tag{4.3.66}$$

由式(4.3.65)可得到频散关系式

$$\omega=-\frac{\beta k}{k^2+m^2}\tag{4.3.67}$$

由此可得到 Rossby 波相速的 x 分量和 y 分量为

$$c_{px}=-\frac{\beta k^2}{(k^2+m^2)^2},c_{py}=-\frac{\beta km}{(k^2+m^2)^2}\tag{4.3.68}$$

然而,x 方向的 Rossby 波波速 c_x 和 y 方向的波速 c_y 却是

$$c_x = \frac{\omega}{k} = -\frac{\beta}{k^2+m^2}, c_y = -\frac{\beta k}{(k^2+m^2)m} \tag{4.3.69}$$

显见，$|c_x| \geqslant |c_{px}|$，$|c_y| \geqslant |c_{py}|$。Rossby 的群速分量为

$$c_{gx} = \frac{\beta(k^2-m^2)}{(k^2+m^2)^2}, c_{gy} = \frac{2\beta km}{(k^2+m^2)^2} \tag{4.3.70}$$

以上介绍的是静止基流中的二维 Rossby 波。若考虑一维的情况，则有相速 c_p 和群速 c_g 为

$$c_p = -\frac{\beta}{k^2}, c_g = \frac{\beta}{k^2} \tag{4.3.71}$$

式(4.3.71)表明：(1) 波动向西传播($c_p<0$)，而能量却朝东传播($c_g>0$)，两者方向相反；(2) 波动是频散波；(3) 波速很慢，例如取 $\beta \sim 2\times10^{-11}\ \text{m}^{-1}\cdot\text{s}^{-1}$，$L\sim10^6$ m，则 $c_p=-0.5\ \text{m}\cdot\text{s}^{-1}$。

2. *Rossby* 波形成的物理机制

为简单起见，我们利用水平无辐散涡度方程来定性地说明静止基流中的一维 Rossby 波形成的物理机制。由式(4.3.63)可得到一维线性涡度方程为

$$\frac{\partial\zeta}{\partial t} + \beta V = 0 \quad \left(\zeta = \frac{\partial V}{\partial x}\right) \tag{4.3.72}$$

假设初始时刻($t=0$)，只有谐波状分布的南北风

$$V = V_0 \cos kx \tag{4.3.73}$$

相对涡度 ζ 为

$$\zeta = -V_0 k \sin kx \tag{4.3.74}$$

从图 4.9 中可看到，在 AB 之间，$\zeta>0$，在 BC 之间 $\zeta<0$。我们利用方程(4.3.72)定性地说明初始时刻 V 的波状分布(如图中实线所示)必向西移动(如图中虚线所示)。

$t=0$ 时刻，B 点($x=0$)的风速为正，即 $V>0$。由式(4.3.72)知，由于 $\beta>0$，必有

$$\left.\frac{\partial\zeta}{\partial t}\right|_{x=0,t=0} < 0 \tag{4.3.75}$$

说明 B 点的涡度将减小。因为 $t=0$ 时 B 点的 ζ 等于零[由式(4.3.74)知]，所以下一时刻($t=\Delta t$)B 点的涡度将变为负值。在 B 点附近，只有右边的 B_1 处的 ζ 为负值，这就表明 B_1 处的运动状态(风速和涡度)将移动到 B 处。同理，可说明 B 点以外的任何一点的运动状态都将被其右侧的相应的状态所代替，也就是说波状分布将向西移动，这就形成了 Rossby 波。这里提醒大家注意，在 $t=\Delta t$ 时刻，B 点左侧的 B_2 点的运动状态是不可能移动到 B 点来的(这是与重力波既向左传又向右传是大不一样的)，否则将出现两项正值$\left(V>0, \frac{\partial\zeta}{\partial t}>0\right)$之和为零的错误。这就表明涡度方程对 Rossby 波具有约束作用。

另外，我们还可利用绝对涡度守恒和 β 效应来对 Rossby 波的形成进行定性说明。绝对涡度($\zeta_a=\zeta+f$)守恒在前面已介绍过，它可用方程表示为

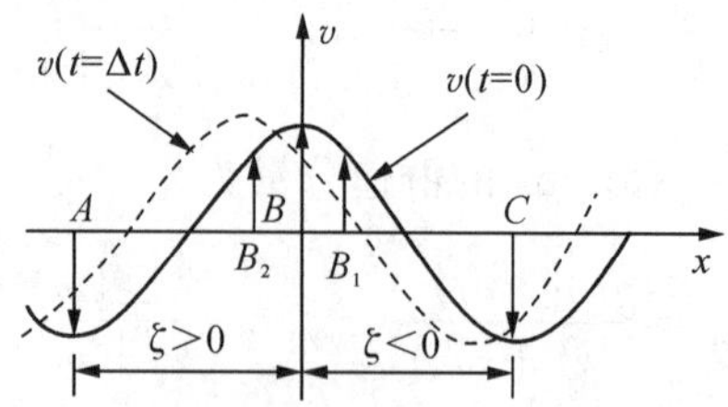

图 4.9　静止基流中 Rossby 波向西移动示意图

(实线为 $t=0$ 时的 V 分布,虚线为 $t=\Delta t$ 时的 V 分布)

$$\frac{\mathrm{d}}{\mathrm{d}t}(\zeta+f)=0 \tag{4.3.76}$$

实际上,在基本气流为静止流、一维、线性化、β 平面近似等假定下,式(4.3.76)可化为式(4.3.72)。

式(4.3.76)说明气块在运动过程中,相对涡度 ζ 的变化受到牵连涡度 f 的约束,即两项之和必须始终等于零。仍用图 4.9 来考虑。设初始时刻,B 点吹南风,由于北边的 f 比南边大($f=2\Omega\sin\phi$),故气块的 f 将变大(由于 β 效应),f 变大必定使相对涡度 ζ 变小(由于绝对涡度守恒)。ζ 变小就表明 B_1 点的涡度将代替 B 点的涡度。其他点处可同样说明。于是,涡度型向西移动,形成了 Rossby 波。(读者利用式(4.3.74)很容易绘出涡度型分布)

3. 西风基流中的 *Rossby* 波与静止波

在研究静止基流中的 Rossby 波时所做的三个假设不变的情况下,将静止基流改为均匀西风基流,即 $\bar{u}=$常数。我们可以利用闭合原始方程组(4.3.1)的第一和第二式,得到线性化的涡度方程

$$\frac{\partial\zeta}{\partial t}+\bar{u}\frac{\partial\zeta}{\partial x}+\beta v=0 \tag{4.3.77}$$

引进流函数 ψ,得到 ψ 的方程

$$\frac{\partial}{\partial t}\nabla^2\psi+\bar{u}\frac{\partial}{\partial x}\nabla^2\psi+\beta\frac{\partial\psi}{\partial x}=0 \tag{4.3.78}$$

利用符号关系式,可得到频散关系式

$$\omega=\bar{u}k-\frac{\beta k}{k^2+m^2} \tag{4.3.79}$$

对于一维 Rossby 波而言,式(4.3.79)可化为

$$\omega=\bar{u}k-\frac{\beta}{k} \tag{4.3.80}$$

由此可得到相速 c_p 为

$$c_p=\bar{u}-\frac{\beta}{k^2}=\bar{u}-\frac{\beta L^2}{4\pi^2} \tag{4.3.81}$$

通常称式(4.3.81)为正压 Rossby 波移动公式。与静止气流中的一维 Rossby 波的相速相比,式(4.3.81)多了一项 $\bar{u}$,这是因为现在研究的是在均匀西风基流 $\bar{u}$ 上叠加一个小扰动的缘故。

但相对于基流而言，两者相速均为$-\dfrac{\beta}{k^2}$。

在北半球中纬度西风带中，$\bar{u}$为正值，而$-\beta/k^2$为负值，在某一合适的波数k时，正负两项相消而使相速c_p等于零。这时，波动是静止的，不移动的，我们称其为静止波。在式(4.3.81)中，令$c_p=0$，从而可求得k，记为k_s，与其相应的波长L记为L_s。于是，静止波的波长公式为

$$L_s = 2\pi\sqrt{\frac{\bar{u}}{\beta}} \tag{4.3.82}$$

由此可知，静止波波长L_s与西风基流$\bar{u}$的平方根成正比，与β的平方根成反比。即风速越大，静止波越长；纬度越高(β越小)，静止波越长。在中高纬度，L_s约为5 000～6 000千米，沿纬圈的静止波大约有4或5个。

利用静止波波长公式，可改写正压Rossby波移动公式为

$$c_p = \frac{\beta}{4\pi^2}(L_s^2 - L^2) \tag{4.3.83}$$

比较波动的波长与静止波的波长，可将波动分为三类：

(1) 当$L<L_s$时，$c_p>0$，前进波；

(2) 当$L=L_s$时，$c_p=0$，静止波；

(3) 当$L>L_s$时，$c_p<0$，后退波。

当天气图上的槽脊的波长比L_s短时，其相速$c_p>0$，而且L越小，c_p越大。说明槽脊线将自西向东传播，而且小槽小脊东移快。

当$L>L_s$时，由水平无辐散假定而得到的Rossby波移动公式知，$c_p<0$，即波动将后退，而且波越长，倒退越厉害，这是与天气事实不符的。大量观测事实是，超长波(波长在万千米以上)要么呈准静止状态，要么自东向西缓慢移动，决不会倒退很厉害。这表明，对超长波来说，正压Rossby波移动公式失效。在后面我们将介绍有关超长波的知识，在此只指出一点，即水平散度项对$L<L_s$的波动来说，是小项，而对超长波却是大项，所以本小节一开始所作的水平无辐散假定对超长波来说是不再成立的了。这说明了一个很重要的问题，即大气运动的尺度不同，控制方程也应不同。这一点，过去曾一度由于理论上未搞清楚，造成了预报的失误。

下面我们讲一下正压Rossby波移动公式的应用。利用相速表达式(4.3.81)或(4.3.83)可以得到以下几点结论：(1) 在西风带中，基本气流$\bar{u}$大约为几十个(米/秒)，而相对于基流的相速$\left(-\dfrac{\beta}{k^2}\right)$却小于几个(米/秒)，所以Rossby波的相速$c_p$与基流$\bar{u}$很相近，也就是说槽脊线的移动速度与风速差不多，这与实际观测是吻合的。这就为运用风速来预报槽脊线的移动速度找到了理论依据。(2) 观测事实说明西风带中小槽小脊东移较快，这可从正压Rossby波移动公式(4.3.81)中得到解释。因为小槽小脊的L较小，于是正的减数$\bar{u}$与较小的被减数之差(即c_p)就大，且大于零，说明东移快。(3) 观测到全球存在几个半永久性的活动中心，例如阿留申低压、冰岛低压等，而一个纬圈约有几个静止波长L_s，这恰好表明这几个半永久性的活动中心与静止波相当。

4. *Rossby*波的频散和下游效应

由一维Rossby波的频散关系式(4.3.80)可求得群速为

$$c_g = \bar{u} + \frac{\beta}{k^2} \tag{4.3.84}$$

图 4.10 是相速 c_p、群速 c_g 与波长 L 的关系图。实线为相速，虚线为群速。横轴为波长 L，以静止波长 L_s 为单位，纵轴为速度，以基流 $\bar{u}$ 为单位。由图可见：(1) 不论 L 多大，群速总是正值（虚线在横轴上方），即能量总是从西向东传播。(2) 群速的虚弧线向上翘起，说明较短波的能量东移慢些。(3) 虚线总在实线的上方，说明能量东移比波动本身移动得快。(4) 实线向下垂，且在 $L=1$ 时与横轴相交，说明当波长 $L<L_s$ 时，较短波东移快，较长波则慢，波长达到 L_s 时，静止不移动。当波长 $L>L_s$ 时，实线在横轴下方，表示波动向西后退，且随 L 的增大后退速度越来越大，此时波动公式已失败，须另外讨论。

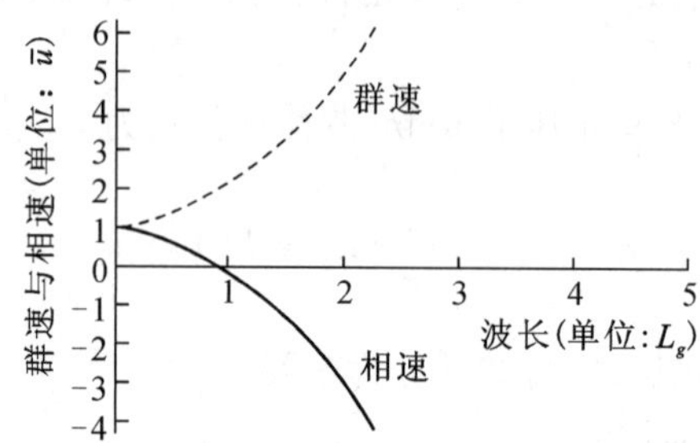

图 4.10　正压大气中，相速 c_p、群速 c_g 与波长的关系图

以上讨论表明，Rossby 波的群速与相速差别很大。由波动理论知道，此时的群波（或波组）在传播过程中要变形，发生频散。通常认为，大气中大尺度运动的演变过程即为 Rossby 波的频散过程。我们可用群速与相速之差与基流 $\bar{u}$ 之比来表示频散强度，这是一个无因次的量。利用前述的一维 Rossby 波的 c_p，c_g 和 L_s 的表达式，可得到频散强度的表示式为

$$\frac{c_g - c_p}{\bar{u}} = \frac{2L^2}{L_s^2} \tag{4.3.85}$$

由式(4.3.85)可看出以下两点：(1) 频散强度与波长 L 的平方成正比，表明大槽大脊频散强，变形厉害，而短波槽脊频散弱，维持时间长，不易变形。(2) 频散强度与纬度有关。因较低纬度的 L_s 小，因而频散强，而高纬 L_s 大，所以频散弱，系统易维持，故半永久性系统总在高纬。阻塞高压若出现在四、五十度，则很快就变形，若出现在七、八十度，则维持时间较长。

下面介绍下游效应（有人称上游效应）。

由相速和群速的表达式的比较或者由相速、群速与波长的关系图均可容易地看出，群速总是大于相速的。这说明 Rossby 波能量的传播总是快于波动的传播，使能量超前传播到槽脊的下游而使下游有新波产生或加强下游原有的槽脊，这种现象称为下游效应。

叶笃正(1988)首先用解析的方法计算了下游新波建立的过程。假设在均匀西风基流中的某处注入一个气旋性涡度源，这相当于在某经度上有槽生成和维持，则在此处的下游将形成新的波动。对应的数学问题为求解下述定解问题。波动方程为均匀西风基流中的水平无辐散涡度方程

$$\left(\frac{\partial}{\partial t} + \bar{u}\frac{\partial}{\partial x}\right)v + \beta v = 0 \tag{4.3.86}$$

初始条件为

$$v\big|_{t=0}=0(x\geqslant 0) \tag{4.3.87}$$

边界条件为

$$v\big|_{x=0}=0,\left.\frac{\partial v}{\partial x}\right|_{x=0}=\zeta_0=\text{常数}\quad (t\geqslant 0) \tag{4.3.88}$$

利用数学物理方法中的黎曼(Reimann)方法，最后求得

$$v(x,t)=\zeta_0\ \bar{u}\int_{t-x/\bar{u}}^{t}J_0\left(\sqrt{4\beta(t-\tau)[x-\bar{u}(t-\tau)]}\right)\mathrm{d}\tau \tag{4.3.89}$$

式中 J_0 为零阶 Bessel 函数。可以证明，当 $x\leqslant\bar{u}\,t$ 时，即涡源的影响已经到达的地方，式(4.3.89)有一个定常解

$$v(x,t)=\zeta_0 k^{-1}\sin kx\quad \left(k=\sqrt{\frac{\beta}{\bar{u}}}\right) \tag{4.3.90}$$

这表明，速度为$\bar{u}$的气块所经过的地区，扰动 v 呈现定常的正弦波动，它的波长恰为 Rossby 静止波长 L_s。

将式(4.3.89)用数值方法求出积分值，取$\bar{u}=11.6\ \mathrm{m\cdot s^{-1}}$，$\beta=1.62\times10^{-11}\ \mathrm{m^{-1}\cdot s^{-1}}$，则前三天的流线如图 4.11 所示。容易看出，在 $x=0$ 处注入气旋性涡度 ζ_0 之后 24 小时，下游便有脊发展起来，到了 48 小时，脊已建立起来，同时在脊的下游有槽新生出来。到 72 小时，新的槽已经成熟了。这就用数值计算结果从理论上说明了下游效应。而这种由于某种原因在某处有了气旋性涡度以后，在其下游逐渐形成一系列新的槽脊的现象，在大气中是经常出现的。

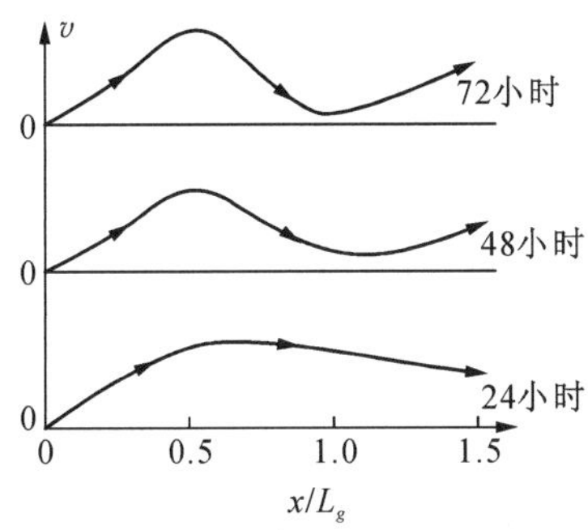

图 4.11　在固定点注入气旋性涡度，在平直西风上形成新波的过程

对斜压大气来说，情况更为复杂。研究表明，能量不仅向下游传播，有时还会向上游传播，这对于系统的发生、发展的预报是很重要的。限于篇幅，在此就不介绍了。

4.3.6　地形与 Rossby 波

前面讨论 Rossby 波问题时，并未考虑地形起伏不平的影响。而实际情况并不一定如此，例如青藏高原对大气运动起着很重要的作用。本节介绍大地形对于大尺度运动的影响。

如图 4.12 所示，为简单起见，设有辐散的涡度方程和连续方程为(有地形的浅水模式)

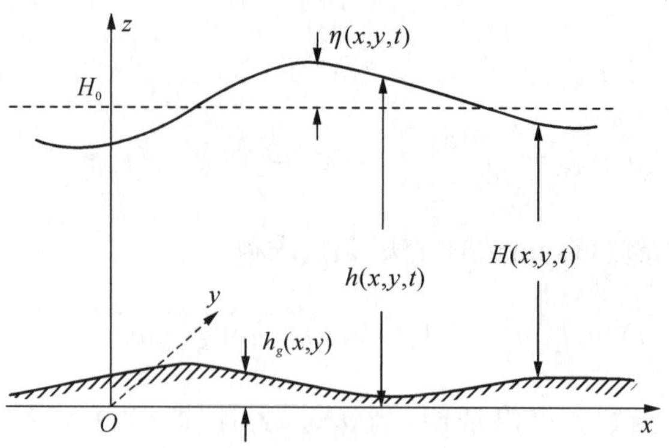

图 4.12　有地形的浅水模式

$$\frac{\partial \zeta}{\partial t}+u\frac{\partial \zeta}{\partial x}+v\frac{\partial \zeta}{\partial y}+f\left(\frac{\partial u}{\partial x}+\frac{\partial v}{\partial y}\right)+\beta v=0 \tag{4.3.91}$$

$$\frac{\partial H}{\partial t}+\frac{\partial}{\partial x}(uH)+\frac{\partial}{\partial y}(vH)=0 \tag{4.3.92}$$

式中：$H=h-h_g$ 为大气厚度；$h(x,y,t)$为大气自由面高度；$h_g(x,y)$为地形高度，设 $h_g \ll H_0$，H_0 为大气平均高度。设基本气流为零，采用小扰动假定，认为大气自由面高度对平均高度 H_0 的偏差 η 为小量：$\eta \ll H_0$。于是，方程(4.3.91)和(4.3.92)可线性化为

$$\frac{\partial \zeta}{\partial t}+f\left(\frac{\partial u}{\partial x}+\frac{\partial v}{\partial y}\right)+\beta v=0 \tag{4.3.93}$$

$$\frac{\partial \eta}{\partial t}+(H_0-h_g)\left(\frac{\partial u}{\partial x}+\frac{\partial v}{\partial y}\right)-u\frac{\partial h_g}{\partial x}-v\frac{\partial h_g}{\partial y}=0 \tag{4.3.94}$$

从式(4.3.94)中解出水平散度$\left(\frac{\partial u}{\partial x}+\frac{\partial v}{\partial y}\right)$，并将其代入式(4.3.93)中，得到

$$\frac{\partial \zeta}{\partial t}+\frac{f}{H_0-h_g}\left(-\frac{\partial \eta}{\partial t}+u\frac{\partial h_g}{\partial x}+v\frac{\partial h_g}{\partial y}\right)+\beta v=0 \tag{4.3.95}$$

利用地转近似，可将式(4.3.95)化为单一变量 η 的方程。为此，取

$$u=-\frac{g}{f}\frac{\partial \eta}{\partial y},v=\frac{g}{f}\frac{\partial \eta}{\partial x},\zeta=\frac{g}{f}\nabla^2\eta \tag{4.3.96}$$

将式(4.3.96)代入式(4.3.95)，并利用$\frac{1}{H_0-h_g}\approx\frac{1}{H_0}$，得到 η 的方程为

$$\left(\nabla^2-\frac{f^2}{gH_0}\right)\frac{\partial \eta}{\partial t}+\frac{f}{H_0}\left(\frac{\partial \eta}{\partial x}\frac{\partial h_g}{\partial y}-\frac{\partial \eta}{\partial y}\frac{\partial h_g}{\partial x}\right)+\beta\frac{\partial \eta}{\partial x}=0 \tag{4.3.97}$$

此为变系数的线性偏微分方程，很难求解。在简单情况下，例如可设$\frac{\partial h_g}{\partial x}$和$\frac{\partial h_g}{\partial y}$为常数，这样，式(4.3.97)为常系数的线性微分方程，可取波动形式解为

$$\eta(x,y,t) = A\mathrm{e}^{\mathrm{i}(kx+my-\omega t)} \tag{4.3.98}$$

利用$\nabla^2 \sim (\mathrm{i}k)^2 + (\mathrm{i}m)^2$等符号关系式，由式(4.3.97)可得到频散关系式

$$\omega = \frac{-\beta k - \dfrac{f}{H_0}\left(k\dfrac{\partial h_g}{\partial y} - m\dfrac{\partial h_g}{\partial x}\right)}{k^2 + m^2 + \lambda^2} \tag{4.3.99}$$

式中$\lambda^2 = \dfrac{f^2}{gH_0}$。我们由式(4.3.99)可看到，在频散关系式中包含两种作用，即β作用和地形作用。下面讨论两种特殊情况。

(1) 若不考虑地形作用，则式(4.3.99)化为

$$\omega = \frac{-\beta k}{k^2 + m^2 + \lambda^2} \tag{4.3.100}$$

在一维情况下，$m=0$，此时可得到波速c为

$$c = \frac{\omega}{k} = \frac{-\beta}{k^2 + \lambda^2} \tag{4.3.101}$$

此为有辐散作用的Rossby波速公式。

(2) 若不考虑β作用，则式(4.3.99)化为

$$\omega = \frac{-\dfrac{f}{H_0}\left(k\dfrac{\partial h_g}{\partial y} - m\dfrac{\partial h_g}{\partial x}\right)}{k^2 + m^2 + \lambda^2} \tag{4.3.102}$$

在一维情况下，波速c为

$$c = \frac{-\dfrac{f}{H_0}\dfrac{\partial h_g}{\partial y}}{k^2 + \lambda^2} \tag{4.3.103}$$

比较式(4.3.101)和(4.3.103)，显见这两个波速公式很相似。差别仅在于右端项的分子不同，前者为β，后者为$\dfrac{f}{H_0}\dfrac{\partial h_g}{\partial y}$。或者说，前一个波动是在地球的球面性引起的$\beta$作用下形成的，这就是Rossby波，而后一波动是在地形坡度引起的起伏作用下形成的。因此，通常把由于地形作用而形成的，与Rossby波相类似的波称为地形Rossby波。

思考题

1. 地球旋转对于波动的性质有何影响？
2. 小扰动法的基本思想是什么？其适用范围如何？
3. 什么是滤波？滤波的目的是什么？
4. 从物理上说明准地转近似或准水平无辐散近似可以滤去重力惯性波。
5. 群速度与相速度有何区别？何时两者一致？
6. 大气基本波动中，从最快的声波到最慢的Rossby波其形成过程中水平速度散度的作

用如何?

7. 上、下游效应的物理本质是什么?在天气预报中如何应用?

习　题

1. 设波动 $\psi=Ae^{i(\boldsymbol{k}\cdot\boldsymbol{x}-\omega t)}$,$\boldsymbol{k}=k_x\boldsymbol{i}+k_y\boldsymbol{j}+k_z\boldsymbol{n}$,$\boldsymbol{x}=x\boldsymbol{i}+y\boldsymbol{j}+z\boldsymbol{n}$。

试证:等位相面是平面,且与波数矢 $\boldsymbol{k}$ 垂直。

2. 在大气波动运动的研究中,常需考虑波增强或减弱的可能性。在这种情况下,可以假设解的形式为

$$\phi=Ae^{\alpha t}\cos(kx-vt-kx_0)$$

式中:A 为初始振幅;α 为振幅增长因子;x_0 为初位相。试证明这一表达式可以简明地写成

$$\phi=\mathrm{Re}\{Be^{ik(x-ct)}\}$$

这里的 B 和 c 都是复数。试用 A,α,k,v 和 x_0 确定 B 和 c 的实部和虚部。

3. 对均匀正压流体,考虑摩擦作用下的 Rossby 波的运动性质,运动方程及连续方程为

$$\frac{\mathrm{d}u}{\mathrm{d}t}-fv=-\frac{1}{\rho}\frac{\partial p}{\partial x}-\kappa u$$

$$\frac{\mathrm{d}v}{\mathrm{d}t}+fu=-\frac{1}{\rho}\frac{\partial p}{\partial y}-\kappa v$$

$$\frac{\partial u}{\partial x}+\frac{\partial v}{\partial y}=0$$

其中,κ 是摩擦系数,为常数。

(1) 推导仅存在纬向基本气流的线性涡度方程;

(2) Rossby 波运动的相速度及群速特征;

(3) 试分析这类波动的性质;

(4) 这类波动振幅衰减为初始值的 1/e 时所需的时间。

4. 讨论散度对大气长波移动的影响。假设厚度为 H 的均匀不可压缩的大气,方程组可写成

$$\frac{\mathrm{d}u}{\mathrm{d}t}-fv=-g\frac{\partial H}{\partial x}$$

$$\frac{\mathrm{d}v}{\mathrm{d}t}+fu=-g\frac{\partial H}{\partial y}$$

$$\frac{\partial H}{\partial t}+\frac{\partial(uH)}{\partial x}+\frac{\partial(vH)}{\partial y}=0$$

(1) 推导涡度方程。

(2) 假定 $u=\bar{u}+u'$,$v=v'$;$u',v'\ll\bar{u}$;$H=H_0+h$,$h\ll H_0$;同时,假定扰动速度与 y 无关,且扰动速度是准地转的,推导 Rossby 波运动的相速度。

(3) 讨论散度对大气长波移动的影响。

5. 取赤道 β 平面近似的浅水扰动方程组的形式为

$$\begin{cases}\dfrac{\partial u'}{\partial t}-\beta yv'=-\dfrac{\partial \varphi'}{\partial x}\\ \dfrac{\partial v'}{\partial t}+\beta yu'=-\dfrac{\partial \varphi'}{\partial y}\\ \dfrac{\partial \varphi'}{\partial t}+c_0^2\left(\dfrac{\partial u'}{\partial x}+\dfrac{\partial v'}{\partial y}\right)=0\end{cases}$$

进一步设 $v'=0$，$y\to\infty$ 时 $\varphi'\to 0$。此种情形下的波动为赤道开尔文波，试讨论该波动的性质。

参考文献

[1] 伍荣生，党人庆，余志豪，等. 动力气象学[M]. 上海：上海科学技术出版社，1983.

[2] 郭晓岚. 大气动力学 [M]. 南京：江苏科技出版社，1981.

[3] 伍荣生. 大气动力学[M]. 北京：气象出版社，1990.

[4] 叶笃正，李崇银，王必魁. 动力气象学[M]. 北京：科学出版社，1988.

第五章

线性动力稳定性理论

§5.1 动力稳定性概念

第四章我们着重讨论了大气中的重要波动的形成和传播性质，而在其讨论过程中，假定波动的振幅是不随时间发展变化的，而实际的大气中经常可以观测到，许多天气系统经常发生变化。例如，气旋或反气旋系统在三到四天内都有一个比较明显的发展过程，一些平直纬向流场在较短时间内可以发展成为较大的经向运动，而这些系统的发展都与系统的不稳定有关。

在日常生活中，经常遇到下面几种情形(图5.1,5.2)。

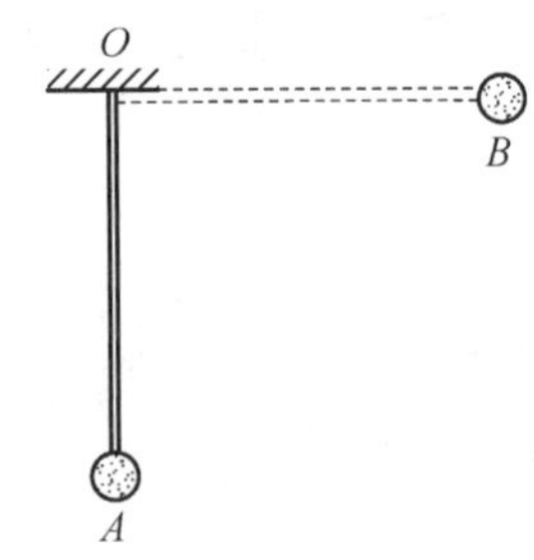

图5.1

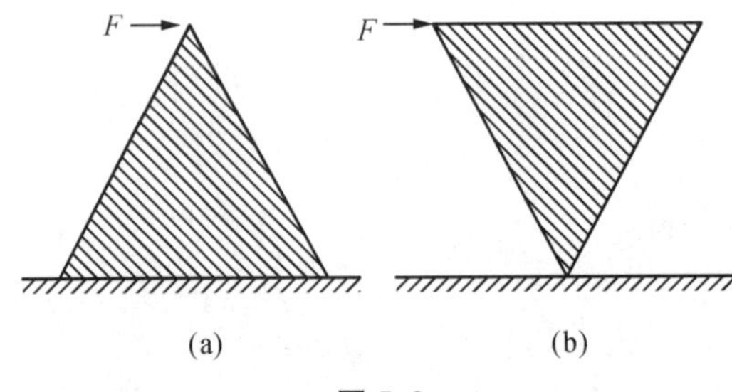

图5.2

在图5.1的单摆运动中，在位置A点，单摆受到扰动后，将会减少速度而逐渐恢复到原来的位置。而在B点，即使单摆受到非常小的扰动，单摆也将会离开原来的位置，故称单摆在B点是不稳定的，而在A点是稳定的。同样，在图5.2中的楔体，在状态(a)是稳定的，即受扰动不是很大时，楔体将保持原来的状态，而状态(b)是不稳定的。

如果一个扰动是随时间不断增长的，称扰动为发展的；如果扰动不随时间发生变化，称扰动是中性的；如果扰动随时间逐渐减弱，则称扰动是阻尼的。

大气运动的稳定性理论是流体运动稳定性理论的重要发展方向之一。关于流体动力稳定性研究从 Rayleigh 研究算起，至今有 100 多年的历史，其中心的问题是关于层流向湍流的过渡，一般认为湍流是层流不稳定产生的。

对于大气运动来说，存在某种定常状态，由于某种原因而受到微小扰动，在某些条件下如果扰动是随时间减小或不变化，称扰动是稳定的。相反，在某些条件下，扰动随时间增长，则称扰动是不稳定的。而实际讨论过程中，一般将大气波动认为是一种叠加在基本气流上的小扰动，所以扰动稳定性有时称为波动的稳定性或者基本状态稳定性。

大气动力稳定度一般分成线性理论和非线性理论。对于线性稳定性理论，一般采用标准模(Normal mode)的分析方法。

由于大气中的扰动在其初始阶段相对基本状态而言较小，因此稳定性问题可以用小扰动方法线性化后的方程来讨论之。此时，讨论的稳定性即为线性稳定性。稳定性问题其本质在数学上是一个初值问题，即考察扰动随时间的演变，然而由于扰动方程一般有齐次的边界条件，这样初值问题可化为本征值问题来考虑。

对于扰动方程，其单波解可设为

$$\phi = \Phi(y,z)\mathrm{e}^{\mathrm{i}(kx-\omega t)} = \Phi(y,z)\mathrm{e}^{\mathrm{i}k(x-ct)} \tag{5.1.1}$$

式中 k,ω,c 分别为波动的波数、频率、波速。一般来说，ω 和 c 可以是实数也可以是复数。

设

$$\begin{gathered}\omega = \omega_r + \mathrm{i}\omega_i \\ c = c_r + \mathrm{i}c_i\end{gathered} \tag{5.1.2}$$

相应有

$$\phi = \Phi(y,z)\mathrm{e}^{\omega_i t}\mathrm{e}^{\mathrm{i}(kx-\omega_r t)} = \Phi(y,z)\mathrm{e}^{kc_i t}\mathrm{e}^{\mathrm{i}k(x-c_r t)} \tag{5.1.3}$$

式中 $\Phi(y,z)\mathrm{e}^{\omega_i t}$ 或 $\Phi(y,z)\mathrm{e}^{kc_i t}$ 称为振幅。

显然，如果 $c_i>0(\omega_i>0)$，扰动振幅随时间呈指数增大，如果 $c_i<0(\omega_i<0)$，相应扰动振幅随时间呈指数衰减。由于复数总是成对出现，一般方程解是上述增长和衰减两部分的叠加结果，故称 $c_i\neq0(\omega_i\neq0)$ 的波动是不稳定的，$c_i=0(\omega_i=0)$ 的波动是稳定的。相应，$|\omega_i|$ 称为不稳定的增长率。对于不稳定波中，使 $|\omega_i|$ 达到极大值的波长称为最不稳定波长。

大气动力稳定度理论内容非常丰富，本章仅讨论其线性理论，具体讨论惯性不稳定、正压不稳定、斜压不稳定，其非线性的动力稳定度理论将在第十二章讨论。

§5.2 惯性不稳定

在层结大气中，垂直方向上满足静力平衡，由于某种原因，存在扰动使空气块偏离原来的垂直平衡位置，从而产生净的阿基米德浮力。如果空气块能返回原来的平衡位置，则称之为静力稳定。相反，如果远离原来的平衡位置，则称之为静力不稳定。静力不稳定是发生在垂直方向上的一种动力不稳定。

在水平方向是否存在与静力平衡类似的一种动力学稳定性？本节主要考察在水平方向上满足地转平衡的背景大气下，南北运动的空气块受柯氏力的作用，空气块能否返回原来的平衡位置的动力学性态。若大气对受扰动的气块的运动起限制作用，使气块返回原来的平衡位置，则称之为惯性稳定。如果大气对受扰动的气块起加速作用，使气块远离平衡位置，这种大气称为惯性不稳定。而气块在原来的平衡位置保持不变，则称之为中性。

为了简单起见，仅考虑正压大气且假设空气块运动不改变背景的位势场的分布。利用气块法讨论惯性不稳定特征。

设背景场位势高度满足地转平衡关系

$$\begin{aligned}\bar{u}(y) &= -\frac{1}{f_0}\frac{\partial \Phi}{\partial y} = -\frac{1}{f_0}\frac{\partial \phi}{\partial y} \\ \frac{\partial \bar{\phi}}{\partial x} &= \frac{\partial \phi}{\partial x} = 0\end{aligned} \tag{5.2.1}$$

考察$\bar{u}(y)$在什么样的分布下是惯性不稳定的。

相应空气块的运动方程可写成

$$\begin{cases}\dfrac{du}{dt} - f_0 v = 0 \\ \dfrac{dv}{dt} + f_0 u = f_0 \bar{u}\end{cases} \tag{5.2.2}$$

式中：u, v为空气块的水平风速；$\bar{u}$为背景场地转流。在下述讨论中设柯氏参数f_0为常数。

设初始时刻在$y=y_0$处，有一随基本流一起移动的气块。假设气块在与基本流垂直方向上的位移为δy，相应在$y_0+\delta y$的基本流场风速为

$$\bar{u}(y_0 + \delta y) = \bar{u}(y_0) + \frac{\partial \bar{u}}{\partial y}\delta y \tag{5.2.3}$$

由式(5.2.2)中第一式可知

$$\frac{du}{dt} = f_0 \frac{dy}{dt} \tag{5.2.4}$$

积分，有

$$u = u_0 + f_0 \delta y = \bar{u}(y_0) + f_0 \delta y \tag{5.2.5}$$

式中u_0为气块在y_0处的速度，等于基本流速$\bar{u}(y_0)$。

由式(5.2.2)中第二式及式(5.2.5)可知

$$\frac{dv}{dt} = f_0 \bar{u} - f_0 u = f_0\left(\bar{u}(y_0) + \frac{\partial \bar{u}}{\partial y}\delta y\right) - f_0(\bar{u}(y_0) + f_0 \delta y) = -f_0\left(f_0 - \frac{\partial \bar{u}}{\partial y}\right)\delta y \tag{5.2.6}$$

而
$$v = \frac{d}{dt}\delta y$$

相应有

$$\frac{d^2}{dt^2}\delta y = -f_0\left(f_0 - \frac{\partial \bar{u}}{\partial y}\right)\delta y \tag{5.2.7}$$

如果设$I^2 = f_0\left(f_0 - \dfrac{\partial \bar{u}}{\partial y}\right)$，式(5.2.7)可写成

$$\frac{d^2}{dt^2}\delta y = -I^2\delta y \tag{5.2.8}$$

式(5.2.8)为标准的一类振动方程。其中，I^2 称为有水平切变的惯性频率，它与静力平衡大气中的 Brunt-Väisälä 浮力频率相类似。

因此，受扰动的气块的运动特征，能否返回原来的平衡位置，仅取决于 I^2 的符号特征。对于北半球 $f_0>0$，I^2 的符号取决于$\left(f_0-\frac{\partial \bar{u}}{\partial y}\right)$的大小。由式(5.2.8)可得惯性稳定性判据。

对于北半球，有

$$f_0-\frac{\partial \bar{u}}{\partial y}\begin{cases}>0 & \text{惯性稳定}\\ =0 & \text{中性}\\ <0 & \text{惯性不稳定}\end{cases} \tag{5.2.9}$$

由式(5.2.9)可知，惯性稳定度跟垂直方向绝对涡度有关。对于大尺度运动，绝对涡度的垂直分量一般为正，所以大尺度运动一般来说是惯性稳定的，而惯性不稳定一般只能在急流切变区域或低纬区域才能出现。

§5.3　正压不稳定

在大气运动中，由于 β 项的作用，可以形成 Rossby 波，而 Rossby 波叠加在一个基本流场上其稳定性如何？稳定性与基本流场的分布有何关系？

如果扰动处于不稳定，其发展需要能量维持。大气运动能量主要来自非绝热加热、基本气流的动能变化、大气内能或位能的释放。而对于短期天气尺度运动，非绝热加热一般无决定性作用，它必须转换成内能或动能才能直接影响大气运动。

对于正压大气，其基本气流仅为纬向函数，即 $\bar{u}=\bar{u}(y)$，故它没有位能释放，扰动发展的能量只能来自基本气流的动能。所以对于正压大气，正压基本气流提供能量给扰动，使扰动得到不稳定的发展，这种不稳定称为正压不稳定。

正压水平无辐散的准地转涡度方程为

$$\left(\frac{\partial}{\partial t}+u\frac{\partial}{\partial x}+v\frac{\partial}{\partial y}\right)(f+\zeta)=0 \tag{5.3.1}$$

$$\frac{\partial u}{\partial x}+\frac{\partial v}{\partial y}=0 \tag{5.3.2}$$

线性化式(5.3.1,5.3.2)

$$\begin{aligned} u &= \bar{u}(y)+u'(x,y,t)\\ v &= v'(x,y,t)\\ \zeta &= \bar{\zeta}+\zeta' \end{aligned} \tag{5.3.3}$$

其中

$$\bar{\zeta}=-\frac{\partial \bar{u}}{\partial y},\ \zeta'=\frac{\partial v'}{\partial x}-\frac{\partial u'}{\partial y} \tag{5.3.4}$$

利用方程(5.3.2,5.3.3)，引入扰动流函数 ψ，则有

$$u' = -\frac{\partial \psi}{\partial y}, v' = \frac{\partial \psi}{\partial x} \tag{5.3.5}$$

将式(5.3.3,5.3.5)代入式(5.3.1),可得

$$\left(\frac{\partial}{\partial t} + \bar{u}\frac{\partial}{\partial x}\right)\nabla^2\psi + \left(\beta - \frac{\partial^2 \bar{u}}{\partial y^2}\right)\frac{\partial \psi}{\partial x} = 0 \tag{5.3.6}$$

式(5.3.6)即为线性化的涡度方程,可用来讨论叠加在正压基本气流上 Rossby 波的稳定性问题。然而,由于$\bar{u}$是 y 的函数,方程(5.3.6)是一个变系数的偏微分方程,难以直接求解。下面利用标准模方法,将式(5.3.6)变成一个关于求解特征值的问题,利用相速 c 是复数的条件,讨论正压大气稳定性问题。

为了简化问题起见,运动被限制于 $y=y_1, y=y_2$ 的两个刚壁之间。设在刚壁 y_1, y_2 处没有扰动存在,即 $v'(x,y_1,t)=v'(x,y_2,t)=u'(x,y_1,t)=u'(x,y_2,t)=0$。因此,可给出方程(5.3.6)的 y 方向的边界条件

$$y = y_1, y_2 \quad \psi = 0 \tag{5.3.7}$$

而 x 方向为周期条件,相应可设式(5.3.6)的解为

$$\psi = \phi(y)e^{ik(x-ct)} \tag{5.3.8}$$

将式(5.3.8)代入式(5.3.6),可得

$$(\bar{u} - c)\left(\frac{d^2\phi}{dy^2} - k^2\phi\right) + \left(\beta - \frac{\partial^2 \bar{u}}{\partial y^2}\right)\phi = 0 \tag{5.3.9}$$

对于讨论稳定性问题,可令$\bar{u}-c\neq 0$。因此,式(5.3.9)可写成

$$\frac{d^2\phi}{dy^2} - \left(k^2 - \frac{\beta - \dfrac{\partial^2 \bar{u}}{\partial y^2}}{\bar{u} - c}\right)\phi = 0 \tag{5.3.10}$$

相应此方程边界条件为

$$y = y_1, y_2 \qquad \phi = 0 \tag{5.3.11}$$

对于讨论稳定性问题,设

$$c = c_r + ic_i \tag{5.3.12}$$

$$\phi = \phi_r + i\phi_i \tag{5.3.13}$$

设 ϕ 的共轭量为 ϕ^*,ϕ^* 可表示为

$$\phi^* = \phi_r - i\phi_i \tag{5.3.14}$$

由式(5.3.13,5.3.14),可得

$$\phi\phi^* = |\phi|^2 = \phi_r^2 + \phi_i^2 \tag{5.3.15}$$

将式(5.3.10)两边乘以 ϕ^*,再对方程从 y_1 到 y_2 对 y 积分,利用边界条件式(5.3.11)及式(5.3.15),经分部积分可得

$$\int_{y_1}^{y_2}\left(\left|\frac{\mathrm{d}\phi}{\mathrm{d}y}\right|^2+k^2\mid\phi\mid^2\right)\mathrm{d}y=\int_{y_1}^{y_2}\left(\frac{\beta-\dfrac{\partial^2\bar{u}}{\partial y^2}}{\bar{u}-c}\right)\mid\phi\mid^2\mathrm{d}y \tag{5.3.16}$$

由于

$$\frac{1}{\bar{u}-c}=\frac{(\bar{u}-c_r)+\mathrm{i}c_i}{\mid\bar{u}-c\mid^2} \tag{5.3.17}$$

利用式(5.3.17),将式(5.3.16)实部、虚部分离可得

$$\int_{y_1}^{y_2}\left(\left|\frac{\mathrm{d}\phi}{\mathrm{d}y}\right|^2+k^2\mid\phi\mid^2\right)\mathrm{d}y=\int_{y_1}^{y_2}\frac{(\bar{u}-c_r)\left(\beta-\dfrac{\partial^2\bar{u}}{\partial y^2}\right)}{\mid\bar{u}-c\mid^2}\mid\phi\mid^2\mathrm{d}y \tag{5.3.18}$$

$$c_i\int_{y_1}^{y_2}\frac{\beta-\dfrac{\partial^2\bar{u}}{\partial y^2}}{\mid\bar{u}-c\mid^2}\mid\phi\mid^2\mathrm{d}y=0 \tag{5.3.19}$$

如果扰动为不稳定,则必须满足 $c_i\neq0$。由式(5.3.19)可知,必须满足

$$\int_{y_1}^{y_2}\frac{\beta-\dfrac{\partial^2\bar{u}}{\partial y^2}}{\mid\bar{u}-c\mid^2}\mid\phi\mid^2\mathrm{d}y=0 \tag{5.3.20}$$

由于式中$|\bar{u}-c|^2$和$|\phi|^2$均为正值,由第一中值定理(罗尔定理)可知,在 y_1,y_2 存在一点 y_c,使$\beta-\dfrac{\partial^2\bar{u}}{\partial y^2}$在此变号,或可写成

$$\beta-\frac{\partial^2\bar{u}}{\partial y^2}\bigg|_{\substack{y=y_c\\ y_c\in(y_1,y_2)}}=\frac{\mathrm{d}}{\mathrm{d}y}\left(f-\frac{\partial\bar{u}}{\partial y}\right)\bigg|_{\substack{y=y_c\\ y_c\in(y_1,y_2)}}=0 \tag{5.3.21}$$

式(5.3.21)表明,在 y_1,y_2 之间存在一点 y_c,在 y_c 点绝对涡度的梯度为零,在其两侧绝对涡度的梯度符号相异,即绝对涡度存在极值。所以,在水平切变的基本流中,在某种条件下出现扰动,扰动发展与否取决于基本流的分布特征。如果基本流满足式(5.3.21),则扰动有发展的可能,即有可能出现不稳定。但这个条件是必要条件,即满足式(5.3.21)并不能保证 $c_i\neq0$,并不是充分条件。但如果不满足式(5.3.21),则扰动一定是正压稳定的。有时称式(5.3.21)为正压不稳定的第一必要条件。

在流体力学中,不计β作用,式(5.3.21)可简化为

$$\frac{\partial^2\bar{u}}{\partial y^2}\bigg|_{\substack{y=y_c\\ y_c\in(y_1,y_2)}}=0 \tag{5.3.22}$$

这个条件首先由 Rayleigh 提出,故称为 Rayleigh 不稳定条件。

由式(5.3.21,5.3.22)可知,无论是正压不稳定或 Rayleigh 不稳定,基流存在水平切变是必不可少的条件。当基本气流取常数时,扰动为正压稳定的。同样,当基本流满足式(5.3.22),不计β作用,扰动可能是不稳定的。但当考虑β作用时,由于β不一定为零,故式(5.3.21)不一定能够满足,扰动不稳定不一定能够出现,从此可看出β对不稳定性的影响。

利用式(5.3.20),可将式(5.3.18)写成

$$\int_{y_1}^{y_2}\left(\left|\frac{\mathrm{d}\phi}{\mathrm{d}y}\right|^2+k^2\mid\phi\mid^2\right)\mathrm{d}y=\int_{y_1}^{y_2}\frac{\bar{u}\left(\beta-\dfrac{\partial^2\bar{u}}{\partial y^2}\right)}{\mid\bar{u}-c\mid^2}\mid\phi\mid^2\mathrm{d}y \tag{5.3.23}$$

由于式(5.3.23)左端均为正值,所以当$\bar{u}$与$\left(\beta-\dfrac{\partial^2\bar{u}}{\partial y^2}\right)$在 y_1 和 y_2 区间内积分大于零是满足该式成立的必要条件,此条件称为正压大气的 Fjörtoft 定理,这是正压不稳定需满足的第二必要条件。如果 Fjörtoft 定理不满足,正压扰动仍是稳定的。

对于正压不稳定的扰动,其振幅增长率 c_i 及波动相速 c_r 需要满足一定的约束关系。

设存在函数 F,使

$$\phi=(\bar{u}-c)F \tag{5.3.24}$$

将式(5.3.24)代入式(5.3.10),可以得到

$$\frac{\mathrm{d}}{\mathrm{d}y}\left[(\bar{u}-c)^2\frac{\mathrm{d}F}{\mathrm{d}y}\right]-k^2(\bar{u}-c)^2F+\beta(\bar{u}-c)F=0 \tag{5.3.25}$$

由于存在扰动不稳定,c 为复数,因此 F 亦为复数。设其共轭复数为 F^*,将式(5.3.25)两边同乘以 F^* 并对 y 从 y_1 到 y_2 积分,利用边界条件式(5.3.11)及分部积分可得

$$\int_{y_1}^{y_2}Q(\bar{u}-c)^2\mathrm{d}y=\int_{y_1}^{y_2}\beta(\bar{u}-c)\mid F\mid^2\mathrm{d}y \tag{5.3.26}$$

其中

$$Q=k^2\mid F\mid^2+\left|\frac{\mathrm{d}F}{\mathrm{d}y}\right|^2 \tag{5.3.27}$$

将式(5.3.26)中实、虚部分离,则有

$$\int_{y_1}^{y_2}Q[(\bar{u}-c_r)^2-c_i^2]\mathrm{d}y=\int_{y_1}^{y_2}\beta(\bar{u}-c_r)\mid F\mid^2\mathrm{d}y \tag{5.3.28}$$

$$c_i\left[\int_{y_1}^{y_2}Q(\bar{u}-c_r)\mathrm{d}y-\frac{1}{2}\int_{y_1}^{y_2}\beta\mid F\mid^2\mathrm{d}y\right]=0 \tag{5.3.29}$$

对于不稳定扰动,必有 $c_i\neq0$,故由式(5.3.29),必有

$$\int_{y_1}^{y_2}\bar{u}Q\mathrm{d}y=\int_{y_1}^{y_2}\left(c_rQ+\frac{1}{2}\beta\mid F\mid^2\right)\mathrm{d}y \tag{5.3.30}$$

对于式(5.3.28)中

$$(\bar{u}-c_r)^2-c_i^2=\bar{u}^2+(c_r^2-c_i^2)-2\bar{u}c_r \tag{5.3.31}$$

利用式(5.3.30,5.3.31),可将式(5.3.28)改写成

$$\int_{y_1}^{y_2}\bar{u}^2Q\mathrm{d}y=\int_{y_1}^{y_2}(c_r^2+c_i^2)Q\mathrm{d}y+\int_{y_1}^{y_2}\beta\bar{u}\mid F\mid^2\mathrm{d}y \tag{5.3.32}$$

对于区域(y_1,y_2)内、基本流$\bar{u}(y)$,其最大值为$\bar{u}_{\max}$,最小值为$\bar{u}_{\min}$,相应有

$$(\bar{u}-\bar{u}_{\max})(\bar{u}-\bar{u}_{\min})\leqslant0 \tag{5.3.33}$$

利用 $Q\geqslant 0$，则有

$$\int_{y_1}^{y_2}(\bar{u}-\bar{u}_{\max})(\bar{u}-\bar{u}_{\min})Q\mathrm{d}y\leqslant 0 \tag{5.3.34}$$

方便讨论，引入

$$\begin{aligned}\overline{U}&=\frac{1}{2}(\bar{u}_{\max}+\bar{u}_{\min})\\ \Delta\overline{U}&=\frac{1}{2}(\bar{u}_{\max}-\bar{u}_{\min})\end{aligned} \tag{5.3.35}$$

且有

$$|\overline{U}-\bar{u}|\leqslant\Delta\overline{U} \tag{5.3.36}$$

利用式(5.3.30，5.3.32)，可将式(5.3.34)写成

$$\begin{aligned}&\int_{y_1}^{y_2}(\bar{u}^2-2\overline{U}\bar{u}+\bar{u}_{\max}\bar{u}_{\min})Q\mathrm{d}y=\\ &\int_{y_1}^{y_2}(c_r^2+c_i^2-2\overline{U}c_r+\bar{u}_{\max}\bar{u}_{\min})Q\mathrm{d}y+\int_{y_1}^{y_2}\beta(\bar{u}-\overline{U})|F|^2\mathrm{d}y\leqslant 0\end{aligned} \tag{5.3.37}$$

式(5.3.37)可进一步整理为

$$\begin{aligned}&\int_{y_1}^{y_2}[(c_r-\overline{U})^2+c_i^2]Q\mathrm{d}y\leqslant\int_{y_1}^{y_2}(\overline{U}^2-\bar{u}_{\max}\bar{u}_{\min})Q\mathrm{d}y+\int_{y_1}^{y_2}\beta(\overline{U}-\bar{u})|F|^2\mathrm{d}y\leqslant\\ &\int_{y_1}^{y_2}(\Delta\overline{U})^2Q\mathrm{d}y+\int_{y_1}^{y_2}\beta\Delta\overline{U}|F|^2\mathrm{d}y\end{aligned} \tag{5.3.38}$$

利用积分中值定理，可得

$$(c_r-\overline{U})^2+c_i^2\leqslant(\Delta\overline{U})^2+\beta\Delta\overline{U}I^2 \tag{5.3.39}$$

其中

$$I^2=\frac{\int_{y_1}^{y_2}|F|^2\mathrm{d}y}{\int_{y_1}^{y_2}Q\mathrm{d}y} \tag{5.3.40}$$

I^2 为正值。

利用 Poincáre 不等式

$$\int_{y_1}^{y_2}|F|^2\mathrm{d}y\leqslant\frac{d^2}{\pi^2}\int_{y_1}^{y_2}\left|\frac{\mathrm{d}F}{\mathrm{d}y}\right|^2\mathrm{d}y \tag{5.3.41}$$

其中 $d=y_1-y_2$。

这样，式(5.3.39)可写成

$$(c_r-\overline{U})^2+c_i^2\leqslant(\Delta\overline{U})^2+\frac{\beta\Delta\overline{U}}{k^2+\left(\frac{\pi}{d}\right)^2}\leqslant\left[\Delta\overline{U}+\frac{\beta}{2\left(k^2+\left(\frac{\pi}{d}\right)^2\right)}\right]^2=R^2 \tag{5.3.42}$$

即有

$$(c_r - \overline{U})^2 + c_i^2 \leqslant R^2 \tag{5.3.43}$$

这样，扰动的相速 c_r 及振幅增长率 c_i 在复数 c 的平面上，必须满足式(5.3.43)的圆方程的约束。Howard 首先指出 c_r 和 c_i 均落在半圆范围内这种约束，称之为 Howard 半圆定理。

利用式(5.3.30，5.3.41)，可得 c_r 大小的估计范围，即由式(5.3.43)，可知在图 5.3 中，阴影区域为 c_r 不可取值的区域。

$$\bar{u}_{\min} - \frac{\beta}{2\left[k^2 + \left(\frac{\pi}{d}\right)^2\right]} \leqslant c_r \leqslant \bar{u}_{\max} \tag{5.3.44}$$

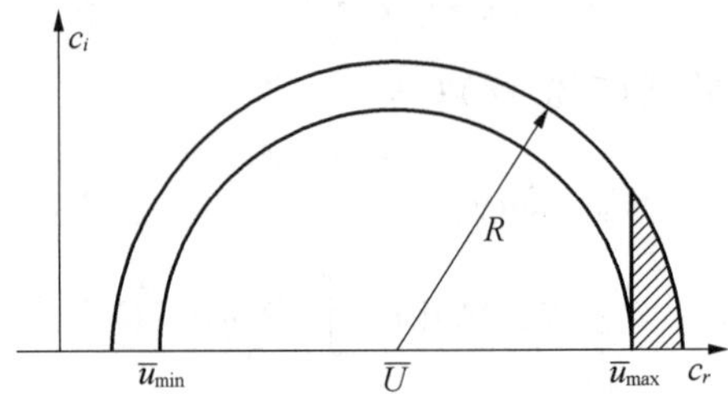

图 5.3　半圆定理示意图

§5.4　斜压不稳定：连续模式

上一节讨论了正压大气中波动的不稳定发展问题。正压性的基本气流 $\bar{u} = \bar{u}(y)$ 及其水平切变决定了扰动的不稳定性。事实上，基本气流除存在水平切变外，还可能存在垂直切变。即 $\bar{u} = \bar{u}(y, z)$，由热成风原理，风速随高度的变化跟存在温度的水平梯度有关，这是大气斜压性的特征，故 $\bar{u} = \bar{u}(y, z)$ 称为斜压性基本流。当水平基本流仅与高度有关，即 $\bar{u} = \bar{u}(z)$，称之为纯斜压的基本流。本节将着重讨论在基本流 $\bar{u} = \bar{u}(y, z)$ 上的扰动的动力稳定问题，即斜压不稳定问题。在斜压大气中，斜压的基本气流提供给扰动能量，使扰动得到不稳定发展，这种动力不稳定称为斜压不稳定。显然，斜压不稳定的扰动发展所需要的能量，除了基本流水平切变动能提供能量外，还可通过斜压位能的释放提供。而正压不稳定扰动发展的能量仅通过基本气流水平切变动能提供。斜压不稳定的动力学问题要较正压不稳定问题复杂，下面分别用连续模式和两层模式作介绍。

由第三章可知，准地转运动 β 平面中位势涡度的守恒原理为

$$\left(\frac{\partial}{\partial t} + \frac{\partial \psi}{\partial x}\frac{\partial}{\partial y} - \frac{\partial \psi}{\partial y}\frac{\partial}{\partial x}\right)q = 0 \tag{5.4.1}$$

式中 $q = \nabla^2 \psi + \frac{f_0^2}{\rho_s}\frac{\partial}{\partial z}\left(\frac{\rho_s}{N^2}\frac{\partial \psi}{\partial z}\right) + \beta y + f_0$，$N^2$ 为浮力频率，∇^2 为水平拉普拉斯算符。

将式(5.4.1)线性化，即令

$$\begin{aligned}
\psi &= \overline{\psi}(y,z) + \psi'(x,y,z,t) \\
u &= \bar{u} + u' = -\left(\frac{\partial \overline{\psi}}{\partial y} + \frac{\partial \psi'}{\partial y}\right) \\
v &= \frac{\partial \psi'}{\partial x} \\
q &= \overline{q}(y,z) + q'(x,y,z,t)
\end{aligned} \tag{5.4.2}$$

式中带撇号为扰动量(下面略去撇号)。将式(5.4.2)代入式(5.4.1),略去二阶量,可得线性化位涡方程

$$\left(\frac{\partial}{\partial t} + \bar{u}\frac{\partial}{\partial x}\right)q + \frac{\partial \psi}{\partial x}\frac{\partial \overline{q}}{\partial y} = 0 \tag{5.4.3}$$

其中

$$\begin{aligned}
q &= \frac{\partial^2 \psi}{\partial x^2} + \frac{\partial^2 \psi}{\partial y^2} + \frac{f_0^2}{\rho_s}\frac{\partial}{\partial z}\left(\frac{\rho_s}{N^2}\frac{\partial \psi}{\partial z}\right) \\
\overline{q} &= \frac{\partial^2 \overline{\psi}}{\partial y^2} + \beta y + \frac{f_0^2}{\rho_s}\frac{\partial}{\partial z}\left(\frac{\rho_s}{N^2}\frac{\partial \overline{\psi}}{\partial z}\right)
\end{aligned} \tag{5.4.4}$$

式中$\overline{q}$为平均基流的位势涡度。

与上一节讨论正压不稳定类似,设扰动在水平方向上仅出现在某一区域内,例如在(y_1,y_2)区域,且不存在穿越边界的流动。这样,在水平方向有边界条件为

$$y = y_1, y_2 \quad \frac{\partial \psi}{\partial x} = 0 \tag{5.4.5}$$

在垂直方向上,设下边界为平坦地形,即无地形抬升作用,也即 $z=0, w=0$。利用绝热方程(1.5.66),经线性化可得

$$z = 0, \left(\frac{\partial}{\partial t} + \bar{u}\frac{\partial}{\partial x}\right)\frac{\partial \psi}{\partial z} - \frac{\partial \bar{u}}{\partial z}\frac{\partial \psi}{\partial x} = 0 \tag{5.4.6}$$

在大气的上边界,可假设为无质量的逃逸及扰动,即

$$z \to \infty, \lim_{z\to\infty}\int_{y_1}^{y_2} \rho_s \overline{w\psi}\,\mathrm{d}y = 0 \tag{5.4.7}$$

式(5.4.6,5.4.7)构成了式(5.4.4)的 z 方向的边界条件。

与上一节类似,为了讨论斜压不稳定,可令

$$\psi = \phi(y,z)\mathrm{e}^{ik(x-ct)} \tag{5.4.8}$$

式中 c 为相速度,一般情况下为复数。相应地,ϕ 一般也为复数。

将式(5.4.8)代入式(5.4.3),可得

$$(\bar{u} - c)\left[\frac{\partial^2 \phi}{\partial y^2} - k^2\phi + \frac{f_0^2}{\rho_s}\frac{\partial}{\partial z}\left(\frac{\rho_s}{N^2}\frac{\partial \phi}{\partial z}\right)\right] + \phi\frac{\partial \overline{q}}{\partial y} = 0 \tag{5.4.9}$$

相应的边界条件可写成

$$y=y_1,y_2 \quad \phi=\phi^*=0 \tag{5.4.10}$$

$$z=0 \quad (\bar{u}-c)\frac{\partial\phi}{\partial z}-\frac{\partial\bar{u}}{\partial z}\phi=0 \tag{5.4.11}$$

$$z\to\infty \quad \lim_{z\to\infty}\int_{y_1}^{y_2}|\phi|^2\mathrm{d}y=0 \tag{5.4.12}$$

对于方程(5.4.9)直接求解是困难的。同样,可设 c 为复数,根据 c 的虚部 c_i 的特征来判断波动的发展特征。

当 c 为复数,$c_i\neq0$,设 $\bar{u}-c\neq0$(即考虑非临界情况),将方程(5.4.9)两边除以 $\bar{u}-c$,即得

$$\frac{\partial^2\phi}{\partial y^2}-k^2\phi+\frac{f_0^2}{\rho_s}\frac{\partial}{\partial z}\left(\frac{\rho_s}{N^2}\frac{\partial\phi}{\partial z}\right)+\frac{1}{\bar{u}-c}\frac{\partial\bar{q}}{\partial y}\phi=0 \tag{5.4.13}$$

式(5.4.13)两边乘以 $\rho_s\phi^*$,且对 $y=y_1,y_2,z=0,\infty$ 范围内积分,利用边界条件(5.4.10～5.4.12),可得

$$\int_{y_1}^{y_2}\mathrm{d}y\int_0^\infty\left(\rho_s\left|\frac{\partial\phi}{\partial y}\right|^2+\rho_sk^2|\phi|^2+\rho_s\frac{f_0^2}{N^2}\left|\frac{\partial\phi}{\partial z}\right|^2\right)\mathrm{d}z-$$

$$\int_0^\infty\int_{y_1}^{y_2}\rho_s\frac{|\phi|^2}{\bar{u}-c}\frac{\partial\bar{q}}{\partial y}\mathrm{d}y\mathrm{d}z-\int_{y_1}^{y_2}\rho_s\frac{f_0^2}{N^2}\frac{|\phi|^2}{\bar{u}-c}\frac{\partial\bar{u}}{\partial z}\bigg|_{z=0}\mathrm{d}y=0 \tag{5.4.14}$$

分解式(5.4.14)的虚、实部,可得

$$c_i\left[\int_{y_1}^{y_2}\rho_s\frac{f_0^2}{N^2}\frac{|\phi|^2}{|\bar{u}-c|^2}\frac{\partial\bar{u}}{\partial z}\bigg|_{z=0}\mathrm{d}y-\int_0^\infty\int_{y_1}^{y_2}\rho_s\frac{|\phi|^2}{|\bar{u}-c|^2}\frac{\partial\bar{q}}{\partial y}\mathrm{d}y\mathrm{d}z\right]=0 \tag{5.4.15}$$

$$\int_0^\infty\int_{y_1}^{y_2}\rho_s\left(\left|\frac{\partial\phi}{\partial y}\right|^2+k^2|\phi|^2+\frac{f_0^2}{N^2}\left|\frac{\partial\phi}{\partial z}\right|^2\right)\mathrm{d}y\mathrm{d}z$$

$$=\int_0^\infty\int_{y_1}^{y_2}\rho_s\frac{|\phi|^2}{|\bar{u}-c|^2}(\bar{u}-c_r)\frac{\partial\bar{q}}{\partial y}\mathrm{d}y\mathrm{d}z-\int_{y_1}^{y_2}\rho_s\frac{f_0^2}{N^2}\frac{|\phi|^2}{|\bar{u}-c|^2}(\bar{u}-c_r)\frac{\partial\bar{u}}{\partial z}\bigg|_{z=0}\mathrm{d}y \tag{5.4.16}$$

对于不稳定,由于 $c_i\neq0$,由式(5.4.15)可知

$$\int_{y_1}^{y_2}\rho_s\frac{f_0^2}{N^2}\frac{|\phi|^2}{|\bar{u}-c|^2}\frac{\partial\bar{u}}{\partial z}\bigg|_{z=0}\mathrm{d}y=\int_0^\infty\int_{y_1}^{y_2}\frac{\rho_s|\phi|^2}{|\bar{u}-c|^2}\frac{\partial\bar{q}}{\partial y}\mathrm{d}y\mathrm{d}z \tag{5.4.17}$$

这样,可由方程(5.4.17)得到出现斜压不稳定的必要条件。

由式(5.4.17)可知

$$N^2>0,\frac{\rho_s|\phi|^2}{|\bar{u}-c|^2}\geqslant0$$

(1) 当 $\left.\frac{\partial\bar{u}}{\partial z}\right|_{z=0}=0$,这样在地面温度经向梯度为零,相应有 $\frac{\partial\bar{q}}{\partial y}$ 在 y 方向的区间 (y_1,y_2) 及 z 方向区间 $(0,\infty)$ 存在一点 y_c,z_c 为零,即

$$\frac{\partial \bar{q}}{\partial y}\bigg|_{\substack{y=y_c\\z=z_c}}=\beta-\frac{\partial^2 \bar{u}}{\partial y^2}-\frac{f_0^2}{\rho_s}\frac{\partial}{\partial z}\left(\frac{\rho_s}{N^2}\frac{\partial \bar{u}}{\partial z}\right)\bigg|_{\substack{y=y_c\\z=z_c}}=0 \tag{5.4.18}$$

当$\bar{u}=\bar{u}(y)$时，则式(5.4.18)条件退化为正压不稳定的条件(5.3.21)。

(2) 如果$\frac{\partial \bar{u}}{\partial z}\Big|_{z=0}>0$，即地面处西风基本气流随高度增加，相应按热成风原理，有地面处是南暖北冷，此时由方程(5.4.17)知其右端大于零。如果$\frac{\partial \bar{q}}{\partial y}>0$，则显然满足式(5.4.17)。说明当$\frac{\partial \bar{q}}{\partial y}>0$，大气波动可能出现不稳定。相反，若$\frac{\partial \bar{q}}{\partial y}<0$，在$\frac{\partial \bar{u}}{\partial z}\Big|_{z=0}>0$ 的条件下，大气波动肯定是稳定的。显然，$\frac{\partial \bar{q}}{\partial y}>0$ 是在条件$\frac{\partial \bar{u}}{\partial z}\Big|_{z=0}>0$ 下大气出现斜压不稳定的一个必要条件。

(3) 如果$\frac{\partial \bar{u}}{\partial z}\Big|_{z=0}<0$，即地面处西风基本气流随高度是减小的。同上讨论类似，如果$\frac{\partial \bar{q}}{\partial y}>0$，大气波动肯定是稳定的，只有在$\frac{\partial \bar{q}}{\partial y}<0$ 时，大气波动才可能出现不稳定。

对于不稳定波动来说，除了要满足 $c_i\neq 0$ 外，还要满足式(5.4.16)。将式(5.4.17)代入式(5.4.16)，可得

$$\begin{aligned}&\int_0^\infty\int_{y_1}^{y_2}\rho_s\left(\left|\frac{\partial \phi}{\partial y}\right|^2+k^2\mid\phi\mid^2+\frac{f_0^2}{N^2}\left|\frac{\partial \phi}{\partial z}\right|^2\right)\mathrm{d}y\mathrm{d}z\\&=\int_0^\infty\int_{y_1}^{y_2}\rho_s\frac{\mid\phi\mid^2}{\mid\bar{u}-c\mid^2}\bar{u}\frac{\partial \bar{q}}{\partial y}\mathrm{d}y\mathrm{d}z-\int_{y_1}^{y_2}\rho_s\frac{f_0^2}{N^2}\frac{\mid\phi\mid^2}{\mid\bar{u}-c\mid^2}\bar{u}\frac{\partial \bar{u}}{\partial z}\Big|_{z=0}\mathrm{d}y\end{aligned} \tag{5.4.19}$$

如果在地面处$\bar{u}\mid_{z=0}$很小，这样式(5.4.19)右端的第二项很小，可以将它略去，则式(5.4.19)左端为正值。要使该式成立，必须有$\bar{u}$与$\frac{\partial \bar{q}}{\partial y}$在$(y_1,y_2)$上积分大于零。这与正压大气情形类似，称之为斜压大气的 Fjörtoft 定理。

与正压大气情形类似，对于斜压大气情形下 Rossby 波的相速 c_r 及不稳定增长率 c_i 也需满足半圆定理。

对于斜压不稳定过程，Charney(1947)和 Eady(1949)分别利用简单的动力学模型进行详细的分析。下面利用 Eady 模型对斜压性不稳定影响进行讨论。

在 Eady 模式中，假设纯斜压纬向气流具有恒定的垂直切变，相应水平温度梯度为常数，即$\frac{\mathrm{d}\bar{u}}{\mathrm{d}z}=\lambda=$常数。柯氏参数 f 为常数，即不计 β 的影响。在 Boussinesq 近似下，略去 ρ_s 和 N^2 随高度变化，并假定流体限于两个刚壁之间，相应此时$\bar{q}=0$。

相应线性位涡方程(5.4.3)可写成

$$\left(\frac{\partial}{\partial t}+\bar{u}\frac{\partial}{\partial x}\right)\left(\nabla^2\psi+\frac{f_0^2}{N^2}\frac{\partial^2\psi}{\partial z^2}\right)=0 \tag{5.4.20}$$

相应地，上、下刚性边界由方程(5.4.6)给出其边界条件

$$z=0,\frac{\partial}{\partial t}\left(\frac{\partial \psi}{\partial z}\right)-\lambda\frac{\partial \psi}{\partial x}=0 \tag{5.4.21}$$

$$z=D,\left(\frac{\partial}{\partial t}+\bar{u}\frac{\partial}{\partial x}\right)\left(\frac{\partial \psi}{\partial z}\right)-\lambda\frac{\partial \psi}{\partial x}=0 \tag{5.4.22}$$

式中 D 为上边界的高度，可视为大气对流顶。在下边界假设 $\bar{u}=0$，则 $\bar{u}=\lambda z$。

对于方程(5.4.20)的解可写成

$$\psi(y,z)=\phi(z)\sin l(y-y_1)\mathrm{e}^{ik(x-ct)} \tag{5.4.23}$$

其中
$$l=\frac{n\pi}{y_2-y_1}\quad(n=1,2,3,\cdots)$$

显然，式(5.4.23)满足水平边界条件(5.4.5)。

将式(5.4.23)代入式(5.4.20)及边界条件(5.4.21,5.4.22)，可得

$$(\bar{u}-c)\left[\frac{f_0^2}{N^2}\frac{\mathrm{d}^2\phi}{\mathrm{d}z^2}-(k^2+l^2)\phi\right]=0 \tag{5.4.24}$$

$$z=0,c\frac{\mathrm{d}\phi}{\mathrm{d}z}+\lambda\phi=0 \tag{5.4.25}$$

$$z=D,(\bar{u}-c)\frac{\mathrm{d}\phi}{\mathrm{d}z}-\lambda\phi=0 \tag{5.4.26}$$

对于方程(5.4.24)，$\bar{u}-c$ 满足不为零条件，相应方程的通解为

$$\phi=A\sinh\mu z+B\cosh\mu z \tag{5.4.27}$$

其中
$$\mu^2=\frac{N^2}{f_0^2}(k^2+l^2) \tag{5.4.28}$$

利用边界条件(5.4.25,5.4.26)，确定系数 A,B，即可得

$$\begin{cases}Ac\mu+B\lambda=0\\ A[(\lambda D-c)\mu\cosh\mu D-\lambda\sinh\mu D]+\\ \quad B[(\lambda D-c)\mu\sinh\mu D-\lambda\cosh\mu D]=0\end{cases} \tag{5.4.29}$$

式(5.4.29)系数 A,B 为待定。当 A,B 存在非零解时，该式的系数行列式必须为零，相应可得

$$\mu^2c^2-\lambda D\mu^2c+\lambda^2D\mu\coth\mu D-\lambda^2=0 \tag{5.4.30}$$

解上述二次方程，得

$$c=\frac{\lambda D}{2}\pm\frac{\lambda D}{2}\sqrt{1-\frac{4\coth\mu D}{\mu D}+\frac{4}{\mu^2D^2}} \tag{5.4.31}$$

利用恒等式

$$\coth\mu D=\frac{1}{2}\left[\tanh\frac{\mu D}{2}+\coth\frac{\mu D}{2}\right] \tag{5.4.32}$$

方程(5.4.31)可写成

$$c=\frac{\lambda D}{2}\pm\frac{\lambda D}{2}\left[\left(1-\frac{2}{\mu D}\tanh\frac{\mu D}{2}\right)\left(1-\frac{2}{\mu D}\coth\frac{\mu D}{2}\right)\right]^{\frac{1}{2}} \tag{5.4.33}$$

由式(5.4.33)可知，只有当式中根号内的量为负值时，波动才能出现不稳定。其移动速度 c_r 为$\dfrac{\lambda D}{2}$，即以上、下平均的风速移动。

要出现不稳定，必须满足

$$\left(1-\frac{2}{\mu D}\tanh\frac{\mu D}{2}\right)\left(1-\frac{2}{\mu D}\coth\frac{\mu D}{2}\right)<0 \tag{5.4.34}$$

对于任何 μD 都有 $\frac{\mu D}{2}\geqslant\tanh\frac{\mu D}{2}$，所以要使式(5.4.34)成立，必须有

$$\frac{\mu D}{2}<\coth\frac{\mu D}{2} \tag{5.4.35}$$

或

$$\kappa=\mu D<\kappa_c=2.399\,4 \tag{5.4.36}$$

相应地，波动是不稳定的。

利用式(5.4.28)，式(5.4.36)可进一步写成

$$\frac{ND}{f_0}\leqslant 2.399\,4\frac{1}{(k^2+l^2)^{\frac{1}{2}}} \tag{5.4.37}$$

式中 $\frac{ND}{f_0}$ 为 Rossby 变形半径，用 L_R 示之。

不稳定波的增长率为

$$\begin{aligned}kc_i&=\frac{k\lambda D}{2}\left[\left(1-\frac{2}{\mu D}\tanh\frac{\mu D}{2}\right)\left(1-\frac{\mu D}{2}\coth\frac{\mu D}{2}\right)\right]^{\frac{1}{2}}\\&=\frac{k\lambda D}{\kappa}\left[\left(\frac{\kappa}{2}-\tanh\frac{\kappa}{2}\right)\left(\frac{\kappa}{2}-\coth\frac{\kappa}{2}\right)\right]^{\frac{1}{2}}\end{aligned} \tag{5.4.38}$$

当 $n=0$ 时，l^2 最小，不稳定条件(5.4.36)或(5.4.37)最易满足。相应地，对于 $n=0$ 的情况下，κ 满足

$$\frac{\kappa}{2}=0.803\,1 \tag{5.4.39}$$

不稳定波增长率 kc_i 达到最大值，对应的最不稳定波的波数为

$$k=\frac{f_0}{N}\mu=\frac{f_0}{ND}k=1.606\,2\frac{1}{L_R} \tag{5.4.40}$$

最大不稳定波长为

$$L_m=\frac{2\pi}{k}=3.91L_R \tag{5.4.41}$$

一般情形下，取 $f_0\sim10^{-4}\ \mathrm{s^{-1}}$，$N\sim10^{-2}\ \mathrm{s^{-1}}$，$D\sim10$ km，相应有 $L_R\sim10^3$ km，最大不稳定波长大约为 3.9×10^3 km。

当 $l\sim k$，即 y 方向波数与 x 方向波数相等，所谓 Eady 方波，此时对应的最大不稳定波长为

$$L_m=\frac{2\pi}{k}=\sqrt{2}\times3.91L_R\sim5.5\times10^3\ \mathrm{km} \tag{5.4.42}$$

由上面分析可知，对于不稳定波，其最大不稳定波长大约在 3 000 km 到 6 000 km，这与实际大气中大尺度扰动的尺度相一致。这说明大气中大尺度扰动是斜压不稳定发展的结果。

根据前面解可以给出 Eady 波的结构，这些结构与实际观测结果非常接近(详细分析见

Eady(1949)文章)。由此可见,虽然 Eady 模式中忽略了 β 项的作用及 ρ_s 和 N 随高度变化的作用,仅考虑大气斜压性的作用,其结果仍能较好反映出大气斜压波动的基本特征,这也说明大气斜压性对于大气大尺度波动是非常重要的。

当然,Eady 模式的几个假设,对于实际大气来说是不精确的。最重要的是,该模式中平均位涡梯度为零,特别是没有行星涡度梯度。所以,对于 Eady 模式来说,$z=D$ 处刚性边界条件十分重要,因为此时 $z\to\infty$,方程(5.4.15)表明 c_i 趋近于零。Eady 模式有待进一步改进。Charney(1947)曾提出了一个比较完善的斜压不稳定模式,该模式既保留了 Eady 模式的几个简化特点,另外还考虑了 β 效应等动力学要素,从而称之为 Charney 模式。在 Charney 模式中,由于考虑了平均位涡梯度对不稳定发展的约束作用,产生了新的不稳定波形。在 Charney 模式中不稳定波的相速度非常接近于纬向气流的最小速度,而不像 Eady 模式中的接近上下纬向气流的平均速度。虽然 Charney 模式比 Eady 模式更真实,但增加了分析和计算上的复杂性和难度。鉴于问题数学和物理复杂,在此从略,详细可见 Charney(1947)文章。为了既能够保持 Charney 模式中的位涡梯度的影响作用,但又希望在结构上相对简单一点,为此提出了二层斜压模式,又称 Phillips 模式。二层模式可较好地限制前面连续模式中运动场垂直结构的复杂性,这样可以滤去斜压不稳定与垂直结构有关的一些不稳定波形,使物理问题大大简化。下一节利用二层斜压模式来讨论斜压不稳定。

§5.5 斜压不稳定:二层模式

上一节利用一个连续模式讨论斜压不稳定理论,着重分析了 Eady 模型描述的斜压不稳定发展的特征。由于连续模式中扰动垂直结构比较复杂,导致问题处理的复杂。本节利用一个二层准地转模式来进一步分析斜压不稳定。利用这个简单的模式,可以限制扰动的垂直尺度,从而滤去垂直尺度很小的波动而简化问题。

首先简单介绍一下二层斜压模式。为了考虑大气的斜压性,必须了解气象变量随高度的变化。这样可以将大气分成几层,从不同层次间气象要素的变化来反映它们的垂直分布。由此可见,至少要有两层。如果仅考虑一层,则为正压大气,所以两层模式是斜压大气最简单的模型之一,它实际上是将三维空间的变化为两个不同的三维空间的变化。从这种意义上是两层近似。另外,二层模式还可以看成为两层均匀流体构成的物理模型。为了推导这个模式,如图 5.4 所示,将大气分成以标号 0 到 4 各面为界的分离四层。

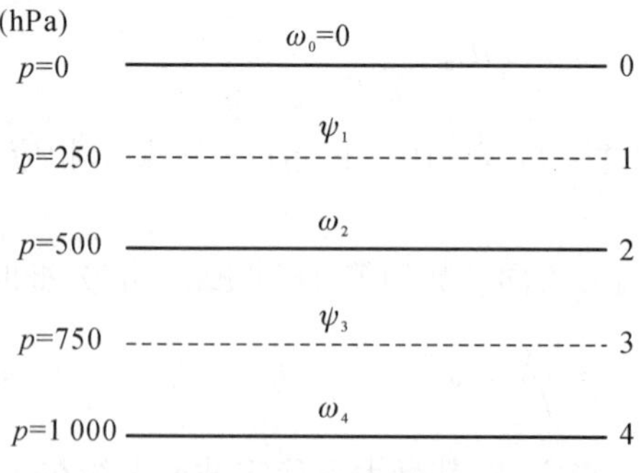

图 5.4 二层斜压模式

p 坐标系中准地转涡度方程及热力学方程用准地转流函数 ψ 表示为

$$\frac{\partial}{\partial t}\nabla^2\psi+\boldsymbol{V}_\psi\cdot\nabla(\nabla^2\psi)+\beta\frac{\partial\psi}{\partial x}=f_0\frac{\partial\omega}{\partial p} \tag{5.5.1}$$

$$\frac{\partial}{\partial t}\left(\frac{\partial\psi}{\partial p}\right)+\boldsymbol{V}_\psi\cdot\nabla\left(\frac{\partial\psi}{\partial p}\right)=-\frac{\sigma}{f_0}\omega \tag{5.5.2}$$

式中 $\boldsymbol{V}_\psi=\boldsymbol{k}\wedge\nabla\psi$。

将涡度方程(5.5.1)用在 1,3 二层，为此需要计算方程右端的辐散项$\frac{\partial\omega}{\partial p}$。利用有限差分来近似计算这项垂直导数，即

$$\left(\frac{\partial\omega}{\partial p}\right)_1\approx\frac{\omega_2-\omega_0}{\Delta p},\left(\frac{\partial\omega}{\partial p}\right)_3\approx\frac{\omega_4-\omega_2}{\Delta p} \tag{5.5.3}$$

式中：Δp 为 0～2 层与 2～4 层之间的气压差；下标表示各自变量所在层次。这样可得涡度方程(1,3 层)为

$$\frac{\partial}{\partial t}\nabla^2\psi_1+(\boldsymbol{k}\wedge\nabla\psi_1)\cdot\nabla(\nabla^2\psi_1)+\beta\frac{\partial\psi_1}{\partial x}=\frac{f_0}{\Delta p}\omega_2 \tag{5.5.4}$$

$$\frac{\partial}{\partial t}\nabla^2\psi_3+(\boldsymbol{k}\wedge\nabla\psi_3)\cdot\nabla(\nabla^2\psi_3)+\beta\frac{\partial\psi_3}{\partial x}=-\frac{f_0}{\Delta p}\omega_2 \tag{5.5.5}$$

此处已利用条件 $\omega_0=0$，并假设底层为平坦地形，相应有 $\omega_4=0$。

将热力学方程(5.5.2)写在二层上，并利用垂直差分近似计算$\frac{\partial\psi}{\partial p}$，即得

$$\left(\frac{\partial\psi}{\partial p}\right)_2\approx\frac{\psi_3-\psi_1}{\Delta p}$$

这样可得

$$\frac{\partial}{\partial t}(\psi_1-\psi_3)+\boldsymbol{k}\wedge\nabla\psi_2\cdot\nabla(\psi_1-\psi_3)=\frac{\sigma\Delta p}{f_0}\omega_2 \tag{5.5.6}$$

式中，第一项表示 500 hPa 层上风引导的 250～750 hPa 之间的厚度平流，而 500 hPa 上的风看成是 250～750 hPa 之间的平均风。这样，500 hPa 上的流函数 ψ_2 可由 250～750 hPa 间的流函数线性内插得到，即

$$\psi_2=\frac{1}{2}(\psi_1+\psi_3) \tag{5.5.6$'$}$$

这样，方程(5.5.4～5.5.6)构成了以 ψ_1,ψ_3,ω_2 为变数的一个闭合方程组。

下面利用上述二层斜压模式来讨论斜压不稳定问题。为了使问题简单，首先线性化上述方程。假设 1,3 两层上的基本流分别为 U_1,U_3 并设为常数，而相应扰动仅与 x,t 有关，即设

$$\begin{aligned}\psi_1&=-U_1y+\psi_1'(x,t)\\ \psi_3&=-U_3y+\psi_3'(x,t)\\ \omega_2&=\omega_2'(x,t)\end{aligned} \tag{5.5.7}$$

将式(5.5.7)代入方程(5.5.4～5.5.6)和(5.5.6)′,可得线性化扰动方程

$$\left(\frac{\partial}{\partial t}+U_1\frac{\partial}{\partial x}\right)\frac{\partial^2\psi_1'}{\partial x^2}+\beta\frac{\partial\psi_1'}{\partial x}=\frac{f_0}{\Delta p}\omega_2' \tag{5.5.8}$$

$$\left(\frac{\partial}{\partial t}+U_3\frac{\partial}{\partial x}\right)\frac{\partial^2\psi_3'}{\partial x^2}+\beta\frac{\partial\psi_3'}{\partial x}=-\frac{f_0}{\Delta p}\omega_2' \tag{5.5.9}$$

$$\left(\frac{\partial}{\partial t}+U_m\frac{\partial}{\partial x}\right)(\psi_1'-\psi_3')-U_T\frac{\partial}{\partial x}(\psi_1'+\psi_3')=\frac{\sigma\Delta p}{f_0}\omega_2' \tag{5.5.10}$$

其中

$$U_m=(U_1+U_3)/2,U_T=(U_1-U_3)/2$$

U_m,U_T 分别表示垂直间隔为$\frac{\Delta p}{2}$之间的纬向平均风速及平均热成风。

利用U_m 和U_T 表达式改写方程(5.5.6)′和(5.5.7),可得

$$\left[\frac{\partial}{\partial t}+(U_m+U_T)\frac{\partial}{\partial x}\right]\frac{\partial^2\psi_1'}{\partial x^2}+\beta\frac{\partial\psi_1'}{\partial x}=\frac{f_0}{\Delta p}\omega_2' \tag{5.5.11}$$

$$\left[\frac{\partial}{\partial t}+(U_m-U_T)\frac{\partial}{\partial x}\right]\frac{\partial^2\psi_3'}{\partial x^2}+\beta\frac{\partial\psi_3'}{\partial x}=-\frac{f_0}{\Delta p}\omega_2' \tag{5.5.12}$$

这样,利用方程(5.5.10～5.5.12)消去 ω_2',可得

$$\left[\frac{\partial}{\partial t}+U_m\frac{\partial}{\partial x}\right]\frac{\partial^2\psi_m}{\partial x^2}+\beta\frac{\partial\psi_m}{\partial x}+U_T\frac{\partial}{\partial x}\left(\frac{\partial^2\psi_T}{\partial x^2}\right)=0 \tag{5.5.13}$$

$$\left[\frac{\partial}{\partial t}+U_m\frac{\partial}{\partial x}\right]\left(\frac{\partial^2\psi_T}{\partial x^2}-2\lambda^2\psi_T\right)+\beta\frac{\partial\psi_T}{\partial x}+U_T\frac{\partial}{\partial x}\left(\frac{\partial^2\psi_m}{\partial x^2}+2\lambda^2\psi_m\right)=0 \tag{5.5.14}$$

上述推导中已引进

$$\psi_m=\frac{1}{2}(\psi_1'+\psi_3'),\quad \psi_T=\frac{1}{2}(\psi_1'-\psi_3') \tag{5.5.15}$$

其中 $\lambda^2=f_0^2/\sigma\Delta p^2$。方程(5.5.13)可由方程(5.5.11)和(5.5.12)相加得到,方程(5.5.14)可由方程(5.5.11)和(5.5.12)相减并与方程(5.5.10)消去 ω_2'推得。

由方程(5.5.13)和(5.5.14)可知,方程(5.5.13)表示正压涡度扰动的发展,而方程(5.5.14)表示斜压涡度扰动的发展。

下面利用方程(5.5.13)及(5.5.14)进行波动稳定性分析,即设波动解

$$\psi_m=A\mathrm{e}^{\mathrm{i}k(x-ct)},\psi_T=B\mathrm{e}^{\mathrm{i}k(x-ct)} \tag{5.5.16}$$

将式(5.5.16)代入方程(5.5.13,5.5.14),可得

$$\begin{aligned}&\mathrm{i}k[(c-U_m)k^2+\beta]A-\mathrm{i}k^3U_TB=0\\&-\mathrm{i}kU_T(k^2-2\lambda^2)A+\mathrm{i}k[(c-U_m)(k^2+2\lambda^2)+\beta]B=0\end{aligned} \tag{5.5.17}$$

对于方程(5.5.17)的解 A,B 存在非零解条件可知,其系数行列式须等于零,即有

$$\begin{vmatrix} (c-U_m)k^2+\beta & -k^2U_T \\ -U_T(k^2-2\lambda^2) & (c-U_m)(k^2+2\lambda^2)+\beta \end{vmatrix}=0 \tag{5.5.18}$$

利用式(5.5.18)，可得波动频散方程

$$(c-U_m)^2k^2(k^2+2\lambda^2)+2(c-U_m)\beta(k^2+\lambda^2)+[\beta^2+U_T^2k^2(2\lambda^2-k^2)]=0 \tag{5.5.19}$$

波动相速为

$$c=U_m-\frac{\beta(k^2+\lambda^2)}{k^2(k^2+2\lambda^2)}\pm\sqrt{R} \tag{5.5.20}$$

其中

$$R=\frac{\beta^2\lambda^4}{k^4(k^2+2\lambda^2)^2}-\frac{U_T^2(2\lambda^2-k^2)}{(k^2+2\lambda^2)} \tag{5.5.21}$$

式(5.5.20)中根号内数值是正值还是负值决定了相速 c 是实数还是复数。当 c 为复数时，将出现扰动的不稳定，此时它将以指数随时间增长。

由此可知，斜压不稳定的必要条件为

$$R=\frac{\beta^2\lambda^4}{k^4(k^2+2\lambda^2)^2}-\frac{U_T^2(2\lambda^2-k^2)}{(k^2+2\lambda^2)}<0 \tag{5.5.22}$$

由式(5.5.22)可知，大气长波的斜压不稳定取决于风速垂直切变 U_T、波长、β 效应及大气静力稳定度。

当 $R=0$ 时，为稳定到不稳定的过渡状态，此时称为边缘稳定。对于 $R=0$，可整理写成

$$\frac{k^4}{2\lambda^4}=1\pm\left(1-\frac{\beta^2}{4\lambda^4U_T^2}\right)^{\frac{1}{2}} \tag{5.5.23}$$

相应地，可以利用纬向波长的无因次量 $\frac{k^2}{2\lambda^2}$ 及与热成风(风速垂直切变)成正比的无因次量 $\frac{2\lambda^2U_T}{\beta}$ 分别为横、纵坐标轴，画出式(5.5.23)表示的边缘稳定曲线($c_i=0$)，如图 5.5 所示。在边缘稳定曲线外部和下面为稳定区域，在此曲线的上部为不稳定区域。

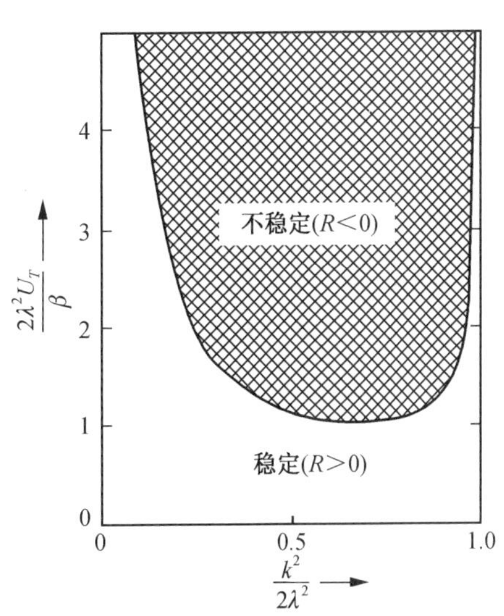

图 5.5　二层斜压模式中的边缘稳定曲线

从边缘稳定曲线($R=0$)可知，风速垂直切变 U_T 存在一个临界值 U_{TC}，它可由 $R=0$ 推得

$$U_{TC}=\frac{\beta\lambda^2}{k^2(4\lambda^4-k^4)^{1/2}} \tag{5.5.24}$$

只有当 $U_T>U_{TC}$ 时才能出现不稳定。如果 $U_{TC}\sim 4\ \mathrm{m\cdot s^{-1}}$，则风速垂直切变 U_3-U_1 大于 $8\ \mathrm{m\cdot s^{-1}}$ 时才可能出现不稳定波。

由式(5.5.24)可知，临界风速垂直切变 U_{TC} 与波

数k有关。当k取一定值时，U_{TC}可达到其最小值。相应的波数k很容易由$\frac{\mathrm{d}U_{TC}}{\mathrm{d}k}=0$求得，即当$k^2=\sqrt{2}\lambda^2$，$U_{TC}$取最小值，即

$$U_{TC\min}=\frac{\beta}{2\lambda^2}=\frac{\beta\sigma\Delta p^2}{2f_0^2} \tag{5.5.25}$$

显然，最小临界垂直切变随纬度及大气稳定度变化而变化，其值在图 5.5 中边缘曲线的最低点表示。其相应的波数k为最大不稳定波数，因为此时当k由零逐渐增加，当$k=2^{\frac{1}{4}}\lambda$时，扰动首先出现不稳定而呈指数增长。

如果要出现不稳定，必须满足$U_T>U_{TC}$。显然，由式(5.5.24)或(5.5.22)可知，为了要使U_{TC}存在，还必须首先满足条件

$$2\lambda^2-k^2>0 \tag{5.5.26}$$

相应不稳定波长L要满足

$$L>L_C=\frac{\sqrt{2}\pi}{\lambda}=\frac{\pi\sqrt{2\sigma}\Delta p}{f_0} \tag{5.5.27}$$

式中L_C称为斜压不稳定临界波长，它与大气静力稳定度及纬度有关。一般情况下，$\lambda^2\sim2\times10^{-12}\ \mathrm{m}^{-2}$，相应$L_C\sim3\,000$ km。

由此可见，只有当$L>L_C$及$U_T>U_{TC}$同时满足才能出现斜压不稳定。当$\beta=0$时，大气长波稳定性与U_T无关(此时($U_{TC}=0$)，仅与波长L有关。当$L>L_C$时可能出现斜压不稳定，但此时不稳定增长率kc_i与垂直风速切变U_T有关。

从上述分析可总结二层斜压模式中斜压不稳定特征如下：

① 风速垂直切变U_T对斜压不稳定的出现非常重要，U_T越大，则出现斜压不稳定的波数范围越大，相应扰动增长也越快。但斜压不稳定只有满足$U_T>U_{TC}$才可能出现。

② 由式(5.5.25)可知，β值越大，$U_{TC\min}$越大，相应地，β效应起稳定作用。对波谱末端($k\to0$)的长波，β效应有很强的稳定作用。

③ 当波长L小于临界波长L_C时，无论U_T多大，波动都是稳定的，即存在所谓的不稳定的短波截止现象。

下面对不同稳定域中波速作一简单分析：

(1) 稳定区域

当$L<L_C$或$U_T<U_{TC}$时，由式(5.5.21)可知$R>0$，即处于稳定状态。由相速公式(5.5.20)可知，这时存在两个传播速度不同的波解，它们的波速分别为

$$c_1=U_m-\frac{\beta(k^2+\lambda^2)}{k^2(k^2+2\lambda^2)}+\sqrt{R} \tag{5.5.28}$$

$$c_2=U_m-\frac{\beta(k^2+\lambda^2)}{k^2(k^2+2\lambda^2)}-\sqrt{R} \tag{5.5.29}$$

而正压 Rossby 波的相速为

$$c_R=U_m-\frac{\beta}{k^2} \tag{5.5.30}$$

在短波稳定区域(k 较大)，一个波速大于 Rossby 波相速，即 $c_1>c_R$；另一个波的波速小于 Rossby 波相速，即 $c_2<c_R$。

而在长波稳定区域中(k 较小)，一个波以接近于 c_R 的速度相对于 U_m 向西传播，而另一个波相对于 U_m 向东缓慢移动。

当 $U_T=0$，即基本流动状态为正压的，c_1，c_2 简化为

$$c_1=U_m-\frac{\beta}{k^2+2\lambda^2} \tag{5.5.31}$$

$$c_2=U_m-\frac{\beta}{k^2} \tag{5.5.32}$$

显然，c_1 即为斜压 Rossby 波相速，c_2 为一种正压 Rossby 内波。因为此时基本状态为正压，但其扰动结构仍为斜压的。

(2) 过渡状态

此时 $R=0$，两个波合为一个波，波速为

$$c=U_m-\frac{\beta(k^2+\lambda^2)}{k^2(k^2+2\lambda^2)} \tag{5.5.33}$$

此时波相对于 U_m 西行的速度要比 c_R 慢一点。

(3) 不稳定状态

对不稳定区域，必须满足 $L>L_C$ 及 $U_T>U_{TC}$，此时 $R<0$。两个波中一个是增长波；另一个是衰减波。这两个波以相同的相速移动，即

$$c_r=U_m-\frac{\beta(k^2+\lambda^2)}{k^2(k^2+2\lambda^2)} \tag{5.5.34}$$

此时与过渡状态相同。

§5.6　非纬向气流的斜压不稳定

上两节分别讨论了 Eady 模式和二层斜压模式中的斜压不稳定问题。在讨论中都假定基本气流是纬向的，强调了由于存在风速垂直切变，使大气的有效位能释放，从而使扰动出现增长。而实际大气经常可以观测到定常状态除了存在明显的纬向运动，有时存在经向运动。这样基本流在纬向和经向都有一定分量，在这种非纬向基流下的斜压不稳定特征又将如何？本节将着重讨论这个问题。

为了讨论斜压性对不稳定发展的影响作用而又不增加问题的复杂性，同样采用二层斜压模式。只不过二层模式的形式与上一节有所不同。

对于准地转位涡方程(5.4.1)，可写成二层模式形式

$$\left[\frac{\partial}{\partial t}+\frac{\partial\psi_1}{\partial x}\frac{\partial}{\partial y}-\frac{\partial\psi_1}{\partial y}\frac{\partial}{\partial x}\right]\left[\nabla^2\psi_1-F_1(\psi_1-\psi_2)+\beta y\right]=0 \tag{5.6.1}$$

$$\left[\frac{\partial}{\partial t}+\frac{\partial\psi_2}{\partial x}\frac{\partial}{\partial y}-\frac{\partial\psi_2}{\partial y}\frac{\partial}{\partial x}\right]\left[\nabla^2\psi_2-F_2(\psi_2-\psi_1)+\beta y\right]=0 \tag{5.6.2}$$

其中
$$F_n = \frac{f_0^2 L^2}{g(\rho_2 - \rho_1)/\rho_0 D_n}$$

式中：ρ_0，ρ_1，ρ_2 分别为流体密度的特征值及上、下二层的密度；$D_n(n=1,2)$为上、下层流体的厚度。

与上两节讨论斜压不稳定相类似，设流函数 ψ_n 是基本流及扰动组成，即设

$$\psi_1 = \Psi_1 + \phi_1 = -U_1 y + V_1 x + \phi_1$$
$$\psi_2 = \Psi_2 + \phi_2 = -U_2 y + V_2 x + \phi_2 \tag{5.6.3}$$

式中：Ψ_1，Ψ_2 为上、下层基本流的流函数；ϕ_1，ϕ_2 为上、下层扰动流函数；U_1，V_1，U_2，V_2 为常数。

对于基本流 Ψ_1，Ψ_2 满足方程(5.6.1，5.6.2)，即满足下述方程

$$\begin{aligned}(\beta - F_1 U_2)V_1 + F_1 V_2 U_1 = 0\\ (\beta - F_2 U_1)V_2 + F_2 V_1 U_2 = 0\end{aligned} \tag{5.6.4}$$

将式(5.6.3)代入式(5.6.1，5.6.2)，得到线性化扰动方程

$$\left[\frac{\partial}{\partial t} + U_1\frac{\partial}{\partial x} + V_1\frac{\partial}{\partial y}\right][\nabla^2\phi_1 - F_1(\phi_1 - \phi_2)] + [\beta + F_1(U_1 - U_2)]\frac{\partial \phi_1}{\partial x} + F_1(V_1 - V_2)\frac{\partial \phi_1}{\partial y} = 0 \tag{5.6.5}$$

$$\left[\frac{\partial}{\partial t} + U_2\frac{\partial}{\partial x} + V_2\frac{\partial}{\partial y}\right][\nabla^2\phi_2 + F_2(\phi_2 - \phi_1)] + [\beta + F_2(U_2 - U_1)]\frac{\partial \phi_2}{\partial x} + F_2(V_2 - V_1)\frac{\partial \phi_2}{\partial y} = 0 \tag{5.6.6}$$

设扰动平面波解

$$\phi_n = A_n e^{i(kx + ly - \sigma t)} \quad (n = 1,2) \tag{5.6.7}$$

将式(5.6.7)代入式(5.6.5，5.6.6)，可得

$$\begin{aligned}A_1\{(K^2 + F_1)(\sigma - U_1 k - V_1 l) + \beta k + F_1[k(U_1 - U_2) + \\ l(V_1 - V_2)]\} - A_2(\sigma - U_1 k - V_1 l)F_1 = 0\end{aligned} \tag{5.6.8}$$

$$\begin{aligned}A_2\{(K^2 + F_2)(\sigma - U_2 k - V_2 l) + \beta k + F_2[k(U_2 - U_1) + \\ l(V_2 - V_1)]\} - A_1(\sigma - U_2 k - V_2 l)F_2 = 0\end{aligned} \tag{5.6.9}$$

其中 $K^2 = k^2 + l^2$。

并定义

$$\tilde{\beta} = \frac{\beta k}{K} = \beta\cos\theta \tag{5.6.10}$$

$$\tilde{U} = \frac{U_n k + V_n l}{K} = (U_n^2 + V_n^2)^{\frac{1}{2}}\cos(\alpha_n - \theta) \tag{5.6.11}$$

$$c = \frac{\sigma}{K} \tag{5.6.12}$$

式中：θ 为波矢量 $\boldsymbol{K}$ 与 x 轴的夹角；α_n 为上、下层基本流与 x 轴的夹角，如图 5.6 所示。显然，$\widetilde{U}_n$ 和 $\widetilde{\beta}$ 分别是上、下层基本流在波矢量方向上的投影和行星涡度梯度在扰动运动路径上的投影。一般情况下，可设 k，$\widetilde{\beta}$ 取正值。

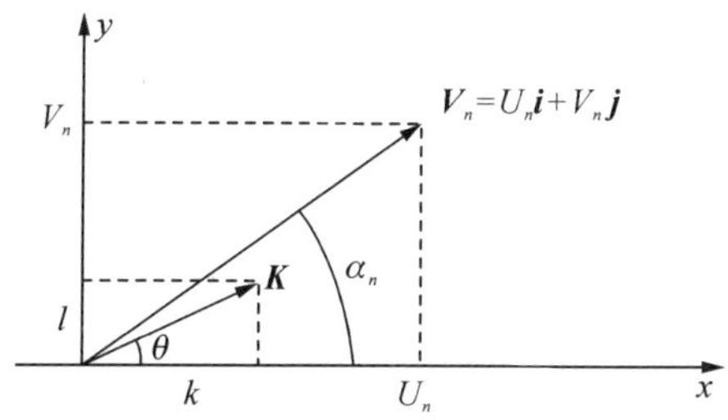

图 5.6　基本流 $\boldsymbol{V}_n$ 与 x 轴夹角 α_n，波矢量 $\boldsymbol{K}$ 与 x 轴夹角 θ

利用式(5.6.11，5.6.12)，整理式(5.6.8，5.6.9)，可得

$$A_1[(c-\widetilde{U}_1)(K^2+F_1)+\widetilde{\beta}+F_1(\widetilde{U}_1-\widetilde{U}_2)]-A_2(c-\widetilde{U})F_1=0 \tag{5.6.13}$$

$$A_2[(c-\widetilde{U}_2)(K^2+F_2)+\widetilde{\beta}+F_2(\widetilde{U}_2-\widetilde{U}_1)]-A_1(c-\widetilde{U}_2)F_2=0 \tag{5.6.14}$$

由上述方程存在 A_1 和 A_2 非零解条件，可推得波动相速度表达式为

$$c=\widetilde{U}_2+\frac{\widetilde{U}_sK^2(K^2+2F_2)-\widetilde{\beta}(2K^2+F_1+F_2)}{2K^2(K^2+F_1+F_2)}\pm \frac{[\widetilde{\beta}(F_1+F_2)^2+2\widetilde{\beta}\widetilde{U}_sK^4(F_1-F_2)-K^4\widetilde{U}_s^2(4F_1F_2-K^4)]^{\frac{1}{2}}}{2K^2(K^2+F_1+F_2)} \tag{5.6.15}$$

式中 $\widetilde{U}_s=\widetilde{U}_1-\widetilde{U}_2$ 表示基本流的垂直切变。

当波动出现不稳定时，c 为复数，即 $c=c_r+\mathrm{i}c_i$，相应波动以相速 c_r 沿波矢 $\boldsymbol{K}$ 传播，而其增长率为 Kc_i。

为了方便问题说明，可设 $F=F_1=F_2$，此时两层流体厚度相等。由式(5.6.15)，可得

$$c_i=\frac{[K^4\widetilde{U}_s^2(4F^2-K^4)-4\widetilde{\beta}^2F^2]^{\frac{1}{2}}}{2K^2(K^2+2F)} \tag{5.6.16}$$

出现斜压不稳定的充要条件为

$$\begin{aligned} &K^2<2F \\ &\widetilde{U}_s^2>\widetilde{U}_{sc}^2=\frac{4\widetilde{\beta}^2F^2}{K^4(4F^2-K^4)} \end{aligned} \tag{5.6.17}$$

临界垂直切变 $\widetilde{U}_{sc}$ 存在最小临界垂直切变为

$$\widetilde{U}_{sc\min}=\pm\frac{\widetilde{\beta}}{F} \tag{5.6.18}$$

当基本流为纬向时，$U_{sc}=\pm\dfrac{\beta}{F}$，因 $\beta>\widetilde{\beta}$，这样非纬向基本流要出现斜压不稳定对应的最小临界垂直切变绝对值要比纬向基流情况的最小临界垂直切变要小，说明非纬向基流情况下，扰动较容易出现不稳定。

事实上，对于 $F_1\neq F_2$ 的情形，可根据方程(5.6.15)给出斜压不稳定的充要条件，即

$$K^2<2(F_1F_2)^{\frac{1}{2}}$$

及

$$\widetilde{U}_s>\frac{\widetilde{\beta}(F_1-F_2)+\sqrt{F_1F_2(F_1+F_2)^2-K^4}}{K^2(4F_1F_2-K^4)} \tag{5.6.19}$$

或

$$\widetilde{U}_s<\frac{\widetilde{\beta}(F_1-F_2)-\sqrt{F_1F_2(F_1+F_2)^2-K^4}}{K^2(4F_1F_2-K^4)} \tag{5.6.20}$$

不稳定所需要的最小临界切变为

$$\widetilde{U}_s>0,\widetilde{U}_{sc\min}=\frac{\widetilde{\beta}}{F_2} \tag{5.6.21}$$

或者

$$\widetilde{U}_s<0,\widetilde{U}_{sc\min}=-\frac{\widetilde{\beta}}{F_1} \tag{5.6.22}$$

当 $k=0$ 时，$\widetilde{\beta}=0$。所以，只要 $k=0$，$\widetilde{U}_s\neq 0$，则任何切变对这样的扰动都是不稳定的，仅需要切变流在 y 方向分量不为零。所以，只要扰动满足 $l^2<2(F_1F_2)^{\frac{1}{2}}$ 时，基流对 $k=0$ 的模态是不稳定的。

$$c_i=\pm\frac{|\widetilde{U}_s|}{2}\frac{(4F_1F_2-K^4)^{\frac{1}{2}}}{K^2+F_1+F_2}=\pm\frac{|V_1-V_2|}{2}\frac{(4F_1F_2-l^4)^{\frac{1}{2}}}{l^2+F_1+F_2} \tag{5.6.23}$$

如果基本流接近纬向流，则 V_1 和 V_2 都很小，相应地，扰动增长率也是很小的。实际上，对于非纬向基流来说，最适合发展的波矢量方向(最大增长率方向)不是严格向北，而是在 $k=0$ 及$\theta=\alpha$ 之间的一个适合位置。(具体说明从略)

对于 $\beta=0$，则$\widetilde{\beta}=0$，相应地，c_i 与 $k=0$ 情形(因 $k=0$ 能消除 β 效应)的表达式相类似[即式(5.6.23)中第一式]。

与上一节二层模式的斜压不稳定类似，对非纬向气流的斜压不稳定存在一个临界波长 L_c 为

$$L_c=\frac{2\pi}{K}=\frac{\sqrt{2}\,\pi}{(F_1F_2)^{\frac{1}{4}}} \tag{5.6.24}$$

这说明同样具有短波截断性质。

思考题

1. 为何要研究大气的动力不稳定性？说出一种研究线性不稳定性的分析方法。

2. 正压不稳定和斜压不稳定两者在能源供给上有何不同?

3. 讨论惯性不稳定的适用区域。

4. 为什么说中纬度斜压不稳定是中纬度斜压系统发展的主要机制?

5. 中纬度斜压不稳定波的结构特点如何?

6. 阅读 Eady(1949)文献,讨论 Eady 波模型的优缺点。

习　题

1. 已知运动方程如下

$$\begin{cases}\dfrac{\mathrm{d}u}{\mathrm{d}t}=-\dfrac{\partial\phi}{\partial x}+fv\\[2ex]\dfrac{\mathrm{d}v}{\mathrm{d}t}=\dfrac{\partial\phi}{\partial y}-fu\end{cases}$$

(1) 由运动方程导出正压无辐散的一维 Rossby 波移动公式(基流 $\bar{u}=\mathrm{const}$)。

(2) 此波动稳定吗,为什么?

(3) 利用公式计算,在中高纬度,沿纬圈的静止波大约有几个?($\beta=10^{-11}\ \mathrm{m}^{-1}\cdot\mathrm{s}^{-1}$)

(4) 此公式是否适用于超长波,为什么?

(5) 利用频散强度解释:长、短波中,哪种易于变形?阻塞高压出现在何纬度易于维持?

2. 设基本气流随纬度呈线性变化,即

$$U=U_0+Ay$$

式中 A 为常值。若不考虑 β 作用,水平无辐散涡度方程线性化后的形式为

$$\frac{\partial}{\partial t}\nabla^2\psi+U\frac{\partial\nabla^2\psi}{\partial x}=0$$

式中 ψ 为扰动流函数。设初始扰动为

$$v'=-v_0\sin kx,u'=0$$

试通过求出满足初始条件的解,证明此扰动一定是稳定的。

3. 急流有东风急流、西风急流之分,其经向切变形式可表示为

$$U=U_0\operatorname{sech}^2\frac{y-y_0}{d}$$

式中:$y=y_0$ 为急流中心位置;d 为急流有效宽度;$U_0>0$ 为西风急流;$U_0<0$ 为东风急流。试证明正压不稳定的必要条件为

$$-2\leqslant\frac{\beta d^2}{U_0}\leqslant\frac{2}{3}$$

4. 中纬度大气对流层上层的急流在很大程度上影响着中纬度天气的演变,如果忽略密度变化,该层急流可简化成带状切变流

$$\bar{u}(y)=U\exp\left(-\frac{y^2}{2L^2}\right)$$

式中，急流的特征速度U和宽度L可分别取为40 m/s和570 km，急流中心($y=0$)约在北纬45度，此处$\beta_0 \approx 1.61\times10^{-11}\ \mathrm{m}^{-1}\cdot\mathrm{s}^{-1}$。问：此带状急流对切变波扰动是否稳定？

5. Eady斜压模式中，当x和y方向波数分别为$k=1.61L^{-1}$和$l=0$时，有最大斜压不稳定增长率为$kc_i=0.31f_0\lambda/N$。其中：D为大气厚度，N为稳定度参数，f_0为Coriolis参数，$L=ND/f_0$为Rossby形变半径，λ为切变常数。对典型中纬度大气，可取$D\approx10$ km，$N\approx1.2\times10^{-2}\mathrm{s}^{-1}$，$f_0\approx1.0\times10^{-4}\mathrm{s}^{-1}$，$\lambda\approx2.5\times10^{-3}\mathrm{m}^{-1}$。

(1) 试据此估算中纬度大气最大斜压不稳定增长率，以及扰动e指数倍增长所需时间(e折倍时间尺度)。

(2) 最大斜压不稳定出现时，沿北纬45度附近纬圈约有几个长波？

参考文献

[1] DRAZIN P G, REID W H. Hydrodynamiostability [M]. London: Cambridge University Press, 1981.

[2] PEDLOSKY J. Geophysical fluid dynamics [M]. 2nd ed. New York: Springer-Verlag, 1987.

[3] CHARNEY J G. The dynamics of long waves in a baroclinic westerly current [J]. Journal of Meteorology, 1947, 4:135－163.

[4] EADY E T. Long wave and cyclone waves [J]. Tellus, 1949, 1:33－52.

[5] KUO H L. Dynamic instability of two-dimensional nondivergent flow in a barotropic atmosphere [J]. Journal of Meteorology, 1949, 6:105－122.

[6] KUO H L. Dynamics of quasi-geostrophic flows and instability theory [J]. Advances in Applied Mechanics, 1973, 13:247－330.

[7] GREEN J S A. A problem in baroclinic stability [J]. Quarterly Journal of the Royal Meteorological Society, 1960, 86:237－251.

[8] CHARNEY J G. Planetary fluid dynamics [M]. Dordrecht: Reidel Publishing Company, 1973.

[9] MILES J W. On the stability of homogeneous shear-flow [J]. Journal of Fluid Mechanics, 1961, 10:496－508.

[10] HOWARD L N. Note on a paper of John Miles [J]. Journal of Fluid Mechanics, 1961, 10:509－512.

[11] PEDLOSKY J. The stability of currents in the atmospheric and oceans: Part I[J]. Journal of the Atmospheric Sciences, 1964, 27:201－219.

[12] PEDLOSKY J. Baroclinic instability in two-layer systems [J]. Tellus, 1963, 15:20－25.

[13] HOLTON J R. An introduction to dynamic meteorology[M]. 3rd ed. New York: Academic Press, 1992.

第六章

热带大气动力学

前几章着重讨论了中、高纬度的大气动力学的一些基本问题，本章将着重讨论热带地区(低纬度)大气的动力学问题。通常将赤道南北30°纬度以内区域称为低纬热带地区。

热带地区占地球表面积的一半以上，热带地区的大气运动对全球范围的天气、气候有着重要影响。地球大气运动最根本动力来自于太阳辐射，而太阳辐射能大部分在热带地区被吸收，所以从全球不同地区来说，热带地区是大气运动主要能源地区。

热带地区大气运动不但在系统运动形式上，而且在运动的能量来源上，与中、高纬度的大气运动也有明显的差异。对于中、高纬度的主要天气系统是长波及地面的气旋，其运动的能源主要来自与温度梯度有关的纬向有效位能的释放，而潜热释放和辐射加热这些非绝热加热作用通常是次要的能源，而热带地区情况相反，其运动呈多涡旋状态，且由于该地区水平温度梯度很小，近正压状态，相应大气储存的有效位能很少，但该地区水汽充沛，潜热释放成为大气扰动发展的主要能量来源。热带地区大气凝结潜热释放大部分与积云对流系统相联系，这些积云对流系统位于大尺度环流之中，而积云对流本身属于中尺度环流，所以积云对流和大尺度环流之间的强烈相互作用，成为热带地区大气运动的重要特征和问题之一。另外，这种非绝热加热不仅可以产生局地大气环流的响应，而且可以通过赤道波的激发，产生一个遥响应。非绝热加热的分布又与热带海洋洋面温度(SST)的变化有关。SST的变化通过热带大气影响全球的天气、气候的变化。所以，要全面认识热带地区的环流，必须综合考虑赤道波动力学、积云对流、中尺度环流与大尺度运动的相互作用、海气相互作用等动力学过程。另外，热带地区大气运动与中、高纬度大气运动间的相互作用也是一个重要问题。

与描述中、高纬度大气运动比较成熟的准地转理论相比，热带地区大气运动尚未有较成熟的理论框架，一方面是由于热带大气本身的复杂性；另一方面是由于热带地区是广阔的海洋，缺乏较密集的观测资料。所以，热带大气动力学尚有许多问题需要深入研究和解决。

§6.1 热带大气运动的尺度分析

大量观测事实和理论分析表明，热带地区大气运动具有许多新的特征：由于在低纬，Coriolis参数 f 值很小，平均来说 $f \sim 10^{-5}\,\mathrm{s}^{-1}$，所以对于热带大尺度运动准地转假定不再成立。其次，要考虑非绝热加热的作用，主要考虑太阳辐射和凝结加热。由于热带大气水平温度梯度较小，斜压性较小，该地区可近似为正压大气。对于热带大尺度运动，其静力学关系仍然较准确地成立。

下面对热带大气运动作一尺度分析。为了讨论方便，引入一个新的坐标系 z^*，其定义为

$$z^{*}=-H\ln\frac{p}{p_{0}} \tag{6.1.1}$$

式中：p_0 为标准气压，取为 1 000 hPa；H 为均质大气标高，$H=RT_0/g$，T_0 为全球平均气温。该坐标称为对数气压坐标系，对于等温大气来说，z^* 恰好为等压面高度 z。

在对数压力坐标系中，垂直速度为

$$w^{*}=\frac{\mathrm{d}z^{*}}{\mathrm{d}t}=-\frac{H}{p}\frac{\mathrm{d}p}{\mathrm{d}t}=-\frac{H\omega}{p} \tag{6.1.2}$$

利用坐标转换关系式，可得在 z^* 坐标系中的运动方程为

$$\left(\frac{\partial}{\partial t}+\boldsymbol{V}\cdot\nabla+w^{*}\frac{\partial}{\partial z^{*}}\right)\boldsymbol{V}+f\boldsymbol{k}\wedge\boldsymbol{V}=-\nabla\phi \tag{6.1.3}$$

$$\frac{\partial\phi}{\partial z^{*}}=\frac{RT}{H} \tag{6.1.4}$$

$$\frac{\partial u}{\partial x}+\frac{\partial v}{\partial y}+\frac{\partial w^{*}}{\partial z^{*}}-\frac{w^{*}}{H}=0 \tag{6.1.5}$$

$$\left(\frac{\partial}{\partial t}+\boldsymbol{V}\cdot\nabla\right)T+\gamma w^{*}=\frac{Q}{c_{p}} \tag{6.1.6}$$

式中：$\gamma=\frac{\partial T}{\partial z^{*}}+\frac{RT}{Hc_{p}}=\frac{T}{\theta}\frac{\partial\theta}{\partial z^{*}}$ 为 z^* 坐标系中的静力稳定参数，在热带对流层中，γ 可近似取为 3 ℃/km；Q 为非绝热加热。

对于热带低纬度对流层中，可取运动的特征尺度为：水平长度尺度 $L\sim10^6$ m，垂直长度尺度 $H\sim10^4$ m，水平速度尺度 $U\sim10\ \mathrm{m\cdot s^{-1}}$，平流时间尺度 $\tau\sim\frac{L}{U}\sim10^5$ s，柯氏参数 $f_0\sim10^{-5}\ \mathrm{s^{-1}}$，而垂直速度尺度 W 及位势高度变化尺度 $\Delta\phi$ 可由连续方程和运动方程确定。

由连续方程(6.1.5)，可得

$$\frac{\partial u}{\partial x}+\frac{\partial v}{\partial y}\leqslant\frac{U}{L} \tag{6.1.7}$$

而

$$\frac{\partial w^{*}}{\partial z^{*}}-\frac{w^{*}}{H}\sim\frac{W}{H} \tag{6.1.8}$$

这样由连续方程(6.1.5)，可得垂直运动速度尺度

$$W\leqslant\frac{H}{L}U \tag{6.1.9}$$

由运动方程(6.1.3)可知，对于中、高纬度大尺度运动来说，$f\sim10^{-4}\ \mathrm{s^{-1}}$，Rossby 数 $R_0=\frac{U}{fL}\sim10^{-1}\leqslant1$，大气运动处于地转平衡，即柯氏力与气压梯度力两者平衡，这样位势高度变化尺度 $\Delta\phi\sim fLU$。而对于热带地区，$f_0\sim10^{-5}\ \mathrm{s^{-1}}$，此时柯氏参数较中、高纬度地区小一个量级，$R_0=\frac{U}{fL}\sim1$，此时柯氏力与气压梯度力不再平衡，而是气压梯度力与惯性项平衡，此时热带地

区位势高度变化尺度 $\Delta\phi$ 要取新的值。具体分析如下：

$$(\mathbf{V}\cdot\nabla)\mathbf{V}\sim\frac{U^2}{L}\tag{6.1.10}$$

而其他各项与平流项的相对大小为

$$\frac{\left|\dfrac{\partial\mathbf{V}}{\partial t}\right|}{|(\mathbf{V}\cdot\nabla)\mathbf{V}|}\sim O(1)\tag{6.1.11}$$

$$\frac{\left|w^*\dfrac{\partial\mathbf{V}}{\partial z^*}\right|}{|(\mathbf{V}\cdot\nabla)\mathbf{V}|}\sim\frac{LW}{HU}\leqslant O(1)\tag{6.1.12}$$

$$\frac{|f\boldsymbol{k}\wedge\mathbf{V}|}{|(\mathbf{V}\cdot\nabla)\mathbf{V}|}\sim\frac{fL}{U}\sim R_0^{-1}\leqslant O(1)\tag{6.1.13}$$

$$\frac{|\nabla\phi|}{|(\mathbf{V}\cdot\nabla)\mathbf{V}|}\sim\frac{\Delta\phi}{U^2}\tag{6.1.14}$$

由式(6.1.14)可知，$\Delta\phi\sim U^2\sim100\ \mathrm{m^2\cdot s^{-2}}$。显然，热带地区位势高度变化尺度要较中、高纬度地区同样尺度位势变化小一个量级。

利用静力方程(6.1.4)可估计温度扰动尺度，即

$$T=\frac{H}{R}\frac{\partial\phi}{\partial z^*}\sim\frac{\Delta\phi}{R}\sim\frac{U^2}{R}\sim0.3\ \mathrm{K}\tag{6.1.15}$$

由式(6.1.15)可知，对于深厚热带天气尺度等系统来说，其温度扰动尺度较小，即水平温度场较均匀，大气近正压状态。

对于热力学方程分两种情况讨论：

1. 无凝结潜热(无降水)

对于无凝结潜热释放，非绝热加热主要是由于长波辐射引起，而长波辐射可以使对流层大气以 $Q/c_p\sim-1$ ℃/日冷却率冷却。

对于方程(6.1.6)，得

$$\left(\frac{\partial}{\partial t}+\mathbf{V}\cdot\nabla\right)T\sim\frac{U}{L}\cdot\frac{U^2}{R}\sim0.3\ ℃/日\tag{6.1.16}$$

显然，温度变化较小。此时，长波辐射的冷却完全由下沉的绝热增温来平衡。相应热力学方程可近似为

$$\gamma w^*=Q/c_p\tag{6.1.17}$$

利用式(6.1.17)，可以估计垂直运动速度尺度

$$W\sim\frac{Q}{c_p\gamma}\sim0.3\ \mathrm{cm\cdot s^{-1}}\tag{6.1.18}$$

所以，对于无降水情况下，热带大尺度天气系统中的垂直运动比中纬度同样尺度的天气系统中垂直运动还要小。此时，式(6.1.12)中 $WL/UH\sim0.03$。所以，在无降水情况下，方程(6.1.3)

中垂直运动项可略，运动呈准水平运动。同样在连续方程中，跟 w^* 有关的项与水平散度项相比较小，可略。运动为近水平无辐散。

2. 有凝结潜热(有降水)

热带大气观测资料表明，在热带降水系统中，其降水率一般可取成 2 cm/日，相当于截面为 1 m² 的垂直气柱中有 $m=20$ kg 的水分被凝结降水。相应地，降水造成的凝结潜热释放加热大气为 $m\omega L_c=5\times10^7$ J/(m² · 日)，其中 L_c 为凝结潜热，取为 2.5×10^6 J · kg^{-1}，这种凝结加热均匀分布在截面为 1 m²、质量为 $p_0/g\sim10^4$ kg · m^{-2}，此时单位质量空气的平均加热为

$$\frac{Q}{c_p}=\frac{m\omega L_c}{c_p(p_0/g)}\sim 5\ ℃/日 \tag{6.1.19}$$

在实际大气中，深厚对流云的凝结加热并不均匀地分布于整个气柱，而在 300～400 hPa 高度上加热最大，可达 10 ℃/日。根据方程(6.1.17)，绝热冷却与 300～400 hPa 之间凝结加热平衡，此时垂直运动速度尺度 $W\sim3$ cm/s。由此可见，在有凝结降水的热带系统中，其平均垂直运动要比无降水情形大一个量级。

下面对热带地区涡度方程作一简单分析。对于无降水情形，前面分析可知，运动可近似为准水平及水平无辐散运动。方程(6.1.3)可近似为

$$\frac{\partial \mathbf{V}_\psi}{\partial t}+(\mathbf{V}_\psi\cdot\nabla)\mathbf{V}_\psi+f\boldsymbol{k}\wedge\mathbf{V}_\psi=-\nabla\phi \tag{6.1.20}$$

式中 $\mathbf{V}_\psi$ 为水平无辐散流速。

方程(6.1.20)可改写为

$$\frac{\partial \mathbf{V}_\psi}{\partial t}=-\nabla\left(\phi+\frac{\mathbf{V}_\psi\cdot\mathbf{V}_\psi}{2}\right)-\boldsymbol{k}\wedge\mathbf{V}_\psi(\zeta+f) \tag{6.1.21}$$

对式(6.1.21)两边取$\nabla\wedge$运算，可得涡度方程

$$\left(\frac{\partial}{\partial t}+\mathbf{V}_\psi\cdot\nabla\right)(\zeta+f)=0 \tag{6.1.22}$$

式(6.1.22)对于无辐散流成立。

式(6.1.22)表明，对于无凝结加热情形下热带地区大尺度运动必须是正压的，这种扰动不能将位能转换成动能。它们必须通过热带地区凝结潜热或中纬度系统的侧向耦合而得到能量。

对于热带降水性扰动，其平均垂直运动要比扰动外侧的垂直运动大一个量级，使扰动气流有较大的辐散分量。这样，正压涡度方程(6.1.22)就不能准确地描述其动力学特征。事实上，只有保留涡度方程所有各项，才能对流场作定量的描述。此时必须考虑散度项作用，同时又要考虑中尺度对流系统和大尺度环流的相互作用。

§6.2 热带波动

热带地区大气运动的特征决定了热带地区的波动与中、高纬度的波动有显著差异，观测表

明在热带地区有两类重要的波动，即向西移动的 Rossby-重力混合波和向东移动的 Kelvin 波，这两类热带波动被“阻拦”在赤道附近(随纬度增加而衰减)。由于热带地区水汽充沛，由热带对流产生的非绝热加热可以产生这两类波动，而这些对流的动力学作用也可通过这两类波动传播作用于更大范围，所以这两类波动和热带积云对流加热的相互作用，成为热带动力学中一个重要问题。由于该问题比较复杂，下面仅在较简单动力学框架中对这两类波动进行讨论，并着重讨论其水平结构。

6.2.1　Rossby-重力混合波

在中纬度地区，惯性重力波的相速比 Rossby 波相速要大得多。因此，在中纬度地区，惯性重力波和 Rossby 波比较容易分辨。在热带地区，由于重力和 β 项的作用，所以在热带地区仍然可以存在 Rossby 波、重力波。但由于该地区 f 很小，在赤道 $f=0$，所以这两类波动很难区别。换句话说，这两类波动交叉在一起，既不是 Rossby 波，也不是重力波，称之为 Rossby-重力混合波。

利用浅水波模式，赤道 β 平面近似，基本状态为静止、绝热、无摩擦下，线性化方程为

$$\frac{\partial u'}{\partial t}-\beta y v'=-\frac{\partial \phi'}{\partial x} \tag{6.2.1}$$

$$\frac{\partial v'}{\partial t}+\beta y u'=-\frac{\partial \phi'}{\partial y} \tag{6.2.2}$$

$$\frac{\partial \phi'}{\partial t}+gH\left(\frac{\partial u'}{\partial x}+\frac{\partial v'}{\partial y}\right)=0 \tag{6.2.3}$$

式中：$\phi'=gh'$ 为扰动位势高度；H 为平均流体深度。

设波动解

$$(u',v',\phi')=(\hat{u}(y),\hat{v}(y),\hat{\phi}(y))\mathrm{e}^{\mathrm{i}(kx-\sigma t)} \tag{6.2.4}$$

将式(6.2.4)代入式(6.2.1～6.2.3)中，可得

$$-\mathrm{i}\sigma\hat{u}-\beta y\hat{v}=-\mathrm{i}k\hat{\phi} \tag{6.2.5}$$

$$-\mathrm{i}\sigma\hat{v}+\beta y\hat{u}=-\frac{\mathrm{d}\hat{\phi}}{\mathrm{d}y} \tag{6.2.6}$$

$$-\mathrm{i}\sigma\hat{\phi}+gH\left(\mathrm{i}k\hat{u}+\frac{\mathrm{d}\hat{v}}{\mathrm{d}y}\right)=0 \tag{6.2.7}$$

式(6.2.5)和(6.2.6)消去$\hat{u}$，及式(6.2.5)和(6.2.7)消去$\hat{u}$，得

$$(\beta^2y^2-\sigma^2)\hat{v}=\mathrm{i}k\beta y\hat{\phi}+\mathrm{i}\sigma\frac{\partial\hat{\phi}}{\partial y} \tag{6.2.8}$$

$$(\sigma^2-gHk^2)\hat{\phi}+\mathrm{i}\sigma gH\left(\frac{\mathrm{d}\hat{v}}{\mathrm{d}y}-\frac{k}{\sigma}\beta y\hat{v}\right)=0 \tag{6.2.9}$$

式(6.2.8)和(6.2.9)消去$\hat{\phi}$，可得

$$\frac{\mathrm{d}^2\hat{v}}{\mathrm{d}y^2}+\left[\left(\frac{\sigma^2}{gH}-k^2-\frac{k}{\sigma}\beta\right)-\frac{\beta^2y^2}{gH}\right]\hat{v}=0 \tag{6.2.10}$$

式(6.2.10)推导过程,须假定$\sigma^2 \neq gHk^2$,即将$\sigma = \pm\sqrt{gH}k$的波动排除掉。

考虑热带波动,离赤道很远处,波动消失,这样水平边界条件可取为

$$y \to \pm\infty, \hat{v} \to 0 \tag{6.2.11}$$

式(6.2.10)和(6.2.11)组成一个特征值——特征函数问题。利用常微分方程理论可知,式(6.2.10)满足边界条件(6.2.11)的本征值为

$$\frac{\sqrt{gH}}{\beta}\left(\frac{\sigma^2}{gH} - k^2 - \frac{k}{\sigma}\beta\right) = 2n + 1 \quad (n = 0,1,2,\cdots) \tag{6.2.12}$$

式中n是经向模态数,相当于沿经圈方向的波数,它反映了波的水平结构。

相应地,本征函数为

$$\hat{v}(\xi) = B_n H_n(\xi) \mathrm{e}^{-\frac{\xi^2}{2}} \tag{6.2.13}$$

式中:$\xi = L_0^{-1}y, L_0 = (\sqrt{gH}/\beta)^{\frac{1}{2}}$称为热带正压 Rossby 变形半径;$H_n(\xi)$为$n$阶 Hermite 多项式。其中

$$H_0 = 1, H_1(\xi) = 2\xi, H_2(\xi) = 4\xi^2 - 2 \tag{6.2.14}$$

$$\begin{cases} \dfrac{\mathrm{d}H_n(y)}{\mathrm{d}y} = 2nH_{n-1}(y) \\ H_{n+1}(y) - 2yH_n(y) + 2nH_{n-1}(y) = 0 \end{cases} \tag{6.2.15}$$

利用式(6.2.13)和(6.2.15),可求得$\hat{u}, \hat{\phi}$。

频率方程(6.2.12)为三次代数方程,利用它可以来讨论波动特征。

1. n=0

方程(6.2.12)可写成

$$k^2 + \frac{\beta}{\sigma}k - \frac{\sigma^2}{gH} + \frac{\beta}{\sqrt{gH}} = 0 \tag{6.2.16}$$

相应有

$$\left(\frac{\sigma}{\sqrt{gH}} + k\right)\left(\frac{\sigma}{\sqrt{gH}} - \frac{\beta}{\sigma} - k\right) = 0 \tag{6.2.17}$$

显然,$\sigma/k = -\sqrt{gH}$根要舍去,因为它将使方程(6.2.9)左端第一项为零。相应地,方程(6.2.17)第二项给出两根

$$\sigma_1 = \frac{1}{2}k\sqrt{gH}\left[1 + \left(1 + \frac{4\beta}{k^2\sqrt{gH}}\right)^{\frac{1}{2}}\right] \tag{6.2.18}$$

$$\sigma_2 = \frac{1}{2}k\sqrt{gH}\left[1 - \left(1 + \frac{4\beta}{k^2\sqrt{gH}}\right)^{\frac{1}{2}}\right] \tag{6.2.19}$$

当$n=0$时,热带大气存在两类波动。因为$\sigma_1 > 0$,且当$\beta = 0, \sigma_1 = \sqrt{gH}k$,所以$\sigma_1$表示向东传播的高频惯性重力波的频率。而$\sigma_2 < 0$,表示向西传播波。当$k$很小时,$\sigma_2$表现为惯

性-重力波性质；当 k 较大时，σ_2 表现为 Rossby 波性质。因此，$n=0$，σ_2 称为 Rossby-重力混合波。

利用式(6.2.14)，将式(6.2.13)代入式(6.2.4)，可得

$$v' = v_0 e^{-\frac{1}{2L_0^2}y^2} e^{i(kx-\sigma t)} \quad (6.2.20)$$

其中 $v_0 = B_0$。

由式(6.2.20)可知，当 $n=0$ 时，经向速度关于赤道对称，且随 y 呈 Gauss 分布。

利用式(6.2.5，6.2.9，6.2.14)，可得

$$u' = i\frac{\beta y}{\omega - k\sqrt{gH}} v_0 e^{-\frac{1}{2L_0^2}y^2} e^{i(kx-\sigma t)} \quad (6.2.21)$$

$$\phi' = i\frac{\beta\sqrt{gH}y}{\omega - k\sqrt{gH}} v_0 e^{-\frac{1}{2L_0^2}y^2} e^{i(kx-\sigma t)} \quad (6.2.22)$$

由式(6.2.21，6.2.22)可知，当 $n=0$ 时，纬向速度及自由面高度关于赤道奇对称。

图 6.1 表示 $n=0$ 向西传播的 Rossby-重力混合波的水平气压场和速度场分布图。

由图 6.1 可知，流场相对于赤道是一个对称涡旋，而气压场不与赤道呈对称分布，高低压中心分别位于赤道两侧，在高纬的地方风压场近于地转关系，而赤道地区非地转量很大，在赤道 $u=0$，v 最大，风速几乎与等压线垂直。

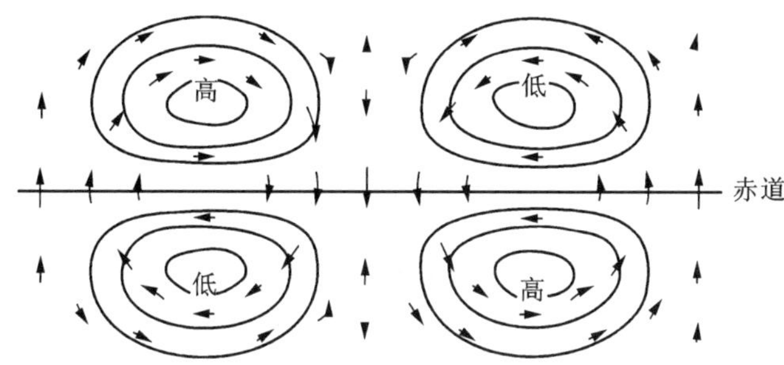

图6.1　$n=0$，Rossby-重力混合波的气压场、速度场水平分布图

2. n≥1

对于高频波，方程(6.2.12)中 $-\frac{k\beta}{\sigma}$ 可略，则有

$$\sigma = \pm\sqrt{k^2c_H^2 + (2n+1)\beta c_H} \quad (n \geq 1) \quad (6.2.23)$$

式中 $c_H = \sqrt{gH}$ 为重力外波波速。式(6.2.23)表征向东西传播的慢性重力波，与中、高纬度的惯性-重力外波比较，$(2n+1)\beta c_H$ 相当于 f_0^2。

对于低频波，方程(6.2.12)中略去 $\frac{\sigma^2}{gH}$，则有

$$\sigma = -\frac{\beta k}{k^2 + (2n+1)\beta/c_H} \quad (n \geq 1) \quad (6.2.24)$$

它表征向东传播的 Rossby 波，与中、高纬度的水平无辐散的 Rossby 波的圆频率比较，$(2n+1)\beta/c_H$ 相当于 y 方向的波数 l 的平方。

所以，对于热带地区，存在两类大尺度波动($n\geqslant1$)，一类是向东、西传播的重力波，另一类是低频的 Rossby 波。

图 6.2 给出了量纲一频率与波数的关系图。

下面简单讨论一下热带波动在经向传播的范围。

方程(6.2.10)是二阶变系数的方程，当方程的系数为负时，v 呈指数解型。所以，对 y 取值，存在临界值 y_c，当 $y=y_c$ 时，方程系数为零值，此时

$$y_c=\pm\frac{\sqrt{gH}}{\beta}\left(\frac{\sigma^2}{gH}-\frac{k\beta}{\sigma}-k^2\right)^{\frac{1}{2}} \tag{6.2.25}$$

利用式(6.2.12)，可得

$$y_c^2=(2n+1)L_0^2 \tag{6.2.26}$$

由上述分析可知，当 $y>y_c$，v 是指数解，即表明波动只局限于 y_c 以内赤道附近区域，在此外区域迅速衰减。同样，如果考察能量的传播，可知能量传播也限于赤道附近的一定范围内，这种范围称波导。详细的论述可见 Gill(1982)。

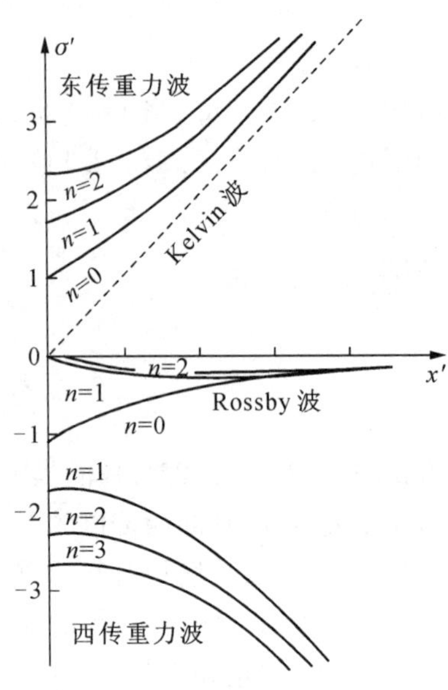

图 6.2 热带波动的量纲一波数与频率的关系图($\sigma^*=\sigma/(\beta\sqrt{gH})^{1/2}$，$\kappa^*=\kappa(\sqrt{gH}/\beta)^{1/2}$)

6.2.2 Kelvin 波

Kelvin 波最先是指海洋中一个沿岸的一种长重力波，是一种边界波。事实上，在热带的赤道附近也可以发现此类波动。观测资料分析表明，在热带经常存在周期为 15 天左右的扰动，而且此扰动经向风很小，几乎为零。扰动向东传播，其传播相速大约为 25 m/s(Wallace 和 Kousky，1968)，这类扰动正是赤道附近的 Kelvin 波。

假设经向速度 $v'=0$，则方程(6.2.5～6.2.7)可简化为

$$-\mathrm{i}\sigma\hat{u}=-\mathrm{i}k\hat{\phi} \tag{6.2.27}$$

$$\beta y\hat{u}=-\frac{\mathrm{d}\hat{\phi}}{\mathrm{d}y} \tag{6.2.28}$$

$$-\mathrm{i}\sigma\hat{\phi}+gH\mathrm{i}k\hat{u}=0 \tag{6.2.29}$$

由方程(6.2.27，6.2.29)，可得 Kelvin 波的频率方程

$$\sigma^2=gHk^2 \tag{6.2.30}$$

相速为

$$c^2=gH \tag{6.2.31}$$

根据式(6.2.31)，Kelvin 波传播相速可正可负。但根据式(6.2.27，6.2.28)消去$\hat{u}$，可得

$$\frac{\mathrm{d}\hat{\phi}}{\mathrm{d}y}=-\frac{\beta y}{c}\hat{\phi} \tag{6.2.32}$$

则有

$$\hat{\phi}=\phi_0\mathrm{e}^{-\frac{\beta y^2}{2c}} \tag{6.2.33}$$

式中 ϕ_0 为赤道处$\hat{\phi}$的值。

对于热带波动，仅考虑离开赤道迅速衰减的波动，即 $y\to\pm\infty,\hat{\phi}\to 0$。则由式(6.2.33)可知，$c$ 只能取正值。根据式(6.2.31)，得

$$c=\sqrt{gH} \tag{6.2.34}$$

因此，Kelvin 波是向东传播的。

相应地，Kelvin 波的 u',h'为

$$u'=h_0\left(\frac{g}{h}\right)^{\frac{1}{2}}\mathrm{e}^{-\frac{\beta y^2}{2c}}\mathrm{e}^{\mathrm{i}k(x-ct)} \tag{6.2.35}$$

$$h'=h_0\mathrm{e}^{-\frac{\beta y^2}{2c}}\mathrm{e}^{\mathrm{i}k(x-ct)} \tag{6.2.36}$$

由式(6.2.35,6.2.36)可知，Kelvin 波经向速度为零，纬向速度和高度扰动关于赤道对称，呈 Gauss 分布，并满足 $\beta yu'=-\frac{\partial\phi'}{\partial y}$的地转平衡关系。

图 6.3 给出了 Kelvin 波的扰动位势场和流场分布图。

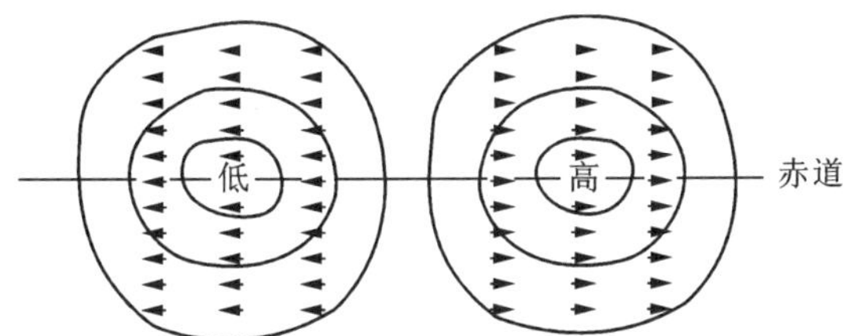

图 6.3　Kelvin 波扰动位势场和流场的水平结构图

对于 Kelvin 波，可归结于图 6.2 中的虚线，此时对于方程(6.2.12)中 $n=-1$，有

$$\frac{\sqrt{gH}}{\beta}\left(\frac{\sigma^2}{gH}-k^2-\frac{k}{\sigma}\beta\right)=-1 \tag{6.2.37}$$

整理，得

$$(\sigma-gHk)(\sigma^2+gHk\sigma+\beta gH)=0 \tag{6.2.38}$$

式中 $\sigma=gHk$，即正压大气 Kelvin 波的圆频率。所以，Kelvin 波可归结为式(6.2.12)中 $n=-1$ 的情形。

§6.3　积云对流参数化

当潮湿空气块受到扰动被迫抬升时可逐渐变成饱和，而发生凝结并释放潜热。在热带地

区，凝结潜热的释放是低纬系统发展的一个重要能源，但在热带，这种凝结降水过程主要与发展旺盛的深厚积云对流相关。因此，人们将这种发展旺盛对流积云称为“热塔”，这些“热搭”所占面积并不大，但对热带大气运动有重要的影响。因为通过“热塔”可以将低层大量的潜热、感热及动量，水汽输送高层，而“热塔”本身又是大尺度环境背景场作用产物。对于热带大气运动，积云对流与大尺度运动之间的相互作用十分重要。

一般来说，大气中凝结加热按其形成性质可分两类：一类是由于大尺度垂直运动引起的潜热释放；另一类是由于积云对流所造成的潜热释放。

对于由于大尺度强迫抬升过程产生的凝结加热，由于是假绝热过程，相应其热力学方程可近似写成

$$\frac{\mathrm{d}\ln\theta}{\mathrm{d}t}=-\frac{L_c}{Tc_p}\frac{\mathrm{d}q_s}{\mathrm{d}t} \tag{6.3.1}$$

式中 q_s 为饱和混合化，它随时间的变化主要是由垂直运动所决定，则有

$$\frac{\mathrm{d}q_s}{\mathrm{d}t}=\begin{cases} w\dfrac{\partial q_s}{\partial z}, & w>0 \\ 0, & w<0 \end{cases} \tag{6.3.2}$$

对于运动上升区，式(6.3.1)可写成

$$\left(\frac{\partial}{\partial t}+\mathbf{V}_h\cdot\nabla\right)\ln\theta+w\left(\frac{\partial\ln\theta}{\partial z}+\frac{L_c}{c_pT}\frac{\partial q_s}{\partial z}\right)=0 \tag{6.3.3}$$

由相当位温 θ_e 定义，$\theta_e=\theta\mathrm{e}^{\frac{L_cq_s}{c_pT}}$，可得

$$\frac{\partial\ln\theta_e}{\partial z}\approx\frac{\partial\ln\theta}{\partial z}+\frac{L_c}{c_pT}\frac{\partial q_s}{\partial z} \tag{6.3.4}$$

则式(6.3.3)可写成

$$\left(\frac{\partial}{\partial t}+\mathbf{V}_h\cdot\nabla\right)\theta+\gamma_e w=0 \tag{6.3.5}$$

式中 γ_e 相当静力稳定度，定义为

$$\gamma_e=\begin{cases}\theta\dfrac{\partial\ln\theta_e}{\partial z}, & q\geqslant q_s\text{ 及 }w>0 \\ \dfrac{\partial\theta}{\partial z}, & q<q_e\text{，或 }w<0\end{cases} \tag{6.3.6}$$

由上述分析可知，在讨论由大尺度强迫抬升而产生的凝结加热的大气运动时，仍可以用绝热的热力学方程，只不过将静力稳定度换成相当静力稳定度。

当 $\gamma_e<0$ 时，即出现条件不稳定，此时凝结过程主要通过积云对流，式(6.3.2)仍然成立，但此时 w 不是用大尺度运动的上升速度，而是积云中的上升速度。一般来说，积云中的上升速度要比大尺度运动上升运动大得多。另由本章第一节分析可知，由于热带大气温度变化较小，所以热力学方程中绝热冷却和非绝热近乎平衡。这样，方程(6.3.1)可写成

$$w\frac{\partial \ln\theta}{\partial z}=-\frac{L_c}{c_pT}\frac{\mathrm{d}q_s}{\mathrm{d}t} \tag{6.3.7}$$

此外，w 应该是积云对流单体中的垂直速度 w' 和周围环境的垂直速度 $\overline{w}$ 的统计平均

$$w=aw'+(1-a)\overline{w} \tag{6.3.8}$$

式中 a 为对流所占全面积的百分之比。

利用式(6.3.2)，可将式(6.3.7)写成

$$w\frac{\partial \ln\theta}{\partial z}\approx-\frac{aL_c}{c_pT}w'\frac{\partial q_s}{\partial z} \tag{6.3.9}$$

现在问题变成：如何用天气尺度的变量来表示方程(6.3.9)的右端项？

用天气尺度系统的物理量来表示积云对流所造成的凝结加热，这就是所谓的积云对流参数化。积云对流参数化是热带大气动力学中最富有挑战性的问题，到目前为止尚未完全解决。

积云对流参数化方案很多，例如对流调整、郭晓岚方案(Kuo，1965)、Arakawa-Schubert 方案等。下面介绍一种比较成功地用理论分析中的一个方案(Stevens 和 Lindzen，1978)。

由于积云中储存的水较少，大部分被降水下落，因此由于凝结产生的加热的垂直积分应该与净降水率近乎成正比，即有

$$-\int_{z_c}^{z_T}\rho a w'\frac{\partial q_s}{\partial z}\mathrm{d}z=P \tag{6.3.10}$$

式中：z_c，z_T 分别表示云底和云顶；P 为降水率($\mathrm{kg\cdot m^{-2}\cdot s^{-1}}$)。

另外，净降水率应该与水汽向积云体内辐合及地表蒸发相等，即有

$$P=-\int_0^{z_m}\nabla\cdot(\rho q\mathbf{V})\mathrm{d}z+E \tag{6.3.11}$$

式中：E 表示地面蒸发率($\mathrm{kg\cdot m^{-2}\cdot s^{-1}}$)；$z_m$ 为水汽层厚度(在热带海洋近 2 km)。

利用近似水汽连续方程

$$\nabla\cdot(\rho q\mathbf{V})+\frac{\partial}{\partial z}(\rho q w)\approx 0 \tag{6.3.12}$$

整理方程(6.3.11)，可得

$$P=(\rho w q)_{z_m}+E \tag{6.3.13}$$

利用式(6.3.13)，可以将天气尺度变量 $w(z_m)$ 及 $q(z_m)$ 来表示积云对流加热的垂直积云，这实际上就是一种参数化方程。

到目前为止，我们仍然需要确定加热的垂直分布，其中最基本方法是根据实际观测来检验确定加热垂直分布。这样，方程(6.3.3)可以写成

$$\left(\frac{\partial}{\partial t}+\mathbf{V}_h\cdot\nabla\right)\ln\theta+w\frac{\partial \ln\theta}{\partial z}=\frac{L_c}{\rho c_pT}\eta(z)\left[(\rho w q)_{z_m}+E\right] \tag{6.3.14}$$

式中 $\eta(z)$ 为加热的分布函数，对 $z_c\leqslant z\leqslant z_T$ 成立，且要满足

$$\int_{z_c}^{z_T}\eta(z)\mathrm{d}z=1 \tag{6.3.15}$$

而对于 $\eta > z_T$ 或 $\eta < z_c$，$\eta(z)=0$

观测表明，分布函数 $\eta(z)$ 一般在 400 hPa 层取最大值。

显然，上述积云参数化方案仅适用于平均热带条件，而实际大气中非绝热的垂直分布取决于各处的云高度的分布。所以，云高度是积云参数化中一个关键参数。而云高参数可以由大尺度变化来确定，这在 Arakawa - Schubert 方案中作了进一步讨论。关于 Kuo 方案和 Arakawa - Schubert 方案可详见 Kuo(1965,1974)，Arakawa 和 Schubert(1974)。关于积云参数化方案的最新研究可见 Emanuel 和 Raymond(1993)。

§6.4 CISK 理论及热带气旋的形成、发展

前面讨论指出，热带地区积云对流潜热释放作用非常重要，它提供了天气尺度扰动发展所需的能量，而天气尺度扰动往往可以提供积云对流产生所需湿空气辐合条件。所以，天气尺度系统与积云对流之间存在一个相互过程。由 Charney 和 Eliassen(1964)以及 Ooyama(1969)提出的第二类条件不稳定(简称 CISK)理论对此过程作了较好的解释。

CISK 是指天气尺度的低压扰动与小尺度积云之间的相互作用，使得天气尺度扰动出现不稳定增长，同时积云对流也得到加强的过程。具体的物理过程是：一个热带低压扰动，通过 Ekman 的摩擦辐合，即所谓的边界层抽吸作用，使潮湿空气强迫抬升，引起积云对流的发展。而积云对流发展过程中凝结潜热释放而加热大气，使低层中心上空的温度升高，地面气压下降，出现指向中心的流动。因绝对角动量的守恒，低层的切向速度也将随之增长，低压环流加强，而天气尺度低层扰动能加强，这导致 Ekman 抽吸增强，积云对流更旺，凝结加热更强……如此循环，造成了积云对流和天气尺度低压扰动之间的正反馈过程，使低压不稳定发展，形成热带的强涡旋，积云对流与天气尺度扰动相互作用过程见图 6.4。

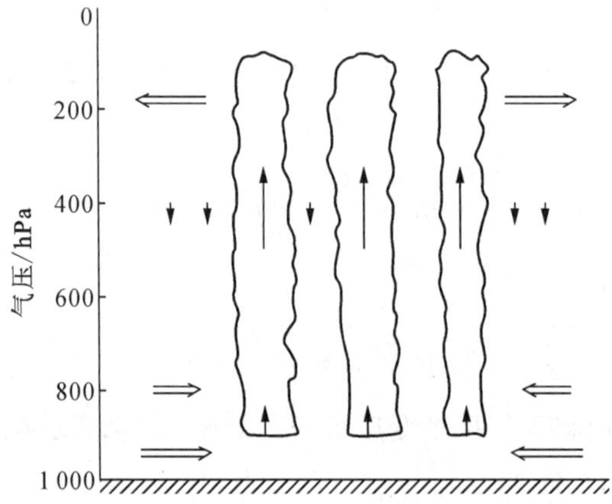

图 6.4　积云对流与天气尺度辐合关系图

由上面分析可知，在 CISK 机制中有两个重要过程不可缺少，一个是由于 Ekman 抽吸导致的潮湿空气的强迫抬升，另一个是积云对流对天气尺度扰动的加热作用。显然，后者与积云对流的参数化问题有关；而对于前者，在实际大气，Ekman 抽吸并非是产生潮湿空气抬升的唯一过程。Lindzen(1974)指出大气中重力内波同样可以提供在 CISK 过程中启动积云对流的上升运动，而无需 Ekman 抽吸，此称之为波动第二类条件不稳定，简称 Wave-CISK。近年来，对于 CISK 理论本身的改进和应用方面开展了不少的研究。

下面利用 CISK 机制来说明热带气旋的形成及发展。

热带气旋是在热带暖的洋面上发展起来的强烈涡旋性风暴，这种风暴在大西洋区称为飓风，在太平洋区一般称台风。在热带气旋中，对流旺盛区域的水平尺度，其半径一般为 100 km，中心可出现一个平静的眼，最大的切向风速一般在 50～100 米/秒之间。

对于热带气旋的形成和发展是一个不确定性的问题。对一个弱的热带扰动演变成热带气旋的条件还不是很清楚。因为实际大气中，每年出现很多的热带扰动，但其中能演变为热带气旋数量较少，因此热带气旋形成必须具备一定的特殊条件。由上节分析可知，在有利的水汽条件下，CISK 机制可以使弱的热带天气尺度扰动迅速发展成热带气旋。下面利用一个二层轴对称模式，考虑 Ekman 抽吸和积云参数化，推导出热带气旋尺度扰动的自激增幅解。

轴对称气压坐标系中热带气旋扰动方程可写为

$$-fv=-\frac{\partial\phi}{\partial r} \tag{6.4.1}$$

$$\frac{\partial v}{\partial t}+fu=0 \tag{6.4.2}$$

$$\frac{\partial\phi}{\partial p}=-\frac{RT}{p} \tag{6.4.3}$$

$$\frac{1}{r}\frac{\partial}{\partial r}(ru)+\frac{\partial\omega}{\partial p}=0 \tag{6.4.4}$$

$$\frac{\partial\theta}{\partial t}+\omega\frac{\mathrm{d}\bar{\theta}}{\mathrm{d}p}=\frac{\bar{\theta}}{c_pT}\dot{Q} \tag{6.4.5}$$

式中 u,v 分别为经向(沿 r 方向)和切向速度分量。

$$\theta=T\left(\frac{p_0}{p}\right)^{R/c_p}=\frac{\bar{\theta}}{\bar{T}}T' \tag{6.4.6}$$

由方程(6.4.1)和(6.4.3)消去 ϕ，可得热成风方程

$$\frac{\partial v}{\partial p}=-\frac{R}{fp}\frac{\partial T}{\partial r} \tag{6.4.7}$$

利用式(6.4.6)，式(6.4.7)可更进一步写成

$$\frac{\partial v}{\partial p}=-\frac{R}{fp}\frac{\bar{T}}{\bar{\theta}}\frac{\partial\theta}{\partial r} \tag{6.4.8}$$

将式(6.4.5)对 r 求导，式(6.4.8)对 t 求导，然后两式相减，可得

$$\frac{\partial}{\partial t}\left(\frac{\partial v}{\partial p}\right)-\frac{R\bar{T}}{fp\bar{\theta}}\frac{\mathrm{d}\bar{\theta}}{\mathrm{d}p}\frac{\partial\omega}{\partial r}=-\frac{R}{c_pf_0p}\frac{\partial Q}{\partial r} \tag{6.4.9}$$

根据连续方程(6.4.4)，引入流函数 ψ，即

$$ru=\frac{\partial\psi}{\partial p},r\omega=-\frac{\partial\psi}{\partial r} \tag{6.4.10}$$

这样，方程(6.4.2)和(6.4.9)可分别写成

$$\frac{\partial v}{\partial t}=-\frac{f}{r}\frac{\partial \psi}{\partial p} \tag{6.4.11}$$

$$\frac{\partial}{\partial t}\left(\frac{\partial v}{\partial p}\right)+\frac{R\overline{T}}{fp\overline{\theta}}\frac{\mathrm{d}\overline{\theta}}{\mathrm{d}p}\frac{\partial}{\partial r}\left(\frac{1}{r}\frac{\partial \psi}{\partial r}\right)=-\frac{R}{fpc_p}\frac{\partial Q}{\partial r} \tag{6.4.12}$$

下面利用常用的"二层模式"(具体可见第五章)求解方程(6.4.11,6.4.12)的解,但此处为了考虑 Ekman 抽吸作用,模式的下边界取在边界层顶上。

根据 Ekman 理论,边界层顶部的垂直运动为

$$\omega_4=\frac{1}{2}h_B\zeta_4 \tag{6.4.13}$$

式中:$h_B=\sqrt{2K/f}$为边界层厚度,K 为垂直方向湍流黏性系数;ζ_4 为边界层顶的垂直涡度。

在 p 坐标系中,式(6.4.13)可写成

$$\omega_4=-\rho_4 g w_4=-\frac{\rho_4 g h_B}{2}\frac{1}{r}\frac{\partial}{\partial r}(rv_4) \tag{6.4.14}$$

利用式(6.4.10),式(6.4.14)可进一步写成

$$\frac{\partial \psi_4}{\partial r}=\frac{\rho_4 g h_B}{2}\frac{\partial}{\partial r}(rv_4) \tag{6.4.15}$$

这即为模式下边界条件。

上边界条件可取

$$\psi_0=0 \tag{6.4.16}$$

这样,将式(6.4.11)写在 1,3 层上,而式(6.4.12)写在第 2 层上,其中对 p 微分用差分代替

$$\frac{\partial v_1}{\partial t}=-\frac{f}{r}\frac{\psi_2-\psi_0}{\Delta} \tag{6.4.17}$$

$$\frac{\partial v_3}{\partial t}=-\frac{f}{r}\frac{\psi_4-\psi_2}{\Delta} \tag{6.4.18}$$

$$\frac{\partial}{\partial t}\left(\frac{v_3-v_1}{\Delta}\right)+\frac{R\overline{T}_2}{fp\overline{\theta}_2}\frac{\overline{\theta}_3-\overline{\theta}_1}{\Delta}\frac{\partial}{\partial r}\left(\frac{1}{r}\frac{\partial \psi_2}{\partial r}\right)=-\frac{R}{fp_2c_p}\frac{\partial Q_2}{\partial r} \tag{6.4.19}$$

其中 $\Delta=p_2-p_0=p_4-p_2=p_2$。

下面考虑加热率 Q_2 的表达式。Charney 和 Eliassen(1964)假设对流凝结加热率正比于潮湿空气的辐合量,即

$$Q_2=\eta\frac{gL}{p_2}M \tag{6.4.20}$$

式中:L 为凝结潜热;η 为加热强度参数;M 为整个气柱内的湿空气辐合量。

$$M=-\int_{p_s}^{p_0}\nabla\cdot(\mathbf{V}\overline{q})\mathrm{d}p\approx-\frac{1}{g}(\overline{q}_{s_3}-\overline{q}_{s_1})\left(\frac{1}{2}\omega_4+\omega_2+\frac{1}{2}\omega_0\right)=\frac{1}{g}(\overline{q}_{s_3}-\overline{q}_{s_1})\left(\frac{1}{2r}\frac{\partial \psi_4}{\partial r}+\frac{1}{r}\frac{\partial \psi_2}{\partial r}\right) \tag{6.4.21}$$

其中已设 $\omega_0=0,\bar{q}_{s0}=0$。

相应加热率 Q_2 为

$$Q_2=\frac{\eta L}{2\Delta}(\bar{q}_{s_3}-\bar{q}_{s_1})\left(\frac{1}{2r}\frac{\partial\psi_4}{\partial r}+\frac{1}{r}\frac{\partial\psi_2}{\partial r}\right) \tag{6.4.22}$$

这样,由方程(6.4.17～6.4.19)及式(6.4.22),可得

$$2\psi_2-\psi_4+\frac{R\overline{T}_2}{f}\frac{\bar{\theta}_3-\bar{\theta}_2}{\bar{\theta}_2}r\frac{\partial}{\partial r}\left(\frac{1}{r}\frac{\partial\psi_2}{\partial r}\right)+\frac{\eta LR}{2c_pf^2}(\bar{q}_{s_3}-\bar{q}_{s_1})r\frac{\partial}{\partial r}\left(\frac{1}{2r}\frac{\partial\psi_4}{\partial r}+\frac{1}{r}\frac{\partial\psi_2}{\partial r}\right)=0 \tag{6.4.23}$$

式(6.4.23)中包含两个未知函数 ψ_2,ψ_3,利用下边界条件(6.4.15),但因该方程含有 v_4,为了使方程闭合,需确立 ψ_4,v_4,ψ_2 的关系。在第 4 层上写出式(6.4.11),即有

$$\frac{\partial v_4}{\partial t}=-\frac{f}{r\Delta}(\psi_4-\psi_2) \tag{6.4.24}$$

利用式(6.4.15,6.4.24)消去 v_4,可得

$$\frac{\partial^2\psi_4}{\partial t\partial r}=-\frac{\rho_4 gh_Bf}{2\Delta}\frac{\partial}{\partial r}(\psi_4-\psi_2) \tag{6.4.25}$$

将式(6.4.25)对 r 从 $r=0$ 到 $r=r$ 积分,并利用条件,$r=0$ 时,$\psi_2=\psi_4=0$,可得到

$$\frac{\partial\psi_4}{\partial t}=-\frac{\rho_4 gh_Bf}{2\Delta}(\psi_4-\psi_2) \tag{6.4.26}$$

式(6.4.26)可进一步写成

$$\frac{\partial\psi_4}{\partial t}=\gamma(\psi_2-\psi_4) \tag{6.4.27}$$

式中 $\gamma=\dfrac{\rho_4 gh_Bf}{2\Delta}$。

这样,方程(6.4.23,6.4.27)组成一个关于 ψ_2,ψ_4 闭合方程组。设解为

$$(\psi_2,\psi_4)=(\hat{\psi}_2(r),\hat{\psi}_4(r))\mathrm{e}^{\sigma t} \tag{6.4.28}$$

将式(6.4.28)代入方程(6.4.23,6.4.27),可以得到

$$\sigma\hat{\psi}_4=\gamma(\hat{\psi}_2-\hat{\psi}_4)-\lambda^2\left(\hat{\psi}_2-\frac{1}{2}\hat{\psi}_4\right)+r\frac{\mathrm{d}}{\mathrm{d}r}\left(\frac{1}{r}\frac{\mathrm{d}\hat{\psi}_2}{\mathrm{d}r}\right) \tag{6.4.29}$$

$$=\eta\mu r\frac{\partial}{\partial r}\left(\frac{1}{2r}\frac{\mathrm{d}\hat{\psi}_4}{\mathrm{d}r}+\frac{1}{r}\frac{\mathrm{d}\hat{\psi}_2}{\mathrm{d}r}\right) \tag{6.4.30}$$

其中

$$\lambda^2=\frac{2f^2}{RT_2}\frac{\bar{\theta}_2}{\bar{\theta}_1-\bar{\theta}_3},\mu=\frac{L}{2}\frac{\bar{\theta}_2}{c_pT_2}\frac{\bar{q}_{s_3}-\bar{q}_{s_1}}{\bar{\theta}_1-\bar{\theta}_3}$$

将式(6.4.29)代入式(6.4.30),可得

$$\left[1-\eta\mu\left(1+\frac{\gamma}{2\sigma+2\gamma}\right)\right]r\frac{\mathrm{d}}{\mathrm{d}r}\left(\frac{1}{r}\frac{\mathrm{d}\hat{\psi}_2}{\mathrm{d}r}\right)-\lambda^2\left(\frac{2\sigma+\gamma}{2\sigma+2\gamma}\right)\hat{\psi}_2=0 \tag{6.4.31}$$

设热带气旋位于 $0\leqslant r\leqslant a$，有上升气流，即有积云对流出现区域，相应地，在该区域 $\eta\neq 0$，而在此区域外（$r>a$），$\eta=0$。则在 $r\leqslant a$，方程(6.4.31)可写成

$$r\frac{\mathrm{d}}{\mathrm{d}r}\left(\frac{1}{r}\frac{\mathrm{d}\hat{\psi}_2}{\mathrm{d}r}\right)+\lambda_1^2\hat{\psi}_2=0 \tag{6.4.32}$$

其中

$$\lambda_1^2=\frac{(2\sigma+\gamma)/(2\sigma+2\gamma)}{-1+\eta\mu(2\sigma+3\gamma)/(2\sigma+2\gamma)}\lambda^2 \tag{6.4.33}$$

对于方程(6.4.32)，满足条件$\hat{\psi}_2|_{r=0}=0$ 的解为

$$\hat{\psi}_2=ArJ_1(\lambda_1 r)\quad(0\leqslant r\leqslant a) \tag{6.4.34}$$

式中 J_1 为第一类一阶 Bessel 函数。

对于 $r>a$ 的非加热区，$\eta=0$。相应地，方程(6.4.31)可写成

$$r\frac{\mathrm{d}}{\mathrm{d}r}\left(\frac{1}{r}\frac{\mathrm{d}\psi_2}{\mathrm{d}r}\right)-\lambda_2^2\psi_2=0 \tag{6.4.35}$$

其中

$$\lambda_2^2=\frac{2\sigma+\gamma}{2\sigma+2\gamma}\lambda^2 \tag{6.4.36}$$

则方程(6.4.35)满足条件$\lim\limits_{r\to\infty}\hat{\psi}_3=0$ 的解为

$$\hat{\psi}_2=BrH_1^{(1)}(\mathrm{i}\lambda_2 r)\quad(a\leqslant r<\infty) \tag{6.4.37}$$

式中 $H_1^{(1)}$ 为第一类一阶 Hankel 函数。

在 $r=a$ 处，经向速度应为连续，则 ψ 应为连续的。由方程(6.4.34,6.4.37)，可以得到

$$AJ_1(\lambda_1 a)=BH_1^{(1)}(\mathrm{i}\lambda_2 a) \tag{6.4.38}$$

同时，在 $r=a$ 处气压是连续，即 ϕ 是连续的。为此，必须先求出 ψ_2，ψ_4，最后由式(6.4.24)求出 v_4，最后由式(6.4.1)求出 ϕ_4。

根据式(6.4.27,6.4.28)，求得

$$\psi_2-\psi_4=\frac{\sigma}{\gamma}\hat{\psi}_4\mathrm{e}^{\sigma t} \tag{6.4.39}$$

由式(6.4.24)，可得到

$$\frac{\partial v_4}{\partial t}=\frac{f\sigma}{\Delta\gamma}\frac{1}{r}\hat{\psi}_4(r)\mathrm{e}^{\sigma t} \tag{6.4.40}$$

积分式(6.4.40)，且取积分常数为零，则

$$v_4=\frac{f}{\Delta\gamma}\frac{1}{r}\hat{\psi}_4(r)\mathrm{e}^{\sigma t} \tag{6.4.41}$$

根据式(6.4.41)对 r 积分,可得

$$\phi_4=\frac{f^2}{\Delta\gamma}e^{\sigma t}\int\frac{1}{r}\hat{\psi}_4(r)dr \tag{6.4.42}$$

将式(6.4.34)和(6.4.37)代入式(6.4.42),可得

$$\phi_4=-\frac{f^2}{\gamma\Delta\lambda_1}AJ_0(\lambda_1 r)e^{\sigma t}\quad(0\leqslant r\leqslant a) \tag{6.4.43}$$

$$\phi_4=\frac{if^2}{\gamma\Delta\lambda_2}BH_0^{(1)}(i\lambda_2 r)e^{\sigma t}\quad(a\leqslant r<\infty) \tag{6.4.44}$$

在推导式(6.4.43,6.4.44)时,已应用了

$$\frac{dJ_0(x)}{dx}=-J_1(x),\frac{dH_0^{(1)}(x)}{dx}=-H_1^{(1)}(x) \tag{6.4.45}$$

这样,在 $x=a$ 处 ϕ_4 连续,可得

$$-\frac{1}{\lambda_1}AJ_0(\lambda_1 a)=i\frac{1}{\lambda_2}BH_0^{(1)}(i\lambda_2 a) \tag{6.4.46}$$

式中 J_0 和 $H_0^{(1)}$ 分别为零阶的第一类 Bessel 和 Hankol 函数。

由式(6.4.38,6.4.46),可得

$$\frac{J_1(\lambda_1 a)}{J_0(\lambda_1 a)}=i\frac{\lambda_2 H_1^{(1)}(i\lambda_1 a)}{\lambda_1 H_0^{(1)}(i\lambda_2 a)} \tag{6.4.47}$$

方程(6.4.47)是关于增长率 σ 的一个特征方程。在给定参数条件下,可求出增长率 σ 与对流活动半径 a 的关系。对于热带大气运动,可取 $\mu=1.1$, $f=3.8\times10^{-5}\text{s}^{-1}$, $\gamma=1.72\times10^{-6}\ \text{s}^{-1}$,而 $1/\lambda=1.2\times10^6$ m。根据式(6.4.47),可计算出不同加热条件下增长率 σ 与热带气旋半径 a 的关系(图 6.5)。

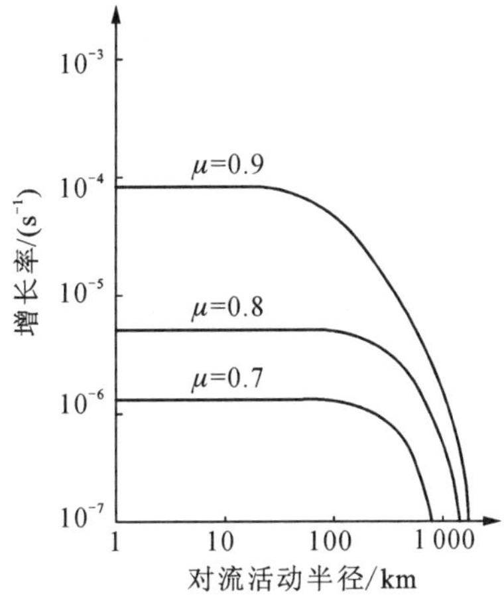

图 6.5　扰动增长率与气旋尺度关系图

由图 6.5 可知,对于一定的加热强度,如 $\eta=0.8$,稳定的 a 大约为 100～200 km,而增长率 σ 约为 $6\times10^{-6}\text{s}^{-1}$,则振幅增长 e 倍时间约为 2.5 天,这些结果与热带气旋发展的过程相接近。

由上述分析可知,热带气旋发展的物理机制,是以水汽凝结潜热为能源的扰动不稳定自激增长的结果,是积云对流和大尺度气流不同尺度之间相互的产物。热带气旋这种扰动增长过程,就是前面讨论的 CISK 机制。

自 20 世纪 60 年代以来,Charney 和 Eliassen 提出 CISK 机制解释热带气旋的发生、发展,但尚有许多不成功之处,很少有事实证明 CISK 机制中积云对流与天气尺度扰动的相互作用可导致在可观测到的热带气旋尺度上的有最大增长率出现这一观点。近年来,对热带气旋生成提出了一个新的理论,即所谓的海-气相互作用理论。该理论认为热带气旋的位能来自于大气与海洋的热力学的不平衡。把热带气旋发生看成是热带大气有限风诱导起的海面交换不稳

定所引起的。也就是说,要靠海面热通量与海面风之间建立的正反馈作用。如果给定初始扰动,增加海面风,海面起伏增大,海面蒸发率增大,即海面热通量增大,使边界层趋向饱和,对流强度增加,从而进一步增加了天气尺度的环流,这样可进一步增加海面风……(Emanuel, 1986)。热带气旋生成的海气相互作用理论可较好地解释热带气旋仅发生在暖洋面上的事实,其思想与许多数值模拟结果相一致。

§6.5 热源强迫的热带定常运动

热带大气运动经常受到积云对流和海温异常产生的热源强迫作用。下面讨论热带大气在热源强迫形成的定常环流,而对于定常环流水平气压梯度力必须被耗散或阻尼过程相平衡。

在赤道平面浅水模式中,在动量方程引入 Rayleigh 摩擦,连续方程中引入加热作用,利用

$$(x,y)=\left(\frac{c}{z\beta}\right)^{\frac{1}{2}}(x',y'),t=\frac{1}{\sqrt{2\beta c}}t' \tag{6.5.1}$$

热带量纲一化运动方程组为

$$\varepsilon u-\frac{1}{2}yv=-\frac{\partial p}{\partial x} \tag{6.5.2}$$

$$\varepsilon v+\frac{1}{2}yu=-\frac{\partial p}{\partial y} \tag{6.5.3}$$

$$\varepsilon p+\frac{\partial u}{\partial x}+\frac{\partial v}{\partial y}=-Q \tag{6.5.4}$$

$$w=\varepsilon p+Q \tag{6.5.5}$$

式中:ε 为摩擦系数;Q 为加热。

利用长波近似或半地转近似,可消除惯性重力波。方程(6.5.3)简化成

$$\frac{1}{2}yu=-\frac{\partial p}{\partial y} \tag{6.5.6}$$

为了求解上述方程,引入变量

$$q=p+u \tag{6.5.7}$$

$$r=p-u \tag{6.5.8}$$

于是方程(6.5.2,6.5.4)可写成

$$\varepsilon q+\frac{\partial q}{\partial x}+\frac{\partial v}{\partial y}-\frac{1}{2}yv=-Q \tag{6.5.9}$$

$$\varepsilon r-\frac{\partial r}{\partial x}+\frac{\partial v}{\partial y}+\frac{1}{2}yv=-Q \tag{6.5.10}$$

而方程(6.5.6)可写成

$$\frac{\partial q}{\partial y}+\frac{1}{2}yq+\frac{\partial r}{\partial y}-\frac{1}{2}yr=0 \tag{6.5.11}$$

将方程(6.5.9~6.5.11)中变量及加热 Q 以抛物圆柱函数展开,即

$$(q,r,v,Q)=\sum_{n=0}^{\infty}(q_n,r_n,v_n,Q_n)D_n(y) \tag{6.5.12}$$

式中 $D_n(y)$为抛物圆柱函数,具有以下性质

$$\frac{\mathrm{d}D_n}{\mathrm{d}y}+\frac{1}{2}yD_n=nD_{n-1} \tag{6.5.13}$$

$$\frac{\mathrm{d}D_n}{\mathrm{d}y}-\frac{1}{2}yD_n=-D_{n+1} \tag{6.5.14}$$

将方程(6.5.12)代入方程(6.5.9～6.5.11),可得

$$\frac{\mathrm{d}q_0}{\mathrm{d}x}+\varepsilon q_0=-Q_0 \tag{6.5.15}$$

$$\frac{\mathrm{d}q_1}{\mathrm{d}x}+\varepsilon q_1-v_0=-Q_1 \tag{6.5.16}$$

$$q_1=0,n=0 \tag{6.5.17}$$

$$\frac{\mathrm{d}q_{n+1}}{\mathrm{d}x}+\varepsilon q_{n+1}-v_n=-Q_{n+1},n\geqslant 1 \tag{6.5.18}$$

$$\frac{\mathrm{d}r_{n-1}}{\mathrm{d}x}-\varepsilon r_{n-1}-nv_n=Q_{n-1},n\geqslant 1 \tag{6.5.19}$$

$$r_{n-1}=(n+1)q_{n+1},n\geqslant 1 \tag{6.5.20}$$

Gill(1980)取两种简单加热函数,求解上述问题。

(1) 赤道对称加热

$$Q=Q_0D_0(y)=F(x)D_0(y) \tag{6.5.21}$$

(2) 赤道反对称加热

$$Q=Q_1D_1(y)=F(x)D_1(y) \tag{6.5.22}$$

而热源沿经向分布仅限制在某一局部区域,则 $F(x)$可设为

$$F(x)=\begin{cases}\cos kx, & |x|\leqslant L\\ 0, & x>L\end{cases} \tag{6.5.23}$$

其中

$$k=\frac{2\pi}{L} \tag{6.5.24}$$

由于加热作为强迫,采用简化形式(6.5.23),故解仅包含三阶的 D_n 函数

$$(D_0,D_1,D_2,D_3)=(1,y,y^2-1,y^3-3y)\mathrm{e}^{-\frac{1}{4}y^2} \tag{6.5.25}$$

对此可分为两种不同热源情形讨论。

1. 赤道对称加热

热源取方程(6.5.21)形式,此时 $Q=Q_0$,$Q_n=0(n\geqslant 1)$。对此解分两部分:第一部分仅包含 q_0,这部分表示了向东传播且有阻尼的 Kelvin 波,由于它没有向西传播分量,故在 $x<-L$ 区域解为零。对于式(6.5.15),有解

$$q_0 = 0, x < -L \tag{6.5.26}$$

$$q_0 = -\frac{1}{k^2+\varepsilon^2}[\varepsilon\cos kx + k(\sin kx + e^{-\varepsilon(x+L)})], \mid x \mid < L \tag{6.5.27}$$

$$q_0 = -\frac{k}{k^2+\varepsilon^2}(1+e^{-2\varepsilon L})e^{\varepsilon(L-x)}, x > L \tag{6.5.28}$$

可求得 Kelvin 模态对应的流场

$$u = p = \frac{1}{2}q_0(x)e^{-\frac{1}{4}y^2} \tag{6.5.29}$$

$$v = 0 \tag{6.5.30}$$

$$w = \frac{1}{2}(\varepsilon q_0(x) + F(x))e^{-\frac{1}{4}y^2} \tag{6.5.31}$$

显然,上述解是准地转的,且 $v=0$,这与本章第二节讨论的结果相一致。

解的另外一部分:令 $n=1$,由方程(6.5.18~6.5.20),可得

$$\frac{dq_2}{dt} + \varepsilon q_2 - v_1 = 0 \tag{6.5.32}$$

$$r_0 = 2q_2 \tag{6.5.33}$$

$$\frac{dq_2}{dx} - 3\varepsilon q_2 = Q_0 \tag{6.5.34}$$

这组方程相对应于向西传播的 Rossby 波,而传播速度仅为第一部分 Kelvin 解的 1/3。由于 Rossby 模态解仅向西传播,故有当 $x>L, q_2=0$,求解方程(6.5.32~6.5.34),可得

$$q_2 = -\frac{k}{k^2+9\varepsilon^2}(1+e^{-6\varepsilon L})e^{3\varepsilon(x+L)}, x < -L \tag{6.5.35}$$

$$q_2 = -\frac{1}{k^2+9\varepsilon^2}[3\varepsilon\cos kx + k(\sin kx + e^{-3\varepsilon(x-L)})], x < \mid L \mid \tag{6.5.36}$$

$$q_2 = 0, x > L \tag{6.5.37}$$

相应地,可得 Rossby 模态的流场

$$p = \frac{1}{2}q_2(x)(1+y^2)e^{-\frac{1}{4}y^2} \tag{6.5.38}$$

$$u = \frac{1}{2}q_2(x)(y^3-3)e^{-\frac{1}{4}y^2} \tag{6.5.39}$$

$$v = [F(x) + 4\varepsilon q_2(x)]ye^{-\frac{1}{4}y^2} \tag{6.5.40}$$

$$w = \frac{1}{2}[F(x) + \varepsilon q_2(x)(1+y^2)]e^{-\frac{1}{4}y^2} \tag{6.5.41}$$

按照上述解,给定参数,可给出对此热源强迫的定常环流响应,如图 6.6 所示。

由图 6.6 可知,风场响应基本上是呈纬向的,在热源的下游,出现与赤道平行的东风,而热源的上游,出现与赤道平行的西风,风速由西向东增强,随纬度增加而减少。而经向风速主要

出现在加热区。另外，热源东部的风场响应尺度要比西部约宽 3 倍。上游的西风和下游的东风在低空向热源辐合、上升，在高空将从热源处向外流出，这样在东西方向形成 Walker 环流，而在热源区域，在南北方向形成 Hardly 环流。由于风场对热源的响应主要是纬向的，经向气流的扰动较弱，因此 Walker 环流比 Hardly 环流强得多。

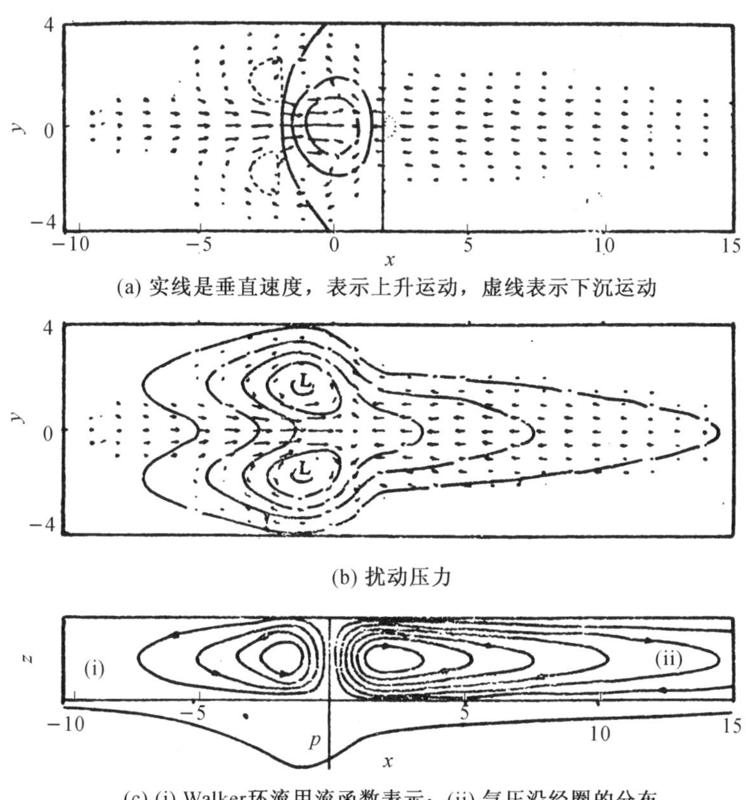

(a) 实线是垂直速度，表示上升运动，虚线表示下沉运动

(b) 扰动压力

(c) (i) Walker环流用流函数表示；(ii) 气压沿经圈的分布

图 6.6　赤道对称热源强迫下的热带定常环流($|x|<2, \varepsilon=0.1$)

2. 赤道反对称加热

热源分布取式(6.5.22)的分布，即 $Q=Q_1$，而 $Q_0=Q_n=0(n\geqslant 2)$。相应地，也有两部分解：即 $n=0$ 的 Rossby-重力混合波。由方程(6.5.16,6.5.17)，可得

$$q_1=0, v_0=Q_1 \tag{6.5.42}$$

显然，这部分的解只在热源区起作用，在该情况下 Rossby-重力混合波是不传播的。

而另一部分解为 $n=2$ 的 Rossby 波。由方程(6.5.18,6.5.20)，可得

$$\frac{\mathrm{d}q_3}{\mathrm{d}t}+\varepsilon q_3=v_2 \tag{6.5.43}$$

$$r_1=3q_3 \tag{6.5.44}$$

$$\frac{\mathrm{d}q_3}{\mathrm{d}t}-5\varepsilon q_3=Q_1 \tag{6.5.45}$$

由方程(6.5.43～6.5.45)，可得

$$q_3 = -\frac{k}{k^2 + 25\varepsilon^2}(1 + e^{-10\varepsilon L}\varepsilon L)e^{5\varepsilon(x+L)}, x < -L \tag{6.5.46}$$

$$q_3 = -\frac{1}{k^2 + 25\varepsilon^2}[5\varepsilon\cos kx - k(\sin kx - e^{5\varepsilon(x-L)})], |x| < L \tag{6.5.47}$$

$$q_3 = 0, x > L \tag{6.5.48}$$

相应地，热带地区的流场为

$$p = \frac{1}{2}q_3(x)y^3 e^{-\frac{1}{4}y^2} \tag{6.5.49}$$

$$u = \frac{1}{2}q_3(x)(y^3 - 6y)e^{-\frac{1}{4}y^2} \tag{6.5.50}$$

$$v = [6\varepsilon q_3(x)(y-1) + F(x)y^2]e^{-\frac{1}{4}y^2} \tag{6.5.51}$$

$$w = \left[\frac{1}{2}\varepsilon q_3(x)y^3 + F(x)y\right]e^{-\frac{1}{4}y^2} \tag{6.5.52}$$

给定参数，$\varepsilon=0.1$，$L=2$，可给出赤道反对称热源强迫下的定常环流，见图 6.7。

由图 6.7 可知，对于赤道反对称热源运动场仅发生在 $x<-L$ 区域，在加热区的北侧为上升运动，而南侧为下沉运动；在北半球为气旋性环流，而南半球为反气旋性环流，跨赤道方向只有在一个北半球上升、南半球下沉的平均经圈环流；赤道附近，在北半球低层是西风，而南半球低层是东风。

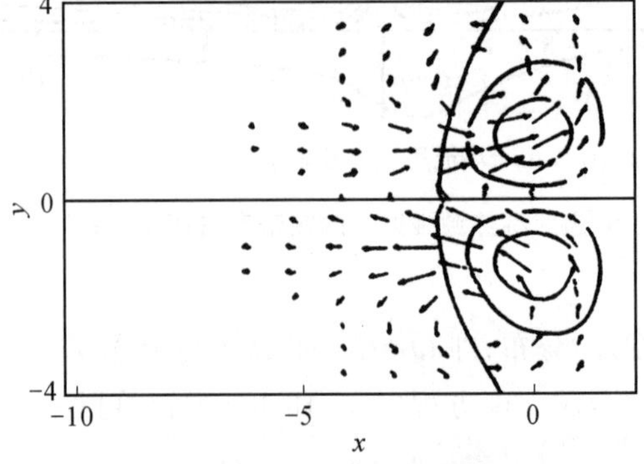

(a) 垂直速度(实线)和低层流场

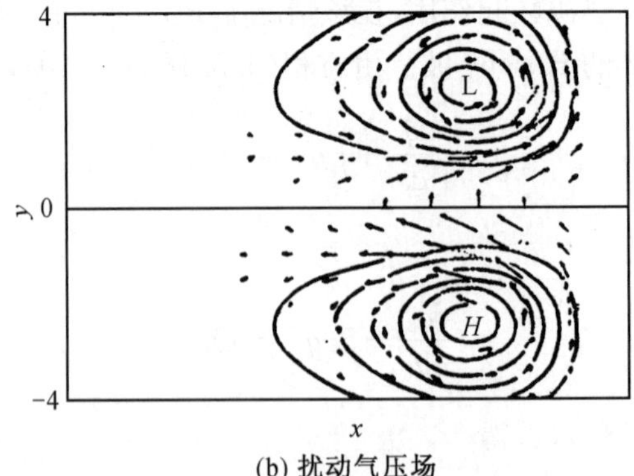

(b) 扰动气压场

图 6.7　赤道反对称热源强迫下热带定常环流(ε=0.1，L=2)

Heckley 和 Gill(1984)，Gill 和 Phlips(1986)在此基础上进一步考虑了非定常、非线性的作用。

思考题

1. 利用尺度分析的方法说明热带地区大气运动较中、高纬度地区的不同特征。
2. 结合热力学方程讨论热带降水过程的潜热释放对热带地区大气运动特征如何影响。
3. 热带大气运动有哪些重要的波动？分别有哪些特征，与中、高纬度大气波动有何差异？
4. 什么是积云对流参数化？试举例说明一种积云对流参数化方案。
5. 简述 CISK 理论的内容，并用此机制说明热带气旋的形成和发展。
6. 试比较热带对称热源和反对称热源强迫下的热带定常环流特征。

参考文献

[1] HOLTON J R. An introduction to dynamic meteorology[M]. 3rd ed. New York: Academic Press, 1992.

[2] MATSUNO T. Quasi-geostrophic motion in the equatorial area [J]. Journal of the Meteorological Society of Japan, 1966, 44:25 - 42.

[3] GILL A E. Atmosphere-ocean dynamics[M]. New York: Academic Press, 1982.

[4] WALLACE J M, KOUSKY V E. Observational evidence of Kelvin waves in the tropic stratosphere [J]. Journal of the Atmospheric Sciences, 1968, 25:900 - 907.

[5] KUO H L. On formation and intensification of tropical cyclones through latent heat release by cumulus convection [J]. Journal of the Atmospheric Sciences, 1965, 22: 40 - 63.

[6] KUO H L. Further studies of the parameterization of the influence of cumulus convection on large-scale flow [J]. Journal of the Atmospheric Sciences, 1974, 31: 1232 - 1240.

[7] ARAKAWA A, SCHUBERT W. Interaction of a cumulus cloud ensemble with the large-scale environment [J]. Journal of the Atmospheric Sciences, 1974, 31:674 - 701.

[8] STEVENS D E, LINDZEN R S. Tropical wave-CISK with a moisture budget and cumulus friction [J]. Journal of the Atmospheric Sciences, 1978, 35:940 - 961.

[9] EMANUEL K A, RAYMOND D J. The representation of cumulus convection in numerical models[J]. Meteorological Monographs, 1993, 24:1 - 246.

[10] CHARNEY J G, ELIASSEN A. A numerical method for predicting the perturbations of the middle-latitude westerlies [J]. Tellus, 1949, 1:38 - 54.

[11] CHARNEY J G, ELIASSEN A. On the growth of the hurricane depression[J]. Journal of the Atmospheric Sciences,1964, 21:68 - 75.

[12] OOYAMA K. Numerical simulation of the life cycle of tropical cyclones [J]. Journal of the Atmospheric Sciences, 1969, 26:3 - 40.

[13] LINDZEN R S. Wave-CISK in the tropics [J]. Journal of the Atmospheric Sciences,

1974, 31:156 - 179.

[14] EMANUEL K A. An air-sea interaction theory for tropical cyclones: Part I [J]. Journal of the Atmospheric Sciences, 1986, 43:585 - 604.

[15] ROTUNNO R, EMANUEL K A. An air-sea interaction theory for tropical cyclones: Part II [J]. Journal of the Atmospheric Sciences, 1987, 44:542 - 561.

[16] GILL A E. Some simple solutions for heat-induced tropical circulation [J]. Quarterly Journal of the Royal Meteorological Society, 1980, 106:447 - 462.

[17] HECKLEY W A, GILL A E. Some simple analytic solutions to the problem of forced equatorial long waves [J]. Quarterly Journal of the Royal Meteorological Society, 1984, 110:203 - 217.

[18] GILL A E, PHLIPS P J. Nonlinear effects on heat-induced tropical circulation [J]. Quarterly Journal of the Royal Meteorological Society, 1986, 112:69 - 91.

第七章

大气能量

大气中最重要的能量形态是动能、位能和内能。其他形态的能量，虽然它们在局部范围内可能是重要的，但并不能直接大量转换为动能、位能和内能。例如，闪电放电时，电能向内能的转换对雷雨和龙卷风可能是重要的，但是大气中电能的总量很小。又如，核能的来源虽然是大量的，但释放这种能量的自然过程实际上并不存在，因此，对大气来说，它们是次要的。

§7.1 大气中的主要能量形态

物质在运动过程中，必然会发生能量形态的转换与变化。例如，水从高处流向低处时，便由位能转变为动能。又如，当大气波动存在斜压不稳定时，基本气流所蕴含的有效位能和大气波动动能之间也是可以相互转换的。实际大气中，各种能量形态总是在不断转换着的。大气中的主要能量形态有位能、内能、动能、湍能和相变潜热能。下面分别给出它们的定义和单位面积上气柱内的能量表示式。

1. 位能

从物理学知道，单位质量空气的位能为 gz。因此，对于一个伸展到 h 高度的垂直空气柱来说，单位面积上空气柱的位能为

$$P=\int_0^h \rho g z\,\mathrm{d}z$$

利用静力方程

$$\delta p=-\rho g\delta z$$

上式变为

$$P=\int_{p_h}^{p_0} z\,\mathrm{d}p=\int_{p_h}^{p_0}\mathrm{d}(pz)-\int_h^0 p\,\mathrm{d}z$$

式中 p_h 为 h 高度处的气压。再利用状态方程，$p=\rho RT$，上式可以写为

$$P=(pz)_G-p_h h+\frac{1}{g}\int_{p_h}^{p_0} RT\,\mathrm{d}p \tag{7.1.1}$$

当 p_0 是海平面气压时，式(7.1.1)右端第一项为零；当地面不是海平面时，则在位能表达式(7.1.1)中必须保留 $(pz)_G$ 项。

当考虑整个大气柱时，这时 $h\to\infty$。由于 $p_h\to 0$，并假定 p_0 为 $z=0$ 处的气压，则式(7.1.1)可以化为更简单的形式，即

$$P = \frac{1}{g}\int_{0}^{p_0} RT\,\mathrm{d}p \tag{7.1.2}$$

2. 内能

第一章已经指出,单位质量的空气内能为 $c_V T$。因此,对于单位面积高为 h 的空气柱,内能应为

$$I = \int_{0}^{h} c_V T \rho \,\mathrm{d}z$$

式中 c_V 为定容比热。利用静力方程,则有

$$I = \frac{1}{g}\int_{p_h}^{p_0} c_V T\,\mathrm{d}p \tag{7.1.3}$$

对于整个大气柱而言,由于 $p_h \to 0$,其内能应为

$$I = \frac{1}{g}\int_{0}^{p_0} c_V T\,\mathrm{d}p \tag{7.1.4}$$

由式(7.1.2,7.1.4)可见,对于整个大气柱而言,位能和内能之间有如下简单的关系

$$P = \frac{R}{c_V} I = \frac{c_p - c_V}{c_V} I = (\varkappa - 1) I \approx 0.41 I$$

式中$\varkappa = \frac{c_p}{c_V} \approx 1.41$。

可见,在静力平衡下,一个从海平面向上伸展到整个大气层的垂直空气柱中所包含的位能是和内能成正比的,其比率为 R/c_V。因此,可以合并位能和内能,得到

$$P + I = \frac{c_p}{c_V} I = \frac{1}{g}\int_{0}^{p_0} c_p T\,\mathrm{d}p \tag{7.1.5}$$

或者

$$P + I = \varkappa\, I = \frac{c_V}{g}\int_{0}^{p_0} \varkappa\, T\,\mathrm{d}p \tag{7.1.6}$$

根据焓 E 的定义:$E = c_p T$,式(7.1.5)还可写为

$$P + I = \frac{1}{g}\int_{0}^{p_0} E\,\mathrm{d}p$$

通常称 $P+I$ 为总位能,简称位能。焓 $E = c_p T$ 显然是单位质量的总位能。

前面已经指出,声速 $c = \pm\sqrt{\varkappa RT}$。因此,由式(7.1.6),总位能还可写成另一种形式,即

$$P + I = \frac{c_V}{Rg}\int_{0}^{p_0} c^2\,\mathrm{d}p = \frac{1}{(\varkappa - 1) g}\int_{0}^{p_0} c^2\,\mathrm{d}p \tag{7.1.7}$$

3. 动能

从物理学知道,单位质量物体的动能为$\frac{1}{2}V^2$(V 为全风速)。因此,单位面积气柱的动能

K 为

$$K=\frac{1}{2}\int_{0}^{h_0}V^2\rho\mathrm{d}z=\frac{1}{2g}\int_{p_h}^{p_0}V^2\mathrm{d}p$$

由于大气中垂直速度 w 远小于水平风速 u 和 v，在动能中可以不考虑 w。因此，单位面积整个气柱中的动能可以写为

$$K=\frac{1}{2g}\int_{0}^{p_0}(u^2+v^2)\mathrm{d}p \tag{7.1.8}$$

上述三种能量形态是大气中的主要能量形态。此外，还有湍能和相变潜热能等能量形态。

4. 湍能

单位面积整个气柱的湍流脉动动能可以写为

$$K'=\frac{1}{2}\int_{0}^{h}(u'^2+v'^2+w'^2)\rho\mathrm{d}z=\frac{1}{2g}\int_{0}^{p_0}(u'^2+v'^2+w'^2)\mathrm{d}p \tag{7.1.9}$$

式中：u'，v'，w' 为湍流脉动值；K' 为湍能。

5. 相变潜热能

水汽发生相变时，要放出能量。设 L 为相变潜热，q 为比湿，则单位质量的相变潜热能为 Lq。因此，单位面积整个气柱的相变潜热能 H 可以写为

$$H=\int_{0}^{h}\rho Lq\mathrm{d}z=\frac{1}{g}\int_{0}^{p_0}Lq\mathrm{d}p \tag{7.1.10}$$

§7.2　大气能量方程

前面介绍了大气中的主要能量形态，下面讨论位能、内能、动能之间的关系，以及它们的时间变化。

7.2.1　大气动能方程

考虑 p 坐标系中的运动方程

$$\frac{\partial \boldsymbol{v}_h}{\partial t}+(\boldsymbol{v}_h\cdot\nabla)\boldsymbol{v}_h+\omega\frac{\partial \boldsymbol{v}_h}{\partial p}=-\nabla\phi-f\boldsymbol{k}\wedge\boldsymbol{v}_h+\boldsymbol{F} \tag{7.2.1}$$

式中：$\boldsymbol{v}_h$ 为水平速度；ϕ 为重力位势；$\boldsymbol{F}$ 为摩擦力。

用 $\boldsymbol{v}_h$ 点乘式(7.2.1)，得到动能方程为

$$\frac{\partial K}{\partial t}+\boldsymbol{v}_h\cdot\nabla K+\omega\frac{\partial K}{\partial p}=-\boldsymbol{v}_h\cdot\nabla\phi+\boldsymbol{v}_h\cdot\boldsymbol{F} \tag{7.2.2}$$

式中 $K=\frac{1}{2}(u^2+v^2)$ 为单位质量的动能。由于 $\boldsymbol{v}_h$ 与 $\boldsymbol{F}$ 反向，因此 $\boldsymbol{v}_h\cdot\boldsymbol{F}(<0)$ 为动能的摩擦耗散。

利用连续方程

$$\nabla \cdot \boldsymbol{v}_h + \frac{\partial \omega}{\partial p} = 0$$

式(7.2.2)可以改写为

$$\frac{\partial K}{\partial t} + \nabla \cdot K\boldsymbol{v}_h + \frac{\partial}{\partial p}(K\omega) = -\boldsymbol{v}_h \cdot \nabla \phi + \boldsymbol{v}_h \cdot \boldsymbol{F} \tag{7.2.3}$$

如果把式(7.2.3)对整个闭合系统积分,并设没有穿越边界的动能通量,而且假定在 $p=0$ 和 $p=p_0$ 处,$\omega=0$,则得

$$\frac{\partial}{\partial t}\int K\mathrm{d}M = -\int \boldsymbol{v}_h \cdot \nabla \phi \mathrm{d}M + \int \boldsymbol{v}_h \cdot \boldsymbol{F}\mathrm{d}M \tag{7.2.4}$$

式中积分 $\int(\cdots)\mathrm{d}M = \iiint(\cdots)\mathrm{d}x\mathrm{d}y\mathrm{d}p$,是对整个闭合系统质量积分。由式(7.2.4)可见,右边第二项是动能的摩擦损耗项,它总是消耗动能。因此,闭合系统中动能的产生是由式(7.2.4)右边第一项决定的,它是闭合系统中动能的源项。它说明,动能的产生是由于气压梯度力做功的结果。因为

$$-\boldsymbol{v}_h \cdot \nabla \phi = -c\frac{\partial \phi}{\partial s}$$

式中:c 为 $\boldsymbol{v}_h$ 的大小;$\frac{\partial \phi}{\partial s}$为沿空气质点移动方向的气压梯度力。由图 7.1 显见,当风自高压吹向低压时,$\frac{\partial \phi}{\partial s}<0$,因而$-\boldsymbol{v}_h \cdot \nabla\phi>0$,即气压梯度力对空气质点做功,动能增大。反之,当风自低压吹向高压时,$\frac{\partial \phi}{\partial s}>0$,因而$-\boldsymbol{v}_h \cdot \nabla\phi<0$,即空气质点为反抗气压梯度力做功消耗动能,使动能减少。当风沿着等压线吹时,即风为地转风时,因$\frac{\partial \phi}{\partial s}=0$,动能没有变化。可见,闭合系统中动能的变化与空气穿越等压线即非地转运动直接相关,即非地转运动是大气动能变化的重要原因。

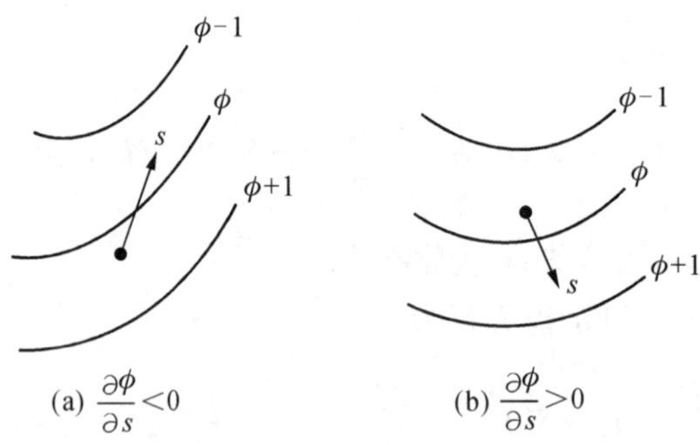

(a) $\frac{\partial \phi}{\partial s}<0$　(b) $\frac{\partial \phi}{\partial s}>0$

图 7.1

实际上,这是位能与动能之间转换的一种形式。改写$-\boldsymbol{v}_h \cdot \nabla\phi$ 项,并利用连续方程,即有

$$-\boldsymbol{v}_h \cdot \nabla \phi = -\nabla \cdot \boldsymbol{v}_h\phi - \phi\frac{\partial \omega}{\partial p} = -\nabla \cdot \boldsymbol{v}_h\phi - \frac{\partial \phi\omega}{\partial p} + \omega\frac{\partial \phi}{\partial p}$$

代入式(7.2.3)，得到

$$\frac{\partial K}{\partial t}+\nabla\cdot(K\boldsymbol{v}_h+\phi\boldsymbol{v}_h)+\frac{\partial}{\partial p}(K\omega+\phi\omega)=\omega\frac{\partial\phi}{\partial p}+\boldsymbol{v}_h\cdot\boldsymbol{F}$$

利用静力方程

$$\frac{\partial\phi}{\partial p}=-\frac{1}{\rho}=-\alpha=-\frac{RT}{p}$$

动能方程可以写为

$$\frac{\partial K}{\partial t}+\nabla\cdot(K\boldsymbol{v}_h+\phi\boldsymbol{v}_h)+\frac{\partial}{\partial p}(K\omega+\phi\omega)=-\omega\alpha+\boldsymbol{v}_h\cdot\boldsymbol{F}=-\frac{R}{p}T\omega+\boldsymbol{v}_h\cdot\boldsymbol{F} \tag{7.2.5}$$

在边界条件(当 $p=0$ 和 $p=p_0$ 时，$\omega=0$)下，对整个闭合系统积分。由于已假定系统与外界没有任何交换，因而式(7.2.5)左边第二、第三项积分为零，于是得到

$$\frac{\partial}{\partial t}\int K\mathrm{d}M=-\int\omega\alpha\,\mathrm{d}M+\int\boldsymbol{v}_h\cdot\boldsymbol{F}\mathrm{d}M=-R\int\frac{\omega T}{p}\mathrm{d}M+\int\boldsymbol{v}_h\cdot\boldsymbol{F}\mathrm{d}M \tag{7.2.6}$$

这是闭合系统中描述动能变化的另一有意义形式。

由式(7.2.6)显见，闭合系统中动能的变化决定于 ω 和 T 之间的相关和摩擦耗散。当垂直运动的配置呈暖空气上升、冷空气下沉，ω 和 T 有负的相关，这是因为上升时 ω 为负值，下沉时 ω 为正值，所以在暖空气上升区，ωT 为负值，在冷空气下沉区，ωT 为 正值。由于暖空气的温度 T 比冷空气的大，而且上升和下沉速度一般相差不大，因此负值的绝对值较正值大。对整个闭合系统而言，总的结果是 $\int\frac{\omega T}{p}\mathrm{d}M<0$，因而系统动能增大。这是位能释放转换为动能的结果。反之，如果是暖空气下沉、冷空气上升，则 $\int\frac{\omega T}{p}\mathrm{d}M>0$，系统动能减小。

由式(7.2.4，7.2.6)可以看出，只有包含力的那些过程才能制造动能或者消耗动能。沿着气压梯度力的大气运动，即穿越等压面向低压的运动，位能转换为动能，动能增大。反之，逆气压梯度力的大气运动，即穿越等压面向高压的运动，消耗动能转换为位能。抵抗摩擦力的大气运动，消耗动能。同样，沿着重力的方向即下降的大气运动，位能转换为动能，反之，逆重力方向即上升的大气运动，动能转换为位能，消耗动能。由于柯氏力的作用方向和运动方向垂直，因此它既不增加动能，也不减少动能。

7.2.2　大气位能方程

上面给出了一个闭合系统中动能的变化方程，指出动能的变化是由于位能的转换和摩擦耗损造成的。但是一个系统的发生、发展还有其他的能量来源，例如加热显然是不能忽视的。为此，考虑包括加热的热流量方程。在 p 坐标系中，热流量方程可以写为

$$c_p\left(\frac{\partial T}{\partial t}+\boldsymbol{v}_h\cdot\nabla T\right)+c_p\omega\frac{\partial T}{\partial p}-\alpha\omega=Q \tag{7.2.7}$$

式中 Q 为非绝热加热。

利用连续方程

$$\nabla \cdot \boldsymbol{v}_h+\frac{\partial \omega}{\partial p}=0$$

和焓的定义式 $E=c_p T$，式(7.2.7)可以写为

$$\frac{\partial E}{\partial t}+\nabla \cdot E\boldsymbol{v}_h+\frac{\partial E\omega}{\partial p}=\alpha\omega+Q \tag{7.2.8}$$

在边界条件($p=0$ 和 $p=p_0$ 处，$\omega=0$)下，式(7.2.8)对整个闭合系统积分，则有

$$\frac{\partial}{\partial t}\int E\mathrm{d}M=\int \alpha\omega\mathrm{d}M+\int Q\mathrm{d}M=R\int\frac{\omega T}{p}\mathrm{d}M+\int Q\mathrm{d}M \tag{7.2.9}$$

由式(7.2.9)显示，闭合系统中造成总位能变化的原因有两个：一个是非绝热加热，加热增温，空气膨胀，质量中心上抬，系统位能增大；反之，冷却降温，空气收缩，质量中心下降，系统位能减小。另一个是通过 ω 和 T 之间的相关，改变系统的位能。当系统内暖空气上升、冷空气下沉时，系统中位能减小，这是由系统内空气质量中心降低所致。反之，暖空气下沉、冷空气上升，引起系统内空气质量中心上升，位能增大。物理上这一项的作用与式(7.2.6)中对动能的改变所起的效应相同，比较式(7.2.6，7.2.9)可以看出，两式都出现 $\alpha\omega$ 项，所不同的只是差一符号。这说明，动能的产生是位能耗损所致，或者反过来，位能的增加是动能减少的结果。正是这 $\alpha\omega$ 项，它代表动能和位能之间的相互转换。必须指出，非绝热加热不能直接造成系统动能的改变，它首先造成位能的变化，然后引起动能的改变。

把式(7.2.6，7.2.9)相加，即得

$$\frac{\partial}{\partial t}\int (K+E)\mathrm{d}M=\int Q\mathrm{d}M+\int \boldsymbol{v}_h\cdot\boldsymbol{F}\mathrm{d}M \tag{7.2.10}$$

这显示，闭合系统中总能量的变化是由加热和摩擦引起的。摩擦总是耗损能量，非绝热加热则是大气能量的最重要的来源。当运动是绝热和无摩擦时，式(7.2.10)变为

$$\frac{\partial}{\partial t}\int (K+E)\mathrm{d}M=0 \tag{7.2.11}$$

这表示在绝热和无摩擦情况下，整个系统的总能量是守恒的，也就是说，一个系统中总的动能的增大(或减小)必定伴有总的位能的减小(或增大)。

如果用[A]表示 $\int A\mathrm{d}M$，则式(7.2.11)可以简写为

$$[K]+[E]=\text{常数} \tag{7.2.12}$$

或者

$$[K]_2+[E]_2=[K]_1+[E]_1 \tag{7.2.13}$$

式中下标 1,2 分别表示 t_1，t_2 时刻的量。利用式(7.2.12)或(7.2.13)可以计算出 t_1 到 t_2 时刻的能量变化。

§7.3 有效位能

大气中通常发生的情况是，总位能不能全部释放转换成动能，只有其中的很小一部分可能转换为动能，因此用总位能来度量大气的能量是不大合适的。通常称能转换成动能的那一部分位能为有效位能（或称可用位能），它占总位能不到1%。有效位能是闭合系统中大气总位能与经过绝热过程重新调整后产生的具有稳定水平层结的温度场所具有的最小总位能之差，这是大气位能能够转换为动能的最大值。

根据式(7.1.5)，单位面积垂直气柱的总位能是

$$P+I=\frac{c_p}{g}\int_0^{p_0}T\mathrm{d}p$$

引入位温 $T=\theta p^{\varkappa}p_{00}^{-\varkappa}\left(\varkappa=\frac{R}{c_p},p_{00}=1\,000\ \mathrm{hPa}\right)$，代入上式，并进行分部积分，得到

$$P+I=\frac{c_p}{gp_{00}^{\varkappa}(1+\varkappa)}\int_0^{\infty}p^{1+\varkappa}\mathrm{d}\theta$$

这样，面积平均的总位能是

$$\overline{P+I}=\frac{c_p}{gp_{00}^{\varkappa}(1+\varkappa)}\int_0^{\infty}\overline{p^{1+\varkappa}}\mathrm{d}\theta$$

经过绝热过程调整后，在给定的位温面上的气压将等于初始气压分布 p 的平均，即$\overline{p}$。因此，调整后的最小总位能是

$$P+I=\frac{c_p}{gp_{00}^{\varkappa}(1+\varkappa)}\int_0^{\infty}\overline{p}^{1+\varkappa}\mathrm{d}\theta$$

根据定义，平均有效位能$\overline{A}$应为

$$\overline{A}=\frac{c_p}{gp_{00}^{\varkappa}(1+\varkappa)}\int_0^{\infty}(\overline{p^{1+\varkappa}}-\overline{p}^{1+\varkappa})\mathrm{d}\theta \tag{7.3.1}$$

设 $p=\overline{p}+p'$，并利用二项式定理，有

$$\begin{aligned}p^{1+\varkappa}-\overline{p}^{1+\varkappa}&=(\overline{p}+p')^{1+\varkappa}-\overline{p}^{1+\varkappa}\\&=\overline{p}^{1+\varkappa}+\frac{(1+\varkappa)\overline{p}^{\varkappa}\,p'}{1!}+\frac{\varkappa(1+\kappa)\overline{p}^{\varkappa-1}p'^2}{2!}+\cdots-\overline{p}^{1+\varkappa}\\&=\overline{p}^{1+\varkappa}\left[(1+\varkappa)\frac{p'}{\overline{p}}+\varkappa\frac{1+\varkappa}{2!}\left(\frac{p'}{\overline{p}}\right)^2+\frac{(1-\varkappa)\varkappa(1+\varkappa)}{3!}\left(\frac{p'}{\overline{p}}\right)^3+\cdots\right]\end{aligned}$$

取平均后，代入式(7.3.1)，即得

$$\overline{A}=\frac{c_p}{gp_{00}^{\varkappa}(1+\varkappa)}\int_0^{\infty}\overline{p}^{1+\varkappa}\left[\frac{\varkappa(1+\varkappa)}{2!}\overline{\left(\frac{p'}{\overline{p}}\right)^2}+\frac{(1-\varkappa)\varkappa(1+\varkappa)}{3!}\overline{\left(\frac{p'}{\overline{p}}\right)^3}+\cdots\right]\mathrm{d}\theta \tag{7.3.2}$$

由于式(7.3.2)右端方括号中的第一项比其他项大得多,因此可近似地取

$$\overline{A}=\frac{1}{2}\varkappa c_p\frac{1}{gp_{00}^{\varkappa}}\int_0^{\infty}\overline{p}^{1+\varkappa}\overline{\left(\frac{p'}{\overline{p}}\right)^2}\mathrm{d}\theta \tag{7.3.3}$$

如果设$\overline{\theta}$和$\overline{T}$是等压面上θ和T的平均值,θ'和T'是θ,T与$\overline{\theta},\overline{T}$的偏差,则近似地可取

$$p\approx\overline{p}(\overline{\theta}(p))$$

结果

$$p'=\overline{p}(\theta+\theta')-\overline{p}(\theta)\approx\theta'\frac{\partial\overline{p}}{\partial\theta} \tag{7.3.4}$$

代入式(7.3.3),得到

$$\overline{A}=\frac{\varkappa c_p}{2gp_{00}^{\varkappa}}\int_0^{\infty}\overline{p}^{\varkappa-1}\overline{\left(\theta'\frac{\partial\overline{p}}{\partial\theta}\right)^2}\mathrm{d}\theta\approx\frac{\varkappa c_p}{2gp_{00}^{\varkappa}}\int_0^{p_0}\overline{p}^{\varkappa-1}\overline{\theta}^2\left(-\frac{\partial\overline{\theta}}{\partial p}\right)^{-1}\overline{\left(\frac{\theta'}{\overline{\theta}}\right)^2}\mathrm{d}p \tag{7.3.5}$$

由静力方程,有

$$\frac{\partial\overline{\theta}}{\partial p}=-\varkappa\frac{\overline{\theta}}{p}\frac{\gamma_d-\overline{\gamma}}{\gamma_d} \tag{7.3.6}$$

式中:$\gamma_d=\dfrac{g}{c_p}$,$\overline{\gamma}=-\dfrac{\partial\overline{T}}{\partial z}$。

由于近似地有$\theta'/\theta\approx T'/T$,因此式(7.3.5)变为

$$\overline{A}=\frac{1}{2}\int_0^{p_0}\frac{\overline{T}}{\gamma_d-\overline{\gamma}}\overline{\left(\frac{T'}{\overline{T}}\right)^2}\mathrm{d}p \tag{7.3.7}$$

对于实际大气,通常可取$\overline{\gamma}=\dfrac{2}{3}\gamma_d$,$\overline{T'^2}=(15°)^2$。因此,由式(7.1.5,7.3.7),得到

$$\frac{\overline{A}}{\overline{P}+\overline{I}}\approx\frac{1}{200} \tag{7.3.8}$$

即平均有效位能只及平均总位能的二百分之一。

实际大气中,动能又远小于大气总位能。因单位面积垂直气柱平均动能$\overline{K}$为

$$\overline{K}=\frac{1}{2g}\int_0^{p_0}\overline{V}^2\mathrm{d}p \tag{7.3.9}$$

大气声速通常在300 m/s到350 m/s之间,风速一般在15 m/s左右,约为声速的$\dfrac{1}{20}$,即$V\sim\dfrac{c}{20}$(c为声速)。因此,由式(7.1.7)知,平均动能$\overline{K}$和平均总位能$\overline{P}+\overline{I}$之比为

$$\frac{\overline{K}}{\overline{P}+\overline{I}}=\frac{\varkappa-1}{2}\frac{\int_0^{p_0}\overline{V}^2\mathrm{d}p}{\int_0^{p_0}\overline{c}^2\mathrm{d}p}\approx\frac{1}{2\,000} \tag{7.3.10}$$

由此即得平均动能$\overline{K}$与平均有效位能$\overline{A}$之比为

$$\frac{\overline{K}}{\overline{\overline{A}}}=\frac{1}{10} \tag{7.3.11}$$

可见，实际大气中只有约 0.5%的总位能可以用于转换成有效位能，而其中实际上真正能够转换成动能的又约占这一部分可用位能的 1/10。由此看来，大气是一部效率很低的热机。

为什么大气中大部分总位能不能被用来转换成动能呢？下面利用一个简单的大气模式定性地解释一下。假设在开始时刻，有两个干空气团被垂直隔板分开，两个气团各有均一的位温，分别为 θ_1 和 θ_2，如图 7.2 所示。设 $\theta_1<\theta_2$，隔板两边的地面气压都是 1 000 hPa。隔板去掉后，气团的这种不稳定排列，使得位温较低的气团下沉，位温较高的气团上升，空气将发生如箭头所示方向运动，最后到达平衡。平衡后容器内的气团经过绝热过程重新调整后可能释放出来的最大动能是多少呢？因为在绝热过程中总能量是不变的，因此

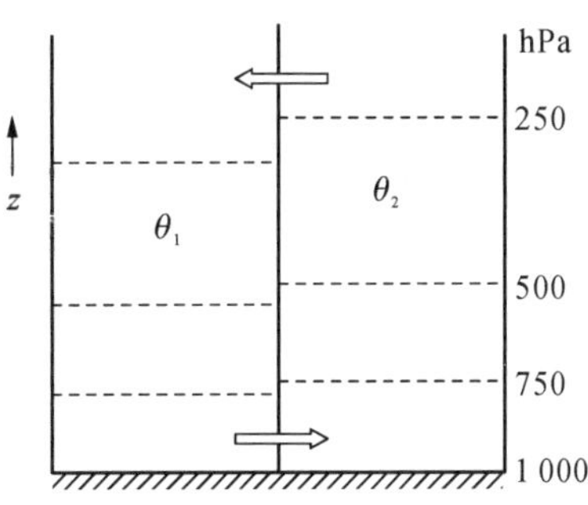

图 7.2　位温不同的两气团被垂直隔板隔开（箭头表示隔板去掉后空气运动方向）

$$P+I+K=\text{常数}$$

如果开始时刻气团是静止的，即 $K_0=0$，则由式(7.3.12)知

$$P+I+K=P_0+I_0 \tag{7.3.12}$$

这里下标“0”表示初始时刻的能量。利用式(7.1.6)

$$P+I=\kappa I$$

即知隔板去掉后产生的动能为

$$K=\kappa(I_0-I) \tag{7.3.13}$$

由于经过绝热过程重新调整后，气团排列达到稳定状态，即位温 θ_1 的气团全部位于位温为 θ_2 的空气团下面，这时内能 I 将是最小值 $I_{\min}$。由于这种状态下，气团的内能 $I_{\min}$不能再由绝热过程使之进一步减小，因而这时的总位能$\kappa I_{\min}$不再能转换为动能了。

§7.4　纬向平均运动和涡动运动的能量方程

在大气环流的研究中，通常把大气运动分解成纬向平均运动和叠加在纬向平均运动之上的涡动运动两部分。同样，把温度也分解为纬向平均温度和涡动温度两部分。这样，与这两种运动相对应，可以定义纬向平均位能和涡动动能以及纬向平均有效位能和涡动有效位能两类，并由此可以得到各种能量形态之间的转换、它们的时间变化以及造成各种能量形态变化的原因。

为了得出纬向平均动能、涡动动能以及纬向平均有效位能和涡动有效位能，我们由运动方程、连续方程和热流量方程出发，首先推导纬向平均动能和涡动动能。推导之前先把运动分解为纬向平均部分和扰动部分，即

$$\begin{gathered} u=\bar{u}+u',v=\bar{v}+v',\omega=\bar{\omega}+\omega' \\ T=\overline{T}+T',\phi=\bar{\phi}+\phi',\boldsymbol{F}=\overline{\boldsymbol{F}}+\boldsymbol{F}' \end{gathered} \tag{7.4.1}$$

式中:带“—”的量为纬向平均量;带“′”的量为扰动量。并定义纬向平均动能$\overline{K}$和涡动动能K'分别为

$$\begin{aligned}\overline{K} &= \frac{1}{2}(\overline{u}^2 + \overline{v}^2) \\ K' &= \frac{1}{2}(\overline{u'^2} + \overline{v'^2})\end{aligned} \tag{7.4.2}$$

利用 p 坐标系的连续方程

$$\frac{\partial u}{\partial x} + \frac{\partial v}{\partial y} + \frac{\partial \omega}{\partial p} = 0$$

运动方程可以写为

$$\begin{aligned}\frac{\partial u}{\partial t} + \nabla \cdot u\boldsymbol{v} &= fv - \frac{\partial \phi}{\partial x} + F_x \\ \frac{\partial v}{\partial t} + \nabla \cdot v\boldsymbol{v} &= -fu - \frac{\partial \phi}{\partial y} + F_y\end{aligned} \tag{7.4.3}$$

式中 F_x,F_y 为摩擦力 $\boldsymbol{F}$ 的 x,y 分量。

把式(7.4.1)代入式(7.4.3),再取纬向平均,得到纬向平均运动方程为

$$\frac{\partial \overline{u}}{\partial t} + \nabla \cdot (\overline{u}\,\overline{\boldsymbol{v}}) + \nabla \cdot \overline{(u'\boldsymbol{v}')} = f\,\overline{v} + \overline{F}_x \tag{7.4.4}$$

$$\frac{\partial \overline{v}}{\partial t} + \nabla \cdot (\overline{v}\,\overline{\boldsymbol{v}}) + \nabla \cdot \overline{(v'\boldsymbol{v}')} = -f\,\overline{u} - \frac{\partial \overline{\phi}}{\partial y} + \overline{F}_y \tag{7.4.5}$$

将$\overline{u}$乘式(7.4.4),$\overline{v}$乘式(7.4.5),两式相加,并利用纬向平均运动的连续方程

$$\frac{\partial \overline{v}}{\partial y} + \frac{\partial \overline{\omega}}{\partial p} = 0 \tag{7.4.6}$$

得到纬向平均动能$\overline{K}$的方程为

$$\frac{\partial \overline{K}}{\partial t} + \nabla \cdot \overline{K}\,\overline{\boldsymbol{v}} + \overline{u}\,\nabla \cdot \overline{(u'\boldsymbol{v}')} + \overline{v}\,\nabla \cdot \overline{(v'\boldsymbol{v}')} = \overline{u}\,\overline{F}_x + \overline{v}\,\overline{F}_y - \overline{v}\,\frac{\partial \overline{\phi}}{\partial y} \tag{7.4.7}$$

利用静力方程

$$\frac{\partial \overline{\phi}}{\partial p} = -\overline{\alpha} = -\frac{R}{p}\overline{T} \tag{7.4.8}$$

及连续方程(7.4.6),有

$$-\overline{v}\,\frac{\partial \overline{\phi}}{\partial y} = -\left(\frac{\partial \overline{v}\,\overline{\phi}}{\partial y} + \frac{\partial \overline{\omega}\,\overline{\phi}}{\partial p} - \overline{\omega}\,\frac{\partial \overline{\phi}}{\partial p}\right) = -\left(\nabla \cdot \overline{\phi}\;\;\overline{\boldsymbol{v}} + \frac{R}{p}\,\overline{\omega}\,\overline{T}\right) \tag{7.4.9}$$

将式(7.4.9)代入式(7.4.7),得到单位质量纬向平均动能方程为

$$\frac{\partial \overline{K}}{\partial t}+\nabla\cdot(\overline{K}\,\bar{\boldsymbol{v}}+\bar{\phi}\,\bar{\boldsymbol{v}})=-\bar{u}\,\nabla\cdot\overline{(u'\boldsymbol{v}')}-\bar{v}\,\nabla\cdot\overline{(v'\boldsymbol{v}')}-R\,\frac{\bar{\omega}\,\overline{T}}{p}+\bar{u}\,\overline{F}_x+\bar{v}\,\overline{F}_y \tag{7.4.10}$$

将式(7.4.10)对整个大气质量积分,即

$$\iiint(\cdots)\rho\mathrm{d}x\mathrm{d}y\mathrm{d}z=\frac{1}{g}\int_0^{p_0}\iint(\cdots)\mathrm{d}x\mathrm{d}y\mathrm{d}p$$

积分时考虑到在 $p=0$ 和 p_0 上,$\bar{\omega}=0$,得到整个大气的纬向平均动能方程为

$$\frac{\partial}{\partial t}\int\overline{K}\mathrm{d}M=-\int[\bar{u}\,\nabla\cdot\overline{(u'\boldsymbol{v}')}+\bar{v}\,\nabla\cdot\overline{(v'\boldsymbol{v}')}]\mathrm{d}M-R\int\frac{\bar{\omega}\,\overline{T}}{p}\mathrm{d}M+\int(\bar{u}\,\overline{F}_x+\bar{v}\,\overline{F}_y)\mathrm{d}M \tag{7.4.11}$$

式中 $\int(\cdots)\mathrm{d}M$ 表示对整个大气质量的积分。

下面推导涡动动能方程。利用闭合系统的动能方程(7.2.6),有

$$\frac{\partial}{\partial t}\int K\mathrm{d}M=-R\int\frac{\omega T}{p}\mathrm{d}M+\int(uF_x+vF_y)\mathrm{d}M \tag{7.4.12}$$

把式(7.4.1)代入式(7.4.12),然后取纬向平均。考虑到定义式(7.4.2),得到

$$\frac{\partial}{\partial t}\int(\overline{K}+K')\mathrm{d}M=-R\int\frac{1}{p}(\bar{\omega}\,\overline{T}+\overline{\omega'T'})\mathrm{d}M+\int(\bar{u}\,\overline{F}_x+\bar{v}\,\overline{F}_y+\overline{u'F'_x}+\overline{v'F'_y})\mathrm{d}M \tag{7.4.13}$$

将式(7.4.13)减去式(7.4.11),得到

$$\frac{\partial}{\partial t}\int K'\mathrm{d}M=-R\int\frac{1}{p}\overline{\omega'T'}\mathrm{d}M+\int[\bar{u}\,\nabla\cdot\overline{(u'\boldsymbol{v}')}+\bar{v}\,\nabla\cdot\overline{(v'\boldsymbol{v}')}]\mathrm{d}M+\int(\overline{u'F'_x}+\overline{v'F'_y})\mathrm{d}M \tag{7.4.14}$$

这就是涡动动能方程。

纬向平均有效位能方程和涡动有效位能方程可由热流量方程得到。p 坐标系中的热流量方程可以写为

$$c_p\frac{\mathrm{d}T}{\mathrm{d}t}-\alpha\omega=Q \tag{7.4.15}$$

式中 Q 为非绝热加热率。改写式(7.4.15),得到

$$\frac{c_p}{T}\left(\frac{\partial T}{\partial t}+\boldsymbol{v}\cdot\nabla T\right)-\frac{R\omega}{p}=\frac{Q}{T}$$

利用连续方程

$$\frac{\partial u}{\partial x}+\frac{\partial v}{\partial y}+\frac{\partial\omega}{\partial p}=0$$

把分母上的 T 用平均值$[T]$代替,得到

$$\frac{c_p}{[T]}\left(\frac{\partial T}{\partial t}+\nabla\cdot T\boldsymbol{v}\right)-\frac{R}{p}\omega=\frac{Q}{[T]} \tag{7.4.16}$$

用 T 乘式(7.4.16)

$$\frac{c_p}{[T]}\left[\frac{\partial}{\partial t}\left(\frac{T^2}{2}\right)+\nabla\cdot\left(\frac{T^2}{2}\boldsymbol{v}\right)\right]-\frac{R}{p}T\omega=\frac{TQ}{[T]} \tag{7.4.17}$$

对整个大气积分，利用 $p=0$，p_0 时 $\omega=0$ 的条件，有

$$\frac{\partial}{\partial t}\int A\mathrm{d}M=\int\frac{R}{p}T\omega\mathrm{d}M+\int\frac{TQ}{[T]}\mathrm{d}M \tag{7.4.18}$$

式中 $A=\frac{c_p}{[T]}\frac{T^2}{2}$ 为有效位能。式(7.4.18)就是有效位能方程。

为得到纬向平均有效位能方程，把式(7.4.1)代入式(7.4.16)，并取纬向平均，得到

$$\frac{c_p}{[T]}\left[\frac{\partial\overline{T}}{\partial t}+\nabla\cdot(\overline{T}\overline{\boldsymbol{v}})+\nabla\cdot\overline{(T'\boldsymbol{v}')}\right]-\frac{R}{p}\overline{\omega}=\frac{\overline{Q}}{[T]}$$

用 $\overline{T}$ 乘上式，得

$$\frac{c_p}{[T]}\left[\frac{\partial}{\partial t}\left(\frac{\overline{T}^2}{2}\right)+\nabla\cdot\left(\frac{\overline{T}^2}{2}\overline{\boldsymbol{v}}\right)+\overline{T}\nabla\cdot\overline{(T'\boldsymbol{v}')}\right]-\frac{R}{p}\overline{\omega}\,\overline{T}=\frac{\overline{T}\,\overline{Q}}{[T]} \tag{7.4.19}$$

将式(7.4.19)对整个大气质量积分，利用 $p=0$ 和 p_0 上，$\overline{\omega}=0$ 的条件，并定义纬向平均有效位能 $\overline{A}$ 为

$$\overline{A}=\frac{c_p}{[T]}\frac{\overline{T}^2}{2} \tag{7.4.20}$$

得到纬向平均有效位能方程为

$$\frac{\partial}{\partial t}\int\overline{A}\mathrm{d}M=\int\frac{\overline{Q}\,\overline{T}}{[T]}\mathrm{d}M+\int\frac{R}{p}\overline{\omega}\,\overline{T}\mathrm{d}M-\int\frac{c_p}{[T]}\overline{T}\nabla\cdot\overline{(T'\boldsymbol{v}')}\mathrm{d}M \tag{7.4.21}$$

涡动有效位能方程可以用推导涡动动能时的同样方法来得到。将式(7.4.1)及 $Q=\overline{Q}+Q'$ 代入式(7.4.18)，再取纬向平均，得到

$$\frac{\partial}{\partial t}\int\frac{c_p}{[T]}\left(\frac{\overline{T}^2}{2}+\frac{\overline{T'^2}}{2}\right)\mathrm{d}M=\int\frac{\overline{Q}\,\overline{T}}{[T]}\mathrm{d}M+\int\frac{\overline{Q'T'}}{[T]}\mathrm{d}M+\int\frac{R}{p}(\overline{\omega}\,\overline{T}+\overline{\omega'T'})\mathrm{d}M$$

将上式减去式(7.4.21)，并利用定义式(7.4.20)以及

$$A'=\frac{c_p}{[T]}\frac{\overline{T'^2}}{2} \tag{7.4.22}$$

A' 即为涡动有效位能，得到涡动有效位能方程为

$$\frac{\partial}{\partial t}\int A'\mathrm{d}M=\int\frac{\overline{Q'T'}}{[T]}\mathrm{d}M+\int\frac{R}{p}\overline{\omega'T'}\mathrm{d}M+\int\frac{c_p}{[T]}\overline{T}\nabla\cdot\overline{(T'\boldsymbol{v}')}\mathrm{d}M \tag{7.4.23}$$

§7.5　影响能量变化的因子

由式(7.4.11,7.4.14,7.4.21,7.4.23)不难发现,除摩擦耗散项和非绝热加热项外,方程中的其余各项都出现两次,但符号相反。这表明,这些项代表着不同能量形态之间的转换。为方便起见,以符号$\langle M,N\rangle$表示M与N的转换项,当$\langle M,N\rangle>0$时,表示M向N转换,反之,表示N向M转换。如此,能量方程(7.4.11,7.4.14,7.4.21,7.4.23)可以改写为

$$\frac{\partial}{\partial t}\int \overline{K}\mathrm{d}M=\langle \overline{A},\overline{K}\rangle+\langle K',\overline{K}\rangle-\langle \overline{K},\overline{D}\rangle \tag{7.5.1}$$

$$\frac{\partial}{\partial t}\int K'\mathrm{d}M=\langle A',K'\rangle-\langle K',\overline{K}\rangle-\langle K',D'\rangle \tag{7.5.2}$$

$$\frac{\partial}{\partial t}\int \overline{A}\mathrm{d}M=-\langle \overline{A},\overline{K}\rangle-\langle \overline{A},A'\rangle+\langle \overline{Q},\overline{A}\rangle \tag{7.5.3}$$

$$\frac{\partial}{\partial t}\int A'\mathrm{d}M=-\langle A',K'\rangle+\langle \overline{A},A'\rangle-\langle A',Q'\rangle \tag{7.5.4}$$

式中$\overline{D}$和D'分别表示纬向平均摩擦耗散和涡动摩擦耗散。

从式(7.5.1～7.5.4)可以看出,影响能量变化的因子有八项,下面分别加以讨论。

1. 纬向平均有效位能和纬向平均动能转换项

$$\langle \overline{A},\overline{K}\rangle=-\int \frac{R}{p}\,\overline{\omega}\,\overline{T}\mathrm{d}M \tag{7.5.5}$$

这项是通过低纬度加热上升、高纬度冷却下沉,使整个大气质量中心降低,从而造成纬向平均有效位能向纬向平均动能的转换,这种转换发生在 Hadley 环流圈中。相反的转换则发生在 Ferrel 环流圈中。

2. 涡动动能与纬向平均动能的转换项

$$\langle K',\overline{K}\rangle=-\int[\overline{u}\,\nabla\cdot\overline{(u'\boldsymbol{v}')}+\overline{v}\,\nabla\cdot\overline{(v'\boldsymbol{v}')}]\mathrm{d}M \tag{7.5.6}$$

一般$\overline{u}$远大于$\overline{v}$。因此,这一项可以近似地写为

$$\langle K',\overline{K}\rangle\approx-\int \overline{u}\,\nabla\cdot(\overline{u'\boldsymbol{v}'})\mathrm{d}M=\int \overline{u'\boldsymbol{v}'}\cdot\nabla\,\overline{u}\mathrm{d}M \tag{7.5.7}$$

式(7.5.7)显示,如果纬向扰动动量输送$\overline{u'\boldsymbol{v}'}$方向与纬向气流$\overline{u}$的梯度$\nabla\,\overline{u}$方向的夹角$\alpha<\frac{\pi}{2}$[图 7.3(a)],则产生扰动动能向纬向动能的转换。反之,如果$\overline{u'\boldsymbol{v}'}$与$\nabla\,\overline{u}$的夹角$\alpha>\frac{\pi}{2}$,则有纬向动能向涡动动能的转换[图 7.3(b)]。平均来说,是涡动动能向纬向平均动能转换居多。

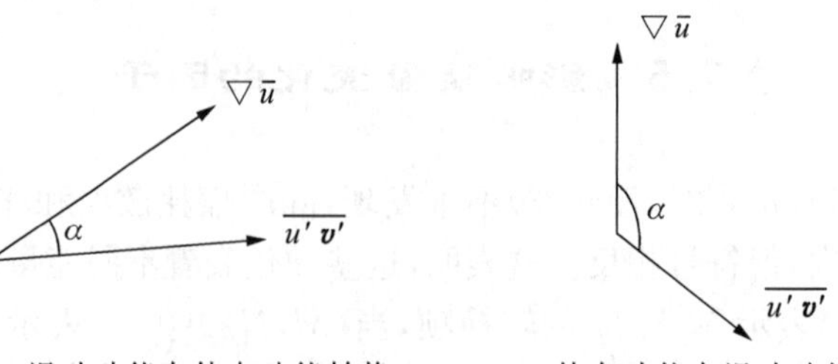

(a) 涡动动能向纬向动能转换　　(b) 纬向动能向涡动动能转换

图 7.3　涡动动能和纬向动能的转换

式(7.5.7)还可改写为

$$\langle K', \overline{K} \rangle = \int \left(\overline{u'v'} \frac{\partial \bar{u}}{\partial y} + \overline{u'\omega'} \frac{\partial \bar{u}}{\partial p} \right) \mathrm{d}M \tag{7.5.8}$$

如果考虑 $\bar{u} = \bar{u}(y)$，即考虑所谓正压纬向基本气流的情况，这时式(7.5.8)变为

$$\langle K', \overline{K} \rangle = \int \overline{u'v'} \frac{\partial \bar{u}}{\partial y} \mathrm{d}M \tag{7.5.9}$$

给定如图 7.4 所示的纬向基本气流和扰动流场，第五章中已经指出，当扰动从基本气流中获得能量，则扰动将发展；反之，如果扰动提供能量给基本气流，扰动将衰减。对于图 7.4 所示的基本气流，只要$\bar{u}$的切变足够强，这种基本气流有可能使正压不稳定的必要条件得到满足。

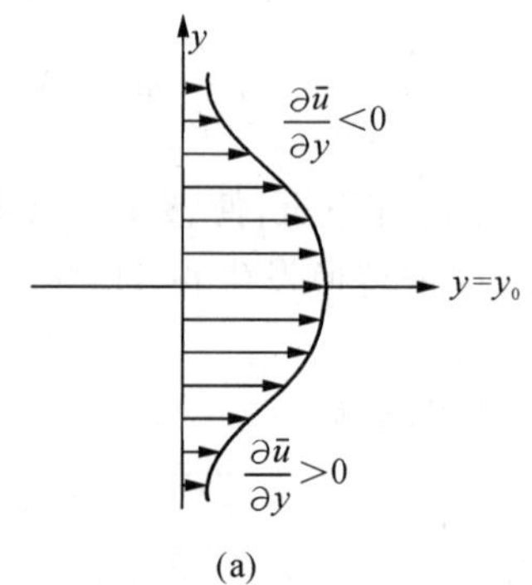

(a)

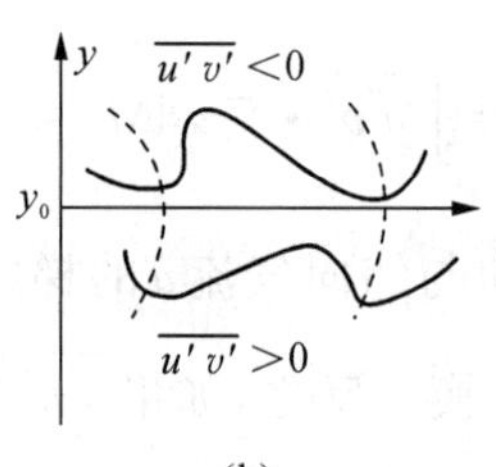

(b)

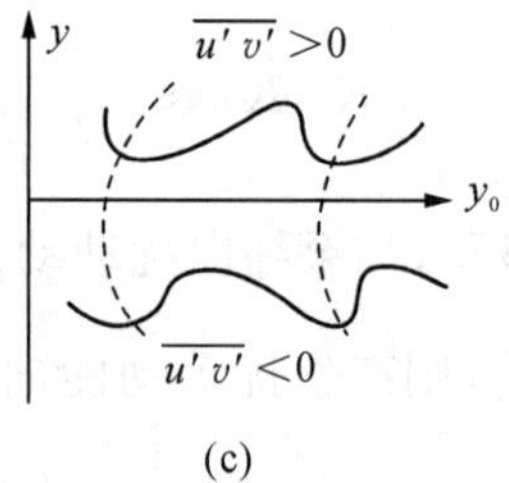

(c)

图 7.4　纬向基本气流$\bar{u}$和两种斜槽型扰动流场

$$\left(\beta - \frac{\mathrm{d}^2 \bar{u}}{\mathrm{d}y^2} \right) \bigg|_{y_k} = 0, y_1 < y_k < y_2$$

但是这一条件的满足，并不意味着扰动一定发展，就是说，并不意味着扰动一定能从基本气流获得能量。扰动是否能发展，还要看扰动流场的形式以及它与基本气流的配置关系。假定叠

加在图 7.4(a)所示的纬向气流上的扰动如图 7.4(b,c)所示,它表示两种斜槽流场。对图 7.4(b),在 $y>y_0$ 区域,槽前 $v'>0, u'>0$,槽后 $v'<0, u'>0$,但是在这一区域,槽后的 u' 大于槽前的 u',因此,$\overline{u'v'}<0$。对 $y<y_0$ 的区域,槽前 $v'>0, u'>0$,槽后 $v'<0, u'>0$,但是,槽前的 u' 大于槽后的 u',因此,$\overline{u'v'}>0$。配合图 7.4(a)所示的纬向气流,易知 $\overline{u'v'}\dfrac{\partial \bar{u}}{\partial y}>0$,就是说,在这种扰动流场和基本气流的配置中,有扰动动能向纬向动能转换,扰动将衰减,这显然是正压稳定的情形。对图 7.4(c)的扰动流场,在 $y>y_0$ 的区域,槽前 $v'>0, u'>0$,槽后 $v'<0, u'>0$,但槽前 u' 大于槽后 u',因此,有 $\overline{u'v'}>0$。对 $y<y_0$ 的区域,槽前 $v'>0, u'>0$,槽后 $v'<0, u'>0$,由于槽前 u' 小于槽后 u',因而,$\overline{u'v'}<0$,叠加图 7.4(a)所示的基本气流,显然有 $\overline{u'v'}\dfrac{\partial \bar{u}}{\partial y}<0$,即有纬向动能向扰动动能的转换,扰动增长,这正是正压不稳定的情形。可见,当基本气流 $\bar{u}$ 满足正压不稳定的必要条件时,扰动并不总是不稳定的,扰动是否不稳定,还要看扰动流场本身的特性,及其与基本气流的配置关系。从天气观测实际来看,平均而言,扰动型(b)比(c)为多。因此,就整个大气而言,一般是涡动动能向纬向平均动能转换。当然,对某一时段、某一地区,涡动动能与纬向动能是可以相互转换的。

下面考虑式(7.5.8)右边第二项。为方便起见,考虑 $\bar{u}=\bar{u}(p)$,即纯斜压纬向基本气流的情况,这时,式(7.5.8)可以写为

$$\langle K', \overline{K}\rangle = \int \overline{u'\omega'}\,\frac{\partial \bar{u}}{\partial p}\mathrm{d}M \tag{7.5.10}$$

一般,对流层中纬向气流随高度增大,即有 $\dfrac{\partial \bar{u}}{\partial p}<0$。如果对流层各高度上扰动流场如图 7.5 所示,对于图 7.5(a)的扰动流场,由于槽前 $u'>0$, $\omega'<0$,槽后 $u'>0, \omega'>0$,但槽前的 u' 大于槽后的 u',因此有 $\overline{u'\omega'}<0$。如此,由式(7.5.10)易知,$\overline{u'\omega'}\dfrac{\partial \bar{u}}{\partial p}>0$,这说明,对于图 7.5(a)给出的扰动流场,有扰动动能向纬向动能的转换,扰动动能减小,扰动减弱,这是斜压稳定的情形。对于图 7.5(b)所示的扰动流场,由于槽前 $u'>0, \omega'<0$,槽后 $u'>0, \omega'>0$,因槽前 u' 小于槽后 u',所以有 $\overline{u'\omega'}>0$,得到 $\overline{u'\omega'}\dfrac{\partial \bar{u}}{\partial p}<0$。可见,对于这种扰动流场,是纬向动能向扰动动能转换,扰动增长,这是斜压不稳定的情形。

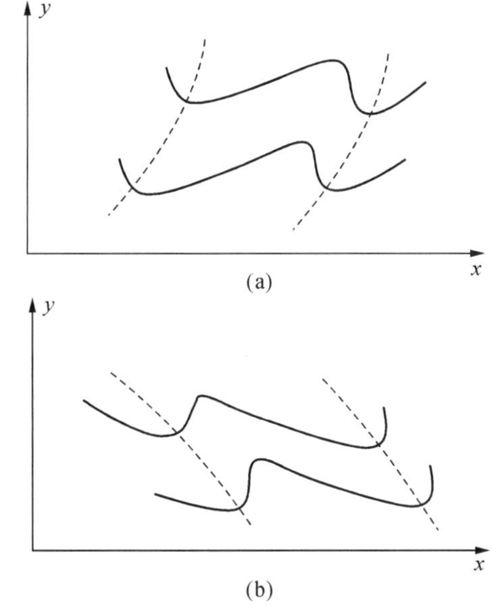

图 7.5　两种扰动流场

3. 纬向平均动能的摩擦消耗项

$$\langle \overline{K}, \overline{D} \rangle = -\int (\overline{u}\,\overline{F}_x + \overline{v}\,\overline{F}_y) \mathrm{d}M \tag{7.5.11}$$

一般摩擦$\overline{F}$与速度$\overline{v}$反号。因此,$\langle \overline{K}, \overline{D} \rangle$大于零,即为摩擦对纬向平均动能的耗损,此项总使$\overline{K}$随时间减小。

4. 涡动有效位能与涡动动能的转换项

$$\langle A', K' \rangle = -R\int \frac{1}{p} \overline{\omega' T'} \mathrm{d}M \tag{7.5.12}$$

如果扰动使暖空气上升、冷空气下沉,就是说,若上升运动区($\omega'<0$)温度大于其平均值($T'>0$),下沉运动区($\omega'>0$)温度小于其平均值($T'<0$),则有$\overline{\omega' T'}<0$。由式(7.5.12)显见,是涡动有效位能向涡动动能转换。从物理上看,这种扰动暖的上升、冷的下沉,将引起大气质量中心下移,从而造成位能的减小。反之,若是暖空气下沉、冷空气上升,则有涡动动能向涡动有效位能的转换。实际大气一般是A'向K'的转换。

5. 涡动动能的摩擦消耗项

$$\langle K', D' \rangle = -\int (\overline{u' F'_x} + \overline{v' F'_y}) \mathrm{d}M \tag{7.5.13}$$

这项一般总是大于零,它表示摩擦对涡动动能的耗散,使涡动动能减小。

6. 纬向平均有效位能与涡动有效位能的转换项

$$\langle \overline{A}, A' \rangle = \int \frac{c_p}{[T]} \overline{T}\, \nabla \cdot (\overline{T' \boldsymbol{v}'}) \mathrm{d}M \tag{7.5.14}$$

利用边界条件,式(7.5.14)可以改写为

$$\langle \overline{A}, A' \rangle = -\int \frac{c_p}{[T]} \overline{T' \boldsymbol{v}'} \cdot \nabla \overline{T} \mathrm{d}M \tag{7.5.15}$$

由式(7.5.15)显示,$\langle \overline{A}, A' \rangle$项是由纬向平均温度梯度$\nabla \overline{T}$与纬向扰动热量输送的点乘决定。如图7.6所示,当纬向平均温度梯度$\nabla \overline{T}$的方向与纬向扰动热量输送$\overline{T'\boldsymbol{v}'}$方向的夹角$\alpha<\frac{\pi}{2}$时,涡动有效位能向纬向平均有效位能转换,涡动有效位能减小;当$\alpha>\frac{\pi}{2}$时,纬向平均有效位能向涡动有效位能转换,涡动有效位能增大。换句话说,如果纬向平均扰动热量输送向着纬向平均温度$\overline{T}$增大方向输送时,扰动有效位能向基本温度场的位能转换,扰动位能减小;反之,如果纬向扰动热量输送向着$\overline{T}$的减小方向输送,则有基本场的有效位能向扰动有效位能转换,扰动有效位能增大。平均而言,是纬向平均有效位能向涡动有效位能转换。

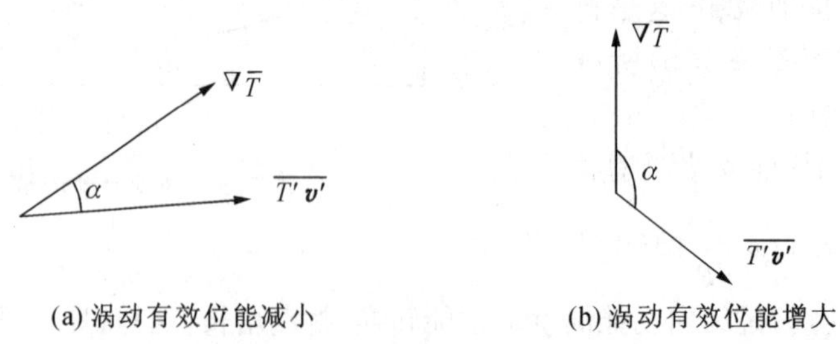

图7.6 纬向平均有效位能与涡动有效位能的转换

式(7.5.15)还可改写为

$$\langle\overline{A},A'\rangle=-\int\frac{c_p}{[T]}\left(\overline{T'v'}\frac{\partial\overline{T}}{\partial y}+\overline{T'\omega'}\frac{\partial\overline{T}}{\partial p}\right)\mathrm{d}M\tag{7.5.16}$$

由式(7.5.16)显示,造成纬向有效位能和扰动有效位能之间能量转换的有两个过程,即纬向扰动热量南北输送和垂直输送。一般而言,纬向温度$\overline{T}$向北和向上减小,即$\frac{\partial\overline{T}}{\partial y}<0,\frac{\partial\overline{T}}{\partial p}>0$。由式(7.5.16)右边第一项容易看出,如果扰动向北输送暖空气、向南输送冷空气[图 7.7(a)],则$\overline{T'v'}>0$。因此,有纬向有效位能向扰动有效位能的转换,扰动有效位能增大。反之,如果扰动向北输送冷空气、向南输送暖空气[图 7.7(b)],则$\overline{T'v'}<0$。因此,有扰动有效位能向纬向有效位能转换,扰动有效位能减小。

图 7.7　两种扰动温压场(实线为等高线,虚线为等温线)

由式(7.5.16)的第二项显示,当扰动使暖空气上升、冷空气下沉,则$\overline{T'\omega'}<0$,这时,纬向有效位能向扰动有效位能转换;反之,扰动有效位能向纬向有效位能转换。通常,大气中温压场配置以图 7.7(a)的为多,而且,一般也是暖空气上升、冷空气下沉。因此,一般情况为纬向有效位能向扰动有效位能转换,实际计算结果也证实了这一点。

7. 纬向平均非绝热加热产生的纬向平均有效位能项

$$\langle\overline{Q},\overline{A}\rangle=\int\frac{1}{[T]}\overline{Q}\,\overline{T}\mathrm{d}M\tag{7.5.17}$$

这是由于纬向平均辐射加热,使空气膨胀,大气质量中心上抬,产生纬向平均有效位能,是维持大气运动的主要能源。

8. 扰动非绝热加热与扰动有效位能的转换项

$$\langle A',Q'\rangle=-\int\frac{1}{[T]}\overline{Q'T'}\mathrm{d}M\tag{7.5.18}$$

对于干燥大气,扰动非绝热加热主要由辐射决定,大气向空间的辐射随温度的升高而增大。因此,温度高于平均值的地方,向外辐射大;温度低于平均值的地方,向外辐射小。整体而言,对于大气而言,辐射所造成的扰动非绝热加热会倾向于减少温度梯度,从而消耗扰动有效位能。实际上,地球大气中包含着大量的水汽,水汽的非绝热加热效应同样会改变Q的分布。据估算,考虑到水汽效应,扰动非绝热加热与扰动有效位能的转换项$<A',Q'>$小于零,即扰动非绝热加热有利于扰动有效位能的增加。

§7.6　大气能量转换的观测事实

把式(7.5.2,7.5.4)相加,得到扰动总能量变化方程

$$\frac{\partial}{\partial t}\int(K'+A')\mathrm{d}M=-\langle K',\overline{K}\rangle+\langle\overline{A},A'\rangle-\langle K',D'\rangle-\langle A',Q'\rangle \tag{7.6.1}$$

可见,扰动总能量来自于纬向平均动能和纬向平均有效位能的转换,并由摩擦效应以及扰动的向外辐射耗散而损耗。

如果将式(7.5.1～7.5.4)相加,便得到总能量的变化方程

$$\frac{\partial}{\partial t}\int(\overline{K}+K'+\overline{A}+A')\mathrm{d}M=\langle\overline{Q},\overline{A}\rangle-\langle A',Q'\rangle-\langle\overline{K},\overline{D}\rangle-\langle K',D'\rangle \tag{7.6.2}$$

对长时间平均来说,大气总能量的变化是很小的。因此,近似地有

$$\frac{\partial}{\partial t}\int(\overline{K}+K'+\overline{A}+A')\mathrm{d}M\approx 0 \tag{7.6.3}$$

这意味着

$$\langle\overline{Q},\overline{A}\rangle=\langle A',Q'\rangle+\langle\overline{K},\overline{D}\rangle+\langle K',D'\rangle \tag{7.6.4}$$

式(7.6.4)右边三项表示能量的散失,这种能量的消耗是由纬向平均加热产生的纬向平均有效位能来补偿的。

由大气能量方程,Oort and Peixoto (1974)利用实际资料计算得到北半球的上述能量转换过程,如图7.8所示。图中圆圈表示能量库,箭头方向表示各种能量的转换方向。由该图可以看出,能量的转换过程一般是从纬向平均有效位能开始,通过扰动,有效位能转换为扰动动能,最后转换为纬向平均动能。具体地说,能量转换过程可以定性地概括为:

(1) 通过纬向平均辐射加热使大气膨胀,质量中心上移,产生纬向平均有效位能。

(2) 扰动运动向北输送暖空气,向南输送冷空气,使纬向平均有效位能转换为涡动有效位能。这种转换决定于扰动热量输送和纬向平均温度的经向梯度的乘积。

(3) 通过扰动垂直运动,使暖空气上升、冷空气下沉,从而使涡动有效位能转换为涡动动能。

(4) 通过扰动动量输送方向与纬向平均气流梯度方向的不同配置,使涡动动能与纬向平均动能发生转换。在斜槽情况下,是涡动动能向纬向平均动能转换。

(5) 平均经圈环流的净作用使得基本气流的动能向基本气流的有效位能转换。

(6) 最后,能量由于地面摩擦、内摩擦以及扰动中的向外辐射而耗损。

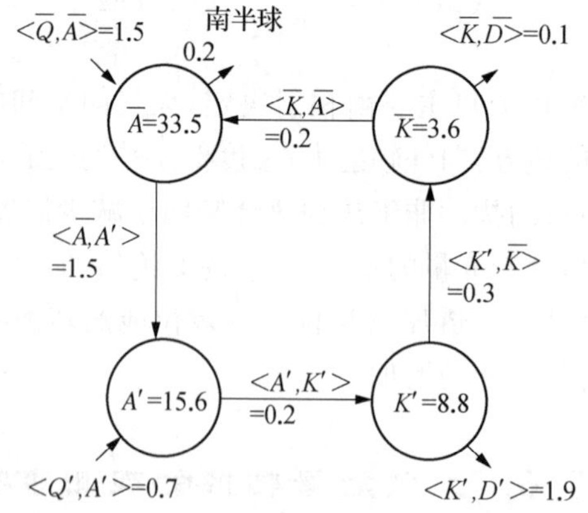

图7.8 大气能量循环(圆圈中数值是北半球年平均观测值,箭头旁边的数值是能量的转换产生和耗散率,前者单位是10^5 J·m^2,后者单位是W·m^{-2}),引自Oort and Peixoto (1974)。

应该指出，高、低纬度的主要能量转换过程是不同的。在低纬度，纬向平均动能主要是由平均经向运动产生的；而在高纬度，纬向平均动能主要是通过副热带向极地方向的纬向动能的涡动输送来维持的。

大气中能量的这种转换过程，还可以发生在不同尺度波动之间，造成各种波动之间能量的重新分配。图 7.9 是观测到的 500 hPa 上纬向气流与长波、气旋波和短波之间的动能转换。由图可见，在对流层中，动能通常是从气旋波输送到长波的，有一部分输送到短波。而且，涡动运动中，长波、气旋波和短波都向纬向气流输送动能。可以说，对流层中气旋波是其他波动的动能能源。对流层中的这种类型的不同尺度波动之间的能量转换形式，可以用三波共振来解释，它们主要是通过快速移动的波来实现的，而各种波与纬向气流之间的能量转换主要是由慢波来进行的。

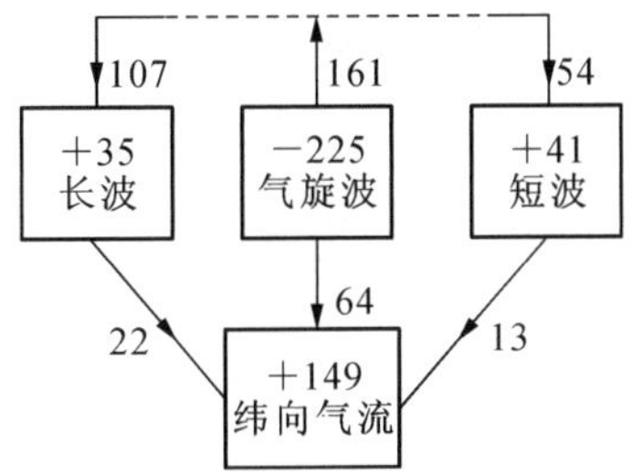

图 7.9　500 hPa 上纬向气流与长波、气旋波及短波之间的动能交换
（单位是 10^{-3} 尔格·秒$^{-1}$·厘米$^{-2}$·百帕）

思考题

1. 利用能量描述大气环流的运动时，通常采用四种能量形式。各种能量形态之间是如何转换的，其转换与哪些动力学过程有关？

2. 为什么说大气是一部效率很低的热机？

3. 实际大气中常见“暖空气上升，冷空气下沉”的运动，请讨论这种大气运动对于不同形式能量的转换有何作用。

4. 大气环流在全球能量平衡中有何作用？

习　题

1. 如果大气满足静力平衡，证明以地面为底（气压为 p_0）、高为 h（气压为 p_h）的单位截面气柱，其位能 Φ^*，内能 I^*，全位能 P^* 及动能 K^* 之间满足以下关系

$$\Phi^* = -hp_h + \frac{R}{c_V} I^*$$

$$P^* = -hp_h + \frac{c_p}{c_V} I^*$$

$$K^* = \frac{1}{2}\frac{e_p}{e_V}\left(\frac{e_p}{e_V} - 1\right) Ma^2 I^*$$

2. 假定对流层中温度随高度呈线性减少($T=T_0-\gamma z$),平流层中温度随高度不变,大气满足静力平衡。试求单位截面整个气柱内能和位能。

3. 如图所示,温度不同的两个气团被垂直隔板隔开,两个气团各有均一的温度,温度分布左冷右暖,初始时两气团相对地球静止。

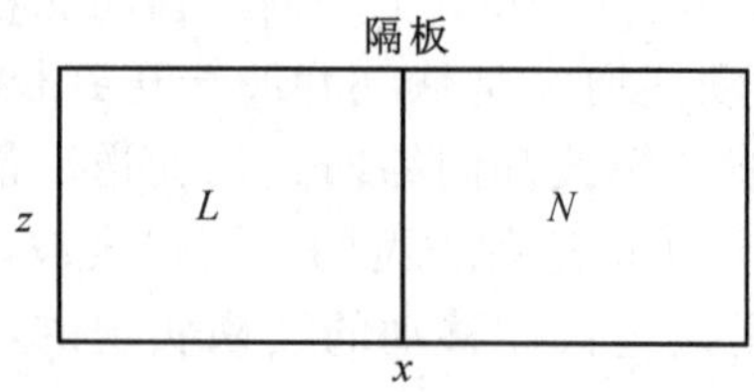

(1) 试分析抽掉隔板后,在旋转地球上此流体随后的运动情况。

(2) 何为有效位能? 分析题(1)中系统的有效位能能否全部转换为系统动能?

4. 对满足干绝热递减率的大气,已知地表气压为 10^5 Pa, 地表温度为 $T_0=300$ K,求单位水平面积上的气柱位能(假设干绝热大气层顶为:$Z_t=\dfrac{T_0}{\gamma_d}$,其中 γ_d 为干绝热递减率)。

参考文献

[1] 伍荣生,党人庆,余志豪,等. 动力气象学[M]. 上海:上海科技出版社,1983.

[2] 郭晓岚. 大气动力学[M]. 南京:江苏科技出版社,1981.

[3] PALMEN E, NEWTON C W. 大气环流系统(中译本)[M]. 程纯枢,卢鋈,雷雨顺,等,译. 北京:科学出版社,1969.

[4] HALTINER G J. 数值天气预报(中译本)[M]. 北京大学地球物理系气象专业,译. 北京:科学出版社,1975.

[5] Oort A H, Peixoto J P. The annual cycle of the energetics of the atmosphere on a planetary scale. Journal of Geophysical Research [J] . 1974,79(18):2705 - 2719.

第八章

大气边界层

在前面几章中，我们讨论大气运动的过程时，常忽略摩擦力的影响。这是为了把各种物理过程分开，使讨论变得简单些，易于理解和掌握。而且在受地球表面影响很小的自由大气中，Ekman 数远小于 1，也就是摩擦力的作用比起折向力来说确实很小，可以忽略不计。而本章要讨论的是另一种物理过程，即在从地面到 1 km左右高度的范围内，大气直接受到地面摩擦的影响，它的 Ekman 数约等于 1，在此范围内，摩擦力与折向力同量级，不能再略去。通常把直接受地面影响的这一薄层称作大气边界层。由于我们所研究的运动，时空尺度相当大，须考虑地球旋转效应，故又称此边界层为行星边界层。在此层以上的大气即为自由大气。在这两层中，大气的运动形式和特征是不相同的。

对大气边界层的研究越来越多，其原因不仅是由于人类的生活和生产活动主要是在这一层与地面直接相接的大气中进行的(例如，露、霜、气温的预报是边界层预报，污染物被阻挡在边界层中，雾发生在边界层中，阵风影响建筑的设计，风力发电要从边界层风场中提取能量等等)，而且也由于对人类活动产生深远影响的气候变迁问题，引起人们的广泛关心。而边界层中发生的一些物理过程，是气候变迁的重要机制之一。

观测事实表明，入射的太阳能约有 43%被地面吸收，然后以潜热(23%)、感热(6%)和辐射(14%)的形式通过大气边界层返回大气(图 8.1)。另外，大气中的水汽主要来源于下垫面，所有的这些水汽几乎被边界层接受，并通过水汽而提供大气内能的 50%。所以说，行星边界层是整个大气的主要的能量源。另一方面，由于大气边界层中摩擦力的存在，几乎消耗整个大气动能的一半左右。由此可知，行星边界层是大气的动量汇。它在地球表面和自由大气之间的热量、水汽和动量的交换中起着重要作用，对大气系统的发生、发展演变和消亡有很大的影响。

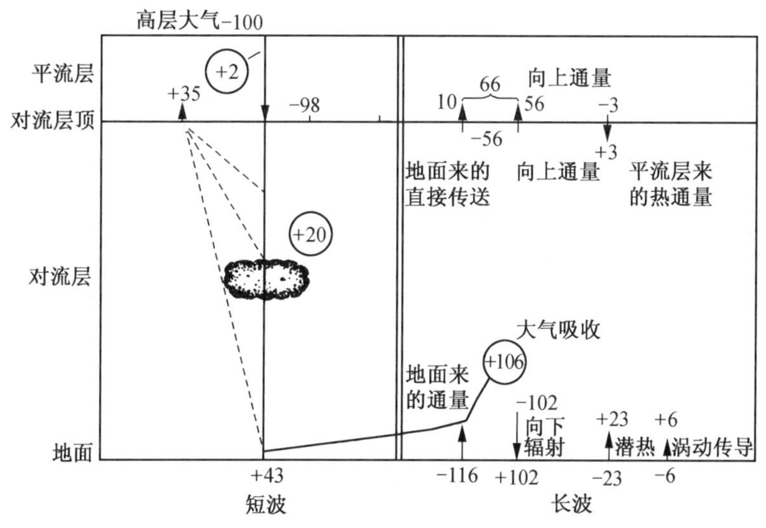

图 8.1　地气系统的热量平衡

由于边界层内大气运动的基本特征是运动具有湍流性，所以首先应复习一下流体力学教材中关于湍流的概念和研究湍流的取时间平均的方法以及混合长 l、湍流交换系数 K 等内容(可参阅余志豪等编著的《流体力学》第八、九章)。为避免重复，在此不再赘述，仅指出边界层的运动方程一般采取 Boussinesq 近似，在推导雷诺(时间)平均运动方程时，由于本课程必须考虑地球的旋转效应，所以时间平均运动方程中须加入柯氏力项。另外，由于大气边界层非常浅薄，其垂直特征尺度，即边界层厚度，要远小于其水平特征尺度。因此，湍流脉动通量的水平梯度项相比垂直梯度项较小，可以略去，比如在描述 $\bar{u}$ 的运动方程中，$\frac{\partial \overline{u'u'}}{\partial x}, \frac{\partial \overline{u'v'}}{\partial y} \ll \frac{\partial \overline{u'w'}}{\partial z}$①。最后忽略分子黏性作用，这样，容易求得大气边界层中的雷诺平均运动方程

$$
\begin{aligned}
\frac{\mathrm{d}\bar{u}}{\mathrm{d}t} &= -\frac{1}{\rho}\frac{\partial p}{\partial x} + f\bar{v} + \frac{\partial}{\partial z}\left(K\frac{\partial \bar{u}}{\partial z}\right) \\
\frac{\mathrm{d}\bar{v}}{\mathrm{d}t} &= -\frac{1}{\rho}\frac{\partial p}{\partial y} - f\bar{u} + \frac{\partial}{\partial z}\left(K\frac{\partial \bar{v}}{\partial z}\right)
\end{aligned}
\tag{8.0.1}
$$

本章首先介绍大气边界层中风速的垂直分布，然后对 Ekman 层的抽吸作用与旋转减弱作用进行分析，最后对近年来受到重视的四力平衡下的 Ekman 气流作初步介绍。

§8.1 大气边界层中风的垂直分布

从动力学角度考虑，大气边界层一般可分为三层。最接近地面的一层叫作黏性副层或贴地层，这层很薄，厚度小于 2 m。其上叫常值通量层或近地层，高度为边界厚度的 10%～15%约 100 m，再上面是 Ekman 层，上界高度约为1～1.5 km。Ekman 层的上界称为行星边界层顶，它随地表情况、纬度而变，也随时间改变。以上三个分层的动力学性质很不相同。

在贴地层，分子黏性应力很大，湍流应力很小，可以忽略不计，故描述贴地层的运动方程应将式(8.0.1)中的湍流项改为分子黏性项。到目前为止，发生在这一层中的过程，还没有被很好研究。常值通量层是研究得最多的一层，这里湍流应力远较分子黏性应力重要。在这一层中，虽然动量、热量和水汽的湍流垂直输送通量随高度改变，但变化相对在边界层整层中的变化而言较小，因此被称为常量通量层。虽然对这一层已有相当多的研究，但还是处于半经验半理论基础之上。在 Ekman 层，湍流黏性力、柯氏力和气压梯度力同等重要，这是经典的 Ekman 层的定义。实际上，在大气边界层中很少观测到这样的 Ekman 层。但是，这一概念在某些条件下(例如阴天或稠密云覆盖时)是可以应用的。

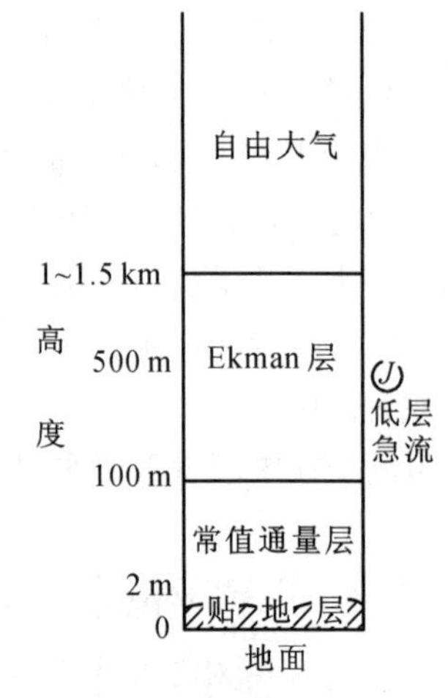

图 8.2 大气边界层分层示意图

① 需要特别指出的是，通量散度的大小并不等价于通量的大小，不能因此认为$\overline{u'u'}, \overline{u'v'} \ll \overline{u'w'}$。事实上，在存在垂直风切变的情况下，三者量级相当。

由于大气边界层中的许多动力学问题与风速的垂直分布密切有关，且有许多实际问题，例如高层建筑的设计、工厂废气的污染等问题，都必须考虑边界层中风的垂直分布。因此，本节就来介绍常值通量层和 Ekman 层中的风速垂直分布。

要注意的是，以上的垂直分层方法是基于边界层动力过程所做的划分，而并非边界层唯一分层方法。更为常见的是基于主导物理过程的垂直分层，比如在日间对流条件下，常把边界层自下而上分为近地层，混合层与夹卷层。最后，要强调本章节所描述的风的垂直风布，针对的是雷诺（或时间）平均的风场，对瞬变的湍流风场及其概率分布不做描述。

8.1.1　常值通量层中的对数律和综合幂次律

实测表明，近地层中，各种物理量（动量、热量和水汽）的垂直输送通量的变化一般很小，可假定此层中的物理量垂直输送通量为常值，因而又称此层为常值通量层。例如，我们假设动量的垂直输送通量 F_u 为常数，由此便可求出此层中风的垂直分布。在此层中，平均风随高度增加，但风向不变，可取其为 x 轴的方向。

在 F_u 为常数的假定下，利用流体力学中的半经验理论，即湍流脉动值与平均值的梯度成线性比的关系，可得到如下关系式

$$l\frac{\partial \bar{u}}{\partial z} = u^* = \text{常数} \tag{8.1.1}$$

式中：l 为混合长；u^* 为摩擦速度。在中性大气和层结大气中，混合长是不同的，因而风速随高度的分布也不同。下面对这两种情况分别进行讨论。

1. 中性大气中的对数律

在中性大气中，可取混合长 l 为高度 z 的线性函数，即

$$l = \kappa z \tag{8.1.2}$$

式中 κ 为 Von-Karman 常数，一般取 0.4。将式(8.1.2)代入式(8.1.1)，得到

$$\frac{\partial \bar{u}}{\partial z} = \frac{u^*}{\kappa z} \tag{8.1.3}$$

积分之，有

$$\bar{u} = \frac{u^*}{\kappa}\ln z + c \tag{8.1.4}$$

式中：c 为积分常数，由边界条件

$$z = z_0 \text{ 时}, \bar{u} = 0 \tag{8.1.5}$$

来确定；z_0 称作粗糙度，是表征下垫面凹凸不平程度的参数，由下垫面的性质来决定。一般说来，雪面的 z_0 为 0.3 cm，草地则为 1 cm，在有高大植物的原野上，可取为 5 cm。将式(8.1.5)代入式(8.1.4)，得到

$$\bar{u} = \frac{u^*}{\kappa}\ln\frac{z}{z_0} \tag{8.1.6}$$

这就是著名的风速随高度变化的对数律，它与实际观测的结果比较一致。

由常值通量层的取名可知，在此层中的物理量输送通量是个常值，可取任一高度上的输送通量就行了。这一高度可取我们认为进行观测最容易、最方便的高度。

2. 层结大气中的综合幂次律

对于非中性的稳定或不稳定层结的大气来说，层结稳定度对湍流活动有一定的影响，因而风速随高度的分布也就与中性大气不同。此时，混合长可取为幂函数的形式，即

$$l=\kappa z_0\left(\frac{z}{z_0}\right)^{\beta} \tag{8.1.7}$$

式中 β 为 Richardson 数的函数。对不稳定大气而言，$\beta>1$；对稳定大气，$\beta<1$；对中性大气，$\beta=1$。

将式(8.1.7)代入式(8.1.1)，得到

$$\frac{\partial \bar{u}}{\partial z}=\frac{u^*}{\kappa z_0}\left(\frac{z}{z_0}\right)^{-\beta} \tag{8.1.8}$$

在边界条件(8.1.5)下，积分式(8.1.8)，得到

$$\bar{u}=\begin{cases}\dfrac{u^*}{\kappa(1-\beta)}\left[\left(\dfrac{z}{z_0}\right)^{1-\beta}-1\right] & (\beta\neq 1)\\[2ex] \dfrac{u^*}{\kappa}\ln\dfrac{z}{z_0} & (\beta=1)\end{cases} \tag{8.1.9}$$

式(8.1.9)表明：当大气为中性时，风速分布呈对数律，即式(8.1.6)。如图 8.3 所示，在半对数坐标系中，中性条件下风速廓线对数关系表现为一条直线。在非中性条件下，风速分布呈综合幂次律，风速廓线是弧线。在稳定边界层中，风速廓线表现为上凸弧线，而在不稳定边界层中，则表现为下凹弧线。在常值通量层较低处，就同一高度而言，显见不稳定时风速比稳定时要大些。我们知道，白天晴空太阳辐射强，近地层温度超绝热递减，层结不稳定，湍流易发展，动量下传，从而使底层风速增大。夜晚地面降温快，层结稳定，湍流受到抑制，动量难以下传，所以底层风速比不稳定层结时要小。

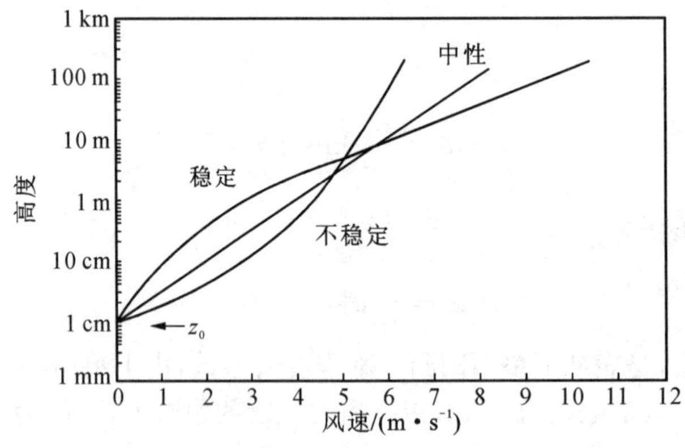

图 8.3 近地层中典型风速廓线示意图[图片引自 Stull(1988)]

8.1.2 Ekman 层中的风螺线

大气边界层的主要部分是 Ekman 层，它在常值通量层之上。在此层上，湍流黏性力、柯氏

力和气压梯度力三力的量级相同，在平均情况下，加速度项或说惯性力较小，可以忽略。我们利用三力平衡的大气运动方程组来讨论 Ekman 层中的风速垂直变化。

为了使问题简化起见，我们作如下几点假设：(1) 加速度项为零，即$\frac{d\bar{u}}{dt}=\frac{d\bar{v}}{dt}=0$，表明运动是水平等速直线运动；(2) 密度 ρ 为常数，即采用 Boussinesq 假设；(3)气压梯度力不随高度改变，即正压大气；(4)中性层结条件；(5)湍流涡动系数 K 为常数。于是，湍流平均运动方程(8.0.1)化为(略去平均号"－")

$$\begin{aligned}-\frac{1}{\rho}\frac{\partial p}{\partial x}+fv+K\frac{\partial^2 u}{\partial z^2}=0\\-\frac{1}{\rho}\frac{\partial p}{\partial y}-fu+K\frac{\partial^2 v}{\partial z^2}=0\end{aligned}\tag{8.1.10}$$

由于地转风是柯氏力和气压梯度力两力平衡下的风，所以气压梯度力可用地转风(u_g，v_g)表出，即

$$-\frac{1}{\rho}\frac{\partial p}{\partial x}=-fv_g,\ -\frac{1}{\rho}\frac{\partial p}{\partial y}=fu_g\tag{8.1.11}$$

于是，式(8.1.10)可改写为

$$\begin{aligned}f(v-v_g)+K\frac{\partial^2 u}{\partial z^2}=0\\-f(u-u_g)+K\frac{\partial^2 v}{\partial z^2}=0\end{aligned}\tag{8.1.12}$$

这就是在简单情况下，求 Ekman 层中风速垂直分布的基本方程。下面给出边界条件。在离开地表面足够高的地方(即边界层顶)，湍流黏性力(或称摩擦力)小到可以忽略的程度，水平风矢量转为地转风。因此，可取上边界条件为

$$当\ z\to\infty 时，u=u_g，v=v_g\tag{8.1.13a}$$

上边界条件还可取为自然边界条件

$$当\ z\to\infty 时，u，v\ 有界\tag{8.1.13b}$$

在 Ekman 层的底部，风速应与常值通量层的顶部风速相等。如此做，数学处理较困难。所以，在不影响主要物理含义的前提下，本节将下边界条件处理为

$$当\ z=0\ 时，u=0，v=0\tag{8.1.14}$$

这相当于略去了贴地层和常值通量层。为了数学上求解容易，还可进一步简化，即取 x 轴与等压线平行，于是有

$$v_g=0\tag{8.1.15}$$

我们将在上下边界条件(8.1.13，8.1.14)以及式(8.1.15)来求解二阶微分方程组(8.1.12)。有两种方法：一种是消去法，将方程(8.1.12)消去 u(或 v)得到 v(或 u)的四阶方程，求出通解，再利用上下边界条件确定通解中的四个常数，从而得到 u 和 v 的解。这种方法比较繁杂，下面用较简便的引进复数运算的方法。

将式(8.1.12)改写为以地转偏差复速度 D

$$D=(u-u_g)+\mathrm{i}(v-v_g) \tag{8.1.16}$$

为未知函数的微分方程。好处是方程仍为二阶的且是齐次的，只要将式(8.1.12)的第二式乘以 $\mathrm{i}(\mathrm{i}=\sqrt{-1})$，然后与第一式相加，并利用气压梯度力随高度不变从而地转风对 z 的微分为零的假设(3)，式(8.1.12)便可简写为

$$K\frac{\partial^2 D}{\partial z^2}-\mathrm{i}fD=0 \tag{8.1.17}$$

上下边界条件也简化为

$$\begin{aligned}&当\ z\to\infty 时，D\ 有界(或\ D=0)\\&当\ z=0\ 时，D=-u_g\end{aligned} \tag{8.1.18}$$

因为$\sqrt{\frac{\mathrm{i}f}{K}}=\sqrt{\frac{f}{2K}}(1+\mathrm{i})$，所以式(8.1.17)的通解为

$$D=c_1\mathrm{e}^{\frac{1+\mathrm{i}}{h_E}z}+c_2\mathrm{e}^{-\frac{1+\mathrm{i}}{h_E}z} \tag{8.1.19}$$

式中：c_1，c_2 为任意常数；h_E 称为大气边界层标高，是边界层的厚度尺度，其表达式为

$$h_E=\sqrt{\frac{2K}{f}} \tag{8.1.20}$$

由上边界条件知，$c_1=0$；再由下边界条件知

$$c_2=-u_g \tag{8.1.21}$$

所以

$$D=-u_g\mathrm{e}^{-\frac{1+\mathrm{i}}{h_E}z} \tag{8.1.22}$$

这就是边界层中由于湍流摩擦作用而引起的地转偏差。将 D 的实部和虚部分开，由式(8.1.16)可得到

$$\begin{aligned}u&=u_g\left(1-\mathrm{e}^{-\frac{z}{h_E}}\cos\frac{z}{h_E}\right)\\v&=u_g\mathrm{e}^{-\frac{z}{h_E}}\sin\frac{z}{h_E}\end{aligned} \tag{8.1.23}$$

这就是 Ekman 层中平均风速的公式，称为 Ekman 风或 Ekman 气流，也就是我们要求出的 Ekman 层中风的垂直分布。我们可取高度 z 为参数，根据求得的风速公式计算出 u 和 v 的值，然后将其点绘在(u,v)平面上，得到一条螺线，称其为 Ekman 螺线，如图 8.4 所示。这是以瑞典海洋学家 V. W. Ekman 的名字命名的。他是第一个求出海洋中由风而产生偏流的类似解的。Ekman 螺线也可由下法得到：在三维空间(x,y,z)中，取风速 u 与 x 轴同向，v 与 y 轴同向，由上述的 Ekman 风公式算出各不同高度上的 u 和 v 之值，将这些风速矢 $\boldsymbol{V}(z)$的一端安在 z 轴的相应高度上，然后将另一端从上向下投影到 xoy 平面上，则此风速矢的端迹的连线便是 Ekman 螺线。可称式(8.1.23)为 Ekman

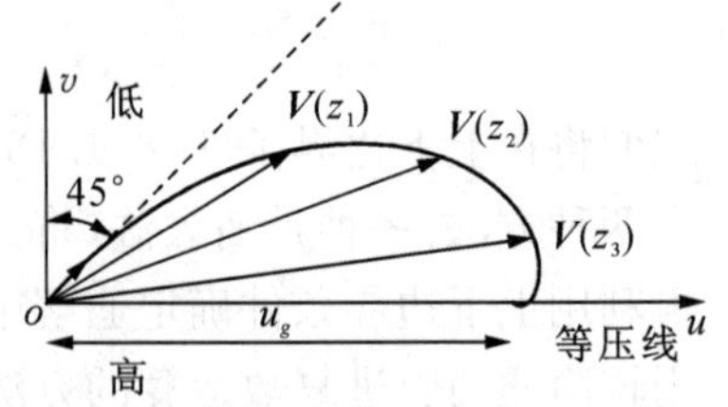

图 8.4 Ekman 螺线

螺线解。

对式(8.1.22)取模,得到地转偏差的模为

$$|D| = u_g e^{-\frac{z}{h_E}} \begin{cases} = u_g & (z=0) \\ \to 0 & (z\to\infty) \end{cases} \tag{8.1.24}$$

由此可知,在 Ekman 层中地转偏差在地面(即 $z=0$ 处)最大,其大小为 u_g,随 z 的增大,地转偏差趋于零,说明离地面很远处,风速趋于地转风,三力平衡趋于二力平衡,湍流黏性力消失。

由 Ekman 螺线解可求得边界层中的风矢量与地转风的夹角 θ 为

$$\theta = \arctan\frac{v}{u} = \arctan\frac{e^{-z/h_E}\sin\dfrac{z}{h_E}}{1-e^{-z/h_E}\cos\dfrac{z}{h_E}} \tag{8.1.25}$$

以及风速的大小即模 V 为

$$V = (u^2+v^2)^{1/2} = u_g\left(1-2e^{-z/h_E}\cos\frac{z}{h_E}+e^{-2z/h_E}\right)^{1/2} \tag{8.1.26}$$

显见,夹角 θ 和风速模 V 都是随高度改变的。在地表面,虽然风速最小,等于零,但夹角 θ 却最大,为 45°,这是因为

$$\lim_{z\to0}\arctan\frac{v}{u} = 1 \tag{8.1.27}$$

的缘故。当 $z=1.46h_E$ 时,$V=u_g$,风速大小与地转风大小相等,z 再增加时,风速大于地转风,为超地转,然后再减小,再增大……这样,风速在地转风附近振荡而趋于地转风。Ekman 解在 z 很大时绕地转风旋转的性质是数学解的结果,本身没有什么物理意义。应用时取 z 直到 1~1.5 倍的边界就够了。

在北纬 45°处,若取 $\rho=1\ \text{kg}\cdot\text{m}^{-3}$,$\rho K=2.52\ \text{kg}\cdot\text{m}^{-1}\cdot\text{s}^{-1}$,可算出如表 8.1 所给出的各高度上的 V/u_g 和 θ 的值。

表 8.1　Ekman 层中的 V/u_g 和 θ 值

z/(m)	10	20	40	100	200	400	800	1 200
V/u_g	0.075	0.145	0.286	0.584	0.893	1.068	1.005	0.999
θ/(°)	45	42	39	31	20	5	−1	0

由表 8.1 可看出,边界层中的风矢与横轴的夹角在低层较大,向上逐渐减小,在 1 km 以上基本接近于零,因为那儿的湍流摩擦影响很小。

关于边界层顶的高度 h_T 的确定,可以有多种方法。从风随高度的变化来说,可以取边界层顶的高度为风矢与地转风在方向上一致(即夹角 $\theta=0$)的高度,我们记为 h_0;也可以取风速与地转风在大小上一致的高度,记作 h_v;还可以取风速达最大值的高度,记为 h_{m}。这些都是从动力因子出发的,从热力因子或从湍流能量出发也可定义边界层顶的高度。下面我们介绍取风矢与地转风方向一致的高度作为边界层顶高度的方法,即求出 h_θ 的表达式。

由夹角公式(8.1.25)知,当

$$\frac{z}{h_E} = n\pi(n = 1,2,\cdots) \tag{8.1.28}$$

时，风矢与地转风平行，我们通常把第一次（即 $n=1$）风矢与地转风平行的高度看作边界层顶的高度，即

$$h_T = h_\theta = \pi h_E = \pi\sqrt{\frac{2K}{f}} \tag{8.1.29}$$

这表明边界层顶的高度是边界层标高 h_E 的 π 倍。可见，边界层顶的高度与 K 有关，也就是与湍流强度有关。湍流交换愈强烈，K 就愈大，边界层顶也就愈高。此外，边界层顶的高度还与纬度有关。当 K 值相同时，低纬度处的 f 较小，它在分母中，使 h_T 大些，即纬度愈低，边界层顶愈高。

在 Ekman 层内，运动的一个很大特征就是风穿越等压线向低压方向吹去（在 h_θ 以下）。这是三力（柯氏力、气压梯度力和湍流黏性力）平衡的结果。图 8.5 是三力平衡的示意图。已设地转风与 x 轴平行，气压梯度力 $\boldsymbol{P}$ 指向正 y 方向，柯氏力 $\boldsymbol{C}$ 指向风速矢 $\boldsymbol{oZ}$ 的右方 90°，这两者的合力与湍流黏性力 $\boldsymbol{F}_r$ 大小相等、方向相反。

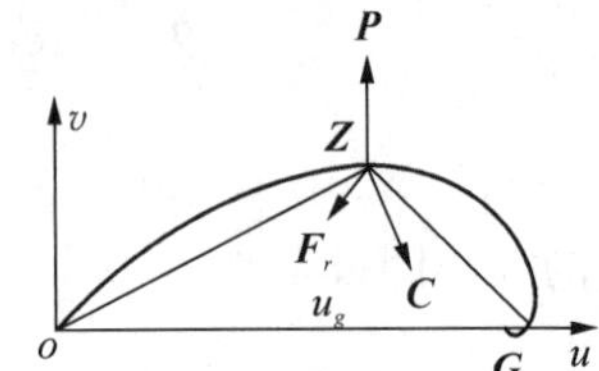

图 8.5　Ekman 层中的三力平衡

（$\boldsymbol{P}$ 为气压梯度力，$\boldsymbol{C}$ 为柯氏力，$\boldsymbol{F}_r$ 为摩擦力）

我们指出，大气中的摩擦力并不与速度矢的指向正好相反，处在一条直线上，而是有一个偏角，这一点与固体是不同的。由图 8.5 可见，摩擦力 $\boldsymbol{F}_r$ 与矢量 $\boldsymbol{GZ}$ 垂直。下面证明，$\boldsymbol{F}_r$ 与 $\boldsymbol{GZ}$ 的大小成比例，并指向 $\boldsymbol{GZ}$ 的左方 90°。显见，$\boldsymbol{GZ}$ 是风速矢 $\boldsymbol{oZ}$ 与地转风 $\boldsymbol{oG}$ 的矢量差，故 $\boldsymbol{GZ}$ 为地转偏差矢，用复数形式来表示，它就是式(8.1.17)中的 D，而摩擦力 $\boldsymbol{F}_r$ 的复数形式 F_r 为

$$F_r = F_{rx} + \mathrm{i}F_{ry} = K\frac{\partial^2 u}{\partial z^2} + \mathrm{i}K\frac{\partial^2 v}{\partial z^2} = K\frac{\partial^2 D}{\partial z^2} \tag{8.1.30}$$

由式(8.1.17)知

$$F_r = K\frac{\partial^2 D}{\partial z^2} = \mathrm{i}fD = fD\mathrm{e}^{\frac{\pi}{2}\mathrm{i}} \tag{8.1.31}$$

式(8.1.31)中右端的因子 $\mathrm{e}^{\frac{\pi}{2}\mathrm{i}}$ 表明湍流黏性力 F_r 比地转偏差 D 的幅角多出 $\frac{\pi}{2}$，即 $\boldsymbol{F}_r$ 指向 $\boldsymbol{GZ}$ 的左方 90°。由式(8.1.31)取模，得到

$$|F_r| = f|D| \tag{8.1.32}$$

这说明摩擦力的大小与地转偏差成正比，比例系数就是 f。

以上讨论的是理想的 Ekman 层，实际上是很难观测到的。图 8.6 是一个典型的风速矢端迹图，它与 Ekman 螺线有较大的出入。这是因为，一方面湍流涡动输送系数 K 在地面附近是随高度迅速改变的，而推导 Ekman 螺线解时所使用的却是常数 K。另一方面，混合

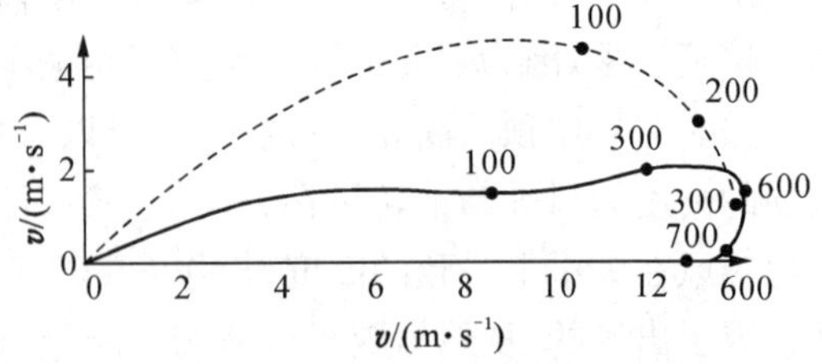

图 8.6　实测风矢端迹图（实线）与 Ekman 螺线（虚线）的比较

长理论不能对不稳定的 Ekman 气流中产生的次级环流（下节将介绍）进行参数化的缘故，而这种尺度比湍涡大得多的次级环流对边界层的动量输送却有着十分重要的作用。

§8.2　层的抽吸作用与旋转减弱

利用 Ekman 螺线解不但可得到 Ekman 层中风速的垂直分布，还可进一步求出边界层中的垂直速度，特别是边界层顶处的垂直速度，这是连接边界层和自由大气的一个重要枢纽，对自由大气中的大气运动的预报有着不可忽视的作用。由于边界层顶是自由大气的底部，所以此处的垂直速度应作为下边界条件引入自由大气运动的预报中去。

8.2.1　Ekman 层的抽吸作用

现在我们设法利用已求得的 Ekman 螺线解来求出边界层顶的垂直速度。我们知道，欲求出某物理量，首先应找到包含此物理量的方程。例如，欲求 w，可利用不可压连续方程。又若此物理量在方程中以某种运算的形式出现，则可利用求其逆运算的方法把它求出来。例如，w 在连续方程中以微分的形式出现，于是我们可用积分的方法求出 w 来。欲求边界层顶的垂直速度 w_T，就可从地面积分到边界层顶 h_T。于是，有

$$w_T = -\int_0^{h_T}\left(\frac{\partial u}{\partial x}+\frac{\partial v}{\partial y}\right)dz + w\,|_{z=0} \tag{8.2.1}$$

在上节所介绍的简单情况下的 Ekman 层中，风速 u 和 v 由式(8.1.23)表达。$w|_{z=0}$ 为地表处的垂直速度，地表平坦时，有

$$w\,|_{z=0} = 0 \tag{8.2.2}$$

注意到地转风散度为零$\left(\frac{\partial u_g}{\partial x}+\frac{\partial v_g}{\partial y}=0\right)$和 $v_g=0$ 以及式(8.1.23)，这将导致$\frac{\partial u}{\partial x}=0$。再注意到 u_g 与高度 z 无关，于是将式(8.1.23)代入式(8.2.1)后，有

$$w_T = -\int_0^{h_T}\frac{\partial}{\partial y}\left(u_g e^{-z/h_E}\sin\frac{z}{h_E}\right)dz = -\frac{\partial}{\partial y}\int_0^{h_T}\left(u_g e^{-z/h_E}\sin\frac{z}{h_E}\right)dz \tag{8.2.3}$$

利用公式 $\int e^{ax}\sin bx\,dx = e^{ax}(a\sin bx - b\cos bx)/[(a^2+b^2)+c]$ 和 $h_T=\pi h_E$，由式(8.2.3)，可得到

$$w_T = -\frac{\partial u_g}{\partial y}(e^{-\pi}+1)\frac{h_E}{2} \tag{8.2.4}$$

由于 $e^{-\pi}\approx 0.043 \ll 1$，故近似地有

$$w_T = \frac{h_E}{2}\zeta_g \tag{8.2.5}$$

式中 ζ_g 为地转涡度，现在的 $\zeta_g = -\frac{\partial u_g}{\partial y}$。式(8.2.5)表明，边界层顶的垂直速度与地转涡度成正比。

由式(8.2.3)可以看出,边界层顶的质量垂直通量 ρw_T 等于边界层内质量的水平辐合。这可说明如下:已设 x 轴与等压线平行,单位时间内湍涡向低压一侧移动的距离为 v,则在整个边界层(从地面到边界层顶)中,单位时间内湍涡穿过单位长度等压线,向低压一方输送的质量为

$$M=\int_0^{h_T}\rho v\mathrm{d}z=\int_0^{h_T}\rho u_g \mathrm{e}^{-z/h_E}\sin\frac{z}{h_E}\mathrm{d}z \tag{8.2.6}$$

于是式(8.2.3)即为

$$\rho w_T=-\frac{\partial}{\partial y}M \tag{8.2.7}$$

这和日常生活中所见到的现象:水受到水平挤压$\left(\frac{\partial}{\partial y}M<0\right)$将向上冒出($w_T>0$),在定性上可以类比。

由式(8.2.5)所决定的垂直速度 w_T 通常称为 Ekman 抽吸(Ekman suction 或 Ekman pumping),是 Charney 和 Eliassen(1949)首先得出的。若取 $\zeta_g\sim10^{-5}\,\mathrm{s}^{-1}$,$h_T\sim1$ km,则 $w_T\sim$ 0.5 cm/s,这与大尺度的自由大气本身的垂直运动的量级相同。由 Ekman 抽吸作用可分析得出,当地转涡度 ζ_g 不为零时,就会在边界层中激发出强制的垂直环流。下面我们来加以说明。

对于大气中的气旋(反气旋)系统来说,其下部(即边界层中)由于湍流黏性作用使气流偏向低压一方,故在边界层中有质量的水平辐合(辐散)。这辐合(辐散)将引起边界层顶处有上升(下沉)运动。同时,由质量补偿原理知,在此系统的中上部的自由大气中便有辐散(辐合)运动。这样,由于正涡度区有上升运动,负涡度区有下沉运动,便形成了垂直剖面的环流。我们称水平面内的地转风运动造成的环流为一级环流,而称由于湍流摩擦引起的垂直剖面内的环流为次级环流或二级环流。除了湍流摩擦产生次级环流外,有时由于热力原因,例如温度平流、绝热增温等过程,也会产生次级环流。图8.7为正压大气中次级环流流线的定性示意图。图中粗黑轴线表明一级环流为气旋性涡旋,叠加在一级环流上的次级环流由带小箭头的细线表示。这一由湍流摩擦辐合作用强迫造成的次级环流包括边界层中的径向内流和自由大气中的径向外流。

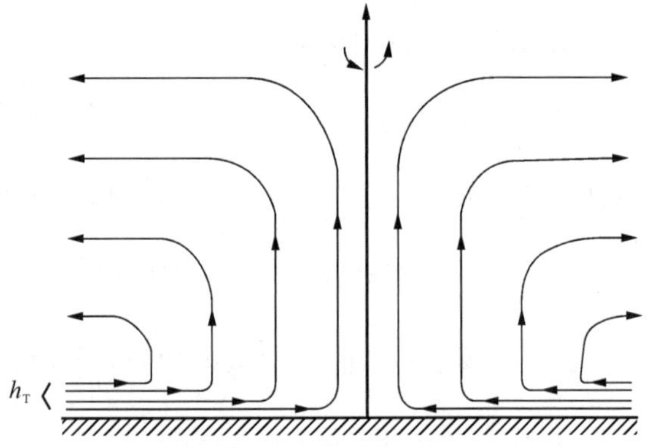

图8.7 正压大气中行星边界层内气旋性涡旋中的摩擦辐合作用强迫造成二级环流流线

8.2.2 旋转减弱

利用 Ekman 抽吸作用,我们进一步讨论大气边界层中的湍流摩擦作用对自由大气运动的影响——使大气的旋转运动减弱。先打一个日常生活中的比方,使大气中的旋转减弱现象易于理解。

搅动杯中茶水,使其旋转,便引起了水平运动的“一级环流”。停止搅动后不一会儿,茶水就越转越慢,这是由于摩擦引起垂直运动的“次级环流”而造成的。在杯中,旋转流体(四壁高、

中心低)的径向压力梯度力与离心力之间达到了近似的平衡。但在杯底,由于摩擦力的存在,使流体旋转速度变小,离心力也就变小,不足以与径向压力梯度力平衡(不可压流体的压力梯度力与深度无关),于是在杯底产生径向流入,茶叶向杯底中心聚集。由流体的连续性知,杯底的径向流入造成水平辐合,必引起上升运动。而杯内中上层则出现缓慢的补偿性的径向流出。这种缓慢外流流体的角动量几乎保持不变,由于上述循环着的过程是杯底附近角动量小的流体代替了上方角动量大的流体,便使整杯水的旋转运动减弱。这种减弱机制比只有分子扩散作用要快得多。

类似地,在大气中也存在着旋转减弱过程,而且是不可忽略的。只是在自由大气中,不像上例的杯中流体处于压力梯度力与离心力的平衡中,而是处于气压梯度力与柯氏力的平衡中。我们用正压大气来做简单的讨论。

对于天气尺度的运动,若设:(1) f 为常数;(2) 大气为不可压的;(3) $\zeta+f\approx f$,则近似地可将准地转涡度方程写为

$$\frac{\mathrm{d}\zeta_g}{\mathrm{d}t}=-f\left(\frac{\partial u}{\partial x}+\frac{\partial v}{\partial y}\right) \tag{8.2.8}$$

进一步写为

$$\frac{\mathrm{d}\zeta_g}{\mathrm{d}t}=f\frac{\partial w}{\partial z} \tag{8.2.9}$$

从边界层顶 $z=h_{\mathrm{T}}$ 到对流层顶 $z=H$ 积分式(8.2.9),并设 $z=H$ 处,$w=0$,注意到正压大气中地转风及其涡度随高度不变,于是得到

$$\frac{\mathrm{d}\zeta_g}{\mathrm{d}t}=\frac{-fw_{\mathrm{T}}}{H-h_{\mathrm{T}}} \tag{8.2.10}$$

式中 w_{T} 为边界层顶的垂直速度,由式(8.2.5)表达。由于边界层很薄,可取 $H-h_{\mathrm{T}}\approx H$,于是有

$$\frac{\mathrm{d}\zeta_g}{\mathrm{d}t}=\frac{-fh_E}{2H}\zeta_g \tag{8.2.11}$$

式中 $h_E=\sqrt{\dfrac{2K}{f}}$ 为大气边界层标高。将式(8.2.11)从 0 到 t 积分,得到

$$\zeta_g(t)=\zeta_g(0)\mathrm{e}^{-\frac{fh_E}{2H}t} \tag{8.2.12}$$

式中 $\zeta_g(0)$为 $t=0$ 时的地转涡度。此式表明,由于 Ekman 抽吸作用,使大气系统的地转涡度随时间呈指数式地衰减。这就是边界层的湍流摩擦对自由大气的旋转减弱作用。若令式(8.2.12)中的指数等于-1,则可解得

$$t=t_E=\frac{2H}{fh_E}=H\sqrt{\frac{2}{fK}} \tag{8.2.13}$$

显见,t_E 是正压涡旋旋转减弱到原来值的 e^{-1} 倍时所需的时间,称其为旋转减弱时间(Spin-down time)。

若取 $H=10^4$ cm,$f=10^{-4}\,\mathrm{s}^{-1}$,$K=10\ \mathrm{m}^2\cdot\mathrm{s}^{-1}$,可得 $t_E\approx5$ 天。另外可证明,涡动扩散经

过整个对流层所需时间的尺度为 H^2/K，大约 100 天。因此，在旋转大气中，由 Ekman 抽吸引起的旋转减弱作用，比起湍流扩散引起的减弱要有效得多。

从物理学上看，大气中的旋转减弱过程与前述的茶水旋转减弱过程相似。我们来定性地分析一下天气尺度系统中的这一过程。在气旋（反气旋）情况下，设想有一系列气块组成一个水平的闭合物质链，它一方面做逆时针（顺时针）旋转（称为一级环流），另一方面此链又渐渐向外（内）扩大（缩小），这是由于气块随着次级环流做由内向外（由外向内）的缓慢的径向流动造成的。由环流定理知，物质链扩大（缩小）或说面积膨胀（收缩），将使气旋（反气旋）性环流减弱。这也可用柯氏力作用来解释：当气块做由内向外（由外向内）的径向流动时，柯氏力指向运动的右方（北半球），即顺时针（逆时针）方向，此力所施加的力矩与一级环流的方向相反，从而使一级环流变慢，这就是旋转减弱的原因。

以上讨论的仅是发生在中性层结的正压大气中的现象。实际大气是斜压的且具有层结性的，研究起来要复杂得多。下面只是简单地定性分析一下稳定层结大气中的次级环流。我们知道，在稳定层结大气中，气块抬升后比周围空气要重些，所以阿基米德净浮力将抑制垂直运动的发展，从而限制了大气中次级环流的垂直范围，使大部分的回流气流发生在刚过边界层之上的高度（图 8.8）。这次级环流使得 Ekman 层顶上的涡旋强度旋转减弱相当快。当边界层顶的地转风涡度减弱到零时，由式（8.2.5）知，Ekman 抽吸作用就消失了。由图 8.8 可看出，次级环流对较高的层次没有明显的影响，这样就形成了具有切向速度垂直切变的斜压涡旋。这种地转风的垂直切变要求有径向温度梯度，以满足热成风关系。这种径向温度梯度是由于在旋转减弱过程中，在 Ekman 抽吸作用下从边界层上升的气块绝热冷却而产生的。所以，斜压大气中的次级环流起着两个作用：其一是通过柯氏力作用改变气旋或反气旋系统的切向风速；其二是使大气系统的水平温度分布发生改变，以维持切向风速的垂直切变和径向温度梯度之间的热成风平衡。

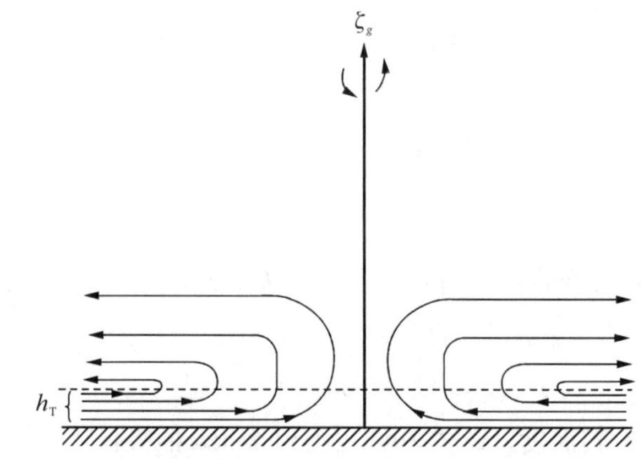

图 8.8　稳定层结的斜压大气中，气旋性涡旋受行星边界层内的摩擦辐合作用强迫造成的二级环流流线

§ 8.3　半地转近似下的　　　气流

前面介绍了三力（气压梯度力、柯氏力和湍流摩擦力）平衡下的 Ekman 层的风速垂直分布，得到了著名的 Ekman 螺旋解和边界层顶垂直速度的表达式，在理论上有重要价值。对于

Ekman 螺旋解，它的螺旋状廓线只依赖于气压梯度力的大小，与气压场的高低压特点无关，即不论是在高压系统还是在低压系统中，只要气压梯度力大小一样，其廓线便也一样。这与实际情况是不符合的，在物理上也是欠合理的。

1982 年，伍荣生和 W. Bluman 将半地转近似（又称地转动量近似）引入了大气边界层，求得了比 Ekman 螺旋解更精确、更合理的风速分布，把边界层中的三力平衡推广为四力平衡（再加上半地转惯性力）。这不仅发展了经典的 Ekman 理论具有理论意义，而且在越来越多的领域中具有应用价值。

8.3.1　四力平衡下的 Ekman 气流

在半地转近似下，边界层中的四力平衡运动方程(8.0.1)可无因次化为

$$R_0\frac{\mathrm{d}u_g}{\mathrm{d}t}=-v_g+v+E\frac{\partial^2 u}{\partial z^2}$$

$$R_0\frac{\mathrm{d}v_g}{\mathrm{d}t}=u_g-u+E\frac{\partial^2 v}{\partial z^2}\tag{8.3.1}$$

$$\left(\frac{\mathrm{d}}{\mathrm{d}t}=\frac{\partial}{\partial t}+u\frac{\partial}{\partial x}+v\frac{\partial}{\partial y}\right)$$

式中：R_0 为 Rossby 数；E 为 Ekman 数；取涡动输送系数 K 为常数。连续方程为

$$\frac{\partial u}{\partial x}+\frac{\partial v}{\partial y}+\frac{\partial w}{\partial z}=0\tag{8.3.2}$$

为了数学上处理简便起见，取简单的理想化的边界条件：上边界取有界条件，下边界取无滑条件，即

$$\begin{aligned}&z\to\infty,u,v,w\ \text{有界}\\&z=0,u=v=w=0\end{aligned}\tag{8.3.3}$$

在自由大气中，Ekman 数为小参数，式(8.3.1)右端最后一项即摩擦力项可略去，但在边界层中，此项与柯氏力同量级，欲着重研究边界层中运动的特点，必须保留此项。为此，引入一个新的扩张变量 η 如下

$$\eta=z(2E)^{-1/2}\tag{8.3.4}$$

将此变换，代入运动方程(8.3.1)中，得到

$$\begin{aligned}R_0\frac{\mathrm{d}u_g}{\mathrm{d}t}&=v-v_g+\frac{1}{2}\frac{\partial^2 u}{\partial\eta^2}\\R_0\frac{\mathrm{d}v_g}{\mathrm{d}t}&=-u+u_g+\frac{1}{2}\frac{\partial^2 v}{\partial\eta^2}\end{aligned}\tag{8.3.5}$$

相应地，对于连续方程，再引入一个新变量 $\widetilde{w}$

$$\widetilde{w}=(2E)^{-1/2}w\tag{8.3.6}$$

于是，连续方程可化为

$$\frac{\partial u}{\partial x}+\frac{\partial v}{\partial y}+\frac{\partial \widetilde{w}}{\partial \eta}=0 \tag{8.3.7}$$

假设地转风 u_g, v_g 为已知，且设边界层为正压，于是 u_g, v_g 便与高度无关。边界条件(8.3.3)现在应改写为

$$\begin{aligned}&\eta\to\infty, u, v, \widetilde{w}\text{ 有界}\\&\eta=0, u=v=\widetilde{w}=0\end{aligned} \tag{8.3.8}$$

我们将在边界条件式(8.3.8)下来求解以$(u, v, \widetilde{w})$为未知函数的闭合方程组(8.3.5)和式(8.3.7)。首先，将运动方程(8.3.5)改写为

$$\begin{aligned}&\frac{1}{2}\frac{\partial^2 u}{\partial \eta^2}+a_1 u+b_1 v=c_1\\&\frac{1}{2}\frac{\partial^2 v}{\partial \eta^2}+a_2 u+b_2 v=c_2\end{aligned} \tag{8.3.9}$$

其中

$$\begin{aligned}&a_1=-R_0\frac{\partial u_g}{\partial x}, b_1=1-R_0\frac{\partial u_g}{\partial y}, c_1=v_g+R_0\frac{\partial u_g}{\partial t}\\&a_2=-\left(1+R_0\frac{\partial v_g}{\partial x}\right), b_2=-R_0\frac{\partial v_g}{\partial y}, c_2=-u_g+R_0\frac{\partial v_g}{\partial t}\end{aligned} \tag{8.3.10}$$

由于 u_g, v_g 与高度无关，所以 $a_i, b_i, c_i(i=1,2)$ 也与 η 无关。运动方程(8.3.9)实际上成了以 u, v 为未知函数的二阶常微分方程组。

在边界层顶部，湍流摩擦力可略，此时式(8.3.9)成了代数方程组

$$\begin{aligned}&a_1 u+b_1 v=c_1\\&a_2 u+b_2 v=c_2\end{aligned} \tag{8.3.11}$$

由此可求得边界层顶的风速(记作 $u_{\mathrm{T}}, v_{\mathrm{T}}$)为

$$u_{\mathrm{T}}=\frac{c_1 b_2-b_1 c_2}{D^4}, v_{\mathrm{T}}=\frac{a_1 c_2-c_1 a_2}{D^4}, D^4=a_1 b_2-b_1 a_2 \tag{8.3.12}$$

用消去法可解得运动方程(8.3.9)在边界条件(8.3.8)下的解为

$$\begin{aligned}&u=u_{\mathrm{T}}(1-\mathrm{e}^{-\beta}\cos\beta)-c_1 D^{-2}\mathrm{e}^{-\beta}\sin\beta\\&v=v_{\mathrm{T}}(1-\mathrm{e}^{-\beta}\cos\beta)-c_2 D^{-2}\mathrm{e}^{-\beta}\sin\beta\end{aligned} \tag{8.3.13}$$

其中

$$\begin{aligned}&\beta=D\\&D^4=a_1 b_2-b_1 a_2=1+R_0\left(\frac{\partial v_g}{\partial x}-\frac{\partial u_g}{\partial y}\right)+R_0^2\left(\frac{\partial u_g}{\partial x}\frac{\partial v_g}{\partial y}-\frac{\partial v_g}{\partial x}\frac{\partial u_g}{\partial y}\right)\end{aligned} \tag{8.3.14}$$

我们称此解即式(8.3.13)为四力平衡的 Ekman 解或四力平衡 Ekman 气流。

当 $R_0\to 0$ 时，即不考虑半地转惯性力时，$D^4\to 1, \beta\to\eta, c_1\to v_g, c_2\to -u_g$，于是

$$u_{\mathrm{T}} \to u_g, v_{\mathrm{T}} \to v_g \tag{8.3.15}$$

此时，式(8.3.13)变为三力平衡下的解，即

$$\begin{aligned} u &= u_g(1-\mathrm{e}^{-\eta}\cos\eta) - v_g\mathrm{e}^{-\eta}\sin\eta \\ v &= v_g(1-\mathrm{e}^{-\eta}\cos\eta) + u_g\mathrm{e}^{-\eta}\sin\eta \end{aligned} \tag{8.3.16}$$

若再令 $v_g=0$，则有

$$\begin{aligned} u &= u_g(1-\mathrm{e}^{-\eta}\cos\eta) \\ v &= u_g\mathrm{e}^{-\eta}\sin\eta \end{aligned} \tag{8.3.17}$$

这就是前述的 Ekman 螺旋解式(8.1.23)的无因次形式。所以说，经典 Ekman 螺旋解仅是四力平衡下的 Ekman 解的一种特殊情况。

我们以气旋和反气旋为例，计算边界层中风速的垂直分布，并将四力平衡的 Ekman 解(简称四力平衡解)与三力平衡的 Ekman 螺旋解(简称三力平衡解或经典 Ekman 解)进行比较。

设气压场的分布为

$$\varphi = \pm\left(1-\frac{\alpha}{2}r^2\right)\mathrm{e}^{-\frac{\alpha}{2}r^2} \quad (r^2 = x^2+y^2) \tag{8.3.18}$$

式中：若取正号，表示反气旋(高压系统)，负号表示气旋(低压系统)；α 为参数，取 0.5。我们在两个地点 $P(x=0, y=1.0)$ 和 $Q(x=0, y=0.2)$ 进行计算，并将计算得到的 u, v 用 v_g 来标准化。为了便于比较气旋和反气旋的计算结果，取横坐标为 $|u/u_g|$，纵坐标为 $|v/u_g|$，并把按照经典 Ekman 解和四力平衡 Ekman 解的计算结果(包括气旋和反气旋)点绘在同一张图上，即图 8.9。

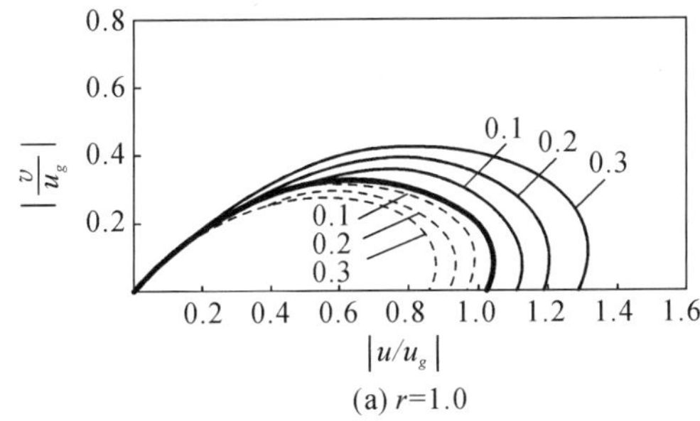

(a) $r=1.0$

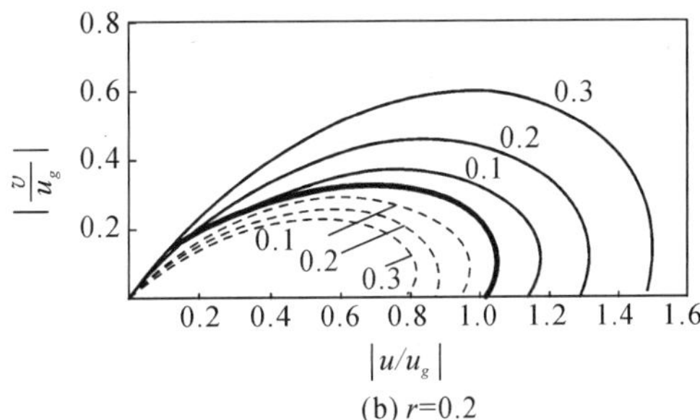

(b) $r=0.2$

图 8.9　在 $r=0.2, 1.0$ 处边界层内风矢廓线图(粗实线为 $R_0=0$，虚线表示气旋内廓线，实线表示反气旋内廓线，线上的数值表示 R_0 数)

图 8.9 包括两幅图，分别是在点 P 和 Q 的风速矢端迹图，点 P 和 Q 离涡旋中心的距离 $r=1.0, 0.2$，图中的数字 0.1，0.2，0.3 为 Rossby 数。粗实线为 $R_0=0$ 时的经典 Ekman 螺线，细实线为反气旋中的风速廓线，虚线为气旋中的风速廓线。由图可见，经典 Ekman 解的廓线位于气旋和反气旋的四力平衡解的廓线之间，且气旋廓线小于反气旋廓线。欲定性地证明这一点，只要指出在边界层顶处，反气旋中的风速大于气旋中的风速就够了。显见，这是由于半地转惯性力的作用造成的，因为半地转惯性力(离心力)总是由涡旋的中心指向外，它起着相当于抵消气旋中的气压梯度力(由外指向中心)，而增强反气旋中的气压梯度力(由中心指向外)的作用的缘故。

8.3.2 四力平衡下的 Ekman 抽吸

有了四力平衡 Ekman 解，很容易求得四力平衡下的边界层顶垂直速度。为此，只要将已求得的风速表达式(8.3.13)代入连续方程，可得到

$$\frac{\partial \widetilde{w}}{\partial \eta}=-\left(\frac{\partial u_{\mathrm{T}}}{\partial x}+\frac{\partial v_{\mathrm{T}}}{\partial y}\right)(1-\mathrm{e}^{-\beta}\cos\beta)+\left(u_{\mathrm{T}}\frac{\partial}{\partial x}+v_{\mathrm{T}}\frac{\partial}{\partial y}\right)\mathrm{e}^{-\beta}\cos\beta+$$
$$\left[\frac{\partial}{\partial x}c_1D^{-2}+\frac{\partial}{\partial y}c_2D^{-2}+\left(c_1D^{-2}\frac{\partial}{\partial x}+c_2D^{-2}\frac{\partial}{\partial y}\right)\right]\mathrm{e}^{-\beta}\sin\beta \tag{8.3.19}$$

将式(8.3.19)对 η 从 0 到∞积分，可得到边界层顶的垂直速度 $\widetilde{w}_{\mathrm{T}}$ 为

$$\widetilde{w}_{\mathrm{T}}=\widetilde{w}(\infty)=-\left(\frac{\partial u_{\mathrm{T}}}{\partial x}+\frac{\partial v_{\mathrm{T}}}{\partial y}\right)\left(\eta-\frac{1}{2D}\right)+$$
$$\frac{1}{2}\left[\zeta_{GM}^{-3/4}\left(\frac{\partial c_1}{\partial x}+\frac{\partial c_2}{\partial y}\right)+\left(u_{\mathrm{T}}\frac{\partial}{\partial x}\zeta_{GM}^{-1/4}+v_{\mathrm{T}}\frac{\partial}{\partial y}\zeta_{GM}^{-1/4}\right)+\left(c_1\frac{\partial}{\partial x}\zeta_{GM}^{-3/4}+c_2\frac{\partial}{\partial y}\zeta_{GM}^{-3/4}\right)\right] \tag{8.3.20}$$

其中

$$\zeta_{GM}\equiv D^4=1+R_0\zeta_g+R_0^2\left(\frac{\partial u_g}{\partial x}\frac{\partial v_g}{\partial y}-\frac{\partial v_g}{\partial x}\frac{\partial u_g}{\partial y}\right) \tag{8.3.21}$$

由地转动量近似的定义可知，D^4 即为涡度矢的垂直分量。为了使物理意义明了起见，改用 ζ_{GM}来表示。

因为 u_{T}，v_{T}是边界层顶的风速，或说是自由大气(正压)的风速，它与边界层内的变量 η 无关，因此式(8.3.20)中右侧第一项表示自由大气的风速散度对 $\widetilde{w}_{\mathrm{T}}$ 的贡献。将此项中的 η 回到有因次量，由于边界层极薄，所以此项的贡献很小，可以略去。右侧第二项表示湍流摩擦作用对 $\widetilde{w}_{\mathrm{T}}$ 的贡献。于是式(8.3.20)可近似地写为

$$\widetilde{w}_{\mathrm{T}}=\frac{1}{2}\left[\zeta_{GM}^{-3/4}\left(\frac{\partial c_1}{\partial x}+\frac{\partial c_2}{\partial y}\right)+\left(u_{\mathrm{T}}\frac{\partial}{\partial x}+v_{\mathrm{T}}\frac{\partial}{\partial y}\right)\zeta_{GM}^{-1/4}+\left(c_1\frac{\partial}{\partial x}+c_2\frac{\partial}{\partial y}\right)\zeta_{GM}^{-3/4}\right] \tag{8.3.22}$$

若只保留 R_0 的一次方项，而略去含 R_0^2 的项，即令 $D^4=1+R_0\zeta_g$ ，则式(8.3.22)可进一步简化为

$$\widetilde{w}_{\mathrm{T}}=\frac{1}{2}\left[\zeta_g+\frac{1}{4}R_0\frac{\partial\zeta_g}{\partial t}-\frac{3}{4}R_0\boldsymbol{k}\cdot\nabla\wedge(\boldsymbol{v}_g\zeta_g)\right] \tag{8.3.23}$$

式中：ζ_g 为地转风涡度；$\boldsymbol{k}$ 为垂直方向单位矢量。我们称四力平衡下的边界层顶垂直速度 $\widetilde{w}_{\mathrm{T}}$ 为四力平衡 Ekman 抽吸。

当 $R_0=0$ 时，式(8.3.23)取最简形式

$$\widetilde{w}_{\mathrm{T}}\approx\frac{1}{2}\zeta_g \tag{8.3.24}$$

回到有因次量便是式(8.2.5)，即经典 Ekman 抽吸。式(8.3.23)右端第二项是地转涡度的局地变化项或说是变压风分布不均匀对 $\widetilde{w}_{\mathrm{T}}$ 的贡献项$\left[因为\frac{\partial\zeta_g}{\partial t}=\frac{\partial}{\partial x}\left(\frac{\partial v_g}{\partial t}\right)-\frac{\partial}{\partial y}\left(\frac{\partial u_g}{\partial t}\right)\right]$。由

式(8.3.23)容易看出，若地转涡度增大$\left(\frac{\partial \zeta_g}{\partial t}>0\right)$，则有利于边界层顶出现上升运动；反之，若地转涡度减弱，则有利于边界层顶出现下沉运动。第三项与地转涡度的分布不均匀有关。由此可见，四力平衡 Ekman 抽吸不仅与地转涡度本身有关，而且与地转涡度的时间、空间变化有关，前者与经典 Ekman 抽吸完全相同，后者是对经典 Ekman 抽吸的发展。

仍采用气压场式(8.3.18)，由式(8.3.23)计算出圆形涡旋的边界层顶垂直速度$\widetilde{w}_T$，并按离开涡旋中心的距离r作出$\widetilde{w}_T$的分布图8.10。由图可看出，在$r<1$的范围内，图的上半部即气旋区域中，四力平衡 Ekman 抽吸($R_0=0.1, 0.2, 0.3$)总是小于经典 Ekman 抽吸($R_0=0$)；相反，图的下半部即反气旋区域中，四力平衡 Ekman 抽吸总是大于经典 Ekman 抽吸(指绝对值大小)。而且，“小于”和“大于”的程度与R_0的大小有关。我们指出，这是由半地转惯性力造成的。不考虑半地转惯性力时，即取$R_0=0$时，认为气流是平直气流，而加入半地转惯性力后，气流便是弯曲的，弯曲气流造成的离心力总是由中心指向外，它的存在必然会抵消气旋区域的由外向中心的辐合(或者说抵消气旋区域的由高压一侧偏向低压一侧的辐合)；相反，它的存在必然会增强反气旋区域的由中心向外的辐散(或者说增强反气旋区域的由高压偏向低压的辐散)。再由连续性原理可知，边界层顶的垂直运动是由整个边界层内(从地面到顶部)的气流的辐合辐散的积累决定的。所以，对气旋区内的边界层顶的上升速度来说，四力平衡 Ekman 抽吸小于经典 Ekman 抽吸；而对反气旋区内的下沉速度来说，四力平衡 Ekman 抽吸大于经典 Ekman 抽吸。而且R_0越大，气旋区内的半地转惯性力的抵消作用越大，反气旋区内的增强作用也越大，这样就造成了图 8.10 中，$R_0=0$时，两条粗实线是对称的，而$R_0\neq 0$时，细实线与虚线并不对称的现象。而且在图的上半部，R_0越大，虚线越接近横轴($\widetilde{w}_T$越小)。在图的下半部，R_0越大，细实线越离开横轴($|\widetilde{w}_T|$越大)。

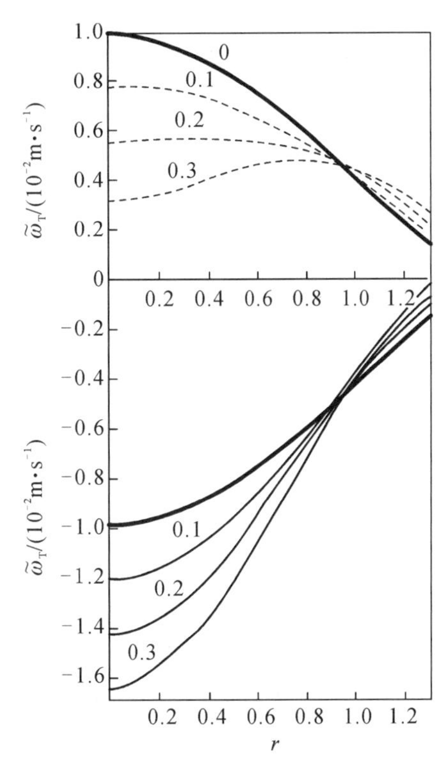

图 8.10　边界层顶垂直运动计算结果图(粗实线表示$R_0=0$时，经典 Ekman 气流中的垂直速度随r的分布，计算中$E=10^{-3}$)

由以上介绍的四力平衡下的风速垂直分布和边界层顶垂直速度可知，由于引进了半地转惯性力，使边界层中的风场即(u,v,w)的结构发生了较大的改变，特别是当 Rossby 数较大时，惯性力的作用是较大的。对于中小尺度系统而言，Rossby 数并不像天气尺度系统那样远小于1，此时惯性力作用必须加以考虑，而运用半地转近似是有效的且简便的方法之一。由此得到的四力平衡 Ekman 抽吸对自由大气中的运动的预报具有重要作用。

关于四力平衡下的大气边界层中风分布和边界层顶垂直速度的计算以及 Ekman 调整等

问题的研究，近年来已有不少工作并取得一定的成果，可参看文献 Xu 和 Wu(1987)，Xu 和 Zhao(1989)，Tan 和 Wu(1994)等。

思考题

1. 简述大气边界层的特点及边界层内大气运动的基本特征。
2. 简述 Ekman 层中风的垂直分布特征。
3. 试比较地转动量近似与非线性边界层方程在物理上有什么差异。
4. 用筷子按圆周方向搅动杯中茶水，停止搅动后杯中水面将如何变化？请用边界层抽吸原理解释杯中水旋转减弱的物理过程。

习　题

1. 考虑一般情况下的 Ekman 层的运动，设气压梯度力不随高度变化，且 u_g，v_g 不为零。

$$-\frac{1}{\rho}\frac{\partial p}{\partial x}+fv+k\frac{\partial^2 u}{\partial z^2}=0$$

$$-\frac{1}{\rho}\frac{\partial p}{\partial y}-fu+k\frac{\partial^2 v}{\partial z^2}=0$$

(1) 求上述条件下的 Ekman 螺旋解。
(2) 利用不可压缩条件，求边界层顶部的垂直速度。

2. 求 Ekman 层中水平风速和地转风速的最大夹角。
3. 设 Ekman 层中地转风随高度呈线性变化，求风速的垂直分布。
4. 考虑地形作用下的 Ekman 层的运动定解问题

$$-fv=-fv_g+k\frac{\partial^2 u}{\partial z^2}$$

$$fu=fu_g+k\frac{\partial^2 v}{\partial z^2}$$

$$z=h(x,y),u=v=0$$

$$z\to\infty,u=u_g,v=v_g$$

(1) 求上述定解问题的解 u,v。
(2) 分析地形作用下边界层顶部的垂直运动特征。

5. 经典正压 Ekman 边界层动力学模式为

$$\begin{cases}-fv=-fv_g+K\dfrac{\partial^2 u}{\partial z^2}\\ +fu=+fu_g+K\dfrac{\partial^2 v}{\partial z^2}\\ \dfrac{\partial u}{\partial x}+\dfrac{\partial v}{\partial y}+\dfrac{\partial w}{\partial z}=0\end{cases}$$

式中：(u,v,w)为 x,y,z 方向的运动速度；K 为常值的湍流黏性系数；(u_g,v_g)为地转风速。

(1) 利用上式说明经典 Ekman 层的力的平衡特性。

(2) 写出上述方程组的边界条件。

(3) 利用(2)中的边界条件，求出水平风速的表达式。

(4) 证明边界层顶部的垂直速度 $W_\infty(z\to\infty)$ 为

$$W_\infty = \nabla \boldsymbol{h} \cdot Q$$

式中：$Q=\int_0^\infty (\boldsymbol{V}_g-\boldsymbol{V})\mathrm{d}z$，$\boldsymbol{V}=u\boldsymbol{i}+v\boldsymbol{j}$，$\boldsymbol{V}_g=u_g\boldsymbol{i}+v_g\boldsymbol{j}$（$\boldsymbol{i}$ 和 $\boldsymbol{j}$ 分别为 x 和 y 方向的单位矢量）；$\nabla \boldsymbol{h}=\frac{\partial}{\partial x}\boldsymbol{i}+\frac{\partial}{\partial x}\boldsymbol{j}$。

(5) 利用(3)与(4)说明湍流摩擦对大气运动的影响作用。

(6) 指出经典 Ekman 模式的优点与缺点。

参考文献

[1] 伍荣生，党人庆，余志豪，等. 动力气象学[M]. 上海：上海科技出版社，1983.

[2] 霍尔顿(HOLTON J R). 动力气象学引论[M]. 解放军空军气象学院训练部，译. 北京：科学出版社，1980.

[3] 小仓义光. 大气动力学原理[M]. 黄荣辉，译. 北京：科学出版社，1980.

[4] 刚金(Гаидин Л С)，等. 动力气象学基础[M]. 陈绍猷，译. 北京：高等教育出版社，1958.

[5] 伍荣生. 大气动力学[M]. 北京：气象出版社，1990.

[6] 赵鸣，等. 边界层气象学教程[M]. 北京：气象出版社，1991.

[7] PEDLOSKY J. Geophysical fluid dynamics[M]. New York：Springer-Verlag，1992.

[8] WU R，BLUMEN W. An analysis of Ekman boundary layer dynamics incorporating the geostrophic momentum approximation[J]. Journal of Atmospheric Sciences，1982，39：1774－1782.

[9] CHARNEY J G，ELIASSEN A. A numerical method for predicting the perturbations of the middle latitude westerlies [J]. Tellus，1949，1：38－54.

[10] XU Y，WU R. The adjustment of wind to Ekman flow within the planetary boundary layer[J]. Acta Meteorologica Sinica，1987，1：20－25.

[11] XU Y，ZHAO M. The wind field in the nonlinear multilayer planetary boundary layer [J]. Boundary-Layer Meteorology，1989，49：219－230.

[12] TAN Z，WU R. The Ekman momentum approximation and its application [J]. Boundary-Layer Meteorology，1994，68：193－199.

[13] STULL R B. An introduction to boundary layer meteorology [M]. Netherlands：Kluwer Academic Publishers，1988.

[14] Van de Wiel，B. J. H.，A. F. Moene，G. J. Steeneveld，P. Baas，F. C. Bosveld，A. a. M. Holtslag. A Conceptual View on inertial oscillations and nocturnal Low Level Jets. [J]. Journal of the Atmopheric Sciences 2010，67 (8)：2679－2689.

[15] Wyngaard，J. C. Turbulence in the Atmosphere [M]. Cambridge University Press，2010.

第九章

非均匀介质中的缓变波动简介

前面八章所涉及的内容，特别是波动的性质及其方程的求解基本上是基于线性理论之上的，而且运动发生在均匀介质中，或者说方程的系数是常数。然而，实际问题总是非线性的，运动所赖以存在的介质又总是非均匀的，因而迫切需要非均匀介质和非线性的理论。一般说来，非线性方程或变系数方程的精确求解是十分困难的。为了解决实际问题，或者为了从理论上分析了解运动的性质，许多学者在探索近似方法方面做了大量工作，已取得许多成果。本章介绍几种近似方法，例如多尺度法、WKB 近似法以及波射线法等，并对非均匀介质中的缓变波动的性质作初步介绍。

§9.1　多尺度法

第三章中，我们曾采用小参数展开法讨论了准地转运动。此方法是在各种物理学、流体力学以及大气动力学的理论研究中常用的方法，即把变量展开成某个小参数(存在于控制方程中)的幂级数形式，逐次求出此幂级数中的各项系数，便可得到近似解。但在使用此法时，存在这样的一个问题：当时间超过一定限度后，级数可能发散，即近似解会趋于无穷。这说明小参数展开法可能只在很短的时间内才近似有效。为此，我们介绍多尺度方法来解决这一问题。

多尺度方法在 20 世纪 60 年代出现后，很快就在广泛的自然科学领域中得到了应用。气象界也将这种方法引进理论研究中，用来处理非线性波动动力学方面和波的相互作用方面的问题。为了使多尺度方法的引入较为清晰和自然，我们选用一个线性阻尼谐振子这样一个既简单又已经知道它的精确解的方程来进行讨论。线性阻尼谐振子的方程为

$$\frac{\mathrm{d}^2x}{\mathrm{d}t^2}+x=-2\varepsilon\frac{\mathrm{d}x}{\mathrm{d}t} \tag{9.1.1}$$

式中 ε 为一个小参数。根据常微分方程理论，它的精确解是

$$x=\mathrm{e}^{-\varepsilon t}(c_1\cos\sqrt{1-\varepsilon^2}\,t+c_2\sin\sqrt{1-\varepsilon^2}\,t) \tag{9.1.2}$$

式中 c_1，c_2 为任意常数。为了方便地看出解的振幅和位相，我们改写为另一种等价的形式

$$x=a\mathrm{e}^{-\varepsilon t}\cos(\sqrt{1-\varepsilon^2}\,t+\phi) \tag{9.1.3}$$

式中 a，ϕ 为任意常数。

若用小参数展开法来解此方程，可令

$$x=x_0+\varepsilon x_1+\varepsilon^2x_2+\cdots \tag{9.1.4}$$

将此式代入式(9.1.1)，合并 ε 的同次幂项，并令各同次幂的系数为零，得到

$$\varepsilon^0: \quad \frac{d^2 x_0}{dt^2} + x_0 = 0 \tag{9.1.5}$$

$$\varepsilon^1: \quad \frac{d^2 x_1}{dt^2} + x_1 = -2\frac{dx_0}{dt} \tag{9.1.6}$$

$$\varepsilon^2: \quad \frac{d^2 x_2}{dt^2} + x_2 = -2\frac{dx_1}{dt} \tag{9.1.7}$$

$$\vdots$$

方程(9.1.5)的解是

$$x_0 = a\cos(t+\phi) \tag{9.1.8}$$

将其代入式(9.1.6)，可求得 x_1 为

$$x_1 = -at\cos(t+\phi) \tag{9.1.9}$$

再将式(9.1.9)代入式(9.1.7)，又可求得 x_2 为

$$x_2 = \frac{1}{2}at^2\cos(t+\phi) + \frac{1}{2}at\sin(t+\phi) \tag{9.1.10}$$

于是有

$$x = a\cos(t+\phi) - \varepsilon at\cos(t+\phi) + \frac{1}{2}\varepsilon^2 a[t^2\cos(t+\phi) + t\sin(t+\phi)] + O(\varepsilon^3) \tag{9.1.11}$$

此解的第二项 εx_1 与第一项 x_0 之比为

$$\frac{\varepsilon x_1}{x_0} = \frac{-\varepsilon at\cos(t+\phi)}{a\cos(t+\phi)} = -\varepsilon t$$

第三项 $\varepsilon^2 x_2$ 与第二项 εx_1 之比为

$$\frac{\varepsilon^2 x_2}{\varepsilon x_1} = \frac{\frac{\varepsilon}{2}a[t^2\cos(t+\phi) + t\sin(t+\phi)]}{-at\cos(t+\phi)} = -\frac{1}{2}\varepsilon t - \frac{1}{2}\varepsilon\tan(t+\phi)$$

当 t 与 ε^{-1} 同阶时，εt 不再是一个小量，此时，式(9.1.11)就是 x 的一个无价值的展开式，导致上述的直接展开式无效的原因在于变量 t 的无界性。

这个直接展开式的失效，也可通过方程(9.1.1)的精确解式(9.1.3)的分析看出。视 ε 为小参数(t 为固定的某一值)，将指数函数 $e^{-\varepsilon t}$ 和余弦函数 $\cos(\sqrt{1-\varepsilon^2}\,t+\phi)$ 进行泰勒展开，得到

$$e^{-\varepsilon t} = 1 - \varepsilon t + \frac{1}{2}(\varepsilon t)^2 + \cdots \tag{9.1.12}$$

$$\begin{aligned}&\cos(\sqrt{1-\varepsilon^2}\,t+\phi)\\ &\quad = \cos\left[t\left(1-\frac{1}{2}\varepsilon^2-\frac{1}{8}\varepsilon^4-\frac{1}{16}\varepsilon^6+\cdots\right)+\phi\right]\\ &\quad = \cos(t+\phi)+\frac{1}{2}\varepsilon^2 t\sin(t+\phi)+\cdots\end{aligned} \tag{9.1.13}$$

将这两个展开式相乘,便可得到式(9.1.11)。

如果 εt 是小量,则上述两级数的各项中,后项总比前项小,即后项是前项的一个小修正。所以,可以取其前面的有限项之和(称为截断级数)作为级数的近似值,而且项数取得越多,误差越小。由于 ε 是小参数,因而 εt 是小量就意味着

$$t \leqslant O(1) \tag{9.1.14}$$

当 $t=O(\varepsilon^{-1})$时,εt 便不再是小量,也就不能再使用级数的截断表达式。由此可知,截断级数只对于 t 处于某一范围($t<t_0$)是可行的。超过了这个时段,$\mathrm{e}^{-\varepsilon t}$ 和 $\cos(\sqrt{1-\varepsilon^2}\,t+\phi)$与其截断级数的差将超过预先给定的精确度,因为丢掉的无穷多项之和不再可略了。当增加截断级数的项数时,使新的截断级数切实可行的时间范围也由 t_0 增加到 t_1,但当 $t>t_1$ 时,$\mathrm{e}^{-\varepsilon t}$,$\cos(\sqrt{1-\varepsilon^2}\,t+\phi)$与其新的截断级数之差又将大于预先给定的精度。为使某一展开式对任何时间 t 都满足,则必须给出级数的所有项。也就是说,不可能找到有限项的和式作为 $\mathrm{e}^{-\varepsilon t}$,$\cos(\sqrt{1-\varepsilon^2}\,t+\phi)$的近似值,使其对任何 t 都可行。因此,为了要确定某个展开式对量级为 ε^{-1} 的时间成立,应把 εt 看成单个变量 T_1,即

$$T_1 = \varepsilon t \tag{9.1.15}$$

则

$$\mathrm{e}^{-\varepsilon t} = \mathrm{e}^{-T_1} = 1 - T_1 + \frac{1}{2}T_1^2 + \cdots \tag{9.1.16}$$

此展开式对于 t 在 ε^{-1}之前是有效的,即可用有限项之和来表达 $\mathrm{e}^{-\varepsilon t}$。对 $\cos(\sqrt{1-\varepsilon^2}\,t+\phi)$也可类似地讨论。但当 t 继续增加,例如,增加到 $t=O(\varepsilon^{-2})$,上述的展开式便失效了。例如,对 $\cos(\sqrt{1-\varepsilon^2}\,t+\phi)$的第二项与第一项之比为

$$\frac{\text{第二项}}{\text{第一项}} = \frac{1}{2}\tan(t+\phi)\cdot\varepsilon^2 t = \frac{1}{2}\tan(t+\phi)\cdot O(1) \tag{9.1.17}$$

由此可见,后项并非前项的小修正,此时展式无效。为了使展开仍有效,可引入新变数 T_2,即

$$T_2 = \varepsilon^2 t \tag{9.1.18}$$

当 $t=O(\varepsilon^{-2})$时,有 $T_2=O(1)$,此时

$$\begin{aligned}\cos(\sqrt{1-\varepsilon^2}\,t+\phi) &= \cos\left(t-\frac{1}{2}T_2-\frac{1}{8}\varepsilon^4 t+\cdots+\phi\right)\\ &= \cos\left(t-\frac{1}{2}T_2+\phi\right)+\frac{1}{8}\varepsilon^4 t\sin\left(t-\frac{1}{2}T_2+\phi\right)+\cdots\\ &= \cos\left(t-\frac{1}{2}T_2+\phi\right)+\frac{1}{8}\varepsilon^2 T_2\sin\left(t-\frac{1}{2}T_2+\phi\right)+\cdots\end{aligned} \tag{9.1.19}$$

于是

$$\frac{\text{第二项}}{\text{第一项}} = \frac{1}{8}\varepsilon^2 T_2\tan\left(t-\frac{1}{2}T_2+\phi\right)\to 0 \quad (\varepsilon\to 0) \tag{9.1.20}$$

式(9.1.20)说明，后项是前项的小修正，于是展式有效。但当 t 再继续增加，直到 $t=O(\varepsilon^{-4})$时，展开式又将失效。为了得到对时间量级为 ε^{-4} 成立的截断展式，必须再引入另一变量 T_4

$$T_4=\varepsilon^4 t \tag{9.1.21}$$

如果记 $T_0=t$，则有

$$\begin{aligned}&\cos(\sqrt{1-\varepsilon^2}t+\phi)\\&=\cos\left[\left(T_0-\frac{1}{2}T_2-\frac{1}{8}T_4+\phi\right)-\frac{1}{16}\varepsilon^6 t+\cdots\right]\\&=\cos\left(T_0-\frac{1}{2}T_2-\frac{1}{8}T_4+\phi\right)+\\&\frac{1}{16}\varepsilon^6 t\sin\left(T_0-\frac{1}{2}T_2-\frac{1}{8}T_4+\phi\right)+\cdots\end{aligned} \tag{9.1.22}$$

显然，如引入上面的变量 T_0，T_2，T_4，则展式(9.1.22)对直到 $t=O(\varepsilon^{-4})$的时间范围内都是有效的。

至此，方程(9.1.1)的解 $x(t,\varepsilon)$依赖于 t，εt，$\varepsilon^2 t$，$\varepsilon^4 t$，…和 ε，为了确定出一个对所有的直到 $O(\varepsilon^{-M})$的 t 值都有效的展式(M 为正整数)，必须引入 $M+1$ 个时间尺度 T_0，T_1，T_2，…，T_M，即

$$T_m=\varepsilon^m t(m=0,1,2,\cdots,M) \tag{9.1.23}$$

时间尺度 T_1 比 T_0 大，T_2 比 T_1 大，……，T_M 比 T_{M-1}大，或说 T_1 比 T_0 慢，T_2 比 T_1 慢，……，T_M 比 T_{M-1}慢。引入这些变量后，便有

$$\begin{aligned}x(t,\varepsilon)&=\tilde{x}(T_0,T_1,\cdots,T_M)\\&=\sum_{m=0}^{M-1}\varepsilon^m x_m(T_0,T_1,\cdots,T_M)+O(\varepsilon T_{M-1})\end{aligned} \tag{9.1.24}$$

式(9.1.24)对直到 $t=O(\varepsilon^{-M})$这样长的时间范围内是有效的，但当时间更长时，又须引入别的时间尺度，才能保证展式的一致有效。

上述这种引入多个尺度来求一致有效的渐近展式的方法就叫作多尺度方法。根据复合函数求导数的法则，在多尺度方法中，关于时间 t 的导数为

$$\frac{\partial}{\partial t}=\frac{\partial}{\partial T_0}+\varepsilon\frac{\partial}{\partial T_1}+\varepsilon^2\frac{\partial}{\partial T_2}+\cdots \tag{9.1.25}$$

具体应用多尺度方法时，首先将式(9.1.23～9.1.25)代入方程(9.1.1)，然后令方程两端 ε 的同次幂项系数相等，便可得到决定 x_0，x_1，…，x_M 的方程组。显然，这些方程的解中包含了时间尺度 T_0，T_1，…，T_M 等为变量的待定函数。为了确定出这些函数，需要提出一些附加条件，我们注意到，为了使所设的展式(9.1.24)对于直到 $t=O(\varepsilon^{-M})$这样长的时间范围内都一致有效，要求展式中的每一后项都是前项的一个小修正，即 $\varepsilon^m x_m$ 是 $\varepsilon^{m-1}x_{m-1}$的一个小修正。于是我们要求

$$\frac{x_m}{x_{m-1}}<\infty \tag{9.1.26}$$

对所有的 T_0，T_1，…，T_M 都成立。

多尺度方法有好多种，上面介绍的只是其中的一种，是引进多个变量的方法。自 1970 年以来国内外气象学家利用多尺度方法处理气象理论方面的问题，而其中又以研究波与波之间的共振相互作用和有限振幅波动不稳定为主。

现在我们通过求解方程(9.1.1)来介绍运用多尺度方法的具体过程。

首先引入新的时间尺度 T_1，T_2，且记 t 为 T_0，即

$$T_0 = t,\ T_1 = \varepsilon t,\ T_2 = \varepsilon^2 t \tag{9.1.27}$$

再设

$$\begin{aligned} x(t,\varepsilon) &= \tilde{x}(T_0, T_1, T_2, \varepsilon) \\ &= x_0(T_0, T_1, T_2) + \varepsilon x_1(T_0, T_1, T_2) + \varepsilon^2 x_2(T_0, T_1, T_2) + O(\varepsilon^3) \end{aligned} \tag{9.1.28}$$

式中 x_0，x_1，x_2 为尺度 T_0，T_1，T_2 的待定函数。我们的目的是设法确定出这些函数，且使展式(9.1.28)对一直到 $O(\varepsilon^{-2})$ 的时间范围内都一致有效。将导数变换关系式

$$\frac{\mathrm{d}}{\mathrm{d}t} = \frac{\partial}{\partial T_0} + \varepsilon\frac{\partial}{\partial T_1} + \varepsilon^2\frac{\partial}{\partial T_2} \tag{9.1.29}$$

并将式(9.1.27,9.1.28)代入方程(9.1.1)。然后展开且按 ε 的幂次合并整理，最后令 ε 的同次幂的系数相等(或为零)，可得到

$$\frac{\partial^2 x_0}{\partial T_0^2} + x_0 = 0 \tag{9.1.30}$$

$$\frac{\partial^2 x_1}{\partial T_0^2} + x_1 = -2\frac{\partial x_0}{\partial T_0} - 2\frac{\partial^2 x_0}{\partial T_0 \partial T_1} \tag{9.1.31}$$

$$\frac{\partial^2 x_2}{\partial T_0^2} + x_2 = -2\frac{\partial x_1}{\partial T_0} - 2\frac{\partial^2 x_1}{\partial T_0 \partial T_1} - \frac{\partial^2 x_0}{\partial T_1^2} - 2\frac{\partial^2 x_0}{\partial T_0 \partial T_2} - 2\frac{\partial x_0}{\partial T_1} \tag{9.1.32}$$

式(9.1.30)的通解为

$$x_0 = A_0(T_1, T_2)\mathrm{e}^{\mathrm{i}T_0} + \overline{A}_0\mathrm{e}^{-\mathrm{i}T_0} \tag{9.1.33}$$

式中：A_0 为 T_1，T_2 的任意函数；$\overline{A}_0$ 表示 A_0 的复共轭。将式(9.1.33)代入式(9.1.31)，得到

$$\frac{\partial^2 x_1}{\partial T_0^2} + x_1 = -2\mathrm{i}\left(A_0 + \frac{\partial A_0}{\partial T_1}\right)\mathrm{e}^{\mathrm{i}T_0} + 2\mathrm{i}\left(\overline{A}_0 + \frac{\partial \overline{A}_0}{\partial T_1}\right)\mathrm{e}^{-\mathrm{i}T_0} \tag{9.1.34}$$

下面我们将由式(9.1.34)定出 A_0 来。式(9.1.34)是非齐次方程，其通解为对应的齐次方程的通解与任一个特解之和。此特解可由待定系数法确定。此特解的形式应假定为

$$BT_0\mathrm{e}^{\pm\mathrm{i}T_0}$$

这里出现了一个因子 T_0，使问题具有新的性质。出现 T_0 的原因是式(9.1.34)右端出现了 $\mathrm{e}^{\pm\mathrm{i}T_0}$，而对应的齐次方程的特征根正好是 $\pm\mathrm{i}$ 的缘故。

计算结果表明，所求的特解为

$$-\left(A_0 + \frac{\partial A_0}{\partial T_1}\right)T_0\mathrm{e}^{\mathrm{i}T_0} - \left(\overline{A}_0 + \frac{\partial \overline{A}_0}{\partial T_1}\right)T_0\mathrm{e}^{-\mathrm{i}T_0}$$

所以,式(9.1.31)的通解为

$$x_1 = \left[A_1(T_1,\ T_2)e^{iT_0} - \left(A_0 + \frac{\partial A_0}{\partial T_1}\right)T_0 e^{iT_0}\right] + * \tag{9.1.35}$$

为了书写简短起见,这里的"∗"表明复共轭项,即右端方括号中的共轭函数项。比较式(9.1.35)和(9.1.33)知,当 εT_0 是小量时,展开式(9.1.28)中的第二项 εx_1 是第一项 x_0 的一个小修正。但当 t 增加至 $O(\varepsilon^{-1})$时,由于 x_1 中出现了 $T_0 e^{iT_0}$,就破坏了小修正的结论,或者说展开式的一致有效性遭到破坏,我们称此项为特征项或久期项。为了保证展开式对于直到$t=O(\varepsilon^{-1})$的时间一致有效,应该提出相应的附加条件如下

$$A_0 + \frac{\partial A_0}{\partial T_1} = 0 \tag{9.1.36}$$

此为一阶方程,可解得

$$A_0(T_1,\ T_2) = a_0(T_2)e^{-T_1} \tag{9.1.37}$$

式中 $a_0(T_2)$为 T_2 的任意函数。下面继续求解 x_2。注意此时特征项 $T_0 e^{-iT_0}$ 已被消去,x_1 变为

$$x_1 = [A_1(T_1,\ T_2)e^{iT_0}] + * \tag{9.1.38}$$

将式(9.1.33,9.1.38)代入式(9.1.32),得到

$$\frac{\partial^2 x_2}{\partial T_0^2} + x_2 = [-Q(T_1,\ T_2)e^{iT_0}] + * \tag{9.1.39}$$

其中

$$Q(T_1,\ T_2) = 2iA_1 + 2i\frac{\partial A_1}{\partial T_1} - a_0 e^{-T_1} + 2i\frac{\partial a_0}{\partial T_2}e^{-T_1} \tag{9.1.40}$$

类似于前面的讨论可知,为了保证展式(9.1.28)对于直到 $O(\varepsilon^{-1})$的时间一致有效,同样应提出附加条件:$Q=0$,即

$$\frac{\partial A_1}{\partial T_1} + A_1 = \frac{1}{2}i\left(-a_0 + 2i\frac{\partial a_0}{\partial T_2}\right)e^{-T_1} \tag{9.1.41}$$

由此解得

$$A_1 = \left[a_1(T_2) + \frac{1}{2}i\left(-a_0 + 2i\frac{\partial a_0}{\partial T_2}\right)T_1\right]e^{-T_1} \tag{9.1.42}$$

将此式代入式(9.1.38),得到

$$x_1 = \left[\left(a_1(T_2) + \frac{1}{2}iT_1\left(-a_0 + 2i\frac{\partial a_0}{\partial T_2}\right)\right)e^{-T_1} \cdot e^{iT_0}\right] + * \tag{9.1.43}$$

比较展式(9.1.28)中的第二项 εx_1 和第一项 x_0

$$x_0 = [a_0(T_2)e^{-T_1} \cdot e^{iT_0}] + * \tag{9.1.44}$$

便可以得知,欲展式(9.1.28)对于直到 $O(\varepsilon^{-2})$的时间范围内一致有效(即后项总是前项的小

修正)，则必须令式(9.1.43)中 T_1 的系数为零，即

$$-a_0+2\mathrm{i}\frac{\partial a_0}{\partial T_2}=0 \tag{9.1.45}$$

于是有

$$a_0=a_0'\mathrm{e}^{-\frac{\mathrm{i}}{2}T_2} \tag{9.1.46}$$

式中 a_0' 为一个任意常数。至此，我们求得了

$$x=[\mathrm{e}^{-T_1}(a_0'\mathrm{e}^{\mathrm{i}\left(T_0-\frac{1}{2}T_2\right)}+\varepsilon a_1(T_2)\mathrm{e}^{\mathrm{i}T_0})]+*+O(\varepsilon^2) \tag{9.1.47}$$

式中的 $a_1(T_2)$ 须讨论更高一阶(即三阶)的问题，才可确定出来。它是

$$a_1(T_2)=a_1'\mathrm{e}^{-\frac{\mathrm{i}}{2}T_2} \tag{9.1.48}$$

式中 a_1' 为任意常数。最后得到

$$x=[\mathrm{e}^{-T_1}(a_0'\mathrm{e}^{\mathrm{i}\left(T_0-\frac{1}{2}T_2\right)}+\varepsilon a_1'\mathrm{e}^{\mathrm{i}\left(T_0-\frac{1}{2}T_2\right)})]+*+O(\varepsilon^2) \tag{9.1.49}$$

式(9.1.49)可改写为

$$x=a\mathrm{e}^{-\varepsilon t}\cos\left(t-\frac{1}{2}\varepsilon^2 t+\phi\right)+R \tag{9.1.50}$$

式中：a 和 ϕ 为任意常数；R 表示余项，它等于精确解式(9.1.3)与式(9.1.50)右端第一项之差，即

$$\begin{aligned}R&=a\mathrm{e}^{-\varepsilon t}\left[\cos(\sqrt{1-\varepsilon^2}\,t+\phi)-\cos\left(t-\frac{1}{2}\varepsilon^2 t+\phi\right)\right]\\&=-2a\mathrm{e}^{-\varepsilon t}\sin\left[\frac{1}{2}\left(\sqrt{1-\varepsilon^2}+1-\frac{1}{2}\varepsilon^2\right)t+\phi\right]\times\sin\left[\frac{1}{2}\left(\sqrt{1-\varepsilon^2}-1+\frac{1}{2}\varepsilon^2\right)t\right]\\&=-2a\mathrm{e}^{-\varepsilon t}\sin\left[\frac{1}{2}\left(\sqrt{1-\varepsilon^2}+1-\frac{1}{2}\varepsilon^2\right)t+\phi\right]\times\sin\left[\left(-\frac{1}{16}\varepsilon^4+\cdots\right)t\right]\end{aligned} \tag{9.1.51}$$

利用

$$\lim_{\alpha\to 0}\frac{\sin\alpha}{\alpha}=1 \tag{9.1.52}$$

可得到

$$\lim_{\varepsilon\to 0}\frac{R}{\varepsilon^4 t}<\infty \tag{9.1.53}$$

所以

$$R=O(\varepsilon^4 t) \tag{9.1.54}$$

应该指出，在实际应用中，例如在我们关心的气象方面的有关动力学的理论研究中，精确求解方程是很困难的。我们可从方程中分析得出可能产生特征项的那些项，从而根据消除特征项的附加条件得到一些重要的有价值的关系式来。

上面用多尺度方法讨论了阻尼线性谐振子的例子，其控制方程是常微分方程。同样，多尺

度方法可应用于偏微分方程，简述如下：

设所研究的问题的控制方程由下述偏微分方程来描述

$$E(\phi,\ t,\ x,\varepsilon)=0 \tag{9.1.55}$$

定解条件为

$$D(\phi)=0 \tag{9.1.56}$$

将解按小参数 ε 展开

$$\phi=\sum_{n=0}^{\infty}\varepsilon^n\phi_n(T_0,\ T_1,\ T_2,\ \cdots,\ X_0,\ X_1,\ X_2,\ \cdots) \tag{9.1.57}$$

$$T_m=\varepsilon^m t,\ X_m=\varepsilon^m x(m=0,\ 1,\ 2,\ \cdots,N) \tag{9.1.58}$$

将展开式(9.1.57)和(9.1.58)代入控制方程和定解条件(9.1.55)和(9.1.56)中，得到确定 ϕ_n 的一系列方程和相应的定解条件。在求 ϕ_n 的过程中，消除特征项(或称长期项、久期项)，这样得到的解(9.1.57)是一致有效的。

§9.2　近似和缓变波列的性质

在第四章中，我们已看到无穷多个单波合成后所得到的近似值

$$\varphi(x,\ t)\approx F(k_0)\sqrt{\frac{2\pi}{t\mid h''(k_0)\mid}}\mathrm{e}^{\mathrm{i}(k_0x-\omega(k_0)t)-\frac{\pi\mathrm{i}}{4}\mathrm{sgn}h''(k_0)}$$

虽然在形式上仍像单波，但其振幅已不再是常数了。一般说来，可以将波动推广为下述形式(以一维波动为例)

$$\varphi=A(x,\ t)\mathrm{e}^{\mathrm{i}\theta(x,\ t)} \tag{9.2.1}$$

式中振幅 A 和位相 θ 均可能随时间和空间在变化。与单波的波数和频率用位相的偏导数来定义的形式相仿，我们可令

$$\frac{\partial\theta}{\partial t}=-\omega(x,\ t) \tag{9.2.2}$$

$$\frac{\partial\theta}{\partial x}=k(x,\ t) \tag{9.2.3}$$

同样的，称 k 和 ω 为波数和频率。但此处的波数和频率已是时空的函数了。我们称 k，ω 为常数的波动为均匀波动，称 k，ω 不是常数的波动为非均匀波动或可变波动。

现在，我们关心的一个问题是：关于线性平面波动的，且应用起来非常方便的下述符号关系式

$$\frac{\partial}{\partial t}\leftrightarrow-\mathrm{i}\omega,\ \frac{\partial}{\partial x}\leftrightarrow\mathrm{i}k \tag{9.2.4}$$

对于可变波动是否仍然成立？何时能成立？为解答此问题，让我们引进缓变波列的概念。

若波列的振幅随时间和空间的相对变化比位相随时间和空间的变化慢得多，即

$$\left|\frac{1}{A}\frac{\partial A}{\partial t}\right| \ll \left|\frac{\partial \theta}{\partial t}\right|, \quad \left|\frac{1}{A}\frac{\partial A}{\partial x}\right| \ll \left|\frac{\partial \theta}{\partial x}\right| \tag{9.2.5}$$

则称此波列为缓变波列。

下面我们来证明，对于缓变波列，符号关系式(9.2.4)近似地成立。利用复合函数求导法则，有

$$\frac{\partial \phi}{\partial t} = \frac{\partial A}{\partial t}\mathrm{e}^{\mathrm{i}\theta} + \mathrm{i}A\frac{\partial \theta}{\partial t}\mathrm{e}^{\mathrm{i}\theta} = \left(\frac{1}{A}\frac{\partial A}{\partial t} + \mathrm{i}\frac{\partial \theta}{\partial t}\right)\phi$$

再由式(9.2.5)和(9.2.2)，有

$$\frac{\partial \phi}{\partial t} \approx \mathrm{i}\frac{\partial \theta}{\partial t}\phi = -\mathrm{i}\omega\phi$$

即近似地，有

$$\frac{\partial}{\partial t} \leftrightarrow -\mathrm{i}\omega$$

同理

$$\frac{\partial \phi}{\partial x} = \frac{\partial A}{\partial x}\mathrm{e}^{\mathrm{i}\theta} + \mathrm{i}A\frac{\partial \theta}{\partial x}\mathrm{e}^{\mathrm{i}\theta} = \left(\frac{1}{A}\frac{\partial A}{\partial x} + \mathrm{i}\frac{\partial \theta}{\partial x}\right)\phi \approx \mathrm{i}\frac{\partial \theta}{\partial x}\phi = \mathrm{i}k\phi$$

即近似地，有

$$\frac{\partial}{\partial x} \leftrightarrow \mathrm{i}k$$

由此可见，对于缓变波列，可以很方便地使用符号关系式来近似地解决有关的波动问题。我们称这样的近似方法为 WKB 近似。

上述做法，实际上把振幅 $A(x, t)$ 近似地当作常数，或者说，在局部范围内，缓变波列仍可用正余弦函数去近似表达。

类似于均匀波动中相速 c 和群速 c_g 的定义，我们仍然定义缓变波列的相速和群速为

$$c = \frac{\omega}{k}, \quad c_g = \frac{\partial \omega}{\partial k} \tag{9.2.6}$$

缓变波列的频散关系式为

$$\omega = \omega(x, t, k) \tag{9.2.7}$$

或写为

$$\omega = \Omega(x, t, k) \tag{9.2.8}$$

一般说来，ω 不但是波数 k 的函数，而且还是时空 t, x 的函数。对于缓变波列，我们利用下述的运动学关系(由 ω, k 的定义并交换微分顺序而得)

$$\frac{\partial k}{\partial t} = -\frac{\partial \omega}{\partial x} \tag{9.2.9}$$

可得到三个性质，下面分别介绍。

性质1　某一局部地区波数 k 的变化是由波数的净流入造成的，即

$$\frac{\partial k}{\partial t}+\frac{\partial}{\partial x}(ck)=0 \tag{9.2.10}$$

此式类似于一维的连续性方程

$$\frac{\partial \rho}{\partial t}+\frac{\partial}{\partial x}(\rho u)=0$$

该式表明，某地区的密度的变化是由单位体积流体质量的净流入造成的。

性质2　对均匀介质来说，波数 k 在以群速传播的过程中是守恒的。对非均匀介质而言，波数 $k=k(x)$ 在以群速传播的过程中是不守恒的。

我们知道，均匀介质的频散关系式为 $\omega=\Omega(k)$，式中不显含 x，式(9.2.9)可改写为

$$\frac{\partial k}{\partial t}+\frac{\partial \Omega}{\partial k}\frac{\partial k}{\partial x}=0 \tag{9.2.11}$$

再将群速的定义 $\dfrac{\partial \Omega}{\partial k}=c_g$ 代入式(9.2.11)，有

$$\frac{\partial k}{\partial t}+c_g\frac{\partial k}{\partial x}=0 \tag{9.2.12}$$

若记

$$\frac{\mathrm{d}_g}{\mathrm{d}t}=\frac{\partial}{\partial t}+c_g\frac{\partial}{\partial x} \tag{9.2.13}$$

则式(9.2.12)可改写为

$$\frac{\mathrm{d}_g k}{\mathrm{d}t}=0 \tag{9.2.14}$$

这就证明了波数 k 在以群速传播中的守恒性。

对于非均匀介质，频散关系式中显含 x，即 $\omega=\Omega(x,\ k)$，于是式(9.2.11)改写为

$$\frac{\partial k}{\partial t}+\frac{\partial \Omega}{\partial x}+\frac{\partial \Omega}{\partial k}\frac{\partial k}{\partial x}=0 \tag{9.2.15}$$

式(9.2.15)比式(9.2.11)多出一项 $\dfrac{\partial \Omega}{\partial x}$，这是因为介质不均匀的缘故。式(9.2.15)又可写为

$$\frac{\mathrm{d}_g k}{\mathrm{d}t}=-\frac{\partial \Omega}{\partial x} \tag{9.2.16}$$

这说明由于介质不均匀，波数 k 在以群速传播过程中是不守恒的。所以说，介质的性质发生了变化，则波动的性质也将发生变化。

类似于可变波列的波数在均匀介质和非均匀介质中具有不同的守恒性，其频率在变性介质和不变性介质中也具有不同的性质。

性质3　对不变性介质来说，频率在以群速传播过程中是守恒的；对变性介质而言，频率

在以群速传播过程中是不守恒的。

对于变性介质，Ω 显含时间变量 t，即 $\frac{\partial \Omega}{\partial t} \neq 0$，对频散关系式 $\omega = \Omega(t, k(x, t))$ 对于 t 求微分，得到

$$\frac{\partial \omega}{\partial t} = \frac{\partial \Omega}{\partial t} + \frac{\partial \Omega}{\partial k}\frac{\partial k}{\partial t} \tag{9.2.17}$$

将 $\frac{\partial \Omega}{\partial k} = c_g$ 和 $\frac{\partial k}{\partial t} = -\frac{\partial \omega}{\partial x}$ 代入式(9.2.17)，整理得到

$$\frac{\partial \omega}{\partial t} + c_g \frac{\partial \omega}{\partial x} = \frac{\partial \Omega}{\partial t} \tag{9.2.18}$$

利用 $\frac{\mathrm{d}_g}{\mathrm{d}t}$ 的定义式(9.2.13)，将式(9.2.18)改写为

$$\frac{\mathrm{d}_g \omega}{\mathrm{d}t} = \frac{\partial \Omega}{\partial t} \tag{9.2.19}$$

这表明对变性介质而言，频率在以群速传播中是不守恒的；而对不变性介质来说，由于 $\frac{\partial \Omega}{\partial t} = 0$，所以有

$$\frac{\mathrm{d}_g \omega}{\mathrm{d}t} = 0 \tag{9.2.20}$$

这表明不变性介质的频率在以群速传播中是守恒的。

以上一些结论是关于一维波动的，对于三维波动也同样成立，只要将空间变量 x 推广为 $\boldsymbol{x} = (x, y, z)$，波数 k 推广为波数矢 $\boldsymbol{K} = (k, m, n)$ 等即可。简单介绍如下：

三维缓变波列可表示为

$$\phi = A(\boldsymbol{x}, t)\mathrm{e}^{\mathrm{i}\theta(\boldsymbol{x}, t)} \tag{9.2.21}$$

式中 $\boldsymbol{x} = x\boldsymbol{i} + y\boldsymbol{j} + z\boldsymbol{k}$，频率 ω 和波数仍可定义为位相 $\theta(\boldsymbol{x}, t)$ 的时空导数，分别为

$$\omega(\boldsymbol{x}, t) = -\frac{\partial \theta}{\partial t} \tag{9.2.22}$$

和

$$\boldsymbol{K} = \nabla \theta \tag{9.2.23}$$

即

$$k(\boldsymbol{x}, t) = \frac{\partial \theta}{\partial x},\ m(\boldsymbol{x}, t) = \frac{\partial \theta}{\partial y},\ n(\boldsymbol{x}, t) = \frac{\partial \theta}{\partial z} \tag{9.2.24}$$

缓变之意可用下列不等式来表达

$$\begin{gathered}\left|\frac{1}{A}\frac{\partial A}{\partial t}\right| \ll \left|\frac{\partial \theta}{\partial t}\right| \\ \left|\frac{1}{A}\frac{\partial A}{\partial x}\right| \ll \left|\frac{\partial \theta}{\partial x}\right|,\ \left|\frac{1}{A}\frac{\partial A}{\partial y}\right| \ll \left|\frac{\partial \theta}{\partial y}\right|,\ \left|\frac{1}{A}\frac{\partial \theta}{\partial z}\right| \ll \left|\frac{\partial \theta}{\partial z}\right|\end{gathered} \tag{9.2.25}$$

利用频率和波数的定义以及交换微分顺序，易证得缓变波列的运动学关系式如下

$$
\begin{aligned}
&\frac{\partial k}{\partial t}=-\frac{\partial \omega}{\partial x},\ \frac{\partial m}{\partial t}=-\frac{\partial \omega}{\partial y},\ \frac{\partial n}{\partial t}=-\frac{\partial \omega}{\partial z}\\
&\frac{\partial k}{\partial y}=\frac{\partial m}{\partial x},\ \frac{\partial m}{\partial z}=\frac{\partial n}{\partial y},\ \frac{\partial n}{\partial x}=\frac{\partial k}{\partial z}
\end{aligned}
\tag{9.2.26}
$$

根据复合函数求导的法则，易证得与一维缓变波列类似的三个性质如下：

性质 1　三维缓变波列的波数矢的局地变化是由其净流入造成的，即

$$\frac{\partial \boldsymbol{K}}{\partial t}+\nabla(\boldsymbol{c}\cdot\boldsymbol{K})=0 \tag{9.2.27}$$

式中 $\boldsymbol{c}$ 为缓变波列的局地相速，定义为

$$\boldsymbol{c}=\frac{\omega}{\boldsymbol{K}}=\frac{\omega}{K^2}\boldsymbol{K} \tag{9.2.28}$$

性质 2　对均匀介质来说，波数矢在以群速传播的过程中是守恒的；对非均匀介质而言，波数矢在以群速传播的过程中是不守恒的。即对均匀介质，有

$$\frac{\mathrm{d}_g\boldsymbol{K}}{\mathrm{d}t}=0\left(\frac{\mathrm{d}_g}{\mathrm{d}t}\equiv\frac{\partial}{\partial t}+\boldsymbol{c}_g\cdot\nabla\right) \tag{9.2.29}$$

对非均匀介质，则可算得

$$\frac{\mathrm{d}_g\boldsymbol{K}}{\mathrm{d}t}=-\nabla\Omega \tag{9.2.30}$$

式中 $\boldsymbol{c}_g$ 为缓变波列的群速度，定义为

$$
\begin{aligned}
&\boldsymbol{c}_g=\frac{\partial\Omega}{\partial\boldsymbol{K}}=c_{gx}\boldsymbol{i}+c_{gy}\boldsymbol{j}+c_{gz}\boldsymbol{k}\\
&c_{gx}=\frac{\partial\Omega}{\partial k},\ c_{gy}=\frac{\partial\Omega}{\partial m},\ c_{gz}=\frac{\partial\Omega}{\partial n}
\end{aligned}
\tag{9.2.31}
$$

Ω 为频散关系式

$$\omega=\Omega(\boldsymbol{K},\ \boldsymbol{x},\ t) \tag{9.2.32}$$

性质 3　对不变性介质来说，频率在以群速传播的过程中是守恒的；对变性介质而言，频率在以群速传播的过程中是不守恒的，即对不变性介质（或称为关于时间均匀的介质）

$$\frac{\mathrm{d}_g\omega}{\mathrm{d}t}=0 \tag{9.2.33}$$

对变性介质（或称为关于时间非均匀的介质），通过复合函数求导运算，可得到

$$\frac{\mathrm{d}_g\omega}{\mathrm{d}t}=\frac{\partial\Omega}{\partial t} \tag{9.2.34}$$

在此我们提醒大家注意，缓变波列局地频率对于时空偏导数出现两种符号，即$\frac{\partial\omega}{\partial t}$和$\frac{\partial\Omega}{\partial t}$，

$\frac{\partial\omega}{\partial x}$和$\frac{\partial\Omega}{\partial x}$,等等。$\frac{\partial\Omega}{\partial t}$, $\frac{\partial\Omega}{\partial x}$, $\frac{\partial\Omega}{\partial y}$, $\frac{\partial\Omega}{\partial z}$是指$\Omega$关于显含在其中的时空$(t, x, y, z)$的偏导数。而$\frac{\partial\omega}{\partial t}$, $\frac{\partial\omega}{\partial x}$, $\frac{\partial\omega}{\partial y}$, $\frac{\partial\omega}{\partial z}$则不同,除了须对显含在其中的时空变量求偏导数以外,还必须对隐含在ω中的$\boldsymbol{K}$($\boldsymbol{K}=\boldsymbol{K}(\boldsymbol{x}, t)$)所包含的时空变量求偏导数,即对复合函数求偏导数。两者的差别可举例说明如下

$$\begin{aligned}\frac{\partial\omega}{\partial t}&=\frac{\partial\Omega}{\partial t}+\frac{\partial\Omega}{\partial k}\frac{\partial k}{\partial t}+\frac{\partial\Omega}{\partial m}\frac{\partial m}{\partial t}+\frac{\partial\Omega}{\partial n}\frac{\partial n}{\partial t}\\&=\frac{\partial\Omega}{\partial t}+c_{gx}\frac{\partial k}{\partial t}+c_{gy}\frac{\partial m}{\partial t}+c_{gz}\frac{\partial n}{\partial t}\\&=\frac{\partial\Omega}{\partial t}+c_{gx}\left(-\frac{\partial\omega}{\partial x}\right)+c_{gy}\left(-\frac{\partial\omega}{\partial y}\right)+c_{gz}\left(-\frac{\partial\omega}{\partial z}\right)\\&=\frac{\partial\Omega}{\partial t}-\boldsymbol{c}_g\cdot\nabla\omega\end{aligned}\tag{9.2.35}$$

显见,$\frac{\partial\omega}{\partial t}$比$\frac{\partial\Omega}{\partial t}$多出一项。有时不引入符号$\Omega$,也可将$\frac{\partial\Omega}{\partial t}$改写为

$$\frac{\partial\Omega}{\partial t}=\left(\frac{\partial\omega}{\partial t}\right)_{(\boldsymbol{K},\ \boldsymbol{x})}\tag{9.2.36}$$

下标$(\boldsymbol{K}, \boldsymbol{x})$表示在$\boldsymbol{K}$, $\boldsymbol{x}$固定不变的条件下求导数。同样,可求得

$$\nabla\omega=\nabla\Omega+\boldsymbol{c}_g\cdot\nabla\boldsymbol{K}\tag{9.2.37}$$

或改写为

$$\nabla\omega=(\nabla\omega)_{(\boldsymbol{K},\ t)}+\boldsymbol{c}_g\cdot\nabla\boldsymbol{K}\tag{9.2.38}$$

将均匀介质中的平面波动推广为对时间和空间均为非均匀介质中的缓变波列后,对解决变系数波动方程很有用处。因为变系数相应于非均匀介质,而对于变系数微分方程无经典方法可用,一般的经典方法只适用于线性的常系数波动方程。尽管如此我们还是要指出,上面介绍的 WKB 方法和缓变波列的性质的适用范围是局地的,只在某个特定地点、特定时间附近才近似成立。

为了使上述结果有更严密的数学基础,可以引入波射线的概念,不仅可以研究波数和频率的变化,还能了解振幅的变化。下面介绍波射线的初步知识。

§9.3 波射线

上节已经给出了非均匀系统中波数和频率的变化方程,对$\omega=\Omega(k, x, t)$,它们是

$$\frac{\partial k}{\partial t}+c_g\frac{\partial k}{\partial x}=-\frac{\partial\Omega}{\partial x}\tag{9.3.1}$$

$$\frac{\partial\omega}{\partial t}+c_g\frac{\partial\omega}{\partial x}=\frac{\partial\Omega}{\partial t}\tag{9.3.2}$$

或者写为

$$\frac{d_g k}{dt} = -\frac{\partial \Omega}{\partial x} \tag{9.3.1}'$$

$$\frac{d_g \omega}{dt} = \frac{\partial \Omega}{\partial t} \tag{9.3.2}'$$

式中$\frac{d_g}{dt}=\frac{\partial}{\partial t}+c_g\frac{\partial}{\partial x}$。

式(9.3.1)和(9.3.2)的特征线满足的方程是

$$\frac{dx}{dt} = c_g(k, x, t) \tag{9.3.3}$$

这一特征线决定着波能量的传播路径，因此，又称路径。由式(9.3.1)和(9.3.2)显示，波数 k 和频率 ω 按群速传播(即沿特征线传播)过程中的变化完全由系统的时空变化决定。

对于均匀系统，Ω 不是 x 和 t 的函数，因此，$\omega=\Omega(k)$，这时式(9.3.1)和(9.3.2)变为

$$\frac{\partial k}{\partial t} + c_g\frac{\partial k}{\partial x} = 0 \tag{9.3.4}$$

$$\frac{\partial \omega}{\partial t} + c_g\frac{\partial \omega}{\partial x} = 0 \tag{9.3.5}$$

这意味着，沿着特征线(路径)$\frac{dx}{dt}=c_g$，波数 k 和频率 ω 是常数。因为 k 是常数，因此群速 $c_g=\frac{d\omega}{dk}$也是常数，结果特征线(路径)是直线

$$x - c_g t = \text{const} \tag{9.3.6}$$

式(9.3.6)就是波数为 k 的波能量的传播路径，即波能量的传播路径是直线(图 9.1)，波的能量直线传播。显然，沿着这些路径频率 ω 也是常数。

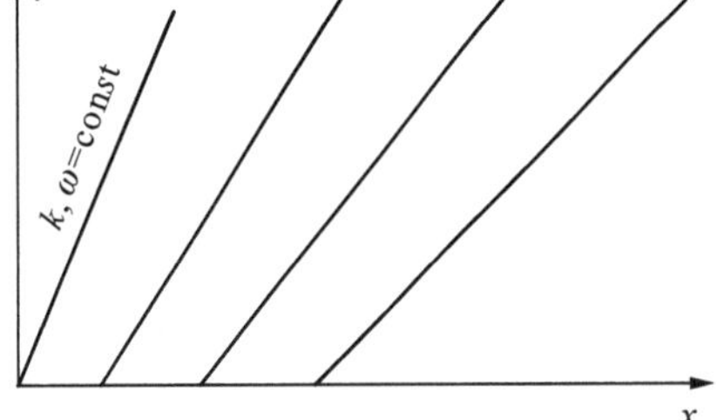

图 9.1　均匀系统中的路径

对于空间非均匀系统(即只是 x 的函数)，频率方程为

$$\omega = \Omega(k, x) \tag{9.3.7}$$

这时式(9.3.1)和(9.3.2)变为

$$\frac{\partial k}{\partial t} + c_g\frac{\partial k}{\partial x} = -\frac{\partial \Omega}{\partial x} \tag{9.3.8}$$

$$\frac{\partial \omega}{\partial t} + c_g\frac{\partial \omega}{\partial x} = 0 \tag{9.3.9}$$

由式(9.3.9)显示，沿着路径

$$\frac{dx}{dt} = c_g(k, x) \tag{9.3.10}$$

频率 ω 为常数。由于 c_g 是 x 的函数，因此路径不是直线（图 9.2），这是由于系统的空间非均匀性造成的折射引起的，这时波能量不是直线传播，即系统的非均匀性造成能量的曲线传播。在这种情况下，沿着路径波数 k 是变化的，频率 ω 不变。

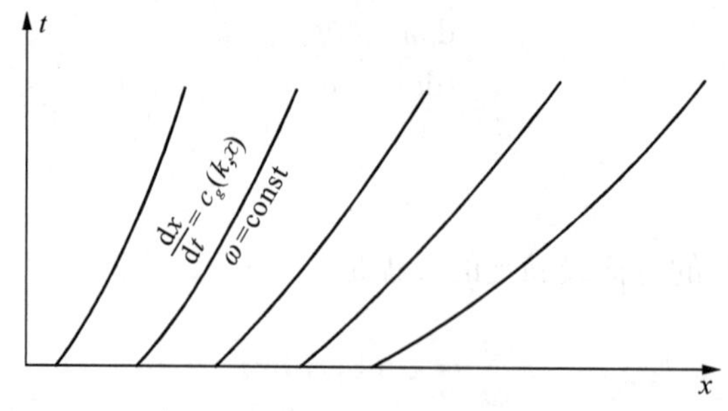

图 9.2 空间非均匀系统中的路径

对时间非均匀系统，频率方程为

$$\omega = \Omega(k,\ t)$$

这时式(9.3.1)和(9.3.2)变为

$$\frac{\partial k}{\partial t} + c_g \frac{\partial k}{\partial x} = 0 \tag{9.3.11}$$

$$\frac{\partial \omega}{\partial t} + c_g \frac{\partial \omega}{\partial x} = \frac{\partial \Omega}{\partial t} \tag{9.3.12}$$

显见，沿着路径

$$\frac{\mathrm{d}x}{\mathrm{d}t} = c_g(k,\ t) \tag{9.3.13}$$

波数 k 是常数。由于 ω，c_g 都是 t 的函数，因此路径不是直线（图 9.3）。路径的弯曲是由于系统的时间非均匀性造成的折射引起的。同时，这时的波能量也是曲线传播，沿着路径，频率 ω 是变化的。

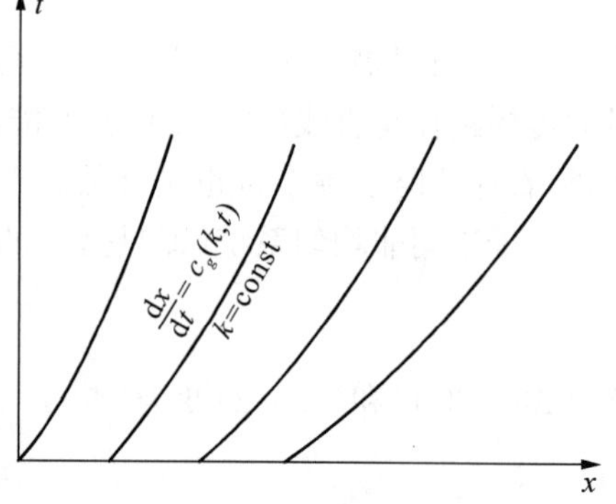

图 9.3 时间非均匀系统中的路径

对于时空非均匀系统，频散关系为

$$\omega = \Omega(k,\ x,\ t)$$

波数和频率的变化方程由式(9.3.1)和(9.3.2)决定。这时，沿着特征线（路径）

$$\frac{\mathrm{d}x}{\mathrm{d}t} = c_g(k,\ x,\ t) \tag{9.3.14}$$

k 和 ω 都不是常数。因此，路径是弯曲的。

上面给出了一维波动的情况，对于多维波动可作类似推广。下面考虑三维波动。

对非均匀系统，波中物理量 φ 可表示为

$$\varphi = A(\boldsymbol{x},\ t)\exp[\mathrm{i}\theta(\boldsymbol{x},\ t)] \tag{9.3.15}$$

式中 $\boldsymbol{x}=(x_1, x_2, x_3)$。这时局地波数 $\boldsymbol{K}$ 可以写为

$$\mathbf{K}(\boldsymbol{x}, t) = \nabla \theta \tag{9.3.16}$$

或者写为

$$k_i(\boldsymbol{x}, t) = \frac{\partial \theta}{\partial x_i} \tag{9.3.17}$$

式中 $k_i(i=1, 2, 3)$是 $\mathbf{K}$ 的分量

局地频率 ω 为

$$\omega(\boldsymbol{x}, t) = -\frac{\partial \theta}{\partial t} \tag{9.3.18}$$

由式(9.3.17)和(9.3.18)消去 θ,得到

$$\frac{\partial k_i}{\partial t} + \frac{\partial \omega}{\partial x_i} = 0 \tag{9.3.19}$$

$$\frac{\partial k_i}{\partial x_j} = \frac{\partial k_j}{\partial x_i} \tag{9.3.20}$$

设频散关系为

$$\omega = \Omega(\mathbf{K}, \boldsymbol{x}, t) \tag{9.3.21}$$

代入式(9.3.19),得到

$$\frac{\partial k_i}{\partial t} + \sum_{j=1}^{3} \frac{\partial \Omega}{\partial k_j} \frac{\partial k_j}{\partial x_i} = -\frac{\partial \Omega}{\partial x_i} (i = 1, 2, 3) \tag{9.3.22}$$

与均匀系统不同的是,这里$\frac{\partial \Omega}{\partial k_j}$是在其他波数分量和空间、时间坐标固定下取的,而$\frac{\partial \Omega}{\partial x_i}$是在波数和其他空间坐标及时间 t 固定下取的。利用式(9.3.20),式(9.3.22)变为

$$\frac{\partial k_i}{\partial t} + \sum_{j=1}^{3} \frac{\partial \Omega}{\partial k_j} \frac{\partial k_i}{\partial x_j} = -\frac{\partial \Omega}{\partial x_i} \tag{9.3.23}$$

由群速定义 $c_{gj} = \frac{\partial \Omega}{\partial k_j}$,式(9.3.23)可改写为

$$\frac{\partial k_i}{\partial t} + \sum_{j=1}^{3} c_{g_j} \frac{\partial k_i}{\partial x_j} = -\frac{\partial \Omega}{\partial x_i} \tag{9.3.24}$$

或者写为

$$\frac{\mathrm{d}_g k_i}{\mathrm{d}t} = -\frac{\partial \Omega}{\partial x_i} \tag{9.3.24$'$}$$

其中

$$\frac{\mathrm{d}_g}{\mathrm{d}t} = \frac{\partial}{\partial t} + c_{g_1} \frac{\partial}{\partial x_1} + c_{g_2} \frac{\partial}{\partial x_2} + c_{g_3} \frac{\partial}{\partial x_3}$$

这一方程组的特征线由方程组

$$\frac{\mathrm{d}x_j}{\mathrm{d}t} = c_{g_j}(j=1,\ 2,\ 3) \tag{9.3.25}$$

确定。因此，波数在以群速传播过程中的变化完全由 Ω 的空间变化决定。对均匀系统，有 $\frac{\partial \Omega}{\partial x_i}=0$，式(9.3.24)变为

$$\frac{\partial k_i}{\partial t} + \sum_{j=1}^{3} c_{g_j} \frac{\partial k_i}{\partial x_j} = 0 \tag{9.3.26}$$

因此，沿着特征线 $\frac{\mathrm{d}x_j}{\mathrm{d}t}=c_{g_j}(j=1,\ 2,\ 3)$，波数 $k_i(i=1,\ 2,\ 3)$ 为常矢量。这时，由于 $\omega=\Omega(\boldsymbol{K})$，只是 k_i 的函数，因此 $c_{g_j}=\frac{\partial \Omega}{\partial k_j}$ 也是常数。这样，路径必定是直线，即

$$x_j - c_{g_j}t = \text{常数}(j=1,\ 2,\ 3) \tag{9.3.27}$$

在三维系统中，这些路径称为射线。这时，由式(9.3.27)显示，射线在三维空间中是直线，波能量直线传播，而每一波数以相应的常值群速传播。

当系统只是空间坐标函数时，波数沿着射线传播中将发生变化（频率 ω 保持不变），波射线不再是直线，波能量的传播发生折射。

下面再看非均匀系统中频率 ω 的变化。由式(9.3.19)和(9.3.21)，容易得到非均匀系统中控制频率 ω 的方程为

$$\frac{\partial \omega}{\partial t} + \sum_{j=1}^{3} c_{g_j} \frac{\partial \omega}{\partial x_j} = \frac{\partial \Omega}{\partial t} \tag{9.3.28}$$

或者写为

$$\frac{\mathrm{d}_g \omega}{\mathrm{d}t} = \frac{\partial \Omega}{\partial t} \tag*{(9.3.28)$'$}$$

其特征线满足方程(9.3.25)。由式(9.5.28)显见，当系统与时间 t 无关时，沿每一特征线（射线），频率 ω 为常数，即频率 ω 在以群速传播过程中保持不变。当系统只是时间函数时，在每一特征线（射线）上，频率 ω 不再是常数（而 k_i 保持不变）。为了得到具体的波射线，当频散关系式(9.3.21)给定时，对方程组(9.3.24，9.3.25，9.3.28)，可以用数值方法求解得到关于特定的频率方程(9.3.21)的波射线。后面我们将给出计算例子。

上面给出了非均匀系统中波列运动学的一般方法，值得注意的是，波列运动学中给出的是局地方法，对于讨论波的稳定度问题是不合适的。因为波的增长率一般决定于基本气流在整个域中的形状，因此也就与基本气流的非局地性质有关。

下面用层结流体中的声波作为例子，说明上面给出的关于波射线的一般理论，并给出波射线的示意图。三维空间绝热层结大气中控制声波的方程可以写为

$$\frac{\partial^2 p}{\partial t^2} - \gamma R\overline{T}(z)\left(\frac{\partial^2 p}{\partial x^2} + \frac{\partial^2 p}{\partial y^2} + \frac{\partial^2 p}{\partial z^2}\right) = 0 \tag{9.3.29}$$

式中 $\overline{T}(z)$ 为 z 的缓变函数，它反映大气的层结状态。

设

$$p = A\exp[\mathrm{i}(k_1x + k_2y + k_3z - \omega t)] \tag{9.3.30}$$

代入方程(9.3.29)，得到频率方程

$$\omega = [(k_1^2 + k_2^2 + k_3^2)\gamma R\overline{T}(z)]^{\frac{1}{2}} \equiv \Omega(k_1, k_2, k_3, z) \tag{9.3.31}$$

根据式(9.3.24，9.3.25，9.3.28)，得到

$$\begin{cases} \dfrac{\mathrm{d}x}{\mathrm{d}t} = \dfrac{k_1}{\sqrt{k_1^2+k_2^2+k_3^2}}\sqrt{\gamma R\overline{T}(z)} \\ \dfrac{\mathrm{d}y}{\mathrm{d}t} = \dfrac{k_2}{\sqrt{k_1^2+k_2^2+k_3^2}}\sqrt{\gamma R\overline{T}(z)} \\ \dfrac{\mathrm{d}z}{\mathrm{d}t} = \dfrac{k_3}{\sqrt{k_1^2+k_2^2+k_3^2}}\sqrt{\gamma R\overline{T}(z)} \\ \dfrac{\mathrm{d}_g k_1}{\mathrm{d}t} = 0 \\ \dfrac{\mathrm{d}_g k_2}{\mathrm{d}t} = 0 \\ \dfrac{\mathrm{d}_g k_3}{\mathrm{d}t} = -\left.\dfrac{\partial\Omega}{\partial z}\right|_{k_1, k_2, k_3} \\ \dfrac{\mathrm{d}_g\omega}{\mathrm{d}t} = 0 \end{cases} \tag{9.3.32}$$

方程组(9.3.32)可用数值方法得到波射线。例如，当初始时刻给定 x_0，y_0，z_0，k_{10}，k_{20}，k_{30}时，由频散关系(9.3.31)可以得到初始时刻的频率 ω_0，然后利用数值方法例如 Runge-Kutta 法进行数值积分，得到 $x(t)$，$y(t)$，$z(t)$以及 k_1，k_2，k_3，ω。不同时刻 $x(t)$，$y(t)$，$z(t)$空间点的连线即为声波波射线(路径)。由式(9.3.32)易知，沿着波射线 k_1，k_2 和 ω 不变，k_3 是变化的。

下面给出定性分析。设 α 是某条射线与 z 轴的夹角，则由图 9.4 知

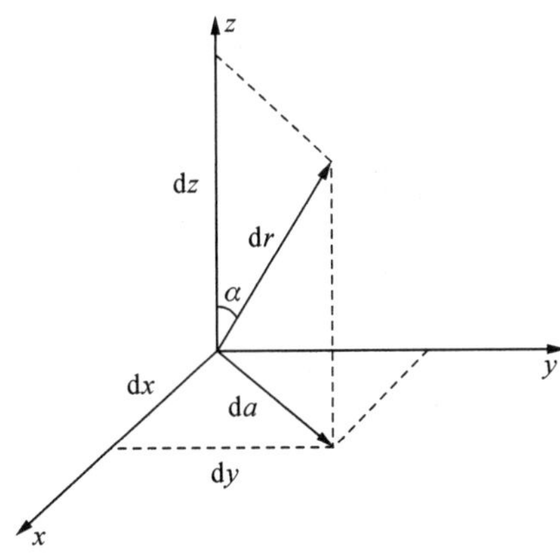

图 9.4

$$\sin\alpha=\frac{\mathrm{d}a}{\mathrm{d}r}=\frac{\sqrt{\left(\frac{\mathrm{d}x}{\mathrm{d}z}\right)^2+\left(\frac{\mathrm{d}y}{\mathrm{d}z}\right)^2}}{\sqrt{1+\left(\frac{\mathrm{d}x}{\mathrm{d}z}\right)^2+\left(\frac{\mathrm{d}y}{\mathrm{d}z}\right)^2}} \tag{9.3.33}$$

利用式(9.3.32),得到

$$\frac{\mathrm{d}x}{\mathrm{d}z}=\frac{k_1}{k_3},\ \frac{\mathrm{d}y}{\mathrm{d}z}=\frac{k_2}{k_3} \tag{9.3.34}$$

代入式(9.3.33),并利用频率方程(9.3.31),得到

$$\sin\alpha=\frac{\sqrt{k_1^2+k_2^2}}{\sqrt{k_1^2+k_2^2+k_3^2}}=\frac{\sqrt{k_1^2+k_2^2}}{\omega}\sqrt{\gamma R\overline{T}(z)} \tag{9.3.35}$$

因为沿波射线 k_1, k_2 和 ω 不变,是常值,因此 $\sin\alpha$ 与$\sqrt{\overline{T}(z)}$成正比,即只与 $\overline{T}(z)$有关。对于等温大气,$\overline{T}=$常值,因此 α 为常值,这时波射线为直线,波能量直线传播。当 $\overline{T}$ 随 z 减小时,α 随 z 增大而减小。因此,位于地面层中的波源发射的声波,波射线进入大气层中向上弯曲[图 9.5(a)],声波能量向上传播。当 $\overline{T}$ 随 z 增大时,α 随 z 增大而增大。因此,位于地面层中的波源发射的声波,波射线进入大气层时向下弯曲,当波源发射的波的角度足够小时,发射波的射线能弯曲回到地面,发生波的反射[图 9.5(b)]。

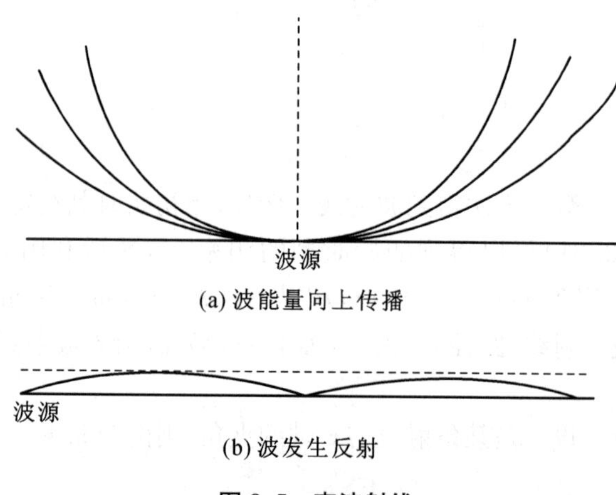

图 9.5 声波射线

下面考虑水平非均匀层结大气中惯性重力内波的波射线。设层结参数 N^2 是 x, y 的缓变函数,利用 WKB 近似,容易得到惯性重力内波的频率方程为

$$\omega=\left[f^2+\frac{N^2(x,\ y)}{n^2}(k^2+l^2)\right]^{\frac{1}{2}}=\Omega(k,\ l,\ x,\ y) \tag{9.3.36}$$

式中:k, l 分别为 x, y 方向的波数;$n^2=\dfrac{m^2\pi^2}{H^2}$,$H$ 为模式顶高度,$m=1,\ 2,\cdots$由式(9.3.36),容易得到群速 $\boldsymbol{c}_g$ 为

$$\boldsymbol{c}_g=\frac{N^2}{n^2}\frac{\mathbf{K}}{\omega} \tag{9.3.37}$$

式中 $\boldsymbol{K}=(k, l)$ 为波数矢量。

根据式(9.3.24,9.3.25,9.3.28,9.3.36,9.3.37),对二维波动问题可以写出

$$\begin{cases}\dfrac{\mathrm{d}_g k}{\mathrm{d}t}=-\dfrac{1}{2\omega}\dfrac{k^2+l^2}{n^2}\dfrac{\partial N^2}{\partial x}\\ \dfrac{\mathrm{d}_g l}{\mathrm{d}t}=-\dfrac{1}{2\omega}\dfrac{k^2+l^2}{n^2}\dfrac{\partial N^2}{\partial y}\\ \dfrac{\mathrm{d}_g \omega}{\mathrm{d}t}=0\\ \dfrac{\mathrm{d}x}{\mathrm{d}t}=\dfrac{N^2}{n^2\omega}k\\ \dfrac{\mathrm{d}y}{\mathrm{d}t}=\dfrac{N^2}{n^2\omega}l\end{cases} \tag{9.3.38}$$

式中 $\dfrac{\mathrm{d}_g}{\mathrm{d}t}=\dfrac{\partial}{\partial t}+c_{gx}\dfrac{\partial}{\partial x}+c_{gy}\dfrac{\partial}{\partial y}$,$c_{gx}$ 和 c_{gy} 分别为 x 和 y 方向的群速分量。对初始时刻给定的 x_0, y_0, k_0, l_0,再由式(9.5.36)得到 ω_0,利用数值方法可以计算得到惯性重力内波的波射线。我们曾对不同层结参数 N^2 分布计算波射线,以此讨论水平非均匀层结对惯性重力内波能量传播的影响。从式(9.3.38)可以看出,层结参数 N^2 的水平非均匀性是造成波数 k 和 l 沿波射线变化,以及射线弯曲的原因。为更清楚看出层结参数 N^2 与波射线的关系,下面推导控制波射线折射的方程。设波射线与 x 轴的夹角为 θ(图 9.6),利用式(9.3.38),则有

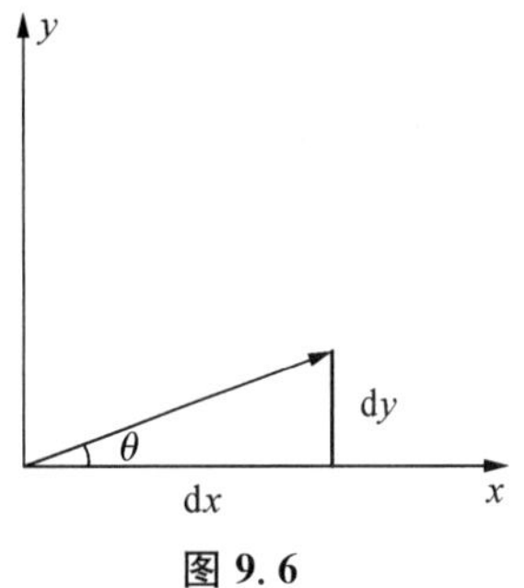

图 9.6

$$\tan\theta=\frac{\mathrm{d}y}{\mathrm{d}x}=\frac{c_{gy}}{c_{gx}}=\frac{l}{k}$$

上式沿波射线微分,得到

$$\frac{\mathrm{d}_g\theta}{\mathrm{d}t}=\frac{1}{k^2+l^2}\left(k\frac{\mathrm{d}_g l}{\mathrm{d}t}-l\frac{\mathrm{d}_g k}{\mathrm{d}t}\right) \tag{9.3.39}$$

将式(9.3.38)代入式(9.3.39),得到

$$\frac{\mathrm{d}_g\theta}{\mathrm{d}t}=-\frac{1}{2\omega n^2}\left(k\frac{\partial N^2}{\partial y}-l\frac{\partial N^2}{\partial x}\right)=\frac{1}{2\omega n^2}\boldsymbol{n}\cdot(\nabla N^2\wedge\boldsymbol{K}) \tag{9.3.40}$$

式中 $\boldsymbol{n}$ 为垂直于 x, y 平面的单位矢量。利用群速表达式(9.3.37),最后得到

$$\frac{\mathrm{d}_g\theta}{\mathrm{d}t}=-\frac{1}{2N^2}\boldsymbol{n}\cdot(\boldsymbol{c}_g\wedge\nabla N^2) \tag{9.3.41}$$

这是波在传播过程中控制其能量传播路径即波射线折射的方程。由此方程不难看出,射线的弯曲是由 N^2 的空间变化引起的,对于水平均匀的 N^2,射线为直线,能量直线传播。当 N^2 为 x, y 函数时,波射线发生折射,呈弯曲状。由式(9.3.41)还可发现,对于 $N^2>0$ 的稳定层结大气,射线总是向着 N^2 的梯度方向折射,即向着 N^2 小值区折射。就是说,N^2 的小值区,是波能

量的集中区，在这里有可能产生新的中尺度系统，或者使原有系统迅速增强。

对 Rossby 波的波射线可作类似讨论。由无辐散准地转涡度方程，当基本气流$\bar{u}$是 y 的缓变函数时，容易得到其频散关系为

$$\omega = \bar{u}k - \frac{\bar{\beta} k}{k^2 + l^2} = \Omega(k,\ l,\ y) \tag{9.3.42}$$

式中 $\bar{\beta}=\beta-\dfrac{\mathrm{d}^2\bar{u}}{\mathrm{d}y^2}$。

由式(9.3.42)，得到群速为

$$\begin{cases} c_{gx} = \bar{u} - \dfrac{\bar{\beta}}{k^2+l^2} + \dfrac{2\bar{\beta} k^2}{(k^2+l^2)^2} = \dfrac{\omega}{k} + \dfrac{2\bar{\beta} k^2}{(k^2+l^2)^2} \\ c_{gy} = \dfrac{2\bar{\beta} kl}{(k^2+l^2)^2} \end{cases} \tag{9.3.43}$$

由此得到决定 Rossby 波波射线的方程组

$$\begin{cases} \dfrac{\mathrm{d}x}{\mathrm{d}t} = c_{gx} = \dfrac{\omega}{k} + \dfrac{2\bar{\beta} k^2}{(k^2+l^2)^2} \\ \dfrac{\mathrm{d}y}{\mathrm{d}t} = c_{gy} = \dfrac{2\bar{\beta} kl}{(k^2+l^2)^2} \\ \dfrac{\mathrm{d}_g k}{\mathrm{d}t} = 0 \\ \dfrac{\mathrm{d}_g l}{\mathrm{d}t} = -\dfrac{\partial \Omega}{\partial y} = -k\dfrac{\partial \bar{u}}{\partial y} + \dfrac{k}{k^2+l^2}\dfrac{\partial \bar{\beta}}{\partial y} \\ \dfrac{\mathrm{d}_g \omega}{\mathrm{d}t} = 0 \end{cases} \tag{9.3.44}$$

由式(9.3.44)通过数值方法可以得到不同频率的 Rossby 波的波射线。

定常 Rossby 波在大气环流的演变中起重要作用，下面定性考虑定常 Rossby 波的波射线。这时，$\omega=0$，由式(9.3.42)，有

$$k^2 + l^2 = \frac{\bar{\beta}}{\bar{u}} \equiv K_s^2 \tag{9.3.45}$$

而群速式(9.3.43)变为

$$\begin{cases} c_{gx} = \dfrac{2\bar{\beta} k^2}{(k^2+l^2)^2} \\ c_{gy} = \dfrac{2\bar{\beta} kl}{(k^2+l^2)^2} \end{cases} \tag{9.3.46}$$

设 α 是波射线与 x 轴的夹角，则

$$\tan\alpha = \frac{c_{gy}}{c_{gx}} = \frac{l}{k}$$

取沿波射线的微分，得到

$$\frac{\mathrm{d}_g\alpha}{\mathrm{d}t}=\frac{1}{k^2+l^2}\left(k\frac{\mathrm{d}_g l}{\mathrm{d}t}-l\frac{\mathrm{d}_g k}{\mathrm{d}t}\right) \tag{9.3.47}$$

因为

$$-\frac{\partial\Omega}{\partial y}=c_{gx}\frac{\partial k}{\partial y}+c_{gy}\frac{\partial l}{\partial y}$$

$$-\frac{\partial\Omega}{\partial x}=c_{gx}\frac{\partial k}{\partial x}+c_{gy}\frac{\partial l}{\partial x}$$

代入式(9.3.47)，得到

$$\frac{\mathrm{d}_g\alpha}{\mathrm{d}t}=\frac{k^2}{k^2+l^2}\left[\frac{1}{k}\left(c_{gy}\frac{1}{2l}\frac{\partial l^2}{\partial y}\right)\bigg|_{k,\,x,\,t}-\frac{l}{k^2}\left(c_{gx}\frac{1}{2k}\frac{\partial k^2}{\partial x}\right)\bigg|_{l,\,y,\,t}\right] \tag{9.3.48}$$

利用式(9.3.45)，式(9.3.48)变为

$$\frac{\mathrm{d}_g\alpha}{\mathrm{d}t}=\frac{1}{2(k^2+l^2)}\left(\frac{k}{l}c_{gy}\frac{\partial K_s^2}{\partial y}-\frac{l}{k}c_{gx}\frac{\partial K_s^2}{\partial x}\right) \tag{9.3.49}$$

由式(9.3.46)，显见 $c_{gx}=\frac{k}{l}c_{gy}$，$c_{gy}=\frac{l}{k}c_{gx}$。因此，式(9.3.49)可改写为

$$\frac{\mathrm{d}_g\alpha}{\mathrm{d}t}=\frac{1}{2(k^2+l^2)}\left(c_{gx}\frac{\partial K_s^2}{\partial y}-c_{gy}\frac{\partial K_s^2}{\partial x}\right) \tag{9.3.50}$$

设 $\boldsymbol{n}$ 为垂直于$(x,\ y)$平面的单位矢量，式(9.3.50)又可写为

$$\frac{\mathrm{d}_g\alpha}{\mathrm{d}t}=\frac{1}{2K_s^2}\boldsymbol{n}\cdot(\boldsymbol{c}_g\wedge\nabla K_s^2) \tag{9.3.51}$$

式(9.3.51)就是 Rossby 波在传播过程中控制其能量传播路径的方程。由此方程易知，能量传播路径的变化是由 K_s^2 的空间变化引起的，当 K_s^2 均匀(即 $\bar{u}$ 为常值)时，波射线为直线，能量直线传播；当 $\bar{u}$ 空间非均匀时，波射线发生折射，能量传播路径发生变化。由式(9.3.51)不难发现，射线总是向着 K_s^2 的大值区折射，这里是 Rossby 波能量的集中区。对我们现在的情况，$\bar{u}=\bar{u}(y)$，因此，K_s^2 只是 y 的函数。这时，式(9.3.51)可改写为

$$\frac{\mathrm{d}_g\alpha}{\mathrm{d}t}=\frac{1}{2K_s^2}c_{gx}\frac{\partial K_s^2}{\partial y}$$

给定 $\bar{u}$，可算得 K_s，从而得到波射线的分布。图 9.7 是由四季 $\bar{u}(y)$ 分布得到的 K_s 曲线，当 $k<K_s$ 时，波在经向可以自由传播，当 $k>K_s$ 时，波在经向被阻截，不能传播。图 9.8 给出了四季定常 Rossby 波的波射线，图 9.9 和 9.10 分别为四季周期为 50 天和 20 天的低频 Rossby 波的波射线。由图不难发现，不同季节，由于 K_s 不同，Rossby 波的波射线的形状和达到的纬度不同，夏秋季最北，冬春季可以达到较低纬度，定常 Rossby 波不论哪个季节都只能在北半球传播，不能越过热带赤道地区传到南半球。低频 Rossby 波则不同，它能穿越赤道传播到南半球，特别是冬春两季更是明显。

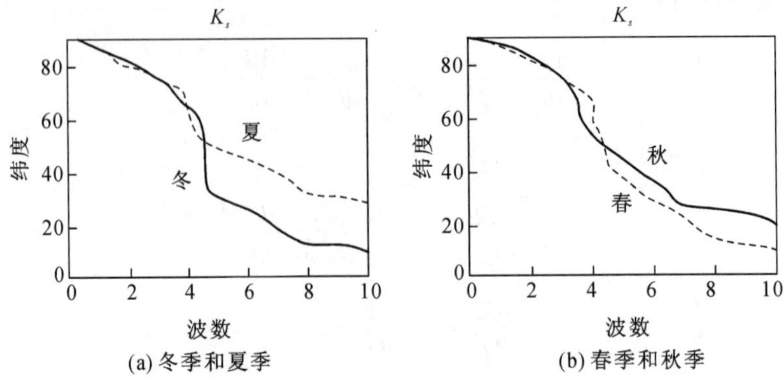

(a) 冬季和夏季　　(b) 春季和秋季

图 9.7　由四季分布得到的 K_s 曲线

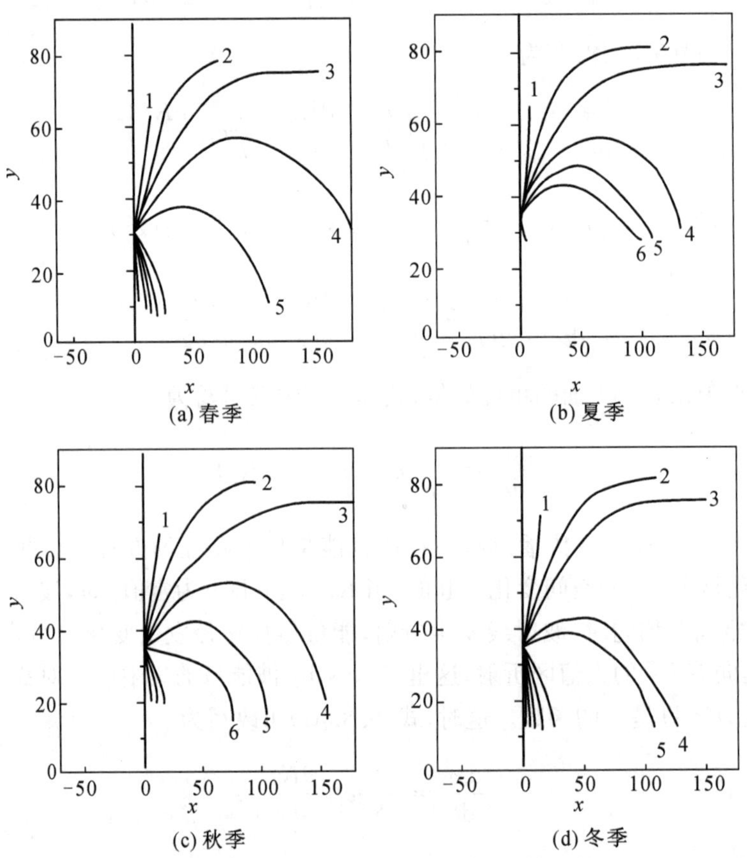

(a) 春季　　(b) 夏季

(c) 秋季　　(d) 冬季

图 9.8　四季定常 Rossby 波的波射线(数字表示不同 Rossby 波的波射线)

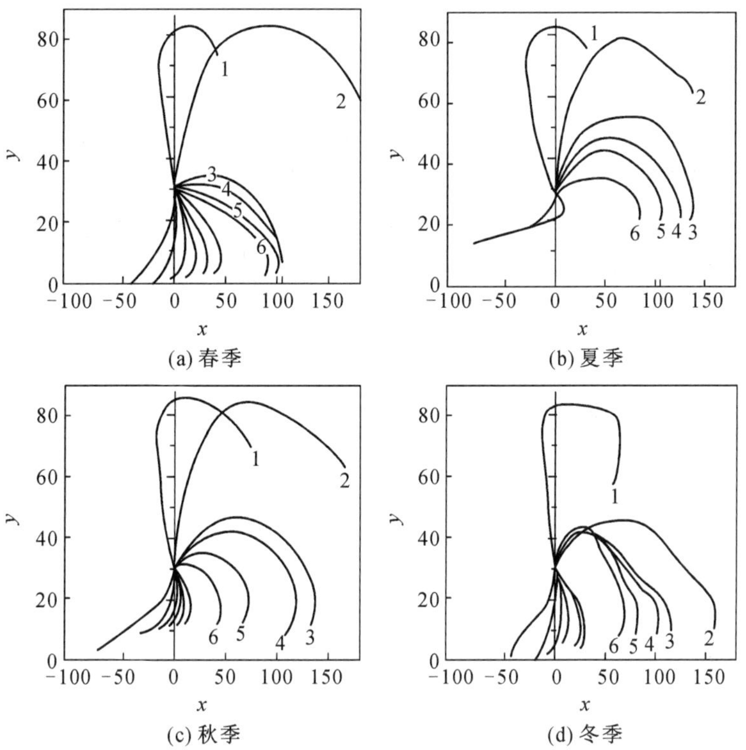

(a) 春季　(b) 夏季

(c) 秋季　(d) 冬季

图 9.9　周期 50 天的低频 Rossby 波的波射线（数字表示不同 Rossby 波的波射线）

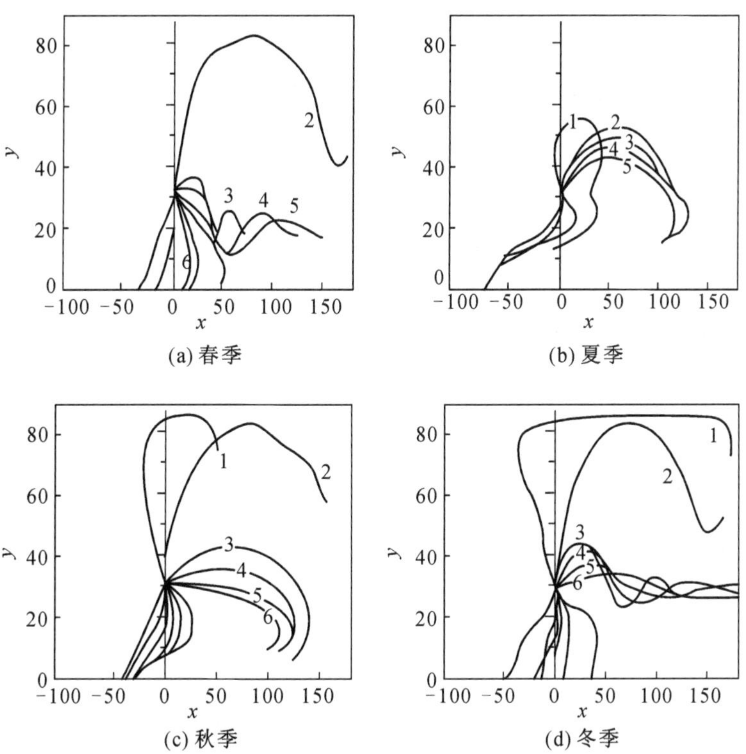

(a) 春季　(b) 夏季

(c) 秋季　(d) 冬季

图 9.10　周期 20 天的低频 Rossby 波的波射线（数字表示不同 Rossby 波的波射线）

思考题

1. 如果物理量 φ 可表示为 $\varphi=A(x,t)\mathrm{e}^{\mathrm{i}\theta(x,t)}$，则 φ 的时空变化的基本特征是什么？
2. 波动在均匀介质与非均匀介质中传播时将有什么差别？
3. 用多尺度方法，缓变波列应该如何表示？
4. 什么是波射线，其物理含义是什么？沿着波射线，波特征参数是否会发生变化？

习　题

1. 线性化运动方程组为

$$\frac{\partial u'}{\partial t}-fv'+\frac{1}{\bar{\rho}}\frac{\partial p'}{\partial x}=0$$

$$\frac{\partial v'}{\partial t}-fu'+\frac{1}{\bar{\rho}}\frac{\partial p'}{\partial y}=0$$

$$\frac{\partial w'}{\partial t}+\frac{1}{\bar{\rho}}\frac{\partial p'}{\partial z}-\frac{\theta'}{\bar{\theta}}g=0$$

$$\frac{\partial u'}{\partial x}+\frac{\partial v'}{\partial y}+\frac{\partial w'}{\partial z}=0$$

$$\frac{\partial \theta'}{\partial t}+\frac{\bar{\theta}}{g}N^2w'=0$$

试利用此方程组和波射线方法，解释下述现象：稳定层结大气中，层结稳定性较弱的区域经常有中尺度系统产生。

2. 线性化的准地转位涡守恒方程可表示为

$$\left(\frac{\partial}{\partial t}+\bar{u}\frac{\partial}{\partial x}\right)\left(\nabla_h^2\psi'+\frac{f_0^2}{N^2}\frac{\partial^2\psi'}{\partial z^2}\right)+B\frac{\partial\psi'}{\partial x}=0$$

式中：$\bar{u}=\bar{u}(y,z)$，$N^2=\mathrm{const}$，$B=\beta_0-\dfrac{\partial^2\bar{u}}{\partial y^2}-\dfrac{f_0^2}{N^2}\dfrac{\partial^2\bar{u}}{\partial z^2}$。利用多尺度方法，设

$$\psi'=A(X,Y,Z,T)\mathrm{e}^{\mathrm{i}\theta(x,y,z,t)},A=A_0+\varepsilon A_1+\varepsilon^2A_2+\cdots$$

证明 Rossby 波的波能密度 $\zeta=\dfrac{1}{4}(k^2+l^2+n^2)A_0^2$ 满足如下关系

$$\frac{\partial\zeta}{\partial T}+\nabla\cdot(\zeta\vec{c}_g)=\frac{1}{2}A_0^2\left(kl\frac{\partial\bar{u}}{\partial Y}+\frac{f_0^2}{N^2}kn\frac{\partial\bar{u}}{\partial Z}\right)$$

3. 柱坐标系中线性化涡度方程可表示为

$$\left(\frac{\partial}{\partial t}+\frac{\bar{v}}{r}\frac{\partial}{\partial\lambda}\right)\zeta'-\frac{1}{r}\frac{\partial\psi'}{\partial\lambda}\frac{\mathrm{d}\bar{\eta}}{\mathrm{d}r}=0$$

式中：$\zeta'=\nabla^2\psi'$，$\bar{\eta}=f+\dfrac{1}{r}\dfrac{\mathrm{d}(r\bar{v})}{\mathrm{d}r}=0$，$\bar{v}=\bar{v}(r)$。

（1）试推导涡旋 Rossby 波的频散关系式和相应的相速度与群速度。

（2）如果 $\bar{v}=\left\{v_m^2\left(\frac{r}{r_m}\right)^2\left[\left(\frac{2r_m}{r+r_m}\right)^3-\left(\frac{2r_m}{r_0+r_m}\right)^3\right]+\frac{f^2r^2}{4}\right\}^{\frac{1}{2}}-\frac{fr}{2}$，试分析系列两种情况下切向波数分别为 2 和 3 的涡旋 Rossby 波的能量传播特征：① $v_m=15$ m/s，$r_0=412.5$ km，$r_m=82.5$ km；② $v_m=55$ m/s，$r_0=412.5$ km，$r_m=30$ km。

参考文献

［1］ 郭秉荣. 线性与非线性波导论[M]. 北京：气象出版社，1990.

［2］ 伍荣生. 大气动力学[M]. 第二版. 北京：高等教育出版社，2002.

［3］ LIGHTHILL J. Waves in fluids[M]. Cambridge: Cambridge University Press, 1978.

［4］ HOSKINS B J, KAROLY D J. The steady linear response of spherical atmosphere to thermal and orographic forcing[J]. Journal of the Atmospheric Sciences, 1981, 38: 1179 - 1196.

［5］ 吕克利，徐亚梅. 大气层结的非均匀性对重力内波波射线的影响[J]. 气象学报，1994，52：332 - 341.

［6］ 吕克利，朱永春. 定常和非定常 Rossby 波波射线的季节变化[J]. 大气科学进展，1994，11：427 - 435.

第十章

Rossby 波

Rossby 波在大尺度天气过程和大气环流的演变中具有非常重要的作用。自从 Rossby 1939 年发现 Rossby 波以来，Rossby 波的动力学特性得到了充分研究，获得了重要成果。本章在第四、五章的基础上，进一步讨论线性 Rossby 波的一些重要性质，下一章将讨论非线性 Rossby 波的动力学特性。

§ 10.1 Rossby 波的经向传播

绝热无摩擦的正压准地转涡度方程可以写为

$$\frac{\partial}{\partial t}\nabla^2\psi+\left(\frac{\partial\psi}{\partial x}\frac{\partial}{\partial y}-\frac{\partial\psi}{\partial y}\frac{\partial}{\partial x}\right)\nabla^2\psi+\beta\frac{\partial\psi}{\partial x}=0 \tag{10.1.1}$$

设

$$\psi=-\int_0^y \bar{u}(y)\mathrm{d}y+\varepsilon\psi' \tag{10.1.2}$$

式中 $\varepsilon\ll 1$。将式(10.1.2)代入式(10.1.1)，得到扰动满足的线性涡度方程为

$$\left(\frac{\partial}{\partial t}+\bar{u}\frac{\partial}{\partial x}\right)\nabla^2\psi'+\left(\beta-\frac{\mathrm{d}^2\bar{u}}{\mathrm{d}y^2}\right)\frac{\partial\psi'}{\partial x}=0 \tag{10.1.3}$$

设

$$\psi'=\phi(y)\mathrm{e}^{\mathrm{i}k(x-ct)} \tag{10.1.4}$$

代入式(10.1.3)，得到

$$\frac{\mathrm{d}^2\phi}{\mathrm{d}y^2}+Q(y,\ k,\ c)\phi=0 \tag{10.1.5}$$

式中 $Q=\dfrac{\beta-\dfrac{\mathrm{d}^2\bar{u}}{\mathrm{d}y^2}}{\bar{u}-c}-k^2$，被称为平方折射指数。当 Q 是 y 的缓变函数时，则可引入经向局地波数 l，有

$$l^2=Q=\frac{\bar{\beta}}{\bar{u}-c}-k^2 \tag{10.1.6}$$

式中 $\bar{\beta}=\beta-\dfrac{\mathrm{d}^2\bar{u}}{\mathrm{d}y^2}$。

对波的经向传播问题，实际上是强迫问题，是讨论外部强迫激发的波动如何在经向传播的问

题。Rossby 波的经向传播，即是讨论外部强迫激发的 Rossby 波能够经向传播的条件。对于给定的$\bar{u}(y)$，k 和 c，由于$\bar{u}(y)$是 y 的函数，因此 Q 在区域中有不同的取值。由式(10.1.6)显见，外部强迫产生的 Rossby 波要能在$\bar{u}(y)$的某些区域中经向传播，必须在这些区域中有$l^2>0$，即

$$l^2=\frac{\bar{\beta}}{\bar{u}-c}-k^2>0 \tag{10.1.7}$$

在中纬度地区，一般有 $\bar{\beta}=\beta-\dfrac{\mathrm{d}^2\bar{u}}{\mathrm{d}y^2}>0$。因此，要使式(10.1.7)成立，只有当$\bar{u}-c>0$ 时才有可能。这样，Rossby 波经向传播的条件(10.1.7)变为

$$0<\bar{u}-c<\frac{\bar{\beta}}{k^2}\equiv\bar{u}_c \tag{10.1.8}$$

这就是中纬度地区 Rossby 波经向传播的限制条件，当然这也是中纬度地区 Rossby 波能否向热带地区传播的限制条件。由式(10.1.8)易知，只有当波速 c 为负值，或者 c 处处小于基本气流$\bar{u}$的波动才可能传播到热带地区，显然，只有行星尺度瞬变波属于这一类型。可见，有可能在热带地区传播的 Rossby 波，只有波长很长的瞬变波，其他尺度的 Rossby 波都将在赤道外的某一纬度被反射或吸收。但是，波速 c 足够大，且能使在所有纬度上$\bar{u}-c>0$ 的行星波只有很小的能量，这就意味着中纬度扰动对于热带大气只有很小的影响。

对于 $c=0$ 的定常 Rossby 波，由式(10.1.8)，其经向传播的条件可以写为

$$0<\bar{u}<\frac{\bar{\beta}}{k^2}\equiv\bar{u}_c \tag{10.1.9}$$

它表明，只有各纬度上为弱西风时，定常 Rossby 波才能经向传播，强西风或东风带中的定常波不可能经向传播。由式(10.1.6)，对定常波有

$$k^2+l^2=\frac{\bar{\beta}}{\bar{u}}\equiv K_s^2 \tag{10.1.10}$$

因此，对

$$l^2=K_s^2-k^2>0 \tag{10.1.11}$$

的定常波，可以经向传播。根据基本气流$\bar{u}$的分布，可以算出 $K_s=\sqrt{\dfrac{\bar{\beta}}{\bar{u}}}$ 的分布廓线，图 10.1 是 Hoskins 和 Karoly(1981)给出的冬季 300 hPa 平均西风$\bar{u}$得到的 K_s。由式(10.1.11)易知，当纬向波数 $k<K_s\equiv\left(\sqrt{\dfrac{\bar{\beta}}{\bar{u}}}\right)$时，定常 Rossby 波可以从某一纬度向南($l<0$)或者向北($l>0$)传播，而纬向波数 $k>K_s$ 的定常波将被拦截。因此，K_s 线是经向传播波和阻截波的分隔线。对$\bar{u}<0$ 的东风气流，显然所有的定常 Rossby 波都被拦截。因此，$\bar{u}=0$ 的纬度，是定常 Rossby 波经向传播的限制纬度。

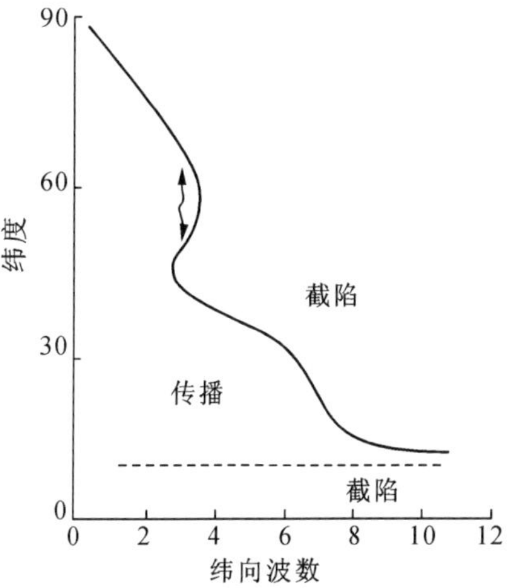

图 10.1　K_s 的分布曲线

在第九章第3节中，我们已经指出，定常 Rossby 波的能量总是向着 K_s 大的区域传播。由于 K_s 随纬度变化，因此波由原来纬度（这时 $k<K_s$）向南或向北传播时，到某一纬度，达到 $k=K_s$（这一纬度称为转折纬度），这时 $l\to 0$。由式(10.1.6)，得到定常波的群速度为

$$\begin{cases} c_{gx} = \dfrac{2\bar{\beta}\, k^2}{(k^2+l^2)^2} \\ c_{gy} = \dfrac{2\bar{\beta}\, kl}{(k^2+l^2)^2} \end{cases} \tag{10.1.12}$$

显见，这时 $c_{gy}\to 0$，意味着波将在这里被反射。

§10.2 Rossby 波的垂直传播

冬季平流层环流主要是由纬向波数为1和2的准定常行星波控制，根据平流层中的大气层结特性，这些波动不大可能是由平流层内部的斜压不稳定激发的，它们很可能是对流层中因某种强迫产生的行星尺度波动向上传播所致。Charney 和 Drazin(1961)为此讨论了强迫 Rossby 波的垂直传播。

考虑绝热无摩擦情形，这时准地转位涡度方程为

$$\left(\frac{\partial}{\partial t}+\frac{\partial\psi}{\partial x}\frac{\partial}{\partial y}-\frac{\partial\psi}{\partial y}\frac{\partial}{\partial x}\right)\left[\nabla\psi+f_0+\beta y+\frac{f_0^2}{\rho_s}\frac{\partial}{\partial z}\left(\frac{\rho_s}{N^2}\frac{\partial\psi}{\partial z}\right)\right]=0 \tag{10.2.1}$$

式中 $\rho_s=\rho_s(z)$，$N^2=N^2(z)$。

令

$$\psi=-\int_0^y \bar{u}(y,\ z)\mathrm{d}y+\psi' \tag{10.2.2}$$

代入式(10.2.1)，得到 ψ' 满足的线性方程

$$\left(\frac{\partial}{\partial t}+\bar{u}\frac{\partial}{\partial x}\right)\left[\nabla^2\psi'+\frac{f_0^2}{\rho_s}\frac{\partial}{\partial z}\left(\frac{\rho_s}{N^2}\frac{\partial\psi'}{\partial z}\right)\right]+\frac{\partial\bar{q}}{\partial y}\frac{\partial\psi'}{\partial x}=0 \tag{10.2.3}$$

式中 $\dfrac{\partial\bar{q}}{\partial y}=\beta-\dfrac{\partial^2\bar{u}}{\partial y^2}-\dfrac{f_0^2}{\rho_s}\dfrac{\partial}{\partial z}\left(\dfrac{\rho_s}{N^2}\dfrac{\partial\bar{u}}{\partial z}\right)$。为简单起见，取 $\dfrac{\partial}{\partial z}\left[\ln\left(\dfrac{\rho_s}{N^2}\right)\right]=-\dfrac{1}{H}=$ 常值，则式(10.2.3)变为

$$\left(\frac{\partial}{\partial t}+\bar{u}\frac{\partial}{\partial x}\right)\left[\nabla^2\psi'+\frac{f_0^2}{N^2}\left(-\frac{1}{H}\frac{\partial\psi'}{\partial z}+\frac{\partial^2\psi'}{\partial z^2}\right)\right]+\frac{\partial\bar{q}}{\partial y}\frac{\partial\psi'}{\partial x}=0 \tag{10.2.4}$$

为消去偶次导数项 $\dfrac{\partial\psi'}{\partial z}$，作变数变换

$$\psi'=\mathrm{e}^{\frac{z}{2H}}\psi \tag{10.2.5}$$

得到

$$\left(\frac{\partial}{\partial t}+\bar{u}\frac{\partial}{\partial x}\right)\left[\nabla^2\psi+\frac{f_0^2}{N^2}\left(\frac{\partial^2\psi}{\partial z^2}-\frac{1}{4H^2}\psi\right)\right]+\frac{\partial\bar{q}}{\partial y}\frac{\partial\psi}{\partial x}=0 \tag{10.2.6}$$

一般，$\bar{u}$，ρ_s，N^2 的变化远比波动要慢。因此，可以把它们看成是自变量的缓变函数。为

此可取如下波形解

$$\psi = \Psi(z)\mathrm{e}^{\mathrm{i}(kx+ly-\omega t)} \tag{10.2.7}$$

代入式(10.2.6),得到

$$\frac{\mathrm{d}^2\Psi}{\mathrm{d}z^2} + Q\Psi = 0 \tag{10.2.8}$$

当 Q 是 y, z 的缓变函数时,可以引入局地垂直波数 m,即有

$$Q = m^2 = \frac{N^2}{f_0^2}\left[\frac{\dfrac{\partial \bar{q}}{\partial q}}{\bar{u}-c} - (k^2+l^2) - \frac{f_0^2}{4H^2N^2}\right] \tag{10.2.9}$$

显然,$m^2>0$ 是垂直传播波,$m^2<0$ 是垂直阻截波。因为大气层结一般是稳定的,即 $N^2>0$,所以,由式(10.2.9)可以得到波垂直传播的条件是

$$\frac{\dfrac{\partial \bar{q}}{\partial y}}{(\bar{u}-c)} > \left(k^2+l^2+\frac{f_0^2}{4H^2N^2}\right) \tag{10.2.10}$$

可见,当$\dfrac{\partial \bar{q}}{\partial y}>0$ 时,只有 $\bar{u}-c>0$ 的波才能垂直传播;当$\dfrac{\partial \bar{q}}{\partial y}<0$ 时,只有 $\bar{u}-c<0$ 的波才能垂直传播。

对$\dfrac{\partial \bar{q}}{\partial y}>0$,式(10.2.10)显然可写为

$$0 < \bar{u}-c < \frac{\dfrac{\partial \bar{q}}{\partial y}}{k^2+l^2+\dfrac{f_0^2}{4H^2N^2}} \tag{10.2.11}$$

这就是说,只有波速处处小于 $\bar{u}$,或者 c 为负值时,波动才能垂直传播。这正说明,只有行星尺度波动才能垂直传播。对$\dfrac{\partial \bar{q}}{\partial y}<0$,式(10.2.10)可改写为

$$\frac{\dfrac{\partial \bar{q}}{\partial y}}{\left(k^2+l^2+\dfrac{f_0^2}{4H^2N^2}\right)} < (\bar{u}-c) < 0 \tag{10.2.12}$$

因此,只有 $\bar{u}-c<0$ 的波才能垂直传播。

对定常 Rossby 波,$c=0$,其垂直传播的条件变为

$$0 < \bar{u} < \frac{\dfrac{\partial \bar{q}}{\partial y}}{k^2+l^2+\dfrac{f_0^2}{4H^2N^2}} \tag{10.2.13}$$

式(10.2.13)表明,当$\dfrac{\partial \bar{q}}{\partial y}>0$ 时,只有弱西风气流中的定常 Rossby 波才能垂直传播。在冬季平

流层的情况下，只有纬向波数为 1 和 2 的行星波动才能满足条件(10.2.13)，这恰好与冬季平流层环流是由纬向波数为 1 和 2 的准定常波控制这一观测事实相符合。

当$\dfrac{\partial \bar{q}}{\partial y}<0$时，只有在$\bar{u}<0$的东风气流中，才能存在垂直传播的定常 Rossby 波，这时有

$$|\bar{u}|<\frac{\left|\dfrac{\partial \bar{q}}{\partial y}\right|}{k^2+l^2+\dfrac{f_0^2}{4H^2N^2}} \tag{10.2.14}$$

但是，一般$\dfrac{\partial \bar{q}}{\partial y}\approx\beta>0$。因此，定常 Rossby 波要垂直传播，只有当西风气流小于临界值$\bar{u}_c=\dfrac{\beta}{\left(k^2+l^2+\dfrac{f_0^2}{4H^2N^2}\right)}$，即为弱西风时才有可能。在东风气流中，定常 Rossby 波被阻截在对流层中而不可能向上传播。

§10.3 Rossby 波的能量守恒

前面已经指出，在均匀系统中，波动能量直线传播，沿着波射线波能量是守恒的。下面讨论 Rossby 波在空间缓变的基本气流中传播时，作为平方波特性量的波能量的变化。

考虑无摩擦绝热的准地转位涡度方程

$$\left(\frac{\partial}{\partial t}+\frac{\partial \psi}{\partial x}\frac{\partial}{\partial y}-\frac{\partial \psi}{\partial y}\frac{\partial}{\partial x}\right)\left[\nabla_h^2\psi+\beta y+\frac{f^2}{\rho_s}\frac{\partial}{\partial z}\left(\frac{\rho_s}{N^2}\frac{\partial \psi}{\partial z}\right)\right]=0 \tag{10.3.1}$$

式中：ψ 为地转流函数；∇_h^2为水平 Laplace 算子；$\rho_s=\rho_s(z)$；N^2 为 Brunt-Väisälä 频率，取为常值。

设

$$\psi=\bar{\psi}(x, y, z)+\psi'(x, y, z, t)$$

代入式(10.3.1)，并取 β 平面近似，得到

$$\begin{aligned}&\left(\frac{\partial}{\partial t}+\bar{u}\frac{\partial}{\partial x}+\bar{v}\frac{\partial}{\partial y}\right)\left[\nabla_h^2\psi'+\frac{f^2}{\rho_s}\frac{\partial}{\partial z}\left(\frac{\rho_s}{N^2}\frac{\partial \psi'}{\partial z}\right)\right]-\\&\frac{\partial \psi'}{\partial y}\left[\frac{\partial^2 \bar{v}}{\partial x^2}-\frac{\partial^2 \bar{u}}{\partial x\partial y}+\frac{f^2}{\rho_s}\frac{\partial}{\partial z}\left(\frac{\rho_s}{N^2}\frac{\partial \bar{v}}{\partial z}\right)\right]+\\&\frac{\partial \psi'}{\partial x}\left[\frac{\partial^2 \bar{v}}{\partial x\partial y}-\frac{\partial^2 \bar{u}}{\partial y^2}+\beta-\frac{f^2}{\rho_s}\frac{\partial}{\partial z}\left(\frac{\rho_s}{N^2}\frac{\partial \bar{u}}{\partial z}\right)\right]=0\end{aligned} \tag{10.3.2}$$

式中$\bar{u}=-\dfrac{\partial \bar{\psi}}{\partial y}$，$\bar{v}=\dfrac{\partial \bar{\psi}}{\partial x}$，是地转基本气流。设$\bar{u}$，$\bar{v}$ 是 x，y，z 的缓变函数，因此，$\bar{u}$，$\bar{v}$ 的二阶导数项是小项，可以略去，得到

$$\left(\frac{\partial}{\partial t}+\bar{u}\frac{\partial}{\partial x}+\bar{v}\frac{\partial}{\partial y}\right)\left[\nabla_h^2\psi'+\frac{f^2}{N^2}\frac{\partial^2 \psi'}{\partial z^2}+\frac{f^2}{N^2}\frac{\mathrm{d}\ln\rho_s}{\mathrm{d}z}\frac{\partial \psi'}{\partial z}\right]+\beta\frac{\partial \psi'}{\partial x}=0 \tag{10.3.3}$$

令$\frac{\mathrm{d}\ln\rho_s}{\mathrm{d}z}=-\frac{1}{H}$($H$ 为常数),并作变换

$$\psi'=\mathrm{e}^{\frac{z}{2H}}\psi \tag{10.3.4}$$

代入式(10.3.3),得到

$$\left(\frac{\partial}{\partial t}+\bar{u}\frac{\partial}{\partial x}+\bar{v}\frac{\partial}{\partial y}\right)\left(\nabla_h^2\psi+\frac{f^2}{N^2}\left(\frac{\partial^2\psi}{\partial z^2}-\frac{1}{4H^2}\psi\right)\right]+\beta\frac{\partial\psi}{\partial x}=0 \tag{10.3.5}$$

由于$\bar{u}$,$\bar{v}$ 是空间的缓变函数,因此它们和扰动之间的尺度是可以分的,即有$\bar{u}=\bar{u}(X, Y, Z)$, $\bar{v}=\bar{v}(X, Y, Z)$,其中 X, Y, Z 与 T 一样,都是缓变变量,它们与 x, y, z, t 的关系为

$$(X, Y, Z, T)=\varepsilon(x, y, z, t) \tag{10.3.6}$$

其中

$$\varepsilon=\frac{\text{扰动的空间(或时间)尺度}}{\text{基本气流的空间(或时间)尺度}}\ll 1$$

为此可利用 WKB 近似。设扰动流函数 ψ 为

$$\psi=Re\Psi(X, Y, Z, T)\mathrm{e}^{\mathrm{i}\varphi(x, y, z, t)}=\Psi(X, Y, Z, T)\cos\varphi(x, y, z, t) \tag{10.3.7}$$

由此得到局地波数和频率分别为

$$\begin{cases}k(X, Y, Z, T)=\dfrac{\partial\varphi}{\partial x},\ l(X, Y, Z, T)=\dfrac{\partial\varphi}{\partial y}\\ m(X, Y, Z, T)=\dfrac{\partial\varphi}{\partial z},\ \omega(X, Y, Z, T)=-\dfrac{\partial\varphi}{\partial t}\end{cases} \tag{10.3.8}$$

它们是空间和时间的缓变函数。由式(10.3.8),有

$$\begin{cases}\dfrac{\partial k}{\partial T}+\dfrac{\partial\omega}{\partial X}=0\\ \dfrac{\partial l}{\partial T}+\dfrac{\partial\omega}{\partial Y}=0\\ \dfrac{\partial m}{\partial T}+\dfrac{\partial\omega}{\partial Z}=0\end{cases}\qquad\begin{cases}\dfrac{\partial k}{\partial Y}=\dfrac{\partial l}{\partial X}\\ \dfrac{\partial k}{\partial Z}=\dfrac{\partial m}{\partial X}\\ \dfrac{\partial l}{\partial Z}=\dfrac{\partial m}{\partial Y}\end{cases} \tag{10.3.9}$$

把式(10.3.7)代入式(10.3.5),得到

$$\begin{aligned}&\left[\varepsilon\left(\frac{\partial}{\partial T}+\bar{u}\frac{\partial}{\partial X}+\bar{v}\frac{\partial}{\partial Y}\right)-\mathrm{i}(\omega-k\bar{u}-l\bar{v})\right]\cdot\\&\left[\varepsilon^2\left(\frac{\partial^2\Psi}{\partial X^2}+\frac{\partial^2\Psi}{\partial Y^2}+\frac{f^2}{N^2}\frac{\partial^2\Psi}{\partial Z^2}\right)+2\mathrm{i}\varepsilon\left(k\frac{\partial\Psi}{\partial X}+l\frac{\partial\Psi}{\partial Y}+\frac{f^2}{N^2}m\frac{\partial\Psi}{\partial Z}\right)+\right.\\&\left.\mathrm{i}\varepsilon\left(\frac{\partial k}{\partial X}+\frac{\partial l}{\partial Y}+\frac{f^2}{N^2}\frac{\partial m}{\partial Z}\right)\Psi-\left(k^2+l^2+\frac{f^2}{N^2}m^2+\frac{f^2}{4H^2N^2}\right)\Psi\right]+\\&\beta\left(\varepsilon\frac{\partial\Psi}{\partial X}+\mathrm{i}k\Psi\right)=0\end{aligned} \tag{10.3.10}$$

把 Ψ 作 ε 的幂级数展开

$$\Psi=\sum_{j=0}^{\infty}\varepsilon^{j}\Psi_{j} \tag{10.3.11}$$

代入式(10.3.10),可以得到 ε 的各阶方程

ε^0 阶方程:

$$\begin{aligned}\omega&=k\bar{u}+l\bar{v}-\frac{\beta k}{k^2+l^2+\frac{f^2}{N^2}\left(m^2+\frac{1}{4H^2}\right)}\\&=\Omega(k,\ l,\ m,\ X,\ Y,\ Z,\ T)\end{aligned} \tag{10.3.12}$$

ε^1 阶方程:

$$\begin{gathered}\left(\frac{\partial}{\partial T}+\bar{u}\frac{\partial}{\partial X}+\bar{v}\frac{\partial}{\partial Y}\right)\left(\left[k^2+l^2+\frac{f^2}{N^2}\left(m^2+\frac{1}{4H^2}\right)\right]\Psi_0\right)-\\(\omega-\bar{u}k-\bar{v}l)\left[2\left(k\frac{\partial\Psi_0}{\partial X}+l\frac{\partial\Psi_0}{\partial Y}+\frac{f^2}{N^2}m\frac{\partial\Psi_0}{\partial Z}\right)+\right.\\\left.\left(\frac{\partial k}{\partial X}+\frac{\partial l}{\partial Y}+\frac{f^2}{N^2}\frac{\partial m}{\partial Z}\right)\Psi_0\right]-\beta\frac{\partial\Psi_0}{\partial X}=0\end{gathered} \tag{10.3.13}$$

利用频散关系式(10.3.12),并记

$$K^2=k^2+l^2+\frac{f^2}{N^2}\left(m^2+\frac{1}{4H^2}\right) \tag{10.3.14}$$

式(10.3.13)变为

$$\begin{gathered}\left(\frac{\partial}{\partial T}+\bar{u}\frac{\partial}{\partial X}+\bar{v}\frac{\partial}{\partial Y}\right)(K^2\Psi_0)+\\\frac{\beta k}{K^2}\left[2\left(k\frac{\partial\Psi_0}{\partial X}+l\frac{\partial\Psi_0}{\partial Y}+\frac{f^2}{N^2}m\frac{\partial\Psi_0}{\partial Z}\right)+\right.\\\left.\left(\frac{\partial k}{\partial X}+\frac{\partial l}{\partial Y}+\frac{f^2}{N^2}\frac{\partial m}{\partial Z}\right)\Psi_0\right]-\beta\frac{\partial\Psi_0}{\partial X}=0\end{gathered} \tag{10.3.15}$$

记 $\frac{\mathrm{d}}{\mathrm{d}T}=\frac{\partial}{\partial T}+\bar{u}\frac{\partial}{\partial X}+\bar{v}\frac{\partial}{\partial Y}$,式(10.3.15)可改写为

$$\begin{aligned}&\frac{\mathrm{d}\Psi_0}{\mathrm{d}T}+\frac{2\beta k}{K^4}\left(k\frac{\partial\Psi_0}{\partial X}+l\frac{\partial\Psi_0}{\partial Y}+\frac{f^2}{N^2}m\frac{\partial\Psi_0}{\partial Z}\right)-\frac{\beta}{K^2}\frac{\partial\Psi_0}{\partial X}\\&=-\frac{\Psi_0}{K^2}\frac{\mathrm{d}K^2}{\mathrm{d}T}-\frac{\beta k\Psi_0}{K^4}\left(\frac{\partial k}{\partial X}+\frac{\partial l}{\partial Y}+\frac{f^2}{N^2}\frac{\partial m}{\partial Z}\right)\end{aligned} \tag{10.3.16}$$

这是零阶波振幅的变化方程。

为得到波能量的变化方程,先计算群速。由式(10.3.12),得到群速的三个分量为

$$\begin{cases}c_{gx}=\dfrac{\partial\omega}{\partial k}=\bar{u}-\dfrac{\beta}{K^2}+\dfrac{2\beta k^2}{K^4}\equiv\bar{u}+c'_{gx}\\c_{gy}=\dfrac{\partial\omega}{\partial l}=\bar{v}+\dfrac{2\beta kl}{K^4}\equiv\bar{v}+c'_{gx}\\c_{gz}=\dfrac{\partial\omega}{\partial m}=\dfrac{2f^2\beta km}{N^2K^4}\equiv c'_{gz}\end{cases} \tag{10.3.17}$$

由式(9.3.24,9.3.28),对式(10.3.12)的频散关系,显然,有

$$\begin{cases}\dfrac{\mathrm{d}_g\omega}{\mathrm{d}T}=0\\[2mm]\dfrac{\mathrm{d}_gk}{\mathrm{d}T}=-k\dfrac{\partial\bar{u}}{\partial X}-l\dfrac{\partial\bar{v}}{\partial X}\\[2mm]\dfrac{\mathrm{d}_gl}{\mathrm{d}T}=-k\dfrac{\partial\bar{u}}{\partial Y}-l\dfrac{\partial\bar{v}}{\partial Y}\\[2mm]\dfrac{\mathrm{d}_gm}{\mathrm{d}T}=-k\dfrac{\partial\bar{u}}{\partial Z}-l\dfrac{\partial\bar{v}}{\partial Z}\end{cases}\tag{10.3.18}$$

式中$\dfrac{\mathrm{d}_g}{\mathrm{d}T}=\dfrac{\partial}{\partial T}+c_{gx}\dfrac{\partial}{\partial X}+c_{gy}\dfrac{\partial}{\partial Y}+c_{gz}\dfrac{\partial}{\partial Z}$。

利用式(10.3.17),式(10.3.16)变为

$$\frac{\mathrm{d}_g\Psi_0}{\mathrm{d}T}=-\frac{\Psi_0}{K^2}\frac{\mathrm{d}K^2}{\mathrm{d}T}-\frac{\beta k}{K^4}\Psi_0\left(\frac{\partial k}{\partial X}+\frac{\partial l}{\partial Y}+\frac{f^2}{N^2}\frac{\partial m}{\partial Z}\right)\tag{10.3.19}$$

暂且把式(10.3.19)放一下,先来看扰动能量的表示式。

扰动的总能量是扰动动能与扰动有效位能之和,在地转近似下,扰动的总能量 E_{T} 可以写为

$$E_{\mathrm{T}}=\iiint\frac{1}{2}\left[\left(\frac{\partial\psi'}{\partial x}\right)^2+\left(\frac{\partial\psi'}{\partial y}\right)^2+\frac{f^2}{N^2}\left(\frac{\partial\psi'}{\partial z}\right)^2\right]\rho_s\,\mathrm{d}x\mathrm{d}y\mathrm{d}z$$

因为$\dfrac{\mathrm{d}\ln\rho_s}{\mathrm{d}z}=-\dfrac{1}{H}$,所以 $\rho_s=\rho_{s0}\mathrm{e}^{-\frac{z}{H}}$,其中 ρ_{s0} 为常值。由此得到扰动的能量密度 e 为

$$e=\frac{1}{2}\left[\left(\frac{\partial\psi'}{\partial x}\right)^2+\left(\frac{\partial\psi'}{\partial y}\right)^2+\frac{f^2}{N^2}\left(\frac{\partial\psi'}{\partial z}\right)^2\right]\mathrm{e}^{-\frac{z}{H}}\tag{10.3.20}$$

把式(10.3.4,10.3.7)代入,式(10.3.20)变为

$$e=\frac{\Psi^2}{2}\left[\left(k^2+l^2+\frac{f^2}{N^2}m^2\right)\sin^2\varphi+\frac{1}{4H^2}\cos^2\varphi-\frac{m}{H}\sin\varphi\cos\varphi\right]\tag{10.3.21}$$

考虑一个波中的平均能量,为此,对式(10.3.21)作一个波周期内的积分

$$E=\frac{1}{2\pi}\int_0^{2\pi}e\,\mathrm{d}\varphi=\frac{\Psi^2}{4}\left[k^2+l^2+\frac{f^2}{N^2}\left(m^2+\frac{1}{4H^2}\right)\right]=\frac{K^2}{4}\psi^2\tag{10.3.22}$$

式中 E 为一个波周期的平均波能量。式(10.3.22)显示,波的能量可由波的振幅平方来表示。

为把能量 E 与式(10.3.19)所示的波振幅的变化方程联系起来,近似地用 Ψ_0 代替式(10.3.22)中的 Ψ,这相当于考虑 ε^0 阶的波能量密度的变化。对式(10.3.22)取$\dfrac{\mathrm{d}_g}{\mathrm{d}T}$微分,得到

$$\frac{\mathrm{d}_gE}{\mathrm{d}T}=\frac{1}{2}K^2\Psi_0\frac{\mathrm{d}_g\Psi_0}{\mathrm{d}T}+\frac{\Psi_0^2}{4}\frac{\mathrm{d}_gK^2}{\mathrm{d}T}\tag{10.3.23}$$

利用式(10.3.19),式(10.3.23)变为

$$\frac{\mathrm{d}_g E}{\mathrm{d}T}=\frac{1}{4}\Psi_0^2\frac{\mathrm{d}_g K^2}{\mathrm{d}T}-\frac{1}{2}\Psi_0^2\frac{\mathrm{d}K^2}{\mathrm{d}T}-\frac{1}{2}\frac{\beta k}{K^2}\Psi_0^2\left(\frac{\partial k}{\partial X}+\frac{\partial l}{\partial Y}+\frac{f^2}{N^2}\frac{\partial m}{\partial Z}\right) \tag{10.3.24}$$

再由式(10.3.17),式(10.3.24)的右边前两项(记为 S)可改写为

$$\begin{aligned}S&=\frac{1}{4}\Psi_0^2\frac{\mathrm{d}_g K^2}{\mathrm{d}T}-\frac{1}{2}\Psi_0^2\frac{\mathrm{d}_g K^2}{\mathrm{d}T}+\frac{1}{2}\Psi_0^2\left(c'_{gx}\frac{\partial}{\partial X}+c'_{gy}\frac{\partial}{\partial Y}+c'_{gz}\frac{\partial}{\partial Z}\right)K^2\\&=-\frac{1}{4}\Psi_0^2\frac{\mathrm{d}_g K^2}{\mathrm{d}T}+\frac{1}{2}\Psi_0^2\left[\left(\frac{-\beta}{K^2}+\frac{2\beta k^2}{K^4}\right)\frac{\partial K^2}{\partial X}+\frac{2\beta kl}{K^4}\frac{\partial K^2}{\partial Y}+\frac{2f^2\beta km}{N^2K^4}\frac{\partial K^2}{\partial Z}\right]\\&=-\frac{1}{2}\Psi_0^2\left[k\frac{\mathrm{d}_g k}{\mathrm{d}T}+l\frac{\mathrm{d}_g l}{\mathrm{d}T}+\frac{f^2}{N^2}m\frac{\mathrm{d}_g m}{\mathrm{d}T}\right]+\frac{1}{2}\Psi_0^2\left[\left(\frac{-\beta}{K^2}+\frac{2\beta k^2}{K^4}\right]\frac{\partial K^2}{\partial X}+\right.\\&\quad\left.\frac{2\beta kl}{K^4}\frac{\partial K^2}{\partial Y}+\frac{2f^2\beta km}{N^2K^4}\frac{\partial K^2}{\partial Z}\right]\end{aligned} \tag{10.3.25}$$

式(10.3.25)右边第一项用式(10.3.18)代替,并代入式(10.3.24),得到

$$\begin{aligned}\frac{\mathrm{d}_g E}{\mathrm{d}T}&=\frac{1}{2}\Psi_0^2\left[k\left(k\frac{\partial\bar u}{\partial X}+l\frac{\partial\bar v}{\partial X}\right)+l\left(k\frac{\partial\bar u}{\partial Y}+l\frac{\partial\bar v}{\partial Y}\right)+\frac{f^2}{N^2}m\left(k\frac{\partial\bar u}{\partial Z}+l\frac{\partial\bar v}{\partial Z}\right)\right]+\\&\quad\frac{1}{2}\Psi_0^2\left[\left(\frac{-\beta}{K^2}+\frac{2\beta k^2}{K^4}\right)\frac{\partial K^2}{\partial X}+\frac{2\beta kl}{K^4}\frac{\partial K^2}{\partial Y}+\frac{f^2}{N^2}\frac{2\beta km}{K^4}\frac{\partial K^2}{\partial Z}\right]-\frac{1}{2}\frac{\beta k\Psi_0^2}{K^2}\left[\frac{\partial k}{\partial X}+\frac{\partial l}{\partial Y}+\frac{f^2}{N^2}\frac{\partial m}{\partial Z}\right]\end{aligned} \tag{10.3.26}$$

式(10.3.26)比式(10.3.24)更有用,因为式(10.3.26)右边没有时间导数项,而且它可以与群速 c_g 的散度相联系。

由群速 $\boldsymbol{c}_g$ 的表示式(10.3.17),易知其散度可以写为

$$\begin{aligned}\nabla_3\cdot\boldsymbol{c}_g&=\frac{\partial c_{gx}}{\partial X}+\frac{\partial c_{gy}}{\partial Y}+\frac{\partial c_{gz}}{\partial Z}\\&=\frac{\partial\bar u}{\partial X}+\frac{\beta}{K^4}\frac{\partial K^2}{\partial X}-\frac{4\beta k^2}{K^6}\frac{\partial K^2}{\partial X}+\frac{2\beta}{K^4}\frac{\partial k^2}{\partial X}+\\&\quad\frac{\partial\bar v}{\partial Y}-\frac{4\beta kl}{K^6}\frac{\partial K^2}{\partial Y}+\frac{2\beta}{K^4}\frac{\partial kl}{\partial Y}-\frac{4f^2\beta km}{N^2K^6}\frac{\partial K^2}{\partial Z}+\frac{2f^2\beta}{N^2K^4}\frac{\partial km}{\partial Z}\end{aligned}$$

上式左右两边分别乘以 E 和$\frac{1}{4}K^2\Psi_0^2$(由式(10.3.22)知,此时等式仍然成立),得到

$$\begin{aligned}E\nabla_3\cdot\boldsymbol{c}_g&=\frac{1}{4}\Psi_0^2K^2\left(\frac{\partial\bar u}{\partial X}+\frac{\partial\bar v}{\partial Y}\right)+\frac{\beta}{4}\frac{\Psi_0^2}{K^2}\frac{\partial K^2}{\partial X}-\\&\quad\frac{\beta k\Psi_0^2}{K^4}\left[k\frac{\partial K^2}{\partial X}+l\frac{\partial K^2}{\partial Y}+\frac{f^2}{N^2}m\frac{\partial K^2}{\partial Z}\right]+\frac{\beta\Psi_0^2}{2K^2}\left[\frac{\partial k^2}{\partial X}+\frac{\partial kl}{\partial Y}+\frac{f^2}{N^2}\frac{\partial km}{\partial Z}\right]\end{aligned} \tag{10.3.27}$$

因为 $\bar u$,$\bar v$ 满足地转关系,就有$\frac{\partial\bar u}{\partial X}+\frac{\partial\bar v}{\partial Y}=0$,因此式(10.3.27)右边第一项为0。利用波数之间的微分关系式(10.3.9),知

$$\begin{cases}\dfrac{\partial kl}{\partial Y}=k\dfrac{\partial l}{\partial Y}+l\dfrac{\partial l}{\partial X}\\[2ex]\dfrac{\partial km}{\partial Z}=k\dfrac{\partial m}{\partial Z}+m\dfrac{\partial m}{\partial X}\end{cases}\tag{10.3.28}$$

这样，式(10.3.27)可改写为

$$\begin{aligned}E\nabla_3\cdot\boldsymbol{c}_g=&\frac{\beta}{2}\frac{\Psi_0^2}{K^2}\frac{\partial K^2}{\partial X}-\frac{\beta k}{K^4}\Psi_0^2\times\\&\left(k\frac{\partial K^2}{\partial X}+l\frac{\partial K^2}{\partial Y}+\frac{f^2}{N^2}m\frac{\partial K^2}{\partial Z}\right)+\frac{\beta k}{2K^2}\Psi_0^2\left(\frac{\partial k}{\partial X}+\frac{\partial l}{\partial Y}+\frac{f^2}{N^2}\frac{\partial m}{\partial Z}\right)\end{aligned}\tag{10.3.29}$$

代入式(10.3.26)，得到

$$\frac{\mathrm{d}_gE}{\mathrm{d}T}+E\nabla_3\cdot\boldsymbol{c}_g=\frac{\Psi_0^2}{2}\left[k\left(k\frac{\partial\bar{u}}{\partial X}+l\frac{\partial\bar{v}}{\partial X}\right)+l\left(k\frac{\partial\bar{u}}{\partial Y}+l\frac{\partial\bar{v}}{\partial Y}\right)+\frac{f^2}{N^2}m\left(k\frac{\partial\bar{u}}{\partial Z}+l\frac{\partial\bar{v}}{\partial Z}\right)\right]\tag{10.3.30}$$

根据$\dfrac{\mathrm{d}_g}{\mathrm{d}T}$的定义式，式(10.3.30)又可改写为

$$\frac{\partial E}{\partial T}+\nabla_3\cdot(\boldsymbol{c}_gE)=\frac{\Psi_0^2}{2}\left[k\left(k\frac{\partial\bar{u}}{\partial X}+l\frac{\partial\bar{v}}{\partial X}\right)+l\left(k\frac{\partial\bar{u}}{\partial Y}+l\frac{\partial\bar{v}}{\partial Y}\right)+\frac{f^2}{N^2}m\left(k\frac{\partial\bar{u}}{\partial Z}+l\frac{\partial\bar{v}}{\partial Z}\right)\right]\tag{10.3.31}$$

这是非常重要的结果。它说明，波能量的变化是由基本气流的空间梯度决定的，基本气流的空间非均匀性是波能量不守恒的原因。当基本气流$\bar{u}$，$\bar{v}$与空间坐标无关时，式(10.3.31)变为

$$\frac{\partial E}{\partial T}+\nabla_3\cdot(\boldsymbol{c}_gE)=0\tag{10.3.32}$$

显然，这时波能量E满足局地守恒律。因为式(10.3.32)是沿着波射线(群速线)运动的体积内总能量保持不变的微分表示式，它与质量守恒$\left(\dfrac{\mathrm{d}}{\mathrm{d}t}\int_V\rho\mathrm{d}V=0\right)$的表示式：$\dfrac{\partial\rho}{\partial t}+\nabla_3\cdot(\rho v)=0$相类似。这时，由式(10.3.18)及波射线定义式，得到

$$\begin{cases}\dfrac{\mathrm{d}_gk}{\mathrm{d}T}=0,\ \dfrac{\mathrm{d}_gl}{\mathrm{d}T}=0,\ \dfrac{\mathrm{d}_gm}{\mathrm{d}T}=0,\ \dfrac{\mathrm{d}_g\omega}{\mathrm{d}T}=0\\[2ex]\dfrac{\mathrm{d}X}{\mathrm{d}T}=c_{gx},\ \dfrac{\mathrm{d}Y}{\mathrm{d}T}=c_{gy},\ \dfrac{\mathrm{d}Z}{\mathrm{d}T}=c_{gz}\end{cases}\tag{10.3.33}$$

显见，当$\bar{u}$和$\bar{v}$为均匀基流时，沿着波射线，k，l，m和ω保持不变，波射线为直线，它指示波能量的传播路径。

§10.4 Rossby 波的波作用和拟能守恒

上节给出了控制波能量变化的方程，以及波能量守恒的条件。本节讨论另外两个重要的平方波特性量——波作用和拟能的守恒律。

扰动总位势拟能是

$$P_{\mathrm{T}}=\iiint\frac{1}{2}\rho_s(q')^2\mathrm{d}x\mathrm{d}y\mathrm{d}z \tag{10.4.1}$$

式中 $q'=\frac{\partial^2\psi'}{\partial x^2}+\frac{\partial^2\psi'}{\partial y^2}+\frac{f^2}{\rho_s}\frac{\partial}{\partial z}\left(\frac{\rho_s}{N^2}\frac{2\psi'}{\partial z}\right)$是扰动位涡度。由式(10.3.4)，$q'$可以改写为

$$q'=\mathrm{e}^{\frac{z}{2H}}\left[\frac{\partial^2\psi}{\partial x^2}+\frac{\partial^2\psi}{\partial y^2}+\frac{f^2}{N^2}\left(\frac{\partial^2\psi}{\partial z^2}-\frac{1}{4H^2}\psi\right)\right] \tag{10.4.2}$$

根据式(10.3.7)，q'又可写为

$$q'=\mathrm{e}^{\frac{z}{2H}}\left[-\left(k^2+l^2+\frac{f^2}{N^2}m^2+\frac{f^2}{N^2}\frac{1}{4H^2}\right)\Psi\cos\varphi\right] \tag{10.4.3}$$

单位质量的位势拟能即位势拟能密度 p 为

$$p=\frac{1}{2}\mathrm{e}^{-\frac{z}{H}}(q')^2$$

将式(10.4.3)代入上式，得到

$$p=\frac{1}{2}\left[\left(k^2+l^2+\frac{f^2}{N^2}m^2+\frac{f^2}{N^2}\frac{1}{4H^2}\right)\Psi\cos\varphi\right]^2 \tag{10.4.4}$$

同样，考虑一个波周期内的平均拟能，对式(10.4.4)经过一个波周期积分，得到

$$P=\frac{1}{2\pi}\int_0^{2\pi}p\mathrm{d}\varphi=\frac{1}{2\pi}\int_0^{2\pi}\frac{1}{2}(K^2\Psi\cos\varphi)^2\mathrm{d}\varphi=\frac{1}{4}K^4\Psi^2 \tag{10.4.5}$$

利用式(10.3.22)，得到拟能和能量之间的关系式

$$P=K^2E \tag{10.4.6}$$

根据定义，波作用密度等于波能量密度除以波的特征(固有)频率，即

$$a=\frac{e}{\omega_r} \tag{10.4.7}$$

式中：a 为波作用密度；e 为波能量密度，它由式(10.3.21)给出；ω_r 为 Rossby 波的特征频率。由式(10.3.12)

$$\omega_r=\omega-k\bar{u}-l\bar{v}=-\frac{\beta k}{K^2} \tag{10.4.8}$$

对于一个波周期内的平均波作用量 A，显然有

$$A=\frac{E}{\omega_r} \tag{10.4.9}$$

为普遍起见，定义广义波作用量 $\hat{A}$ 为

$$\hat{A}=\frac{S(k)E}{\omega_r} \tag{10.4.10}$$

式中 $S(k)$ 为 k 的任意函数。利用式(10.4.8)，得到

$$\hat{A}=-\frac{S(k)}{\beta k}K^2E \tag{10.4.11}$$

对式(10.4.11)作$\frac{\mathrm{d}_g}{\mathrm{d}T}$运算

$$\frac{\mathrm{d}_g\hat{A}}{\mathrm{d}T}=-\frac{S(k)K^2}{\beta k}\frac{\mathrm{d}_gE}{\mathrm{d}T}-\frac{K^2E}{\beta k}\frac{\mathrm{d}_gS(k)}{\mathrm{d}T}+\frac{S(k)K^2E}{\beta k^2}\frac{\mathrm{d}_gk}{\mathrm{d}T}-\frac{S(k)E}{\beta k}\frac{\mathrm{d}_gK^2}{\mathrm{d}T} \tag{10.4.12}$$

因为

$$\frac{\mathrm{d}_gS(k)}{\mathrm{d}T}=\frac{\partial S(k)}{\partial k}\frac{\mathrm{d}_gk}{\mathrm{d}T}$$

代入式(10.4.12)，得到

$$\frac{\mathrm{d}_g\hat{A}}{\mathrm{d}T}=-\frac{S(k)}{\beta k}K^2\frac{\mathrm{d}_gE}{\mathrm{d}T}+\left[\frac{S(k)}{\beta k^2}K^2E-\frac{K^2E}{\beta k}\frac{\partial S(k)}{\partial k}\right]\frac{\mathrm{d}_gk}{\mathrm{d}T}-2\frac{S(k)}{\beta k}E\left[k\frac{\mathrm{d}_gk}{\mathrm{d}T}+l\frac{\mathrm{d}_gl}{\mathrm{d}T}+\frac{f^2}{N^2}m\frac{\mathrm{d}_gm}{\mathrm{d}T}\right]$$

将式(10.3.18)代入，并用式(10.3.30)替换上式中的$\frac{\mathrm{d}_gE}{\mathrm{d}T}$，得到

$$\begin{aligned}\frac{\mathrm{d}_g\hat{A}}{\mathrm{d}T}=&\frac{S(k)K^2E}{\beta k}\nabla_3\cdot\boldsymbol{c}_g+\left[\frac{2S(k)}{\beta k}E-\frac{S(k)K^2}{\beta k}\frac{\Psi_0^2}{2}\right]\times\left[k\left(k\frac{\partial\bar{u}}{2X}+l\frac{\partial\bar{v}}{\partial X}\right)+l\left(k\frac{\partial\bar{u}}{\partial Y}+l\frac{\partial\bar{v}}{\partial Y}\right)+\right.\\&\left.\frac{f^2}{N^2}m\left(k\frac{\partial\bar{u}}{\partial Z}+l\frac{\partial\bar{v}}{\partial Z}\right)\right]+\frac{EK^2}{\beta k}\left[\frac{S(k)}{k}-\frac{\partial S(k)}{\partial k}\right]\left(-k\frac{\partial\bar{u}}{\partial X}-l\frac{\partial\bar{v}}{\partial X}\right)\end{aligned} \tag{10.4.13}$$

将式(10.3.22)代入式(10.4.13)右边第二项，易知该项为零。再利用式(10.4.11)代入式(10.4.13)右边第一项，则式(10.4.13)变为

$$\frac{\partial\hat{A}}{\partial T}+\nabla_3\cdot(\boldsymbol{c}_g\hat{A})=\frac{EK^2}{\beta k}\left[\frac{S(k)}{k}-\frac{\partial S(k)}{\partial k}\right]\left(-k\frac{\partial\bar{u}}{\partial X}-l\frac{\partial\bar{v}}{\partial X}\right) \tag{10.4.14}$$

可见，广义波作用量 $\hat{A}$ 的变化决定于基本气流 $\bar{u}$，$\bar{v}$ 的 x 方向的梯度和 $S(k)$ 的函数形式。

(1) 若 $S(k)=1$，这时，$\hat{A}\equiv A$，式(10.4.14)变为

$$\frac{\partial A}{\partial T}+\nabla_3\cdot(\boldsymbol{c}_gA)=-\frac{K^2E}{\beta k}\frac{1}{k}\left[k\frac{\partial\bar{u}}{\partial X}+l\frac{\partial\bar{v}}{\partial X}\right]=\frac{A}{k}\left[k\frac{\partial\bar{u}}{\partial X}+l\frac{\partial\bar{v}}{\partial X}\right] \tag{10.4.15}$$

式(10.4.15)也是一个非常重要的结果。它表明，波作用量的变化是由于基本气流 $\bar{u}$，$\bar{v}$ 的 x 方向的非均匀性造成的，$\bar{u}$，$\bar{v}$ 在 x 方向的非均匀性是造成波作用量不守恒的原因。当基本气流不随 x 变化时(它可以是 y，z 的函数)，式(10.4.15)变为

$$\frac{\partial A}{\partial T}+\nabla_3\cdot(\boldsymbol{c}_gA)=0 \tag{10.4.16}$$

它表示,沿波射线运动的体积内的总波作用量保持不变。就是说,在这种情况下,波作用量是局地守恒的。这时,由式(10.3.18)知

$$
\begin{cases}
\dfrac{\mathrm{d}_g\omega}{\mathrm{d}T}=0,\ \dfrac{\mathrm{d}_g k}{\mathrm{d}T}=0 \\
\dfrac{\mathrm{d}_g l}{\mathrm{d}T}=-k\dfrac{\partial\bar{u}}{\partial Y}-l\dfrac{\partial\bar{v}}{\partial Y},\ \dfrac{\mathrm{d}_g m}{\mathrm{d}T}=-k\dfrac{\partial\bar{u}}{\partial Z}-l\dfrac{\partial\bar{v}}{\partial Z}
\end{cases}
\tag{10.4.17}
$$

即沿波射线 ω 和 k 保持不变,而 l 和 m 沿波射线是变化的。控制波射线的方程为

$$
\frac{\mathrm{d}X}{\mathrm{d}T}=c_{gx},\ \frac{\mathrm{d}Y}{\mathrm{d}T}=c_{gy},\ \frac{\mathrm{d}Z}{\mathrm{d}T}=c_{gz}
$$

(2) 若 $S(k)=-\beta k$,这时,$\hat{A}=K^2E\equiv P$。因为$\dfrac{S}{k}-\dfrac{\partial S}{\partial k}=0$,因此式(10.4.14)变为

$$
\frac{\partial P}{\partial T}+\nabla_3\cdot(\boldsymbol{c}_g P)=0
\tag{10.4.18}
$$

它表示,沿波射线运动的体积内的总位势拟能保持不变,就是说,当基流 $\bar{u}$, $\bar{v}$ 是空间的任意缓变函数时,波拟能是局地守恒的,这也是很重要的结果。在这种情况下,由于 $\bar{u}$, $\bar{v}$ 与时间无关,因此沿波射线频率 ω 保持不变,波数 k, l, m 是变化的,它们的变化由式(10.3.18)控制。

§10.5 Rossby 波与纬向气流的相互作用

在线性 Rossby 波的稳定度问题中,我们讨论了正压不稳定和斜压不稳定。扰动振幅增长所需的能源来自于基本气流,并且假定基本气流具有无限的能量储存,以至于在扰动增长过程中,基本气流并不随时间改变。但是,实际大气中,存在着南北方向和垂直方向的热量、动量输送,这些输送过程表现为扰动对基本气流的作用,它们有可能改变纬向速度场和温度场,从而在维持大气环流中起重要作用。

通量形式的 x 方向运动方程,热流量方程和连续方程可以写为

$$
\begin{cases}
\dfrac{\partial u}{\partial t}+\dfrac{\partial u^2}{\partial x}+\dfrac{\partial uv}{\partial y}+\dfrac{\partial u\omega}{\partial p}-fv=-\dfrac{\partial\phi}{\partial x}+F \\
\dfrac{\partial\theta}{\partial t}+\dfrac{\partial u\theta}{\partial x}+\dfrac{\partial v\theta}{\partial y}+\dfrac{\partial\theta\omega}{\partial p}=Q \\
\dfrac{\partial u}{\partial x}+\dfrac{\partial v}{\partial y}+\dfrac{\partial\omega}{\partial p}=0
\end{cases}
\tag{10.5.1}
$$

式中:F 为摩擦;Q 为加热。把各物理量分成纬向平均量和纬向平均量的偏差,即

$$
\begin{cases}
u=\bar{u}+u',\ v=\bar{v}+v',\ \omega=\bar{\omega}+\omega' \\
\theta=\bar{\theta}+\theta',\ F=\bar{F}+F',\ Q=\bar{Q}+Q'
\end{cases}
\tag{10.5.2}
$$

式中带"—"的量为纬向平均量。例如

$$\bar{u} = \lim_{x\to\infty} \frac{1}{2x}\int_{-x}^{x} u\,\mathrm{d}x$$

带“′”的量为扰动量。因此，有$\overline{u'}=0$，$\bar{\bar{u}}=\bar{u}$。将式(10.5.2)代入式(10.5.1)，再取纬向平均，得到

$$\begin{cases} \dfrac{\partial \bar{u}}{\partial t} + \bar{v}\dfrac{\partial \bar{u}}{\partial y} + \bar{\omega}\dfrac{\partial \bar{u}}{\partial p} + \dfrac{\partial\, \overline{u'v'}}{\partial y} + \dfrac{\partial\, \overline{u'\omega'}}{\partial p} - f\bar{v} = \bar{F} \\ \dfrac{\partial \bar{\theta}}{\partial t} + \bar{v}\dfrac{\partial \bar{\theta}}{\partial y} + \bar{\omega}\dfrac{\partial \bar{\theta}}{\partial p} + \dfrac{\partial\, \overline{v'\theta'}}{\partial y} + \dfrac{\partial\, \overline{\omega'\theta'}}{\partial p} = \bar{Q} \\ \dfrac{\partial \bar{v}}{\partial y} + \dfrac{\partial \bar{\omega}}{\partial p} = 0 \end{cases} \tag{10.5.3}$$

式中第一个式子中的第 2，3，5 项和第 2 个式子中的第 2，5 项均为小项，略去后得到

$$\frac{\partial \bar{u}}{\partial t} = -\frac{\partial\, \overline{u'v'}}{\partial y} + f\bar{v} + \bar{F} \tag{10.5.4}$$

$$\frac{\partial \bar{\theta}}{\partial t} = -s\bar{\omega} - \frac{\partial\, \overline{v'\theta'}}{\partial y} + \bar{Q} \tag{10.5.5}$$

$$\frac{\partial \bar{v}}{\partial y} + \frac{\partial \bar{\omega}}{\partial p} = 0 \tag{10.5.6}$$

式中 $s=\dfrac{\partial\bar{\theta}}{\partial p}$为静力稳定度参数。式(10.5.4)表示，除了摩擦对$\bar{u}$消耗外，还存在两种不同的物理过程使纬向气流$\bar{u}$发生变化，一种是由$-\dfrac{\partial\overline{u'v'}}{\partial y}$描述的雷诺应力的经向梯度引起的。如果$u'$，$v'$正相关，即向北输送正的纬向动量，向南输送负的纬向动量，从而产生正的动量通量，而且，如果在某一区域，该动量通量是辐散的，即$\dfrac{\partial}{\partial y}(\overline{u'v'})>0$，则对该区域而言，将失去纬向动量通量，致使该区域纬向动量$\bar{u}$减小。另一种是式(10.5.4)右边第二项显示的柯氏力对纬向气流的影响。由于向北运动产生向右的柯氏力，从而使纬向气流加速；向南运动产生的柯氏力使纬向气流减速。式(10.5.5)表明，除了加热使纬向平均温度增高外，也存在着两种物理过程使平均位温发生变化。一种是右边第一项描述的，通常大气是静力稳定的，即 $s<0$。因此，如果纬向平均空气上升，则将使纬向平均温度 $\bar{\theta}$ 减小。另一种是式(10.5.5)右边第二项描述的，如果扰动向北输送暖空气、向南输送冷空气，则将造成正的纬向热量通量，$\overline{v'\theta'}>0$；如果在某一区域中，热量通量是辐散的，即$\dfrac{\partial}{\partial y}(\overline{v'\theta'})>0$，则该区域将失去纬向热量通量，造成该区域冷却，$\theta$减小。

利用式(10.5.6)，消去式(10.5.4,10.5.5)中的 $\bar{v}$ 和$\bar{\omega}$，得到

$$\frac{\partial\, \bar{q}}{\partial t} = -\frac{\partial}{\partial y}\left[\frac{\partial}{\partial p}\left(\frac{f\,\overline{v'\theta'}}{s}\right) - \frac{\partial}{\partial y}(\overline{u'v'})\right] + \frac{\partial}{\partial p}\left(\frac{f\bar{Q}}{s}\right) - \frac{\partial \bar{F}}{\partial y} \tag{10.5.7}$$

式中$\bar{q}=\dfrac{\partial}{\partial p}\left(\dfrac{f\bar{\theta}}{s}\right)-\dfrac{\partial\bar{u}}{\partial y}$。式(10.5.7)显示，在绝热、无摩擦情况下，当

$$\frac{\partial}{\partial y}\left[\frac{\partial}{\partial p}\left(\frac{f\overline{v'\theta'}}{s}\right)-\frac{\partial}{\partial y}(\overline{u'v'})\right]=0 \tag{10.5.8}$$

成立时,纬向平均量$\bar{q}$不随时间变化。实际上,式(10.5.8)也是$\bar{u}$, $\bar{\theta}$ 不随 t 变化的条件。因为由式(10.5.4)和(10.5.5),令 $\overline{Q}=\overline{F}=0$,则当$\frac{\partial \bar{u}}{\partial t}=0$, $\frac{\partial \bar{\theta}}{\partial t}=0$ 时,有

$$\begin{cases}\bar{v}=\dfrac{1}{f}\dfrac{\partial\,\overline{u'v'}}{\partial y}\\ \bar{\omega}=-\dfrac{1}{s}\dfrac{\partial\,\overline{v'\theta'}}{\partial y}\end{cases} \tag{10.5.9}$$

由式(10.5.6)易知,在绝热、无摩擦条件下,$\frac{\partial \bar{u}}{\partial t}=0$, $\frac{\partial \bar{\theta}}{\partial t}=0$ 时,就有式(10.5.8)成立。因此,式(10.5.8)成立,也是$\bar{u}$, $\bar{\theta}$ 不随 t 变化的条件。

式(10.5.7)右边第一项实际上是扰动位涡的经向通量。因为扰动位涡度 q'可以写为

$$q'=\frac{\partial v'}{\partial x}-\frac{\partial u'}{\partial y}+f\frac{\partial}{\partial p}\left(\frac{\theta'}{s}\right)$$

乘以 v',取纬向平均,有

$$\overline{v'q'}=-\frac{\partial\,\overline{u'v'}}{\partial y}+\overline{u'\frac{\partial v'}{\partial y}}+f\frac{\partial}{\partial p}\left(\frac{\overline{v'\theta'}}{s}\right)-\frac{f}{s}\overline{\theta'\frac{\partial v'}{\partial p}} \tag{10.5.10}$$

利用地转关系,有

$$\frac{\partial u'}{\partial x}+\frac{\partial v'}{\partial y}\approx 0,\ f\frac{\partial v'}{\partial p}=-R_1\frac{\partial \theta'}{\partial x}$$

式中 $R_1=\frac{R}{p}\left(\frac{p}{p_0}\right)^{R/cp}$。将其代入式(10.5.10),得到

$$\overline{v'q'}=-\partial\frac{\overline{v'u'}}{\partial y}+f\frac{\partial}{\partial p}\left(\frac{\overline{v'\theta'}}{s}\right) \tag{10.5.11}$$

将式(10.5.11)代入式(10.5.7),得到

$$\frac{\partial\,\bar{q}}{\partial t}=-\frac{\partial}{\partial y}(\overline{v'q'})+\frac{\partial}{\partial p}\left(\frac{f\overline{Q}}{s}\right)-\frac{\partial\overline{F}}{\partial y} \tag{10.5.12}$$

这显示,在绝热、无摩擦情况下,纬向平均$\bar{u}$, $\bar{\theta}$ 不变的条件是纬向平均扰动位涡的经向通量$\overline{v'q'}$不随 y 变化。

为把式(10.5.4,10.5.5)写成更简单的形式,引入所谓剩余环流是方便的。定义

$$\begin{cases}\bar{v}_1=\bar{v}-\dfrac{\partial}{\partial p}\left(\dfrac{\overline{v'\theta'}}{s}\right)\\ \bar{\omega}_1=\bar{\omega}+\dfrac{\partial}{\partial y}\left(\dfrac{\overline{v'\theta'}}{s}\right)\end{cases} \tag{10.5.13}$$

显然,有

$$\frac{\partial \bar{v}_1}{\partial y}+\frac{\partial \bar{\omega}_1}{\partial p}=0 \tag{10.5.14}$$

如此，式(10.5.4，10.5.5)可以改写为

$$\begin{cases}\dfrac{\partial \bar{u}}{\partial t}=f\bar{v}_1+\dfrac{\partial}{\partial p}\left(\dfrac{f\,\overline{v'\theta'}}{s}\right)-\dfrac{\partial\,\overline{u'v'}}{\partial y}+\bar{F}\\ \dfrac{\partial \bar{\theta}}{\partial t}=-s\bar{\omega}_1+\bar{Q}\end{cases} \tag{10.5.15}$$

如果在 y，p 平面上定义一个矢量 $\boldsymbol{E}$

$$\boldsymbol{E}=-\overline{u'v'}\boldsymbol{j}+\frac{f}{s}\overline{v'\theta'}\boldsymbol{k} \tag{10.5.16}$$

则有

$$\nabla\cdot\boldsymbol{E}=-\frac{\partial}{\partial y}(\overline{u'v'})+\frac{\partial}{\partial p}\left(\frac{f}{s}\overline{v'\theta'}\right) \tag{10.5.17}$$

因此，式(10.5.15)可以改写为

$$\begin{cases}\dfrac{\partial \bar{u}}{\partial t}=f\bar{v}_1+\nabla\cdot\boldsymbol{E}+\bar{F}\\ \dfrac{\partial \bar{\theta}}{\partial t}=-s\bar{\omega}_1+\bar{Q}\end{cases} \tag{10.5.18}$$

矢量 $\boldsymbol{E}$ 通常被称为 Eliasson-Palm 通量，简称 EP 通量。由式(10.5.11)显见，矢量 $\boldsymbol{E}$ 的散度 $\nabla\cdot\boldsymbol{E}$ 就是扰动位涡的经向通量，即

$$\nabla\cdot\boldsymbol{E}=\overline{v'q'} \tag{10.5.19}$$

为理解 $\bar{u}$，$\bar{\theta}$ 是如何随 t 变化的，必须知道剩余环流。由式(10.5.14)知道剩余环流是无辐散的，因此可以引入剩余环流流函数

$$\bar{v}_1=\frac{\partial \chi}{\partial p},\ \bar{\omega}_1=-\frac{\partial \chi}{\partial y} \tag{10.5.20}$$

利用热成风关系

$$f\frac{\partial \bar{u}}{\partial p}=R_1\frac{\partial \bar{\theta}}{\partial y}$$

消去式(10.5.18)的时间导数，得到

$$f^2\frac{\partial^2 \chi}{\partial p^2}-R_1 s\frac{\partial^2 \chi}{\partial y^2}=-f\frac{\partial}{\partial p}(\nabla\cdot\boldsymbol{E})-f\frac{\partial \bar{F}}{\partial p}+R_1\frac{\partial \bar{Q}}{\partial y} \tag{10.5.21}$$

式(10.5.21)显示，当 $\bar{Q}=\bar{F}=0$ 时，剩余环流只由 EP 通量的散度决定。

下面我们来看 EP 通量与 Rossby 波的波作用之间的关系。考虑 $\bar{u}$，$\bar{\theta}$ 与时间无关的情形，这时，绝热、无摩擦的线性化位涡方程可以写为

$$\frac{\partial q'}{\partial t}+\bar{u}\frac{\partial q'}{\partial x}+\frac{\partial \bar{q}}{\partial y}v'=0 \tag{10.5.22}$$

其中

$$q'=\frac{\partial^2\psi'}{\partial x^2}+\frac{\partial^2\psi'}{\partial y^2}-\frac{\partial}{\partial p}\left(\frac{f^2}{R_1 s}\frac{\partial\psi'}{\partial p}\right)$$

$$\frac{\partial\bar{q}}{\partial y}=\beta-\frac{\partial^2\bar{u}}{\partial y^2}+\frac{\partial}{\partial p}\left(\frac{f^2}{R_1 s}\frac{\partial\bar{u}}{\partial p}\right)$$

分别是扰动位涡度和纬向平均位涡梯度。q'乘以式(10.5.22),并取纬向平均,得到

$$\frac{\partial}{\partial t}\left(\frac{1}{2}\overline{q'^2}\right)+\frac{\partial\bar{q}}{\partial y}\overline{v'q'}=0 \tag{10.5.23}$$

一般$\frac{\partial\bar{q}}{\partial y}\neq 0$。因此,式(10.5.23)可以写为

$$\frac{\partial}{\partial t}\left(\frac{\frac{1}{2}\overline{q'^2}}{\frac{\partial\bar{q}}{\partial y}}\right)+\overline{v'q'}=0 \tag{10.5.24}$$

不难发现,括号中的量是波作用量,记为 A,即

$$A=\frac{\frac{1}{2}\overline{q'^2}}{\frac{\partial\bar{q}}{\partial y}} \tag{10.5.25}$$

这样,式(10.5.24)可以改写为

$$\frac{\partial A}{\partial t}+\nabla\cdot\boldsymbol{E}=0 \tag{10.5.26}$$

根据 A 和 $\boldsymbol{E}$ 的定义式,利用地转关系

$$u'=-\frac{\partial\psi'}{\partial y},\ v'=\frac{\partial\psi'}{\partial x},\ \theta'=-\frac{f}{R_1}\frac{\partial\psi'}{\partial p}$$

并设

$$\psi'=a\cos\varphi \tag{10.5.27}$$

式中:a 设为自变量的缓变函数;$\varphi=(kx+ly+mp-\sigma t)$。代入,得到

$$\boldsymbol{E}=lk\,\overline{a^2}\sin^2\varphi\boldsymbol{j}-\frac{f^2}{sR_1}km\,\overline{a^2}\sin^2\varphi\boldsymbol{k}$$

$$A=\frac{\frac{1}{2}\left(k^2+l^2-\frac{f^2}{R_1 s}m^2\right)\overline{a^2}\cos^2\varphi}{\frac{\partial\bar{q}}{\partial y}}$$

分别在一个波周期内积分，得到一个波周期内的平均 EP 通量 $\hat{\boldsymbol{E}}$ 和平均波作用量 $\hat{A}$

$$\hat{\boldsymbol{E}} = \frac{1}{2}\left(kl\boldsymbol{j} - \frac{f^2}{sR_1}km\boldsymbol{k}\right)\overline{a^2} \tag{10.5.28}$$

$$\hat{A} = \frac{K^4}{4\dfrac{\partial \bar{q}}{\partial y}}\overline{a^2} \tag{10.5.29}$$

式中 $K^2 = \left(k^2 + l^2 - \dfrac{f^2}{R_1 s}m^2\right)$。由此两式消去$\overline{a^2}$，得到

$$\hat{\boldsymbol{E}} = \left(\frac{2lk}{K^4}\boldsymbol{j} - \frac{2f^2}{sR_1}\frac{km}{K^4}\boldsymbol{k}\right)\frac{\partial \bar{q}}{\partial y}\hat{A} \tag{10.5.30}$$

由式(10.5.22)，用式(10.5.27)代入，得到频率和群速表达式

$$\omega = k\bar{u} - \frac{k}{K^2}\frac{\partial \bar{q}}{\partial y} \tag{10.5.31}$$

$$c_{gy} = \frac{2kl}{K^4}\frac{\partial \bar{q}}{\partial y} \tag{10.5.32}$$

$$c_{gp} = -\frac{2f^2}{sR_1}\frac{km}{K^4}\frac{\partial \bar{q}}{\partial y} \tag{10.5.33}$$

代入式(10.5.30)，即得

$$\hat{\boldsymbol{E}} = (\hat{E}_y\boldsymbol{j} + \hat{E}_p\boldsymbol{k})\hat{A} = (c_{gy}\boldsymbol{j} + c_{gp}\boldsymbol{k})\hat{A} = \boldsymbol{c}_g\hat{A} \tag{10.5.34}$$

这样，式(10.5.26)可改写为

$$\frac{\partial \hat{A}}{\partial t} + \nabla \cdot \boldsymbol{c}_g\hat{A} = 0 \tag{10.5.35}$$

这表明，在绝热、无摩擦情况下，平均波作用 $\hat{A}$ 是守恒的，EP 通量给出了 Rossby 波的波作用传播的一种度量。

由于

$$c_{gy}A \sim -\overline{u'v'},\ c_{gp}A \sim \frac{f}{s}\overline{v'\theta'}$$

因此，波作用向极地传播对应于西风涡动动量的向南输送；波作用的向上传播，对应于涡动热量的向南传输。计算 $E_y = -\overline{u'v'}$，$E_p = \dfrac{f}{s}\overline{v'\theta'}$，及 $\boldsymbol{E}$ 的散度，把 $\boldsymbol{E}$ 绘制在 y，p(经圈)平面上，并表出$\nabla \cdot \boldsymbol{E}$ 的等值线，就得到所谓 EP 通量剖面图，它描述 Rossby 波与纬向平均气流的相互作用。EP 通量 $\boldsymbol{E}$ 本身表示波作用从某一纬度某一高度向另一纬度另一高度的传播，而其散度$\nabla \cdot \boldsymbol{E}$ 则表示纬向平均$\bar{u}$的加速($\nabla \cdot \boldsymbol{E}>0$)或者减速($\nabla \cdot \boldsymbol{E}<0$)。图 10.2 是 Edmond 等绘制的北半球冬季的 EP 剖面图。箭头的指向显示涡动热量和动量输送的相对大小，因为涡动热量输送决定 $\boldsymbol{E}$ 的垂直分量，而涡动动量输送则决定 $\boldsymbol{E}$ 的水平分量。图是用美国国家气

象中心的资料计算的，单位是 m^3。图中等值线表示 EP 通量散度。

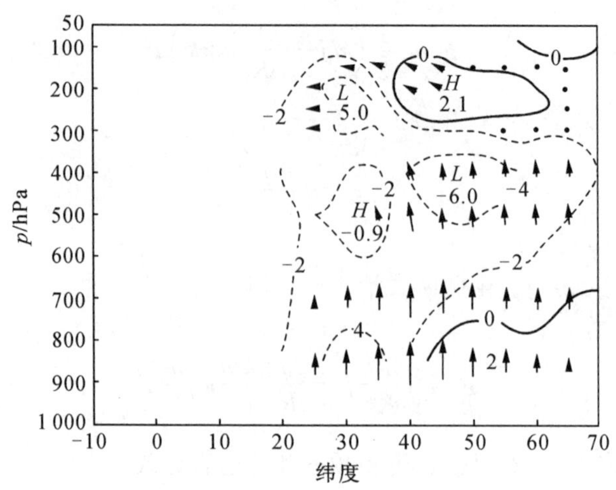

图 10.2　冬季 EP 剖面图

§10.6　Rossby 波的反射和过反射

前面我们指出，平方折射指数 Q 的非均匀性决定着 Rossby 波的传播，或者被阻截，或者被反射，并讨论了 Rossby 波经向和垂直方向传播或者被阻截的条件。本节讨论 Rossby 波的反射和过反射，作为例子，我们给出正压 Rossby 波的情况，并讨论正压 Rossby 波的过反射与正压不稳定的关系。

一般，波的反射可能是部分反射，也可能是全反射。若以 ϕ_i 表示入射波的振幅，ϕ_r 表示反射波的振幅，ϕ_t 表示透射波的振幅，则有

$$|\phi_i|^2 = |\phi_r|^2 + |\phi_t|^2$$

因此，总有下面关系式成立

$$|\phi_r|^2 \leqslant |\phi_i|^2$$

就是说，在一般情况下，反射波的能量(或振幅)小于或者等于入射波的能量(或振幅)，前者表示部分反射，后者则是全反射。但是，当大气中存在切变基本气流，而且存在临界层(在这里 $\bar{u}(z)=c$，或者 $\bar{u}(y)=c$，c 是波速)时，情况就不同了。这时，Rossby 波(重力波也是这样)有可能从基本气流中取得能量，而使被反射的 Rossby 波或者重力波的能量(或振幅)大于入射波的能量，而发生所谓过反射(Overreflection)。下面我们给出正压 Rossby 波过反射的描述。

线性化的正压涡度方程可以写为

$$\left(\frac{\partial}{\partial t} + \bar{u}\frac{\partial}{\partial x}\right)\nabla^2\psi + \beta\frac{\partial\psi}{\partial x} = 0 \tag{10.6.1}$$

式中：ψ 为扰动地转流函数；$\bar{u} = \bar{u}(y)$，设为 y 的缓变函数。设

$$\psi = \phi(y)\mathrm{e}^{ik(x-ct)}$$

代入式(10.6.1)，得到

$$\frac{d^2\phi}{dy^2}+Q(y,k,c)\phi=0 \tag{10.6.2}$$

其中
$$Q=\frac{\left(\beta-\frac{d^2\bar{u}}{dy^2}\right)}{\bar{u}-c}-k^2=\frac{\bar{\beta}}{\bar{u}-c}-k^2,\ \bar{\beta}=\beta-\frac{d^2\bar{u}}{dy^2}。$$

在本章第 1 节中我们已经指出，当 Q 是 y 的缓变函数时（在 $\bar{u}(y)$ 是 y 的缓变函数的假定下，这是自然的），可以引入经向波数 l，有

$$l^2=Q=\frac{\bar{\beta}}{\bar{u}-c}-k^2 \tag{10.6.3}$$

对给定的 k 和 c，如果气流 $\bar{u}(y)$ 中某些区域，有 $Q>0$，则 Rossby 波将从波源区（强迫区）传播开去；如果在 $\bar{u}(y)$ 的某些区域，$Q<0$，则 Rossby 波将在这些区域被阻截而不能传播。显然，当波在传播过程中，如果遇到 $Q<0$ 的区域，这时入射的 Rossby 波将会被反射，这种反射可能是部分反射，或者是全反射，也可能是过反射。

考虑图 10.3 所示的平均气流 $\bar{u}(y)$ 中 Rossby 波的传播。在 y_a 和 y_b 之间，设 $\bar{u}(y)$ 是 y 的单调函数，且随 y 增大而增大，y_b 是刚体壁，y_a 是全反射区，它离 y_x 充分远，y_x 是平均气流绝对涡度梯度 $\bar{\beta}=\beta-\frac{d^2\bar{u}}{dy^2}=0$ 的纬度。对 $y>y_x$，有 $\bar{\beta}>0$，对 $y<y_x$，有 $\bar{\beta}<0$。y_c 是 $\bar{u}=c$ 的纬度，即临界纬度（临界层），并设 $y>y_c$ 时，有 $\bar{u}>c$；$y<y_c$ 时，有 $\bar{u}<c$。因此，基本气流区被 y_x 和 y_c 分在三个区域，即

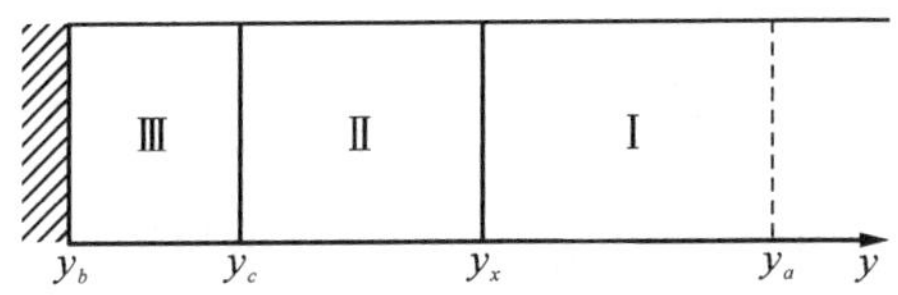

图 10.3　基本气流 $\bar{u}$ 的分布区域

Ⅰ区（$y>y_x$）

$$\begin{cases}\beta-\frac{d^2\bar{u}}{dy^2}>0, & \frac{\beta-\frac{d^2\bar{u}}{dy^2}}{\bar{u}-c}-k^2>0\text{（对较小的 }k\text{）}\\ \bar{u}-c>0\end{cases}$$

（波的传播区）

Ⅱ区（$y_c<y<y_x$）

$$\begin{cases}\beta-\frac{d^2\bar{u}}{dy^2}<0, & \frac{\beta-\frac{d^2\bar{u}}{dy^2}}{\bar{u}-c}-k^2<0\\ \bar{u}-c>0\end{cases}$$

（波的阻截区）

Ⅲ区（$y_b<y<y_c$）

$$\begin{cases}\beta-\dfrac{\mathrm{d}^2\bar{u}}{\mathrm{d}y^2}<0, \dfrac{\beta-\dfrac{\mathrm{d}^2\bar{u}}{\mathrm{d}y^2}}{\bar{u}-c}-k^2>0\text{（对较小的 } k\text{）}\\ \bar{u}-c<0\end{cases}$$

（波的传播区）

假定在Ⅰ区的右边（北面）存在因某种强迫而产生的 Rossby 波，它满足$\dfrac{\beta-\dfrac{\mathrm{d}^2\bar{u}}{\mathrm{d}y^2}}{\bar{u}-c}-k^2>0$。因此，它可以在Ⅰ区向南传播。当它向Ⅱ区传播（入射）时，我们来看波的动量通量和能量通量。Lindzen 和 Tung(1978)指出，当波速 c 为实数，且 $\bar{u}\neq c$ 时，波的动量通量为常数，即

$$\overline{uv}=\text{常数} \tag{10.6.4}$$

式中"—"表示一个波长的平均。波的能量通量可以表示为

$$\overline{pv}=-(\bar{u}-c)\rho_0\,\overline{uv} \tag{10.6.5}$$

$\overline{pv}$的符号指示了波动能量传播的方向，向南（y 负方向）传播能量的波，$\overline{pv}$为负；向北（y 正方向）传播能量的波，$\overline{pv}$为正。就是说，$\overline{pv}<0$ 意味着波的部分反射，$\overline{pv}=0$，波的能量通量为 0，表示波的全反射，$\overline{pv}>0$ 则表示波的过反射。

下面我们来看$\overline{pv}$的符号。在Ⅰ区，方程(10.6.2)的解可以写为两个线性无关的解 ϕ_1 和 ϕ_2 之和，即

$$\phi=\phi_1+R\phi_2 \tag{10.6.6}$$

式中：ϕ_1 可以是向南传播波（入射波），ϕ_2 可以是向北传播波（反射波），这是因为在Ⅰ区存在着入射波和反射波；R 是复的反射系数。为简单起见，设入射波和反射波的振幅为 1，显然，$|R|>1$ 意味着过反射，$|R|<1$ 是部分反射，$|R|=1$ 是全反射。

用$\dfrac{\mathrm{d}\phi^*}{\mathrm{d}y}$乘以式(10.6.6)，取虚部，得到

$$\mathrm{Im}\left(\phi\frac{\mathrm{d}\phi^*}{\mathrm{d}y}\right)=-l(|R|^2-1) \tag{10.6.7}$$

式中"$*$"表示复共轭。利用地转关系，动量通量$\overline{uv}$可以写为

$$\overline{uv}=\frac{k}{2}\mathrm{Im}\left(\phi\frac{\mathrm{d}\phi^*}{\mathrm{d}y}\right) \tag{10.6.8}$$

显见，$l(1-|R|^2)=\dfrac{2}{k}\overline{uv}$，即

$$(1-|R|^2)=\frac{2}{kl}\overline{uv} \tag{10.6.9}$$

由式(10.6.5)，并记 $A^2=\dfrac{2}{kl}$，则有

$$(1-|R|^2)=A^2\,\overline{uv}=-\frac{\overline{pv}}{(\bar{u}-c)\rho_0} \tag{10.6.10}$$

如果能确定$\overline{pv}$的符号，就可知道是否有过反射发生。因为已设波源位于Ⅰ区的北边，当 $y<y_x$ 区域中不存在临界层时，显然在 $y>y_x$ 的整个区域有$\bar{u}>c$，而波是向南传播的，因此有$\overline{pv}\leqslant 0$。这样，由式(10.6.10)，对 $y>y_x$ 有$|R|^2\leqslant 1$，即只有部分反射或全反射发生。就是说，波动要发生过反射，在 $y<y_x$ 的区域中必须存在临界层。换句话说，波的过反射是与临界层的存在联系在一起的。

设在 $y<y_x$ 的某处 y_c 存在$\bar{u}(y_c)=c$ 的临界层，这时在 y_c 上，动量通量$\overline{uv}$出现不连续，产生跳跃，即

$$\overline{uv}=\begin{cases}\overline{uv_+}, & y>y_c\\ \overline{uv_-}, & y<y_c\end{cases} \tag{10.6.11}$$

跳跃的大小可以写为

$$\overline{uv_+}-\overline{uv_-}=\pi\left[\frac{k\bar{\beta}_c}{2\left.\dfrac{\mathrm{d}\bar{u}}{\mathrm{d}y}\right|_{y_c}}\right]|B|^2 \tag{10.6.12}$$

式中：$\bar{\beta}_c=\left.\left(\beta-\dfrac{\mathrm{d}^2\bar{u}}{\mathrm{d}y^2}\right)\right|_{y_c}$；$|B|^2$ 是与基本气流有关的正值。如图 10.3 所示，因为在 $y=y_b$ 已设存在硬壁，这里 $v=0$，因此$\overline{uv_-}=0$。如此，式(10.6.12)变为

$$\overline{uv_+}=\pi\left[\frac{k\bar{\beta}_c}{2\left.\dfrac{\mathrm{d}\bar{u}}{\mathrm{d}y}\right|_{y_c}}\right]|B|^2 \tag{10.6.13}$$

按惯例取 $k>0$，因此，波的过反射唯一地由$\overline{uv_+}<0$ 来判断。根据假定，$\bar{u}(y)$是 y 的单调递增函数，因此，$\left.\dfrac{\mathrm{d}\bar{u}}{\mathrm{d}y}\right|_{y_c}>0$。这时，由式(10.6.13)可以发现，波要发生过反射，只有当 $\bar{\beta}_c<0$ 时才有可能。因为这时$\overline{uv_+}<0$，从而由式(10.6.10)得到$|R|>1$，过反射发生了。因此，为使从Ⅰ区中入射的波发生过反射，$\bar{\beta}=\beta-\dfrac{\mathrm{d}^2\bar{u}}{\mathrm{d}y^2}$必须在Ⅰ区和Ⅱ区间改变符号。如果临界层位于 $y>y_x$，由于这里 $\bar{\beta}>0$，因此，$\overline{uv_+}>0$，即得$|R|<1$，这是部分反射的情形。由上所述，对于随 y 单调递增的基本气流$\bar{u}(y)$，波可能发生过反射的条件是：有传播波存在的区域；有 $\bar{u}=c$ 的临界层 y_c 存在；有使 $\bar{\beta}=\beta-\dfrac{\mathrm{d}^2\bar{u}}{\mathrm{d}y^2}$改变符号的 y_x 存在；在 $y<y_c$，存在使波发生充分反射的区域(在 $y=y_b$ 存在硬壁边界，就会自动满足这一条件)。

上述 Rossby 波发生过反射的条件与正压不稳定的必要条件有着某些明显的联系。正压不稳定的必要条件中，主要是 Rayleigh-Kuo 积分定理给出的条件和 Fjortoft 给出的条件。对于位于 y_a 和 y_b 之间的正压气流$\bar{u}(y)$，Rayleigh-Kuo 定理给出的正压不稳定的必要条件是 $\bar{\beta}=\beta-\dfrac{\mathrm{d}^2\bar{u}}{\mathrm{d}y^2}$在$(y_a,\ y_b)$之间某处改变符号，即有$\left.\left(\beta-\dfrac{\mathrm{d}^2\bar{u}}{\mathrm{d}y^2}\right)\right|_{y_x}=0$ 成立，而这也正是 Rossby 波在经向传播中发生过反射的条件。其次，过反射的发生，首先要有经向传播的 Rossby 波的存在，Fjortoft 定理指出，正压不稳定的另一个必要条件是

$$\left(\beta-\frac{\mathrm{d}^2\bar{u}}{\mathrm{d}y^2}\right)[\bar{u}-\bar{u}(y_x)]>0 \tag{10.6.14}$$

式中 y_x 是 $\beta-\dfrac{\mathrm{d}^2\bar{u}}{\mathrm{d}y^2}=0$ 的点。如果适当选取 k 和 c，式(10.6.14)对保证 $Q=\dfrac{\beta-\dfrac{\mathrm{d}^2\bar{u}}{\mathrm{d}y^2}}{\bar{u}-c}-k^2>0$ 区域的存在是可能的。在正压不稳定问题中，一般取 $y=y_b$ 为硬边界，这也就自然满足过反射要求的在区域南边界存在充分反射区的要求。至于临界层的存在，可以在波中适当选择波速 c 来达到。因此，正压不稳定的必要条件也就是波发生过反射的充分条件。如果在发生过反射的区域右端有一反射面(例如硬壁)，则过反射波到达硬壁而被全反射，折回临界层，在那里再次被过反射，这样重复多次过反射，波动振幅就随时间增大，这就是不稳定。实际上，切变气流中的过反射和不稳定现象一样，都是从基本气流中取得能量，前者是外部强迫激发的波动(设定波源)入射到临界层，从基本气流中取得能量而使反射波能量(振幅)超过入射波时的现象，是强迫问题。不稳定现象则是波动(并不设定波源)从基本气流中取得能量并使波动增长发展的自激现象，是自由问题。Lindzen 和 Tung(1978)把这两个问题联系起来，试图把过反射作为切变不稳定的机制问题来考虑。

§10.7 Rossby 波的共振相互作用

大气中的能量输送一般是长波向短波输送，最后耗散在湍流中，这就是所谓能量串级原理。但在对流层中，还观测到能量从气旋波同时向长波和短波输送的现象，如何解释能量的这种反串级现象，自然是有意义的。三波共振是非线性能量输送的最简单模型。用它可以解释能量反串级现象。下面利用 β 平面上正压涡度方程来讨论这一问题。

考虑弱非线性问题，这时扰动涡度方程可以写为

$$\frac{\partial}{\partial t}\nabla^2\psi'+\varepsilon\left[\frac{\partial\psi'}{\partial x}\frac{\partial}{\partial y}-\frac{\partial\psi'}{\partial y}\frac{\partial}{\partial x}\right]\nabla^2\psi'+\beta\frac{\partial\psi'}{\partial x}=0 \tag{10.7.1}$$

式中 $\varepsilon\ll1$，表示非线性效应是弱的。非线性项描述波动之间的非线性相互作用，它引起波动之间的非线性耦合和能量输送。

由于波的传播和波动振幅的变化在时间尺度上显然是不同的，因此至少存在两种不同的时间尺度，一种用来度量波动的传播，用 τ 表示，是快时间变量；另一种用来度量波动振幅的时间变化，用 T 表示，是慢时间变量。为此，引入两个时间尺度

$$\tau=t,\ T=\varepsilon t$$

代入式(10.7.1)，得到

$$\frac{\partial}{\partial c}\nabla^2\psi'+\varepsilon\frac{\partial}{\partial T}\nabla^2\psi'+\varepsilon\left[\frac{\partial\psi'}{\partial x}\frac{\partial}{\partial y}-\frac{\partial\psi'}{\partial y}\frac{\partial}{\partial x}\right]\nabla^2\psi'+\beta\frac{\partial\psi'}{\partial x}=0 \tag{10.7.2}$$

把 ψ' 展成 ε 的幂级数，即设

$$\psi'=\psi_0(x,\ y,\ \tau,\ T)+\varepsilon\psi_1(x,\ y,\ \tau,\ T)+\cdots \tag{10.7.3}$$

代入式(10.7.2)，归并 ε 的同次项，得到 ε 的各阶近似方程

$$\varepsilon^0: \qquad \frac{\partial}{\partial\tau}\nabla^2\psi_0+\beta\frac{\partial\psi_0}{\partial x}=0 \tag{10.7.4}$$

$$\varepsilon^1: \qquad \frac{\partial}{\partial\tau}\nabla^2\psi_1+\beta\frac{\partial\psi_1}{\partial x}=-\frac{\partial}{\partial T}\nabla^2\psi_0-\left(\frac{\partial\psi_0}{\partial x}\frac{\partial}{\partial y}-\frac{\partial\psi_0}{\partial y}\frac{\partial}{\partial x}\right)\nabla^2\psi_0 \tag{10.7.5}$$

式(10.7.4)是线性方程，其解可用 Rossby 波的线性叠加给出，即可设

$$\psi_0=\sum_i a_i\cos\theta_i$$

式中 θ_i 为各线性波的位相，即

$$\theta_i=k_ix+l_iy-\omega_i\tau$$

其波数 k_i，l_i 和频率 ω_i 之间的关系由线性 Rossby 波的频散关系式给出，即

$$\omega_i=-\frac{\beta k_i}{k_i^2+l_i^2} \tag{10.7.6}$$

对三波共振问题，ψ_0 可用三个波数不同的 Rossby 波表示，即取

$$\psi_0=a_1(T)\cos\theta_1+a_2(T)\cos\theta_2+a_3(T)\cos\theta_3 \tag{10.7.7}$$

为产生共振，任何三个 Rossby 平面波必须满足

$$-\theta_3=\theta_1+\theta_2 \tag{10.7.8}$$

即第一个波和第二个波结合产生一个位相为 $\theta_1+\theta_2$ 的波 θ_3，这时，如果非线性强迫作用项的频率等于自由 Rossby 波的固有频率，就会发生共振，在波动之间产生强烈的能量交换。为产生共振，除了式(10.7.8)必须满足外，三波组的波数和频率还必须满足下述关系

$$\begin{cases}k_1+k_2+k_3=0\\ l_1+l_2+l_3=0\\ \omega_1+\omega_2+\omega_3=0\end{cases} \tag{10.7.9}$$

满足这些关系的三波组称为共振三波组。

把式(10.7.7)代入式(10.7.5)，得到

$$\begin{aligned}&\frac{\partial}{\partial\tau}\nabla^2\psi_1+\beta\frac{\partial\psi_1}{\partial x}\\ &=\frac{\mathrm{d}a_1}{\mathrm{d}T}K_1^2\cos\theta_1+\frac{\mathrm{d}a_2}{\mathrm{d}T}K_2^2\cos\theta_2+\frac{\mathrm{d}a_3}{\mathrm{d}T}K_3^2\cos\theta_3+a_1a_2(K_2^2-K_1^2)(k_1l_2-l_1k_2)\sin\theta_1\sin\theta_2+\\ &\quad a_3a_1(K_3^2-K_1^2)(k_1l_3-l_1k_3)\sin\theta_3\sin\theta_1+a_2a_3(K_2^2-K_3^2)(k_3l_2-l_3k_2)\sin\theta_2\sin\theta_3\end{aligned} \tag{10.7.10}$$

式中：$K_1^2=k_1^2+l_1^2$，$K_2^2=k_2^2+l_2^2$，$K_3^2=k_3^2+l_3^2$。考虑到 $\sin\theta_m\sin\theta_n=-\frac{1}{2}[\cos(\theta_m+\theta_n)-\cos(\theta_m-\theta_n)]$，并记

$$B(K_m, K_n)=\frac{1}{2}(K_m^2-K_n^2)(k_m l_n-l_m k_n) \tag{10.7.11}$$

式(10.7.10)变为

$$\begin{aligned}&\frac{\partial}{\partial t}\nabla^2\psi_1+\beta\frac{\partial\psi_1}{\partial x}\\&=\frac{\mathrm{d}a_1}{\mathrm{d}T}K_1^2\cos\theta_1+\frac{\mathrm{d}a_2}{\mathrm{d}T}K_2^2\cos\theta_2+\frac{\mathrm{d}a_3}{\mathrm{d}T}K_3^2\cos\theta_3+\\&a_1a_2B(K_1, K_2)[\cos(\theta_1+\theta_2)-\cos(\theta_1-\theta_2)]+\\&a_3a_1B(K_3, K_1)[\cos(\theta_3+\theta_1)-\cos(\theta_3-\theta_1)]+\\&a_2a_3B(K_2, K_3)[\cos(\theta_2+\theta_3)-\cos(\theta_2-\theta_3)]\end{aligned} \tag{10.7.12}$$

$B(K_m, K_n)$称为相互作用系数,它表示第 m 个波和第 n 个波相互作用产生的强迫项。由式(10.7.10)显见,此强迫项以这两个波的位相和与位相差振荡。由式(10.7.11)不难看出,对波数相同($k_m=k_n$, $l_m=l_n$)或者波数矢量($\boldsymbol{K}_m=k_m\boldsymbol{i}+l_m\boldsymbol{j}$, $\boldsymbol{K}_n=k_n\boldsymbol{i}+l_n\boldsymbol{j}$)平行($\boldsymbol{K}_m\wedge\boldsymbol{K}_n=0$)的两个波,因为 $B(K_m, K_n)=0$,没有相互作用产生。

利用共振条件(10.7.8),式(10.7.12)可以改写为

$$\begin{aligned}&\frac{\partial}{\partial\tau}\nabla^2\psi_1+\beta\frac{\nabla\psi_1}{\partial x}\\&=\left[\frac{\mathrm{d}a_1}{\mathrm{d}T}K_1^2+a_2a_3B(K_2, K_3)\right]\cos\theta_1+\left[\frac{\mathrm{d}a_2}{\mathrm{d}T}K_2^2+a_3a_1B(K_3, K_1)\right]\cos\theta_2+\\&\left[\frac{\mathrm{d}a_3}{\mathrm{d}T}K_3^2+a_1a_2B(K_1, K_2)\right]\cos\theta_3-a_1a_2B(K_1, K_2)\cos(\theta_1-\theta_2)-\\&a_3a_1B(K_3, K_1)\cos(\theta_3-\theta_1)-a_2a_3B(K_2, K_3)\cos(\theta_2-\theta_3)\end{aligned} \tag{10.7.13}$$

式(10.7.13)表明,对 ψ_1 的非线性强迫作用是由两部分构成的,一部分是含有 $\cos(\theta_1-\theta_2)$, $\cos(\theta_3-\theta_1)$,和 $\cos(\theta_2-\theta_3)$项的非共振项,其影响很弱,作为近似,可以不予考虑;另一部分是含有 $\cos\theta_1$, $\cos\theta_2$, $\cos\theta_3$ 的共振强迫项,它们以系统的固有频率振荡,将造成展开式(10.7.3)的失效。为使展开式(10.7.3)一致有效,必须令式(10.7.13)中的共振项为 0。因此,有

$$\begin{cases}K_1^2\dfrac{\mathrm{d}a_1}{\mathrm{d}T}+B(K_2, K_3)a_2a_3=0\\K_2^2\dfrac{\mathrm{d}a_2}{\mathrm{d}T}+B(K_3, K_1)a_3a_1=0\\K_3^2\dfrac{\mathrm{d}a_3}{\mathrm{d}T}+B(K_1, K_2)a_1a_2=0\end{cases} \tag{10.7.14}$$

它描述了共振三波组波动振幅的演变。

为讨论共振三波组的能量变化,用 a_1, a_2, a_3 分别乘以式(10.7.14)的三个式子,得到

$$\begin{cases} K_1^2 \dfrac{\mathrm{d}a_1^2}{\mathrm{d}T} = -2B(K_2, K_3)a_1a_2a_3 \\ K_2^2 \dfrac{\mathrm{d}a_2^2}{\mathrm{d}T} = -2B(K_3, K_1)a_1a_2a_3 \\ K_3^2 \dfrac{\mathrm{d}a_3^2}{\mathrm{d}T} = -2B(K_1, K_2)a_1a_2a_3 \end{cases} \tag{10.7.15}$$

上述三式相加，利用式(10.7.9)，得到

$$\frac{\mathrm{d}}{\mathrm{d}T}(K_1^2a_1^2 + K_2^2a_2^2 + K_3^2a_3^2) = 0 \tag{10.7.16}$$

式(10.7.16)表示共振三波组在一个波周期内的平均总能量(动能)守恒。因为三波组中单波的动能密度 e_i 可以表示为

$$e_i = \frac{1}{2}\left[\left(\frac{\partial \psi_{0i}}{\partial x}\right)^2 + \left(\frac{\partial \psi_{0i}}{\partial y}\right)^2\right]$$

由式(10.7.7)知

$$\psi_{0i} = a_i(T)\cos\theta_i \quad (i = 1, 2, 3)$$

如此

$$e_i = \frac{1}{2}K_i^2 a_i^2 \sin^2\theta_i \tag{10.7.17}$$

在一个波周期内取平均，即得单波在一个波周期内的平均动能 E_i 为

$$E_i = \frac{1}{2\pi}\int_0^{2\pi} e_i \mathrm{d}\theta_i = \frac{K_i^2}{4}a_i^2 \tag{10.7.18}$$

这样，三波组在一个波周期内的总能量(动能)E 为

$$E = \frac{1}{4}(K_1^2a_1^2 + K_2^2a_2^2 + K_3^2a_3^2) \tag{10.7.19}$$

因此，式(10.7.16)可以改写为

$$\frac{\mathrm{d}}{\mathrm{d}T}(E_1 + E_2 + E_3) \equiv \frac{\mathrm{d}E}{\mathrm{d}T} = 0 \tag{10.7.20}$$

这表明，共振三波组中单波能量可以相互转换，但其总能量是守恒的。当然，这种能量守恒是近似的，因为由式(10.7.13)易知，三波组中的能量还有一些要传给非共振波。不过，这种能量输送，与共振三波组之间的能量转换相比是非常小的。因此，可以认为共振三波组在共振相互作用过程中，能量是守恒的。

此外，由式(10.7.14)还可以得到共振三波组的另一种守恒关系式。用 $K_1^2a_1$，$K_2^2a_2$，$K_3^2a_3$ 分别乘以式(10.7.14)中的三个式子，得到

$$
\begin{cases}
K_1^4 \dfrac{\mathrm{d}a_1^2}{\mathrm{d}T} = -2K_1^2 B(K_2, K_3) a_1 a_2 a_3 \\
K_2^4 \dfrac{\mathrm{d}a_2^2}{\mathrm{d}T} = -2K_2^2 B(K_3, K_1) a_1 a_2 a_3 \\
K_3^4 \dfrac{\mathrm{d}a_3^2}{\mathrm{d}T} = -2K_3^2 B(K_1, K_2) a_1 a_2 a_3
\end{cases}
\tag{10.7.21}
$$

三式相加，利用式(10.7.9)，容易得到

$$
\frac{\mathrm{d}}{\mathrm{d}T}(K_1^4 a_1^2 + K_2^4 a_2^2 + K_3^4 a_3^2) = 0 \tag{10.7.22}
$$

由式(10.7.18)，式(10.7.22)又可写为

$$
\frac{\mathrm{d}}{\mathrm{d}T}(K_1^2 E_1 + K_2^2 E_2 + K_3^2 E_3) = 0 \tag{10.7.23}
$$

式(10.7.22)或式(10.7.23)实际上表示共振三波组在一个波周期内的平均总拟能的守恒，表明三波组之间的拟能也是可以转换的。因为三波组中单波的位势拟能密度 p_i 可以写为

$$
p_i = \frac{1}{2}\left(\frac{\partial^2 \psi_{0i}}{\partial x^2} + \frac{\partial^2 \psi_{0i}}{\partial y^2}\right)^2 = \frac{1}{2} K_i^4 a_i^2 \cos\theta_i \tag{10.7.24}
$$

在一个波周期内取平均，得到一个波周期内单波的平均拟能 P_i 为

$$
P_i = \frac{1}{2\pi}\int_0^{2\pi} \frac{1}{2} K_i^4 a_i^2 \cos^2\theta_i \mathrm{d}\theta_i = K_i^2 E_i \tag{10.7.25}
$$

因此，共振三波组在一个波周期内的平均总拟能 P 为

$$
P = \frac{1}{4}(K_1^4 a_1^2 + K_2^4 a_2^4 + K_3^4 a_3^2) = K_1^2 E_1 + K_2^2 E_2 + K_3^2 E_3 \tag{10.7.26}
$$

式(10.7.23)表明，共振三波组的总拟能也是近似守恒的。容易证明，共振三波组的波作用是不守恒的。

式(10.7.20，10.7.23)对 T 积分，得到

$$
\begin{cases}
E_1 + E_2 + E_3 = E_0 \\
P_1 + P_2 + P_3 = P_0 = K_0^2 E_0
\end{cases}
\tag{10.7.27}
$$

式中 E_0 为初始时刻三波组的总能量，而

$$
K_0^2 = \frac{K_1^2 E_1(T) + K_2^2 E_2(T) + K_3^2 E_3(T)}{E_1(T) + E_2(T) + E_3(T)} = \text{常数} \tag{10.7.28}
$$

在三波组相互作用过程中也必定守恒。

上面我们给出了共振三波组之间的能量和拟能守恒式，并指出三波组之间的能量和拟能都是可以转换的。下面我们看三波组之间的能量是如何转换的。利用能量 E_i 的定义式(10.7.18)，式(10.7.15)可以改写为

$$
\begin{cases}
\dfrac{\mathrm{d}E_1}{\mathrm{d}T}=-\dfrac{1}{2}B(K_2,K_3)a_1a_2a_3 \\
\dfrac{\mathrm{d}E_2}{\mathrm{d}T}=-\dfrac{1}{2}B(K_3,K_1)a_1a_2a_3 \\
\dfrac{\mathrm{d}E_3}{\mathrm{d}T}=-\dfrac{1}{2}B(K_1,K_2)a_1a_2a_3
\end{cases}
$$

由此得到

$$
\frac{\dfrac{\mathrm{d}E_1}{\mathrm{d}T}}{B(K_2,K_3)}=\frac{\dfrac{\mathrm{d}E_2}{\mathrm{d}T}}{B(K_3,K_1)}=\frac{\dfrac{\mathrm{d}E_3}{\mathrm{d}T}}{B(K_1,K_2)} \tag{10.7.29}
$$

利用式(10.7.9)，易知相互作用系数成立下述关系式

$$
\begin{cases}
\dfrac{B(K_2,K_3)}{B(K_3,K_1)}=\dfrac{K_2^2-K_3^2}{K_3^2-K_1^2} \\
\dfrac{B(K_1,K_2)}{B(K_3,K_1)}=\dfrac{K_1^2-K_2^2}{K_3^2-K_1^2}
\end{cases} \tag{10.7.30}
$$

代入式(10.7.29)，得到

$$
\frac{\dfrac{\mathrm{d}E_1}{\mathrm{d}T}}{K_2^2-K_3^2}=\frac{\dfrac{\mathrm{d}E_2}{\mathrm{d}T}}{K_3^2-K_1^2}=\frac{\dfrac{\mathrm{d}E_3}{\mathrm{d}T}}{K_1^2-K_2^2} \tag{10.7.31}
$$

类似地，由式(10.7.21)，可以得到

$$
\frac{\dfrac{\mathrm{d}P_1}{\mathrm{d}T}}{K_1^2(K_2^2-K_3^2)}=\frac{\dfrac{\mathrm{d}P_2}{\mathrm{d}T}}{K_2^2(K_3^2-K_1^2)}=\frac{\dfrac{\mathrm{d}P_3}{\mathrm{d}T}}{K_3^2(K_1^2-K_2^2)} \tag{10.7.32}
$$

假定三波组中有 $K_1^2>K_2^2>K_3^2$ 成立，即波 1、波 2 和波 3 分别依次为短波、中波和长波(在 Rossby 波的范畴内)，则由式(10.7.31)不难发现，如果$\dfrac{\mathrm{d}E_1}{\mathrm{d}T}<0$，则必有$\dfrac{\mathrm{d}E_2}{\mathrm{d}T}>0$ 和$\dfrac{\mathrm{d}E_3}{\mathrm{d}T}<0$，就是说，三波组中，中间波长能量时间变化的符号与短波和长波的能量变化符号相反，即如果三波组中中波能量随时间增大，则必有短波和长波的能量同时减小相伴随；反之，如果中波能量随时间减小，则必伴有短波和长波能量的同时增大。由式(10.7.32)不难看出，三波组中的拟能变化也有完全相似的结论。这就是说，由于非线性相互作用，共振三波组中，一个波不可能同时把能量或拟能输送给波长都比它大或都比它小的波中去。如果一个波把能量或拟能输送给波长比它大的波中去，则为保持能量或拟能守恒，它必须把能量或拟能同时输送给波长比它短的波中去。这与通常能量从长波向短波输送的图式不同，称为能量的反串级输送原理。

思考题

1. Rossby 波径向和垂直方向传播或者被阻截的条件是什么？

2. 什么是过反射？为什么说正压不稳定的必要条件也是 Rossby 波发生过反射的充分条件？

3. 如何理解 EP 通量以及 EP 通量散度？

参考文献

[1] HOSKINS B J, KAROLY D J. The steady response of a spherical atmosphere to thermal and orographic forcing [J]. Journal of the Atmospheric Sciences, 1981, 38: 1179 - 1196.

[2] CHARNEY J G, DRAZIN P G. Propagation of planetary scale disturbances from the lower into the upper atmosphere [J]. Journal of Geographic Research, 1961, 66: 83 - 109.

[3] STRAUS D M. Conservation laws of wave action and potential enstrophy for Rossby wave in a stratified atmosphere [J]. Pure and Applied Geophysics, 1983, 121(5/6): 917 - 946.

[4] ELIASSEN A, PALM E. On the transfer of energy in stationary mountain waves [J]. Geofysiske Publikasjoner, 1961, 22:1 - 23.

[5] EDMOND H J, KOSKINS B J, MCINTYRE M E. Eliassen-Palm cross sections for the troposphere [J]. Journal of the Atmospheric Sciences, 1980, 37:2600 - 2616.

[6] ANDREWS D G, MCINTYRE M E. Planetary waves in horizontal and vertical shear: The generalized Eliassen-Palm relation and mean zonal acceleration [J]. Journal of the Atmospheric Sciences, 1976, 33:2031 - 2048.

[7] LINDZEN R S, TUNG K K. Wave overreflection and shear instability [J]. Journal of the Atmospheric Sciences, 1978, 35:1626 - 1632.

[8] LINDZEN R S, FARRELL B, TUNG K K. The concept of wave overreflection and its application to baroclinic instability [J]. Journal of the Atmospheric Sciences, 1980, 37:44 - 63.

[9] LONGUET-HIGGINS M S, GILL A E. Resonant interactions between planetary waves [J]. Proceedings of the Royal Society of London Series A-Mathematical and Physical Sciences, 1967, 299:120 - 140.

[10] LORENZ E N. Barotrophic instability of Rossby wave motion [J]. Journal of the Atmospheric Sciences, 1972, 29:258 - 269.

第十一章

非线性 Rossby 波

前面我们讨论了均匀介质和非均匀缓变介质中的线性大气波动，介绍了它们的基本性质，利用它们解释了一些大气现象。近来非线性效应在各种学科中越来越受到重视，大气科学中非线性波动的研究也获得了不少进展，较好地解释了诸如大气阻塞过程等一些气象现象。

自从 Russell 在 1834 年观测到孤立波以来，很多数学家试图用数学方程去描述这种非线性孤立波现象。现在已知很多可用来研究非线性波动的方程可写成如下形式

$$\frac{\partial u}{\partial t}+f(u)\frac{\partial u}{\partial x}+L(u)=0 \tag{11.0.1}$$

式中：$f(u)$为 u 的函数；L 为常系数的线性算子。其中研究最多的也是人们最感兴趣的是 KdV 方程，其一般形式可以写为

$$\frac{\partial u}{\partial t}+au^{p}\frac{\partial u}{\partial x}+\frac{\partial^{2r+1}u}{\partial x^{2r+1}}=0 \tag{11.0.2}$$

式中 p，r 为正整数。$r=1$ 时，式(11.0.2)存在非线性孤立波解，这时，如 p 为奇数，则孤立波振幅与 a 的关系为

$$\text{Sign(波振幅)}=\text{Sign}(\alpha)$$

如果 p 为偶数，可以得到压缩孤波，或者稀疏孤波。对压缩孤波，有

$$\text{Sign(波振幅)}=\text{Sign}(\alpha)$$

对稀疏孤波，则有

$$\text{Sign(波振幅)}=-\text{Sign}(\alpha)$$

当 r 为大于 1 的正整数，则式(11.0.2)没有孤波解存在。当 $r=1$，$p=1$ 时，则式(11.0.2)化为众所周知的 KdV 方程

$$\frac{\partial u}{\partial t}+au\frac{\partial u}{\partial x}+\frac{\partial^{3}u}{\partial x^{3}}=0 \tag{11.0.3}$$

如果 $r=1$，$p=2$，则式(11.0.2)化为所谓 mKdV 方程

$$\frac{\partial u}{\partial t}+au^{2}\frac{\partial u}{\partial x}+\frac{\partial^{3}u}{\partial x^{3}}=0 \tag{11.0.4}$$

式(11.0.1)的线性算子 L 还可以推广，得到

$$\frac{\partial u}{\partial t}+f(u)\frac{\partial u}{\partial x}+\int_{-\infty}^{\infty}K(x-\xi)\frac{\partial u(\xi,t)}{\partial \xi}\mathrm{d}\xi=0 \tag{11.0.5}$$

式中 $K(x)$描述频散效应。

KdV 方程可用来研究长生命周期系统的结构。我们知道,孤立波形成于线性频散和非线性效应同时存在,而且相平衡的系统中,如果 KdV 方程中只有频散项,没有非线性项,则初始时刻的各波分量将以不同的速度传播,从而破坏孤波的形成或维持;如果 KdV 方程中只有非线性项,而没有频散项,则谐波能量将不断注入高频波,从而形成激波,而不会有孤波产生。

本章首先介绍非线性平流和耗散波,§11.2 中介绍 Rossby KdV 孤立波和 mKdV 孤立波;然后在§11.3 中介绍包络孤立波,推导非线性 Schrödinger 方程;§11.4 中阐述 Rossby 偶极子(modon);在§11.5 中推导 Benjamin-Ono 方程,给出代数孤立波解;最后在§11.6 中,推导非齐次 KdV 方程,并给出其强迫孤立波的数值解。

§11.1 Burgers 方程与 KdV 方程

本节将介绍非线性波动的初步知识。首先介绍平流波动与耗散波动。非线性平流作用使波形变陡,而耗散作用却使波幅衰减,两者共同作用的控制方程为非线性耗散方程,即 Burgers 方程。这是在平流项之上加一个二阶导数项得到的。若加的是一个三阶导数项,则得到的是 KdV 方程,它表示非线性平流作用与频散作用之间的平衡。

11.1.1 平流和耗散波与 Burgers 方程

设描述波动的线性平流方程为

$$\frac{\partial u}{\partial t}+\bar{u}\frac{\partial u}{\partial x}=0 \tag{11.1.1}$$

式中$\bar{u}$为常数。易求得此方程的通解为

$$u=f(x-\bar{u}t) \tag{11.1.2}$$

式中 f 为任意函数,可由初始条件确定。式(11.1.2)表明,物理量 u 是以速度$\bar{u}$向东($\bar{u}>0$)或向西($\bar{u}<0$)平移,所以称为平流流动。在传播过程中,波动是不变形的。因此,式(11.1.1)可改写为

$$\frac{\mathrm{d}u}{\mathrm{d}t}=0\left(\frac{\mathrm{d}}{\mathrm{d}t}=\frac{\partial}{\partial t}+\frac{\mathrm{d}x}{\mathrm{d}t}\frac{\partial}{\partial x}\right) \tag{11.1.3}$$

$$\frac{\mathrm{d}x}{\mathrm{d}t}=\bar{u} \tag{11.1.4}$$

这两式表明,以速度$\bar{u}$前进的观测者所见到的 u 是不变的。由式(11.1.4),可得到

$$x-\bar{u}t=\text{常数} \tag{11.1.5}$$

称为方程(11.1.1)的特征线。由式(11.1.3)表明,沿特征线,u 保持不变。

将式(11.1.1)中的$\bar{u}$改为 u,则得到非线性平流方程为

$$\frac{\partial u}{\partial t}+u\frac{\partial u}{\partial x}=0 \tag{11.1.6}$$

式中的第二项称为非线性平流项。式(11.1.6)可改写为下述两式

$$\frac{\mathrm{d}u}{\mathrm{d}t}=0 \tag{11.1.7}$$

$$\frac{\mathrm{d}x}{\mathrm{d}t}=u \tag{11.1.8}$$

这也表明,以速度 u 前进的观测者所见到的 u 是不变的。或说沿特征线

$$x-ut=\text{常数} \tag{11.1.9}$$

u 保持不变。与线性方程(11.1.1)的通解相仿,式(11.1.6)的通解形式为

$$u=f(x-ut) \tag{11.1.10}$$

从形式上看,线性方程和非线性方程的通解式(11.1.2)和式(11.1.10)差不多,差别仅是 $\bar{u}$ 改为 u,然而解的性质却发生了很大的变化,这从定性方面很容易看出来。因 $f(x-\bar{u}t)$ 中的 $\bar{u}$ 是常数,这表示波是以定常的速度 $\bar{u}$ 移动的,而 $f(x-ut)$ 中的 u 是 x 和 t 的函数,u 可以为正,此时波向东传;u 可以为负,则波向西传,u 大则传播快,u 小则传播慢,于是波形在变化着,甚至出现间断。为说明非线性平流波动会产生波的变形与间断现象,我们举一个简单的初始条件为例。设初始条件为一个正弦分布

$$u(x,\ 0)=U\sin kx \tag{11.1.11}$$

由上面的分析可知,此时非线性平流方程(11.1.6)的解为

$$u=U\sin k(x-ut) \tag{11.1.12}$$

为方便起见,将其无因次化。为此,取速度、长度和时间的尺度依次为 U, k^{-1}, $U^{-1}k^{-1}$,即

$$u=Uu',\ x=k^{-1}x',\ t=U^{-1}k^{-1}t' \tag{11.1.13}$$

将式(11.1.13)代入式(11.1.12),得到(已略去撇号)

$$u=\sin(x-ut) \tag{11.1.14}$$

这表明 u 是沿 x 方向以速度 u 传播的。当 $u>0$ 时(波脊区),波形向东传播,反之,当 $u<0$ 时(波槽区),波形向西移动,当 $u=0$(波节点)时,波不移动。这样变形的结果正如图 11.1 所示,必然是初始时刻位于 $\frac{\partial u}{\partial x}<0$ 的一段 $\widehat{ABC}$ 变成 $\widehat{A'BC'}$,即愈来愈陡,而位于 $\frac{\partial u}{\partial x}>0$ 的一段 $\widehat{CDE}$ 变成 $\widehat{C'DE'}$,即愈来愈平。因此,原来对称的正弦波就变成锯齿状的波形。这就是非线性平流波动的主要特点。

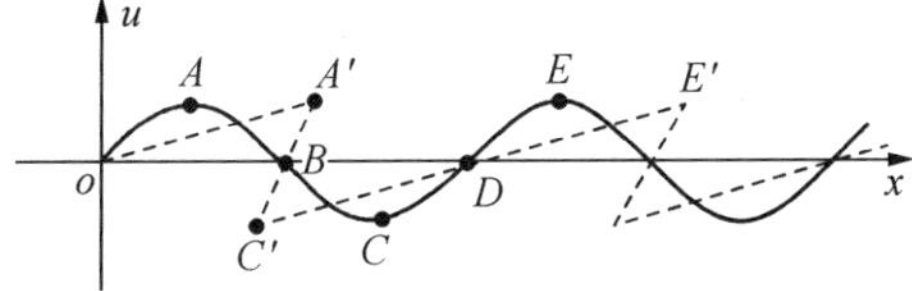

图 11.1　平流作用使波变形的示意图

设线性平流方程(11.1.1)的形式解为 $Ae^{i(kx-\omega t)}$，则利用符号关系式，可得到频散关系式

$$\omega = \bar{u}k \tag{11.1.15}$$

所以，式(11.1.1)的波动解为

$$u = Ae^{ik(x-\bar{u}t)} \tag{11.1.16}$$

由此看出，频率 ω 为实数、振幅 A 为常数，均不随时间而变化。但若在线性平流方程的右端加上一个对 x 的二阶偏导数，即耗散项，方程变为

$$\frac{\partial u}{\partial t} + \bar{u}\frac{\partial u}{\partial x} = \gamma\frac{\partial^2 u}{\partial x^2} \tag{11.1.17}$$

式中 γ 为黏性系数($\gamma>0$)。利用符号关系式，可得到

$$\omega = \bar{u}k - i\gamma k^2 \tag{11.1.18}$$

此时频率不再是实数，而是复数，具有虚部。波动解为

$$u = Ae^{i[kx-(\bar{u}k-i\gamma k^2)t]} = Ae^{-\gamma k^2 t}e^{ik(x-\bar{u}t)} \tag{11.1.19}$$

式(11.1.19)表明，波动的振幅 $Ae^{-\gamma k^2 t}$ 不再是常数，而是随 t 呈指数式衰减的形式，且衰减强度与黏性系数 γ 和波数 k 的平方均成正比。我们称这种振幅随时间衰减的波动为耗散波动。或者说，频散关系式中，频率 ω 出现虚部的波动为耗散波动。

若在非线性平流方程中加上一个对 x 的二阶偏导数项，用来考察非线性与黏性的共同作用，此时控制方程为

$$\frac{\partial u}{\partial t} + u\frac{\partial u}{\partial x} = \gamma\frac{\partial^2 u}{\partial x^2} \tag{11.1.20}$$

这样的非线性耗散方程通常称为 Burgers 方程。式中右端的二阶导数项反映了黏性作用或扩散作用。求 Burgers 方程的解析解，已有成熟的方法。

例如可通过 Jole-Hopf 变换，将其化为扩散方程，从而很容易得到解析解。引入 Cole-Hopf 变换如下

$$u = -2\gamma\frac{1}{\phi}\phi_x \tag{11.1.21}$$

将式(11.1.21)代入式(11.1.20)，约去两端相同的项，得到

$$\left(\frac{\phi_t}{\phi}\right)_x = \gamma\left(\frac{\phi_{xx}}{\phi}\right)_x \tag{11.1.22}$$

关于 x 积分式(11.1.22)，得到

$$\phi_t = \gamma\phi_{xx} + g(t)\phi \tag{11.1.23}$$

其中，$g(t)$ 与边界条件相关，在周期性边界条件下 $g(t)=0$。这样，我们通过 Cole-Hopf 变换将非线性方程中的非线性项去掉了，得到的是熟悉的扩散方程，解析解也就得到了。

例如，设对于 u 的初始条件为

$$t = 0,\ u = F(x) \tag{11.1.24}$$

利用式(11.1.21),求得相应于 ϕ 的初始条件

$$t=0,\ \phi=\exp\left(-\frac{1}{2\gamma}\int_0^x F(\xi)\mathrm{d}\xi\right)=\phi_0(x) \tag{11.1.25}$$

利用《数学物理方法》中的知识,可立即得到在初始条件(11.1.25)下的扩散方程(11.1.23)的解为

$$\phi=\frac{1}{\sqrt{4\pi\gamma t}}\int_{-\infty}^{\infty}\phi_0(\eta)\exp\left[-\frac{(x-\eta)^2}{4\gamma t}\right]\mathrm{d}\eta \tag{11.1.26}$$

再将式(11.1.26)代入式(11.1.21),最后可得到所求的解为

$$u=\frac{\displaystyle\int_{-\infty}^{\infty}\frac{x-\eta}{t}\mathrm{e}^{-\frac{1}{2\gamma}G(\eta)}\mathrm{d}\eta}{\displaystyle\int_{-\infty}^{\infty}\mathrm{e}^{-\frac{1}{2\gamma}G(\eta)}\mathrm{d}\eta} \tag{11.1.27}$$

其中

$$G(\eta)=\int_0^{\eta}F(\xi)\mathrm{d}\xi+\frac{(x-\eta)^2}{2t} \tag{11.1.28}$$

Platzman(1964)曾用数值积分方法,计算出 Burgers 方程对于不同黏性系数 γ 的值的解,并用图 11.2 表示。图中点线为初始时刻 $t=0$ 的 u,虚线表示 Burgers 方程解的形式。在 $\gamma=1$ 时,随着 t 增大,u 逐渐耗散衰减。实线表示 $\gamma=0.01$ 时解随时间 t 的变化,由于 γ 很小,Burgers 方程就具有非线性平流项的特点,在 $x=0$ 附近变陡,并在 $x=0$ 处逐渐形成间断。当使解衰减的耗散作用和使解变陡并能形成间断的平流作用相互平衡时,就可出现一个定常移动的冲击波或说激波。

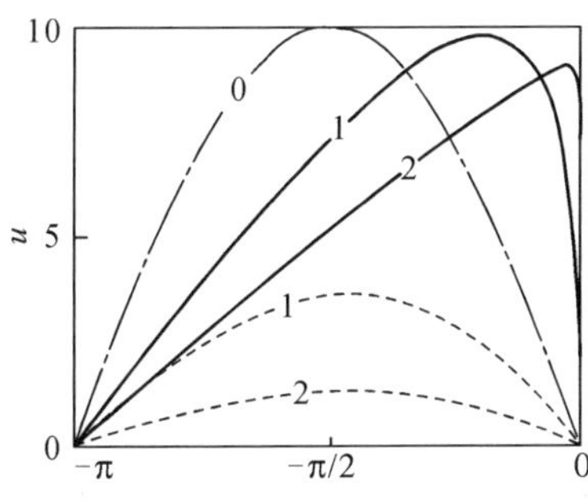

图 11.2　Burgers 方程的解(图中点线为初始时刻的 u,虚线为 $\gamma=1$ 时的解,实线为 $\gamma=0.01$ 时的解,图中数字为时间 t 值)

11.1.2　频散波与 KdV 方程

上节我们讨论了耗散方程,其控制方程是在线性或非线性平流方程的右端加上一个 x 的二阶导数项 $\frac{\partial^2 u}{\partial x^2}$ 构成的。因为此时频散关系式中频率 ω 含虚数部分,对单波而言,其振幅由原来的常数变为随时间 t 增大而衰减。如果右端加上 x 的四阶、六阶……导数项,即偶次导数项,同样,得到的频率都包含虚数部分,所以把平流方程的右端加上 x 的偶次导数项所描述的

波动均称为耗散波动。如果在平流方程右端加上一个 x 的奇次导数项,例如在线性平流方程右端加上三次导数项$\frac{\partial^3 u}{\partial x^3}$,结果将怎样呢?下面我们就讨论这个问题。

现在,我们要研究的方程为

$$\frac{\partial u}{\partial t}+\bar{u}\frac{\partial u}{\partial x}=-\beta\frac{\partial^3 u}{\partial x^3} \tag{11.1.29}$$

不失一般性,可设式(11.1.29)中的常数 $\beta>0$。对于 $\beta<0$ 的情形,只要同时作函数和自变量的变换$u'=-u$, $x'=-x$,即可化为 $\beta>0$ 的情形。对于方程(11.1.29),很易得到频散关系式为

$$\omega=\bar{u}k-\beta k^3 \tag{11.1.30}$$

显见,此时 ω 不包含虚数部分。对单波来说,其振幅与时间 t 无关,这与耗散波是不同的。但由于 ω 对 k 的二阶导数不为零,所以无穷多个单波合成后,可由式(4.1.72)近似表示。可以看出,合成波的振幅包含因子 $t^{-\frac{1}{2}}$。于是我们将看到,很多波所组成的合成波在传播过程中,其振幅随 t 的增大而衰减。也就是说,群波在传播中会变形,波形弥散或变弱,出现频散现象,所以称这样的波动为频散波动。而当 $\beta=0$ 时,即去掉 x 的三阶导数项,则频散关系式(11.1.30)化为

$$\omega=\bar{u}k \tag{11.1.31}$$

相速 c 和群速 c_g 均为$\bar{u}$,即

$$c=\frac{\omega}{k}=\bar{u},\ c_g=\frac{\partial\omega}{\partial k}=\bar{u} \tag{11.1.32}$$

许多这样的波合成起来,在传播过程中不会变形,因而是非频散波。由此可知,三阶导数项起频散作用。如果平流方程右端加上的是 x 的五阶、七阶……导数项,则同样可知,ω 均为实数,且 ω 关于 k 的二阶导数均不为零。所以,称平流方程右端加上一个奇次阶偏导数项后所描述的波动为频散波动。一阶除外,因为一阶导数项即平流项。在大多数情况下,实际的波动既是频散的,也是耗散的,具体取决于物理过程与控制方程。

下面我们来进一步讨论非线性平流方程的右端附加上一个三阶导数项的问题,它可写为

$$\frac{\partial u}{\partial t}+u\frac{\partial u}{\partial x}=-\beta\frac{\partial^3 u}{\partial x^3} \tag{11.1.33}$$

这类方程首先是由 Korteweg 和 de Vries 在研究水波传播时导得的,故称为 KdV 方程。它是非线性波动中的一类典型方程,许多领域中均导得了这类方程,引起了许多科学家的兴趣,并进一步进行研究,取得许多很有价值的成果。

方程(11.1.33)中,非线性项 $u\frac{\partial u}{\partial x}$的作用是使波形变陡,而频散项$\frac{\partial^3 u}{\partial x^3}$的作用是使波形弥散或变弱。同一个方程中,包括两种作用,如果这两个作用恰好达到平衡,则波形会维持不变,且以定常的速度移动。在这种情况下,总可以出现一种波动,它具有下列形式

$$u=u(x,\ t)=u(x-ct) \tag{11.1.34}$$

式中 c 为常数。式(11.1.34)表示波动是在 x 方向以常速 c 移动的行波。这种方法我们可称

之为永久波形法。下面就用此法来求解式(11.1.33)。

令

$$\xi = x - ct \tag{11.1.35}$$

将式(11.1.34,11.1.35)代入式(11.1.33),则两个自变量 x 和 t 的偏微分方程就可化为一个自变量 ξ 的常微分方程

$$-c\frac{\partial u}{\partial \xi} + u\frac{\partial u}{\partial \xi} + \beta\frac{\partial^3 u}{\partial \xi^3} = 0 \tag{11.1.36}$$

将式(11.1.36)关于 ξ 积分一次,得到

$$\frac{1}{2}u^2 - cu + \beta\frac{\partial^2 u}{\partial \xi^2} = A \tag{11.1.37}$$

式中 A 为积分常数。将式(11.1.37)乘以$\dfrac{\partial u}{\partial \xi}$,再积分一次,得到

$$\frac{1}{6}u^3 - \frac{1}{2}cu^2 + \beta\frac{1}{2}\left(\frac{\partial u}{\partial \xi}\right)^2 = Au + B \tag{11.1.38}$$

式中 B 为积分常数。若令

$$f(u) = -u^3 + 3cu^2 + 6Au + 6B \tag{11.1.39}$$

则式(11.1.38)化为

$$3\beta\left(\frac{\partial u}{\partial \xi}\right)^2 = f(u) \tag{11.1.40}$$

显见,式(11.1.40)左端为正值(因为一开始就已设 $\beta>0$),所以只有当 $f(u)>0$ 时,才有实解存在。$f(u)$为 u 的三次代数式,设它有三个实的零点 u_1, u_2, u_3,即

$$f(u) = -(u-u_1)(u-u_2)(u-u_3) \tag{11.1.41}$$

不失一般性,可设 $u_1\leqslant u_2\leqslant u_3$,如图 11.3 所示。图中横轴为 u,纵轴为 $f(u)$,当三个零点互不相等时,$f(u)$的分布如曲线Ⅰ所示,它与横轴的交点 C_1, C_2, C_3 即为零点 u_1, u_2, u_3,而曲线Ⅱ则是曲线Ⅰ在 $u_1=u_2$ 时的特例,它表示 $f(u)=0$ 有一个二重实根为 $u_1=u_2$,此时曲线Ⅱ与 u 轴相切于 u_1 点。曲线Ⅲ也是曲线Ⅰ的特例,但此时 $u_2=u_3$,即 $f(u)=0$ 有一个二重实根 $u_2=u_3$,曲线Ⅲ与 u 轴相切于 u_3 点。

利用代数学知识,由式(11.1.39,11.1.41)可知,多项式系数和三个零点之间有如下的关系式

$$\begin{aligned} c &= \frac{1}{3}(u_1+u_2+u_3) \\ A &= -\frac{1}{6}(u_1u_2+u_2u_3+u_3u_1) \\ B &= \frac{1}{6}u_1u_2u_3 \end{aligned} \tag{11.1.42}$$

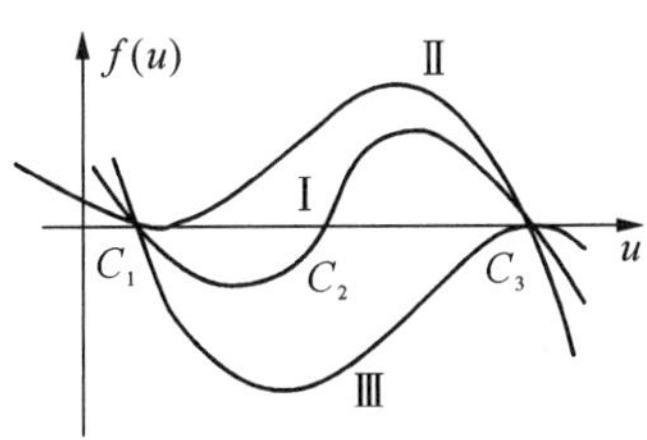

图 11.3　$f(u)$的示意图

下面我们分别讨论上述的三种情形，即 $u_1 \neq u_2 \neq u_3$，$u_1 = u_2 \neq u_3$ 和 $u_1 \neq u_2 = u_3$。

1. 椭圆余弦波

当 $f(u)$ 的三个零点不相等时，即 $u_1 \neq u_2 \neq u_3$ 时，其分布如图中曲线Ⅰ所示，欲使 $f(u) > 0$，则有意义的 u 必落在 u_2 与 u_3 之间。此时，式(11.1.40)两边开方，出现正负号，我们取负号进行讨论(取正号讨论也是一样的)。

$$\frac{\mathrm{d}u}{\mathrm{d}\xi} = -\frac{1}{\sqrt{3\beta}}\sqrt{f(u)} \tag{11.1.43}$$

再将式(11.1.41)代入式(11.1.43)，则有

$$\frac{\mathrm{d}\xi}{\sqrt{3\beta}} = -\frac{\mathrm{d}u}{\sqrt{(u-u_1)(u-u_2)(u_3-u)}} \tag{11.1.44}$$

因 u 落在 u_2 与 u_3 之间，$u_3 - u$ 恒正，可作变换

$$u_3 - u = p^2 \tag{11.1.45}$$

微分式(11.1.45)，有

$$\mathrm{d}u = -2p\mathrm{d}p \tag{11.1.46}$$

将式(11.1.46)代入式(11.1.44)，得到

$$\frac{\mathrm{d}\xi}{\sqrt{3\beta}} = \frac{2\mathrm{d}p}{\sqrt{(u_3-u_1-p^2)(u_3-u_2-p^2)}} \tag{11.1.47}$$

再作变换

$$p = \sqrt{u_3-u_2}\,q \tag{11.1.48}$$

则有

$$q = \frac{p}{\sqrt{u_3-u_2}} = \sqrt{\frac{u_3-u}{u_3-u_2}} \tag{11.1.49}$$

且

$$\begin{aligned} &\text{当 } u = u_3 \text{ 时}, q = 0 \\ &\text{当 } u = u_2 \text{ 时}, q = 1 \end{aligned} \tag{11.1.50}$$

于是，方程(11.1.47)化为

$$\frac{\mathrm{d}\xi}{\sqrt{3\beta}} = \frac{2}{\sqrt{u_3-u_1}} \cdot \frac{\mathrm{d}q}{\sqrt{(1-q^2)(1-s^2q^2)}} \tag{11.1.51}$$

其中

$$s^2 = \frac{u_3-u_2}{u_3-u_1} \tag{11.1.52}$$

将式(11.1.51)两边积分，且取 $q=0$ 时，$\xi=0$，则得

$$\xi = \sqrt{\frac{12\beta}{u_3 - u_1}}\int_0^q \frac{\mathrm{d}q}{\sqrt{(1-q^2)(1-s^2q^2)}} \tag{11.1.53}$$

式(11.1.53)右端的积分称为勒让德第一类椭圆积分，它是上限 q 和模数 s 的函数。第一类椭圆积分的反函数称为 Jacobi 椭圆函数，记作

$$q = \mathrm{sn}\left(\xi\sqrt{\frac{u_3 - u_1}{12\beta}},\ s\right) \tag{11.1.54}$$

由式(11.1.49)和 $\mathrm{sn}^2x + \mathrm{cn}^2x = 1$，可得到

$$u(\xi) = u_2 + (u_3 - u_2)\mathrm{cn}^2\left(\xi\sqrt{\frac{u_3 - u_1}{12\beta}},\ s\right) \tag{11.1.55}$$

式(11.1.54,11.1.55)中的 $\mathrm{sn}(x,\ s)$ 和 $\mathrm{cn}(x,\ s)$ 分别称为椭圆正弦函数和椭圆余弦函数，其级数表达式为

$$\begin{aligned}
\mathrm{sn}(x,\ s) &= x - \frac{1+s^2}{3!}x^3 + \frac{1+14s^2+s^4}{5!}x^5 - \frac{1+135s^2+135s^4+s^6}{7!}x^7 + \cdots \\
\mathrm{cn}(x,\ s) &= 1 - \frac{1}{2!}x^2 + \frac{1+4s^2}{4!}x^4 - \frac{1+44s^2+16s^4}{6!}x^6 + \cdots
\end{aligned} \tag{11.1.56}$$

椭圆正弦函数和椭圆余弦函数都是周期函数，其周期 P 为 $4K(s)$，而 $K(s)$ 为

$$K(s) = \int_0^1 \frac{\mathrm{d}q}{\sqrt{(1-q^2)(1-s^2q^2)}} \tag{11.1.57}$$

我们称式(11.1.55)所表示的波动为椭圆余弦波(cnoidal wave)。因 $\mathrm{cn}\,x$ 的周期为 $4K(s)$，所以 cn^2x 的周期为 $2K(s)$。于是，由式(11.1.55)知，$u(\xi)$的周期 P 为

$$P = \frac{2K}{\sqrt{\frac{u_3 - u_1}{12\beta}}} = 4\sqrt{\frac{3\beta}{u_3 - u_1}}\int_0^1 \frac{\mathrm{d}q}{\sqrt{(1-q^2)(1-s^2q^2)}} \tag{11.1.58}$$

2. 孤立波

当 $u_1 = u_2 \neq u_3$ 时，曲线Ⅰ便变为曲线Ⅱ。这是第一种情况 $u_1 \neq u_2 \neq u_3$ 的特例，即 $u_2 \to u_1$。由式(11.1.52)知，此时 $s \to 1$，由积分式(11.1.57)知，$K(s) \to \infty$。这表明椭圆余弦波的周期趋于无限，且椭圆余弦函数便退化为双曲正割函数。此时，可得到

$$u(x,\ t) = u_1 + (u_3 - u_1)\mathrm{sech}^2\left[\sqrt{\frac{u_3 - u_1}{12\beta}}\left(x - \frac{1}{3}(2u_1 + u_3)t\right)\right] \tag{11.1.59}$$

此时 $\xi = x - ct = x - \frac{1}{3}(u_1 + u_2 + u_3)t = x - \frac{1}{3}(2u_1 + u_3)t$。我们称式(11.1.59)表示的波动为孤立波。因为 $K(1) \to \infty$，由式(11.1.58)知，$u(x,\ t)$的波长 $L \to \infty$。所以，孤立波是波长为无穷大的一个孤立的非线性波。

由于

$$\mathrm{sech}\xi = \frac{2}{e^{\xi} + e^{-\xi}} \tag{11.1.60}$$

所以，当$\xi \to \pm\infty$时，$\mathrm{sech}\xi \to 0$。此时，$u \to u_1$，说明u_1就是u在无穷远处的值，记作u_∞。当$\xi = 0$时，$\mathrm{sech}\xi$取得最大值1，所以由式(11.1.59)知，孤立波的振幅为$u_3 - u_1$，记作a。于是有

$$u_1 = u_\infty,\ u_3 - u_1 = a \tag{11.1.61}$$

式(11.1.59)可以改写为

$$u(x,\ t) = u_\infty + a\mathrm{sech}^2\left[\sqrt{\frac{a}{12\beta}}\left(x - \left(u_\infty + \frac{a}{3}\right)t\right)\right] \tag{11.1.62}$$

孤立波的相速c为

$$c = \frac{1}{3}(u_1 + u_2 + u_3) = \frac{1}{3}(2u_1 + u_3) = \frac{1}{3}(3u_\infty + a) = u_\infty + \frac{a}{3} \tag{11.1.63}$$

式(11.1.63)表明，波动相对于u_∞的移速($c - u_\infty$)与波动的振幅a成正比。振幅愈大，移速愈快。如果流场中有许多振幅不同的孤立波，且开始时大振幅的孤立波在小振幅的波后面，则由于大振幅的波移得较快，必然发生追赶现象，即后面的大振幅孤立波赶上并超过前面的小振幅孤立波，最后的排列方式总是大振幅波在前，小振幅波在后。这种波速与振幅有关的现象，是非线性波动的主要特点之一。

图11.4是孤立波的示意图。图中横轴为ξ，纵轴为u。由图可见，孤立波的最高点为u_3，当$\xi \to \pm\infty$时，$u \to u_1$，振幅a为$u_3 - u_1$。通常，我们把$2\pi\sqrt{\frac{12\beta}{a}}$称为孤立波的宽度，它与振幅$a$的平方根成反比，振幅愈大，宽度反而愈小，因而形状愈陡。波的宽度与β的平方根成正比，β愈大，波动宽度也愈大，形状愈平坦。前面已指出，β是三阶导数的系数，反映频散作用的强弱。此处的分析，即宽度与$\sqrt{\beta}$成正比得知，β增大，则波动变宽，变平坦，也说明了起频散的作用。

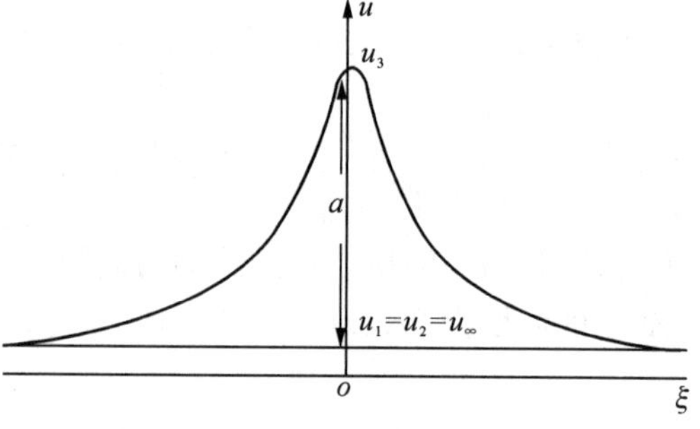

图11.4 孤立波示意图

3. 简谐波

当$u_1 \neq u_2 = u_3$时，曲线Ⅰ变为曲线Ⅲ。这时，只有当$u \leqslant u_1$时，$f(u) \geqslant 0$，方程才有实函数解。但从图11.3可看出，$f(u)$是无界的。因此，不可能得到有界的解。

当u_2趋于u_3而又不严格等于u_3时，由式(11.1.52)可知，此时$s \to 0$，因此

$$K(s) \to \frac{\pi}{2} \tag{11.1.64}$$

因此，$u(\xi)$的周期为

$$P = 2\pi\sqrt{\frac{3\beta}{u_3 - u_1}} \tag{11.1.65}$$

此时，椭圆函数退化为圆函数。由椭圆余弦函数的级数表达式(11.1.56)知

$$\mathrm{cn}(x, 0) = 1 - \frac{1}{2!}x^2 + \frac{1}{4!}x^4 - \frac{1}{6!}x^6 + \cdots = \cos x$$

再利用公式

$$\cos^2 x = \frac{1+\cos 2x}{2}$$

可将 $u(\xi)$ 的表达式写为

$$u(\xi) = u_2 + (u_3 - u_2)\cos^2\sqrt{\frac{u_3-u_1}{12\beta}}\xi = \frac{u_3+u_2}{2} + \frac{u_3-u_2}{2}\cos\sqrt{\frac{u_3-u_1}{3\beta}}\xi \tag{11.1.66}$$

这是椭圆余弦波在 $s\to 0$ 时的极限波动。由于$\frac{u_3-u_2}{2}\to 0$,所以这是振幅无穷小的波动,是线性波动。将 $\xi=x-ct$ 代入式(11.1.66),得到

$$u(x, t) = \frac{u_3+u_2}{2} + \frac{u_3-u_2}{2}\cos\sqrt{\frac{u_3-u_1}{3\beta}}(x-ct) \tag{11.1.67}$$

以上讨论了 KdV 方程所表征的三种波动。其中孤立波是椭圆余弦波当 $s\to 1$ 时的特例,简谐波是 $s\to 0$ 时的特例。因此,可认为 s 值越小,非线性作用越弱。另外,我们还认识到非线性波的频率和相速不仅与波数有关,还与振幅有关的特点,这与线性波动是不同的。

§11.2　Rossby 孤立波

下面介绍大气大尺度运动中的非线性 Rossby 孤立波,首先推导 KdV 方程,然后推导 mKdV 方程。

由正压涡度方程

$$\left(\frac{\partial}{\partial t} + \frac{\partial\psi}{\partial x}\frac{\partial}{\partial y} - \frac{\partial\psi}{\partial y}\frac{\partial}{\partial x}\right)(\nabla^2\psi + \beta y) = 0 \tag{11.2.1}$$

和边界条件

$$\frac{\partial\psi}{\partial x} = 0, \ y = 0, 1 \tag{11.2.2}$$

引入伸长变换(又称 Gardner-Morikawa 变换,简称 GM 变换)

$$\begin{cases} \xi = \varepsilon^p(x-ct) \\ \tau = \varepsilon^q t \end{cases} \tag{11.2.3}$$

式中 $\varepsilon \ll 1$,可以得到 KdV 方程或者 mKdV 方程,这取决于式(11.2.3)中 p, q 的取值。当取 $p=\frac{1}{2}$, $q=\frac{3}{2}$时,得到 KdV 方程;当取 $p=1$, $q=3$ 时,则得到 mKdV 方程。

11.2.1　KdV 方程的导出

这时取如下的伸长变换

$$\xi=\varepsilon^{\frac{1}{2}}(x-ct),\ \tau=\varepsilon^{\frac{3}{2}}t \tag{11.2.4}$$

因此

$$\frac{\partial}{\partial x}=\varepsilon^{\frac{1}{2}}\frac{\partial}{\partial\xi},\ \frac{\partial}{\partial t}=\varepsilon^{\frac{3}{2}}\frac{\partial}{\partial\tau}-\varepsilon^{\frac{1}{2}}c\frac{\partial}{\partial\xi}$$

代入式(11.2.1,11.2.2),得到

$$\left(\varepsilon\frac{\partial}{\partial\tau}-c\frac{\partial}{\partial\xi}+\frac{\partial\psi}{\partial\xi}\frac{\partial}{\partial y}-\frac{\partial\psi}{\partial y}\frac{\partial}{\partial\xi}\right)\left(\varepsilon\frac{\partial^2\psi}{\partial\xi^2}+\frac{\partial^2\psi}{\partial y^2}+\beta y\right)=0 \tag{11.2.5}$$

$$\frac{\partial\psi}{\partial\xi}=0,\ y=0,1 \tag{11.2.6}$$

把 ψ 作 ε 的幂级数展开,即取式(11.2.5)的解形式为

$$\psi=-\int_0^y\bar{u}(y)\mathrm{d}y+\varepsilon\psi_1+\varepsilon^2\psi_2+\cdots \tag{11.2.7}$$

$\bar{u}(y)$为满足地转关系的基本气流,将式(11.2.7)代入式(11.2.5,11.2.6),得到 ε 的各阶方程

$$\varepsilon^1:\quad\begin{cases}\dfrac{\partial\psi_1}{\partial\xi}(\beta-\bar{u}'')+(\bar{u}-c)\dfrac{\partial^3\psi_1}{\partial\xi\partial y^2}=0\\[2mm]\dfrac{\partial\psi_1}{\partial\xi}=0,\ y=0,1\end{cases} \tag{11.2.8}$$

$$\varepsilon^2:\quad\begin{cases}\dfrac{\partial\psi_2}{\partial\xi}(\beta-\bar{u}'')+(\bar{u}-c)\dfrac{\partial^3\psi_2}{\partial\xi\partial y^2}=-\dfrac{\partial}{\partial\tau}\dfrac{\partial^2\psi_1}{\partial y^2}-\dfrac{\partial\psi_1}{\partial\xi}\dfrac{\partial^3\psi_1}{\partial y_1}\\[2mm]\dfrac{\partial\psi_2}{\partial\xi}=0,\ y=0,1\end{cases} \tag{11.2.9}$$

由式(11.2.8)易知,ψ_1 对 τ,ξ 和 y 是可以分离的。为此可设

$$\psi_1=A(\tau,\ \xi)\phi(y) \tag{11.2.10}$$

代入式(11.2.8),得到关于 $\phi(y)$的特征值问题

$$\frac{\mathrm{d}^2\phi}{\mathrm{d}y^2}+\frac{\beta-\bar{u}''}{\bar{u}-c}\phi=0 \tag{11.2.11}$$

$$\phi(y)=0,\ y=0,1 \tag{11.2.12}$$

这里为简单起见,已设 $\bar{u}-c\neq0$,即不考虑临界层问题。式(11.2.11,11.2.12)可以描述 Rossby 波的经向结构。

要决定 $A(\tau,\ \xi)$,还需利用 ε^2 阶的方程(11.2.9)。为此,把式(11.2.10)代入式(11.2.9)的右边,并利用式(11.2.11),得到

$$\frac{\partial^3\psi_2}{\partial\xi\partial y^2}+\frac{\beta-\bar{u}''}{\bar{u}-c}\frac{\partial\psi_2}{\partial\xi}=\frac{\beta-\bar{u}''}{(\bar{u}-c)^2}\phi\frac{\partial A}{\partial\tau}+\frac{1}{\bar{u}-c}A\frac{\partial A}{\partial\xi}\phi^2\frac{\mathrm{d}}{\mathrm{d}y}\left(\frac{\beta-\bar{u}''}{\bar{u}-c}\right)-\phi\frac{\partial^3A}{\partial\xi^3} \tag{11.2.13}$$

由于式(11.2.13)左边算子和式(11.2.8)左边算子相同,而且是自共轭的,因此式(11.2.13)的

可解性条件是

$$\int_0^1 \phi\left(\frac{\partial^3 \psi_2}{\partial \xi \partial y^2} + \frac{\beta - \bar{u}''}{\bar{u} - c} \frac{\partial \psi_2}{\partial \xi}\right) \mathrm{d}y$$

$$= \int_0^1 \frac{\beta - \bar{u}''}{(\bar{u} - c)^2} \phi^2 \frac{\partial A}{\partial \tau} \mathrm{d}y + \int_0^1 \frac{\phi^3}{\bar{u} - c} \frac{\mathrm{d}}{\mathrm{d}y}\left(\frac{\beta - \bar{u}''}{\bar{u} - c}\right) A \frac{\partial A}{\partial \xi} \mathrm{d}y - \int_0^1 \phi^2 \frac{\partial^3 A}{\partial \xi^3} \mathrm{d}y \quad (11.2.14)$$

利用边界条件(11.2.12)和(11.2.9)，易知式(11.2.14)左边为0。如此，由式(11.2.14)得到

$$\frac{\partial A}{\partial \tau} + \alpha A \frac{\partial A}{\partial \xi} + \gamma \frac{\partial^3 A}{\partial \xi^3} = 0 \quad (11.2.15)$$

其中

$$\begin{cases} \alpha = \dfrac{\displaystyle\int_0^1 \frac{\phi^3}{\bar{u} - c} \frac{\mathrm{d}}{\mathrm{d}y}\left(\frac{\beta - \bar{u}''}{\bar{u} - c}\right) \mathrm{d}y}{\displaystyle\int_0^1 \frac{\beta - \bar{u}''}{(\bar{u} - c)^2} \phi^2 \mathrm{d}y} \\ \gamma = \dfrac{-\displaystyle\int_0^1 \phi^2 \mathrm{d}y}{\displaystyle\int_0^1 \frac{\beta - \bar{u}''}{(\bar{u} - c)^2} \phi^2 \mathrm{d}y} \end{cases} \quad (11.2.16)$$

式(11.2.15)就是著名的 KdV 方程。当 $\xi \to \pm\infty$ 时，$A \to 0$ 的特解就是孤立子解，即

$$A(\tau, \xi) = \mathrm{sign}(\alpha\gamma) \mathrm{sech}^2\left[\left|\frac{\alpha}{12\gamma}\right|^{\frac{1}{2}} (\xi - s\tau)\right] \quad (11.2.17)$$

式中 $s = -\dfrac{1}{3} |\alpha| \mathrm{sign}(\gamma)$。而 $\mu = \left|\dfrac{\alpha}{12\gamma}\right|^{\frac{1}{2}}$，即为孤立波的陡度。由式(11.2.16)显示，在 β 平面近似下，基流 $\bar{u}(y)$ 的经向切变，是孤立波存在的必要条件。

对于给定的基本气流 $\bar{u}(y)$，由式(11.2.11，11.2.12)可以得到特征函数 $\phi(y)$ 和特征值 c，再由式(11.2.16)得到 KdV 方程的系数 α 和 γ，进而由式(11.2.17)得到扰动振幅 $A(\tau, \xi)$，再由式(11.2.10)得到 ψ_1，最后由式(11.2.7)得到近似的孤立波流型公式

$$\psi(\tau, \xi, y) = -\int_0^y \bar{u}(y) \mathrm{d}y + \varepsilon A(\tau, \xi) \phi(y) \quad (11.2.18)$$

11.2.2 mKdV 方程的导出

由式(11.2.3)取如下形式的伸长变换

$$\xi = \varepsilon(x - ct), \ \tau = \varepsilon^3 t \quad (11.2.19)$$

因此

$$\frac{\partial}{\partial x} = \varepsilon \frac{\partial}{\partial \xi}, \ \frac{\partial}{\partial t} = \varepsilon^3 \frac{\partial}{\partial \tau} - \varepsilon c \frac{\partial}{\partial \xi}$$

代入式(11.2.1，11.2.2)，得到

$$\left(\varepsilon^2\frac{\partial}{\partial\tau}-c\frac{\partial}{\partial\xi}+\frac{\partial\psi}{\partial\xi}\frac{\partial}{\partial y}-\frac{\partial\psi}{\partial y}\frac{\partial}{\partial\xi}\right)\left(\varepsilon^2\frac{\partial^2\psi}{\partial\xi^2}+\frac{\partial^2\psi}{\partial y^2}+\beta y\right)=0 \tag{11.2.20}$$

$$\frac{\partial\psi}{\partial\xi}=0,\ y=0,\ 1 \tag{11.2.21}$$

对式(11.2.20)取如下形式解

$$\psi=-\int_0^y\bar{u}(y)\mathrm{d}y+\varepsilon\psi_1+\varepsilon^2\psi_2+\varepsilon^2\psi_3+\cdots \tag{11.2.22}$$

代入式(11.2.20,11.2.21),并设$\bar{u}\neq c$,得到关于ε的各阶方程

$$\varepsilon^1:\quad \begin{cases}\dfrac{\partial^3\psi_1}{\partial\xi\partial y^2}+\dfrac{\beta-\bar{u}''}{\bar{u}-c}\dfrac{\partial\psi_1}{\partial\xi}=0\\ \dfrac{\partial\psi_1}{\partial\xi}=0,\ y=0,\ 1\end{cases} \tag{11.2.23}$$

$$\varepsilon^2:\quad \begin{cases}\dfrac{\partial^3\psi_2}{\partial\xi\partial y^2}+\dfrac{\beta-\bar{u}''}{\bar{u}-c}\dfrac{\partial\psi_2}{\partial\xi}=\dfrac{\partial\psi_1}{\partial y}\dfrac{\partial^3\psi_1}{\partial\xi\partial y^2}-\dfrac{\partial\psi_1}{\partial\xi}\dfrac{\partial^3\psi_1}{\partial y^3}\\ \dfrac{\partial\psi_2}{\partial\xi}=0,\ y=0,\ 1\end{cases} \tag{11.2.24}$$

$$\varepsilon^3:\quad \begin{cases}\dfrac{\partial^3\psi_3}{\partial\xi\partial y^2}+\dfrac{\beta-\bar{u}''}{\bar{u}-c}\dfrac{\partial\psi_3}{\partial\xi}\\ =-\dfrac{\partial}{\partial\tau}\dfrac{\partial^2\psi_1}{\partial y^2}-\dfrac{\partial\psi_1}{\partial\xi}\dfrac{\partial^3\psi_2}{\partial y^3}-\dfrac{\partial\psi_2}{\partial\xi}\dfrac{\partial^3\psi_1}{\partial y^3}+\\ \quad\dfrac{\partial\psi_1}{\partial y}\dfrac{\partial^3\psi_2}{\partial\xi\partial y^2}+\dfrac{\partial\psi_2}{\partial y}\dfrac{\partial^3\psi_1}{\partial\xi\partial y^2}-(\bar{u}-c)\dfrac{\partial^3\psi_1}{\partial\xi^3}\\ \dfrac{\partial\psi_3}{\partial\xi}=0,\ y=0,\ 1\end{cases} \tag{11.2.25}$$

设式(11.2.23)的解为

$$\psi_1=A(\tau,\ \xi)\phi_1(y) \tag{11.2.26}$$

代入式(11.2.23),得到

$$\begin{cases}\dfrac{\mathrm{d}^2\phi_1}{\mathrm{d}y^2}+\dfrac{\beta-\bar{u}''}{\bar{u}-c}\phi_1=0\\ \phi_1=0,\ y=0,\ 1\end{cases} \tag{11.2.27}$$

给定$\bar{u}=\bar{u}(y)$,由式(11.2.27)可以得到特征函数ϕ_1和特征值c。

将式(11.2.26)代入式(11.2.24),并利用式(11.2.27),得到

$$\frac{\partial^3\psi_2}{\partial\xi\partial y^2}+\frac{\beta-\bar{u}''}{\bar{u}-c}\frac{\partial\psi_2}{\partial\xi}=\frac{\phi_1^2}{\bar{u}-c}\frac{\mathrm{d}}{\mathrm{d}y}\left(\frac{\beta-\bar{u}''}{\bar{u}-c}\right)A\frac{\partial A}{\partial\xi} \tag{11.2.28}$$

设式(11.2.28)的解有如下形式

$$\psi_2 = \frac{1}{2}A^2(\tau, \xi)\phi_2(y) \tag{11.2.29}$$

代入式(11.2.28)，得到

$$\begin{cases} \dfrac{d^2\phi_2}{dy^2} + \dfrac{\beta - \bar{u}''}{\bar{u} - c}\phi_2 = \dfrac{\phi_1^2}{\bar{u} - c}\dfrac{d}{dy}\left(\dfrac{\beta - \bar{u}''}{\bar{u} - c}\right) \\ \phi_2 = 0, \ y = 0, \ 1 \end{cases} \tag{11.2.30}$$

对于给定的$\bar{u}(y)$及由式(11.2.27)求得的 ϕ_1 和 c，显然由式(11.2.30)可以得到 $\phi_2(y)$。

到这里，振幅 $A(\tau, \xi)$还没有被确定，为此需要引入 ε^3 阶的方程(11.2.25)。把式(11.2.26，11.2.29)代入式(11.2.25)，得到

$$\begin{aligned} &\frac{\partial^3\psi_3}{\partial\xi\partial y^2} + \frac{\beta - \bar{u}''}{\bar{u} - c}\frac{\partial\psi_3}{\partial\xi} \\ &= -\frac{1}{\bar{u} - c}\frac{d^2\phi_1}{dy^2}\frac{\partial A}{\partial\tau} - \phi_1\frac{\partial^3 A}{\partial\xi^3} - \frac{1}{\bar{u} - c}\left(\frac{\phi_1}{2}\frac{d^3\phi_2}{dy^3} + \phi_2\frac{d^3\phi_1}{dy^3} - \frac{d\phi_1}{dy}\frac{d^2\phi_2}{dy^2} - \frac{1}{2}\frac{d^2\phi_1}{dy^2}\frac{d\phi_2}{dy}\right)A^2\frac{\partial A}{\partial\xi} \end{aligned} \tag{11.2.31}$$

利用式(11.2.27，11.2.30)，式(11.2.31)变为

$$\begin{aligned} \frac{\partial^3\psi_3}{\partial\xi\partial y^2} + \frac{\beta - \bar{u}''}{\bar{u} - c}\frac{\partial\psi_3}{\partial\xi} = \frac{1}{\bar{u} - c}\left(\frac{\beta - \bar{u}''}{\bar{u} - c}\right)\phi_1\frac{\partial A}{\partial\tau} - \phi_1\frac{\partial^3 A}{\partial\xi^3} - \\ \left\{\frac{\phi_1^3}{2(\bar{u} - c)}\frac{d}{dy}\left[\frac{1}{\bar{u} - c}\frac{d}{dy}\left(\frac{\beta - \bar{u}''}{\bar{u} - c}\right)\right] - \frac{3\phi_1\phi_2}{2(\bar{u} - c)}\frac{d}{dy}\left(\frac{\beta - \bar{u}''}{\bar{u} - c}\right)\right\}A^2\frac{\partial A}{\partial\xi} \end{aligned} \tag{11.2.32}$$

利用边界条件(11.2.25，11.2.27)，由式(11.2.32)有解的条件，得到

$$\frac{\partial A}{\partial\tau} + RA^2\frac{\partial A}{\partial\xi} + S\frac{\partial^3 A}{\partial\xi^3} = 0 \tag{11.2.33}$$

其中

$$\begin{cases} R = -\displaystyle\int_0^1\left\{\frac{\phi_1^4}{2(\bar{u} - c)}\frac{d}{dy}\left[\frac{1}{\bar{u} - c}\frac{d}{dy}\left(\frac{\beta - \bar{u}''}{\bar{u} - c}\right)\right] - \right. \\ \qquad \left.\displaystyle\frac{3\phi_1^2\phi_2}{2(\bar{u} - c)}\frac{d}{dy}\left(\frac{\beta - \bar{u}''}{\bar{u} - c}\right)\right\}dy \Big/ \int_0^1\phi_1^2\frac{\beta - \bar{u}''}{(\bar{u} - c)^2}dy \\ S = \dfrac{-\displaystyle\int_0^1\phi_1^2 dy}{\displaystyle\int_0^1\phi_1^2\frac{\beta - \bar{u}''}{(\bar{u} - c)^2}dy} \end{cases} \tag{11.2.34}$$

式(11.2.33)就是 mKdV 方程(或称变形 KdV 方程)。当 $R>0$ 时，有孤立子解，同时，mKdV 方程对 A 的符号改变是不变量。因此，mKdV 方程的孤波解可以写为

$$A(\tau, \xi) = \pm\,\mathrm{sech}\left[\left|\frac{R}{6S}\right|^{\frac{1}{2}}(\xi - p\tau)\right] \tag{11.2.35}$$

其中

$$p = \frac{1}{6}R\text{sign}(S)$$

同样，当基本气流$\bar{u}=\bar{u}(y)$给定后，可由式(11.2.27)解得 $\phi_1(y)$和 c，再由式(11.2.30)得到$\phi_2(y)$，从而可由式(11.2.34)得到 mKdV 方程的系数 R 和 S，以及由式(11.2.35)得到扰动振幅$A(\tau,\xi)$。代入式(11.2.26,11.2.29)，得到 ψ_1 和 ψ_2，最后由式(11.2.22)给出决定 Rossby mKdV 孤立波流型的公式

$$\psi = -\int_0^y \bar{u}(y)\mathrm{d}y + \varepsilon A(\tau,\xi)\phi_1(y) + \frac{1}{2}\varepsilon^2 A^2(\tau,\xi)\phi_2(y) \tag{11.2.36}$$

§11.3 Rossby 包络孤立波

上节利用扰动法得到了 KdV 方程，给出了作为特解的 Rossby 孤立波。本节将利用多尺度法导出非线性 Schrödinger 方程，并给出 Rossby 包络孤波解。

由准地转正压涡度方程

$$\frac{\partial}{\partial t}\nabla^2\psi + \left(\frac{\partial\psi}{\partial x}\frac{\partial}{\partial y} - \frac{\partial\psi}{\partial y}\frac{\partial}{\partial x}\right)\nabla^2\psi + \beta\frac{\partial\psi}{\partial x} = 0 \tag{11.3.1}$$

在准地转基本气流$\bar{u}=\bar{u}(y)$上叠加扰动 ψ'，即令

$$\psi = -\int_0^y \bar{u}(y)\mathrm{d}y + \varepsilon\psi' \tag{11.3.2}$$

式中 $\varepsilon \ll 1$，是表示扰动振幅的小参数。代入式(11.3.1)，得到扰动涡度方程

$$\frac{\partial}{\partial t}\nabla^2\psi' + \bar{u}\frac{\partial}{\partial x}\nabla^2\psi' + (\beta - \bar{u}'')\frac{\partial\psi'}{\partial x} + \varepsilon\left[\frac{\partial\psi'}{\partial x}\frac{\partial}{\partial y} - \frac{\partial\psi'}{\partial y}\frac{\partial}{\partial x}\right]\nabla^2\psi' = 0 \tag{11.3.3}$$

引入多尺度度量

$$\begin{cases} t = t,\ \tau = \varepsilon t,\ T = \varepsilon^2 t \\ x = x,\ X = \varepsilon x,\ \xi = \varepsilon^2 x \\ y = y \end{cases} \tag{11.3.4}$$

如此，有

$$\begin{cases} \dfrac{\partial}{\partial t} \to \dfrac{\partial}{\partial t} + \varepsilon\dfrac{\partial}{\partial \tau} + \varepsilon^2\dfrac{\partial}{\partial T} \\ \dfrac{\partial}{\partial x} \to \dfrac{\partial}{\partial x} + \varepsilon\dfrac{\partial}{\partial X} + \varepsilon^2\dfrac{\partial}{\partial \xi} \\ \dfrac{\partial}{\partial y} \to \dfrac{\partial}{\partial y} \end{cases} \tag{11.3.5}$$

并把 ψ'展成ε 的幂级数

$$\psi' = \psi_1 + \varepsilon\psi_2 + \varepsilon^2\psi_3 + \cdots \tag{11.3.6}$$

把式(11.3.5,11.3.6)代入式(11.3.3)，归并 ε 的同次项，得到 ε 的各阶方程

$$\varepsilon^0: \quad \left(\frac{\partial}{\partial t}+\bar{u}\frac{\partial}{\partial x}\right)\nabla^2\psi_1+(\beta-\bar{u}'')\frac{\partial \psi_1}{\partial x}=0 \tag{11.3.7}$$

$$\varepsilon^1: \quad \left(\frac{\partial}{\partial t}+\bar{u}\frac{\partial}{\partial x}\right)\nabla^2\psi_2+(\beta-\bar{u}'')\frac{\partial \psi_2}{\partial x}$$
$$=-\left[\left(\frac{\partial}{\partial t}+\bar{u}\frac{\partial}{\partial x}\right)\left(2\frac{\partial^2\psi_1}{\partial x\partial X}\right)+\left(\frac{\partial}{\partial \tau}+\bar{u}\frac{\partial}{\partial X}\right)\nabla^2\psi_1+\right.$$
$$\left.(\beta-\bar{u}'')\frac{\partial \psi_1}{\partial X}+\left(\frac{\partial \psi_1}{\partial x}\frac{\partial}{\partial y}-\frac{\partial \psi_1}{\partial y}\frac{\partial}{\partial x}\right)\nabla^2\psi_1\right] \tag{11.3.8}$$

$$\varepsilon^2: \left(\frac{\partial}{\partial t}+\bar{u}\frac{\partial}{\partial x}\right)\nabla^2\psi_3+(\beta-\bar{u}'')\frac{\partial \psi_3}{\partial x}$$
$$=-\left\{\left(\frac{\partial}{\partial t}+\bar{u}\frac{\partial}{\partial x}\right)\left[\left(2\frac{\partial^2\psi_2}{\partial x\partial X}+\frac{\partial^2\psi_1}{\partial X^2}+2\frac{\partial^2\psi_1}{\partial x\partial \xi}\right)\right]+\left(\frac{\partial}{\partial \tau}+\bar{u}\frac{\partial}{\partial X}\right)\left[\nabla^2\psi_2+2\frac{\partial^2\psi_1}{\partial x\partial X}\right]+\right.$$
$$\left(\frac{\partial}{\partial T}+\bar{u}\frac{\partial}{\partial \xi}\right)\nabla^2\psi_1+(\beta-\bar{u}'')\left(\frac{\partial \psi_2}{\partial X}+\frac{\partial \psi_1}{\partial \xi}\right)+\left(\frac{\partial \psi_1}{\partial x}\frac{\partial}{\partial y}-\frac{\partial \psi_1}{\partial y}\frac{\partial}{\partial x}\right)\left(\nabla^2\psi_2+2\frac{\partial^2\psi_1}{\partial x\partial X}\right)+$$
$$\left.\left(\frac{\partial \psi_2}{\partial x}\frac{\partial}{\partial y}-\frac{\partial \psi_2}{\partial y}\frac{\partial}{\partial x}\right)\nabla^2\psi_1+\left(\frac{\partial \psi_1}{\partial X}\frac{\partial}{\partial y}-\frac{\partial \psi_1}{\partial y}\frac{\partial}{\partial X}\right)\nabla^2\psi_1\right\} \tag{11.3.9}$$

设 ψ_1 具有以下形式解

$$\psi_1=A(X,\ \xi,\ \tau,\ T)\phi_1(y)\mathrm{e}^{\mathrm{i}k(x-ct)}+A^*(X,\ \xi,\ \tau,\ T)\phi_1(y)\mathrm{e}^{-\mathrm{i}k(x-ct)} \tag{11.3.10}$$

式中 A^* 为 A 的共轭函数。将式(11.3.10)代入式(11.3.7)，得到

$$(\bar{u}-c)\left(\frac{\mathrm{d}^2\phi_1}{\mathrm{d}y^2}-k^2\phi_1\right)+(\beta-\bar{u}'')\phi_1=0 \tag{11.3.11}$$

不考虑临界层问题，即设 $\bar{u}-c\neq 0$，则有

$$\frac{\mathrm{d}^2\phi_1}{\mathrm{d}y^2}-k^2\phi_1=-\frac{\beta-\bar{u}''}{\bar{u}-c}\phi_1 \tag{11.3.12}$$

作为式(11.3.12)的边界条件，考虑在 $y=0$ 和 1，边界为硬壁。如此，边界条件可简单地设为

$$\phi_1=0,\ y=0,\ 1 \tag{11.3.13}$$

为求得振幅 A_1，需利用 ε^1 阶的方程(11.3.8)。把式(11.3.10)代入式(11.3.8)，得到

$$L(\psi_2)=-\left[(\bar{u}-c)\mathrm{i}k\left(2\mathrm{i}k\phi_1\frac{\partial A}{\partial X}\right)+\left(\frac{\partial A}{\partial \tau}+\bar{u}\frac{\partial A}{\partial X}\right)\left(-k^2\phi_1+\frac{\mathrm{d}^2\phi_1}{\mathrm{d}y^2}\right)+(\beta-\bar{u}'')\frac{\partial A}{\partial X}\phi_1\right]\mathrm{e}^{\mathrm{i}k(x-ct)}-$$
$$\left[\mathrm{i}kA\phi_1\frac{\partial}{\partial y}\left(-k^2\phi_1+\frac{\mathrm{d}^2\phi_1}{\mathrm{d}y^2}\right)A-\frac{\mathrm{d}\phi_1}{\mathrm{d}y}A^2\mathrm{i}k\left(-k^2\phi_1+\frac{\mathrm{d}^2\phi_1}{\mathrm{d}y^2}\right)\right]\mathrm{e}^{2\mathrm{i}k(x-ct)}+cc \tag{11.3.14}$$

其中

$$L\equiv\left(\frac{\partial}{\partial t}+\bar{u}\frac{\partial}{\partial x}\right)+(\beta-\bar{u}'')\frac{\partial}{\partial x}$$

cc 为复共轭项。

利用式(11.3.12)，式(11.3.14)变为

$$L(\psi_2)=\left\{\left[2k^2(\bar{u}-c)+c\frac{\beta-\bar{u}''}{\bar{u}-c}\right]\phi_1\frac{\partial A}{\partial X}+\phi_1\left(\frac{\beta-\bar{u}''}{\bar{u}-c}\right)\frac{\partial A}{\partial\tau}\right\}e^{ik(x-ct)}+ikA^2\left[\phi_1\frac{\partial}{\partial y}\left(\frac{\beta-\bar{u}''}{\bar{u}-c}\phi_1\right)-\frac{\partial\phi_1}{\partial y}\left(\frac{\beta-\bar{u}''}{\bar{u}-c}\phi_1\right)\right]e^{2ik(x-ct)}+cc \tag{11.3.15}$$

式(11.3.15)左边算子与式(11.3.7)相同，式(11.3.7)的振荡频率是 kc，这是系统的固有频率。式(11.3.15)右边第一大项也以系统的固有频率 kc 振荡，这一项(常称久期项或永年项)将引起共振，造成 ψ_1 的线性增长，从而使展开式(11.3.6)失效，为消去这一共振出现，必须令这一久期项为零。由此得到

$$\frac{\partial A}{\partial\tau}+\left[\frac{2k^2(\bar{u}-c)^2}{\beta-\bar{u}''}+c\right]\frac{\partial A}{\partial X}=0 \tag{11.3.16}$$

这时，式(11.3.15)变为

$$L(\psi_2)=ikA^2\phi_1^2\frac{d}{dy}\left(\frac{\beta-\bar{u}''}{\bar{u}-c}\right)e^{2ik(x-ct)}+cc \tag{11.3.17}$$

由式(11.3.17)知，可设

$$\psi_2=B(X,\ \xi,\ \tau,\ T)\phi_2(y)^{2ik(x-ct)}+B^*(X,\ \xi,\ \tau,\ T)\phi_2(y)e^{-2ik(x-ct)} \tag{11.3.18}$$

式中 B^* 为 B 的共轭函数。代入式(11.3.17)，得到

$$\left[(\bar{u}-c)\left(\frac{d^2\phi_2}{dy^2}-4k^2\phi_2\right)+(\beta-\bar{u}'')\phi_2\right]B=\frac{\phi_1^2}{2}\frac{d}{dy}\left(\frac{\beta-\bar{u}''}{\bar{u}-c}\right)A^2 \tag{11.3.19}$$

由于 A, B 不是 y 的函数，而 ϕ_1，ϕ_2 和 $\bar{u}$ 只是 y 的函数，因此由式(11.3.19)，有

$$\frac{A^2}{B}=\frac{(\bar{u}-c)\left(\frac{d^2\phi_2}{dy^2}-4k^2\phi_2\right)+(\beta-\bar{u}'')\phi_2}{\frac{1}{2}\phi_1^2\frac{d}{dy}\left(\frac{\beta-\bar{u}''}{\bar{u}-c}\right)}=M$$

M 为常数，不失一般性，可取 $M=1$，并设

$$G(y)=\frac{1}{2}\frac{\phi_1^2}{\bar{u}-c}\frac{d}{dy}\left(\frac{\beta-\bar{u}''}{\bar{u}-c}\right)$$

则有

$$\frac{d^2\phi_2}{dy^2}-4k^2\phi_2=G(y)-\frac{\beta-\bar{u}''}{\bar{u}-c}\phi_2 \tag{11.3.20}$$

$$A^2=B \tag{11.3.21}$$

同样，式(11.3.20)的边界条件简单地取为

$$\phi_2=0,\ y=0,\ 1 \tag{11.3.22}$$

到此，A 还没有被确定，还需利用 ε^2 阶的方程(11.3.9)。将式(11.3.10，11.3.18)代入式

(11.3.9),得到

$$L(\psi_3)=-\Big[-\mathrm{i}kc\Big(\frac{\partial^2 A}{\partial X^2}\phi_1+2\mathrm{i}k\phi_1\frac{\partial A}{\partial \xi}\Big)+2\mathrm{i}k\phi_1\frac{\partial^2 A}{\partial \tau\partial X}+\Big(\frac{\mathrm{d}^2\phi_1}{\mathrm{d}y^2}-k^2\phi_1\Big)\frac{\partial A}{\partial T}-$$
$$\mathrm{i}kA^*B\phi_1\frac{\partial}{\partial y}\Big(\frac{\mathrm{d}^2\phi_2}{\mathrm{d}y^2}-4k^2\phi_2\Big)+2\mathrm{i}kA^*B\phi_2\frac{\mathrm{d}}{\mathrm{d}y}\Big(\frac{\mathrm{d}^2\phi_1}{\mathrm{d}y^2}-k^2\phi_1\Big)-\bar{u}''\phi_1\frac{\partial A}{\partial \xi}+$$
$$\bar{u}\mathrm{i}k\Big(\frac{\partial^2 A}{\partial X^2}\phi_1+2\mathrm{i}k\phi_1\frac{\partial A}{\partial \xi}\Big)+\bar{u}\Big(2\mathrm{i}k\phi_1\frac{\partial^2 A}{\partial X^2}\Big)+\bar{u}\frac{\partial A}{\partial \xi}\Big(\frac{\mathrm{d}^2\phi_1}{\mathrm{d}y^2}-k^2\phi_1\Big)-$$
$$A^*\frac{\mathrm{d}\phi_1}{\mathrm{d}y}(2\mathrm{i}k)B\Big(\frac{\mathrm{d}^2\phi_2}{\mathrm{d}y^2}-4k^2\phi_2\Big)+B\frac{\mathrm{d}\phi_2}{\mathrm{d}y}(\mathrm{i}k)A^*\Big(\frac{\mathrm{d}^2\phi_1}{\mathrm{d}y^2}-k^2\phi_1\Big)+$$
$$B\frac{\partial A}{\partial \xi}\cdot\phi_1\Big]\mathrm{e}^{\mathrm{i}k(x-ct)}+\text{余项}$$

(11.3.23)

利用式(11.3.12,11.3.20,11.3.21),式(11.3.23)可改写为

$$L(\psi_3)=\Big\{\Big(\Big(\frac{\beta-\bar{u}''}{\bar{u}^2}\phi_1\Big)\frac{\partial A}{\partial T}-2\mathrm{i}k\phi_1\frac{\partial^2 A}{\partial \tau\partial X}-\mathrm{i}k(3\bar{u}-c)\phi_1\frac{\partial^2 A}{\partial X^2}+\Big[2k^2(\bar{u}-c)+\frac{\beta-\bar{u}''}{\bar{u}-c}c\Big]\phi_1\frac{\partial A}{\partial \xi}+$$
$$\Big[\mathrm{i}k\phi_2\frac{\mathrm{d}}{\mathrm{d}y}\Big(\frac{\beta-\bar{u}''}{\bar{u}-c}\Big)\phi_1+2\mathrm{i}k\frac{\mathrm{d}\phi_1}{\mathrm{d}y}G+\mathrm{i}k\phi_1\frac{\mathrm{d}G}{\mathrm{d}y}\Big]|A|^2A\Big\}\mathrm{e}^{\mathrm{i}k(x-ct)}+\text{余项}\qquad(11.3.24)$$

利用式(11.3.16),式(11.3.24)中右边大括号项(记为 N)可改写为

$$N=\Big\{\frac{\beta-\bar{u}''}{\bar{u}-c}\phi_1\frac{\partial A}{\partial T}+\mathrm{i}k\phi_1\Big[2\Big(\frac{2k^2(\bar{u}-c)^2}{\beta-\bar{u}''}-c\Big)-$$
$$(3\bar{u}-c)\Big]\frac{\partial^2 A}{\partial X^2}+\Big[2k^2(\bar{u}-c)+\frac{\beta-\bar{u}''}{\bar{u}-c}c\Big]\phi_1\frac{\partial A}{\partial \xi}+$$
$$\mathrm{i}k\Big[\phi_2\frac{\mathrm{d}}{\mathrm{d}y}\Big(\frac{\beta-\bar{u}''}{\bar{u}-c}\Big)\phi_1+2\frac{\mathrm{d}\phi_1}{\mathrm{d}y}G+\phi_1\frac{\mathrm{d}G}{\mathrm{d}y}\Big]|A|^2A\Big\}\mathrm{e}^{\mathrm{i}k(x-ct)}\qquad(11.3.25)$$

上述 N 项是与基本波的共振项,消去这一项的条件为

$$\int_0^1 N\phi_1(y)\mathrm{d}y=0\qquad(11.3.26)$$

由此得到

$$\mathrm{i}\frac{\partial A}{\partial T}+\mathrm{i}c_g\frac{\partial A}{\partial \xi}+\lambda\frac{\partial^2 A}{\partial X^2}+\delta|A|^2A=0\qquad(11.3.27)$$

其中

$$\begin{cases}c_g=\int_0^1\Big[2k^2(\bar{u}-c)+\dfrac{\beta-\bar{u}''}{\bar{u}-c}\Big]\phi_1^2\mathrm{d}y\Big/\int_0^1\dfrac{\beta-\bar{u}''}{\bar{u}-c}\phi_1^2\mathrm{d}y\\ \lambda=-\int_0^1 k\Big[2\Big(\dfrac{2k^2(\bar{u}-c)^2}{\beta-\bar{u}''}-c\Big)-(3\bar{u}-c)\Big]\phi_1^2\mathrm{d}y\Big/\int_0^1\dfrac{\beta-\bar{u}''}{\bar{u}-c}\phi_1^2\mathrm{d}y\\ \delta=-\int_0^1 k\Big[\phi_1^2\phi_2\dfrac{\mathrm{d}}{\mathrm{d}y}\Big(\dfrac{\beta-\bar{u}''}{\bar{u}-c}\Big)+2\phi_1\dfrac{\mathrm{d}\phi_1}{\mathrm{d}y}G+\phi_1^2\dfrac{\mathrm{d}G}{\mathrm{d}y}\Big]\mathrm{d}y\Big/\int_0^1\dfrac{\beta-\bar{u}''}{\bar{u}-c}\phi_1^2\mathrm{d}y\end{cases}\qquad(11.3.28)$$

式(11.3.27)是著名的非线性 Schrödinger 方程,它描述波的调制,又称调制方程,在很多物理问题中有广泛应用。

为使式(11.3.27)变为标准形式,作变换

$$\eta = \xi - c_g T,\ \tau = T \tag{11.3.29}$$

则

$$\frac{\partial}{\partial T} = \frac{\partial}{\partial \tau} - c_g \frac{\partial}{\partial \eta},\ \frac{\partial}{\partial \xi} = \frac{\partial}{\partial \eta}$$

代入式(11.3.27),得到

$$\mathrm{i}\frac{\partial A}{\partial \tau} + \lambda \frac{\partial^2 A}{\partial X^2} + \delta \mid A \mid^2 A = 0 \tag{11.3.30}$$

关于这一方程的求解可参见有关书籍,这里只给出其孤波形式的特解。

设式(11.3.30)的行波解为

$$A = R\mathrm{e}^{i\mu(X-U\tau)} \tag{11.3.31}$$

其中

$$R = R(\xi),\ \xi = X - V\tau \tag{11.3.32}$$

将式(11.3.31,11.3.32)代入式(11.3.30),得到

$$\lambda \frac{\mathrm{d}^2 R}{\mathrm{d}\xi^2} - \mu(\lambda\mu - U)R + \delta R^3 + \mathrm{i}(2\lambda\mu - V)\frac{\mathrm{d}R}{\mathrm{d}\xi} = 0 \tag{11.3.33}$$

分离虚实部,有

$$\lambda \frac{\mathrm{d}^2 R}{\mathrm{d}\xi^2} - \mu(\lambda\mu - U)R + \delta R^3 = 0 \tag{11.3.34}$$

$$2\lambda\mu - V = 0 \tag{11.3.35}$$

因此

$$\lambda \frac{\mathrm{d}^2 R}{\mathrm{d}\xi^2} - \frac{V}{2\lambda}\left(\frac{V}{2} - U\right)R + \delta R^3 = 0 \tag{11.3.36}$$

乘以$\frac{\mathrm{d}R}{\mathrm{d}\xi}$,并对 ξ 积分,得到

$$\frac{\lambda}{2}\left(\frac{\mathrm{d}R}{\mathrm{d}\xi}\right)^2 - \frac{V}{4\lambda}\left(\frac{V}{2} - U\right)R^2 + \frac{\delta}{4}R^4 = c \tag{11.3.37}$$

式中 c 是积分常数。令 $q=R^2$,则式(11.3.37)变为

$$\left(\frac{\mathrm{d}q}{\mathrm{d}\xi}\right)^2 - \frac{V}{\lambda^2}(V - 2U)q^2 + \frac{2\delta}{\lambda}q^3 = \frac{8}{\lambda}cq \tag{11.3.38}$$

设 $q_1>q>q_2\geqslant 0$，则式(11.3.38)可写为

$$\left(\frac{\mathrm{d}q}{\mathrm{d}\xi}\right)^2=\frac{2\delta}{\lambda}(q_1-q)(q-q_2)q=f(q)=f(R^2) \tag{11.3.39}$$

其中

$$q_1+q_2=\frac{V}{\lambda\delta}\left(\frac{V}{2}-U\right) \tag{11.3.40}$$

$$q_1q_2=-\frac{4}{\delta}c \tag{11.3.41}$$

考虑 $c=0$ 的情况，这时由式(11.3.39)易知 $q_2=0$。这样，式(11.3.39)变为

$$\left(\frac{\mathrm{d}q}{\mathrm{d}\xi}\right)^2=\frac{2\delta}{\lambda}q^2(q_1-q) \tag{11.3.42}$$

当 λ，δ 同号时，有孤波解

$$q=q_1\operatorname{sech}^2\left[\frac{1}{2}\left(\frac{2\delta}{\lambda}q_1\right)^{\frac{1}{2}}(X-V\tau)\right] \tag{11.3.43}$$

因此

$$R=\left[\frac{V}{2\lambda\delta}(V-2U)\right]^{\frac{1}{2}}\operatorname{sech}\left[\frac{1}{2\lambda}\sqrt{V(V-2U)}(X-V\tau)\right] \tag{11.3.44}$$

代入式(11.3.31)，得到 Schrödinger 方程(11.3.30)的广义孤波解

$$A=\left[\frac{V}{2\lambda\delta}(V-2U)\right]^{\frac{1}{2}}\times\operatorname{sech}\left[\frac{1}{2\lambda}\sqrt{V(V-2U)}(X-U\tau)\mathrm{e}^{\mathrm{i}\mu(X-U\tau)}\right] \tag{11.3.45}$$

式(11.3.45)是包络孤波或称为孤立波包，因为它的图形类似于图 11.5，11.6 所示的波包，前者对应于式(11.3.39)，后者对应于式(11.3.42)。

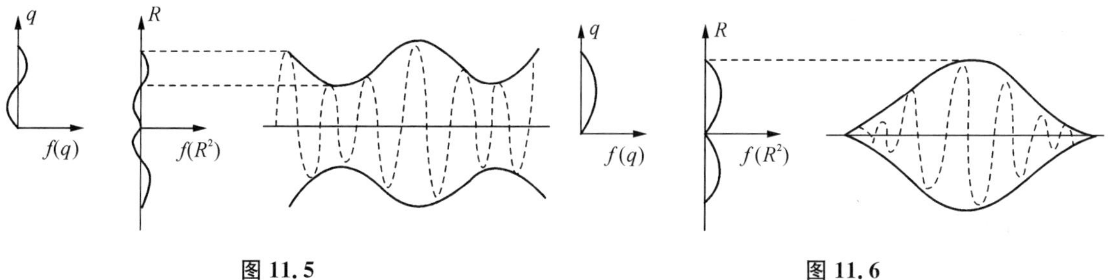

图 11.5　　　　图 11.6

§ 11.4　Rossby 偶极子(modon)

前三节利用弱非线性的分析方法，推导出大气运动的 KdV 方程及其孤立波解，利用孤立波解可以来解释大气许多波动状的流动特征。但是，在大气中也观测到许多非波状的流动，它

们在结构上仍较稳定，生命史较长，且具有明显旋涡特征。这种结构可以用偶极子(或称偶极波、孤立涡)理论来解释。

所谓偶极子(波)，是指在非线性演化方程中在一定条件下求得的具有耦合的气旋-反气旋系统结构的解。它与孤立波不同，偶极子(波)一般是准地转位涡方程的准确解，而且是一种涡旋解，故偶极子(波)有时又称为孤立涡。

正压涡度方程为

$$\frac{\partial}{\partial t}\nabla^2\psi + J(\psi, \nabla^2\psi + \beta y) = 0 \tag{11.4.1}$$

引入坐标

$$\xi = x - ct \tag{11.4.2}$$

即在移动坐标中 $\psi=\psi(\xi)$，相应方程(11.4.1)可写成

$$J(\psi + cy, \nabla^2\psi + \beta y) = 0 \tag{11.4.3}$$

则可得

$$\nabla^2\psi + \beta y = F(\psi + cy) \tag{11.4.4}$$

式中 F 为任意函数。

上述说明在移动坐标中，质点沿 $\psi+cy$ 的等值线移动。

考虑一个半径为 a 的圆形涡旋，则有 $r\to\infty$ 处，$\psi\to 0$。这样在 $(x-ct,\ y)$ 的平面可分成两个区域，即 $r>a$，$r<a$，这两区域的解在 $r=a$ 处，利用速度和涡度连续而连接。

对于 $r<a$ 区域，可设

$$\nabla^2\psi + \beta y = -k^2(\psi + cy) \quad (r<a) \tag{11.4.5}$$

式中 k 为圆内涡旋波数。

而 $r>a$ 区域，可设为

$$\nabla^2\psi + \beta y = \frac{\beta}{c}(\psi + cy) \quad (r>a) \tag{11.4.6}$$

在 $r=a$，内部解和外部解，由速度和涡度连续而匹配

$$\begin{gathered}(\psi + cy)\big|_{r=a^+} = (\psi + cy)\big|_{r=a^-} = 0 \\ \left.\frac{\partial\psi}{\partial r}\right|_{r=a^+} = \left.\frac{\partial\psi}{\partial r}\right|_{r=a^-}\end{gathered} \tag{11.4.7}$$

在上述连接条件下，方程(11.4.5,11.4.6)的解为

$$\psi = \begin{cases}\left[\dfrac{\beta a J_1(kr)}{k^2 J_1(ka)} - \dfrac{-\beta + ck^2}{k^2} r\right]\sin\theta & (r<a) \\ -\dfrac{\beta a K_1\left(r\sqrt{\dfrac{\beta}{c}}\right)}{\dfrac{\beta}{c} K_1\left(a\sqrt{\dfrac{\beta}{c}}\right)}\sin\theta & (r>a)\end{cases} \tag{11.4.8}$$

式中：r,θ 分别为极坐标的极轴和极角；J_1 为第一类 Bessel 函数；K_1 为 Macdonald 函数。

波数 k 可由式确定

$$-\frac{J_2(ka)}{kaJ_1(ka)}=\frac{1}{a\sqrt{\frac{\beta}{c}}}\frac{K_2\left(a\sqrt{\frac{\beta}{c}}\right)}{K_1\left(a\sqrt{\frac{\beta}{c}}\right)} \tag{11.4.9}$$

根据式(11.4.8,11.4.9)，可给出偶极子的流函数及相对涡度的分布，如图 11.7 所示。

从图 11.7 可知，流线分布呈反对称的气旋-反气旋的偶极子，相对涡度也呈反对称分布，表示它们旋转方向相反，涡度随半径 r 增加而迅速衰减成为一个孤立的涡旋。偶极子可向东、也可向西传播，它取决于这个偶极子的相互非线性平流作用，移速具体与两偶极子中心的距离及两涡旋强度有关。

偶极子(波)的概念最早由 Stern(1975)提出，他利用准地转正压涡度方程，推出了北高南低的偶极子结构。1976 年，Larichev 和 Reznik 讨论了移动性正压偶极子。McWilliams(1979)讨论二维孤立涡的演变过程。McWilliams(1980)引入相当偶极子概念来说明大气的阻塞-切断系统，它可以较好地解释阻塞的长期维持和阻塞形势的孤立的偶极型结构。Flierl 等(1980)将偶极子解扩大到斜压模式。McWilliams 等(1981)进一步对正压孤立涡的相互作用进行了数值模拟。Killworth 等(1987)用该理论讨论海洋涡旋。

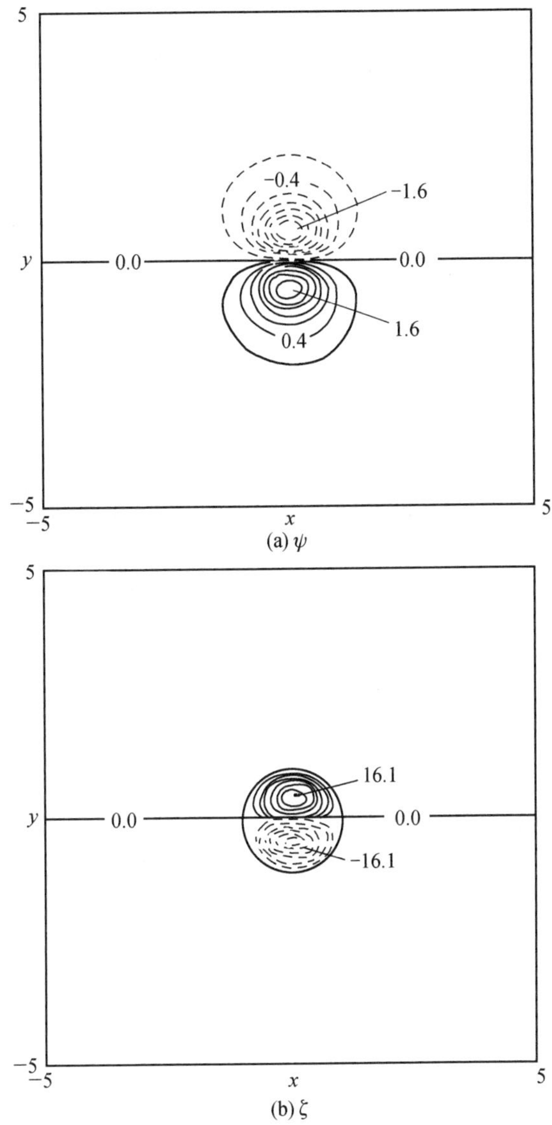

图 11.7　偶极子的流函数、相对涡度(量纲一)的分布($c=1.0$)

§11.5　Rossby 代数孤立波

在第一节中我们已经指出，在有限深度流体中有 KdV 孤立波传播，它们由 KdV 方程控制。在深度非常深的流体中，Benjamin 和 Ono 都指出，在这种情况下，非线性长波不是由 KdV 方程控制，而是由频散型的积分微分方程控制，这种积分微分方程也允许有孤立波存在，Ono 称它们为代数孤立波，因为这种孤立波与经典孤立波不同，其孤波流型在 $|x|\to\infty$ 时是代数地趋于零的，它具有 Lorentz 型的函数分布

$$A(x,t)=\frac{a\delta^2}{(x-t)^2+\delta^2}$$

这种孤立波已在很多非线性频散系统中被发现。

下面我们先推导代数孤立波的控制方程。仍由准地转涡度方程出发，即

$$\frac{\partial}{\partial t}\nabla^2\psi+\left(\frac{\partial\psi}{\partial x}\frac{\partial}{\partial y}-\frac{\partial\psi}{\partial y}\frac{\partial}{\partial x}\right)\nabla^2\psi+\beta\frac{\partial\psi}{\partial x}=0 \tag{11.5.1}$$

考虑叠加在基本气度$\bar{u}=\bar{u}(y)$上的扰动ψ'，即设

$$\psi=-\int_0^u\bar{u}(y)\mathrm{d}y+\psi' \tag{11.5.2}$$

代入式(11.5.1)，得到

$$\left(\frac{\partial}{\partial t}+\bar{u}\frac{\partial}{\partial x}\right)\nabla^2\psi'+(\beta-\bar{u}'')\frac{\partial\psi'}{\partial x}+\left(\frac{\partial\psi'}{\partial x}\frac{\partial}{\partial y}-\frac{\partial\psi'}{\partial y}\frac{\partial}{\partial x}\right)\nabla^2\psi'=0 \tag{11.5.3}$$

在y方向把问题的区域分为两部分，即波可以传播的部分(我们称为域内部分)和域外部分，在那里流体的运动是由域内产生的。设域内部分为$0\leqslant y\leqslant 1$，域外部分为$y<0, y>1$，域内域外的边界位于$y=0$和$y=1$，并设在域外区域，地转基本涡度的梯度$(\beta-\bar{u}'')\equiv 0$。这样，由式(11.5.3)得到域外方程为

$$\left(\frac{\partial}{\partial t}+\bar{u}\frac{\partial}{\partial x}\right)\nabla^2\psi'+\left(\frac{\partial\psi'}{\partial x}\frac{\partial}{\partial y}-\frac{\partial\psi'}{\partial y}\frac{\partial}{\partial x}\right)\nabla^2\psi'=0 \\ y<0, y>1 \tag{11.5.4}$$

域内方程仍为式(11.5.3)。

考虑有限振幅弱非线性长波，为此，在区域内部$(0\leqslant y\leqslant 1)$引入伸长变换

$$\xi=\varepsilon(x-ct), \tau=\varepsilon^2 t \tag{11.5.5}$$

式中ε为小参数，它表示考虑的是弱非线性和波数小的长波。这样，即有

$$\frac{\partial}{\partial t}=\varepsilon\left(\varepsilon\frac{\partial}{\partial\tau}-c\frac{\partial}{\partial\xi}\right), \frac{\partial}{\partial x}=\varepsilon\frac{\partial}{\partial\xi} \tag{11.5.6}$$

式(11.5.6)代入式(11.5.3)，并略去“′”，得到

$$(\bar{u}-c)\frac{\partial}{\partial\xi}\left(\varepsilon^2\frac{\partial^2\psi}{\partial\xi^2}+\frac{\partial^2\psi}{\partial y^2}\right)+\varepsilon\frac{\partial}{\partial\tau}\left(\varepsilon^2\frac{\partial^2\psi}{\partial\xi^2}+\frac{\partial^2\psi}{\partial y^2}\right)+(\beta-\bar{u}'')\frac{\partial\psi}{\partial\xi}+\left(\frac{\partial\psi}{\partial\xi}\frac{\partial}{\partial y}-\frac{\partial\psi}{\partial y}\frac{\partial}{\partial\xi}\right)\left(\varepsilon^2\frac{\partial^2\psi}{\partial\xi^2}+\frac{\partial^2\psi}{\partial y^2}\right)=0 \tag{11.5.7}$$

把ψ展成ε的幂级数，即设

$$\psi=\varepsilon\psi_1(\xi,\tau,y)+\varepsilon^2\psi_2(\xi,y,\tau)+\cdots \tag{11.5.8}$$

代入式(11.5.7)，得到ε的各级近似方程为

$$\varepsilon^1:\quad (\bar{u}-c)\frac{\partial}{\partial\xi}\left(\frac{\partial^2\psi_1}{\partial y^2}\right)+(\beta-\bar{u}'')\frac{\partial\psi_1}{\partial\xi}=0 \tag{11.5.9}$$

$$\varepsilon^2:\ (\bar{u}-c)\frac{\partial}{\partial\xi}\left(\frac{\partial^2\psi_2}{\partial y_2}\right)+(\beta-\bar{u}'')\frac{\partial\psi_2}{\partial\xi}=-\frac{\partial}{\partial\tau}\left(\frac{\partial^2\psi_1}{\partial y^2}\right)-\left(\frac{\partial\psi_1}{\partial\xi}\frac{\partial}{\partial y}-\frac{\partial\psi_1}{\partial y}\frac{\partial}{\partial\xi}\right)\left(\frac{\partial^2\psi_1}{\partial y^2}\right) \tag{11.5.10}$$

式(11.5.9)是可以分离变量的,即可设

$$\psi_1 = A(\xi,\tau)\phi(y) \tag{11.5.11}$$

代入式(11.5.9),并设$\bar{u}-c\neq 0$,则有

$$\frac{\mathrm{d}^2\phi}{\mathrm{d}y^2}+\frac{\beta-\bar{u}''}{\bar{u}-c}\phi=0 \tag{11.5.12}$$

在给定的关于 ϕ 的边界条件下,可由式(11.5.12)得到特征函数 ϕ 和特征值 c。关于式(11.5.12)的边界条件,我们将在后面利用域内域外解的匹配条件给出。

把式(11.5.11)代入式(11.5.10),得到

$$\frac{\partial}{\partial\xi}\left(\frac{\partial^2\psi^2}{\partial y^2}\right)+\frac{\beta-\bar{u}''}{\bar{u}-c}\frac{\partial\psi_2}{\partial\xi}=-\frac{1}{\bar{u}-c}\left[\frac{\mathrm{d}^2\phi}{\mathrm{d}y^2}\frac{\partial A}{\partial\tau}+\left(\phi\frac{\mathrm{d}^2\phi}{\mathrm{d}y^3}-\frac{\mathrm{d}\varphi}{\mathrm{d}y}\frac{\mathrm{d}\phi}{\mathrm{d}y^2}\right)A\frac{\partial A}{\partial\xi}\right] \tag{11.5.13}$$

利用式(11.5.12),式(11.5.13)可改写为

$$\frac{\partial}{\partial\xi}\left(\frac{\partial^2\psi_2}{\partial y^2}\right)+\frac{\beta-\bar{u}''}{\bar{u}-c}\frac{\partial\psi_2}{\partial\xi}=\frac{1}{\bar{u}-c}\left[\frac{\beta-\bar{u}''}{\bar{u}-c}\phi\frac{\partial A}{\partial\tau}+\phi^2\frac{\mathrm{d}}{\mathrm{d}y}\left(\frac{\beta-\bar{u}''}{\bar{u}-c}\right)A\frac{\partial A}{\partial\xi}\right] \tag{11.5.14}$$

ϕ 乘式(11.5.14),并利用式(11.5.12),得到

$$\frac{\partial}{\partial\xi}\left[\frac{\partial}{\partial y}\left(\frac{\partial\psi_2}{\partial y}\phi\right)-\frac{\partial}{\partial y}\left(\psi_2\frac{\mathrm{d}\phi}{\mathrm{d}y}\right)\right]=\frac{1}{\bar{u}-c}\left[\frac{\beta-\bar{u}''}{\bar{u}-c}\phi^2\frac{\partial A}{\partial\tau}+\left(\frac{\beta-\bar{u}''}{\bar{u}-c}\right)'\phi^3A\frac{\partial A}{\partial\xi}\right] \tag{11.5.15}$$

式(11.5.15)对 y 由 0 到 1 积分,得到

$$\frac{\partial}{\partial\xi}\left[\left(\frac{\partial\psi_2}{\partial y}\phi\right)\bigg|_0^1-\left(\psi_2\frac{\mathrm{d}\phi}{\mathrm{d}y}\right)\bigg|_0^1\right]=\int_0^1\frac{\beta-\bar{u}''}{(\bar{u}-c)^2}\phi^2\mathrm{d}y\frac{\partial A}{\partial\tau}+\int_0^1\frac{\phi^3}{\bar{u}-c}\left(\frac{\beta-\bar{u}''}{\bar{u}-c}\right)'\mathrm{d}yA\frac{\partial A}{\partial\xi} \tag{11.5.16}$$

至此,因为关于 ϕ 的边界条件还没有给定,因此式(11.5.16)左边还无法确定。为此,需利用域外方程(11.5.4)。由于域外涉及的运动是由域内产生的,因此可以利用式(11.5.4)与域内方程的解的匹配条件来得到关于 ϕ 的边界条件。

对域外方程作变数变换

$$X=x-ct,\tau=\varepsilon^2 t \tag{11.5.17}$$

如此,有

$$\frac{\partial}{\partial t}=\varepsilon^2\frac{\partial}{\partial\tau}-c\frac{\partial}{\partial X},\frac{\partial}{\partial x}=\frac{\partial}{\partial X}$$

代入域外方程(11.5.4),得到

$$\left[(\bar{u}-c)\frac{\partial}{\partial X}+\varepsilon^2\frac{\partial}{\partial\tau}\right]\nabla_1^2\psi+\left(\frac{\partial\psi}{\partial X}\frac{\partial}{\partial y}-\frac{\partial\psi}{\partial y}\frac{\partial}{\partial X}\right)\nabla_1^2\psi=0 \tag{11.5.18}$$

式中$\nabla_1^2=\dfrac{\partial^2}{\partial X^2}+\dfrac{\partial^2}{\partial y^2}$。

令

$$\psi=\varepsilon\tilde{\psi}(X,y,\tau) \tag{11.5.19}$$

代入式(11.5.18)，得到 ε^0 阶的方程为

$$(\bar{u}-c)\frac{\partial}{\partial X}\nabla_1^2\tilde{\psi}=0 \tag{11.5.20}$$

由于已设 $\bar{u}-c\neq0$，不失一般性，式(11.5.20)可改写为

$$\nabla_1^2\tilde{\psi}=0 \tag{11.5.21}$$

式(11.5.21)满足条件 $|X|\to\infty$ 时，$\tilde{\psi}\to0$ 的解可以写成双层位势形式，即

$$\tilde{\psi}(X,y,\tau)=\begin{cases}\dfrac{1}{\pi}J\displaystyle\int_{-\infty}^{\infty}\tilde{\psi}(X',1,\tau)\dfrac{(y-1)\mathrm{d}X'}{(y-1)^2+(X-X')^2} & (y\geqslant1)\\ \dfrac{-1}{\pi}J\displaystyle\int_{-\infty}^{\infty}\tilde{\psi}(X',0,\tau)\dfrac{y\mathrm{d}X'}{y^2+(X-X')^2} & (y\leqslant0)\end{cases} \tag{11.5.22}$$

式中 J 表示积分主值。

式(11.5.22)对 y 求导，得到

$$\frac{\partial\tilde{\psi}}{\partial y}=\begin{cases}\dfrac{1}{\pi}J\displaystyle\int_{-\infty}^{\infty}\tilde{\psi}(X',1,\tau)\dfrac{(X-X')^2-(y-1)^2}{[(y-1)^2+(X-X')^2]^2}\mathrm{d}X' & (y\geqslant1)\\ \dfrac{-1}{\pi}J\displaystyle\int_{-\infty}^{\infty}\tilde{\psi}(X',0,\tau)\dfrac{(X-X')^2-y^2}{[y^2+(X-X')^2]^2}\mathrm{d}X' & (y\leqslant0)\end{cases} \tag{11.5.23}$$

设域内解和域外解在 $y=1$ 和 $y=0$ 处是平滑匹配的。因此，由式(11.5.8，11.5.19)，得到

$$\begin{cases}\psi_1(\xi,1,\tau)+\varepsilon\psi_2(\xi,1,\tau)=\tilde{\psi}(X,1,2\tau)\\ \psi_1(\xi,0,\tau)+\varepsilon\psi_2(\xi,0,\tau)=\tilde{\psi}(X,0,\tau)\end{cases} \tag{11.5.24}$$

及

$$\begin{cases}\dfrac{\partial\psi_1(\xi,1,\tau)}{\partial y}+\varepsilon\dfrac{\partial\psi_2(\xi,1,\tau)}{\partial y}=\dfrac{\partial\tilde{\psi}(X,1,\tau)}{\partial y}\\ \dfrac{\partial\psi_1(\xi,0,\tau)}{\partial y}+\varepsilon\dfrac{\partial\psi_2(\xi,0,\tau)}{\partial y}=\dfrac{a\tilde{\psi}(X,0,\tau)}{\partial y}\end{cases} \tag{11.5.25}$$

由式(11.5.23)分别令 $y=0$ 和 $y=1$，得到

$$\begin{cases}\dfrac{\partial\tilde{\psi}(X,1,\tau)}{\partial y}=\dfrac{1}{\pi}J\displaystyle\int_{-\infty}^{\infty}\tilde{\psi}(X',1,\tau)\dfrac{\mathrm{d}X'}{(X-X')^2}\\ \dfrac{\partial\tilde{\psi}(X,0,\tau)}{\partial y}=\dfrac{-1}{\pi}J\displaystyle\int_{-\infty}^{\infty}\tilde{\psi}(X',0,\tau)\dfrac{\mathrm{d}X'}{(X-X')^2}\end{cases} \tag{11.5.26}$$

利用式(11.5.5，11.5.17)，显然，有 $\xi=\varepsilon X$。因此，式(11.5.26)变为

$$\begin{cases}\dfrac{\partial\tilde{\psi}(X,1,\tau)}{\partial y}=\dfrac{-1}{\pi}\varepsilon J\dfrac{\partial}{\partial\xi}\displaystyle\int_{-\infty}^{\infty}\tilde{\psi}(\xi',1,\tau)\dfrac{\mathrm{d}\xi'}{\xi-\xi'}\\ \dfrac{\partial\tilde{\psi}(X,0,\tau)}{\partial y}=\dfrac{1}{\pi}\varepsilon J\dfrac{\partial}{\partial\xi}\displaystyle\int_{-\infty}^{\infty}\tilde{\psi}(\xi',0,\tau)\dfrac{\mathrm{d}\xi'}{\xi-\xi'}\end{cases}\tag{11.5.27}$$

由式(11.5.11,11.5.24),有

$$\begin{cases}\psi_1(\xi,1,\tau)=A(\xi,\tau)\phi(1)=\tilde{\psi}(\xi,1,\tau)\\ \psi_1(\xi,0,\tau)=A(\xi,\tau)\phi(0)=\tilde{\psi}(\xi,0,\tau)\end{cases}\tag{11.5.28}$$

及

$$\begin{cases}\psi_2(\xi,1,\tau)=0\\ \psi_2(\xi,0,\tau)=0\end{cases}\tag{11.5.29}$$

将式(11.5.28)代入式(11.5.27),得到

$$\begin{cases}\dfrac{\partial\tilde{\psi}(\xi,1,\tau)}{\partial y}=\dfrac{-1}{\pi}\varepsilon J\dfrac{\partial}{\partial\xi}\displaystyle\int_{-\infty}^{\infty}A(\xi',\tau)\phi(1)\dfrac{\mathrm{d}\xi'}{\xi-\xi'}\\ \dfrac{\partial\tilde{\psi}(\xi,0,\tau)}{\partial y}=\dfrac{1}{\pi}\varepsilon J\dfrac{\partial}{\partial\xi}\displaystyle\int_{-\infty}^{\infty}A(\xi',\tau)\phi(0)\dfrac{\mathrm{d}\xi'}{\xi-\xi'}\end{cases}\tag{11.5.30}$$

记

$$H[A(\xi,\tau)]=\frac{1}{\pi}J\int_{-\infty}^{\infty}\frac{A(\xi',\tau)}{\xi-\xi'}\mathrm{d}\xi'\tag{11.5.31}$$

则有

$$\begin{cases}\dfrac{\partial\tilde{\psi}(\xi,1,\tau)}{\partial y}=-\varepsilon\phi(1)\dfrac{\partial}{\partial\xi}H[A(\xi,\tau)]\\ \dfrac{\partial\tilde{\psi}(\xi,0,\tau)}{\partial y}=\varepsilon\phi(0)\dfrac{\partial}{\partial\xi}H[A(\xi,\tau)]\end{cases}\tag{11.5.32}$$

代入式(11.5.25),归并同次项,得到

$$\begin{cases}\dfrac{\partial\psi_1(\xi,1,\tau)}{\partial y}=0\\ \dfrac{\partial\psi_1(\xi,0,\tau)}{\partial y}=0\end{cases}\tag{11.5.33}$$

$$\begin{cases}\dfrac{\partial\psi_2(\xi,1,\tau)}{\partial y}=-\phi(1)\dfrac{\partial}{\partial\xi}H[A(\xi,\tau)]\\ \dfrac{\partial\psi_2(\xi,0,\tau)}{\partial y}=\phi(0)\dfrac{\partial}{\partial\xi}H[A(\xi,\tau)]\end{cases}\tag{11.5.34}$$

将式(11.5.11)代入式(11.5.33),因为 $A(\xi,\tau)\neq0$,因此有

$$\frac{\mathrm{d}\phi}{\mathrm{d}y}=0,y=0,1\tag{11.5.35}$$

这就是式(11.5.12)的边界条件。把式(11.5.34,11.5.35)代入式(11.5.16),得到

$$[\phi^2(1)+\phi^2(0)]\frac{\partial^2}{\partial\xi^2}H[A(\xi,\tau)]+\int_0^1\left[\frac{\beta-\bar{u}''}{(\bar{u}-c)^2}\phi^2\right]\mathrm{d}y\frac{\partial A}{\partial\tau}+\int_0^1\left[\frac{\phi^3}{\bar{u}-c}\left(\frac{\beta-\bar{u}''}{\bar{u}-c}\right)'\right]\mathrm{d}yA\frac{\partial A}{\partial\xi} \tag{11.5.36}$$

写成标准形式

$$\frac{\partial A}{\partial\tau}+PA\frac{\partial A}{\partial\xi}+Q\frac{\partial^2}{\partial\xi^2}H(A)=0 \tag{11.5.37}$$

其中

$$\begin{cases}P=\int_0^1\left[\dfrac{\phi^3}{\bar{u}-c}\left(\dfrac{\beta-\bar{u}''}{\bar{u}-c}\right)'\right]\mathrm{d}y\Big/\int_0^1\left[\dfrac{\beta-\bar{u}''}{(\bar{u}-c)^2}\phi^2\right]\mathrm{d}y\\ Q=[\phi^2(1)+\phi^2(0)]\Big/\int_0^1\left[\dfrac{\beta-\bar{u}''}{(\bar{u}-c)^2}\phi^2\right]\mathrm{d}y\end{cases} \tag{11.5.38}$$

式(11.5.37)就是 Bonjamin-Ono 方程,它具有孤立波解

$$A(\xi,\tau)=\frac{A_0\delta^2}{(\xi-\lambda\tau)^2+\delta^2} \tag{11.5.39}$$

其中

$$\begin{cases}\delta=\dfrac{16Q^2}{A_0^2P^2}\\ \lambda=\dfrac{A_0P}{4}\end{cases} \tag{11.5.40}$$

式中 A_0 为初始时刻原点上的 A 值。当给定$\bar{u}=\bar{u}(y)$后,可由式(11.5.12,11.5.35)得到$\phi(y)$和 c,从而得到 Benjamin-Ono 方程系数 P 和 Q 以及 $A(\xi,\tau)$。最后,由式(11.5.41),得到流场

$$\psi\approx-\int_0^y\bar{u}(y)\mathrm{d}y+\varepsilon A(\xi,\tau)\phi(y) \tag{11.5.41}$$

这说明大气中是有可能存在 Rossby 代数孤立波流型的。应该注意到,当基本气流没有水平切变时,由式(11.5.38)显见,$P\equiv0$,就不可能存在代数孤立波。可见,基本气流的水平切变是代数孤立波存在的必要条件。

§11.6 强迫 Rossby 孤立波

前面我们给出的都是自由孤立波。下面我们给出因某种强迫而产生的强迫 KdV 孤立波,它是由强迫 KdV 方程得到的。下面首先推导强迫 KdV 方程。

三维的准地转位涡度方程可以写为

$$\left(\frac{\partial}{\partial t}+\frac{\partial\psi}{\partial x}\frac{\partial}{\partial y}-\frac{\partial\psi}{\partial y}\frac{\partial}{\partial x}\right)\times\left[\nabla^2\psi+f+\frac{f^2}{\rho_s}\frac{\partial}{\partial z}\left(\frac{\rho_s}{N^2}\frac{\partial\psi}{\partial z}\right)\right]=0 \tag{11.6.1}$$

式中,$\rho_s=\rho_s(z)$,$N^2=N^2(z)$。

令

$$\psi = -\int_0^y [\overline{\overline{U}}(y,z) - c]\mathrm{d}y + \varepsilon\psi' \tag{11.6.2}$$

式中：$\overline{\overline{U}}(y,z)$为纬向基本气流；$c$ 为常值，可以看作 Rossby 长波相速。将式(11.6.2)代入式(11.6.1)，略去"$'$"号，得到

$$\left[\frac{\partial}{\partial t} + (\overline{\overline{U}} - c)\frac{\partial}{\partial x}\right]\left[\nabla^2\psi + \frac{f^2}{\rho_s}\frac{\partial}{\partial z}\left(\frac{\rho_s}{N^2}\frac{\partial\psi}{\partial z}\right)\right] + \left[\beta - \frac{\partial^2\overline{\overline{U}}}{\partial y^2} - \frac{f^2}{\rho_s}\frac{\partial}{\partial z}\left(\frac{\rho_s}{N^2}\frac{\partial\overline{\overline{U}}}{\partial z}\right)\right]\frac{\partial\psi}{\partial x} +$$
$$\varepsilon\left(\frac{\partial\psi}{\partial x}\frac{\partial}{\partial y} - \frac{\partial\psi}{\partial y}\frac{\partial}{\partial x}\right)\left[\nabla^2\psi + \frac{f^2}{\rho_s}\frac{\partial}{\partial z}\left(\frac{\rho_s}{N^2}\frac{\partial\psi}{\partial z}\right)\right] = 0 \tag{11.6.3}$$

作为下边界条件，我们取有地形的绝热情况下的热流量方程，在静力近似和地转近似下，它取如下形式

$$\left(\frac{\partial}{\partial t} + \frac{\partial\psi}{\partial x}\frac{\partial}{\partial y} - \frac{\partial\psi}{\partial y}\frac{\partial}{\partial x}\right)\frac{\partial\psi}{\partial x} + \frac{N^2}{f}\left(\frac{\partial\psi}{\partial x}\frac{\partial h}{\partial y} - \frac{\partial\psi}{\partial y}\frac{\partial h}{\partial x}\right) = 0,\quad z = 0 \tag{11.6.4}$$

式中 $h=h(x,y)$为地形廓线。

利用式(11.6.2)，得到关于扰动流函数ψ'的下边界条件(略去"$'$"号)为

$$\left[\frac{\partial}{\partial t} + (\overline{\overline{u}} - c)\frac{\partial}{\partial x}\right]\frac{\partial\psi}{\partial z} - \frac{\partial\overline{\overline{U}}}{\partial z}\frac{\partial\psi}{\partial x} + \frac{N^2}{f}(\overline{\overline{U}} - c)\frac{\partial h}{\partial x} +$$
$$\varepsilon\left(\frac{\partial\psi}{\partial x}\frac{\partial}{\partial y} - \frac{\partial\psi}{\partial y}\frac{\partial}{\partial x}\right)\frac{\partial\psi}{\partial z} + \varepsilon\frac{N^2}{f}\left(\frac{\partial\psi}{\partial x}\frac{\partial h}{\partial y} - \frac{\partial\psi}{\partial y}\frac{\partial h}{\partial x}\right) = 0,\quad z = 0 \tag{11.6.5}$$

上边界条件和 y 方向的边界条件分别取为

$$\rho_s\psi \to ,z \to \infty \tag{11.6.6}$$

$$\frac{\partial\psi}{\partial x} = 0, y = 0,1 \tag{11.6.7}$$

作伸长变换

$$\xi = \varepsilon^{\frac{1}{2}}x, \tau = \varepsilon^{\frac{3}{2}}t \tag{11.6.8}$$

代入式(11.6.3，11.6.5～11.6.7)，得到

$$\begin{cases}\left[\varepsilon\frac{\partial}{\partial\tau} + (\overline{\overline{U}} - c)\frac{\partial}{\partial\xi}\right]\left[\varepsilon\frac{\partial^2\psi}{\partial\xi^2} + \frac{\partial^2\psi}{\partial y^2} + \frac{f^2}{\rho_s}\frac{\partial}{\partial z}\left(\frac{\rho_s}{N^2}\frac{\partial\psi}{\partial z}\right)\right] + \\ \quad\bar{\beta}\frac{\partial\psi}{\partial\xi} + \varepsilon\left[\frac{\partial\psi}{\partial\xi}\frac{\partial}{\partial y} - \frac{\partial\psi}{\partial y}\frac{\partial}{\partial\xi}\right]\left[\varepsilon\frac{\partial^2\psi}{\partial\xi^2} + \frac{\partial^2\psi}{\partial y^2} + \frac{f^2}{\rho_s}\frac{\partial}{\partial z}\left(\frac{\rho_s}{N^2} - \frac{\partial\psi}{\partial z}\right)\right] = 0 \\ \frac{\partial\psi}{\partial\xi} = 0, y = 0,1 \\ \left[\varepsilon\frac{\partial}{\partial_\tau} + (\overline{\overline{U}} - c)\frac{\partial}{\partial\xi}\right]\frac{\partial\psi}{\partial z} - \frac{\partial\overline{\overline{U}}}{\partial z}\frac{\partial\psi}{\partial\xi} + \frac{N^2}{f}(\overline{\overline{U}} - c)\frac{\partial h}{\partial\xi} + \\ \quad\varepsilon\left(\frac{\partial\psi}{\partial\xi}\frac{\partial}{\partial y} - \frac{\partial\psi}{\partial y}\frac{\partial}{\partial\xi}\right)\left(\frac{\partial\psi}{\partial z} + \frac{N^2}{f}h\right) = 0, z = 0 \\ \rho_s\psi \to 0, z \to \infty\end{cases} \tag{11.6.9}$$

式中 $\bar{\beta}=\beta-\dfrac{\partial^2\overline{\overline{U}}}{\partial y^2}-\dfrac{f^2}{\rho_s}\dfrac{\partial}{\partial z}\left(\dfrac{\rho_s}{N^2}\dfrac{\partial\overline{\overline{U}}}{\partial z}\right)$。

把ψ展成ε 的幂级数

$$\psi=\psi_0+\varepsilon\psi_1+\varepsilon^2\psi_2+\cdots \tag{11.6.10}$$

设基流$\overline{\overline{U}}$有一小的偏差，即$\overline{\overline{U}}=\bar{u}(y,z)+\varepsilon\alpha$($\alpha$ 为常数)，并设

$$h=\varepsilon\Omega \tag{11.6.11}$$

把式(11.6.10,11.6.11)代入式(11.6.9)，得到ε 的各阶近似方程为

ε^0：

$$\begin{cases}(\bar{u}-c)\left[\dfrac{\partial^2}{\partial y^2}\left(\dfrac{\partial\psi_0}{\partial\xi}\right)+\dfrac{f}{\rho_s}\dfrac{\partial}{\partial z}\left(\dfrac{\rho_s}{s}\dfrac{\partial}{\partial z}\left(\dfrac{\partial\psi_0}{\partial\xi}\right)\right)\right]+\bar{\beta}\dfrac{\partial\psi_0}{\partial\xi}=0\\ \dfrac{\partial\psi_0}{\partial\xi}=0,y=0,1\\ (\bar{u}-c)\dfrac{\partial}{\partial z}\left(\dfrac{\partial\psi_0}{\partial\xi}\right)-\dfrac{\partial\bar{u}}{\partial z}\left(\dfrac{\partial\psi_0}{\partial\xi}\right)=0,z=0\\ \rho_s\psi_0\rightarrow 0,z\rightarrow\infty\end{cases} \tag{11.6.12}$$

式中 $s=\dfrac{N^2}{f}$。

ε^1：

$$\begin{cases}(\bar{u}-c)\left[\dfrac{\partial^2}{\partial y^2}\left(\dfrac{\partial\psi_1}{\partial\xi}\right)+\dfrac{f}{\rho_s}\dfrac{\partial}{\partial z}\left(\dfrac{\rho_s}{s}\dfrac{\partial}{\partial z}\left(\dfrac{\partial\psi_1}{\partial\xi}\right)\right)\right]+\bar{\beta}\dfrac{\partial\psi_1}{\partial\xi}\\ \quad=-\left(\dfrac{\partial}{\partial\tau}+\alpha\dfrac{\partial}{\partial\xi}\right)\left[\dfrac{\partial^2\psi_0}{\partial y^2}+\dfrac{f}{\rho_s}\dfrac{\partial}{\partial z}\left(\dfrac{\rho_s}{s}\dfrac{\partial\psi_0}{\partial z}\right)\right]-\\ \qquad(\bar{u}-c)\dfrac{\partial}{\partial\xi}\left(\dfrac{\partial^2\psi_0}{\partial\xi^2}\right)-\left(\dfrac{\partial\psi_0}{\partial\xi}\dfrac{\partial}{\partial y}-\dfrac{\partial\psi_0}{\partial y}\dfrac{\partial}{\partial\xi}\right)\left[\dfrac{\partial^2\psi_0}{\partial y^2}+\dfrac{f}{\rho_s}\dfrac{\partial}{\partial z}\left(\dfrac{\rho_s}{s}\dfrac{\partial\psi_0}{\partial z}\right)\right]\\ \dfrac{\partial\psi_1}{\partial\xi}=0,y=0,1\\ (\bar{u}-c)\dfrac{\partial}{\partial z}\left(\dfrac{\partial\psi_1}{\partial\xi}\right)-\dfrac{\partial\bar{u}}{\partial z}\left(\dfrac{\partial\psi_1}{\partial\xi}\right)\\ \quad=-\left(\dfrac{\partial}{\partial\tau}+\alpha\dfrac{\partial}{\partial\xi}\right)\dfrac{\partial\psi_0}{\partial z}-s(\bar{u}-c)\dfrac{\partial\Omega}{\partial\xi}-\left(\dfrac{\partial\psi_0}{\partial\xi}\dfrac{\partial^2\psi_0}{\partial y\partial z}-\dfrac{\partial\psi_0}{\partial y}\dfrac{\partial^2\psi_0}{\partial\xi\partial z}\right),\ z=0\\ \rho_s\psi_1\rightarrow 0,z\rightarrow\infty\end{cases} \tag{11.6.13}$$

记

$$\begin{cases}M=\dfrac{\partial^2}{\partial y^2}+\dfrac{f}{\rho_s}\dfrac{\partial}{\partial z}\left(\dfrac{\rho_s}{s}\dfrac{\partial}{\partial z}\right)\\ L=\dfrac{\partial^2}{\partial y^2}+\dfrac{f}{\rho_s}\dfrac{\partial}{\partial z}\left(\dfrac{\rho_s}{s}\dfrac{\partial}{\partial z}\right)+\dfrac{\bar{\beta}}{\bar{u}-c}\end{cases} \tag{11.6.14}$$

则式(11.6.12,11.6.13)可以改写为

ε^0：

$$\begin{cases} L\left(\dfrac{\partial \psi_0}{\partial \xi}\right)=0 \\ \dfrac{\partial \psi_0}{\partial \xi}=0, y=0,1 \\ (\bar{u}-c)\dfrac{\partial}{\partial z}\left(\dfrac{\partial \psi_0}{\partial \xi}\right)-\dfrac{\partial \bar{u}}{\partial z}\dfrac{\partial \psi_0}{\partial \xi}=0, \quad z=0 \\ \rho_s \psi_0 \to 0, z\to\infty \end{cases} \tag{11.6.15}$$

ε^1：

$$\begin{cases} (\bar{u}-c)L\left(\dfrac{\partial \psi_1}{\partial \xi}\right)=-\left(\dfrac{\partial}{\partial \tau}+\alpha\dfrac{\partial}{\partial \xi}\right)M(\psi_0)-(\bar{u}-c)\dfrac{\partial^3 \psi_0}{\partial \xi^3}-\left(\dfrac{\partial \psi_0}{\partial \xi}\dfrac{\partial}{\partial y}-\dfrac{\partial \psi_0}{\partial y}\dfrac{\partial}{\partial \xi}\right)M(\psi_0) \\ \dfrac{\partial \psi_1}{\partial \xi}=0, y=0,1 \\ (\bar{u}-c)\dfrac{\partial}{\partial z}\left(\dfrac{\partial \psi_1}{\partial \xi}\right)-\dfrac{\partial \bar{u}}{\partial z}\left(\dfrac{\partial \psi_1}{\partial \xi}\right) \\ \quad =-\left(\dfrac{\partial}{\partial \tau}+\alpha\dfrac{\partial}{\partial \xi}\right)\dfrac{\partial \psi_0}{\partial z}-s(\bar{u}-c)\dfrac{\partial \Omega}{\partial \xi}-\left(\dfrac{\partial \psi_0}{\partial \xi}\dfrac{\partial}{\partial y}-\dfrac{\partial \psi_0}{\partial y}\dfrac{\partial}{\partial \xi}\right)\left(\dfrac{\partial \psi_0}{\partial \xi}\right), z=0 \\ \rho_s \psi_1 \to 0, z\to\infty \end{cases}$$

(11.6.16)

令

$$\psi_0=A(\xi,\tau)\phi(y,z) \tag{11.6.17}$$

代入式(11.6.15),得到

ε^0：

$$\begin{cases} L(\phi)=0 \\ \phi=0, y=0,1 \\ \dfrac{\partial \phi}{\partial z}-\dfrac{1}{\bar{u}-c}\dfrac{\partial \bar{u}}{\partial z}\phi=0, z=0 \\ \rho_s\phi \to 0, z\to\infty \end{cases} \tag{11.6.18}$$

代入式(11.6.16),得到

ε^1：

$$
\begin{cases}
L\left(\dfrac{\partial \psi_1}{\partial \xi}\right) = -\left(\dfrac{\partial}{\partial \tau}+\alpha \dfrac{\partial}{\partial \xi}\right)A\left[\dfrac{\partial^2 \phi}{\partial y^2}+\dfrac{f}{\rho_s}\dfrac{\partial}{\partial z}\left(\dfrac{\rho_s}{s}\dfrac{\partial \phi}{\partial z}\right)\right]\Big/ \\
\qquad (\bar{u}-c)-\phi\dfrac{\partial^3 A}{\partial \xi^3}-A\dfrac{\partial A}{\partial \xi}\left\{\phi\dfrac{\partial}{\partial y}\left[\dfrac{\partial^2 \phi}{\partial y^2}+\dfrac{f}{\rho_s}\dfrac{\partial}{\partial z}\left(\dfrac{\rho_s}{s}\dfrac{\partial \phi}{\partial z}\right)\right]-\dfrac{\partial \phi}{\partial y}\left[\dfrac{\partial^2 \phi}{\partial y^2}+\right.\right. \\
\qquad \left.\left.\dfrac{f}{\rho_s}\dfrac{\partial}{\partial z}\left(\dfrac{\rho_s}{s}\dfrac{\partial \phi}{\partial z}\right)\right]\right\}\Big/(\bar{u}-c) \\
\dfrac{\partial \psi_1}{\partial \xi} = 0, y = 0,1 \\
\dfrac{\partial}{\partial z}\left(\dfrac{\partial \psi_1}{\partial \xi}\right)-\dfrac{1}{\bar{u}-c}\dfrac{\partial \bar{u}}{\partial z}\dfrac{\partial \psi_1}{\partial \xi} \\
\quad = -\left(\dfrac{\partial}{\partial \tau}+\alpha\dfrac{\partial}{\partial \xi}\right)A\dfrac{\partial \phi}{\partial z}\Big/(\bar{u}-c)-s\dfrac{\partial \Omega}{\partial \xi}-A\dfrac{\partial A}{\partial \xi}\left[\phi\dfrac{\partial^2 \phi}{\partial y \partial z}-\dfrac{\partial \phi}{\partial y}\dfrac{\partial \phi}{\partial z}\right]\Big/(\bar{u}-c), z = 0 \\
\rho_s \psi_1 \to 0, z \to \infty
\end{cases}
\tag{11.6.19}
$$

由式(11.6.18)知，式(11.6.19)有解的条件是，$\rho_s\phi$ 乘式(11.6.19)，再对 y 和 z 积分，即

$$
\begin{aligned}
&\int_0^1\int_0^\infty \rho_s\phi L\left(\frac{\partial \psi_1}{\partial \xi}\right)\mathrm{d}y\mathrm{d}z \\
&= -\left(\frac{\partial}{\partial \tau}+\alpha\frac{\partial}{\partial \xi}\right)A\int_0^1\int_0^\infty\left[\rho_s\phi\frac{\dfrac{\partial^2 \phi}{\partial y^2}+\dfrac{f}{\rho_s}\dfrac{\partial}{\partial z}\left(\dfrac{\rho_s}{s}\dfrac{\partial \phi}{\partial z}\right)}{\bar{u}-c}\right]\mathrm{d}y\mathrm{d}z-\frac{\partial^3 A}{\partial \xi^3}\int_0^1\int_0^\infty \rho_s\phi^2\mathrm{d}y\mathrm{d}z- \\
&\quad A\frac{\partial A}{\partial \xi}\int_0^1\int_0^\infty\left\{\rho_s\phi^2\frac{\dfrac{\partial}{\partial y}\left[\dfrac{\partial^2 \phi}{\partial y^2}+\dfrac{f}{\rho_s}\dfrac{\partial}{\partial z}\left(\dfrac{\rho_s}{s}\dfrac{\partial \phi}{\partial z}\right)\right]}{\bar{u}-c}+\rho_s\phi\frac{\partial \phi}{\partial y}\frac{\left[\dfrac{\partial^2 \phi}{\partial y^2}+\dfrac{f}{\rho_s}\dfrac{\partial}{\partial z}\left(\dfrac{\rho_s}{s}\dfrac{\partial \phi}{\partial z}\right)\right]}{\bar{u}-c}\right\}\mathrm{d}y\mathrm{d}z
\end{aligned}
\tag{11.6.20}
$$

由于 $L(\phi)=0$，所以式(11.6.20)左边可改写为

$$
左边 = \int_0^1\int_0^\infty \rho_s\phi L\left(\frac{\partial \psi_1}{\partial \xi}\right)\mathrm{d}y\mathrm{d}z-\int_0^1\int_0^\infty \rho_s\frac{\partial \psi_1}{\partial \xi}L(\phi)\mathrm{d}y\mathrm{d}z \tag{11.6.21}
$$

考虑到 $\rho_s=\rho_s(z)$，显然有下面等式成立

$$
\begin{aligned}
&\rho_s\left[\phi L\left(\frac{\partial \psi_1}{\partial \xi}\right)-\frac{\partial \psi_1}{\partial \xi}L(\phi)\right] \\
&\quad = \frac{\partial}{\partial y}\left[\rho_s\left(\phi\frac{\partial^2 \psi_1}{\partial \xi \partial y}-\frac{\partial \psi_1}{\partial \xi}\frac{\partial \phi}{\partial y}\right)\right]+f\frac{\partial}{\partial z}\left[\frac{\rho_s}{s}\left(\phi\frac{\partial^2 \psi_1}{\partial \xi \partial z}-\frac{\partial \psi_1}{\partial \xi}\frac{\partial \phi}{\partial z}\right)\right]
\end{aligned}
\tag{11.6.22}
$$

利用这两个关系式，式(11.6.20)变为

$$\int_0^1\int_0^\infty\left\{\frac{\partial}{\partial y}\left[\rho_s\left(\phi\frac{\partial^2\psi_1}{\partial\xi\partial y}-\frac{\partial\psi_1}{\partial\xi}\frac{\partial\phi}{\partial y}\right)\right]+f\frac{\partial}{\partial z}\left[\frac{\rho_s}{s}\left(\phi\frac{\partial^2\psi_1}{\partial\xi\partial z}-\frac{\partial\psi_1}{\partial\xi}\frac{\partial\phi}{\partial z}\right)\right]\right\}\mathrm{d}y\mathrm{d}z$$
$$=-\left(\frac{\partial}{\partial\tau}+\alpha\frac{\partial}{\partial\xi}\right)A\int_0^1\int_0^\infty\rho_s\phi\left[\frac{\frac{\partial^2\phi}{\partial y^2}+\frac{f}{\rho_s}\frac{\partial}{\partial z}\left(\frac{\rho_s}{s}\frac{\partial\phi}{\partial z}\right)}{\bar{u}-c}\right]\mathrm{d}y\mathrm{d}z-$$
$$\frac{\partial^3 A}{\partial\xi^3}\int_0^1\int_0^\infty\rho_s\phi^2\mathrm{d}y\mathrm{d}z-A\frac{\partial A}{\partial\xi}\int_0^1\int_0^\infty\left\{\rho_s\phi^2\frac{\frac{\partial}{\partial y}\left[\frac{\partial^2\phi}{\partial y^2}+\frac{f}{\rho_s}\frac{\partial}{\partial z}\left(\frac{\rho_s}{s}\frac{\partial\phi}{\partial z}\right)\right]}{\bar{u}-c}+\right.$$
$$\left.\rho_s\phi\frac{\partial\phi}{\partial y}\left[\frac{\frac{\partial^2\phi}{\partial y^2}+\frac{f}{\rho_s}\frac{\partial}{\partial z}\left(\frac{\rho_s}{s}\frac{\partial\phi}{\partial z}\right)}{\bar{u}-c}\right]\right\}\mathrm{d}y\mathrm{d}z$$

(11.6.23)

利用算子 L 的表达式，即

$$\frac{\partial^2\phi}{\partial y^2}+\frac{f}{\rho_s}\frac{\partial}{\partial z}\left(\frac{\rho_s}{s}\frac{\partial\phi}{\partial z}\right)=L(\phi)-\frac{\bar{\beta}}{\bar{u}-c}\phi$$

代入式(11.6.23)，得到

$$\int_0^1\int_0^\infty\frac{\partial}{\partial y}\left[\rho_s\left(\phi\frac{\partial^2\psi_1}{\partial\xi\partial y}-\frac{\partial\psi_1}{\partial\xi}\frac{\partial\phi}{\partial y}\right)\right]\mathrm{d}y\mathrm{d}z+\int_0^1\int_0^\infty f\frac{\partial}{\partial z}\left[\frac{\rho_s}{s}\left(\phi\frac{\partial^2\psi_1}{\partial\xi\partial z}-\frac{\partial\psi_1}{\partial\xi}\frac{\partial\phi}{\partial z}\right)\right]\mathrm{d}y\mathrm{d}z$$
$$=\left(\frac{\partial}{\partial\tau}+\alpha\frac{\partial}{\partial\xi}\right)A\int_0^1\int_0^\infty\frac{\rho_s\phi^2}{(\bar{u}-c)^2}\bar{\beta}\mathrm{d}y\mathrm{d}z-\frac{\partial^3 A}{\partial\xi^3}\int_0^1\int_0^\infty\rho_s\phi^2\mathrm{d}y\mathrm{d}z+$$
$$A\frac{\partial A}{\partial\xi}\int_0^1\int_0^\infty\left[\rho_s\frac{\phi^2}{\bar{u}-c}\frac{\partial}{\partial y}\left(\frac{\bar{\beta}}{\bar{u}-c}\phi\right)-\rho_s\frac{\bar{\beta}\phi^2}{(\bar{u}-c)^2}\frac{\partial\phi}{\partial y}\right]\mathrm{d}y\mathrm{d}z$$

(11.6.24)

式(11.6.24)右边最后一项被积函数(记为 R)可以写为

$$R=\rho_s\frac{\phi^3}{\bar{u}-c}\frac{\partial}{\partial y}\left(\frac{\bar{\beta}}{\bar{u}-c}\right)\tag{11.6.25}$$

式(11.6.24)左边第一项(记为 K)可写为

$$K=\int_0^\infty\rho_s\left(\phi\frac{\partial^2\psi_1}{\partial\xi\partial y}-\frac{\partial\psi_1}{\partial\xi}\frac{\partial\phi}{\partial y}\right)\Bigg|_0^1\mathrm{d}z\tag{11.6.26}$$

利用边界条件(11.6.18，11.6.19)，易知 $K=0$。而式(11.6.24)左边第二项(记为 N)可写为

$$N=\int_0^1 f\left[\frac{\rho_s}{s}\left(\phi\frac{\partial^2\psi_1}{\partial\xi\partial z}-\frac{\partial\psi_1}{\partial\xi}\frac{\partial\phi}{\partial z}\right)\right]\Bigg|_0^\infty\mathrm{d}y$$

因为 $z\to\infty$ 时，$\rho_s\psi\to 0$，或者没有扰动，因此

$$N=-\int_0^1 f\left[\frac{\rho_s}{s}\left(\phi\frac{\partial^2\psi_1}{\partial\xi\partial z}-\frac{\partial\psi_1}{\partial\xi}\frac{\partial\phi}{\partial z}\right)\right]\Bigg|_{z=0}\mathrm{d}y\tag{11.6.27}$$

利用下边界条件(11.6.18,11.6.19),可以得到 N 的表达式。

为此,ϕ 乘式(11.6.19)第三式,$\dfrac{\partial\psi_1}{\partial\xi}$ 乘式(11.6.18)第三式,相减得到

$$\begin{aligned}&\phi\frac{\partial}{\partial z}\frac{\partial\psi_1}{\partial\xi}-\frac{\partial\phi}{\partial z}\frac{\partial\psi_1}{\partial\xi}\\&=-\left(\frac{\partial}{\partial\tau}+\alpha\frac{\partial}{\partial\xi}\right)A\frac{\phi}{\bar{u}-c}\frac{\partial\phi}{\partial z}-s\frac{\partial\Omega}{\partial\xi}-A\frac{\partial A}{\partial\xi}\left[\frac{\phi^2}{\bar{u}-c}\frac{\partial^2\phi}{\partial y\partial z}-\frac{\phi}{\bar{u}-c}\frac{\partial\phi}{\partial y}\frac{\partial\phi}{\partial z}\right]\end{aligned}\tag{11.6.28}$$

将式(11.6.28)代入式(11.6.27),得到

$$N=\int_0^1 f\left\{\frac{\rho_s}{s}\left[\left(\frac{\partial}{\partial\tau}+\alpha\frac{\partial}{\partial\xi}\right)A\frac{\phi}{\bar{u}-c}\frac{\partial\phi}{\partial z}+s\phi\frac{\partial\Omega}{\partial\xi}+A\frac{\partial A}{\partial\xi}\left(\frac{\phi^2}{\bar{u}-c}\frac{\partial^2\phi}{\partial y\partial z}+\frac{\phi}{\bar{u}-c}\frac{\partial\phi}{\partial y}\frac{\partial\phi}{\partial z}\right)\right]\right\}\bigg|_{z=0}\mathrm{d}y\tag{11.6.29}$$

把式(11.6.25,11.6.26,11.6.29)代入式(11.6.24),得到

$$\begin{aligned}&\left(\frac{\partial}{\partial\tau}+\alpha\frac{\partial}{\partial\xi}\right)A\left[\int_0^1\int_0^\infty\frac{\rho_s\phi^2}{(\bar{u}-c)^2}\bar{\beta}\mathrm{d}y\mathrm{d}z-\int_0^1 f\left(\frac{\rho_s}{s}\frac{\phi}{\bar{u}-c}\frac{\partial\phi}{\partial z}\right)\bigg|_{z=0}\mathrm{d}y\right]+\\&\quad A\frac{\partial A}{\partial\xi}\left[\int_0^1\int_0^\infty\rho_s\frac{\phi^3}{\bar{u}-c}\frac{\partial}{\partial y}\left(\frac{\bar{\beta}}{\bar{u}-c}\right)\mathrm{d}y\mathrm{d}z-\right.\\&\quad\left.f\int_0^1\left(\frac{\rho_s}{s}\frac{\phi^2}{\bar{u}-c}\frac{\partial^2\phi}{\partial y\partial z}-\frac{\rho_s}{s}\frac{\phi}{\bar{u}-c}\frac{\partial\phi}{\partial y}\frac{\partial\phi}{\partial z}\right)\bigg|_{z=0}\mathrm{d}y\right]-\\&\quad\frac{\partial^3A}{\partial\xi^3}\int_0^1\int_0^\infty\rho_s\phi^2\mathrm{d}y\mathrm{d}z=\int_0^1 f\left[\rho_s\phi\frac{\partial\Omega}{\partial\xi}\right]\bigg|_{z=0}\mathrm{d}y\end{aligned}\tag{11.6.30}$$

改写一下,式(11.6.30)变为

$$\frac{\partial A}{\partial\tau}+\alpha\frac{\partial A}{\partial\xi}+\sigma^{-1}\beta A\frac{\partial A}{\partial\xi}+\sigma^{-1}\gamma\frac{\partial^3A}{\partial\xi^3}=\sigma^{-1}\frac{\mathrm{d}F}{\mathrm{d}\xi}\tag{11.6.31}$$

其中

$$\begin{cases}\sigma=\displaystyle\int_0^1\left[\int_0^\infty\frac{\rho_s\phi^2}{(\bar{u}-c)^2}\bar{\beta}\mathrm{d}z-f\left(\frac{\rho_s}{s}\frac{\phi}{\bar{u}-c}\frac{\partial\phi}{\partial z}\right)\bigg|_{z=0}\mathrm{d}y\right.\\\beta=\displaystyle\int_0^1\int_0^\infty\rho_s\frac{\phi^3}{\bar{u}-c}\frac{\partial}{\partial y}\left(\frac{\bar{\beta}}{\bar{u}-c}\right)\mathrm{d}y\mathrm{d}z\\\qquad\displaystyle-\int_0^1 f\left(\frac{\rho_s}{s}\frac{\phi^2}{\bar{u}-c}-\frac{\partial^2\phi}{\partial y\partial z}-\frac{\rho_s}{s}\frac{\phi}{\bar{u}-c}\frac{\partial\phi}{\partial y}\frac{\partial\phi}{\partial z}\right)\bigg|_{z=0}\mathrm{d}y\\\gamma=\displaystyle-\int_0^1\int_0^\infty\rho_s\phi^2\mathrm{d}y\mathrm{d}z\\F(\xi)=\displaystyle\int_0^1[\rho_s\phi\Omega(\xi,y)]\bigg|_{z=0}\mathrm{d}y\end{cases}\tag{11.6.32}$$

利用式(11.6.18)第三式,式(11.6.32)中的 σ 和 β 又可写为

$$\sigma=\int_0^1\left[\int_0^\infty\frac{\rho_s\phi^2}{(\bar{u}-c)^2}\bar{\beta}\mathrm{d}z-f\left(\frac{\rho_s}{s}\frac{\phi^2}{(\bar{u}-c)^2}\frac{\partial\bar{u}}{\partial z}\right)\bigg|_{z=0}\right]\mathrm{d}y$$

$$\beta=\int_0^1\int_0^\infty\left[\rho_s\frac{\phi^3}{\bar{u}-c}\frac{\partial}{\partial y}\left(\frac{\bar{\beta}}{\bar{u}-c}\right)\right]\mathrm{d}y\mathrm{d}z-\int_0^1 f\left[\frac{\rho_s}{s}\frac{\phi^3}{\bar{u}-c}\frac{\partial}{\partial y}\left(\frac{\frac{\partial\bar{u}}{\partial z}}{\bar{u}-c}\right)\right]\Bigg|_{z=0}\mathrm{d}y$$

式(11.6.31)是非齐次的 KdV 方程，当强迫 F 为零时，式(11.6.31)化为一般的 KdV 方程，它有精确解，其中一个特解即为孤立波解。当强迫存在时，式(11.6.31)不再可积，因而没有分析解，必须用数值方法或者扰动法求解。当基本气流 $\bar{u}(y,z)$ 给定后，由式(11.6.18)，可以得到 ϕ 和 c，然后由式(11.6.32)计算得到强迫 KdV 方程的系数，以及由给定的地形廓线 $h(x,y)$ 得到强迫项 F，通过数值方法可以得到振幅 $A(\tau,\xi)$，再由式(11.6.2)和(11.6.17)得到流场分布。作为例子，我们对 ϕ 只考虑正压 mode，即取

$$\phi=\sin(xy)$$

并取 c 为正压线性长波的波速，再设

$$\rho_s=\mathrm{e}^{-z},\bar{u}=\bar{u}_0+ay+by$$

式中 $\bar{u}_0,a,b$ 为常值。利用拟谱方法求解强迫 KdV 方程(11.6.31)，计算得到的 $A(\tau,\xi)$ 随 τ 的变化如图 11.8 所示。其中，图 11.8(a)是地形强迫产生的孤立波，在地形强迫区产生负的定常孤波，其上游为孤波波列，其下游为调制椭圆余弦波列。图 11.8 (b)给出了两个自由孤波过地形时，与地形的相互作用产生的孤波的变化。

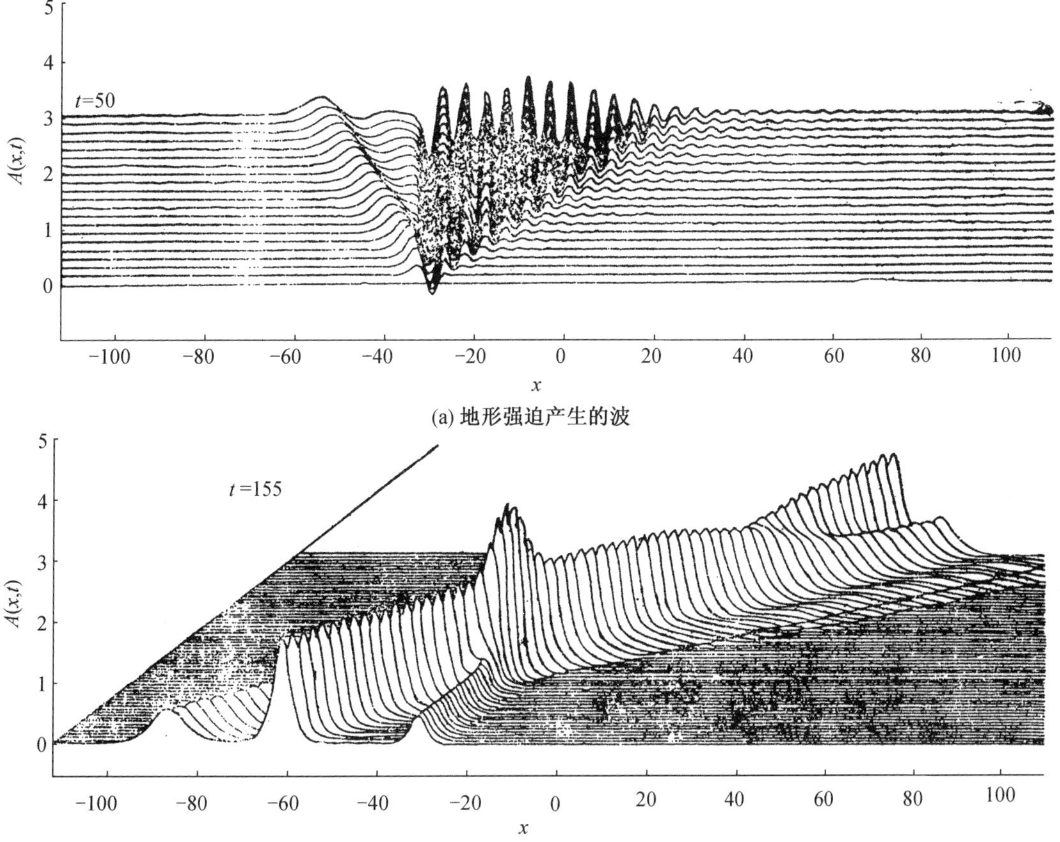

(a) 地形强迫产生的波

(b) 两个自由孤波与地形的相互作用

图 11.8　地形与波相互作用

思考题

1. 什么是耗散波与频散波？它们的控制方程有何不同？
2. 为什么在平流方程右端加上一个奇次阶偏导数项后所描述的波动为频散波动？
3. KdV 方程能描述哪几种波动？约束条件分别是什么？
4. 深层流体的孤立波与浅层流体的孤立波的控制方程有何不同？

参考文献

[1] 伍荣生. 大气动力学[M]. 北京:气象出版社,1990.

[2] 郭秉荣. 线性与非线性波导论[M]. 北京:气象出版社,1990.

[3] REDEKOPP L G. On the theory of solitary Rossby wave [J]. Journal of Fluid Mechanics, 1977, 82(4):725 - 745.

[4] MALANOTTE RIZZOLI P. Planetary solitary waves in geophysical flows [J]. Advances in Geophysics, 1982, 24:147 - 224.

[5] SCOTT A C, CHU F Y F, MCLAUGHLIN D W. The soliton: A new concept in applied science[J]. Proceedings of the IEEE, 1973, 61:1443 - 1483.

[6] YAMAGATA T. The stability, modulation and longwave resonance of a planetary wave in rotating, two-layer fluid on a channel beta-plane[J]. Journal of Meteorological Society of Japan, 1980, 58:160 - 171.

[7] 罗德海,纪立人. 大气中阻塞形成的一个理论[J]. 中国科学(B),1989,1:103 - 112.

[8] MCWILLIAMS J C, FLIERL G R. On the evolution of isolated, non-linear vortices [J]. Journal of Physical Oceanography, 1979, 9:1155 - 1182.

[9] MCWILLIAMS J C. An application of equivalent modons to atmospheric blocking [J]. Dynamics of Atmospheres and Oceans, 1980, 5:43 - 66.

[10] BENJAMIN T B. Internal waves of permanent form in fluids of great depth [J]. Journal of Fluid Mechanics, 1967, 29:559 - 592.

[11] ONO H. Algebraic Rossby wave soliton [J]. Journal of Physical Society of Japan, 1981, 50:2757 - 2761.

[12] PATOINE A, WARN T. The interaction of long quasistationary baroclinic waves with topography [J]. Journal of the Atmospheric Sciences, 1982, 39:1018 - 1025.

[13] 吕克利,蒋后硕. 近共振地形强迫 Rossby 孤立波[J]. 气象学报,1996, 54:142 - 153.

第十二章 非线性动力稳定性理论

在第五章主要讨论了大气运动的线性稳定性理论。在线性理论的框架中，其基本状态不随时间发生变化，而扰动的增长率也为常数，且扰动呈指数增长。事实上，扰动增长必定会调整动量和热量，从而影响基本状态。当扰动的振幅在线性状态下增长到一定振幅，它与基本状态的非线性相互作用不能忽略。因此，线性理论对于增长的扰动来说不能一致成立，有必要考虑扰动的非线性稳定性问题。对于任何系统一旦考虑了非线性作用，其物理形态将比线性框架中的形态更加复杂。线性系统与非线性系统至少在以下三个特征有区别：首先在定性上不同，线性系统表现出空间、时间上是光滑和规则的，运动可用性能良好的函数来描述，而非线性系统通常表现出从光滑运动向反复无常、随机行为或混沌过渡。其次，一个线性系统对它的参数的微小变化或外部激发的响应通常是光滑的，并正比于外部的激发，但对非线性系统，参数的微小变化却可能产生运动的巨大定性的差别，而且对外部的激发的响应可以与激发本身不同。第三，在一个线性系统中，一个局部的脉冲中通常随时间的推移通过扩张而衰减，这种频散现象使线性系统中的扰动失去自身的特征并消失，而对于非线性可能具有高度拟序、稳定的局部结构，这些结构或者维持很长时间，或者永远维持，实际上在第十一章讨论的孤立波正是这种特征的体现。本章对大气系统的弱非线性斜压波稳定性、分岔及混沌、平衡态作一简单讨论。

§12.1 弱非线性斜压不稳定

均质、无地形、摩擦作用两层斜压模式方程为

$$\left[\frac{\partial}{\partial t}+\frac{\partial\psi_1}{\partial x}\frac{\partial}{\partial y}-\frac{\partial\psi_1}{\partial y}\frac{\partial}{\partial x}\right][\nabla^2\psi_1+F(\psi_2-\psi_1)+\beta y]=0 \tag{12.1.1}$$

$$\left[\frac{\partial}{\partial t}+\frac{\partial\psi_2}{\partial x}\frac{\partial}{\partial y}-\frac{\partial\psi_2}{\partial y}\frac{\partial}{\partial x}\right][\nabla^2\psi_2+F(\psi_1-\psi_2)+\beta y]=0 \tag{12.1.2}$$

对于模式结构的详细说明可见 Pedlosky(1970)。

对于两层斜压模式的线性斜压不稳定性在第五章已作讨论，对于要出现线性斜压不稳定，存在一个临界的垂直风速切变 U_c。现在仅考虑基本状态在临界垂直风速切变附近的情形，即

$$U_s=U_1-U_2=U_c+\Delta \tag{12.1.3}$$

式中 $|\Delta|\ll U_c$。此时线性扰动的增长率为 $|\Delta|^{\frac{1}{2}}$，所以在扰动初始增长时，其振幅将以 $\exp(\Delta^{\frac{1}{2}}t)$ 增长，相应地，其振幅演变的自然时间尺度为 $(\Delta^{-\frac{1}{2}})$。所以，描述振幅演变的时间尺度的慢时间尺度 T 为

$$T=|\Delta|^{\frac{1}{2}}t \tag{12.1.4}$$

而波动位相传播速度仍是“快”时间尺度 τ

$$\tau = t \tag{12.1.5}$$

这样，扰动量可以认为是这两个时间变量的函数。

本节仅讨论弱非线性斜压波的不稳定特征。弱非线性有以下几个特点：

(1) 初始基本状态的超临界较小，此处 Δ 较小，随时间演变，基态变化较小，但它可较显著地影响波动发展特征。

(2) 波动振幅尽管有限，但仍可使用摄动方法，且此时非线性作用较为重要。

(3) 波动系统存在两种时间尺度，即波幅演变的慢时间尺度、位相变化的快时间尺度。

在下面讨论的弱非线性斜压不稳定都体现这三个特点。

对于方程(12.1.1,12.1.2)，设总流函数为

$$\psi_n = -U_n y + \phi_n(x,y,t,T) \quad (n=1,2) \tag{12.1.6}$$

而对扰动的流函数 ϕ_n，有

$$\frac{\partial \phi_n}{\partial t} = \frac{\partial \phi_n}{\partial \tau} + |\Delta|^{\frac{1}{2}} \frac{\partial \phi_n}{\partial T} \tag{12.1.7}$$

将方程(12.1.6)代入方程(12.1.1,12.1.2)，并利用式(12.1.7)，可得

$$\left[\frac{\partial}{\partial \tau} + |\Delta|^{\frac{1}{2}} \frac{\partial}{\partial T} + (U_2 + U_c + \Delta)\frac{\partial}{\partial x}\right] \times \\ [\nabla^2 \phi_1 - F(\phi_1 - \phi_2)] + (\beta + FU_c + F\Delta)\frac{\partial \phi_1}{\partial x} + J[\phi_1, \nabla^2 \phi_1 + F(\phi_2 - \phi_1)] = 0 \tag{12.1.8}$$

$$\left[\frac{\partial}{\partial t} + |\Delta|^{\frac{1}{2}} \frac{\partial}{\partial T} + U_2 \frac{\partial}{\partial x}\right] \times \\ [\nabla^2 \phi_2 - F(\phi_2 - \phi_1)] + (\beta - FU_c - F\Delta)\frac{\partial \phi_2}{\partial x} + J[\phi_2, \nabla^2 \phi_2 + F(\phi_1 - \phi_2)] = 0 \tag{12.1.9}$$

可令

$$q_n = \nabla^2 \phi_n - F(-1)^n(\phi_2 - \phi_1)(n=1,2) \tag{12.1.10}$$

即为各层扰动位涡。

将 ϕ_n 以 $|\Delta|^{\frac{1}{2}}$ 展开

$$\phi_n(x,y,t,T,\Delta) = |\Delta|^{\frac{1}{2}} \phi_n^{(1)} + |\Delta| \phi_n^{(2)} + |\Delta|^{\frac{3}{2}} \phi_n^{(3)} + \cdots \tag{12.1.11}$$

而边界条件为

$$y = 0,1, \quad \frac{\partial \phi_n}{\partial x} = 0 \tag{12.1.12}$$

将方程(12.1.11)代入式(12.1.8,12.1.9)，得到各阶摄动方程。

1. 一阶问题

对于 $O(|\Delta|^{\frac{1}{2}})$，可得

$$\left[\frac{\partial}{\partial \tau}+(U_2+U_c)\frac{\partial}{\partial x}\right][\nabla^2\phi_1^{(1)}-F(\phi_1^{(1)}-\phi_2^{(1)})]+(\beta+FU_c)\frac{\partial \phi_1^{(1)}}{\partial x}=0 \tag{12.1.13}$$

$$\left[\frac{\partial}{\partial \tau}+U_2\frac{\partial}{\partial x}\right][\nabla^2\phi_2^{(1)}-F(\phi_2^{(1)}-\phi_1^{(1)})]+(\beta-FU_c)\frac{\partial \phi_2^{(1)}}{\partial x}=0 \tag{12.1.14}$$

此时,边界条件为

$$y=0,1,\quad \frac{\partial \phi_n^{(1)}}{\partial x}=0\quad (n=1,2) \tag{12.1.15}$$

显然,对一阶问题实际上是线性的中性问题。于是,可设波解

$$\begin{aligned}\phi_1^{(1)}&=ReA_1(T)e^{ik(x-c\tau)}\sin(m\pi y)\\ \phi_2^{(1)}&=ReA_2(T)e^{ik(x-c\tau)}\sin(m\pi y)\end{aligned} \tag{12.1.16}$$

式中 m 为任意整数。

令

$$K^2=k^2+m^2\pi^2 \tag{12.1.17}$$

其中

$$C=U_2+\frac{U_c}{2}-\frac{\beta(K^2+F)}{K^2(K^2+2F)} \tag{12.1.18}$$

$$U_c=\frac{2\beta F}{[K^2(4F-K^4)^{\frac{1}{2}}]} \tag{12.1.19}$$

$$A_2=\gamma A_1=\gamma A \tag{12.1.20}$$

而

$$\gamma=\frac{K^2+F}{F}-\frac{\beta+FU}{F(U_2+U_c-C)} \tag{12.1.21}$$

γ 为实数,表示上下层波的位相差。

2. 二阶问题

对于 $O(|\Delta|)$阶,有

$$\left[\frac{\partial}{\partial \tau}+(U_2+U_c)\frac{\partial}{\partial x}\right][\nabla^2\phi_1^{(2)}-F(\phi_1^{(2)}-\phi_2^{(2)})]+(\beta+FU_c)\frac{\partial \phi_1^{(2)}}{\partial x}=-\frac{\partial}{\partial T}q_1^{(1)} \tag{12.1.22}$$

$$\left[\frac{\partial}{\partial \tau}+U_2\frac{\partial}{\partial x}\right][\nabla^2\phi_2^{(2)}-F(\phi_2^{(2)}-\phi_1^{(2)})]+(\beta-FU_c)\frac{\partial \phi_2^{(2)}}{\partial x}=-\frac{\partial}{\partial T}q_2^{(1)} \tag{12.1.23}$$

在上面推导中,由于$\nabla^2\phi_n^{(1)}=-K^2\phi_n^{(1)}$,相应地,$J(\phi_n^{(1)},\nabla\phi_n^{(1)})=0$,即右端的非线性项为零。它表示在准地转理论中,波数和位相相同、而振幅不同的两个波型,相互位涡平流为零。

对于式(12.1.22,12.1.23)右端的非齐次项,由于它正比于 $e^{ik(x-c\tau)}\sin(m\pi y)$的因子,即它与自由解的形式相同,而且它们的左端的齐次项与方程(12.1.13,12.1.14)左端完全相同,这样,似乎在 $\phi_n^{(2)}$ 中将会引起共振,但这是虚假的,可以从下面的讨论中得到证实。

不妨将方程(12.1.22,12.1.23)的特解设为

$$\phi_n^{(2)}=ReA_n^{(2)}(T)e^{ik(x-c\tau)}\sin(m\pi y) \tag{12.1.24}$$

将式(12.1.24)代入式(12.1.22,12.1.23),可得

$$-\gamma A_1^{(2)}+A_2^{(2)}=\frac{1}{\mathrm{i}kF}\frac{\mathrm{d}A}{\mathrm{d}T}\frac{\beta+FU_c}{(U_2+U_c-C)^2} \tag{12.1.25}$$

$$\gamma A_1^{(2)}-A_2^{(2)}=\frac{\gamma^2}{\mathrm{i}kF}\frac{\mathrm{d}A}{\mathrm{d}T}\frac{\beta-FU_c}{(U_2-C)^2} \tag{12.1.26}$$

两式相加，可得

$$\frac{\mathrm{d}A}{\mathrm{d}T}\left[\frac{\beta+FU_c}{(U_2+U_c-C)^2}+\gamma^2\frac{\beta-FU_c}{(U_2-C)^2}\right]=0 \tag{12.1.27}$$

显然，只有式(12.1.27)无条件满足时才能有有限解，这相当于令共振强迫项为零的消去奇异条件。

如果将式(12.1.19,12.1.21)代入式(12.1.27)，其括号中的值自动为零，故消去奇异条件自动满足，这说明在方程(12.1.22,12.1.23)中非齐次的强迫项并非共振项。另外，由于式(12.1.27)中括号自动为零，$\frac{\mathrm{d}A}{\mathrm{d}T}$可取任意值，这说明在弱斜压不稳定中振幅 A 是以慢时间尺度 T 演变。

对于线性斜压不稳定判据(Pedlosky, 1964)为

$$C_i\left\{\int_{-1}^{1}\left[|\Phi_1|^2\frac{\beta+FU_s}{|U_1-C|^2}+|\Phi_2|^2\frac{\beta-FU_s}{|U_2-C|^2}\right]\mathrm{d}y\right\}=0 \tag{12.1.28}$$

其中
$$\Phi_i=A_i^{(2)}(T)\sin(m\pi y)$$

对于边缘稳定波，$U_1-U_2=U_s\to U_c$，$\Phi_2/\Phi_1\to\gamma$，对于很弱的边缘不稳定，C_i 很小但不为零，则式(12.1.28)括号为零，此时可得

$$\int_{-1}^{+1}|\Phi_1|^2\left[\frac{\beta+FU_c}{|U_2+U_c-C|^2}+\gamma^2\frac{\beta-FU_c}{|U_2-C|^2}\right]\mathrm{d}y=0 \tag{12.1.29}$$

将式(12.1.29)代入式(12.1.27)，即可得式(12.1.27)中括号为零，恰好表明满足不稳定必要条件，而且 C_i 很小但不为零，表明不稳定很弱，振幅发展仅在慢时间尺度 T 上发展。这样，消去奇异条件自动满足的式(12.1.27)正好等价于在一阶 $O(|\Delta|^{\frac{1}{2}})$精度上，$\phi_n^{(1)}$ 波为弱斜压不稳定的。

这样，方程(12.1.25,12.1.26)中有一个是多余的，可以合并得如下解

$$A_2^{(2)}=\gamma A_1^{(2)}+\frac{\mathrm{d}A}{\mathrm{d}T}\frac{\beta+FU_c}{(U_2+U_c-C)^2}(\mathrm{i}kF)^{-1} \tag{12.1.30}$$

由于中性波结构与一阶波结构相同($A_2^{(1)}=\gamma A_1^{(2)}$)，这样可取 $A_1^{(2)}=0$，并可以将这部分并入一阶 $\phi_n^{(1)}$ 中，这时精确到$O(|\Delta|)$的波动形式为

$$\phi_1=|\Delta|^{\frac{1}{2}}\phi_1^{(1)}+|\Delta|\phi_1^{(2)}=|\Delta|^{\frac{1}{2}}Re A\mathrm{e}^{\mathrm{i}k(x-c\tau)}\sin(m\pi y) \tag{12.1.31}$$

$$\begin{aligned}\phi_2&=|\Delta|^{\frac{1}{2}}\phi_2^{(1)}+|\Delta|\phi_2^{(2)}\\&=|\Delta|^{\frac{1}{2}}Re\left[\gamma+\left(\frac{|\Delta|^{\frac{1}{2}}}{\mathrm{i}kF}\right)\frac{\beta+FU_c}{(U_2+U_c-C)^2}\frac{1}{A}\frac{\mathrm{d}A}{\mathrm{d}T}\right]\cdot A\mathrm{e}^{\mathrm{i}k(x-c\tau)}\sin(m\pi y)\end{aligned} \tag{12.1.32}$$

当 $Re\left(\frac{1}{A}\frac{\mathrm{d}A}{\mathrm{d}T}\right)\neq 0$ 时，上下层波将有相位差。对于增长波 $\frac{\mathrm{d}|A|}{\mathrm{d}T}>0$，则上层波落后于下层波，即为西倾槽；反之，对于衰减波 $\frac{\mathrm{d}|A|}{\mathrm{d}T}<0$，上层波超前下层波，为东倾槽。到此为止，所得结论与线性理论相类似，其非线性作用尚未出现。

方程(12.1.22,12.1.23)的齐次解为

$$\phi_n^{(2)} = \Phi_n^{(2)}(y,T) \tag{12.1.33}$$

它表示对纬向流在 T 变化的修正。同样，在一阶 $O(|\Delta|^{\frac{1}{2}})\phi_n^{(1)}$ 中也应加入修正项 $\Phi_n^{(2)}(y,T)$。但从下面消去奇异项将可看到它为零，此时 $\Phi_n^{(2)}(y,T)$ 成为纬向气流的最高修正。

3. 三阶问题

为了确定 $A(T)$ 及纬向气流的修正 $\Phi_n^{(2)}(y,T)$，必须考虑更高阶的问题。对 $O|\Delta|^{\frac{3}{2}}$ 三阶问题，有

$$\begin{aligned}&\left[\frac{\partial}{\partial\tau}+(U_2+U_c)\frac{\partial}{\partial x}\right][\nabla_2\phi_1^{(3)}+F_1(\phi_2^{(3)}-\phi_1^{(3)})]+\frac{\partial\phi_1^{(3)}}{\partial x}(\beta+FU_c)\\&\quad=-\frac{\partial}{\partial T}q_1^{(2)}-\frac{\Delta}{|\Delta|}F\frac{\partial\phi_1^{(1)}}{\partial x}-\frac{\Delta}{|\Delta|}\frac{\partial}{\partial x}q_1^{(1)}-J(\phi_1^{(1)},q_1^{(2)})-J(\phi_1^{(2)},q_1^{(1)})\end{aligned} \tag{12.1.34}$$

$$\begin{aligned}&\left[\frac{\partial}{\partial\tau}+U_2\frac{\partial}{\partial x}\right][\nabla^2\phi_2^{(3)}+F(\phi_1^{(3)}-\phi_2^{(3)})]+\frac{\partial\phi_2^{(3)}}{\partial x}(\beta-FU_c)\\&\quad=-\frac{\partial}{\partial T}q_2^{(2)}+\frac{\Delta}{|\Delta|}F\frac{\partial\phi_2^{(1)}}{\partial x}-J(\phi_2^{(1)},q_2^{(2)})-J(\phi_2^{(2)},q_2^{(1)})\end{aligned} \tag{12.1.35}$$

将 $\phi_n^{(1)}$，$\phi_n^{(2)}$ 代入式(12.1.34,12.1.35)右端可知，式中非齐次项包括两类：一类与 x,t 有关，且具有自由中性解的结构；另一类与 x,t 无关。显然，这两类解都可以强迫出自由波(即齐次解)，其中前者强迫是中性扰动，而后者强迫出纬向流。所以，两者都可以出现共振强迫，都必须消去这种奇异性。

下面讨论这类奇异性消去。

首先，考察与 x,t 无关的强迫项的消去，即消去由于 $\Phi_n^{(2)}$ 所产生的共振强迫，即在式(12.1.34,12.1.35)中有关 $\Phi_n^{(2)}$ 项为零，否则 $\phi_n^{(3)}$ 将以 x 或 τ 线性增长，使展开式(12.1.11)渐近性被破坏。这样，有

$$\begin{aligned}&\frac{\partial}{\partial T}\left[\frac{\partial\Phi_1^{(2)}}{\partial y}-F(\Phi_1^{(2)}-\Phi_2^{(2)})\right]\\&\quad=\frac{\mathrm{d}\mid A\mid^2}{\mathrm{d}T}\frac{\beta+FU_c}{4(U_2+U_c-C)^2}m\pi\cdot\sin(2m\pi y)\end{aligned} \tag{12.1.36}$$

$$\begin{aligned}&\frac{\partial}{\partial T}\left[\frac{\partial\Phi_2^{(2)}}{\partial y}+F(\Phi_1^{(2)}-\Phi_2^{(2)})\right]\\&\quad=-\frac{\mathrm{d}\mid A\mid^2}{\mathrm{d}T}\frac{\beta+FU_c}{4(U_2+U_c-C)^2}m\pi\sin(2m\pi y)\end{aligned} \tag{12.1.37}$$

式(12.1.36,12.1.37)的边界条件为

$$y=0,1 \quad \frac{\partial \Phi_n^{(2)}}{\partial y}=0 \tag{12.1.38}$$

由此可得

$$\begin{aligned}
\Phi_1^{(2)} &= -\Phi_2^{(2)} \\
&= -\frac{[|A|^2-|A(0)|^2]m\pi(\beta+FU_c)}{8(2m^2+F)(U_2+U_c-C)^2}\times \\
&\left[\sin(2m\pi y)-\left(\frac{2m\pi}{\sqrt{2F}}\frac{\sinh\left[\sqrt{2F}\left(y-\frac{1}{2}\right)\right]}{\cosh\sqrt{F/2}}\right)\right]
\end{aligned} \tag{12.1.39}$$

显然，$\Phi_n^{(2)}$ 可用 $A(\tau)$ 表示。下面尚需确定 $A(T)$。

下面考察与 x,τ 有关项引起的共振作用，可利用消去这种共振作用来确定 $A(T)$。

方程(12.1.34,12.1.35)两边乘以 $\mathrm{e}^{-\mathrm{i}k(x-c\tau)}\sin(m\pi y)$，并在一个纬向波长和 y 区间上积分，利用 $\phi_n^{(3)}$ 在 x 方向是周期边界条件，经多次积分可得

$$\mathrm{i}k(U_2+U_c-C)[-\gamma\phi_{1,m,k}^{(3)}+\phi_{2,m,k}^{(3)}]F=\int_0^1\mathrm{d}y\int_0^{2\pi/k}\mathrm{d}xM_1(x,y,\tau,T)\mathrm{e}^{-\mathrm{i}k(x-c\tau)}\sin(m\pi y)=I_1(T) \tag{12.1.40}$$

$$\mathrm{i}k(U_2-C)[-\phi_{2,m,k}^{(3)}+\gamma\phi_{1,m,k}^{(3)}]F=\int_0^1\mathrm{d}y\int_0^{2\pi/k}\mathrm{d}xM_2(x,y,\tau,T)\mathrm{e}^{-\mathrm{i}k(x-c\tau)}\sin(m\pi y)=I_2(T) \tag{12.1.41}$$

式中 $M_1(x,y,\tau,T)$，$M_2(x,y,\tau,T)$ 表示方程(12.1.34,12.1.35)右边的非齐次项。

$$\phi_{n,m,k}^{(3)}=\int_0^1\mathrm{d}y\int_0^{2\pi/k}\mathrm{e}^{-\mathrm{i}k(x-c\tau)}\sin(m\pi y)\phi_n^{(3)}\,\mathrm{d}x \tag{12.1.42}$$

为使 $\phi_{n,m,k}^{(3)}$ 保持有限，得消奇异条件，即

$$\frac{I_1(T)}{U_2+U_c-C}+\frac{\gamma I_2(T)}{U_2-C}=0 \tag{12.1.43}$$

利用式(12.1.43)，作进一步运算，可得关于振幅 A 的演变方程

$$\frac{\mathrm{d}^2A}{\mathrm{d}T^2}=k^2C_{0i}^2A-k^2NA[|A(T)|^2-|A(0)|^2] \tag{12.1.44}$$

其中

$$C_{0i}^2=\frac{2\beta^2F^2}{K^4(K^2+2F)^2}\frac{\Delta}{|\Delta|U_c} \tag{12.1.45}$$

$$\begin{aligned}
N=&\frac{(\beta+FU_c)U_cm^2\pi^2}{8(U_2+U_c-C)^2(2m^2\pi^2+F)(K^2+2F)K^2}\times \\
&\left\{(K^2-F)(4m^2\pi^2+2F)+(2F^2-K^4)\left[1+\frac{4m^2\pi^2\tanh\sqrt{F/2}}{\sqrt{F/2}(2m^2\pi^2+F)}\right]\right\}
\end{aligned} \tag{12.1.46}$$

上述方程，右侧含有 A 的线性项，可给出 A 的线性增长率 kC_{0i}，这与弱不稳定波的线性理论相一致。

另外，当 $N>0$，A 增长时，有

$$\left(\frac{1}{A}\frac{\mathrm{d}^2A}{\mathrm{d}T^2}\right)^{\frac{1}{2}}=k[C_{0i}^2-N(|A|^2-|A(0)|^2)]^{\frac{1}{2}} \tag{12.1.47}$$

式(12.1.47)表明，有效增长率减小，使振幅 A 的增长最终将停止，这是非线性作用所致。

事实上，对于所讨论的情况，N 在边缘曲线上几乎为正。在最小临界切变处，有

$$N=\frac{m^2\pi^2(\sqrt{2}-1)^2}{4}>0 \tag{12.1.48}$$

其中，此时 $K^2=\sqrt{2}F$。

为了更进一步分析振幅 A 的演变，可令

$$A=R(T)\mathrm{e}^{\mathrm{i}\alpha(T)} \tag{12.1.49}$$

式中 R 为实数。

将式(12.1.49)代入式(12.1.44)，并分实部、虚部。由虚部，可得

$$\frac{\mathrm{d}}{\mathrm{d}T}\left(R^2\frac{\mathrm{d}\alpha}{\mathrm{d}T}\right)=0 \tag{12.1.50}$$

相应，有

$$R^2\frac{\mathrm{d}\alpha}{\mathrm{d}T}=L$$

L 为常数。

由实部，可得

$$\frac{\mathrm{d}^2R}{\mathrm{d}T^2}-\frac{L}{R^3}-k^2C_{0i}^2R+k^2NR(R^2-R^2(0))=0 \tag{12.1.51}$$

由式(12.1.50)可知，频率$\frac{\mathrm{d}\alpha}{\mathrm{d}T}$与振幅$R$ 有关，此在非线性作用下，振幅将与频率有关，波速将与振幅有关，这是非线性的一个特征。

对于方程(12.1.51)，存在首次积分

$$\left(\frac{\mathrm{d}R}{\mathrm{d}T}\right)^2=k^2[C_{0i}^2+NR^2(0)]R^2-\frac{L^2}{R^2}-\frac{k^2NR^4}{2}+2E \tag{12.1.52}$$

相应地，式(12.1.52)可写成

$$\frac{1}{2}\left(\frac{\mathrm{d}R}{\mathrm{d}T}\right)^2+V(R)=E \tag{12.1.53}$$

其中

$$V(R)=-\frac{1}{2}k^2[C_{0i}^2+NR^2(0)]R^2+\frac{L^2}{2R^2}+\frac{k^2NR^4}{4} \tag{12.1.54}$$

约束关系式(12.1.53)，完全类似于一个质点的能量方程，质点坐标是 $R(T)$，而位势能为

$V(R)$和总能量E,其中E可由$T=0$时的$\frac{\mathrm{d}R}{\mathrm{d}T}$及$R$决定。

考虑一种特殊情况

$$\left.\frac{\mathrm{d}\alpha}{\mathrm{d}T}\right|_{T=0}=0 \tag{12.1.55}$$

而

$$I_m\left(\frac{1}{A}\frac{\mathrm{d}A}{\mathrm{d}T}\right)\bigg|_{T=0}=\left.\frac{\mathrm{d}\alpha}{\mathrm{d}T}\right|_{T=0}=0 \tag{12.1.56}$$

相应地

$$\left.\frac{1}{A}\frac{\mathrm{d}A}{\mathrm{d}T}\right|_{T=0}=Re\left(\frac{1}{A}\frac{\mathrm{d}A}{\mathrm{d}T}\right)\bigg|_{T=0}=\left.\frac{1}{|A|}\frac{\mathrm{d}|A|}{\mathrm{d}T}\right|_{T=0}=kC_i \tag{12.1.57}$$

这样可得

$$V(R)=-\frac{k^2}{2}[C_{0i}^2+NR^2(0)]R^2+\frac{k^2NR^4}{4} \tag{12.1.58}$$

此时$L=0$,而

$$E=\frac{1}{2}\left(\frac{\mathrm{d}R}{\mathrm{d}T}\right)^2\bigg|_{T=0}+V(R(0))=-\frac{k^2N}{4}R^4(0) \tag{12.1.59}$$

下面考察“平衡”点。即令$\frac{\mathrm{d}R}{\mathrm{d}T}=0$,得

$$R_{\max}^2=R^2(0)+\frac{C_{0i}^2}{N^2}+\frac{C_{0i}^2}{N^2}\left[1+\frac{2N}{C_{0i}^2}R^2(0)\right]^{\frac{1}{2}} \tag{12.1.60}$$

及

$$R_{\min}^2=R^2(0)+\frac{C_{0i}^2}{N^2}-\frac{C_{0i}^2}{N^2}\left[1+\frac{2N}{C_{0i}^2}R^2(0)\right]^{\frac{1}{2}} \tag{12.1.61}$$

这样,质点将$\alpha=\alpha|_{T=0}$,及R在$(R_{\min},R_{\max})$之间振荡。

由$\frac{\mathrm{d}V}{\mathrm{d}R}=0$,此处位能最小,即为稳定平衡点

$$R_s^2=R^2(0)+\frac{C_{0i}^2}{N^2} \tag{12.1.62}$$

显然,初始振幅总是比平衡点振幅小,即初始时刻总在能量“谷”的坡上,随着时间增长向平衡点移动而增幅,这是初始不稳定假设的结果(见图 12.1)。

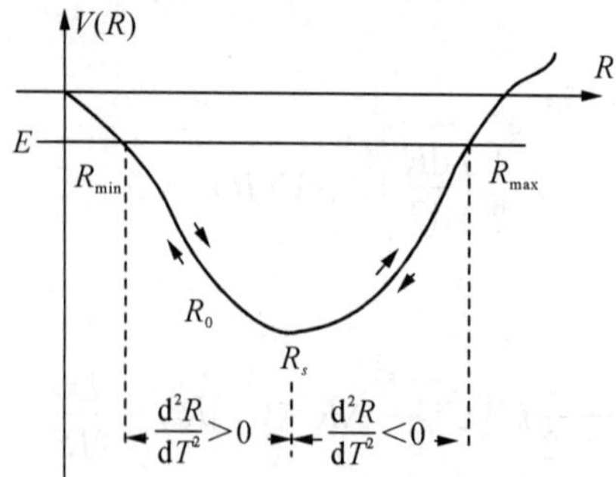

图 12.1　位能曲线、质点振荡运动

在式(12.1.55)情形下，$L=0$。相应地，式(12.1.51)可写成

$$\frac{1}{R}\frac{\mathrm{d}^2 R}{\mathrm{d}T^2}=k^2[C_{0i}^2-N(R^2-R^2(0))]=k^2C_s^2 \tag{12.1.63}$$

如果初始时刻$\left(\frac{\mathrm{d}R}{\mathrm{d}T^2}\right)_0>0$，因在初始时刻$R^2-R^2(0)$较小，此时$C_s^2>0$，即为正的加速度，这样仍有$\frac{\mathrm{d}R}{\mathrm{d}T}>0$，$\frac{\mathrm{d}^2R}{\mathrm{d}T^2}>0$。随时间增长，非线性效应将减小振幅线性增长率。当$R=R_s$时，$C_s^2=0$，即加速度为零，但此时速度$\frac{\mathrm{d}R}{\mathrm{d}T}>0$，$R$继续增长，可导致$C_s^2<0$，此时为负加速度，使$\frac{\mathrm{d}R}{\mathrm{d}T}$逐渐减小。当$R$达到$R_{\max}$时，$\frac{\mathrm{d}R}{\mathrm{d}T}$为零。接着$\frac{\mathrm{d}R}{\mathrm{d}T}<0$，$\frac{\mathrm{d}^2R}{\mathrm{d}T^2}>0$，当重新回到$R_s$时，加速度符号变号，此时$\frac{\mathrm{d}^2R}{\mathrm{d}T^2}>0$，逐渐抑消负速度$\left(\frac{\mathrm{d}R}{\mathrm{d}T}<0\right)$，使到达$R=R_{\min}$。如此循环，形成一个振荡系统。

从上述分析可知，能量守恒(E为常数)导致质点在有限范围$[R_{\min},R_{\max}]$内振荡，而非线性作用使得质点可与外界进行能量交换。在线性范围内，增长率kC_{0i}^2总使振幅向无穷大增长，而非线性总使运动保持有界性。

事实上，在运动的最初阶段

$$T<O(|\Delta|^{\frac{1}{2}})，\text{或 } t<O(1)$$

时，对于方程(12.1.44)中

$$O(|A(T')|^2-|A(0)|^2)\leqslant 2|A|^*\left|\frac{\partial A}{\partial T}\right|^*\Delta^{\frac{1}{2}}\sim O(\Delta^{\frac{1}{2}})\ll 1 \tag{12.1.64}$$

式中$*$表示其中值。此时方程(12.1.44)可写成

$$\frac{\mathrm{d}^2A}{\mathrm{d}T^2}=k^2C_{0i}^2A \tag{12.1.65}$$

显然，初始时刻振幅增长近似为线性动力学。

随着时间增长

$$T\geqslant O(|\Delta|^{\frac{1}{2}})，\text{或 } t\geqslant O(1)$$

此时

$$O(A(T)|^2-|A(0)|^2)\sim O(1) \tag{12.1.66}$$

这时，非线性项起作用，要用全方程描述振幅增长。

下面分析一下这种振荡过程中波动与纬向流之间能量的转换。

由方程(12.1.36，12.1.37)可知，相同波数的波与波的自身相互作用激发出了对纬向气流的修正。而从方程(12.1.39)可知，$(|A|^2-|A(0)|^2)$可表示基本纬向流，故从方程(12.1.44)可知，波与基本流的相互作用又可改变波动结构本身。这是波与基本流之间的相互作用，这种作用主要是通过流场对位涡场的平流起作用的。

现在从初始态 $R(0)$ 开始，对 $\left.\frac{\mathrm{d}R}{\mathrm{d}T}\right|_{T=0}>0$ 情形，由方程(12.1.31,12.1.32)可知，上层扰动要比下层扰动滞后 $O(\Delta^{\frac{1}{2}})$ 位相，有效位能要释放，波动象线性理论所描述的增长率增长。当振幅大于初始振幅时，由于波动产生的热量和位涡的调整而使基本纬向气流发生变化，且基流的切变减小，直到临界状态 $R=R_s$，基流切变达到临界切变。对于线性理论，其基本纬向气流仍然是稳定的，但对有限振幅发展中扰动则不然，此时上下层扰动仍然有一定的位相差，且 $\frac{\mathrm{d}|A|}{\mathrm{d}T}>0$，基流仍有有效位能向扰动波转换，使其振幅增长。但在线性稳定的基本流中，其增长率变小，最终为零，并到达最大值 $R_{\max}$ 状态，此时波动上下层无位相差，基流切变达到最小。线性稳定使波动又由 $R_{\max}$ 状态减小，此时 $\frac{\mathrm{d}|A|}{\mathrm{d}T}<0$，上层波动位相要超前下层波动位相，波动的有效位能向基本纬向气流有效位能转变，直至到达临界状态 R_s，这时有效位能转换仍然保持，但此基本流切变又大于临界切变，故对小扰动是线性不稳定的。在这种线性不稳定基本流中，扰动振幅的减小将缓慢，最终达到 $R_{\min}$ 状态，上下层波动无位相差，扰动向纬向气流的有效位能转变停止。此时，基本流垂直切变也达到最大值，但该点处基本流比初始时刻的基本流更加不稳定，波动又在这种不稳定基本流中重新增长，基本流重新向波动转换能量，导致斜压有限振幅波周期性变化。

所以，斜压有限振幅波其发展过程可简单总结为波扰动与基本的纬向气流相互转换有效位能。首先，初始线性不稳定的扰动线性增幅，越过临界状态而在线性稳定的基流中达到最大振幅，然后减小，又重新越过临界状态和初始状态，在线性不稳定的基本流中达到振幅最小值，循环往复，形成周期振荡。斜压有限振幅波的发展实际是波、流相互作用的一个非线性过程。

上述问题仅考虑无摩擦情形，而 Pedlosky(1971)进一步考虑了耗散对有限振幅斜压波非线性演变的影响。在不同参数条件下，有限振幅斜压波的演变可出现许多复杂的形态(Pedlosky, 1972,1980,1981)。另外，环境因素对斜压波非线性不稳定也有重要的影响作用(Pedlosky, 1980)。对于非线性斜压不稳定的研究还在进行中，不同的学者采用不同的研究方法，希望能对此有全面的认识。

§ 12.2 大气运动的分岔、突变

实际大气运动中，经常在某一时段中呈现出某一特定形态。在一定条件下，这种特定的形态要发生变化，而变化形式多种多样，有的是渐渐变化的，有的是突然变化的，所以对天气其运动形态是各种各样的，而且其形态之间的转换也是复杂的。从动力学角度来说，大气是一种典型的有强迫、耗散作用的非线性系统，它运动的形态实际是非线性系统一般特征的体现。本节着重讨论大气运动平衡解的分岔、突变。由于问题比较复杂，本节仅限于对正压大气运动作一讨论。

分岔和突变的一般数学理论可见 Iooss 和 Joseph(1980)，Poston 和 Stewart(1978)，Guckenheimer 和 Holmes(1983)。

正压、强迫耗散作用下的涡度方程为

$$\frac{\partial}{\partial t}\nabla^2\psi+J(\psi,\nabla^2\psi)+\beta\frac{\partial\psi}{\partial x}=Q+\nu\nabla^4\psi \tag{12.2.1}$$

式中：Q 为非绝热强迫；$\nu\nabla^4\psi$ 为直接耗散；ν 为耗散系数，取为常数。

南北为刚壁，而东西方向呈周期条件下，以 $\nabla^2\psi_n=-\lambda_n\psi_n$ 的解 ψ_n 为基（λ_n 为相应的特征值），作谱展开。

设方程(12.2.1)的解为

$$\psi=\sum_{n=1}^{N}a_n(t)\psi_n \tag{12.2.2}$$

将式(12.2.2)代入式(12.2.1)，两边乘以 ψ_n 后在区间 D 内求积分。则可得该模式的谱方程

$$\lambda_n\frac{\mathrm{d}}{\mathrm{d}t}a_n+\sum_{k=1}^{N}\sum_{m=1}^{N}\lambda_m D_{kmn}a_k a_n-\sum_{j=1}^{N}\beta C_{jn}a_j=-Q_n-\nu\lambda_n^2 a_n \tag{12.2.3}$$

其中

$$\begin{aligned} D_{kmn}&=\int_D\psi_n J(\psi_k,\psi_m)\mathrm{d}x\mathrm{d}y\\ C_{jn}&=\int_D\psi_n\frac{\partial\psi_j}{\partial x}\mathrm{d}x\mathrm{d}y\\ Q_n&=\int_D\psi_n Q(x,y)\mathrm{d}x\mathrm{d}y\end{aligned} \tag{12.4.4}$$

而

$$D=\left\{x:0\leqslant x\leqslant 2\pi,y:-\frac{\pi}{2}\leqslant y\leqslant\frac{\pi}{2}\right\} \tag{12.2.5}$$

为简要说明正压大气运动中非线性对解的分岔和突变的影响作用，采用高截谱方法（最简化的谱模式）。在所考虑区间 D 内取三个基函数作展开，相应取

$$\begin{aligned}\psi_1&=\frac{\sin y}{\pi},\psi_2=\frac{\sqrt{2}\cos y\sin(lx)}{\pi}\\ \psi_3&=\frac{\sqrt{2}\cos 3y\cos(lx)}{\pi}\end{aligned} \tag{12.2.6}$$

于是，有

$$\psi=\sum_{n=1}^{3}a_n\psi_n=a_1(t)\psi_1+a_2(t)\psi_2+a_3(t)\psi_3 \tag{12.2.7}$$

$$Q=Q_1(t)\psi_1+Q_2(t)\psi_2+Q_3(t)\psi_3 \tag{12.2.8}$$

方程(12.2.7)中第一项表示纬向气流，第二、三项表示不同经向尺度的波动分量。

由此可得三个分量的振幅方程为

$$\begin{aligned}&\frac{\mathrm{d}a_1}{\mathrm{d}t}+[(\lambda_3-\lambda_2)/\lambda_1]D_{231}a_2a_3+\nu\lambda_1a_1=-Q_1/\lambda_1\\ &\frac{\mathrm{d}a_2}{\mathrm{d}t}+[(\lambda_1-\lambda_3)/\lambda_2]D_{231}a_1a_3+\nu\lambda_2a_2=-Q_2/\lambda_2\\ &\frac{\mathrm{d}a_3}{\mathrm{d}t}+[(\lambda_2-\lambda_1)/\lambda_3]D_{231}a_1a_2+\nu\lambda_3a_3=-Q_3/\lambda_3\end{aligned} \tag{12.2.9}$$

其中

$$
\begin{aligned}
&\lambda_1=1, \lambda_2=1+l^2, \lambda_3=9+l^2 \\
&D_{231}=-8l/15\pi^2
\end{aligned} \tag{12.2.10}
$$

方程(12.2.9)构成了一个有强迫、耗散作用下的最低维的非线性动力系统。在这个截谱系统中由于考虑 $\cos y\cos(lx)$ 和 $\cos 3y\sin(lx)$ 分量，波动分量位相处于锁相状态，即成驻波。这种截断近似导致表征波动传播的 β 项消失，如果要考虑 β 项作用，需要考虑 $\cos y\cos(lx)$ 和 $\cos 3y\sin(lx)$ 的分量，相应截断模式变为五维的低阶模式(Yost 和 Shirer, 1982)。方程(12.2.9)是一个描述热力强迫的驻波与纬向气流的相互作用的最简单的低谱模式。

对于截断低谱模式(12.2.9)，在不计强迫、耗散的条件下，动能和涡度拟能守恒，即

$$
\begin{aligned}
&\frac{\mathrm{d}}{\mathrm{d}t}\sum_{n=1}^{3}a_n^2\lambda_n=0 \\
&\frac{\mathrm{d}}{\mathrm{d}t}\sum_{n=1}^{3}a_n^2\lambda_n^2=0
\end{aligned} \tag{12.2.11}
$$

方程(12.2.9)的定常解为

$$
\begin{aligned}
\Lambda_1a_2a_3-\nu\lambda_1a_1&=Q_1/\lambda_1 \\
\Lambda_2a_1a_3-\nu\lambda_2a_2&=Q_2/\lambda_2 \\
\Lambda_3a_1a_2-\nu\lambda_3a_3&=Q_3/\lambda_3
\end{aligned} \tag{12.2.12}
$$

其中

$$
\begin{aligned}
\Lambda_1&=\frac{\lambda_2-\lambda_3}{\lambda_1}D_{231} \\
\Lambda_2&=\frac{\lambda_3-\lambda_1}{\lambda_2}D_{231} \\
\Lambda_3&=\frac{\lambda_1-\lambda_2}{\lambda_3}D_{231}
\end{aligned} \tag{12.2.13}
$$

如果假定 a_1 已知，可从式(12.2.12)最后两式解得 a_2, a_3。由于 $\lambda_3>\lambda_2>\lambda_1$，所以满足

$$\nu^2\lambda_2\lambda_3-\Lambda_2\Lambda_3a_1^2\neq 0$$

通过式(12.2.12)消 a_2, a_3，可得

$$P(a_1)=a_1^5+p_4a_1^4+\cdots+p_0=0 \tag{12.2.14}$$

上述方程系数 $p_i(i=0,\cdots,4)$ 比较复杂，这里不再详细列出(可见 Vickroy 和 Dutton, 1979)。

这样，可在参数(Q_1, Q_2, Q_3)空间中，讨论定常解 a_1, a_2, a_3 的特征。由于问题十分复杂，下面仅分析一种特殊情况，取

$$Q_1=Q_3=0$$

只考虑 Q_2 的影响作用。

在条件 $Q_1=Q_3=0$ 下，有 $p_0=p_2=p_4=0$，则方程(12.2.14)简化为

$$a_1^5+p_3a_1^3+p_1a_1=0 \tag{12.2.15}$$

显然，至少存在一个平凡解

$$a_1^{(1)} = 0 \tag{12.2.16}$$

相应地，平衡解为

$$a_1^{(1)} = 0, a_2^{(1)} = -Q_2/\nu\lambda_2^2, a_3^{(1)} = 0 \tag{12.2.17}$$

下面讨论上述平衡解的稳定性问题，对平衡解作小扰动，则有小扰动方程为

$$\begin{aligned}
\frac{\mathrm{d}}{\mathrm{d}t}a'_1 &= -\nu\lambda_1 a'_1 + \Lambda_1(a_2^{(1)}a'_3 + a_3^{(1)}a'_2) \\
\frac{\mathrm{d}}{\mathrm{d}t}a'_2 &= -\nu\lambda_2 a'_2 + \Lambda_2(a_1^{(1)}a'_3 + a_3^{(1)}a'_1) \\
\frac{\mathrm{d}}{\mathrm{d}t}a'_3 &= -\nu\lambda_3 a'_3 + \Lambda_3(a_1^{(1)}a'_2 + a_2^{(1)}a'_1)
\end{aligned} \tag{12.2.18}$$

将式(12.2.17)代入式(12.2.18)，求其特征值，即

$$\begin{vmatrix} -\nu\lambda_1 - \sigma & 0 & \Lambda_1 a_2^{(1)} \\ 0 & -\nu\lambda_2 - \sigma & 0 \\ \Lambda_3 a_2^{(1)} & 0 & -\nu\lambda_3 - \sigma \end{vmatrix} = 0 \tag{12.2.19}$$

整理可得

$$(\sigma + \nu\lambda_2)[(\sigma + \nu\lambda_1)(\sigma + \nu\lambda_3) - \Lambda_1\Lambda_3 a_2^{(1)^2}] = 0 \tag{12.2.20}$$

由此可得特征根

$$\begin{aligned}
\sigma_1 &= -\nu\lambda_2 \\
\sigma_2 &= -\frac{\nu(\lambda_1 + \lambda_3)}{2} + \frac{1}{2}\sqrt{\nu^2(\lambda_1 - \lambda_3)^2 + 4\Lambda_1\Lambda_3 a_2^{(1)^2}} \\
\sigma_3 &= -\frac{\nu(\lambda_1 + \lambda_3)}{2} - \frac{1}{2}\sqrt{\nu^2(\lambda_1 - \lambda_3)^2 + 4\Lambda_1\Lambda_3 a_2^{(1)^2}}
\end{aligned} \tag{12.2.21}$$

显然，当

$$a_2^{(1)^2} > \frac{\lambda_1\lambda_3\nu^2}{\Lambda_1\Lambda_3} \tag{12.2.22}$$

或

$$|Q| > Q_c = \frac{\lambda_1\lambda_3\lambda_2^2\nu^2}{|D_{231}|[(\lambda_1 - \lambda_2)(\lambda_2 - \lambda_3)]^{\frac{1}{2}}} \tag{12.2.23}$$

时，特征值可出现正的实部，相应地，平衡解式(12.2.17)要失稳，即在 $\sigma_2 = 0$ 处出现分岔，出现新的定常解。对应的(a_1, Q_2)平面上解-曲线如图 12.2 所示。

事实上，当$|Q| > |Q_c|$时，方程(12.2.15)存在另外两个实根

$$\begin{aligned}
a_1^{(2)} &= \sqrt{\frac{-p_3 + \sqrt{p_3^2 - 4p_1}}{2}} \\
a_1^{(3)} &= \sqrt{\frac{-p_3 - \sqrt{p_3^2 - 4p_1}}{2}}
\end{aligned} \tag{12.2.24}$$

相应地，a_2, a_3 的平衡解为

$$a_2^{(2)} = -\frac{\nu\lambda_3 a_2/\lambda_2}{\nu^2\lambda_2\lambda_3 - \Lambda_2\Lambda_3 {a_1^{(2)}}^2}$$

$$a_3^{(2)} = -\frac{\Lambda_3 a_1^{(2)} Q_2/\lambda_2}{\nu\lambda_2\lambda_3 - \Lambda_2\Lambda_3 {a_1^{(2)}}^2} \qquad (12.2.25)$$

$$a_2^{(3)} = a_2^{(2)}$$

$$a_3^{(2)} = -a_3^{(2)}$$

因此,当$|Q|>Q_c$时,分岔出两个新平衡解。

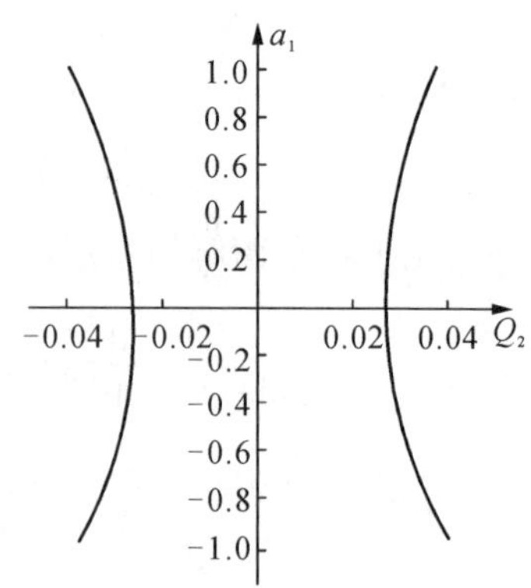

图 12.2 (a_1,Q_2)平面上的解-参数曲线

将式(12.2.24,12.2.25)表示的两个新的平衡解代入线性扰动方程组,可得到特征方程

$$\sigma^3 + \sigma^2 q_2 + \sigma q_1 + q_0 = 0 \qquad (12.2.26)$$

式中方程系数q_0,q_1,q_2为λ_j,a_j的组合,详细内容可见 Vickroy 和 Dutton(1979)。由于分岔出现的两组解的各个分量的绝对值相等,这两组的稳定性也相等。

利用式(12.2.26)可证明,由于分岔出现的两个新平衡解在分岔点附近是稳定的。

下面在物理上对三个平衡解作一分析。平衡解式(12.2.17)实际上是一种线性平衡解,是涡源强迫与耗散平衡所致。涡源强迫$|Q|$增加到一定程度$|Q|=|Q_c|$时即失稳,导致失稳的不稳定是一种定常波状基流的不稳定所引起的。当线性平衡解失稳,可分岔出两个新的稳定平衡解,而这两个平衡解实际是涡源强迫、耗散和非线性涡度的相互作用而导致的,这种非线性使得涡度在不同尺度重新分布。比较分岔得到平衡解$|a_2|$与线性解$|a_2|$可知,在这种尺度的能量和涡度,实际上已被分配到其他尺度的分量中去,从而使其他的两种分量$|a_1|$和$|a_3|$不再为零。而a_1和a_3的分量必然是自身的耗散和从强迫分量a_2得到的涡度处于平衡。

由上述分析可知,对于系统式(12.2.9),仅考虑Q_2的热源强迫,当Q_2发生变化时,系统的平衡解只会发生对称分岔,即解的唯一性被破坏,但在分岔点其解的连续性依然存在,且在一定条件下,平衡解的连续性或对称性也可被破坏,相应出现平衡解的突变。

对于截断系统式(12.2.9),取

$$Q_1 \neq 0, Q_2 \neq 0, Q_3 = 0 \qquad (12.2.27)$$

且Q_1,Q_2的变化是缓慢的。

应用 Sturmian 定理,方程(12.2.14)在(Q_1,Q_2)平面上某一区域有三个实根,而相邻另一区域仅有一个实根,相应可构成一个$a_1=a_1(Q_1,Q_2)$三维曲面。这时,两因一果的曲面与突变理论中月尖(cusp)突变标准曲面等价(图 12.3)。

根据突变理论,控制空间维数为二、状态空间维数为一的标准突变方程为$x^3-ux-v=0$(u,v为控制参数,x为状态量),它所描述的曲面带有一个奇点,褶皱从这个奇点向一侧展开,

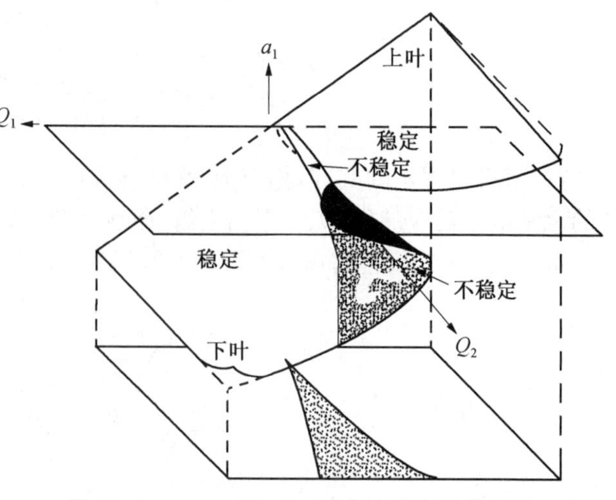

图 12.3 $a_1=a_1(Q_1,Q_2)$的月尖突变三维曲面

从而将曲面分成两叶，两叶的褶线在参数空间(u,v 组成二维平面)上投影为一个半立方抛物线，形如月之尖角，这种突变称为月尖突变。

对于系统式(12.2.9)，当 Q_1 和 Q_2 较小时，它位于下叶，随着 Q_1 和 Q_2 逐渐增大，曲面上相应点逐渐升高。在它到达临界点之前，它的变化仍是连续的，尽管在它进入双态后，按月尖突变规则，它具有滞变，即它继续在原来这一叶连续演变，直至临界点，出现突变，跳至另一叶的一点，随后在另一叶作连续演变，此时 a_1 出现增幅。由式(12.2.12)可知，a_1，a_2 是完全对称的，a_1 随 Q_1 和 Q_2 逐渐增加，同样可以出现突变现象。

为更清楚说明系统式(12.2.9)的平衡解突变问题，考虑(a_1，Q_2)及(a_1，Q_1)平面上的解-参数曲线，如图 12.4，12.5 所示。

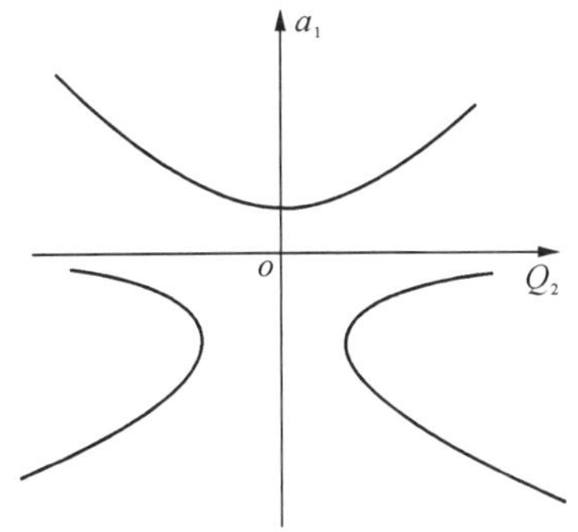

图 12.4　(a_1，Q_2)平面上的解—参数曲线

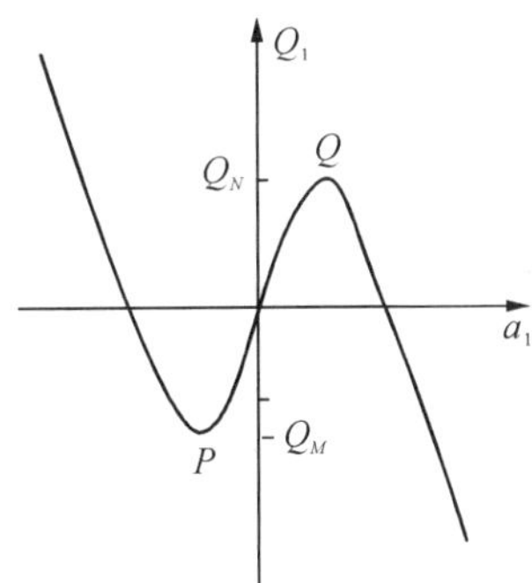

图 12.5　(a_1，Q_1)平面上的解—参数曲线

由图 12.4 可知，由于 Q_1 非零，在(a_1，Q_2)平面，解的对称分岔图形被破坏，出现三支曲线，相应原来对称分岔解(图 12.2)也被破坏。当 $|Q_2|$ 较小时，系统只有一个定常解；当 $|Q_2|$ 超过某一临界值时，系统可出现一对新的定常解。

由图 12.5 可知，当 $|Q_1|$ 很大时，系统只有一个定常解，而 $|Q_1|$ 较小时可出现三个平衡解。当 Q_1 由一个大值向小值变化，解沿曲线的左支变化。当 $Q_1 < Q_M$，平衡解就跳到右支曲线。类似地，有 Q_1 由小值向大值变化，当 $Q_1 > Q_N$ 时，同样可以出现突变。

上面仅讨论 Q_1 和 Q_2 不为零时，系统式(12.2.9)的突变现象，它属于月尖突变。当 $a_3 \neq 0$ 时，方程(12.2.15)为五次方程，有五个实根，相对应的突变是蝶型突变，即三因一果的突变。关于蝶型突变可见 Poston 和 Stewart(1978)。

上述仅用一个三模截谱型讨论了正压大气的分岔和突变。同样，可用更多模数的截断模型讨论这些问题。显然，这些模型中的分岔和突变要较三模截谱模型情况复杂。

§12.3　Lorenz 系统及混沌

大气是一种典型的强迫耗散的非线性系统，非线性系统具有与线性系统完全不同的动力学特征。在一个线性的动力系统中，定常的、周期的或非周期的强迫只能产生定常的、周期的或非周期的响应，而非线性系统，即使是定常的或周期的强迫既可产生周期的响应，也可产生非周期的运动。这种原来不含有任何外来的随机因素的完全确定论的数学模型或物理系统，其长期行为可能对初始值的变化十分敏感，不可预测，这种非线性系统的现象称之为混沌(chaos)，有的学者称之为内在随机性、非周期性等。混沌是非线性系统所特有的现象，线性系统不可能出现。混沌现象(或确定性非周期流)的发现，把确定性和随机性、外界强迫和内部涨落联系起来，是研究非周期现象的新思想。混沌及与之有关的新概念，例如奇怪吸引子(strange attactor)，在思想方法上冲击数学、物理的许多分支，对自然系统许多特征有了新的认识。具有混沌行为的数学模型、物理系统很多，其中被认为第一个混沌系统，是由著名气象学家 Lorenz 在 1963 年研究大气运动的非周期性运动提出的。该系统的提出，吸引了众多的数学家、物理学家，从不同的角度对它进行研究，此数学模型被冠之为 Lorenz 系统。Lorenz 系统已成为非线性动力学研究中一种重要的数学模型，它具有非线性系统的普遍特征。

Saltzman(1962)研究了有限振幅对流现象，考虑了两个界面中流体非线性特征。下边界设为刚体边界，而上边界既可设为刚体也可为自由面。这两个界面之间保持常定的温差$\Delta T=T_0(0)-T(H)$，可作为外界的控制参数。为了简化问题，仅考虑二维对流问题。利用调整控制参数 ΔT，考虑两个界面内流体可出现的定常的状态及对流的发生。

Boussinesq 近似下，二维对流的运动方程为

$$\begin{aligned}
&\frac{\partial u}{\partial t}+u\frac{\partial u}{\partial x}+w\frac{\partial u}{\partial z}=-\frac{\partial p}{\partial x}+\nu\nabla^2 u\\
&\frac{\partial w}{\partial t}+u\frac{\partial w}{\partial x}+w\frac{\partial w}{\partial z}=-\frac{\partial p}{\partial z}+\nu\nabla^2 w-g\varepsilon T\\
&\frac{\partial u}{\partial x}+\frac{\partial w}{\partial z}=0\\
&\frac{\partial T}{\partial t}+u\frac{\partial T}{\partial x}+w\frac{\partial T}{\partial z}=\kappa\nabla^2 T
\end{aligned}\tag{12.3.1}$$

式中：ν 为运动学黏性系数；κ 为热力学扩散系数；εgT 为热力学膨胀效应引起的密度变化产生的浮力项。

由方程(12.3.1)第三式，可引入流函数，定义为

$$u=-\frac{\partial\psi}{\partial z},w=\frac{\partial\psi}{\partial x}\tag{12.3.2}$$

并设

$$T=\overline{T}-\frac{z}{H}\Delta T+\theta\tag{12.3.3}$$

即温度分成由温度本身随高度变化及相应的扰动两部分。

利用方程(12.3.2,12.3.3)，改写方程(12.3.1)，得

$$\frac{\partial}{\partial t}\nabla^2\psi=-\frac{\partial(\psi,\nabla^2\psi)}{\partial(x,z)}+g\varepsilon\frac{\partial\theta}{\partial x}+\nu\nabla^4\psi\tag{12.3.4}$$

$$\frac{\partial}{\partial t}\theta=-\frac{\partial(\psi,\theta)}{\partial(x,z)}-\frac{\Delta T}{H}\frac{\partial\psi}{\partial x}+\kappa\nabla^2\theta\tag{12.3.5}$$

其中

$$\frac{\partial(a,b)}{\partial(x,z)}=\frac{\partial a}{\partial x}\frac{\partial b}{\partial z}-\frac{\partial a}{\partial z}\frac{\partial b}{\partial x}\tag{12.3.6}$$

利用以下关系式量纲一化方程(12.3.4,12.3.5)

$$(x,z) = H(x',z')$$
$$t = \frac{H^2}{\kappa}t', \nabla^2 = \frac{1}{H^2}\nabla^{2\prime} \tag{12.3.7}$$
$$\psi = \kappa\psi', \theta = \frac{\kappa\nu}{g\varepsilon H^3}\theta'$$

式中带撇号为量纲一量(以下略去撇号)。则方程(12.3.4,12.3.5)的量纲一形式方程为

$$\frac{\partial}{\partial t}\nabla^2\psi = -\frac{\partial(\psi,\nabla^2\psi)}{\partial(x,z)} + \sigma\frac{\partial\theta}{\partial x} + \sigma\nabla^4\psi \tag{12.3.8}$$

$$\frac{\partial}{\partial t}\theta = -\frac{\partial(\psi,\theta)}{\partial(x,z)} + Ra\frac{\partial\psi}{\partial x} + \nabla^2\theta \tag{12.3.9}$$

其中

$$\sigma = \frac{\nu}{\kappa}, \text{Prandt 数}$$

$$Ra = \frac{g\varepsilon H^3\Delta T}{\kappa\nu}, \text{Rayleigh 数}$$

上述方程的边界条件可取

上边界: $$\psi = \nabla^2\psi = 0 \tag{12.3.10}$$

下边界: $$\psi = \frac{\partial\psi}{\partial z} = 0 \tag{12.3.11}$$

Rayleigh 曾只关心以下形式解

$$\begin{aligned}\psi &= \psi_0(\pi a x)\sin(\pi z)\\ \theta &= \theta_0(\pi a x)\sin(\pi z)\end{aligned} \tag{12.3.12}$$

式中 a 为参数。他发现,当

$$Ra > Ra_c = \frac{\pi^4}{a^2}(1+a^2)^3 \tag{12.3.13}$$

时才有对流发生。其中,Ra_c 为临界的 Rayleigh 数,当 $a^2 = \frac{1}{2}$,Ra_c 取最小值为$\frac{27\pi^4}{4}$。

Lorenz(1963)对方程(12.3.8,12.3.9)作截谱展开,将 ψ 和 θ 写成

$$\psi = \frac{1+a^2}{a}X\sqrt{2}\sin(\pi a x)\sin(\pi z) \tag{12.3.14}$$

$$\theta = \frac{(1+a^2)^3}{a^2}\pi^3(Y\sqrt{2}\cos(\pi a x)\sin(\pi z) - Z\sin(2\pi z)) \tag{12.3.15}$$

式中:X,Y,Z 为时间的函数,它们是 ψ,θ 变化的振幅;a 为流体水平尺度与垂直尺度的比。

将式(12.3.14,12.3.15)代入方程(12.3.8,12.3.9),可得三个模的截谱方程

$$\frac{dX}{d\tau}=-\sigma X+\sigma Y$$

$$\frac{dY}{d\tau}=rX-Y-XZ \tag{12.3.16}$$

$$\frac{dZ}{d\tau}=-bZ+XY$$

其中

$$\tau-\pi^2(1+a^2)t$$

$$r=\frac{Ra}{Ra_c},b=\frac{4}{1+a^2} \tag{12.3.17}$$

方程(12.3.16)是关于三个模 X,Y,Z 随时间变化的非线性方程。截谱模 X 与对流强度成正比,Y 与上升气流和下沉气流的温差成比例,Z 则和温度垂直廓线变化成正比。方程(12.3.16)称为 Lorenz 系统或 Lorenz 模型。显然,Lorenz 系统是对原对流运动方程一个极为粗略的近似,但 Lorenz 系统可以反映出即使是非常简单的非线性系统也可出现非常复杂的现象的事实。这正是 Lorenz 系统的"魔力"所在。

对于 Lorenz 系统,可以用 X,Y,Z 作为三个坐标,构成一个坐标系(X,Y,Z),这种坐标系是以物理状态量作为坐标组成的坐标空间,这种空间称为相空间。下面在(X,Y,Z)的相空间讨论 Lorenz 系统的特征。

首先考察相空间体积的变化

$$\begin{aligned}\frac{1}{V}\frac{dV}{d\tau}&=\frac{\partial\dot{X}}{\partial X}+\frac{\partial\dot{Y}}{\partial Y}+\frac{\partial\dot{Z}}{\partial Z}\\&=\frac{\partial}{\partial X}(-\sigma X+\sigma Y)+\frac{\partial}{\partial Y}(rX-Y-ZX)+\frac{\partial}{\partial Z}(-bZ+XY)\\&=-(\sigma+1+\beta)<0\end{aligned} \tag{12.3.18}$$

由式(12.3.18)可知,相空间由于耗散的作用,体积在缩小,最后缩成一点(或一根线),说明系统存在一个区域,运动最终趋向这一点或区域,这一点或区域称为吸引子。如果一个系统只有一个吸引子,则它的性质与初始状态无关,不管初始条件如何,最终相空间的轨迹要落在这个吸引子上。但是,尽管相空间的体积在逐渐缩小,但轨迹与轨迹之间的距离并不一定在收缩,相反有可能在分离。如果相空间的轨迹落在吸引子上,但轨迹之间的距离是分离的,这样轨迹就要对初始条件非常敏感,这种轨迹对初始条件的敏感性导致了混沌的出现,这种吸引子称为奇怪吸引子。

下面对 Lorenz 系统的平衡解的稳定性作一分析。

考虑 Lorenz 系统定常平衡解,则有

$$-\sigma\overline{X}+\sigma\overline{Y}=0$$

$$r\overline{X}-\overline{Y}-\overline{X}\,\overline{Z}=0 \tag{12.3.19}$$

$$-b\overline{Z}+\overline{X}\,\overline{Y}=0$$

故存在三个平衡解

$$q_0:(0,0,0)$$

$$q_1:(\sqrt{b(r-1)},\sqrt{b(r-1)},r-1)$$
$$q_2:(-\sqrt{b(r-1)},-\sqrt{b(r-1)},r-1)$$

显然,对于 $r<1$,存在平衡解 q_0;当 $r>1$ 时,存在另外两个平衡解 q_1,q_2。可见,$r=1$ 是一个分岔点(图 12.6)。

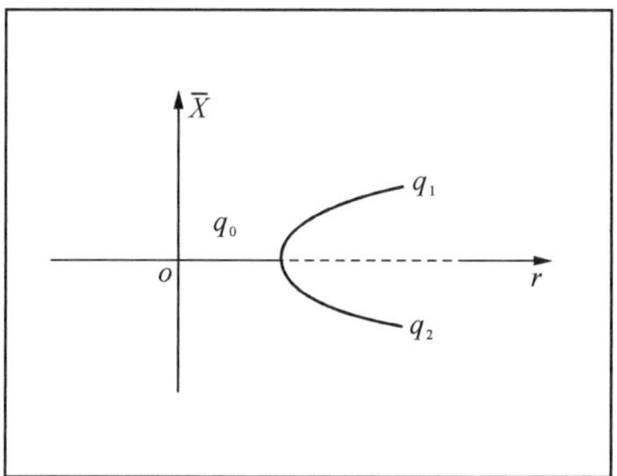

图 12.6　Lorenz 系统中平衡态的分岔图

如果在平衡态出现小扰动,此时平衡态的稳定性如何?

方程(12.3.16)的线性化扰动方程为

$$\begin{aligned}\frac{\mathrm{d}x}{\mathrm{d}t}&=-\sigma x+\sigma y\\ \frac{\mathrm{d}y}{\mathrm{d}t}&=(r-\overline{Z})x-y-\overline{X}y\\ \frac{\mathrm{d}z}{\mathrm{d}t}&=\overline{Y}x+\overline{X}y-bz\end{aligned}\tag{12.3.20}$$

式中 x,y,z 为小扰动分量。

对于 $r<1$,平衡解 q_0 的特征方程为

$$(\lambda+b)(\lambda^2+(\sigma+1)\lambda+\sigma(1-r))=0\tag{12.3.21}$$

由此可知,特征值 λ 为三个负实根,即 $Re(\lambda)<0$,定常解 q_0 要失稳。此时说明,当 $Ra<Ra_c$,Rayleigh 数小于某一临界条件时,对流无法出现,当加热一定程度,$r>1$ 时,原来静态失稳(其特征值出现一个实根),出现对流。此时,$r=1$ 是 Lorenz 系统的第一分岔点,这种分岔为叉形分岔。

当 $r>1$ 时,原来静态解失稳,分岔出现另外两个平衡解 q_1,q_2,与它们相应的特征方程为

$$\lambda^3+(\sigma+b+1)\lambda^2+(r+\sigma)\lambda+2\sigma b(r-1)=0\tag{12.3.22}$$

因此,对于 $r>1$,式(12.3.22)有一个实根和一对共轭复根。

设 λ 的共轭复根为

$$\lambda=\lambda_r+\mathrm{i}\lambda_i\tag{12.3.23}$$

其实部 λ_r 表示振幅随时间变化的增长率。当 $\lambda_r>0$ 时,表示振幅随时间增长,扰动是不稳定的;当 $\lambda_r<0$ 时,表示振幅随时间减小,扰动是稳定的。λ_i 表示扰动做周期运动的频率。所以,

λ_r 的符号变化，决定了分岔的出现。

对于可控参数 r，当 $r=r_0$ 时，满足

$$\lambda_r \big|_{r_0} = 0, \frac{\mathrm{d}\lambda}{\mathrm{d}r}\bigg|_{r_0} = 0 \tag{12.3.24}$$

时，$r=r_0$ 是一个分岔点，这种分岔称为 Hopf 分岔。

对于方程(12.3.22)的解可设为 $\alpha, \beta=\lambda_r+\mathrm{i}\lambda_i, \bar{\beta}=\lambda_r-\mathrm{i}\lambda_i$。则方程(12.3.22)可写成

$$(\lambda-\alpha)(\lambda-\beta)(\lambda-\bar{\beta}) = 0 \tag{12.3.25}$$

或

$$\lambda^3-(2\lambda_r+\alpha)\lambda^2+(|\beta|^2+2\lambda_r\alpha)\lambda-|\beta|^2\alpha = 0 \tag{12.3.26}$$

式中 $|\beta|^2=\lambda_r^2+\lambda_i^2$。

对照方程(12.3.26，12.3.22)，可得

$$\begin{aligned} -(\sigma+b+1) &= 2\lambda_r+\alpha \\ (r+\sigma) &= |\beta|^2+2\lambda_i\alpha \\ -2\sigma b(r-1) &= |\beta|^2\alpha \end{aligned} \tag{12.3.27}$$

要出现分岔，λ 必须穿过虚轴 $\mathrm{Im}\lambda$，此时由 $\lambda_r<0$ 变成 $\lambda_r>0$，则存在 $\lambda_r=0$。

相应地，将 $\lambda_r=0$ 代入方程(12.3.27)，消去 α，可得临界条件

$$(\sigma+b+1)(r_0+\sigma) = 2\sigma(r_0-1) \tag{12.3.28}$$

出现 Hopf 分岔的临界参数 r_0 为

$$r_0 = -\frac{\sigma(\sigma+b+3)}{\sigma-(b+1)} \tag{12.3.29}$$

另外，在分岔点 r_0 必须为正，此时还必须满足 $\sigma>b+1$。

事实上，方程(12.3.28)可由在 $r=r_0$ 时特征方程(12.3.22)中

$$(\lambda^2 \text{ 的系数})\times(\lambda \text{ 的系数}) = \text{常数项} \tag{12.3.30}$$

得到。

方程(12.3.30)是出现 Hopf 分岔的条件。

利用方程(12.3.27)消去 α，则可得

$$\begin{aligned} &-(\sigma+b+1+2\lambda_r)(r+\sigma)b \\ &= -2\sigma b(r-1)+2\lambda_r(\sigma+b+1+2\lambda_r)^2 \end{aligned} \tag{12.3.31}$$

将式(12.3.31)对 r 求导，得

$$\frac{\mathrm{d}\lambda_r}{\mathrm{d}r}\bigg|_{r=r_0} = \frac{b[\sigma-(b+1)]}{2[b(r_0+\sigma)+(\sigma+b+1)^2]} > 0 \tag{12.3.32}$$

所以，特征值越过虚轴 $\mathrm{Im}\lambda$ 的速度不为零，r_0 是分岔点。

所以，对于 Lorenz 系统随着参数 r 变化，其解的特征可发生根本性的变化，其性质可归纳如下：

（1）当 $0<r<1$ 时，平衡态 q_0 稳定，只有流体的热传导存在。

（2）当 $1<r<r_0$ 时，平衡态 q_0 不稳定，在 $r=1$ 时 q_0 失稳，分岔出两个新的稳定的平衡态 q_1，q_2，是稳态向周期吸引子的过渡。

（3）当 $r>r_0$ 时，平衡态 q_1，q_2 失稳出现 Hopf 分岔，此时呈现出非周期性流，即进入混沌状态。

如果依 Lorenz 所取参数，$\sigma=10$，$b=\dfrac{8}{3}$，此时 $r_0=24.74$。

取 $\sigma=10$，$b=\dfrac{8}{3}$，$r=28>24.74$，利用数值积分求解式(12.3.16)，取初始值为(0,1,0)，积分时间间隔 $\Delta t=0.01$。数值结果如图 12.7，12.8 所示。

由图 12.7 可知，静态的不稳定非常明显，然后随时间进入准周期状态。当积分时间超过某一临界时间（大约 1 650 步）开始出现不规则振荡，形成非周期解，即出现混沌现象。

图 12.8 给出相空间中的轨迹。从图中可知，轨迹不时地绕过两个平衡点 q_1，q_2，显得无规则变化，这种不规则正是确定性非线性系统中内在随机性表现，这种现象称为混沌。

Lorenz 进一步研究了解对初始条件的敏感性，发现初始条件微小变化，可以导致两个状态的显著的差异。这种解对初始条件敏感性，导致了长期行为的不可测。而 Lorenz 系统这种动力学形态正是许多非线性物理系统的缩影。

混沌似乎是无规则、杂乱无章，但并不是真正的无规律性，它的长期形态虽不可测，但仍有一定的统计规律性。人们可从这些统计的规律性来进一步认识混沌、认识非线性系统。为此，有不少新的方法被提出来进一步研究混沌，例如利用频谱分析，Lyapunov 指数，分数维进一步证实某种物理系统的混沌的存在及相应奇怪吸引子的特征，详细内容可参考 Lorenz(1963)，Sparrow(1982)和 Mandelbrot(1980)。

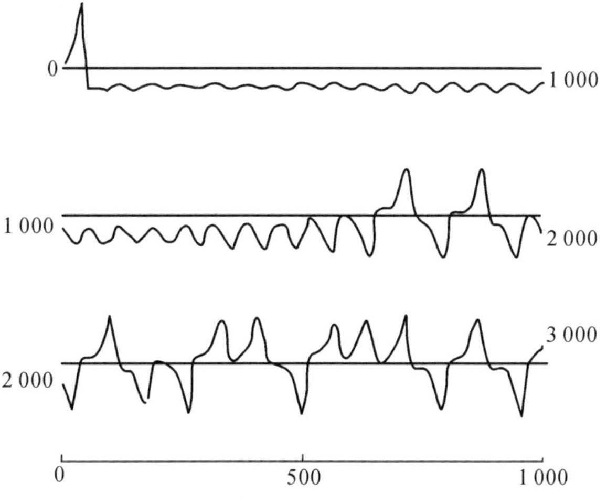

图 12.7　Lorenz 系统，Y 随时间（Δt）的变化曲线（$\sigma=10$，$b=\dfrac{8}{3}$，$r=28$）

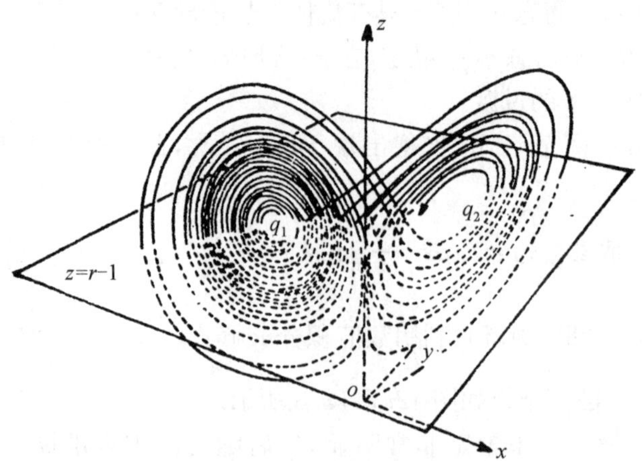

图 12.8 Lorenz 系统的相轨迹[初始值为(0,1,0)]

§12.4 大气中的多平衡态

日常观测到的大气状态总是由不同的天气状态构成的,这些天气状态都具有一定持续性,例如,大气的阻塞形势能维持较长时间,梅雨也是如此,是一种稳定的环流形势。各种天气状态或者环流形势之间的转化相对来说比较快,例如从高指数环流状态向低指数环流状态的转化就比较快。就是说,环流形势变化前后的状态具有准稳定性,是一种准稳定的平衡态,而环流形势的变化则是不稳定的、急速的,是一种不稳定的平衡态,它表现为环流的突变。对这一问题,Vickroy 和 Dutton(1979), Wiin-Nielson(1979), Charney 和 Devore(1979)都先后作过研究,但是,只有 Charney 和 Devore(1979)明确提出多平衡态的概念。

主要有两种方法用来研究大气的这种平衡态:一种是质点法,它是在非线性效应和线性频散相平衡的假定下研究大气的稳定结构,如孤立子、偶极子等等,这在第十一章中已经作了介绍。另一种方法是波动法,它是对非线性方程经过有限谱截断近似讨论外参数变化时大气状态的变化。本节利用包括耗散和热力强迫的准地转模式介绍这一方法。这时,涡度方程可以写为

$$\frac{\partial}{\partial t}\nabla^2\psi + J(\psi,\nabla^2\psi) + \beta\frac{\partial\psi}{\partial x} = K\nabla^2\psi^* - K\nabla^2\psi \tag{12.4.1}$$

式中:$K\nabla^2\psi^*$ 表示热力强迫项,是热力差异引起的涡度生成;$-K\nabla^2\psi$ 表示边界层作用造成的涡度耗散。

为简单起见,考虑矩形区域:$y=0,\pi,x=0,2\pi$。在 y 方向利用硬壁条件,在 x 方向采用周期边界条件,即

$$\begin{cases}\dfrac{\partial\psi}{\partial x} = 0, y = 0,\pi \\ \psi \text{ 周期变化}, x = 0,2\pi\end{cases} \tag{12.4.2}$$

把 ψ,ψ^* 作正交函数组展开,即设

$$\begin{cases}\psi(x,y,t) = \sum_i\psi_i(t)F_i(x,y) \\ \psi^*(x,y) = \sum_i\psi_i^* F_i(x,y)\end{cases} \tag{12.4.3}$$

式中 $F_i(x,y)$称为基函数,在边界条件(12.4.2)下,它可取为平面 Laplace 算符的特征函数,即满足

$$\nabla^2 F_i + \lambda_i F_i = 0 \tag{12.4.4}$$

式中:λ_i 为对应于特征函数 F_i 的特征值;F_i 为正交函数组,其具体形式与积分区域的几何形状和边界条件有关。对圆形区域,F_i 可取为 Bessel 函数;对球形区域,可取球函数作为基函数;对现在的矩形区域,可取三角函数作为基函数。把式(12.4.3)代入式(12.4.1),并利用式(12.4.4),得到

$$\sum_n \lambda_n \frac{\partial \psi_n}{\partial t} F_n + \sum_k \psi_k \frac{\partial F_k}{\partial x} \sum_m \lambda_m \psi_m \frac{\partial F_m}{\partial y} -$$

$$\sum_k \psi_k \frac{\partial F_k}{\partial y} \sum_m \lambda_m \psi_m \frac{\partial F_m}{\partial x} - \beta \sum_n \psi_n \frac{\partial F_n}{\partial x} = K \sum_n \lambda_n \psi_n^* F_n - K \sum_n \lambda_n \psi_n F_n \tag{12.4.5}$$

式(12.4.5)乘以 F_n,并对区域 D 积分,积分时利用 F_n 的正交性,即

$$\int_D F_s F_r^* \, \mathrm{d}x = \begin{cases} 0, & r \neq s \\ 1, & r = s \end{cases} \tag{12.4.6}$$

式中 F_r^* 为 F_r 的共轭函数,结果得到下面方程组

$$\lambda_s \frac{\mathrm{d}\psi_s}{\mathrm{d}t} + \sum_k \sum_m \lambda_m \psi_k \psi_m \int_D \left(\frac{\partial F_k}{\partial x} \frac{\partial F_m}{\partial y} - \frac{\partial F_k}{\partial y} \frac{\partial F_m}{\partial x} \right) F_s \, \mathrm{d}x - \beta \sum_k \psi_k \int_D \frac{\partial F_k}{\partial x} F_s \, \mathrm{d}x = K \lambda_s \psi_s^* - K \lambda_s \psi_s \tag{12.4.7}$$

记

$$D_{kms} = \int_D \left(\frac{\partial F_k}{\partial x} \frac{\partial F_m}{\partial y} - \frac{\partial F_k}{\partial y} \frac{\partial F_m}{\partial x} \right) F_s \, \mathrm{d}x = \frac{1}{2\pi^2} \int_0^{\pi} \int_0^{2\pi} \left(\frac{\partial F_k}{\partial x} \frac{\partial F_m}{\partial y} - \frac{\partial F_k}{\partial y} \frac{\partial F_m}{\partial x} \right) F_s \, \mathrm{d}x \mathrm{d}y$$

$$C_{ks} = \frac{1}{2\pi^2} \int_0^{\pi} \int_0^{2\pi} \frac{\partial F_k}{\partial x} F_s \, \mathrm{d}x \mathrm{d}y$$

式(12.4.7)变为

$$\lambda_s \frac{\mathrm{d}\psi_s}{\mathrm{d}t} + \sum_k \sum_m \lambda_m \psi_k \psi_m D_{kms} - \beta \sum_k C_{ks} \psi_k = K \lambda_s \psi_s^* - K \lambda_s \psi_s (s = 1, 2, \cdots, N) \tag{12.4.8}$$

对 D_{kms},有

$$D_{kms} = -D_{mks}, k \neq m$$
$$D_{kms} = 0, k = m$$

利用这些关系式,式(12.4.8)可以改写为

$$\frac{\mathrm{d}\psi_s}{\mathrm{d}t} = \lambda_s^{-1} \left[\sum_{\substack{k=1,m=1 \\ k<m}} (\lambda_k - \lambda_m) D_{kms} \psi_k \psi_m + \beta \sum_{k=1} C_{ks} \psi_\kappa + K \lambda_s (\psi_s^* - \psi_s) \right] \qquad (s=1,2,\cdots,N) \tag{12.4.9}$$

在边界条件(12.4.2)下,基函数 F_n 可用二重 Fourier 级数展开式表示,即

$$\begin{cases} F_{mo} = \sqrt{2} \cos(my) \\ F_{mn} = 2 \sin(my) \cos(nx) \\ F'_{mn} = 2 \sin(my) \sin(nx) \end{cases} \tag{12.4.10}$$

式中：$m=1,2,\cdots,M;n=1,2,\cdots,N$。当 x 方向为 N 个分量、y 方向为 M 个分量截断时，则有 $M(2N+1)$ 个方程。为简单起见，取 $M=2,N=1$，即取 $m=1$ 和 $m=2,n=n$，这样，基函数为

$$\begin{cases}F_A=\sqrt{2}\cos y,F_C=\sqrt{2}\cos 2y,F_K=2\sin y\sin(nx),\\ F_L=2\sin y\sin(nx),F_M=2\sin 2y\cos(nx),F_N=2\sin 2y\sin(nx)\end{cases}\tag{12.4.11}$$

由式(12.4.3,12.4.9)经过一些运算，得到

$$\begin{cases}\dfrac{\mathrm{d}\psi_A}{\mathrm{d}t}=-K(\psi_A-\psi_A^*)\\ \dfrac{\mathrm{d}\psi_C}{\mathrm{d}t}=\varepsilon(\psi_K\psi_N-\psi_L\psi_M)-K(\psi_C-\psi_C^*)\\ \dfrac{\mathrm{d}\psi_K}{\mathrm{d}t}=-(a_1\psi_A-\beta_1)\psi_L-b_1\psi_C\psi_N-K(\psi_K-\psi_K^*)\\ \dfrac{\mathrm{d}\psi_L}{\mathrm{d}t}=(a_1\psi_A-\beta_1)\psi_K+b_1\psi_C\psi_M-K(\psi_L-\psi_L^*)\\ \dfrac{\mathrm{d}\psi_M}{\mathrm{d}t}=-(a_2\psi_A-\beta_2)\psi_N-b_2\psi_C\psi_L-K(\psi_M-\psi_M^*)\\ \dfrac{\mathrm{d}\psi_N}{\mathrm{d}t}=(a_2\psi_A-\beta_2)\psi_M+b_2\psi_C\psi_K-K(\psi_N-\psi_N^*)\end{cases}\tag{12.4.12}$$

其中

$$a_1=\frac{n^2}{n^2+1}D_{231},a_2=\frac{n^2+3}{n^2+4}D_{561},b_1=\frac{n^2-1}{n^2+1}D_{264}$$

$$b_2=\frac{n^2-4}{n^2+4}D_{264},\varepsilon=\frac{3}{4}D_{264}$$

$$\frac{D_{231}}{5}=\frac{D_{561}}{4}=\frac{D_{264}}{8}=\frac{D_{534}}{8}=\frac{8\sqrt{2}}{15\pi}n$$

$$\beta_1=\frac{n}{n^2+1}\frac{L}{r}\cot\varphi_0,\beta_2=\frac{n}{n^2+4}\frac{L}{r}\cot\varphi_0$$

式中：r 为地球半径；L 为水平尺度；φ_0 为纬度。

由式(12.4.12)易知，其解可设为

$$\psi_i=\overline{\psi}_i+\varphi_i(t)\tag{12.4.13}$$

式中 $\overline{\psi}_i$ 为定常解。因此，有

$$\begin{cases}\overline{\psi}=\overline{\psi}_AF_A+\overline{\psi}_CF_C+\overline{\psi}_KF_K+\overline{\psi}_LF_L+\overline{\psi}_MF_M+\overline{\psi}_NF_N\\ \varphi(t)=\varphi_AF_A+\varphi_CF_C+\varphi_KF_K+\varphi_LF_L+\varphi_MF_M+\varphi_NF_N\end{cases}\tag{12.4.14}$$

将式(12.4.1)代入式(12.4.12)，设 $\psi_L^*=\psi_M^*=\psi_N^*=0$，并分离与时间有关的和时间无关的两部分，得到定常量和瞬变量满足的方程分别为

$$\begin{cases}\overline{\psi}_A-\psi_A^*=0\\ d_1\overline{\psi}_L+b_1\overline{\psi}_C\overline{\psi}_N+K(\overline{\psi}_K-\psi_K^*)=0\\ d_1\overline{\psi}_K+b_1\overline{\psi}_C\overline{\psi}_M-K\overline{\psi}_L=0\\ \varepsilon(\overline{\psi}_K\overline{\psi}_N-\overline{\psi}_L\overline{\psi}_M)-K(\overline{\psi}_C-\psi_C^*)=0\\ d_2\overline{\psi}_M+d_2\overline{\psi}_C\overline{\psi}_K-K\overline{\psi}_N=0\\ d_2\overline{\psi}_N+b_2\overline{\psi}_C\overline{\psi}_L+K\overline{\psi}_M=0\end{cases}\tag{12.4.15}$$

式中：$d_1=a_1\psi_A^*-\beta_1$，$d_2=a_2\psi_A^*-\beta_2$。

$$\begin{cases}\dfrac{\mathrm{d}\varphi_A}{\mathrm{d}t}=-K\varphi_A\\ \dfrac{\mathrm{d}\varphi_C}{\mathrm{d}t}=\varepsilon\overline{\psi}_K\varphi_N+\varepsilon\overline{\psi}_N\varphi_K+\varepsilon\varphi_K\varphi_N-\varepsilon\overline{\psi}_L\varphi_M-\varepsilon\overline{\psi}_M\varphi_L-\varepsilon\varphi_L\varphi_M-K\varphi_C\\ \dfrac{\mathrm{d}\varphi_K}{\mathrm{d}t}=-d_1\varphi_L-a_1\overline{\psi}_L\varphi_A-a_1\varphi_A\varphi_L-b_1\overline{\psi}_C\varphi_N-b_1\overline{\psi}_N\varphi_C-b_1\varphi_C\varphi_N-K\varphi_K\\ \dfrac{\mathrm{d}\varphi_L}{\mathrm{d}t}=d_1\varphi_K+a_1\overline{\psi}_K\varphi_A+a_1\varphi_A\varphi_K+b_1\overline{\psi}_C\varphi_M+b_1\overline{\psi}_M\varphi_C+b_1\varphi_C\varphi_N-K\varphi_L\\ \dfrac{\mathrm{d}\varphi_M}{\mathrm{d}t}=-d_2p_N-a_2\overline{\psi}_N\varphi_A-a_2\varphi_A\varphi_N-b_2\overline{\psi}_C\varphi_L-b_2\overline{\psi}_L\varphi_C-b_2\varphi_C\varphi_L-K\varphi_M\\ \dfrac{\mathrm{d}\varphi_N}{\mathrm{d}t}=d_2\varphi_M+a_2\overline{\psi}_M\varphi_A+a_2\varphi_A\varphi_M+b_2\overline{\psi}_C\varphi_K+b_2\overline{\psi}_K\varphi_C+b_2\varphi_C\varphi_K-K\varphi_N\end{cases}$$

(12.4.16)

由式(12.4.15)显见，欲求此非线性代数方程，可先设 $\overline{\psi}_C$ 为已知，如此得到

$$\begin{cases}\overline{\psi}_K=[K^2b_1b_2\psi_K^*\overline{\psi}_C^2+K^2(K^2+d_1^2)\psi_K^*]/D\\ \overline{\psi}_L=[-Kd_1b_1b_2\psi_K^*\overline{\psi}_C^2+Kd_1\overline{\psi}_K^*(K^2+d_2^2)]/D\\ \overline{\psi}_M=[-K^2b_2\psi_K^*(d_1+d_2)\overline{\psi}_C]/D\\ \overline{\psi}_N=[Kb_1b_2^2\psi_K^*\overline{\psi}_C^3+Kb_2\overline{\psi}_K^*(K^2-d_1d_2)\overline{\psi}_C]/D\end{cases}\tag{12.4.17}$$

式中 $D=b_1^2b_2^2\overline{\psi}_C^4+2b_1b_2(K^2-d_1d_2)\overline{\psi}_C^2+(K^2+d_1^2)(K^2+d_2^2)$。将式(12.4.17)代入式(12.4.15)的第四式，得到关于 $\overline{\psi}_C$ 的 9 次代数方程

$$a_0\overline{\psi}_C^9+a_1\overline{\psi}_C^8+\cdots+a_8\overline{\psi}_C+a_9=0\tag{12.4.18}$$

式中 $a_0,a_1,\cdots,a_9$ 为 ψ_A^*，ψ_C^* 和 ψ_K^* 的函数。

给定一组外强迫分量 ψ_A^*，ψ_K^*，ψ_C^*，由式(12.4.18)求得关于 $\overline{\psi}_C$ 的 9 个根(解)，代入式(12.4.17)，得到 9 组 $\overline{\psi}_K$，$\overline{\psi}_L$，$\overline{\psi}_M$ 和 $\overline{\psi}_N$，由此，由式(12.4.14)得到 9 个相应的定常解 $\overline{\psi}$。但是，只有当求得的 $\overline{\psi}_C$ 为实根时，才有平衡态，$\overline{\psi}_C$ 有几个实根，就有几个平衡态，这是由于非线性系统平衡解的多重性造成的。在现在 6 个基函数的情况下，最多的只能有 9 个平衡态(如果 $\overline{\psi}_C$ 的 9 个根都是实根)，也可以没有平衡态(如果算得的 $\overline{\psi}_C$ 没有实根)。显然，当所取的基函数个数增多时，有可能会出现更多的平衡态。对每一个得到的平衡态，还必须判断其稳定性，有稳定的平衡态，也有不稳定的平衡态。判断平衡态是否稳定，可由式(12.4.16)的线性方程来进

行。为此，略去式(12.4.16)中的非线性项，并令

$$(\varphi_A,\varphi_K,\varphi_L,\varphi_C,\varphi_M,\varphi_N)=(R_1,R_2,R_3,R_4,R_5,R_6)\mathrm{e}^{\sigma t} \tag{12.4.19}$$

代入式(12.4.16)的线性方程，得到

$$\begin{cases}(\sigma+K)R_1=0\\(\sigma+K)R_2+a_1\overline{\psi}_LR_1+d_1R_3+b_1\overline{\psi}_NR_4+b_1\overline{\psi}_CR_6=0\\-a_1\overline{\psi}_KR_1-d_1R_2+(\sigma+K)R_3-b_1\overline{\psi}_MR_4-b_1\overline{\psi}_CR_5=0\\-\varepsilon\overline{\psi}_NR_2+\varepsilon\overline{\psi}_MR_3+(\sigma+K)R_4+\varepsilon\overline{\psi}_LR_5-\varepsilon\overline{\psi}_KR_6=0\\a_2\overline{\psi}_NR_1+b_2\overline{\psi}_CR_3+b_2\overline{\psi}_CR_4+(\sigma+K)R_5+d_2R_6=0\\-a_2\overline{\psi}_MR_1-b_2\overline{\psi}_LR_2-b_2\overline{\psi}_KR_4-d_2R_5+(\sigma+K)R_6=0\end{cases} \tag{12.4.20}$$

由此方程可以得到关于σ的6次代数方程(特征方程)。根据稳定性理论，当特征方程的根都有负的实部时，平衡态是渐近稳定的；当特征方程的根至少有一个实部为正时，则这一平衡态是不稳定的。就是说，平衡态是否是稳定的平衡态，取决于式(12.4.16)对应的线性扰动方程的特征方程的全部根是否有负的实部。当特征方程的阶数相当高时，特征方程的一切根不容易求解，好在只需知道特征根的实部是否都是负，而这可以转换为特征根中的最大实部是否为负，如果最大实部为负，则平衡态是稳定平衡态，反之，如果特征根的最大实部大于0，则平衡态是不稳定平衡态。

下面给出缪锦海和丁敏芳(1985)的计算例子。文中把ψ_A^*和ψ_K^*取为常值，ψ_C^*是变化的，以突出加热场的季节变化。计算中取$K=10^{-2}$，$\frac{L}{r}=\frac{1}{4}$，$n=2$，$\psi_A^*=0.15$，$\psi_K^*=0.40$，ψ_C^*从-0.3到0.3之间变化。ψ_C^*从-0.3向$+0.3$变化时，意味着加热场是从夏季加热状态向冬季加热状态过渡；反之，ψ_C^*从$+0.3$向-0.3变化时，则表示加热状态是从冬季向夏季变化。

图12.9是计算结果点绘在ψ_C^*-$\overline{\psi}_C$平面上得到的平衡态集合图。由图显见平衡态的演变以及相应的运动状态的突变(尖点突变)。随加热状态由夏季向冬季转变(ψ_C^*由负变为正)，发生两次突变，一次由$R\to Q$，这相当于10月突变，另一次由$E\to F$，这时西风带南撤，冬季流型建立；反之，加热状态由冬季到夏季(ψ_C^*由正变为负)，也有两次突变发生，一次由$A\to B$，这对应于6月突变，梅雨开始，另一次由$C\to D$，这时西风带迅速北跳，夏季环流型建立，梅雨结束。这些突变前后的环流型可由式(12.4.14)计算得到。

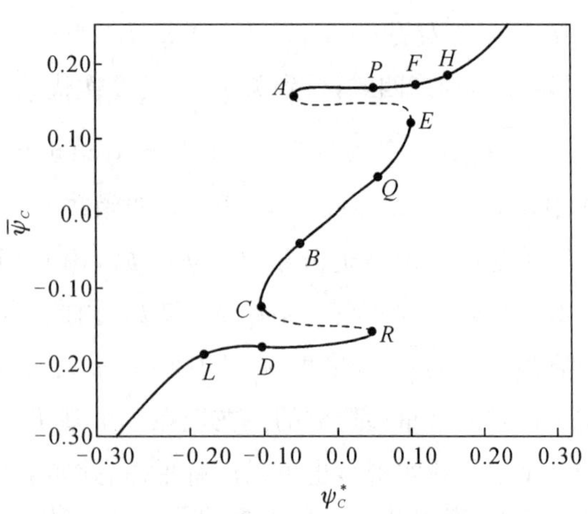

图12.9　平衡态集合图($\psi_A^*=0.15$，$\psi_K^*=0.40$)

上面所述的波动法最大问题是严重的谱截断问题。首先，用6个常微分方程(12.4.12)去近似偏微分方程(12.4.1)(当取$M=1$，$N=1$时，甚至只有3个常微分方程)，这在数学上是否可行？其次，对无限谱式(12.4.3)，用有限谱截断式(12.4.11)去近似，物理上是否把所有重要的分量都包括进去了？第三，随有限谱分量的增多，平衡态个数增多，是否会使平衡态之间的转换可能性

增大？尽管如此，用高截断低谱模式得到的计算结果与天气实际还是比较符合的。

思考题

1. 通过本章提供的例子，仔细理解非线性系统较线性系统的基本特征性质。
2. 就大气斜压波动发展问题来说，非线性稳定性如何使得斜压扰动具有有限振幅？
3. 混动的概念对我们理解天气预测和预测的极限（即可预报性）有何指示作用？
4. 如何理解大气运动的多平衡态、分岔和突变？

参考文献

[1] PEDLOSKY J. Geophysical fluid dynamics [M]. 2nd ed. New York: Springer-Verlag, 1987.

[2] PEDLOSKY J. Baroclinic instability in two-layer systems [J]. Tellus, 1963, 15: 20-25.

[3] PEDLOSKY J. The stability of currents in the atmosphere and the oceans, Part I [J]. Journal of the Atmospheric Sciences, 1964, 21: 201-209.

[4] PEDLOSKY J. Finite amplitude baroclinic waves [J]. Journal of the Atmospheric Sciences, 1970, 27: 15-30.

[5] PEDLOSKY J. Finite amplitude baroclinic waves with small dissipation [J]. Journal of the Atmospheric Sciences, 1971, 28: 587-597.

[6] PEDLOSKY J. Limit cycles and unstable baroclinic waves [J]. Journal of the Atmospheric Sciences, 1972, 29: 53-63.

[7] PEDLOSKY J. Finite amplitude baroclinic wave packets [J]. Journal of the Atmospheric Sciences, 1972, 29: 680-686.

[8] PEDLOSKY J. The nonlinear dynamics of baroclinic wave ensembles [J]. Journal of Fluid Mechanics, 1981, 102: 169-209.

[9] PEDLOSKY J. Resonant topographic waves in baroclinic and baroclinic flows [J]. Journal of the Atmospheric Sciences, 1991, 38: 1177-1196.

[10] 朱抱真，金飞飞，刘征宇. 大气和海洋的非线性动力学概论[M]. 北京：海洋出版社，1991.

[11] IOOSS G, JOSEPH D E. Elementary stability and bifurcation theory [M]. New York: Springer-Verlag, 1980.

[12] POSTON T, STEWART I. Catastrophe theory and its applications [M]. London: Pitman, 1978.

[13] GUCKENHEIMER J, HOLMES P. Nonlinear oscillations, dynamical systems, and bifurcations of vector fields [M]. New York: Springer-Verlag, 1983.

[14] YOST D A, SHIRER H N. Bifurcation and stability of low-order steady flow in horizontally and vertically forced convection [J]. Journal of the Atmospheric Sciences, 1982, 39: 114-125.

[15] SHIRER H N, DUTTON J A. The branching hierarchy of multiple solutions in a model of moist convection [J]. Journal of the Atmospheric Sciences, 1979, 36: 1705 -1721.

[16] SHIRER H N, WELLS R. Improving spectral models by unfolding their singularities [J]. Journal of the Atmospheric Sciences, 1982, 39: 610 - 621.

[17] SALTZMAN B. Finite-amplitude free convection as an initial value problem [J]. Journal of the Atmospheric Sciences, 1962, 19: 329 - 341.

[18] LORENZ E N. Deterministic nonperiodic flow [J]. Journal of the Atmospheric Sciences, 1963, 20: 130 - 141.

[19] LORENZ E N. The mechanics of vacillation [J]. Journal of the Atmospheric Sciences, 1963, 20: 448 - 464.

[20] SPARROW C. The Lorenz equations: Bifurcation, chaos, and strange attractors [M]. Heideberg: Springer-Verlag, 1982.

[21] MANDELBROT B B. The fractal geometry of nature [M]. W. H. Freeman and Company, 1980.

[22] VICKROY J G, DUTTON J A. Bifurcatoin and catastrophe in a simple, forced, dissipative quasi-geostrophic flow [J]. Journal of the Atmospheric Sciences, 1979, 36: 42 - 52.

[23] WIIN-NIELSON A. Steady states and stability properties of a low-order barotropic system with forcing and dissipation [J]. Tellus, 1979, 31: 375 - 386.

[24] CHARNEY J G, DEVORE J G. Multiple flow equilibria in the atmosphere and blocking [J]. Journal of the Atmospheric Sciences, 1979, 36: 1205 - 1216.

[25] 廖锦海,丁敏芳. 热力强迫下大气平衡态的突变与季节变化、副高北跳[J]. 中国科学(B), 1985(1):87 - 96.

[26] 吕克利,王柏强. 大气平衡态研究中高截断低谱模式的问题[J]. 热带气象学报, 1996, 12: 51 - 59.

第十三章

锋生动力学理论

自从20世纪30年代挪威学派提出极锋理论以来，关于锋的形成、加强或减弱进行了很多研究，但是，直到20世纪70年代开始，锋生动力学的研究才取得较大进展。锋生动力学研究是从准地转模式开始的，Stone(1966)，Williams和Plotkin(1968)利用准地转近似讨论了变形场中的锋生问题，但是得到的锋面结构有明显的失真，其原因是，当风和温度梯度达到实际观测到的哪怕是最弱的冷锋的数值时，准地转近似也不适用。因此，人们转而利用原始方程模式研究锋生问题。但是，原始方程的复杂性又限制了对锋的动力特征的理解。Hoskins(1975)根据沿锋面的风满足地转关系，越锋面的风不满足地转关系的观测事实，提出了地转动量近似，并建立了关于锋面的半地转理论。至此，关于锋的研究取得了重大进展。Williams(1972)利用原始方程模式研究了变形场中的锋生问题，而Orlanski和Ross(1977)则利用原始方程研究了锋面结构，使锋面动力学的研究更进了一步。下面分别介绍关于锋生的准地转模式、半地转模式和原始方程模式。

§13.1 准地转锋生理论

考虑水平变形场作用下的准地转锋生问题。为简单起见，假定锋生过程是无摩擦、绝热过程，并设大气处于静力平衡中，这样，可以把Boussinesq近似下的方程组写为

$$\begin{cases}\dfrac{\partial u}{\partial t}+u\dfrac{\partial u}{\partial x}+v\dfrac{\partial u}{\partial y}+w\dfrac{\partial u}{\partial z}=fv-\dfrac{1}{\rho_0}\dfrac{\partial p}{\partial x}\\ \dfrac{\partial v}{\partial t}+u\dfrac{\partial v}{\partial x}+v\dfrac{\partial v}{\partial y}+w\dfrac{\partial v}{\partial z}=-fu-\dfrac{1}{\rho_0}\dfrac{\partial p}{\partial y}\\ \dfrac{1}{\rho_0}\dfrac{\partial p}{\partial z}=\dfrac{g}{\theta_0}\theta\\ \dfrac{\partial u}{\partial x}+\dfrac{\partial v}{\partial y}+\dfrac{\partial w}{\partial z}=0\\ \dfrac{\partial \theta}{\partial t}+u\dfrac{\partial \theta}{\partial x}+v\dfrac{\partial \theta}{\partial y}+w\dfrac{\partial \theta}{\partial z}=0\end{cases}\tag{13.1.1}$$

式中ρ_0，θ_0分别为参考密度和参考位温。

假定初始时刻大气状态是斜压的和层结稳定的，反映在温度场中，我们设θ只是y和z的函数，与x无关，取

$$t=0, \theta=\theta_0(1+az-by)\tag{13.1.2}$$

式中a，b为大于0的常数。这时，水平变形场的示意图如图13.1所示。进一步设模式大气厚

度为 H,其上下界面为刚壁。因此,上下边界条件可写为

$$w = 0, z = 0, H \tag{13.1.3}$$

为进行无因次化,引入特征尺度。L 作为变形场的特征尺度,D 作为变形场的强度尺度(单位为 s^{-1}),因此,y 的特征尺度可取为 L,时间的特征尺度可取为 D^{-1},w 的特征尺度为 DH。在图 13.1 所示的水平变形场作用下,显然,形成的锋区在 y 方向窄,x 方向宽。因此,v 可用变形场来表示,而 u 主要是由 y 方向的位温梯度即热成风决定。这样,v 的特征速度可写为 DL,u 特征速度即为热成风的特征速度为 $\frac{g}{f}bH$,与此相对应,x 的特征尺度可写为 $\frac{gbH}{fD}$。这样,可以引入无因次坐标

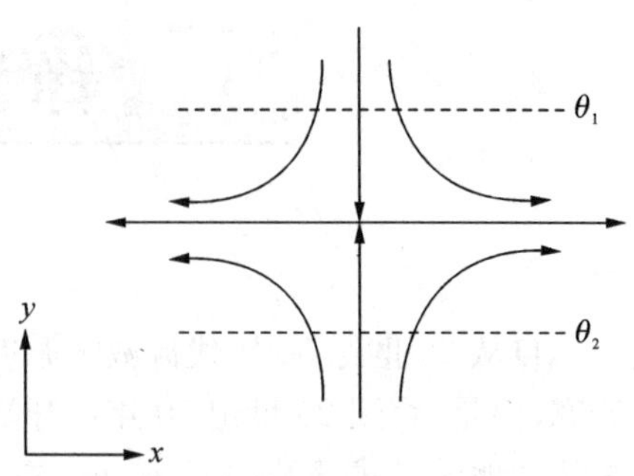

图 13.1 水平变形场的示意图

$$x = \frac{gbH}{fD}\bar{x}, y = L\bar{y}, z = H\bar{z}, t = \frac{1}{D}\bar{t} \tag{13.1.4}$$

及无因次变量

$$\begin{cases} u = \dfrac{gbH}{f}\bar{u}, v = DL\bar{v}, w = DH\bar{w} \\ \left(\dfrac{\theta}{\theta_0} - 1\right) = aH\bar{\theta}', p - p_0 - p_0 gz = \rho_0 gaH^2\bar{p}' \end{cases} \tag{13.1.5}$$

把式(13.1.4,13.1.5)代入式(13.1.1),得到无因次方程(略去"—"号)

$$\frac{\partial u}{\partial x} + \frac{\partial v}{\partial y} + \frac{\partial w}{\partial z} = 0 \tag{13.1.6}$$

$$\frac{\partial p'}{\partial x} - \frac{1}{\sqrt{\delta Ri}}v = -\frac{1}{Ri}\left(\frac{\partial u}{\partial t} + u\frac{\partial u}{\partial x} + v\frac{\partial u}{\partial y} + w\frac{\partial u}{\partial z}\right) \tag{13.1.7}$$

$$\frac{\partial p'}{\partial y} + \frac{1}{\sqrt{\delta Ri}}u = -\frac{1}{Ri\beta^2}\left(\frac{\partial v}{\partial t} + u\frac{\partial v}{\partial x} + v\frac{\partial v}{\partial y} + w\frac{\partial v}{\partial z}\right) \tag{13.1.8}$$

$$\frac{\partial p'}{\partial z} = \theta' \tag{13.1.9}$$

$$\frac{\partial \theta'}{\partial t} + u\frac{\partial \theta'}{\partial x} + v\frac{\partial \theta'}{\partial y} + w\frac{\partial \theta'}{\partial z} = 0 \tag{13.1.10}$$

其中

$$Ri = \frac{af^2}{b^2 g}, \delta = \frac{gaH^2}{f^2L^2}, \beta = \frac{gbH}{DLf}$$

都是无因次数,而 Ri 为初始时刻的 Richardson 数,δ 表示初始变形半径 $\frac{H}{f}\sqrt{ga}$ 与变形场特征尺度 L 之比的平方,β 则为初始热成风特征速度与变形场特征速度之比。

由无因次水平运动方程(13.1.7,13.1.8),容易得到无因次的涡度方程

$$\frac{\partial w}{\partial z}=-\left(\frac{\delta}{Ri}\right)^{\frac{1}{2}}\frac{\partial}{\partial y}\left(\frac{\partial u}{\partial t}+u\frac{\partial u}{\partial x}+v\frac{\partial u}{\partial y}+w\frac{\partial u}{\partial z}\right)+\frac{1}{\beta^{2}}\left(\frac{\delta}{Ri}\right)^{\frac{1}{2}}\frac{\partial}{\partial x}\left(\frac{\partial v}{\partial t}+u\frac{\partial v}{\partial x}+v\frac{\partial v}{\partial y}+w\frac{\partial v}{\partial z}\right) \tag{13.1.11}$$

将式(13.1.4,13.1.5)代入式(13.1.2,13.1.3),得到无因次的初始条件和边界条件

$$t=0,\theta'=z-\frac{y}{(\delta Ri)^{\frac{1}{2}}} \tag{13.1.12}$$

$$z=0,1,w=0 \tag{13.1.13}$$

假设初始时刻的水平风场由两部分组成,一部分由变形场决定,即 u_d 和 v_d;另一部分由初始温度场造成的热成风决定,即 u_t。因此

$$t=0,u=u_d+u_t,v=v_d \tag{13.1.14}$$

在实际大气中,β 的典型值为 1,δ 的典型值也为 1,Ri 的典型值为 100。因此,$Ri^{-\frac{1}{2}}\approx 0.1$。故可用 $Ri^{-\frac{1}{2}}$ 作为小参数,把变量作幂级数展开

$$(\theta',u,v,w,p')=\sum_{j=0}(\theta_j,u_j,v_j,w_j,p_j)Ri^{-\frac{j}{2}} \tag{13.1.15}$$

代入式(13.1.6~13.1.11),得到零级近似方程(略“′”号)

$$\frac{\partial u_0}{\partial x}+\frac{\partial v_0}{\partial y}+\frac{\partial w_0}{\partial z}=0 \tag{13.1.16}$$

$$\frac{\partial p_0}{\partial x}=0 \tag{13.1.17}$$

$$\frac{\partial p_0}{\partial y}=0 \tag{13.1.18}$$

$$\frac{\partial p_0}{\partial z}=\theta_0 \tag{13.1.19}$$

$$\frac{\partial\theta_0}{\partial t}+u_0\frac{\partial\theta_0}{\partial x}+v_0\frac{\partial\theta_0}{\partial y}+w_0\frac{\partial\theta_0}{\partial z}=0 \tag{13.1.20}$$

$$\frac{\partial w_0}{\partial z}=0 \tag{13.1.21}$$

代入式(13.1.12~13.1.14),得到

$$z=0,1,w_0=0 \tag{13.1.22}$$

$$t=0,\quad \theta_0=z \tag{13.1.23}$$

一级近似方程(在利用零级近似方程后)为

$$\frac{\partial p_1}{\partial x}-\frac{v_0}{\delta^{\frac{1}{2}}}=0 \tag{13.1.24}$$

$$\frac{\partial p_1}{\partial y}+\frac{u_0}{\delta^{\frac{1}{2}}}=0 \tag{13.1.25}$$

$$\frac{\partial p_1}{\partial z} = \theta_1 \tag{13.1.26}$$

$$\frac{\partial \theta_1}{\partial t} + u_0 \frac{\partial \theta_1}{\partial x} + v_0 \frac{\partial \theta_1}{\partial y} + w_1 = 0 \tag{13.1.27}$$

$$\frac{\partial w_1}{\partial z} = -\delta^{-\frac{1}{2}} \frac{\partial}{\partial y}\left(\frac{\partial u_0}{\partial t} + u_0 \frac{\partial u_0}{\partial x} + v_0 \frac{\partial u_0}{\partial y}\right) + \frac{\delta^{\frac{1}{2}}}{\beta^2} \frac{\partial}{\partial x}\left(\frac{\partial v_0}{\partial t} + v_0 \frac{\partial v_0}{\partial x} + v_0 \frac{\partial v_0}{\partial y}\right) \tag{13.1.28}$$

显然，式(13.1.24,13.1.25)是地转关系。其初始条件为

$$t = 0, \quad u_0 = r_d + u_t, \quad v_0 = v_d$$
$$\theta_1 = -\frac{y}{\delta^{\frac{1}{2}}} \tag{13.1.29}$$

边界条件为

$$z = 0, 1, \ w_1 = 0 \tag{13.1.30}$$

式(13.1.27)对 z 微分，利用式(13.1.24～13.1.26)，容易得到

$$\left(\frac{\partial}{\partial t} - \delta^{\frac{1}{2}} \frac{\partial p_1}{\partial y} \frac{\partial}{\partial x} + \delta^{\frac{1}{2}} \frac{\partial p_1}{\partial x} \frac{\partial}{\partial x}\right)\left(\frac{\partial^2 p_1}{\partial z^2} + \delta \frac{\partial^2 p_1}{\partial y^2} + \frac{\delta}{\beta^2} \frac{\partial^2 p_1}{\partial x^2}\right) = 0 \tag{13.1.31}$$

这是地转位涡度方程。它的初始条件由式(13.1.24,13.1.25)易知可以写为

$$t = 0, p_1 = p_d(x, y) + p_t(y, z) \tag{13.1.32}$$

式中：p_d 表示初始变形场引起的气压分布，已设为不随 z 变化；p_t 为初始热成风场造成的气压分布。根据式(13.1.26,13.1.29)，热成风分量满足

$$\frac{\partial p_t}{\partial z} = -\frac{y}{\delta^{\frac{1}{2}}} \tag{13.1.33}$$

方程(13.1.31)的边界条件可由式(13.1.30)利用式(13.1.24～13.1.27)得到，即

$$z = 0, 1; \left(\frac{\partial}{\partial t} - \delta^{\frac{1}{2}} \frac{\partial p_1}{\partial y} \frac{\partial}{\partial x} + \delta^{\frac{1}{2}} \frac{\partial p_1}{\partial x} \frac{\partial}{\partial y}\right) \frac{\partial p_1}{\partial z} = 0 \tag{13.1.34}$$

方程(13.1.31)和初始条件(13.1.32)、边界条件(13.1.34)组成了描述准地转锋生过程的方程。

Stone(1966)给出下面形式的初始场，初始变形场分量 p_d 为

$$p_d = p_d(x, y) = -xF(y)/\delta^{\frac{1}{2}}$$

式中 $F(y)$ 为 y 的有界函数。初始热成风分量 p_t 为

$$p_t = p_t(y, z)$$

因此，初始条件为

$$t = 0, p_1 = -\frac{xF(y)}{\delta^{\frac{1}{2}}} + p_t(y, z) \tag{13.1.35}$$

对于式(13.1.35)的初始场，式(13.1.31)的解可设为式(13.1.35)类似的形式

$$p_1(x,y,z,t)=\varphi(y,z,t)-\frac{x\eta(y,t)}{\delta^{\frac{1}{2}}} \tag{13.1.36}$$

式中 φ 对应于热成风量，另一部分对应于变形场分量。将式(13.1.36)代入位涡度方程(13.1.31)，得到

$$\left[\frac{\partial}{\partial t}-\delta^{\frac{1}{2}}\left(\frac{\partial\varphi}{\partial y}-\frac{x}{\delta^{\frac{1}{2}}}\frac{\partial\eta}{\partial y}\right)\frac{\partial}{\partial x}-\delta^{\frac{1}{2}}\left(\frac{\eta}{\delta^{\frac{1}{2}}}\right)\frac{\partial}{\partial y}\right]\times\left[\frac{\partial^2\varphi}{\partial z^2}+\delta\left(\frac{\partial^2\varphi}{\partial y^2}-\frac{x}{\delta^{\frac{1}{2}}}\frac{\partial^2\eta}{\partial y^2}\right)\right]=0$$

归并一下，得到

$$\left(\frac{\partial^2}{\partial z^2}+\delta\frac{\partial^2}{\partial y^2}\right)\frac{\partial\varphi}{\partial t}-\left[\eta\left(\frac{\partial^2}{\partial z^2}+\delta\frac{\partial^2}{\partial y^2}\right)-\delta\frac{\partial^2\eta}{\partial y^2}\right]\frac{\partial\varphi}{\partial y}-\delta^{\frac{1}{2}}x\left(\frac{\partial^3\eta}{\partial t\partial y^2}+\frac{\partial\eta}{\partial y}\frac{\partial^2\eta}{\partial y^2}-\eta\frac{\partial^3\eta}{\partial y^3}\right)=0 \tag{13.1.37}$$

这一方程一部分与 x 有关，一部分与 x 无关。因此，可以写成两个方程

$$\left(\frac{\partial^2}{\partial z^2}+\delta\frac{\partial^2}{\partial y^2}\right)\frac{\partial\varphi}{\partial t}-\left[\eta\left(\frac{\partial^2}{\partial z^2}+\delta\frac{\partial^2}{\partial y^2}\right)-\delta\frac{\partial^2\eta}{\partial y^2}\right]\frac{\partial\varphi}{\partial y}=0 \tag{13.1.38}$$

$$\frac{\partial^3\eta}{\partial t\partial y^2}+\frac{\partial\eta}{\partial y}\frac{\partial^2\eta}{\partial y^2}-\eta\frac{\partial^3\eta}{\partial y^3}=0 \tag{13.1.39}$$

式(13.1.38)描述变形场作用下热成风分量的变化，式(13.1.39)则是描述变形场分量的变化，它们的初始条件由式(13.1.35)得到。对应于式(13.1.38)的初始条件为

$$t=0,\quad \varphi=p_t(y,z) \tag{13.1.40}$$

对应于式(13.1.39)的初始条件为

$$t=0,\quad \eta=F(y) \tag{13.1.41}$$

式(13.1.38)的边界条件由式(13.1.34)给出，即

$$z=0,1;\quad \left(\frac{\partial}{\partial t}-\eta\frac{\partial}{\partial y}\right)\frac{\partial\varphi}{\partial z}=0 \tag{13.1.42}$$

η 与 z 无关，因此不需给出 z 方向的边界条件。

由式(13.1.38,13.1.39)求得 φ 和 η 后，可由式(13.1.24～13.1.27)得到 u_0，v_0，θ_1 和 w_1，分别为

$$\begin{cases}u_0=-\delta^{\frac{1}{2}}\dfrac{\partial\varphi}{\partial y}+x\dfrac{\partial\eta}{\partial y}\\ v_0=-\eta(y,t)\\ \theta_1=\dfrac{\partial\varphi}{\partial z}\\ w_1=-\left(\dfrac{\partial}{\partial t}-\eta\dfrac{\partial}{\partial y}\right)\dfrac{\partial\varphi}{\partial z}\end{cases} \tag{13.1.43}$$

从式(13.1.38,13.1.39,13.1.43)不难看出：(1) 沿收缩轴(y)的风 v 只与变形场 η 有关，

与热成风分量 φ 无关;(2) 沿膨胀轴(x)的风 u,不仅与变形场 η 有关,还与热成风分量 φ 有关,并依赖于 x;(3) 变形场 η 的变化与热成风分量无关;(4) 温度场 φ 的演变受到变形场的强迫作用,它的变化受变形场制约。

下面求解式(13.1.38,13.1.39)。在锋生问题中,感兴趣的主要是温度场的演变。因此,为简单起见,对变形场只取它的定常解,考虑在定常变形场的作用下,温度场如何演变。为此,设初始变形场为

$$\eta = F(y) = \sin y \tag{13.1.44}$$

代入定常情况下的式(13.1.39),即

$$\frac{\partial \eta}{\partial y}\frac{\partial^2 \eta}{\partial y^2} - \eta \frac{\partial^3 \eta}{\partial y^3} = 0 \tag{13.1.45}$$

显然,$\eta=\sin y$ 仍是式(13.1.45)的解。这样,得到这种情况下的定常变形场为

$$p_d = -x \frac{\sin y}{\delta^{\frac{1}{2}}} \tag{13.1.46}$$

式(13.1.38)对 z 微分,并利用式(13.1.43),得到

$$\nabla^2 \frac{\partial \theta_1}{\partial t} - \sin y(\nabla^2 + \delta)\frac{\partial \theta_1}{\partial y} = 0 \tag{13.1.47}$$

式中 $\nabla^2 = \frac{\partial^2}{\partial z^2} + \delta \frac{\partial^2}{\partial y^2}$。这时,利用式(13.1.33),初始条件(13.1.40)变为

$$t = 0, \quad \theta_1 = -\frac{y}{\delta^{\frac{1}{2}}} \tag{13.1.48}$$

边界条件(13.1.42)变为

$$z = 0,1;\left(\frac{\partial}{\partial t} - \sin y \frac{\partial}{\partial y}\right)\theta_1 = 0 \tag{13.1.49}$$

此外,为给出锋生过程中垂直速度的分布,由式(13.1.43)得到

$$\left(\frac{\partial}{\partial t} - \sin y \frac{\partial}{\partial y}\right)\theta_1 + w_1 = 0 \tag{13.1.50}$$

它与式(13.1.47)消去 $\frac{\partial \theta_1}{\partial t}$,得到

$$\nabla^2 w_1 - 2\delta \frac{\partial}{\partial y}\left(\cos y \frac{\partial \theta_1}{\partial y}\right) = 0 \tag{13.1.51}$$

可见,当由式(13.1.47)求得 θ_1 后,由式(13.1.51)即可求得垂直速度 w_1。

由于 $\eta=\sin y$ 是$(-\pi,\pi)$内的周期函数,因此只需在区域$(-\pi,\pi)$中求式(13.1.47)。由于 δ 为任意值时,求式(13.1.47)的非定常解比较困难,下面给出定常解,它相当于 $t\to\infty$ 时的渐近解。如果考虑 $y=0$ 处,θ_1 是连续的,则式(13.1.47)变为

$$(\nabla^2+\delta)\frac{\partial\theta_1}{\partial y}=0 \tag{13.1.52}$$

对 y 积分，得到

$$(\nabla^2+\delta)\theta_1=G \tag{13.1.53}$$

通常 G 是 z 的函数。这里为简单起见，不妨取 $G=-\delta^{\frac{1}{2}}\pi$。此外，$\theta_1$ 是 y 的奇函数，而且在 $y=0$处连续。因此，可取

$$y=0,\quad \theta_1=0 \tag{13.1.54}$$

这样，对 $y>0$ 的区域，方程为

$$\frac{\partial^2\theta_1}{\partial z^2}+\delta\frac{\partial^2\theta_1}{\partial y^2}+\delta\theta_1=-\delta^{\frac{1}{2}}\pi \tag{13.1.55}$$

在 $y=\pi$ 上，边界条件可近似地取为

$$y=\pi;\quad z=0,1;\quad \theta_1=-\frac{\pi}{\delta^{\frac{1}{2}}} \tag{13.1.56}$$

式(13.1.55)满足 $z=0,1$ 条件(13.1.56)的解，最方便的可设为

$$\theta_1=-\frac{\pi}{\delta^{\frac{1}{2}}}+\sum_{n=1}^{\infty}\varphi_n(y)\sin(n\pi z) \tag{13.1.57}$$

代入方程(13.1.55)，得到

$$\frac{\mathrm{d}^2\varphi_n}{\mathrm{d}y^2}-\left(\frac{n^2\pi^2}{\delta}-1\right)\varphi_n=0 \tag{13.1.58}$$

由式(13.1.54)，利用 Fourier 级数的性质，得到

$$y=0,\quad \varphi_n=\begin{cases}0, & n\text{ 为偶数}\\ \dfrac{4}{\delta^{\frac{1}{2}}n}, & n\text{ 为奇数}\end{cases} \tag{13.1.59}$$

将式(13.1.57)代入式(13.1.56)，得到

$$y=\pi,\varphi_n=0 \tag{13.1.60}$$

式(13.1.58)的解可写为

$$\varphi_n=A\exp\left[\left(\frac{n^2\pi^2}{\delta}-1\right)^{\frac{1}{2}}y\right]+B\exp\left[-\left(\frac{n^2\pi^2}{\delta}-1\right)^{\frac{1}{2}}y\right] \tag{13.1.61}$$

利用条件(13.1.59,13.1.60)，容易得到

$$\varphi_n=\begin{cases}0, & n\text{ 为偶数}\\ -\dfrac{4}{\delta^{\frac{1}{2}}n}\dfrac{\mathrm{sh}\left(\dfrac{n^2\pi^2}{\delta}-1\right)^{\frac{1}{2}}(y-\pi)}{\mathrm{sh}\left(\dfrac{n^2\pi^2}{\delta}-1\right)^{\frac{1}{2}}\pi}, & n\text{ 为奇数}\end{cases} \tag{13.1.62}$$

因此，对 $y>0$，解为

$$\theta_1 = -\frac{\pi}{\delta^{\frac{1}{2}}} - \frac{4}{\delta^{\frac{1}{2}}} - \sum_{n\text{为奇数}} \times \frac{\sin n\pi z}{n} \frac{\mathrm{sh}\left(\frac{n^2\pi^2}{\delta} - 1\right)^{\frac{1}{2}}(y-\pi)}{\mathrm{sh}\left(\frac{n^2\pi^2}{\delta} - 1\right)^{\frac{1}{2}}\pi} \tag{13.1.63}$$

实际大气中，$\delta \sim 1$。对这种情况，由于有

$$\frac{\mathrm{sh}\left(\frac{n^2\pi^2}{\delta} - 1\right)(y-\pi)}{\mathrm{sh}\left(\frac{n^2\pi^2}{\delta} - 1\right)^{\frac{1}{2}}\pi} \approx -\mathrm{e}^{-n\pi y}$$

因此在这一近似下，式(13.1.63)可写为

$$\theta_1 = -\pi + 4\sum_{n\text{为奇数}} \frac{\sin(n\pi z)}{n}\mathrm{e}^{-n\pi y} \tag{13.1.64}$$

求和后，得到近似解为

$$\theta_1 = -2\arctan\left[\frac{\mathrm{sh}(\pi y)}{\sin(\pi z)}\right] \tag{13.1.65}$$

代入式(13.1.15)，略去高阶项，得到

$$\theta' = z - \frac{2}{Ri^{\frac{1}{2}}}\arctan\left[\frac{\mathrm{sh}(\pi y)}{\sin(\pi z)}\right] \tag{13.1.66}$$

对 y 和 z 微分，分别得到位温场的经向和垂直方向的温度梯度

$$\frac{\partial\theta'}{\partial y} = -\frac{2\pi}{Ri^{\frac{1}{2}}} \frac{\sin(\pi z)\mathrm{ch}(\pi y)}{\sin^2(\pi z) + \mathrm{sh}^2(\pi y)} \tag{13.1.67}$$

$$\frac{\partial\theta'}{\partial z} = 1 + \frac{2\pi}{Ri^{\frac{1}{2}}} \frac{\cos(\pi z)\mathrm{sh}(\pi y)}{\sin^2(\pi z) + \mathrm{sh}^2(\pi y)} \tag{13.1.68}$$

Stone(1966)对 $Ri=40$ 计算了初始时刻和 $t\to\infty$ 时的位温场分布。

初始位温场由式(13.1.23,13.1.29)(取 $\delta=1$)给出，即

$$t=0,\quad \theta' = z - \frac{y}{Ri^{\frac{1}{2}}}$$

图 13.2 即为初始位温场分布，$t\to\infty$ 时的位温场由式(13.1.66)给出，其位温分布如图 13.3 所示。

比较图 13.2,13.3 可以看到，温度密集的锋区已经形成，锋区主要位于地面附近。对于初始变形场强度 $D=2\times10^{-5}\,\mathrm{s}^{-1}$ 的变形场，计算显示，水平温度梯度在 8 个小时内增强一倍，高空热成风可达到 180 m/s，最大垂直速度近到 2.5 cm/s。Stone(1966)的研究证明，在变形场存在下，大的温度梯度区可以由小的温度梯度产生。就是说，锋可以在变形场中产生。Stone(1966)的准地转模式虽然模拟出了锋生，但是，得到的锋面结构有明显的不符合

实际观测之处。首先，锋面不随高度向北倾斜；其次，锋的形成需要很长时间；第三，风速随时间无限增大；第四，锋前暖区出现较大范围的温度超绝热递减率区；第五，锋区中心附近涡度为 0。所有这些都是由于准地转模式本身缺陷造成的，因为当温度梯度变大时，准地转关系就不成立，对于锋面这种天气系统，非地转效应非常重要，因此准地转理论模式自然会产生不符合实际的结果。Williams 和 Plotkin(1968)也用准地转模式研究过锋生，得到类似的结果。

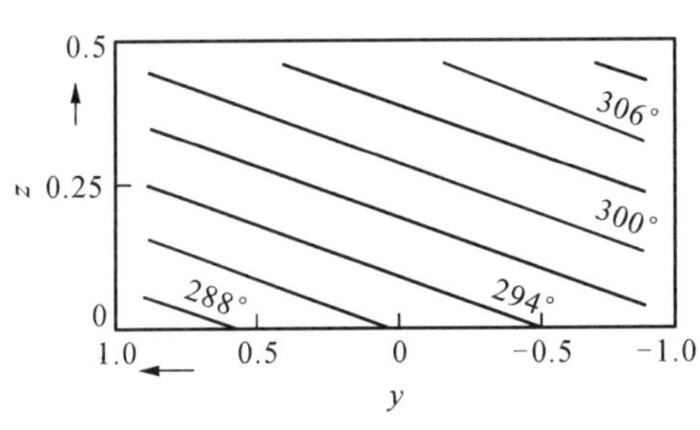

图 13.2　初始位温场分布

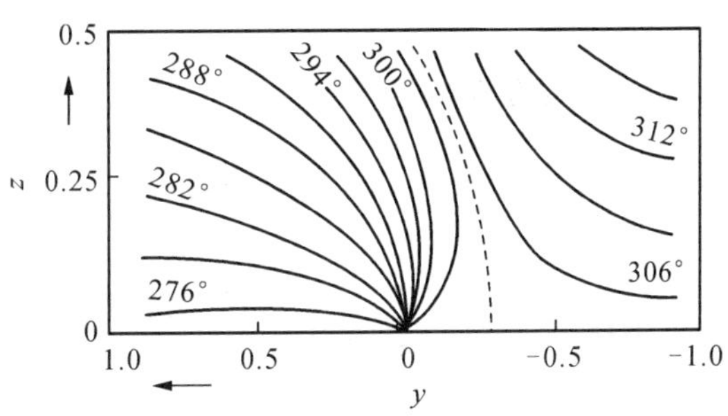

图 13.3　$t\to\infty$ 时的位温场分布

§ 13.2　半地转锋生理论

准地转模式略去了在锋生过程中非常重要的非地转效应，使描述的锋面失真。原始方程可以用来描述锋生过程，但它只能用于数值研究。我们知道，锋面系统中沿锋面方向的空间尺度远大于越锋方向的尺度，在沿锋方向，风满足地转关系，而在越锋方向，风不满足地转关系。Hoskins(1975)利用锋面系统中这种动力学特性，提出了半地转模式，这种模式对描述锋面系统具有很大优越性，它既有准地转模式简单明了的优点，又有原始方程所包含的非地转效应，得到的锋面系统与实际观测更相符合。

13.2.1　地转动量近似与斜压波的发展和锋生

Hoskins(1975)指出，可以把静力、Boussinesq 近似下的原始方程(13.1.1)作简化，把其中的第 1、第 2 运动方程中的被平流的风速 u,v 用地转风 u_g,v_g 代替，即得到所谓地转动量近似下的方程组

$$
\begin{cases}
\left(\dfrac{\partial}{\partial t}+u\dfrac{\partial}{\partial x}+v\dfrac{\partial}{\partial y}+w\dfrac{\partial}{\partial z}\right)u_g-fv+\dfrac{\partial\phi}{\partial x}=0\\
\left(\dfrac{\partial}{\partial t}+u\dfrac{\partial}{\partial x}+v\dfrac{\partial}{\partial y}+w\dfrac{\partial}{\partial z}\right)v_g+fu+\dfrac{\partial\phi}{\partial y}=0\\
\dfrac{\partial\phi}{\partial z}=\dfrac{g}{\theta_0}\theta\\
\dfrac{\partial u}{\partial x}+\dfrac{\partial v}{\partial y}+\dfrac{\partial w}{\partial z}=0\\
\left(\dfrac{\partial}{\partial t}+u\dfrac{\partial}{\partial x}+v\dfrac{\partial}{\partial y}+w\dfrac{\partial}{\partial z}\right)\theta=0
\end{cases}
\tag{13.2.1}
$$

式中，$\phi=\dfrac{p}{\rho_0}, fu_g=-\dfrac{\partial\phi}{\partial y}, fv_g=\dfrac{\partial\phi}{\partial x}$。这一方程组具有非地转分量，可以引起能量集中，当切变涡度比行星涡度 f 小时，它对于描述锋面、急流等系统有其优越性。

由方程组(13.2.1)可以得到 4 个重要的方程

(1) 位温守恒方程

$$\frac{D\theta}{Dt}=0 \tag{13.2.2}$$

(2) 涡度方程

$$\frac{D\zeta_g}{Dt}=(\zeta_g\cdot\nabla)\boldsymbol{v}-\boldsymbol{k}\wedge\frac{g}{\theta_0}\nabla\theta \tag{13.2.3}$$

其中

$$\zeta_g=\left(-\frac{\partial v_g}{\partial z},\frac{\partial u_g}{\partial z},f+\frac{\partial v_g}{\partial x}-\frac{\partial u_g}{\partial y}\right)+\left(\frac{1}{J}\frac{\partial(u_g,v_g)}{\partial(y,z)},\frac{1}{f}\frac{\partial(u_g,v_g)}{\partial(z,x)},\frac{1}{f}\frac{\partial(u_g,v_g)}{\partial(x,y)}\right)$$

(3) 位涡守恒方程

$$\frac{Dq_g}{Dt}=0 \tag{13.2.4}$$

其中

$$q_g=\zeta_g\cdot\nabla\theta$$

(4) 能量守恒方程

$$\frac{D}{Dt}(K_g+P)=0 \tag{13.2.5}$$

其中

$$K_g=\frac{1}{2}(u_g^2+v_g^2), P=-\frac{g}{\theta_0}z\theta$$

式(13.2.2～13.2.5)中算子

$$\frac{D}{Dt}=\frac{\partial}{\partial t}+u\frac{\partial}{\partial x}+v\frac{\partial}{\partial y}+\omega\frac{\partial}{\partial z}$$

为使式(13.2.1)变成简单形式，引入地转坐标

$$X=x+v_g/f,\quad Y=y-u_g/f \tag{13.2.6}$$

以及

$$Z=z,\quad T=t$$

对式(13.2.6)求导，得到

$$\begin{cases}\dfrac{DX}{Dt}=u+\dfrac{1}{f}\dfrac{Dv_g}{Dt}\\[2ex]\dfrac{DY}{Dt}=v-\dfrac{1}{f}\dfrac{Du_g}{Dt}\end{cases} \tag{13.2.7}$$

利用式(13.2.1)的第 1,2 式，得到

$$\begin{cases}\dfrac{\mathrm{D}X}{\mathrm{D}t}=u_g\\[2ex]\dfrac{\mathrm{D}Y}{\mathrm{D}t}=v_g\end{cases}\tag{13.2.8}$$

因为

$$\begin{cases}\dfrac{\partial X}{\partial x}=1+\dfrac{1}{f}\dfrac{\partial v_g}{\partial x}\\[2ex]\dfrac{\partial X}{\partial y}=\dfrac{1}{f}\dfrac{\partial v_g}{\partial y}\\[2ex]\dfrac{\partial X}{\partial z}=\dfrac{1}{f}\dfrac{\partial v_g}{\partial z}\\[2ex]\dfrac{\partial X}{\partial t}=\dfrac{1}{f}\dfrac{\partial v_g}{\partial t}\end{cases}\tag{13.2.9}$$

以及

$$\begin{cases}\dfrac{\partial Y}{\partial x}=-\dfrac{1}{f}\dfrac{\partial u_g}{\partial x}\\[2ex]\dfrac{\partial Y}{\partial y}=1-\dfrac{1}{f}\dfrac{\partial u_g}{\partial y}\\[2ex]\dfrac{\partial Y}{\partial z}=-\dfrac{1}{f}\dfrac{\partial u_g}{\partial z}\\[2ex]\dfrac{\partial Y}{\partial t}=-\dfrac{1}{f}\dfrac{\partial u_g}{\partial t}\end{cases}\tag{13.2.10}$$

记

$$a=\frac{1}{f^2}\phi_{xx},b=\frac{1}{f^2}\phi_{xy},c=\frac{1}{f^2}\phi_{yv},\alpha=\frac{1}{f^2}\phi_{xz},\beta=\frac{1}{f^2}\phi_{yz},$$

得到

$$\begin{cases}\dfrac{\partial}{\partial x}=(1+a)\dfrac{\partial}{\partial X}+b\dfrac{\partial}{\partial Y}\\[2ex]\dfrac{\partial}{\partial y}=b\dfrac{\partial}{\partial X}+(1+c)\dfrac{\partial}{\partial Y}\\[2ex]\dfrac{\partial}{\partial z}=\alpha\dfrac{\partial}{\partial X}+\beta\dfrac{\partial}{\partial Y}+\dfrac{\partial}{\partial z}\end{cases}\tag{13.2.11}$$

这样,Jacobi 算子就可写为

$$\begin{aligned}J&=(1+a)(1+c)-b^2\\&=1+\frac{1}{f}\left(\frac{\partial v_g}{\partial x}-\frac{\partial u_g}{\partial y}\right)-\frac{1}{f^2}\frac{\partial u_g}{\partial y}\frac{\partial v_g}{\partial x}-\frac{1}{f^2}\left(\frac{\partial v_g}{\partial y}\right)^2\\&=\boldsymbol{k}\cdot\zeta_g/f\end{aligned}\tag{13.2.12}$$

其逆变换为

$$J\frac{\partial}{\partial X}=(1+c)\frac{\partial}{\partial x}-b\frac{\partial}{\partial y} \tag{13.2.13}$$

$$J\frac{\partial}{\partial Y}=-b\frac{\partial}{\partial x}+(1+a)\frac{\partial}{\partial y} \tag{13.2.14}$$

$$J\frac{\partial}{\partial Z}=-[\alpha(1+c)-\beta b]\frac{\partial}{\partial x}-[\beta(1+a)-\alpha b]\frac{\partial}{\partial y}+J\frac{\partial}{\partial z}=\frac{1}{f}\zeta_g\cdot\nabla \tag{13.2.15}$$

如果定义

$$\Phi=\varphi+\frac{1}{2}(u_g^2+v_g^2) \tag{13.2.16}$$

则由式(13.2.13～13.2.15)，经过一些运算，得到

$$\frac{\partial\Phi}{\partial X}=\frac{\partial\phi}{\partial x},\frac{\partial\Phi}{\partial Y}=\frac{\partial\phi}{\partial y},\frac{\partial\Phi}{\partial Z}=\frac{\partial\phi}{\partial z} \tag{13.2.17}$$

对 v_g 作式(13.2.13，13.8.14)运算，得到

$$\begin{cases} J\left(1-\dfrac{1}{f}\dfrac{\partial v_g}{\partial X}\right)=1+c \\ \dfrac{J}{f}\dfrac{\partial v_g}{\partial Y}=-\dfrac{J}{f}\dfrac{\partial u_g}{\partial X}=b \\ J\left(1+\dfrac{1}{f}\dfrac{\partial u_g}{\partial Y}\right)=1+a \end{cases} \tag{13.2.18}$$

式(13.2.18)的第 1，2 式相乘，减去第 2 式的平方，并利用式(13.2.17)，得到

$$J\left[\left(1-\frac{1}{f^2}\frac{\partial^2\Phi}{\partial X^2}\right)\left(1-\frac{1}{f^2}\frac{\partial^2\Phi}{\partial Y^2}\right)-\frac{1}{f^4}\left(\frac{\partial^2\Phi}{\partial X\partial Y}\right)^2\right]=1$$

由此即有

$$J^{-1}=1-\frac{1}{f^2}\left(\frac{\partial^2\Phi}{\partial X^2}+\frac{\partial^2\Phi}{\partial Y^2}\right)+\frac{1}{f^4}\left[\frac{\partial^2\Phi}{\partial X^2}\frac{\partial^2\Phi}{\partial Y^2}-\left(\frac{\partial^2\Phi}{\partial X\partial Y}\right)^2\right] \tag{13.2.19}$$

此外，利用式(13.2.15)，得到位涡表达式

$$q_g=\zeta_g\cdot\nabla\theta=fJ\frac{\partial\theta}{\partial Z} \tag{13.2.20}$$

通过上述地转坐标变换，时间全微分$\frac{\mathrm{D}}{\mathrm{D}t}$变为

$$\frac{\mathrm{D}}{\mathrm{D}t}=\frac{\partial}{\partial T}+u_g\frac{\partial}{\partial X}+v_g\frac{\partial}{\partial Y}+w\frac{\partial}{\partial Z} \tag{13.2.21}$$

其中

$$u_g=-\frac{1}{f}\frac{\partial\Phi}{\partial Y},v_g=\frac{1}{f}\frac{\partial\Phi}{\partial X} \tag{13.2.22}$$

由式(13.2.21)显示,在新的地转坐标系中,平流风速已从原坐标系中的 u,v 变为地转风 u_g,v_g,就是说,在(x,y,z)坐标系中的地转动量近似,通过地转坐标变换,在(X,Y,Z)坐标系中已从形式上变为地转近似,这就使问题大大简化。

现在,位温方程(13.2.2)可以写为

$$\left(\frac{\partial}{\partial T}+u_g\frac{\partial}{\partial X}+v_g\frac{\partial}{\partial Y}+w\frac{\partial}{\partial Z}\right)\theta=0 \tag{13.2.23}$$

其中

$$\frac{g}{\theta_0}\theta=\frac{\partial\Phi}{\partial Z} \tag{13.2.24}$$

位涡方程变为

$$\left(\frac{\partial}{\partial T}+u_g\frac{\partial}{\partial X}+v_g\frac{\partial}{\partial Y}+w\frac{\partial}{\partial Z}\right)q_g=0 \tag{13.2.25}$$

由式(13.2.20),再利用式(13.2.24),得到

$$J^{-1}=f\frac{\partial\theta}{\partial Z}\Big/q_g=\frac{f}{q_g}\frac{\theta_0}{g}\frac{\partial^2\Phi}{\partial Z^2} \tag{13.2.26}$$

代入式(13.2.19),得到

$$\frac{1}{f^2}\left(\frac{\partial^2\Phi}{\partial X^2}+\frac{\partial^2\Phi}{\partial Y^2}\right)-\frac{1}{f^4}\left[\frac{\partial^2\Phi}{\partial X^2}\frac{\partial^2\Phi}{\partial Y^2}-\left(\frac{\partial^2\Phi}{\partial X\partial Y}\right)^2\right]+\frac{f\theta_0}{gq_g}\frac{\partial^2\Phi}{\partial Z^2}=1 \tag{13.2.27}$$

式(13.2.22,13.2.24)及式(13.2.27)组成的方程组称为半地转方程组,或称半地转模式,它是地转动量近似加上地转坐标变换得到的方程组,在形式上,它与准地转方程组很相似,但它具有准地转方程组所不具有的非地转效应。

如果设上下边界为平滑刚壁,则有

$$w=0;\quad Z=0,H$$

代入式(13.2.23),得到半地转方程组的边界条件为

$$\left(\frac{\partial}{\partial T}+u_g\frac{\partial}{\partial X}+v_g\frac{\partial}{\partial Y}\right)\theta=0;Z=0,H \tag{13.2.28}$$

如果进一步假定在区域中位涡 q_g 均匀,则半地转方程组可作进一步简化。设位涡 q_g 为

$$q_g=\frac{f\theta_0}{g}N^2$$

式中 N 为 Brunt-Vaisala 频率,取为常数,代入式(13.2.27),得到

$$\frac{1}{f^2}\left(\frac{\partial^2\Phi}{\partial X^2}+\frac{\partial^2\Phi}{\partial Y^2}\right)+\frac{1}{N^2}\frac{\partial^2\Phi}{\partial Z^2}-\frac{1}{f^4}\left[\frac{\partial^2\Phi}{\partial X^2}\frac{\partial^2\Phi}{\partial Y^2}-\left(\frac{\partial^2\Phi}{\partial X\partial Y}\right)^2\right]=1 \tag{13.2.29}$$

这时,利用式(13.2.24),边界条件(13.2.28)变为

$$\left(\frac{\partial}{\partial T}-\frac{1}{f}\frac{\partial\Phi}{\partial Y}\frac{\partial}{\partial X}+\frac{1}{f}\frac{\partial\Phi}{\partial X}\frac{\partial}{\partial Y}\right)\frac{\partial\Phi}{\partial Z}=0;Z=0,H \tag{13.2.30}$$

式(13.2.29,13.2.30)构成了位涡均匀情况下的非线性半地转方程组。这时,区域内的垂直速度可由位温方程(13.2.23)得到。这一半地转方程组可用来研究不稳定基本气流上扰动的发展和锋区的形成。

下面考虑斜压基本气流 $\bar{u}=\bar{u}(Y,Z)$ 上扰动的发展。为方便起见,先对变量进行无因次化。令

$$\begin{cases}(X,Y)=L(\tilde{X},\tilde{Y}) \\ Z=H\tilde{Z} \\ T=\dfrac{Ri^{\frac{1}{2}}}{f}\tilde{T} \\ \Phi=N^2H^2\left(\dfrac{\tilde{Z}^2}{2}+\dfrac{1}{Ri^{\frac{1}{2}}}\tilde{\Phi}\right)\end{cases} \tag{13.2.31}$$

式中:$L=NH/f$,为 Rossby 变形半径;$Ri=N^2H^2/U^2$,为 Richardson 数。将式(13.2.31)代入式(13.2.29,13.2.30),略去"～"及式(13.2.29)右边第 3 项(它是小项),得到

$$\frac{\partial^2\Phi}{\partial X^2}+\frac{\partial^2\Phi}{\partial Y^2}+\frac{\partial^2\Phi}{\partial Z^2}=0 \tag{13.2.32}$$

$$\frac{\partial^2\Phi}{\partial T\partial Z}=\frac{\partial\Phi}{\partial Y}\frac{\partial^2\Phi}{\partial X\partial Z}-\frac{\partial\Phi}{\partial X}\frac{\partial^2\Phi}{\partial Y\partial Z};Z=0,1 \tag{13.2.33}$$

考虑叠加在纬向基本气流 $\bar{u}(Y,Z)$ 上的扰动,即设

$$\Phi=\overline{\Phi}+\phi' \tag{13.2.34}$$

代入式(13.2.32,13.2.33),得到基本状态满足的方程为

$$\begin{cases}\dfrac{\partial^2\overline{\Phi}}{\partial Y^2}+\dfrac{\partial^2\overline{\Phi}}{\partial Z^2}=0 \\ \dfrac{\partial^2\bar{u}}{\partial Y^2}+\dfrac{\partial^2\bar{u}}{\partial Z^2}=0\end{cases} \tag{13.2.35}$$

控制扰动发展的方程为

$$\frac{\partial^2\phi'}{\partial X^2}+\frac{\partial^2\phi'}{\partial Y^2}+\frac{\partial^2\phi'}{\partial Z^2}=0 \tag{13.2.36}$$

$$\frac{\partial^2\phi'}{\partial T\partial Z}=-\bar{u}\frac{\partial^2\phi'}{\partial X\partial Z}+\frac{\partial\bar{u}}{\partial Z}\frac{\partial\phi'}{\partial X}+\frac{\partial}{\partial X}\left(\frac{\partial\phi'}{\partial Y}\frac{\partial\phi'}{\partial Z}\right)-\frac{\partial}{\partial Y}\left(\frac{\partial\phi'}{\partial X}\frac{\partial\phi'}{\partial Z}\right);Z=0,1 \tag{13.2.37}$$

给定 $\bar{u}$ 和初始扰动 ϕ',就可由式(13.2.36,13.2.37)计算得到斜压波的发展以及伴随的锋生过程。

图 13.4,13.5 分别给出了纯斜压基流 $\bar{u}$ 为

$$\bar{u}=27.7Z/H$$

情况下的地面和 $Z=4.5$ km 上的斜压波(Eady)的发展和伴随的暖锋锋生。计算中取初始 Eady 波的经纬向波长比为 1。由图显见,产生的暖锋锋区是随高度向东倾斜的。计算显示,到 $t=5.5$ 天,温度不连续就出现了。可见,半地转模式能较好地模拟出实际锋区结构,克服了

准地转模式的缺陷。但是纯斜压气流中，Eady 波的发展只能产生暖锋，没有冷锋锋生。要产生冷锋，基本气流必须同时随 y 和 z 变化。

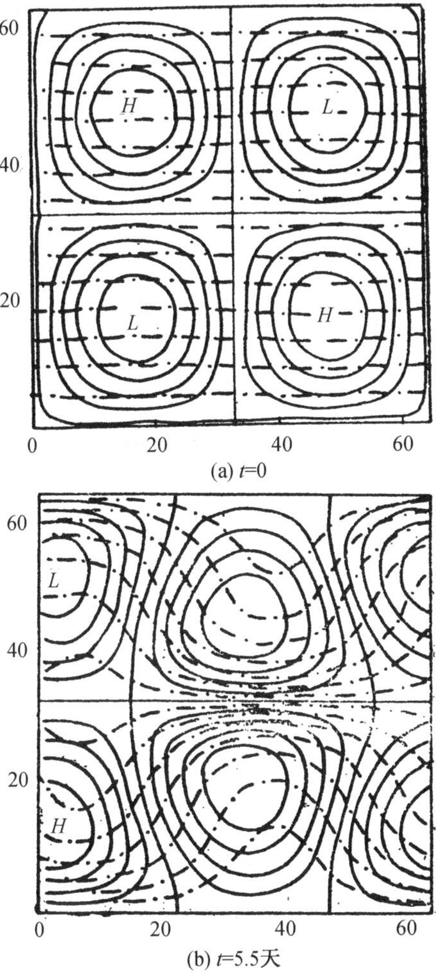

(a) t=0

(b) t=5.5天

图 13.4　地面上斜压波的发展与锋生

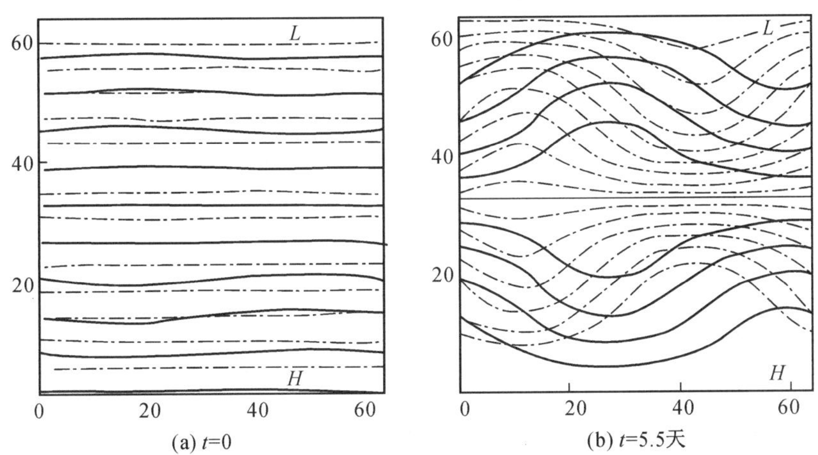

(a) t=0　　(b) t=5.5天

图 13.5　4.5 km 高度上斜压波的发展与锋生

13.2.2　水平变形场中的半地转锋生

考虑水平变形场 $u_d=-\alpha x, v_d=\alpha y, \phi_d=f\alpha xy-\alpha^2(x^2+y^2)/2$ 中的锋生问题。这时,可设

$$\begin{cases} u=-\alpha x+u' \\ v=\alpha y+v' \\ w=w' \\ \phi=f\alpha xy-\alpha^2(x^2+y^2)/2+\phi' \\ \theta=\theta'=\dfrac{\theta_0}{g}\dfrac{\partial\phi'}{\partial z} \end{cases} \tag{13.2.38}$$

此时,非绝热的静力和 Boussinesq 近似下的方程组可写为

$$\frac{\mathrm{d}u'}{\mathrm{d}t}-\alpha u'-fv'+\frac{\partial\phi'}{\partial x}=0 \tag{13.2.39}$$

$$\frac{\mathrm{d}v'}{\mathrm{d}t}+\alpha x'+fu'+\frac{\partial\phi'}{\partial y}=0 \tag{13.2.40}$$

$$\frac{\partial u'}{\partial x}+\frac{\partial v'}{\partial y}+\frac{\partial w'}{\partial z}=0 \tag{13.2.41}$$

$$\frac{\mathrm{d}\theta'}{\mathrm{d}t}=E \tag{13.2.42}$$

$$\theta'=\frac{\theta_0}{g}\frac{\partial\phi'}{\partial z} \tag{13.2.43}$$

式中:$\dfrac{\mathrm{d}}{\mathrm{d}t}=\dfrac{\partial}{\partial t}+(-\alpha x+u')\dfrac{\partial}{\partial x}+(\alpha y+v')\dfrac{\partial}{\partial y}+w'\dfrac{\partial}{\partial z}$;$E$ 为非绝热加热。

设锋面为沿 y 方向的平直锋面,并取沿锋面的风 v' 始终满足地转平衡关系,即

$$v'=v_g', v_g'=\frac{1}{f}\frac{\partial\phi'}{\partial x} \tag{13.2.44}$$

越锋面的风 u' 具有非地转分量 u_a',即设

$$u'=u_g'+u_a', u_g'=-\frac{1}{f}\frac{\partial\phi'}{\partial y} \tag{13.2.45}$$

这样,式(13.2.39)的前两项应该略去,而以式(13.2.44)代替。同时,式(13.2.40)变为

$$\frac{\mathrm{d}v_g'}{\partial t}+\alpha v_g'+fu_a'=0 \tag{13.2.46}$$

此外,连续方程(13.2.41)变为

$$\frac{\partial u_a'}{\partial x}+\frac{\partial w'}{\partial z}=0 \tag{13.2.47}$$

由式(13.2.47)可以定义流函数 ψ

$$\begin{cases} u_a' = \dfrac{\partial \psi}{\partial z} \\ w' = -\dfrac{\partial \psi}{\partial x} \end{cases} \tag{13.2.48}$$

ψ 是非地转流函数,它描述越锋的非地转环流。

引入地转坐标

$$X = x + v'_g/f, Y = y, Z = z, T = t \tag{13.2.49}$$

容易得到

$$\frac{\mathrm{d}x}{\mathrm{d}t} = -\alpha x + u' + \frac{1}{f}\frac{\mathrm{d}v_g'}{\mathrm{d}t}$$

利用式(13.2.46),有

$$\frac{\mathrm{d}X}{\mathrm{d}t} = -\alpha X + u_g' \tag{13.2.50}$$

此外,可得到两个坐标系之间的转换关系式

$$\frac{\partial}{\partial x} = \frac{\zeta_g}{f}\frac{\partial}{\partial X} \tag{13.2.51}$$

同时,因为 $\zeta_g = f + \dfrac{\partial v_g'}{\partial x}$,因此利用式(13.2.51),有

$$\zeta_g = \frac{f}{1 - \dfrac{1}{f}\dfrac{\partial v_g'}{\partial X}} \tag{13.2.52}$$

另外

$$\begin{cases} \dfrac{\partial}{\partial t} = \dfrac{\partial}{\partial T} + \dfrac{1}{f}\dfrac{\partial v_g'}{\partial t}\dfrac{\partial}{\partial X} \\ \dfrac{\partial}{\partial y} = \dfrac{\partial}{\partial Y} + \dfrac{1}{f}\dfrac{\partial v_g'}{\partial y}\dfrac{\partial}{\partial X} \\ \dfrac{\partial}{\partial z} = \dfrac{\partial}{\partial Z} + \dfrac{1}{f}\dfrac{\partial v_g'}{\partial z}\dfrac{\partial}{\partial X} \end{cases} \tag{13.2.53}$$

这样,就有

$$\frac{\mathrm{d}}{\mathrm{d}t} = \frac{\partial}{\partial T} + (-aX + u_g')\frac{\partial}{\partial X} + (aY + v_g')\frac{\partial}{\partial Y} + w'\frac{\partial}{\partial Z} = \frac{\mathrm{d}_h}{\mathrm{d}T} + w'\frac{\partial}{\partial Z} \tag{13.2.54}$$

其中

$$\frac{\mathrm{d}_h}{\mathrm{d}T} = \frac{\partial}{\partial T} + (-aX + u_g')\frac{\partial}{\partial X} + (aY + v_g')\frac{\partial}{\partial Y} \tag{13.2.55}$$

同时,由式(13.2.51,13.2.53),得到逆变换

$$\begin{cases}\zeta_g \dfrac{\partial}{\partial X} = f \dfrac{\partial}{\partial x} \\ \zeta_g \dfrac{\partial}{\partial Y} = \zeta_g \dfrac{\partial}{\partial y} - \dfrac{\partial v_g'}{\partial y} \dfrac{\partial}{\partial x} \\ \zeta_g \dfrac{\partial}{\partial Z} = \zeta_g \dfrac{\partial}{\partial z} - \dfrac{\partial v_g'}{\partial z} \dfrac{\partial}{\partial x}\end{cases} \tag{13.2.56}$$

引入

$$\Phi = \phi' + \frac{v_g'^2}{2} \tag{13.2.57}$$

由式(13.2.56),容易得到

$$\frac{\partial \Phi}{\partial X} = \frac{\partial \phi'}{\partial x}, \frac{\partial \Phi}{\partial Y} = \frac{\partial \phi'}{\partial y}, \frac{\partial \Phi}{\partial Z} = \frac{\partial \phi'}{\partial z} \tag{13.2.58}$$

因此

$$u_g' = -\frac{1}{f}\frac{\partial \Phi}{\partial Y}, v_g' = \frac{1}{f}\frac{\partial \Phi}{\partial Y}, \theta' = \frac{\theta_0}{g}\frac{\partial \Phi}{\partial Z} \tag{13.2.59}$$

$$\frac{\partial u_g'}{\partial Z} = -\frac{\theta_0}{fg}\frac{\partial \theta'}{\partial Y}, \frac{\partial v_g'}{\partial Z} = \frac{\theta_0}{fg}\frac{\partial \theta'}{\theta X} \tag{13.2.60}$$

至此,我们可以把方程组转换到地转坐标系中。

先转换运动方程(13.2.46)。由式(13.2.51),有

$$w' = -\frac{\zeta_g}{f}\frac{\partial \psi}{\partial X} \tag{13.2.61}$$

利用式(13.2.48,13.2.54)以及热成风关系(13.2.60,13.2.61),运动方程(13.2.46)变为

$$\frac{\mathrm{d}_h v_g'}{\mathrm{d}T} + a v_g' + f\frac{\partial \psi}{\partial Z} = 0 \tag{13.2.62}$$

在现在情况下,位涡 q_g 为

$$q_g = \zeta_g \frac{\partial \theta'}{\partial Z} \tag{13.2.63}$$

利用式(13.2.54,13.2.63),位温方程(13.2.42)变为

$$\frac{\mathrm{d}_h \theta'}{\mathrm{d}T} + \frac{w'}{\zeta_g} q_g = E$$

将式(13.2.61)代入,得到

$$\frac{\mathrm{d}_h \theta'}{\mathrm{d}T} - \frac{q_g}{f}\frac{\partial \psi}{\partial X} = E \tag{13.2.64}$$

下面推导位涡方程。式(13.2.62)对 X 微分,得到

$$\frac{\mathrm{d}_h}{\mathrm{d}T}\frac{\partial v_g'}{\partial X}+f\frac{\partial^2\psi}{\partial X\partial Z}=0 \tag{13.2.65}$$

式(13.2.64)对 Z 微分,并利用式(13.2.60),得到

$$\frac{\mathrm{d}_h}{\mathrm{d}T}\frac{\partial\theta'}{\partial Z}-\frac{1}{f}\frac{\partial}{\partial Z}\left(q_g\frac{\partial\psi}{\partial X}\right)=\frac{\partial E}{\partial Z} \tag{13.2.66}$$

式(13.2.66)乘以 ζ_g,根据式(13.2.63),并利用式(13.2.52,13.2.65),得到

$$\frac{\mathrm{d}_h q_g}{\mathrm{d}T}-\frac{\zeta_g}{f}\frac{\partial\psi}{\partial X}\frac{\partial q_g}{\partial Z}=\zeta_g\frac{\partial E}{\partial Z} \tag{13.2.67}$$

为得到锋区的非地转环流 ψ,还须给出关于 ψ 的方程。为此,式(13.2.64)对 X 微分,并乘以 $\dfrac{g}{\theta_0}$

$$\frac{g}{\theta_0}\left[\frac{\mathrm{d}_h}{\mathrm{d}T}\frac{\partial\theta'}{\mathrm{d}X}+\left(-\alpha+\frac{\partial u_g}{\partial X}\right)\frac{\partial\theta'}{\partial X}+\frac{\partial v_g'}{\partial X}\frac{\partial\theta'}{\partial Y}-\frac{1}{f}\frac{\partial}{\partial X}\left(q_g\frac{\partial\psi}{\partial X}\right)\right]=\frac{g}{\theta_0}\frac{\partial E}{\partial X} \tag{13.2.68}$$

式(13.2.62)对 Z 微分,并乘以 f

$$f\left[\frac{\mathrm{d}_h}{\mathrm{d}T}\frac{\partial v_g'}{\partial Z}+\frac{\partial u_g'}{\partial Z}+\frac{\partial v_g'}{\partial X}+\frac{\partial v_g'}{\partial Z}\frac{\partial v_g'}{\partial Y}+\alpha\frac{\partial v_g'}{\partial Z}+f\frac{\partial^2\psi}{\partial Z^2}\right]=0 \tag{13.2.69}$$

两式相减,得到

$$\begin{aligned}
&f^2\frac{\partial^2\psi}{\partial Z^2}+\frac{g}{f\theta_0}\frac{\partial}{\partial X}\left(q_g\frac{\partial\psi}{\partial X}\right)\\
&\quad=-\frac{g}{\theta_0}\frac{\partial E}{\partial X}-2f\left(\frac{\partial u_g'}{\partial Z}\frac{\partial v_g'}{\partial X}-\frac{\partial v_g'}{\partial Z}\frac{\partial u_g'}{\partial X}\right)-2f\alpha\frac{\partial v_q'}{\partial Z}\\
&\quad=-\frac{g}{\theta_0}\frac{\partial E}{\partial X}+2\frac{g}{\theta_0}\left(\frac{\partial\theta'}{\partial Y}\frac{\partial v_g'}{\partial X}-\frac{\partial\theta'}{\partial X}\frac{\partial u_g'}{\partial X}\right)-2\alpha\frac{g}{\theta_0}\frac{\partial\theta'}{\theta X}
\end{aligned} \tag{13.2.70}$$

式(13.2.52,13.2.65,13.2.63,13.2.64,13.2.67,13.2.70)组成了非绝热情况下的半地转锋生模式。

对 $E=0$ 的绝热情况下的锋生过程,式(13.2.64)变为

$$\frac{\mathrm{d}_h\theta'}{\mathrm{d}T}-\frac{q_g}{f}\frac{\partial\psi}{\partial X}=0 \tag{13.2.71}$$

式(13.2.67)变为

$$\frac{\mathrm{d}_h q_g}{\mathrm{d}T}-\frac{\zeta_g}{f}\frac{\partial\psi}{\partial X}\frac{\partial q_g}{\partial Z}=0 \tag{13.2.72}$$

由此两式,并利用式(13.2.63),得到

$$\frac{1}{\frac{\partial q_g}{\partial Z}}\frac{\mathrm{d}_h q_g}{\mathrm{d}T}=\frac{1}{\frac{\partial\theta'}{\partial Z}}\frac{\mathrm{d}_h\theta'}{\mathrm{d}T} \tag{13.2.73}$$

利用式(13.2.52,13.2.59),q_g 可以写为

$$q_g = \frac{f}{1 - \frac{1}{f^2}\frac{\partial^2 \Phi}{\partial X^2}} \frac{\theta_0}{g} \frac{\partial^2 \Phi}{\partial Z^2}$$

因此

$$\frac{1}{f^2}\frac{\partial^2 \Phi}{\partial X^2} + \frac{f\theta_0}{g}\frac{1}{q_g}\frac{\partial^2 \Phi}{\partial Z^2} = 1 \tag{13.2.74}$$

这时，在水平边界上，因为 $w'=0$，故有

$$\frac{\mathrm{d}_h \theta'}{\mathrm{d}T} = 0; \quad Z = 0, H$$

它可以化为

$$\left[\frac{\partial}{\partial T} - \left(\alpha X + \frac{1}{f}\frac{\partial \Phi}{\partial Y}\right)\frac{\partial}{\partial X} + \left(\alpha Y + \frac{1}{f}\frac{\partial \Phi}{\partial X}\right)\frac{\partial}{\partial Y}\right]\frac{\partial \Phi}{\partial Z} = 0; Z = 0, H \tag{13.2.75}$$

式(13.2.74,13.2.75)构成了绝热情况下描述锋生过程的方程和边界条件。非地转环流则由式(13.2.70)给出(取 $E=0$)。

当计算在地转空间(X,Y,Z,T)中完成后，要返回到物理空间(x,y,z,t)，即利用变换

$$x = X - \frac{1}{f^2}\frac{\partial \Phi}{\partial X}, y = Y, z = Z, t = T$$

把变量从地转空间返回到物理空间。

§13.3 原始方程锋生理论

用原始方程讨论锋生过程和锋面结构已有不少工作，这里我们先介绍 Williams(1972)给出的变形场中锋生的原始方程模式。

考虑背景场为一水平变形场，即

$$\begin{cases} u_d = Dx \\ v_d = -Dy \\ \phi_d = -D^2(x^2+y^2)/2 - fDxy \end{cases} \tag{13.3.1}$$

式中 D 为变形因子。如果设扰动场开始与 x 无关，则它们将始终与 x 无关。因此，变量可以写为

$$\begin{cases} u = Dx + u'(y,z,t) \\ v = -Dy + v'(y,z,t) \\ w = w'(y,z,t) \\ \theta = \theta'(y,z,t) \\ \phi = -\frac{D^2}{2}(x^2+y^2) - fDxy + \phi'(y,z,t) \end{cases} \tag{13.3.2}$$

代入静力和 Boussinesq 近似下的方程组(13.1.1)，得到

$$\frac{\partial u'}{\partial t}+\frac{\partial u'v'}{\partial y}+\frac{\partial w'u'}{\partial z}-\frac{\partial V}{\partial y}u'+V\frac{\partial u'}{\partial y}-fv'=0 \tag{13.3.3}$$

$$\frac{\partial v'}{\partial t}+\frac{\partial v'v'}{\partial y}+\frac{\partial w'v'}{\partial z}+\frac{\partial v'V}{\partial y}+\frac{\partial \phi'}{\partial y}+fu'=0 \tag{13.3.4}$$

$$\frac{\partial \theta'}{\partial t}+\frac{\partial v'\theta'}{\partial y}+\frac{\partial w'\theta'}{\partial z}+V\frac{\partial \theta'}{\partial y}=0 \tag{13.3.5}$$

$$\frac{\partial v'}{\partial y}+\frac{\partial w'}{\partial z}=0 \tag{13.3.6}$$

$$\frac{\partial \phi'}{\partial z}=\frac{g}{\theta_0}\theta' \tag{13.3.7}$$

式中，$\phi'=\dfrac{p'}{\rho_0}$，$V=-Dy$。

边界条件仍为式(13.1.3)，即

$$w'=0;\quad z=0,H \tag{13.3.8}$$

记变量 q 的垂直平均为 $\langle q\rangle$，则

$$\langle q\rangle=\frac{1}{H}\int_0^H q\mathrm{d}z$$

则静力方程(13.3.7)对 z 积分，得到

$$\phi'-\langle\phi'\rangle=\frac{g}{\theta_0}\Big(\int_0^z\theta'\mathrm{d}z-\langle\int_0^z\theta'\mathrm{d}z\rangle\Big) \tag{13.3.9}$$

对式(13.3.6)取垂直平均，并利用边界条件(13.3.8)，有

$$\langle v'\rangle=0 \tag{13.3.10}$$

如果式(13.3.4)取垂直平均，并利用式(13.3.8，13.3.10)，则有

$$\frac{\partial}{\partial y}\langle v'v'\rangle+\frac{\partial}{\partial y}\langle\phi'\rangle+f\langle u'\rangle=0 \tag{13.3.11}$$

式(13.3.4)与式(13.3.11)相减，得到

$$\frac{\partial v'}{\partial t}+\frac{\partial}{\partial y}(v'v'-\langle v'v'\rangle)+\frac{\partial}{\partial z}(w'v')+\frac{\partial}{\partial y}(v'V)+\frac{\partial}{\partial y}(\phi'-\langle\phi'\rangle)+f(u'-\langle u'\rangle)=0 \tag{13.3.12}$$

方程(13.3.3，13.3.5，13.3.6，13.3.9，13.3.12)构成了关于水平变形场中锋生问题的方程组。

在 y 方向，设 v' 在边界上消失，但变形场仍存在。因此

$$\begin{aligned}&v'=0,\quad y=\pm L\\&V=-DL,\quad y=L\\&V=DL,\quad y=-L\end{aligned} \tag{13.3.13}$$

对 u'，θ'，计算的边界被置于 $y=\pm(L+\Delta y/2)$ 上(它们由初值决定)，即

$$\begin{cases} u'(y,z,t) = u'(y,z,0), y = \pm\left(L + \dfrac{\Delta y}{2}\right) \\ \theta'(y,z,t) = \theta'(y,z,0), y = \pm\left(L + \dfrac{\Delta y}{2}\right) \end{cases} \tag{13.3.14}$$

给定初始位温场 θ' 为

$$\theta'(y,z,0) = \frac{N^2}{g}\theta_0\left(z - \frac{H}{2}\right) - \frac{2}{\pi}A\arctan[\text{sh}(\alpha y)] \tag{13.3.15}$$

式中：$\alpha = f\pi/HN$，N 为 Brunt-Vaisala 频率，取为常数；A 为水平温度变化的一半。

利用热成风关系，由式(13.3.15)，得到初始 u' 场，即

$$u'(y,z,0) = \frac{2Ag}{\theta_0 HN}\left(z - \frac{H}{2}\right)\text{sech}(\alpha y) \tag{13.3.16}$$

为了使初始风场关于 z 是非对称的，取 $u'\left(y, \frac{H}{2}, 0\right) = 0$。

利用有限差分方法求解方程组(13.3.3，13.3.5，13.3.6，13.3.9，13.3.12)，计算中参数取值为

$$f = 10^{-4}\,\text{s}^{-1}, \frac{g}{\theta_0} = 0.0327\ \text{m/s}^2\text{K},\ N = 1.308 \times 10^{-2}\,\text{s}^{-1}$$

$$D = 10^{-5}\,\text{s}^{-1}, A = 12.56\ \text{K}$$

计算区域的垂直范围 $H=9$ km，水平范围 $L=1\,800$ km，水平格距 $\Delta y=20$ km，垂直格距 $\Delta z=333$ m，时间步长 $\Delta t=200$ s。图 13.6 给出了初始时刻和 $t=30$ 小时计算得到的位温 θ' 场。Williams(1972)指出，上述方程组的线性方程是准地转方程的最好近似，它们的解相当，因此可以用线性方程的解[图 13.6(b)]来代表准地转方程的结果。就是说，图 13.6(b)可以代表准地转的解。比较图 13.6(b,c)容易发现，线性方程(相当于准地转模式)得到的 θ' 对 $y=0$ 是对称的，锋不随高度倾斜，而非线性的原始方程模式得到的 θ' 分布[图 13.6(c)]对 $y=0$ 是非对称的，锋区随 z 向北倾斜。而且，非线性原始方程模式得到的位温梯度远大于线性方程模式的结果，这意味着对线性模式，温度不连续要非常长的时间才能出现，非线性模式得到的锋与实际的锋更符合。

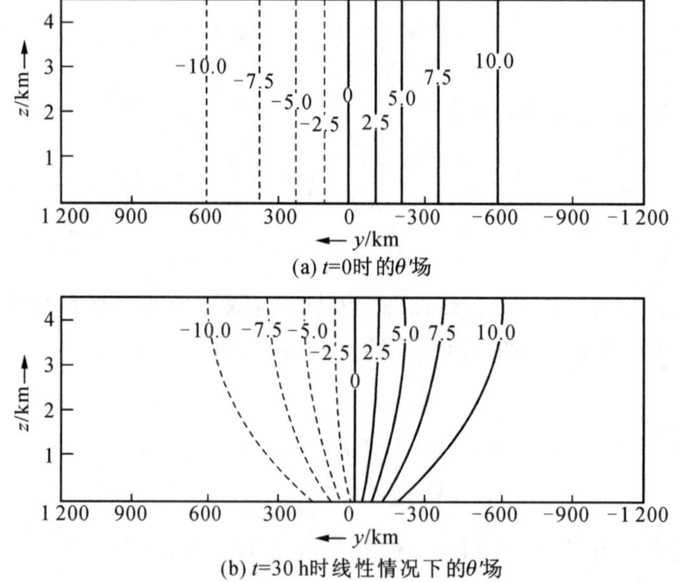

(a) t=0时的θ'场

(b) t=30 h时线性情况下的θ'场

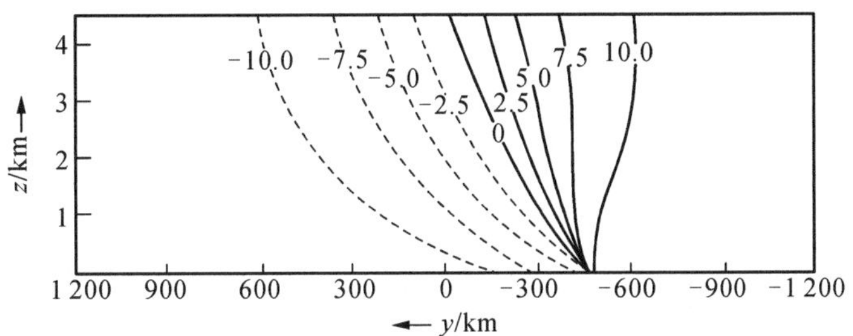

(c) t=30 h时非线性情况下的θ场

图 13.6　位温 θ' 场分布

Orlanski 和 Ross(1977)利用更完全的原始方程模式讨论了锋面环流的演变。考虑锋面为沿 y 方向无限伸展的平直锋面，这样，除了背景位温场 θ_g 外，可以认为变量在 y 方向不变。因此，问题化为二维的 xz 平面上的锋面演变问题。这时，滞弹性近似下的方程组可写为

$$\frac{\partial u}{\partial t}+u\frac{\partial u}{\partial x}+u\frac{\partial u}{\partial z}-fv=-\alpha_0\frac{\partial p}{\partial x}+\frac{\partial}{\partial x}\left(v_1\frac{\partial u}{\partial x}\right)+\frac{\partial}{\partial z}\left(v_2\frac{\partial u}{\partial z}\right) \tag{13.3.17}$$

$$\frac{\partial v}{\partial t}+u\frac{\partial v}{\partial x}+w\frac{\partial v}{\partial z}+fu=fu_g+\frac{\partial}{\partial x}\left(v_1\frac{\partial v}{\partial x}\right)+\frac{\partial}{\partial z}\left(v_2\frac{\partial v}{\partial z}\right) \tag{13.3.18}$$

$$\frac{\partial w}{\partial t}+u\frac{\partial w}{\partial x}+w\frac{\partial w}{\partial z}=-\alpha_0\frac{\partial p}{\partial z}+\frac{g}{\theta_0}\theta+\frac{g}{\theta_0}\theta_g+\frac{\partial}{\partial x}\left(v_1\frac{\partial w}{\partial x}\right)+\frac{\partial}{\partial z}\left(v_2\frac{\partial w}{\partial z}\right) \tag{13.3.19}$$

$$\begin{aligned}&\frac{\partial \theta}{\partial t}+u\frac{\partial \theta}{\partial x}+w\frac{\partial \theta}{\partial z}+u\frac{\partial \theta_g}{\partial x}+v\frac{\partial \theta_g}{\partial y}+w\frac{\partial \theta_g}{\partial z}\\&=\frac{\partial}{\partial x}\left(\mu_1\frac{\partial \theta}{\partial x}\right)+\frac{\partial}{\partial z}\left(\mu_2\frac{\partial \theta}{\partial z}\right)+\frac{\partial}{\partial x}\left(\mu_1\frac{\partial \theta_g}{\partial x}\right)+\frac{\partial}{\partial z}\left(\mu_2\frac{\partial \theta_g}{\partial z}\right)\end{aligned} \tag{13.3.20}$$

$$\frac{1}{\alpha_0}\frac{\partial u}{\partial x}+\frac{\partial}{\partial z}\left(\frac{w}{\alpha_0}\right)=0 \tag{13.3.21}$$

式中：$\alpha_0=\alpha_0(z)$为比容；u_g，v_g 为转地风；θ_g 为背景位温场。

由连续方程(13.3.21)，引入流函数 ψ

$$u=\alpha_0\frac{\partial \psi}{\partial z},w=-\alpha_0\frac{\partial \psi}{\partial x} \tag{13.3.22}$$

这时，涡度 ζ 可以写为

$$\zeta=\frac{\partial u}{\partial z}-\frac{\partial w}{\partial x}=\frac{\partial}{\partial z}\left(\alpha_0\frac{\partial \psi}{\partial z}\right)+\alpha_0\frac{\partial^2 \psi}{\partial x^2} \tag{13.3.23}$$

由式(13.3.17，13.3.19)，得到涡度方程为

$$\frac{\partial \zeta}{\partial t}-J(\psi,\alpha_0\zeta)=f\frac{\partial v}{\partial z}-\frac{g}{\theta_0}\frac{\partial \theta}{\partial x}+\frac{\partial}{\partial x}\left(v_1\frac{\partial \zeta}{\partial x}\right)+\frac{\partial}{\partial z}\left(v_2\frac{\partial \zeta}{\partial z}\right) \tag{13.3.24}$$

利用式(13.3.22)，式(13.3.18)变为

$$\frac{\partial v}{\partial t}-\alpha_0 J(\psi,v)=-f\left(\alpha_0\frac{\partial \psi}{\partial z}-u_g\right)+\frac{\partial}{\partial x}\left(\nu_1\frac{\partial v}{\partial x}\right)+\frac{\partial}{\partial z}(\nu_2\frac{\partial v}{\partial z}) \tag{13.3.25}$$

式(13.3.20)变为

$$\frac{\partial \theta}{\partial t}-\alpha_0 J(\psi,\theta)-\frac{f\theta_0}{g}v\frac{\partial u_g}{\partial z}+\frac{\theta_0}{g}wN^2=\frac{\partial}{\partial x}\left(\mu_1\frac{\partial \theta}{\partial x}\right)+\frac{\partial}{\partial z}\left(\mu_2\frac{\partial \theta}{\partial z}\right) \tag{13.3.26}$$

在上述公式的推导中，已经利用了下面关系式

$$\begin{cases}\dfrac{\partial\theta_g}{\partial y}=-\dfrac{f\theta_0}{g}\dfrac{\partial u_g}{\partial z}\\ \dfrac{\partial\theta_g}{\partial z}=\dfrac{\theta_0}{g}N^2\end{cases}$$

式(13.3.22～13.3.26)组成了在天气尺度背景场中描述锋面环流演变的方程组。

Orlanski 和 Ross(1977)讨论了两种不同类型的冷锋系统的演变，一种他们称为地面急流型，因为锋面风场最强在地面。对这一类型冷锋系统，初始时刻他们给出锋面风速 v 场为

$$v(x,z)=-\frac{x}{2x_0}v_m\{1-\tanh[\beta(x+az-x_0)]\} \tag{13.3.27}$$

式中，$v_m=45\ \text{m/s}$，$x_0=500\ \text{km}$，$\beta=1/50\ \text{km}$，$\alpha=100$。得到的初始冷锋位温场和 v 场如图 13.7 所示。另一种称为对流层中层急流型，其锋面风场最强位于对流层中层。对于这一类型，给出 v 为

$$v(x,z)=-\frac{x}{2x_0}v_m\{1-\tanh[\beta(x+\alpha z-x_0)]\}+v_m\exp\{-R_j^{-2}[(z-z_0)^2+(r(x-x_0))^2]\} \tag{13.3.28}$$

式中，$v_m=300\ \text{m/s}$，$z_0=4\ 000\ \text{m}$，$R_j=4\ 000\sqrt{2}$，$r=0.03$。得到的初始温场和 v 场如图 13.8 所示。

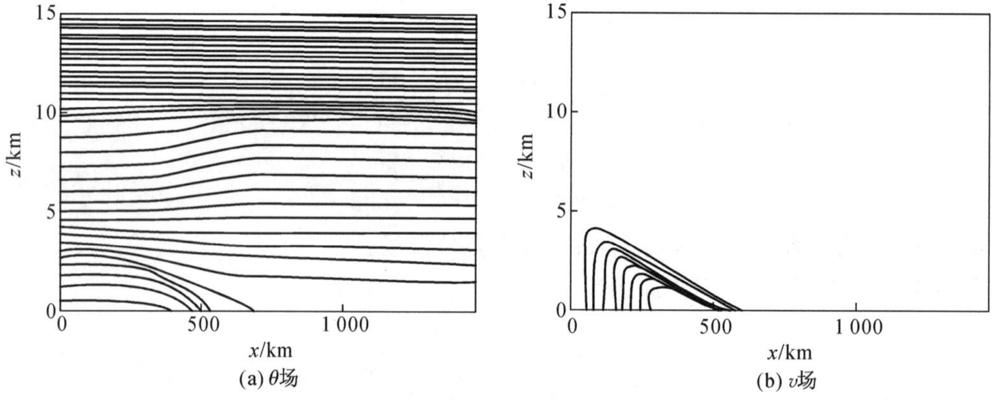

图 13.7　初始时刻的锋面位温 θ 场和 v 场(地面急流型)

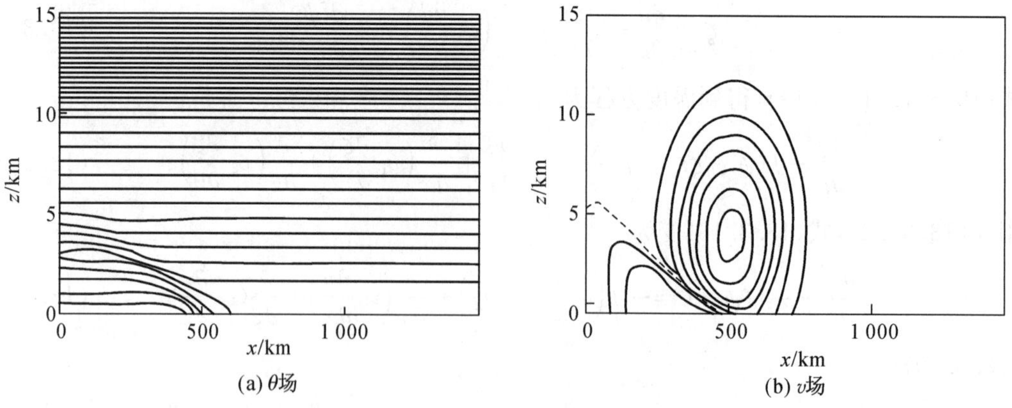

图 13.8　初始 θ 场和 v 场(中层急流型)

对天气尺度背景风场，他们取 $v_g=0$，u_g 考虑两种廓线。对式(13.3.27)所示的冷锋系统，u_g 取为

$$u_g = 8.92\alpha_0(z) - 5.61$$

对式(13.3.28)所示的冷锋系统，u_g 取为

$$u_g=2.00+3.0\tanh\left(\frac{z}{5\ 000}\right)$$

计算结果显示了冷锋系统完整的环流图像。图 13.9 给出了第 19.43 小时地面急流型的冷锋环流，图 13.10 是第 14.86 小时对流层中层急流型的冷锋环流(图中 X 和 N 分别表示最大和最小 ψ 所在位置)，它们描述了不同背景场中冷锋系统的不同演变。

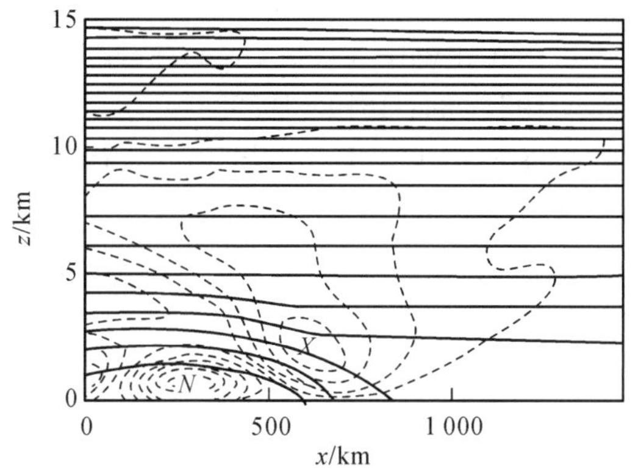

图 13.9　地面急流型冷锋的位温 θ 场和流函数 ψ 场(实线为等 θ 线，虚线为等 ψ 线)

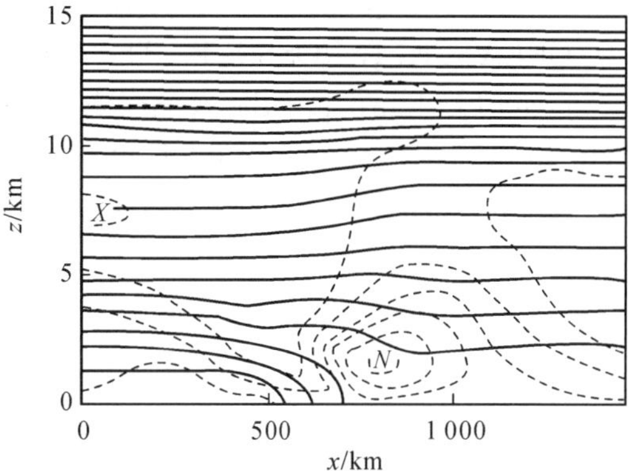

图 13.10　对流层中层急流型冷锋的 θ 场和 ψ 场(实线为等 θ 线，虚线为等 ψ 线)

思考题

1. 什么是锋生？如何理解锋生是一种快速的过程？
2. 什么是地转动量近似和地转坐标变换？
3. 用准地转方程描述锋生过程存在哪些缺陷？
4. 较之半地转方程有哪些优点？是否仍有不足之处？

参考文献

[1] STONE P. Fronttogenesis by horizontal wind deformation fields [J]. Journal of the Atmospheric Sciences, 1966, 23: 455 - 465.

[2] WILLIAMS R T, PLOTKIN J. Quasigeostrphic frontogenesis [J]. Journal of the Atmospheric Sciences, 1968, 25: 201 - 206.

[3] HOSKINS B J. The geostrophic momentum approximation and the semi-geostrophic equation [J]. Journal of the Atmospheric Sciences, 1975, 32: 233 - 242.

[4] HOSKINS B J. Baroclinic waves and frontogenesis, Part I: Introduction and Eady

waves [J]. Quarterly Journal of the Royal Meteorological Society, 1976, 102: 103 - 122.

[5] HOSKINS B J, WEST N V. Baroclinic waves and frontognesis, Part II: Uniform potential vorticity set flows-cold and warm fronts [J]. Journal of the Atmospheric Sciences, 1979, 36: 1663 - 1680.

[6] HOSKINS B J, BRETHERTON F P. Atmospheric frontgenesis model: Mathematical formulation and solution [J]. Journal of the Atmospheric Sciences, 1972, 29: 11 - 37.

[7] 徐亚梅,吕克利. 纯斜压基流上斜压波的发展与锋生过程[J]. 热带气象学报, 1993, 9: 211 - 220.

[8] WILLIAMS R T. Quasi-geostrophic versus non-geostrophic frontogenesis [J]. Journal of the Atmospheric Sciences, 1972, 29: 3 - 10.

[9] ORLANSKI I, ROSS B B. The circulation associated with a cold front, Part I: Dry case [J]. Journal of the Atmospheric Sciences, 1977, 34: 1619 - 1633.

[10] ROSS B B, ORLANSKI I. The circulation associated with a cold front, Part II: Moist case [J]. Journal of the Atmospheric Sciences, 1978, 35: 445 - 464.